中部地区发展战略环境评价系列丛书

U0384459

中部地区发展战略环境评价

李天威　任景明　金凤君　刘　毅　李彦武　等编

中国环境出版集团 · 北京

图书在版编目（CIP）数据

中部地区发展战略环境评价 / 李天威等编 .—北京：中国环境出版集团，2018.5

（中部地区发展战略环境评价系列丛书）

ISBN 978-7-5111-2897-3

Ⅰ . ①中… Ⅱ . ①李… Ⅲ . ①战略环境评价－研究－中国 Ⅳ . ① X821.2

中国版本图书馆 CIP 数据核字（2016）第 192988 号

审图号：GS（2018）850 号

出 版 人 武德凯
责任编辑 李兰兰
责任校对 任 丽
封面设计 宋 瑞
排版制作 杨曙荣

出版发行 中国环境出版集团
（100062 北京市东城区广渠门内大街16号）
网　　址：http://www.cesp.com.cn
电子邮箱：bjgl@cesp.com.cn
联系电话：010-67112765（编辑管理部）
010-67112735（第一分社）
发行热线：010-67125803 010-67113405（传真）

印　　刷 北京中科印刷有限公司
经　　销 各地新华书店
版　　次 2018年5月第1版
印　　次 2018年5月第1次印刷
开　　本 889×1194 1/16
印　　张 22.5
字　　数 360千字
定　　价 160.00元

【版权所有。未经许可，请勿翻印、转载，违者必究】
如有缺页、破损、倒装等印装质量问题，请寄回本社更换

《中部地区发展战略环境评价》
编委会

李天威　任景明　金凤君　刘　毅　李彦武

李　巍　黄沈发　王自发　李小敏　刘　洋

马　丽　刘小丽　王占朝　王　卿　张嘉琪

孙文超　向伟玲　陈凤先　刘　鹤

前 言

中部地区在我国区域发展格局中具有重要的战略地位。2004 年 3 月，党中央、国务院提出促进中部地区崛起战略，2006 年 5 月国务院发布了《中共中央　国务院关于促进中部地区崛起的若干意见》（中发〔2006〕10 号），2009 年 9 月国务院批准实施《促进中部地区崛起规划》，2012 年 8 月国务院又发布了《关于大力实施促进中部地区崛起战略的若干意见》（国发〔2012〕43 号），明确了中部地区作为我国的粮食生产基地、能源原材料基地、现代装备制造及高技术产业基地和综合交通运输枢纽的战略地位。党的十八大把生态文明建设纳入中国特色社会主义事业"五位一体"总体布局，提出了优化国土空间开发格局、全面促进资源节约、加大自然生态系统和环境保护力度及加强生态文明制度建设等战略任务。当前和今后一个时期是中部地区巩固成果、发挥优势、加快崛起的机遇期，也是中部地区建设生态文明、实现绿色崛起的关键期。

中部地区人口众多，开发历史悠久，人地关系、用水关系较为紧张，流域性水环境、城市群大气环境污染、生态空间遭受挤占形势严峻，持续改善环境质量的任务艰巨。随着中部地区城镇化、工业化步伐加速，区域开发规模与强度将进一步加大。处理好城市群发展规模与资源环境承载能力、重点区域及流域开发与生态安全格局之间的矛盾，确保粮食生产安全、流域生态安全和人居环境安全，是中部地区可持续发展的必然要求。为确保中部地区中长期的生态环境安全，以环境保护优化经济发展，实现绿色崛起，环境保护部组织开展了中部地区发展战略环境评价工作。

本次战略环境评价包括中原经济区、武汉城市圈、长株潭城市群、皖江城市带、鄱阳湖生态经济区等重点区域，涉及河南、安徽、山西、山东、河北、湖北、湖南、江西 8 个省份的 60 个地市。评价工作分为启动及现状调查、重点攻关和论证验收三个主要阶段。第一阶段（2013 年 1—12 月）组织了中部地区发展战略环境评价承担单位遴选和相关调研活动，制订了工作方案，落实了三级项目管理架构，审定了中原经济区、长江中下游城市群两个分项目和产业、水、大气、生态四个重点专题技术方案；在重点攻关阶段（2014 年 1—8 月）就中部地区发展重大战略与资源环境问题组织了多次调研与研讨，召开了两个分项目及重点专题阶段成果的专家咨询会，完成了重点专题评价工作；在论证验收阶段（2014 年 9—12 月）先后完成了重点专题、分项目的成果评估和项目验收，在上述工作的基础上编制了《中部地区发展战略环境评价报告》（征求意见稿），经多次组织专家咨询论证，征求国务院有关部门和地方政府的意见，经过修改完善，形成了《中部地区发展战略环境评价报告》（送审稿）。

本项目是环境保护部的重大财政专项课题，由环境影响评价司直接领导，环境工程评估中心组织实施，八省人民政府及环境保护厅等有关部门协调参与，清华大学、中国环境科学研究院、中国科学院地理科学与资源研究所等 20 余家科研单位共同完成。在此，对环境保护部及有关部门、八省人民政府及环境保护厅等部门的关心支持，一并致以衷心感谢！

目 录

中部地区发展战略环境评价

专题一　中部地区区域发展战略专题

专题二　中部地区大气环境影响评价专题

专题三　中部地区水资源与水环境评价专题

专题四　中部地区生态环境影响评价专题

中部地区发展战略环境评价

一、概述

（一）工作背景

党的十八大把生态文明建设纳入中国特色社会主义事业“五位一体”总体布局，明确了建设生态文明的重大战略部署，提出了优化国土空间开发格局、全面促进资源节约、加大自然生态系统和环境保护力度及加强生态文明制度建设等战略任务。十八届三中全会提出必须建立系统完整的生态文明制度体系，十八届四中全会明确了全面推进依法治国的重大任务。这就要求我们用法律和制度手段保护生态环境，从宏观战略层面搞好顶层设计，按照“源头严防、过程严管、后果严惩”的思路，坚持新型工业化、城镇化、农业现代化、信息化同步发展，大力推进生态文明建设。

中部地区地处我国腹地，承东启西、连南贯北，文化底蕴深厚，区位优势明显，发展潜力巨大，是推进新一轮工业化和城镇化的重点区域，在我国区域发展总体战略中具有突出地位。2004 年 3 月，党中央、国务院提出了促进中部地区崛起的战略。《中共中央　国务院关于促进中部地区崛起的若干意见》（中发〔2006〕10 号）发布以来，中部地区经济社会发展取得了重大成就。2009 年 9 月国务院批准实施的《促进中部地区崛起规划》，明确了中部地区粮食生产基地、能源原材料基地、现代装备制造及高技术产业基地和综合交通运输枢纽的战略地位，中部地区已经步入了加快发展、全面崛起的新阶段。2012 年国务院《关于大力实施促进中部地区崛起战略的若干意见》（国发〔2012〕43 号）明确提出山西、安徽、江西、河南、湖北和湖南等中部地区在新时期国家区域发展格局中占有举足轻重的战略地位，当前和今后一个时期是巩固成果、发挥优势、加快崛起的关键时期。

中部地区农业生产条件优越，分布有黄淮海平原、鄱阳湖平原、江汉平原和洞庭湖平原四大国家商品粮基地，是我国重要的农产品主产区和粮食生产基地。中部地区位于长江、黄河、淮河等重要流域的关键区域，分布有鄱阳湖、洞庭湖、巢湖等重要湖泊生态系统和大别山区、南方丘陵等森林生态系统，是我国重要的水源涵养区、水土保持区、洪水调蓄区和生物多样性保持功能区，其生态环境质量具有全局性和战略性意义。中部地区人口总量大、密度高，户籍人口近 3 亿，人口密度是全国平均水平的 4 倍，人居环境安全事关中部 3 亿居民的生活品质。因此，确保区域粮食生产安全、流域生态安全和人居环境安全的意义十分重大。

由于中部地区人口众多，开发历史悠久，人地关系、用水关系较为紧张，部分地表水体污染严重，水环境安全问题突出，地下水超采、湿地萎缩形势严峻，传统煤烟型污染和以细颗粒物和臭氧为特征的大气复合污染并存，城市密集地区大气灰霾问题显现，对人居环境、生态系统造成严重威胁，持续改善环境质量的任务艰巨。随着中部崛起战略的深入实施，中部地区城镇化、工业化进程加速，区域开发规模与强度将进一步加大，耕地保护和农业用水保障难度加大，粮食生产安全隐患进一步凸显；水资源利用持续超载，水环境健康状况持续恶化，水生生物多样性丧失的趋势难以遏制，流域生态安全水平面临进一步下降的风险；大气污染物排放压力持续加大，以 $PM_{2.5}$ 为代表的细颗粒物污染态势可能将更为严峻，人居环境安全压力进一步增加。因此，处理好城市群发展规模与资源环境承载能力、重点区域及流域开发与生态安全格局之间的矛盾，确保粮食生产安全、流域生态安全和人居环境安全，是中部地区可持续发展的必然要求。

中部地区是我国统筹城乡发展、努力构建资源节约型和环境友好型国土空间开发格局的关键区域，是统筹工业化、城镇化和农业现代化，大力推动发展转型的难点区域，是统筹流域保护与开发，确保流域生态环境安全的重点区域。开展中部地区发展战略环境评价，探索确保粮食生产安全、流域生态安全和人居环境安全的发展模式与对策，是实施中部地区生态环境战略性保护的重要技术支撑，是推进以人为核心的城镇化、新型工业化和农业现代化，落实环境保护优化经济发展、推动中部地区经济绿色崛起的重要举措，对于促进中部地区现代农业发展、优化国土空间开发格局、转变发展方式、实现可持续发展具有重大的现实意义和深远的历史意义。

（二）工作目标

以确保粮食生产安全、流域生态安全和人居环境安全为目标，基于资源环境承载力统筹协调生产空间、生活空间和生态空间，提出优化国土空间开发的生态环境保护基本策略，完善重要生态系统保护和关键环境资源集约利用的机制对策，确定环境准入、空间准入和效率准入的原则要求，构建中部地区生态环境战略性保护的总体方案，推动区域经济社会与资源环境全面协调可持续发展。

（三）工作范围

本次评价工作范围包括中原经济区、武汉城市圈、长株潭城市群、皖江城市带、鄱阳湖生态经济区等重点区域，涉及河南、安徽、山西、山东、河北、湖北、湖南、江西 8 个省份的 60 个地市（表 1），统称“评价区”。总面积 55.25 万 km^2，占全国 5.75%；人口 2.99 亿人，占全国 21.8%；GDP 总量 9.2 万亿元，占全国 17.6%。本次评价重点关注三类地区：一是主要城市群和重点流域，二是重点产业聚集区域，三是重要生态功能区和生态环境敏感区。

表 1　中部地区发展战略环境评价工作范围

地区	省份	重点区域	市（县）	重点区域面积 / 万 km^2	重点区域面积占全省面积比例 /%
中原经济区	河南	全省	全省 18 个地市	16.60	100
	安徽	皖北地区	宿州市、阜阳市、淮北市、亳州市、蚌埠市、淮南市凤台县和潘集区	3.89	27.8
	山东	鲁西地区	菏泽市、聊城市、泰安市东平县	2.21	14.0
	河北	冀南地区	邯郸市、邢台市	2.45	13.0
	山西	晋东南地区	晋城市、长治市、运城市	3.76	24.0

地区	省份	重点区域	市（县）	重点区域面积 / 万 km^2	重点区域面积占全省面积比例 /%
长江中下游城市群	湖北	武汉城市圈	武汉市、黄石市、鄂州市、孝感市、黄冈市、咸宁市、仙桃市、潜江市、天门市、荆州市	7.21	38.8
	湖南	长株潭城市群	长沙市、株洲市、湘潭市、岳阳市	4.29	20.3
	江西	鄱阳湖生态经济区	南昌市、景德镇市、鹰潭市、九江市、上饶市	5.78	34.6
	安徽	皖江城市带	合肥市、芜湖市、马鞍山市、铜陵市、安庆市、池州市、滁州市、宣城市、六安市	9.06	64.7

注：对于涉及区域性、流域性环境影响问题，相应拓展评价范围。

（四）工作重点

1. 评价时段

➤基准年：2012 年，部分数据更新至 2013 年；
➤近期评价时段：2012—2020 年；
➤远期展望时段：2020—2030 年。

2. 主要工作内容

（1）区域经济社会发展战略分析

梳理区域经济社会发展的战略和区域经济社会发展规划、资源能源等重点产业发展规划、环境保护规划等，分析中部重点区域在全国区域发展格局中的战略地位、经济社会发展的战略目标、资源开发与重点产业发展的战略目标以及环境保护的战略目标，辨识区域经济社会发展趋势，提出区域发展战略情景。

（2）区域生态环境现状评估与主要环境问题演变分析

结合国家区域发展总体战略，评估中部重点地区生态环境现状，分析经济社会发展的资源环境压力状态，评估区域资源环境利用效率，分析主要资源环境问题的演变趋势，以及与经济社会发展的耦合关系；剖析区域经济社会发展导致的区域性、累积性资源环境问题，识别区域经济社会发展和主要资源开发利用的关键性制约因素。

（3）重点区域经济社会发展资源环境压力评估

分析重点区域经济社会发展现状、发展阶段和发展态势，分析区域资源环境压力及其时空分布特征；结合重点区域资源环境现状和关键性制约因素，评估重点区域和主要行业资源环境效率，分析经济社会与环境协调发展水平以及存在的主要矛盾，系统评估重点地区发展的资源环境压力状态及空间演变。

（4）重点区域发展的资源环境承载力综合评估

根据区域经济社会发展特征和资源环境禀赋，分析区域水土资源承载力；评估区域主要污染物减排现状，分析重点流域水环境、重点城市群大气环境容量利用水平及减排潜力；分析重点区域资源环境综合承载力及其关键影响因素，评估区域综合承载力及其利用水平的空间格局。

(5) 重点区域发展的环境影响和生态风险评估

基于区域经济社会发展态势与战略情景，以流域和城市群为基本单元，分析环境影响的布局性、结构性特征，辨识环境影响的规律性和不确定性，预测重点区域发展的中长期环境影响，评估关键生态功能单元演变趋势和生态风险。

(6) 环境保护优化区域经济社会发展的总体战略方案

探索工业化、城镇化、农业现代化协同发展的路径和手段，推进绿色、循环、低碳发展，促进区域发展转型；提出水土资源和环境资源配置方案，划定区域开发的生态红线，促进生产空间、生活空间和生态空间的统筹协调；提出环境准入、空间准入和效率准入的原则要求，构建重点流域和城市群污染防治和生态修复的战略框架，推进区域生态环境的战略性保护。

(7) 重点区域经济社会与资源环境协调发展的对策建议

提出确保区域生态环境保护和发展目标的政策、考核和评估机制；提出生态环境战略性保护的优先领域和重点任务的保障措施；提出城市群、流域上下游统筹协调的环境管理对策；提出重点行业和重点领域的节能减排、生态补偿等环境经济措施，探索建立以环境保护优化经济发展的长效机制。

(五) 技术路线

在深入分析中部地区区域开发和经济社会发展战略的基础上，对区域产业发展历程、城镇化发展历程和生态环境现状与趋势进行评估，识别经济社会发展特征及与资源环境耦合关系，辨识产业发展、城镇化与生态环境的重大问题及相互影响制约；分析区域资源与环境的综合承载能力并分析其空间分布特征，基于区域发展战略情景及发展布局情景，预测分析区域中长期环境影响和潜在生态环境风险对关键生态功能单元和环境敏感目标的长期性、累积性影响，提出区域优化发展、经济社会与资源环境协调发展的调控方案和对策，尝试建立以环境保护促进经济社会又好又快发展的长效机制。

具体的技术路线如图 1 所示。

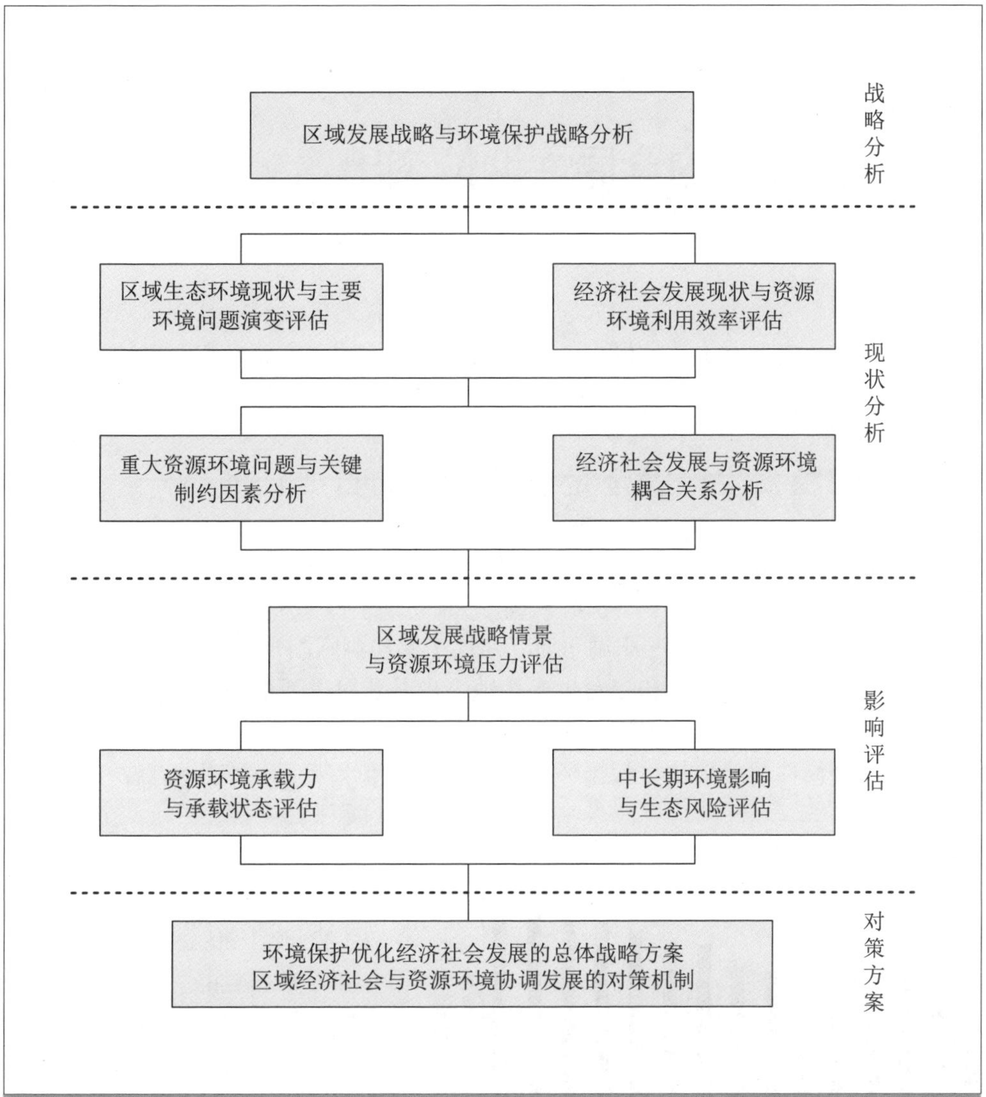

图1　中部地区发展战略环境评价工作技术路线

二、三大安全的全局性地位突出

粮食生产安全、流域生态安全和人居环境安全是中部地区发展的基础保障，全局性地位十分突出。确保三大安全对中部地区可持续发展具有重大的现实意义和深远的历史意义，也是落实“五位一体”总体布局、建设生态文明的必然要求。

（一）确保粮食生产安全是事关全局的首要任务

1. 粮食供给具有全局性战略地位

中部地区拥有黄淮海平原、鄱阳湖平原、江汉平原和洞庭湖平原等四大国家商品粮基地，一直是我国重要的农产品主产区和粮食生产基地，也是我国重要的口粮产区，是《全国主体功能区规划》中划定的“七区二十三带”农产品主产区的核心区域，在保障国家粮食安全中具有举足轻重的全局性战略地位。根据环保部《生态环境十年变化遥感调查》，评价区耕地总面积29.4万km^2，占全国耕地总面积的24.2%；农作物播种面积5 461.1万hm^2，占全国农作物总播种面积的33.4%；粮食产量从1980年的6 400万t增加到2012年的1.56亿t，占全国粮食总量的比重从20%提高到26.7%（图2）；作为我国小麦、稻谷和油料的主产区和重要的口粮产区，2012年上述三种粮油产品产量分别占全国的49.8%、24.3%、34.0%；在我国粮食增产千亿斤规划中，2020年前将承担近1/4的国家新增粮食产量的任务。无论从粮食生产的基础地位，还是国家粮食安全的目标指向，评价区都是我国粮食安全的重要保障区，“十分安全居其三”的地位使得其保障国家粮食生产安全的作用非常突出。

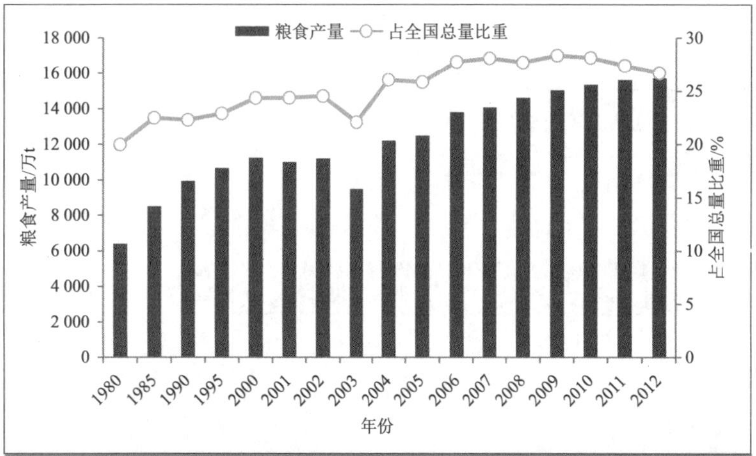

图2　1980年以来中部重点区域粮食产量及其占全国比重

2. 粮食生产安全面临严峻挑战

随着评价区社会经济的加速发展，黄淮海平原、鄱阳湖平原、江汉平原和洞庭湖平原普遍面临农田面积萎缩、农田质量降低、农业用水保障难度增大和农业面源污染加重的问题，粮食生产安全面临严峻挑战。一是农田面积萎缩。近10年来农田面积减少了3%，占全国农田减少面积的21.6%。二是农田质量降低。过度依赖农药化肥，导致土壤酸化板结，农田地力下降；2000—2010年占补平衡农田中约28%来自土壤肥力较低的低丘缓坡区。三是农业用水保障难度增大。工业化和城镇化的加速发展对农业用水的挤占现象普遍，并有加剧的趋势。四是农业耕地污染形势严峻。畜禽养殖和种植业中化肥的大规模施用，导致农业面源污染形势严峻。目前评价区单位耕地面积化肥施用量比全国平均高60%～90%；农药施用量较全国平均高20%～90%。土壤重金属污染加重；部分区域利用城市废水和工业废水灌溉农田，加剧了农田污染。上述问题和态势导致评价区农业耕地规模、质量和能力以及农业系统安全面临严峻挑战。

3. 实施战略性保护，确保粮食生产安全

评价区在全国粮食安全中的全局性战略地位，要求其必须将粮食生产安全作为首要任务；评价区粮食生产安全面临的严峻形势也要求加大保护的力度。因此，必须以“两保一提”为核心目标，即通过实施一系列战略性保护措施，在快速工业化和城镇化的进程中，确保中部地区农业生态系统的健康稳定，确保耕地规模与质量不降低；在推进农业现代化的进展中，显著提升现代化农业综合生产能力和农产品质量，保障区域粮食生产安全。

（二）维护流域生态安全是区域健康发展的基础保障

1. 流域生态安全的基础保障作用突出

流域性水资源保障、水环境健康和水生生态系统稳定是中部地区可持续发展的基础。评价区内长江、黄河、淮河、海河流域的生态安全健康可惠及我国38.1%的总人口、39.6%的城镇人口和45.9%的经济活动（GDP规模），是我国中东部地区经济社会健康发展和生态环境安全的基石。评价区的生物多样性维持、洪水调蓄、水土保持和水源涵养功能在我国生态系统服务功能格局中具有重要地位。长江中下游流域是白鳍豚、江豚、扬子鳄、中华鲟等珍稀濒危动物的重要栖息地，是我国四大家鱼等多种重要水产种质资源主要繁殖地，是东亚地区湿地迁徙水鸟重要的越冬地和停歇地，湿地生物多样性保护具有全球意义，基础支撑作用突出。长江中下游是整个长江流域调洪蓄洪能力最强、地位最重的区域，洪水调蓄能力约占长江全流域的63%，占全国生态系统洪水调蓄能力的19%。长江、黄河、淮河、海河等江河水系和鄱阳湖、洞庭湖、巢湖等重要湖泊生态安全是中部绿色崛起的基本前提。

2. 流域生态安全面临突出压力

评价区的水资源供需矛盾、水环境污染、流域生态退化等问题突出，区域社会经济发展与水系统支撑的矛盾日益显现，流域生态安全面临突出压力。一是水资源供需矛盾突出。中原经济区海河、黄河和淮河流域的水资源超载问题突出；伴随城镇化水平的进一步提高，城镇生活用水量将继续呈刚性增长趋势，水资源供需矛盾加剧。二是水环境污染严重。海河、淮河、黄河、洞庭湖、汉江等流域部分支流水环境污染严重。2012年，评价区454个国控、省控地表水监测断面达标率为61.9%，Ⅳ类水质断面占9.8%，Ⅴ类和劣Ⅴ类水质断面占28.2%。三是流域生态保护形势严峻。突出表现为河流断流、河湖系统人工阻断、湖泊萎缩、生物多样性锐减等，生态安全格局和生物自然生境维护形势严峻。历史上的不合理开发已导

致白鳍豚、华南虎等旗舰物种灭绝；海河断流 2 000 多 km，断流天数 270 多天，自然生态系统平衡已经被打破；长江中下游地区近半个世纪建设了各类水库 3 万多座，1/3 的湖泊被围垦，消亡的湖泊达 1 000 多个；20 世纪后半叶洞庭湖调蓄容量减小了 44%，1954—2012 年鄱阳湖调蓄容量减小了 18%。矿产开采、水电开发、工业发展、城市扩张导致流域开发力度不断加强，人为活动胁迫强度也进一步增加。从区域看，中原经济区存在复合型缺水、饮水不安全、河流生境丧失等问题，长江中下游城市群地区存在水质型缺水、饮水不安全、湖泊湿地生态退化等问题。从流域系统看，海河、黄河和淮河流域的水资源和水生态问题突出，长江及其主要支流的水环境和生态面临的压力较大。

3. 统筹开发与保护，维护流域生态安全

要破解经济社会发展与资源环境间的严峻态势，就必须从流域生态系统整体性保护出发，综合统筹经济社会发展，核心是以“四维四促”为重点，即以维护流域生态安全格局为前提，促进中部地区人口、经济和资源环境协调发展；以维护流域水资源和水环境等主要红线为基础，促进生产力的合理布局和城市化健康发展；以维护流域重要生态单元的健康稳定为重点，促进生态系统功能和效力的有效发挥；以维护和改善流域水环境质量为目标，促进生产方式转变和资源利用效率的提升，推动流域性经济社会发展与资源环境协调发展的新格局。

（三）改善人居环境安全是保障民生的基本要求

1. 人居环境质量事关居民生活品质

提升大气环境、饮用水安全、区域和城市生态质量等人居环境安全是全面建成小康社会的重要任务。评价区人口总量大、密度高，户籍人口约占全国的 1/4，人口密度是全国平均水平的 4 倍，确保人居环境质量不仅直接关系到中部地区 3 亿居民生活质量的高低，也直接关系到我国迈向小康社会的进程。评价区是国家城镇化发展的重要推进与承载区域之一，2000—2012 年，区域新增城镇人口 6 292 万人，占全国新增城镇人口的 24.7%；根据国家城镇化的发展目标，到 2020 年全国城镇化率达到 60%，届时该区域还将新增城镇人口 3 590 万人，累计城镇人口将达到 2 亿人，这一趋势要求必须有良好的生态环境、空气质量和饮用水安全等人居环境要素作保障。同时，中部地区的城镇化是在人口多、资源相对短缺、生态环境比较脆弱、城乡区域发展不平衡的背景下推进的，探索绿色低碳的生产生活方式和城市建设运营模式、构建符合生态文明要求的人居环境也是发展转型的客观要求。

2. 人居环境安全亟待改善

评价区人居环境安全问题突出。一是城市大气污染严重，空气质量显著下降，灰霾频发。不仅大气煤烟型污染特征明显，SO_2 和 PM_{10} 污染严重，而且城市大气复合污染态势凸显，$PM_{2.5}$ 和 O_3 频繁超标。二是饮用水安全风险较高。淮河流域河南省、安徽省、山东省县级以上城镇饮水不安全水源地占 25.7%，长江中下游城市群 31 处国家重要饮用水水源地中有 5 处不能 100% 达标。三是生态空间不断被挤占。土地刚性需求不断增加，农田保护刚性要求不降低，从而导致生态空间被不断占用，区域景观格局改变。四是城市群与城市内部的人居环境安全有待提升。近 10 年来城镇化与工业化快速发展导致城市建成区扩展了 21%，产城融合、

空间功能布局、生态系统构建等需要进一步优化。

3. 加强治理与管控，改善人居环境

中部地区已经进入工业化和城市化的快速发展时期，要破解人居环境安全面临的突出问题，实现以人为本的发展，必须以“三控一优”为抓手，即以城市群地区为重点，加强生产空间、生活空间和生态空间的管控，推动“三生”空间协调发展；以控制复合型大气污染蔓延为目标，建立区域联防联控体系和污染物削减方案；以管控饮用水水源地和水质为主要手段，切实保障饮用水安全；以新型城镇化和新型工业化为契机，逐步优化能源结构和利用方式，不断改善环境质量，确保区域人居环境安全。

三、三大安全的总体态势

中部地区总体进入工业化中期和城镇化加速推进阶段，生态环境处于高压状态，环境欠账较多，资源能源消耗和污染物排放强度大，水、大气、土壤环境均呈现污染源多样化、污染影响持久化、污染范围扩大化特征，生态系统胁迫加重，水生生物多样性丧失风险加剧，资源环境问题已成为制约经济社会可持续发展的瓶颈，粮食生产安全、流域生态安全、人居环境安全受到严重的现实威胁。

（一）经济社会发展现状与基本特征

1. 经济总量快速增长

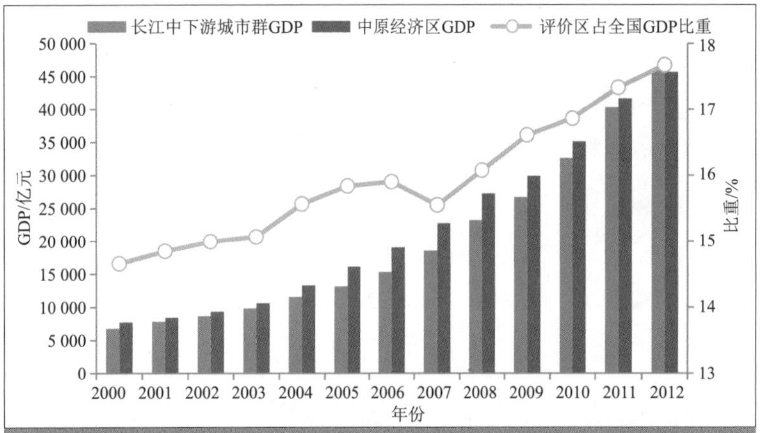

图 3　2000—2012 年评价区经济总量增长及在全国地位变化

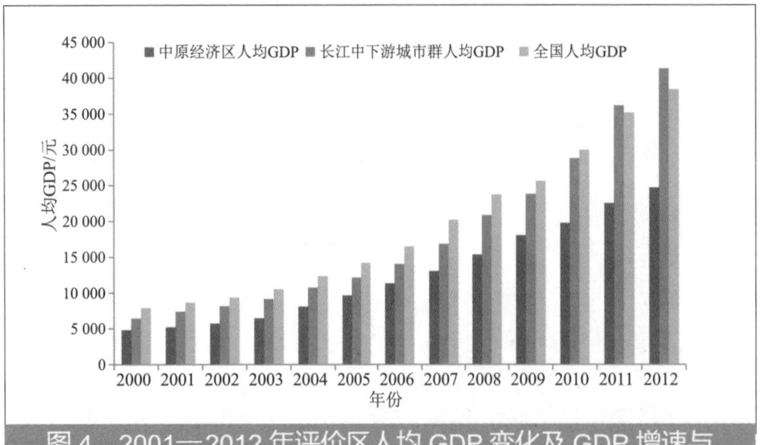

图 4　2001—2012 年评价区人均 GDP 变化及 GDP 增速与全国比较

2000 年之后，评价区进入快速工业化、城镇化与农业现代化阶段。经济总量快速增长，占全国比重逐步提高。2000—2012 年，评价区 GDP 年均增速 11.8%，超过全国 10.2% 的平均增速。2012 年评价区 GDP 总量达到 91 713 万亿元，其占全国总量比重由 2000 年的 14.8% 增加到 17.6%，成为我国区域经济发展的重要板块之一（图 3）。

人均 GDP 稳步增长。2000—2012 年，评价区人均 GDP 从 5 539 元增加到 30 969 元，由不足全国人均水平的 70% 增长到 81%。其中，长江中下游城市群人均 GDP 从 6 587 元增加到 41 355 元，高于全国平均水平；中原经济区人均 GDP 从 4 859 元增加到 24 712 元，仍低于全国平均水平（图 4）。

2. 能源重化工业比重大

2000—2012 年评价区三次产业结构占比从 2000 年的 20.8 ∶ 37.0 ∶ 42.2 变为 2012 年

的 10.7 ∶ 52.0 ∶ 37.3。相较于全国（从 15.1 ∶ 45.9 ∶ 39.0 到 10.1 ∶ 45.3 ∶ 44.6）三次产业结构变动趋势，十余年间评价区第二产业比重增幅 15 个百分点，与全国第二产业比重略微下降的趋势相反；第一产业比重下降 10.1 个百分点，超过全国第一产业同步变动趋势近 5 个百分点；第三产业比重下降，而全国第三产业比重升幅达 5.6 个百分点（图 5）。

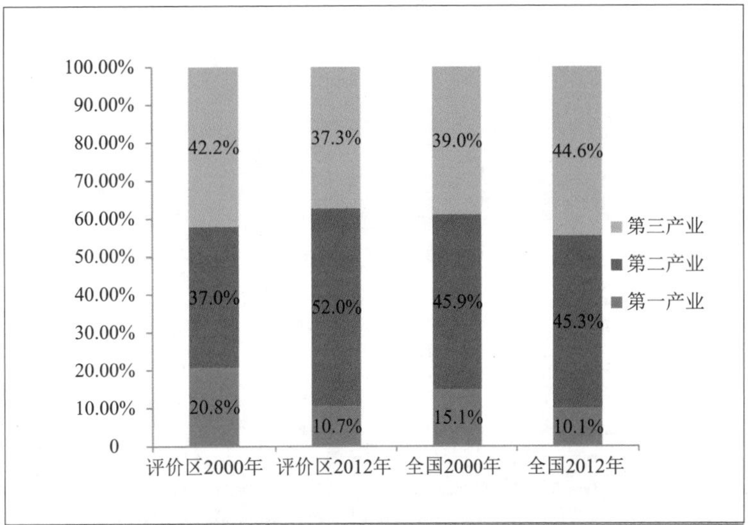

图 5　2000 年与 2012 年评价区三次产业结构与全国比较

在工业内部，主要以重型化、初级化、资源型的产业部门为主，2013 年装备制造、石油化工、钢铁、农产品加工、有色冶金、煤炭采选及电力、建材等基础能源原材料工业占地区工业总产值的 86%（图 6）。

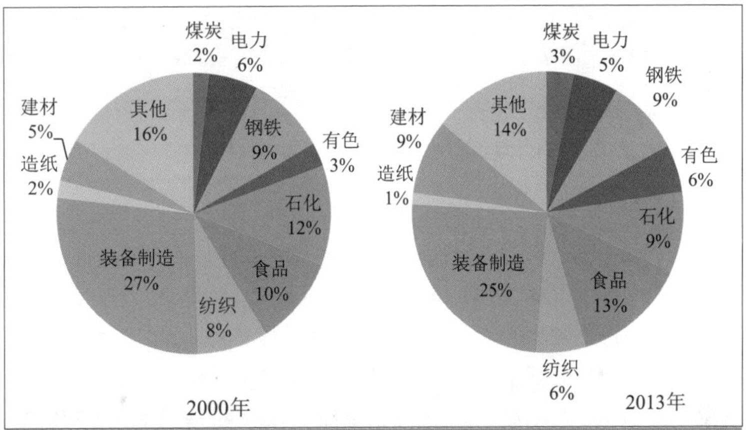

图 6　2000 年与 2013 年评价区工业部门结构变化

3. 城镇化加速推进

2012 年评价区人口总量 2.99 亿人，人口密度 542 人 / km^2，远高于全国 140 人 / km^2、中部六省 348 人 /km^2 的平均水平，是全国人口分布比较稠密的地区。区域城镇化发展加速推进，城镇化率从 2000 年的 28.0% 增长到 2012 年的 45.6%，城镇人口年均增速 5.3%，高于全国 3.7% 的平均水平；新增城镇人口 6 292 万人，占全国新增城镇人口的 24.7%。

随着城市人口规模增长，评价区建成区面积也快速扩张。2000—2012 年，评价区城市建成区面积从 2 871 km^2 增长到 5 960 km^2，年均增速 6.27%，超过同期人口增速。

4. 农产品产量逐年提高

评价区是我国重要的粮棉油生产基地。2012 年评价区耕地总面积 29.4 万 km^2，占全国耕地总面积的 24.2%；农作物播种面积 5 461.1 万 hm^2，占当年全国农作物总播种面积的 33.4%。

2001—2012 年，评价区作为国家粮食基地的战略地位稳定。粮食作物的产量从 2000 年的 1.1 亿 t 增长到 2012 年的 1.6 亿 t，其在全国总产量中的比重从 2000 年的 24.3% 增加到 26.7%；棉花产量及其在全国总量中的比重则呈现下降趋势，从 2000 年的 226.7 万 t 下降到 2012 年的 192.46 万 t，占全国比重相应由 51.32% 下降到 28.15%；油料 1 168 万 t，占全国总量的 34.01%。长江中下游区域还是我国重要的淡水产品产地，2012 年淡水产品产量为 1 126 万 t，占全国淡水产品总产量的 39.2%。黄淮海平原的豫东南和皖北地区是粮食主产区，周口、驻马店、南阳、商丘、菏泽、邯郸以及安徽的阜阳、亳州、六安等地市的粮食产量均在 500 万 t 以上（图 7）。

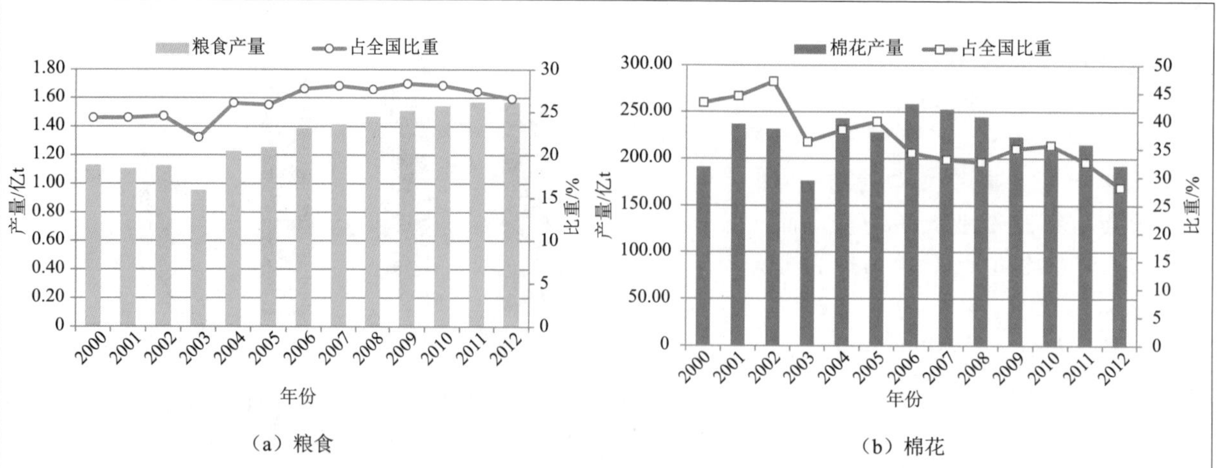

图 7 评价区粮食和棉花产量及其在全国地位变化

5. 社会经济分布呈现中心集聚态势

中原经济区的郑州，以及长江中下游四个省会城市是区域经济布局的重点。郑州、武汉、长沙、合肥、南昌等中心城市集聚的趋势日益显著，这五个省会城市经济总量占评价区经济总量的比重从 2000 年的 23.6% 增加到 2012 年的 29.6%。郑州市占中原经济区工业比重高达 13.4%；长江中下游城市群四个省会城市累计占到长江中下游地区工业总量的 39.8%，其中，武汉市占长江中下游城市群工业比重高达 14.4%（图 8、图 9）。工业园区（产业集聚区）已经成为地区工业布局的主要载体。据不完全统计，评价区共有省级及以上工业开发区 451 个，以装备制造、化工、冶金建材、食品纺织、新材料等产业为主。其中化工园区有 108 个，基本沿主要江河布局。

评价区人口与城镇化水平分布不均衡。地区人口主要集聚在黄淮海平原和江汉平原。以郑州为核心的中原城市群地区人口稠密，郑州、许昌、漯河、阜阳、濮阳等城市人口密度在 900 人 / km^2 以上。长江中下游城市群人口主要集聚在武汉、合肥、南昌等核心城市，人口密度在 600 人 / km^2 以上（图 10）。评价区内部城镇化率差异较大，武汉、铜陵、长沙、南昌、合肥、郑州、淮南、马鞍山等核心城市城镇化率在 60% 以上，而中原经济区东部的周口、濮阳，南部的南阳、信阳、驻马店，山东西部的菏泽、聊城，安徽北部的亳州、宿州、阜阳等农业主产大市城镇化率不足 40%（图 11）。

6. 资源环境效率提升空间较大

评价区能源、水资源利用效率低于全国平均水平。2012 年，中原经济区 2012 年万元 GDP 能耗为 0.97 t 标煤 / 万元，长江中下游城市群万元 GDP 能耗为 0.77 t 标煤 / 万元，均高于全国均值 0.72 t 标煤 / 万元水平。中原经济区水资源利用效率相对较高，人均综合水耗是全国平均水平的 57.4%，万元工业增加值水耗为全国平均的 59.6%；而长江中下游城市群水资源利用效率低于全国平均水平，人均综合水耗是全国平均水平的 1.21 倍，78% 的城市单位

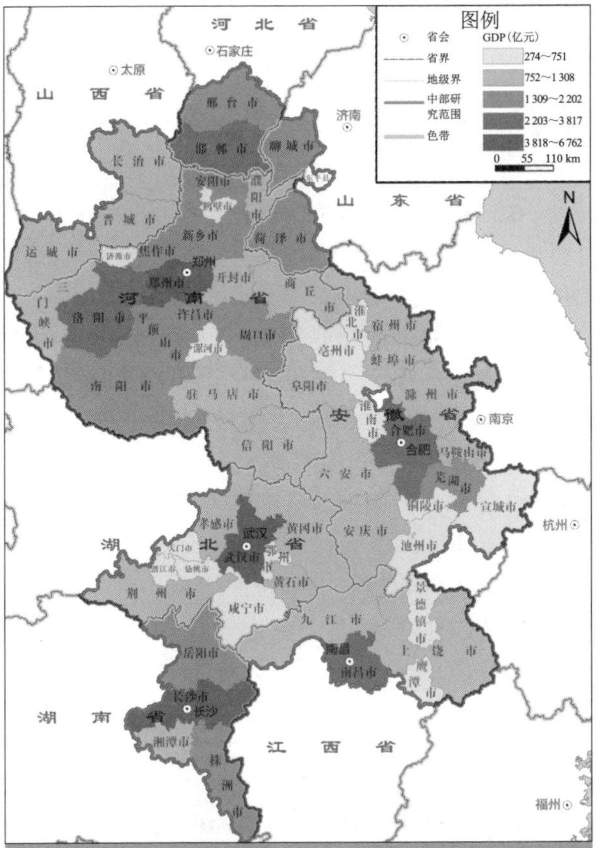

图 8　2012 年 GDP 分布

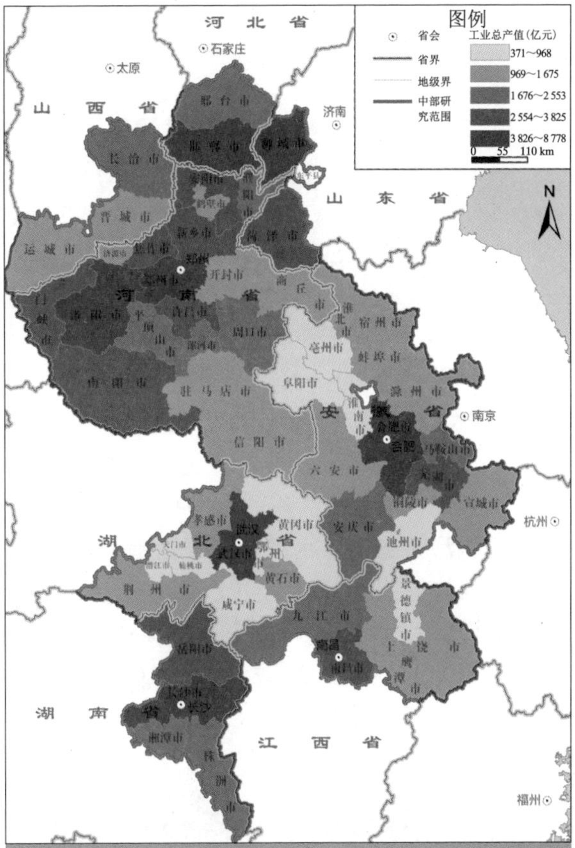

图 9　2012 年工业总产值分布

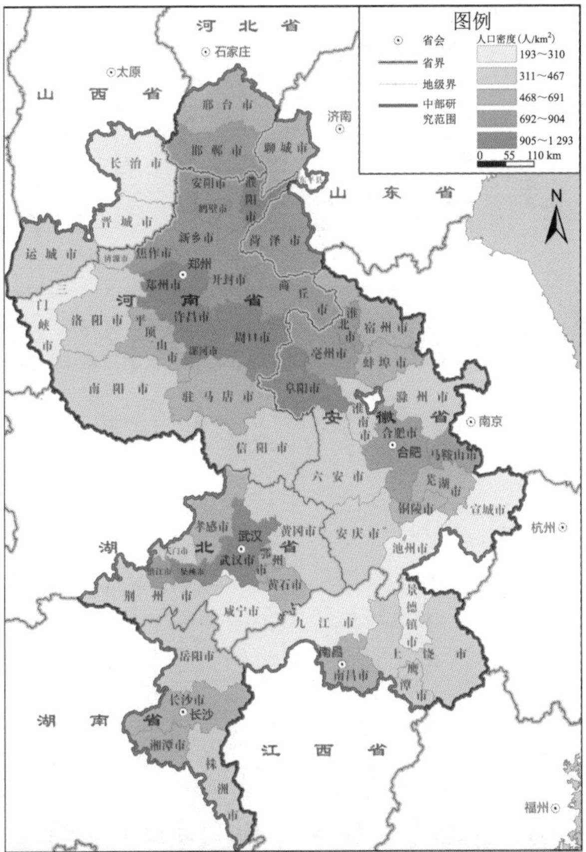

图 10　评价区各地市人口密度

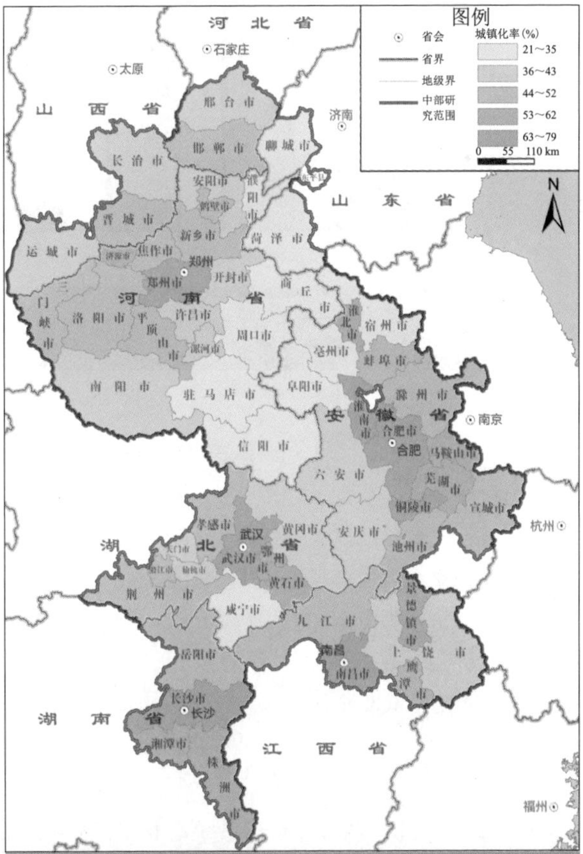

图 11　评价区各地市城镇化水平

工业增加值水耗大于全国平均值，48% 的城市高于全国 1 倍以上。

评价区大气、水环境污染物排放效率低于全国平均水平。2012 年中原经济区单位 GDP 的 SO_2、NO_x、COD、氨氮排放量为 5.13 kg/ 万元、6.35 kg/ 万元、5.32 kg/ 万元和 0.56 kg/ 万元，分别是全国均值的 106%、121%、114% 和 115%，长江中下游城市群单位 GDP 的大气污染排放效率要优于全国均值水平，但其单位 GDP 的氨氮排放量要高于全国均值（图 12）。

评价区工业和重点行业的资源环境效率较低，具有较大的提升空间。中原经济区单位工业产值的 SO_2、NO_x 排放量分别为 2.67 kg/ 万元、2.68 kg/ 万元，显著高于全国 2.10 kg/ 万元、1.82 kg/ 万元的平均水平；长江中下游城市群单位工业产值的 SO_2 和 COD 排放低于全国平均水平，而单位工业产值的 NO_x 排放量为 1.92 kg/ 万元，高于全国平均水平（图 13）。钢铁、石化、电力、纺织、食品加工等产业是地区重点发展产业，但部分行业的单位资源消耗水平和污染物排放水平要高于全国均值（图 14）。如中原经济区电力行业单位产值 SO_2 排放是全国均值的 112%、单位产值 NO_x 排放是全国均值的 155%，钢铁行业单位产值 SO_2 排放是全国均值的 125%。长江中下游城市群石化行业单位产值 COD 排放是全国均值的 175%、单位产值 SO_2 排放是全国均值的 116%，钢铁行业单位产值 COD 排放是全国均值的 170%，食品行业单位产值 NO_x 排放量是全国均值的 194%。

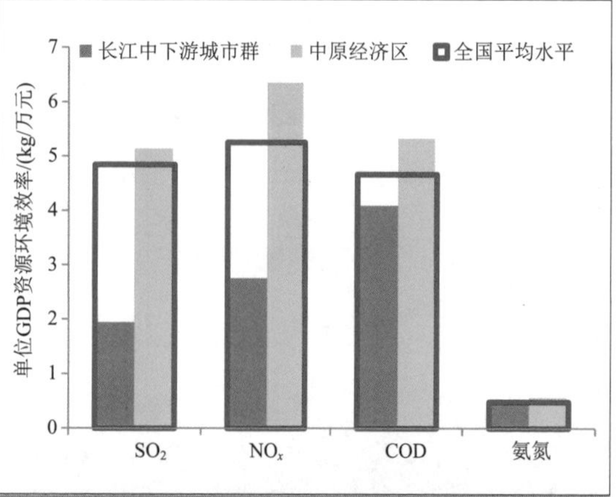

图 12 评价区单位 GDP 资源环境效率与全国平均水平比较

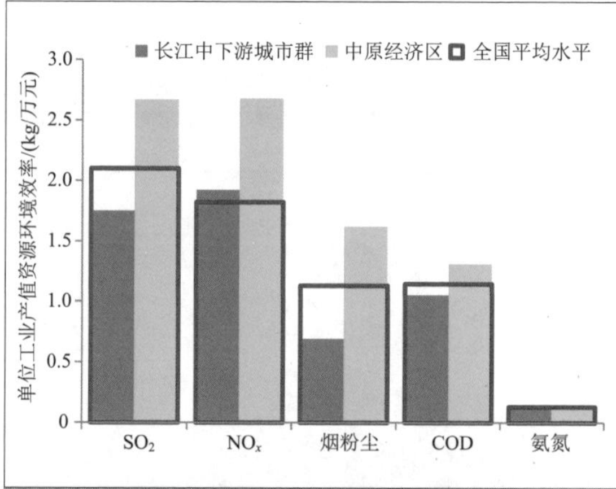

图 13 评价区单位工业产值资源环境效率与全国平均水平比较

（二）粮食生产安全面临双重压力

中部地区是全国重要的产粮区和粮食输出区域，也是国家未来粮食增产的主要区域，粮食生产安全面临稳定耕地面积与提升耕地质量的双重压力。中部地区快速城镇化、工业化发展的用地需求处于增长阶段，耕地后备资源不足，稳定耕地数量压力不断增加；化肥和农药过度施用、农业废弃物累积、污水灌溉、涉重产业园区和工矿企业周边的土壤重金属污染使耕地质量面临威胁。

1. 耕地面积减少

评价区农田生态系统总面积 29.4 万 km^2，占评价区面积的 54.0%，主要分布在海拔较低

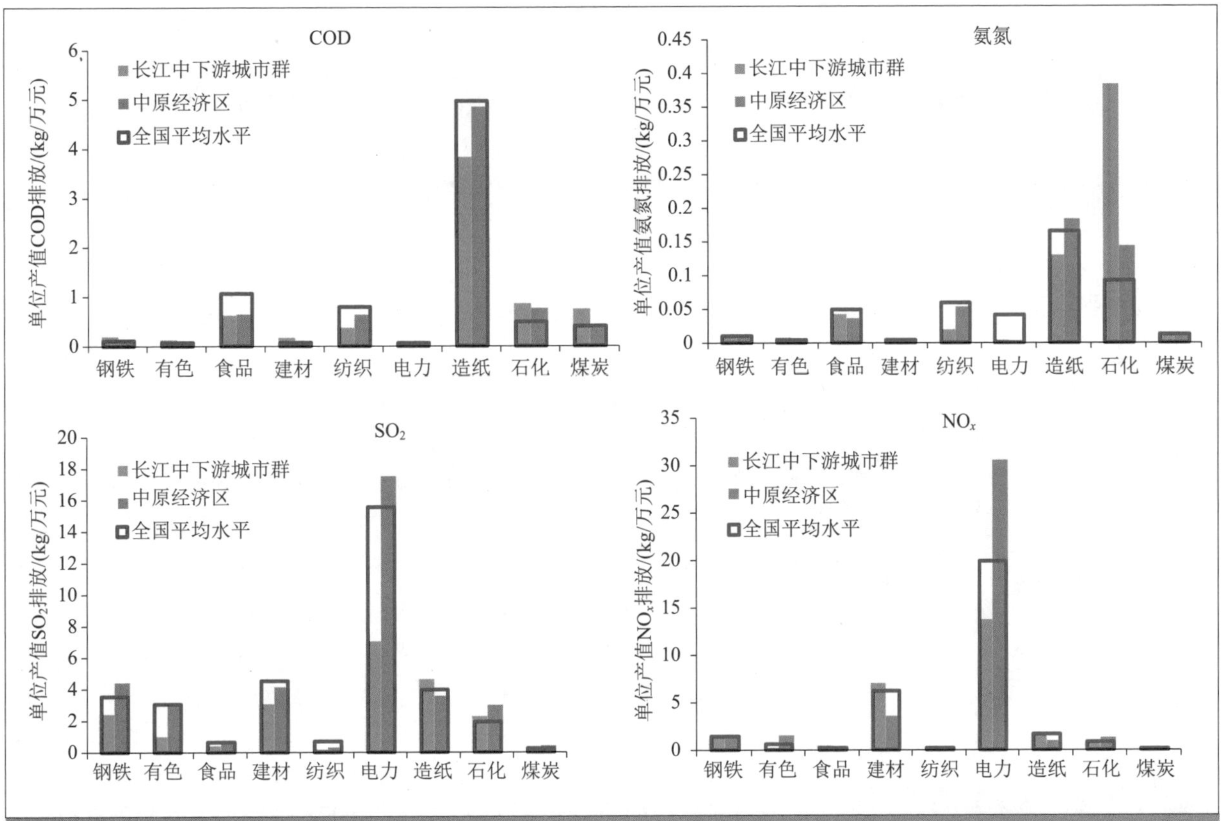

图 14 评价区重点工业行业资源环境效率与全国平均水平比较

的平原区域，农田类型地域差异明显，淮河以北地区以旱地为主，淮河以南则以水田为主。2000 年以来中部地区农田面积累计减少达 9 132.4 km²，约占全国农田减少总面积的 21.5%。郑州、武汉、合肥、长沙、南昌等省会城市周边及冀南、皖东部分地区农田面积减少较为突出。

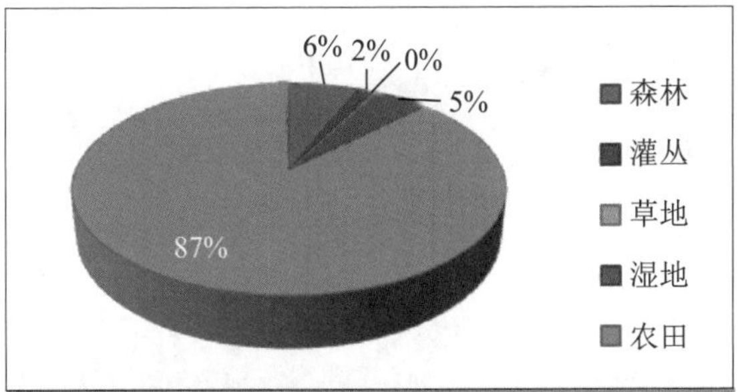

图 15 评价区城市扩张所占用的生态系统比例分布

城镇用地扩张是农田面积减少的主要因素。遥感监测显示，2000—2010 年 10 年间中原经济区城镇建设用地面积由 3.2 万 km² 增至 3.63 万 km²，增加 4 300 km²，增幅达 13.4%；长江中下游城市群城镇建设用地面积由 1.1 万 km² 增至 1.6 万 km²，增加 4 900 km²，增幅达 43.4%。评价区城市扩张占用的生态系统类型中最多的是农田，其次是森林与湿地（图 15）。近 10 年来，农田转化为城镇建设用地面积达 8 523.6 km²，占农田转为其他用地类型总面积的 68.8%。

2. 高质量耕地数量偏少

评价区耕地种养失调，过度施用化肥导致中部地区耕地质量下降逐渐显现，主要表现在农田土壤肥力较低、土壤酸化加重等，高质量耕地数量偏少。评价区土壤有机质含量分布南高北低（图 16）。根据全国第二次土壤普查的结果，河南省土壤有机质与总氮的低值区主要

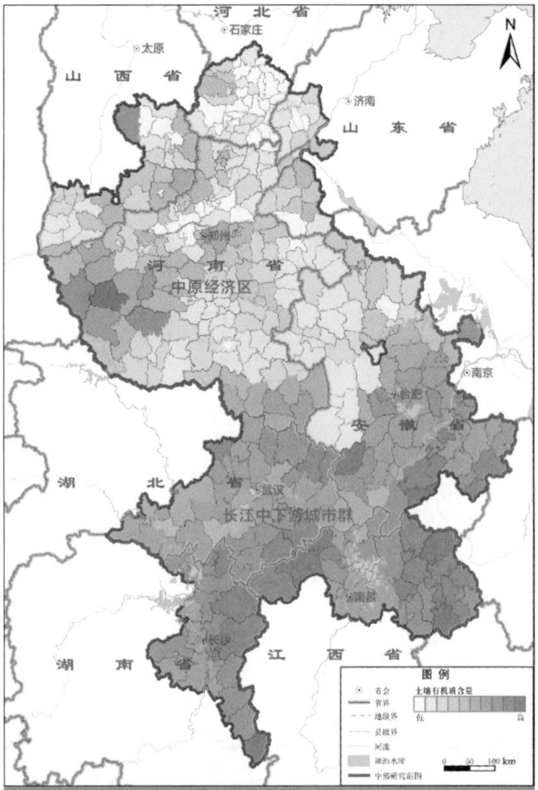

图 16 评价区土壤有机质的空间分布

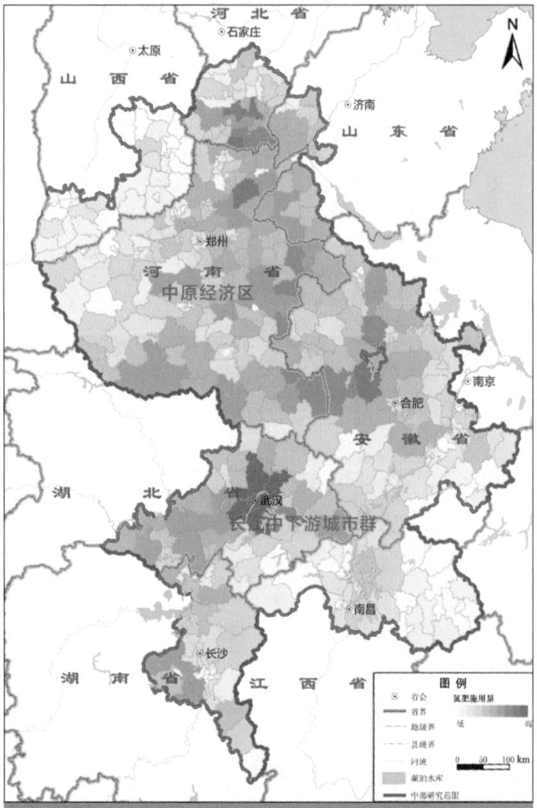

图 17 评价区化肥施用量分布

分布在南阳盆地、黄淮海平原、豫西山前平原等农田广布的平原地区，土壤表层（0 ～ 20 cm）有机质含量平均为 12.2 g/kg，属于中下等水平；其中有机质含量低于五级水平 10.0 g/kg 的耕地约占 58.3%，大于三级水平 20.1 g/kg 的耕地仅占 6%。

按照农业部《全国耕地类型区耕地地力分等定级划分》标准，河南省质量较好的三等以上［1 400 斤以上地力 / （亩 · a）］①耕地 4 252.7 万亩，占总耕地面积的 35.8%；四等及以下耕地 7 636.3 万亩，占总耕地面积的 64.2%。按照粮食产量表征耕地质量，河南省现状中低产田面积为 6 497 万亩，约占耕地面积的 55%；高标准基本农田不足耕地面积的 30%。中低产田涉及的土壤类型主要包括黄淮海平原的湖积平原砂姜黑土、稻田和黄河故道沙土、山前平原的丘陵褐土、南阳盆地的丘陵黄褐土等，中低产田中养分失衡比例达到 80% 左右，瘠、薄、瘦、漏、黏、盐碱化等土壤问题均有分布。

城市发展、工业园区扩展使周边农田转化为开发建设用地，占优补劣现象是近 10 年影响中部地区耕地质量的重要原因之一。2000—2010 年，评价区其他用地类型转变成农田的累计面积为 3 262.12 km^2，其中约 28% 来自土壤肥力较低的低丘缓坡区，造成耕地质量总体下降，并加剧了当地水土流失。

3. 土壤污染问题突出

农用化学品的过度施用和不合理使用，以及由缺水和水污染引发的污水灌溉，使得土壤持久性有机污染和重金属污染问题日益突出，成为影响土地质量的关键性问题，对保障粮食生产安全构成潜在威胁。

化肥农药的施用量呈上升趋势。评价区内黄淮海平原区的化肥施用量高于周边地区（图 17），2010 年中原经济区平均化肥施用强度为 805.7 kg/hm^2（折纯量，以下均为折纯量），长江中下游城市群地区平均化肥施用强度为 767.6 kg/hm^2，化肥施用强度约为全国平均水平（434.3 kg/hm^2）的 2 倍。

施用化肥的粮食增产边际效应呈递减趋势，其中，2006—2011 年河南省单位化肥粮食产量从 9.5 kg/kg 下降到 8.3 kg/kg（图 18），湖南省化肥粮食单产投入产

① 1 斤 =500 g；1 亩 =1/15 hm^2。

出比由1984年的61逐年下降至2010年的24（图19），化肥施用量达到峰值区间，再继续增加化肥施用强度将弊大于利。单纯依靠增施化肥增产，使土壤结构受到破坏，导致土壤板结，同时，用地不养地，造成土壤有机质下降，影响土壤肥力。制造化肥的矿物原料及化学原料中，含有多种重金属和其他有害成分，随施肥进入农田土壤，长期过度施用可造成土壤污染。过度施用过磷酸钙、硫酸铵、氯化铵等生物酸性化肥，易造成土壤酸化，导致土壤中重金属等有毒物质的释放或毒性增强。

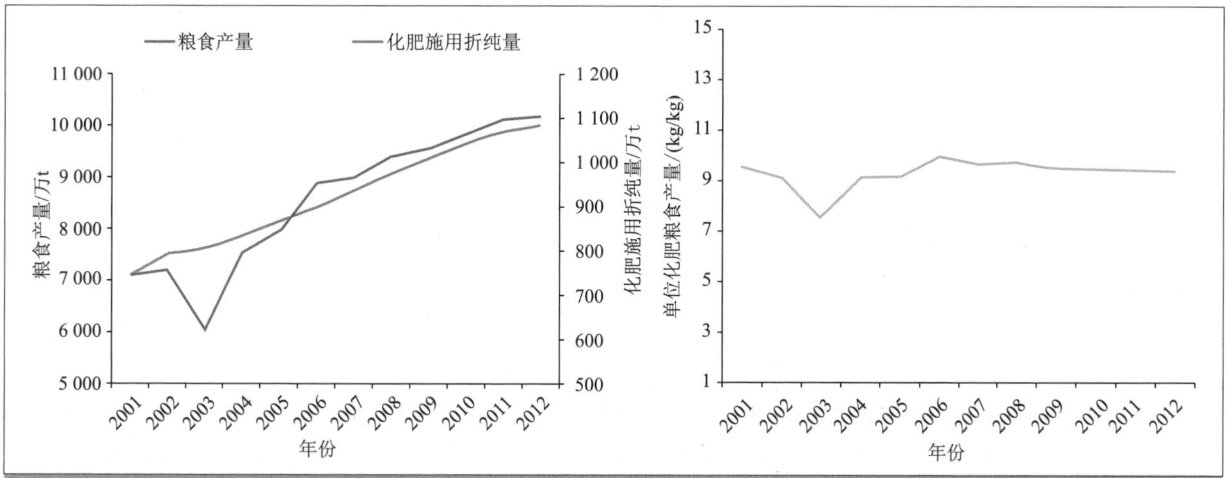

图18 中原经济区化肥施用量与化肥粮食增产的边际效应

农药农膜施用量也呈逐年增加趋势。2007—2011年，河南省农药施用量增加了9.8%，单位播种面积农药施用量增加了7.8%；农膜使用量增加了19.7%，单位播种面积农膜使用量增加了18.3%。

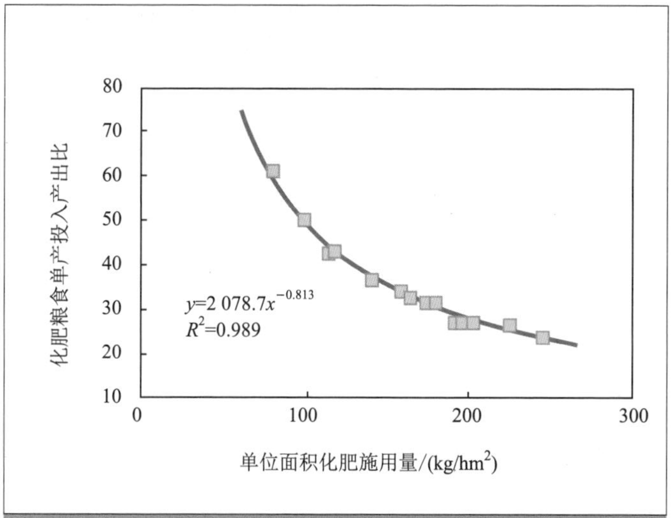

图19 湖南省1984—2010年化肥粮食单产投入产出比

施用的农药中杀虫剂约占60%，其中70%属于毒性高、用量大的有机磷类及其混配制剂，约60%的农药利用效率比较低，靶标生物农药利用率为20%～30%，70%～80%的农药流失在环境中，直接喷洒的农药大部分落入土壤中，土壤杀虫剂、杀菌剂、除草剂则直接施入土壤。过度施用农药直接影响土壤环境质量，土壤中的农药残留可被作物吸收，可经雨水和灌溉水入渗地下水或河流，也可随蒸发、蒸腾逸入大气，对生物、水和大气造成不良影响。

评价区重金属污染问题突出，污染地区主要在金属矿区和冶金产业集聚区。湖北、湖南、江西、河南被列入全国《重金属污染综合防治“十二五”规划》的重点治理省份。近年来，由于工业污染物排放，部分区域土壤重金属污染增加，农田污染加重趋势明显，污染事件频发。湖南、江西是我国有色金属资源大省，钢铁、有色等冶金行业是这一区域的重要产业，生产过程中产生大量重金属颗粒物，通过大气传输等方式在周边地区沉降，导致工业区周边地区土壤重金属含量升高，农田重金属污染问题较为突出。中原经济区土壤重金属污染风险呈现农业区区域性土壤重金属含量累积上升与局部土壤重金属污染加剧的特征。在粮食主产区，非井渠灌区的土壤重金属含量普遍高于井灌区，污灌区与涉重工矿企业周边土壤重金属镉、铅等的累积污染风险已经十分突出。

（三）流域生态安全胁迫严重

中原经济区水资源严重短缺，地下水严重超采，水环境污染为特征的水危机未得到根本扭转。水资源短缺与水资源浪费、水资源超载与耗水型产业布局、河道季节性断流与废水处理投入不足等问题多重交织，形成综合性水环境难题，长期未能有效破解。长江中下游城市群以水质型缺水、重要水生生物栖息地丧失为特征的水生态危机日益凸显。

1. 复合型缺水危机尚未根本扭转

（1）资源型、水质型复合缺水交织叠加

中原经济区以全国 2.3% 水资源量承载全国 1/8 的人口，承担全国 1/6 粮食生产任务。水资源保障已成为粮食生产安全的重要制约因素。

中原经济区属于严重缺水地区，2012 年人均水资源占有量不足 393 m³/ 人，不到全国人均水资源占有量的 1/5，占总人口 53% 的地区人均水资源不足 300 m³，处于维持人口生存最低需求水平（表 2）。2012 年，中原经济区水资源开发利用率达 65.3%，海河、淮河流域大部分地区的水资源开发利用率在 50% ～ 100%，相当部分地区水资源开发利用超过 100%，水资源短缺问题十分突出。

表 2 中原经济区水资源短缺程度评价

人均水资源量 /（m³/ 人）	缺水程度	城市数	人口 /%	GDP/%
1 000 ～ 2 000	中度缺水	1	3.8	3.1
500 ～ 1 000	重度缺水	8	23.0	21.4
300 ～ 500	极度缺水	7	19.8	19.5
<300	维持人口生存最低需求	16	53.4	56.0

全社会用水总量呈增长态势，用水结构未发生显著变化。2012 年，中原经济区用水量 419.5 亿 m³，比 2005 年用水总量增长 17.3%。工农业和生活用水量同步增长，用水结构未发生大的变化，农业用水占比 59.5%，工业用水占比 22.9%，城乡生活用水占比 17.6%。

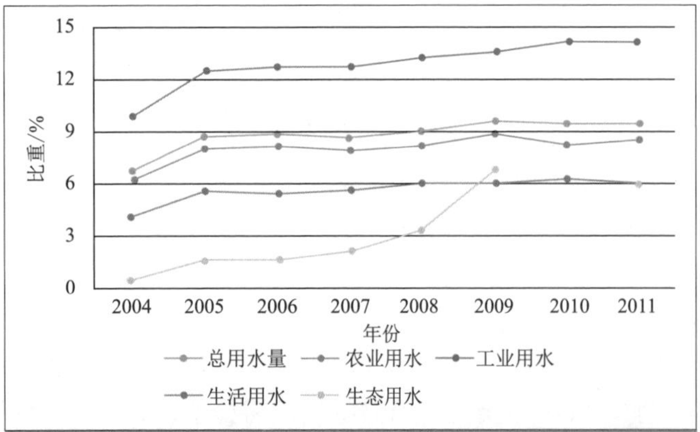

图 20 长江中下游城市群用水占全国相应总用水量比重

长江中下游城市群呈现水质型缺水状况，武汉城市圈的水资源开发利用率超过 50%，超出水资源开发利用安全警戒线。农业用水占长江中下游城市群总用水量的 54%；工业用水量占全国总工业用水的 14.2%（图 20），高于其工业增加值占比（8.5%），用水效率偏低。

（2）水污染物排放强度大

中部地区点源排放强度较大。2012 年中原经济区点源 COD 排放强度为 2.69 kg/ 万元，氨氮排放强度 0.38 kg/ 万元，与东部地区 COD 和氨氮平均排放强度 1.63 kg/ 万元和 0.24 kg/ 万元的水平仍有一定差距（图 21）。长江中下游城市群单位 GDP 的工业 COD 及氨氮排放强度均高于全国平均水平，其中，鄱阳湖生态经济区 COD 排放强度约为全国均值的 3.3 倍，长株潭城市群氨氮排放强度是全国水平的十余倍（图 22）。

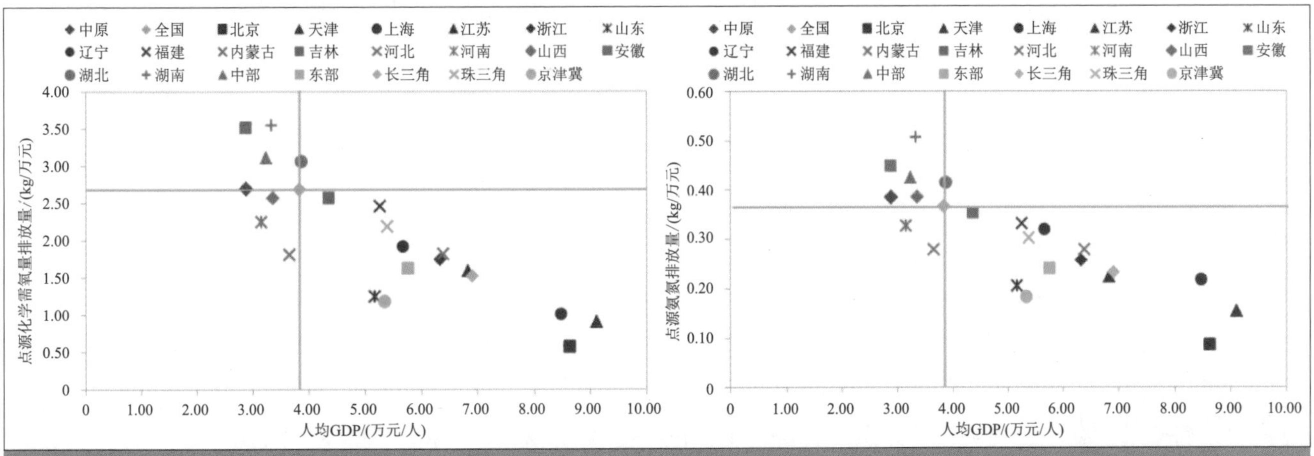

图 21　中原经济区及全国不同地区 2012 年点源水污染物排放绩效

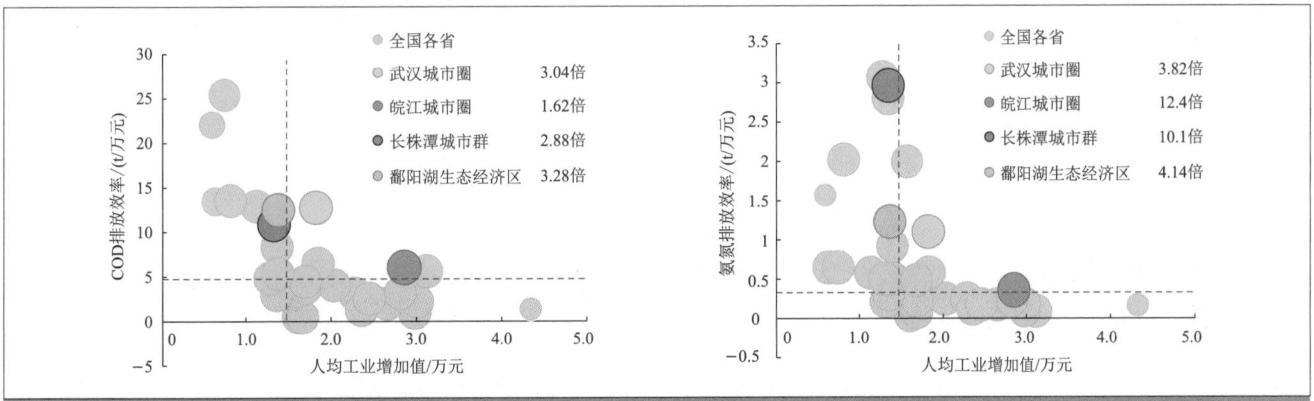

图 22　2012 年长江中下游城市群工业 COD、氨氮排放效率

注：气泡大小表示地区总产值中工业比重。

（3）长江中下游地区重金属污染持续累积，水污染生态效应凸显

湘江流域是我国重金属污染治理重点区域，外排废水中国家重点防控的五种重金属污染物的排放量约占全国的 18%，位居全国第一。最新的土壤污染普查结果显示，被检测的土壤样品中砷、镉、汞的点位超标率分别为 8.7%、19.7%、4.5%。湖北省黄石，江西省鹰潭、上饶等地区重金属污染形势同样严峻。企业排放的重金属进入水体并通过迁移、转化和长期累积给流域生态系统造成极大威胁。

过度施用农药和化肥及畜禽养殖业废弃物排放带来了严重的面源污染。中原经济区非点源 COD、氨氮排放量分别为 142.5 万 t、10.78 万 t，其中，畜牧养殖业占面源污染占比最大。河南省畜牧业氨氮及总磷排放量占非点源排放总量的 92% 和 84%。安徽省 2012 年种植业农药施用量（折纯）达 1.5 万 t，化肥施用总量（折纯）达 310 万 t，70% ～ 80% 的农药直接渗透到环境中，化肥通过地表径流及地下淋溶流失的总氮量达 9.4 万 t。江西省 2011 年全省农业面源污染 COD、TN 负荷量为 223 775 t 和 76 576 t，比 2000 年增长了 19.5% 和 15.3%；农药平均施药强度为 33.3 kg/hm²，利用率不足 30%，无效流失高达 70% 以上。

（4）部分地表水体污染严重

中原经济区流域水污染依然十分严重。水环境污染与资源型缺水问题并存，海河、淮河、黄河、长江四大流域主要支流水污染严重，黄淮海平原区海河、淮河流域支流季节性河流断流、河道干涸十分突出，基本丧失自然河流基本功能，跨省界地表水污染比较频繁。2012 年中原经济区的 221 个国控和省控监测断面中，Ⅴ类和劣Ⅴ类水质断面占 43.9%，海河流域平原区整体处于重污染状态。

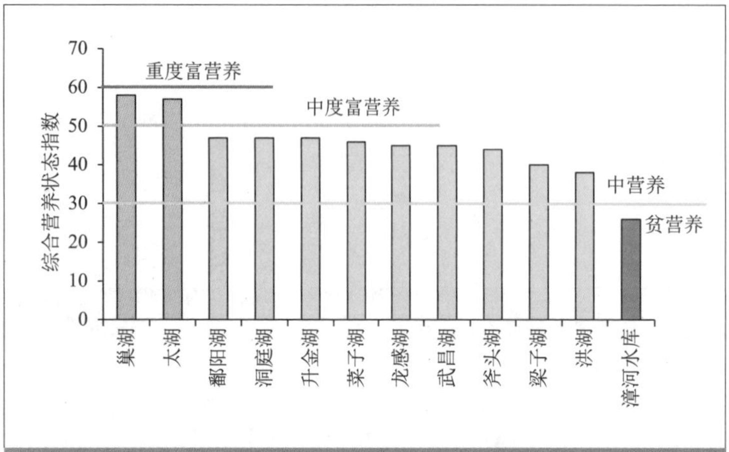

图 23　长江中下游主要湖泊富营养化程度

在长江中下游城市群区域，洞庭湖流域长沙市湘江、浏阳河、捞刀河、靳江河、湘潭市湘江支流涟水，武汉市约 1/4 河流、荆州市豉湖渠、便河、西干渠、仙桃市通顺河等河流水质均为中度到重度污染。巢湖、鄱阳湖、洞庭湖和武汉城市内湖等富营养化问题突出。巢湖水质总体为Ⅴ类，属中偏重度富营养状态；鄱阳湖水质为Ⅳ类，属中营养状态；洞庭湖水质总体为Ⅳ类，属中营养状态；武汉市城市内湖水质污染严重，呈富营养化状态（图 23）。

（5）流域水资源人为调控效应突出

随着评价区引江济汉、引江济淮、引淮济亳、淮水北调、鄂北引水等流域 / 区域调水工程的实施和运行，对长江中下游城市群水资源时空分布的人工调控效应加大，加速了长江与湖泊关系的演变。鄱阳湖、洞庭湖、巢湖以及汉江下游的生态安全水平下降，部分河湖湿地萎缩严重。

长江上游水利工程规模大、数量多，导致长江干流水沙条件发生强烈变化，输沙量锐减，水体自净能力下降。2000 年以来，长江干流 7 个主要监测断面输沙量均呈显著下降趋势，2010 年长江下游大通站输沙量 1.85 亿 t，仅为 2000 年（3.39 亿 t）的 54.57%。2000 年以来，长江中游干流总体表现为“滩槽均冲”。2002—2008 年，长江平滩河槽总冲刷量为 6.41 亿 m³，平均冲刷强度为 67 万 m³/km，河道冲刷加重，崩岸频发。河道清水下切河床，导致部分沿江城市取水困难，下游城市咸潮上溯。含沙量下降导致水体自净能力下降，大型水利工程负面影响日趋明显，由此给流域生态安全带来更大的不确定性和安全隐患。

中原经济区发展和经济增长对跨流域调水的依赖程度增强，除南水北调中线、东线工程外，还包括河南干流引黄、引黄入邯、聊城引黄等调水工程。2011 年河南省引黄水量 35.5 亿 m³，其中向海河和淮河流域输水量 20.63 亿 m³，这部分跨流域调配的水资源在使用后最终进入自然水体，农田灌溉退水、工业、生活废水对淮河和海河的流域生态环境造成影响。

（6）地下水超采严重，污染途径多样化

中原经济区社会经济发展严重依赖地下水资源。2012 年地下水供水量为 231.4 亿 m³，占总供水量的 55.2%。海河、淮河及黄河流域平原区浅层地下水开采率分别为 110%、55% 及

87%。长期处于超采状态，导致 2/3 以上省辖市不同程度出现地下水漏斗（表 3）。2012 年，中原经济区平原区浅层地下水漏斗面积达 15 240 km^2，约占整个中原经济区面积的 5%。

表 3　中原经济区主要地下水漏斗面积变化情况　单位：km^2

年份	安阳—鹤壁—濮阳浅层地下水漏斗	莘县—夏津浅层地下水漏斗	邢台市宁柏隆浅层地下水漏斗	邯郸陶琯寿山寺浅层地下水漏斗	邢台巨新深层地下水漏斗	邯郸市深层地下水漏斗	运城市涑水盆地深层地下水漏斗	阜阳—淮北—宿州深层地下水漏斗
2006	6 584	4 360	1 574	901	1 769	2 898	1 857	1 582
2007	6 590	3 921	1 523	1 063	1 972	2 949	1 898	1 552
2008	6 580	3 958	—	—	—	—	1 935	1 560
2009	7 012	4 004	—	—	—	—	2 195	1 563
2010	6 820	4 033	—	—	—	—	2 080	1 568
2011	6 660	3 696	1 227	948	2 255	3 156	2 005	2 293
2012	6 760	3 706	1 212	1 096	1 984	2 743	2 021	2 280

中原经济区大范围的地下水漏斗区造成地下水污染呈现复杂多样化的特征。主要表现为由点状、条带状向面上扩散，由浅层向深层渗透，由城市向周边蔓延的特点。区域内河流渠道水污染、过量施用化肥和农药，以及污水灌溉等对地下水影响显著；矿山开采及加工、生态垃圾填埋场、工业固体废物堆存场和填埋场等对地下水造成污染，部分中小型企业产生的废水通过渗井、渗坑违法向地下排放直接污染地下水等，均对地下水安全构成威胁。

不同时期的地下水质监测统计数据表明，中原经济区地下水水质呈现区域性恶化态势。1988 年监测的河南省 17 个主要城市及近郊 50 眼井中，符合饮用水标准的监测井占 50%，符合灌溉用水标准的占 84%；2007 年监测的 45 眼井中，符合饮用水标准的占 18%，符合灌溉用水标准的仅占 58%，地下水水质下降明显。海河流域平原区地下水污染问题突出，邢台、邯郸等地市的地下水中氨氮、硝酸盐氮、亚硝酸盐氮严重超标，濮阳市油田区地下水有机污染十分突出，邯郸、安阳、新乡、聊城等地市的部分地下水饮用水水源地不同程度地受到重金属污染威胁。

2. 流域水生态安全问题十分突出

（1）中原经济区部分河流断流严重，水体生态功能丧失

中原经济区长期存在的水资源超载、水环境污染导致河流生态损害严重。河流生态基流和洪水过程的生态需水均得不到满足，部分河道水体功能丧失。海河流域平原区河道以及淮河流域支流河道季节性断流问题十分突出，河流断流长度从 20 世纪 60 年代的 683 km 增加到 21 世纪初的 2 000 多 km，年断流天数从 84 天增加到 270 多天，河流生态系统遭到严重破坏（表 4、表 5）。

表 4　20 世纪 60—90 年代和 2000 年海河流域平原区主要河道干涸、断流情况统计

	60 年代	70 年代	80 年代	90 年代	2000 年
20 条主要河流中断流的河流数 / 条	15	19	季节性断流转向全年性断流		
河道平均断流天数 /d	84	186	243	228	274
年平均河道干涸总长度 /km	683	1 335	1 811	1 811	2 026
平均河道干涸天数 /d	39	143	167	151	197

数据来源：海河流域水资源及其开发利用情况调查评价。

表 5 中原经济区海河流域主要河流 2000—2005 年断流统计

河流名称	河段	河段长度 /km	2000—2005 年年平均		
			干涸天数 /d	断流天数 /d	干涸长度 /km
滏阳河	京广铁路桥—献县	343	319	326	317.7
子牙河	献县—第六堡	147	332	341	155.9
漳河	京广铁路桥—徐万仓	103	298	314	101
卫河	合河—徐万仓	264	14	22	0
卫运河	徐万仓—四女寺	157	55	81	17.8
南运河	四女寺—第六堡	306	200	310	87
漳卫新河	四女寺—辛集闸	175	51	167	75.5
徒骇河	毕屯—坝上挡水闸	339	0	231	63
马颊河	沙王庄—大道王闸	275	29	219	39

数据来源：海河流域平原河流生态修复模式研究。

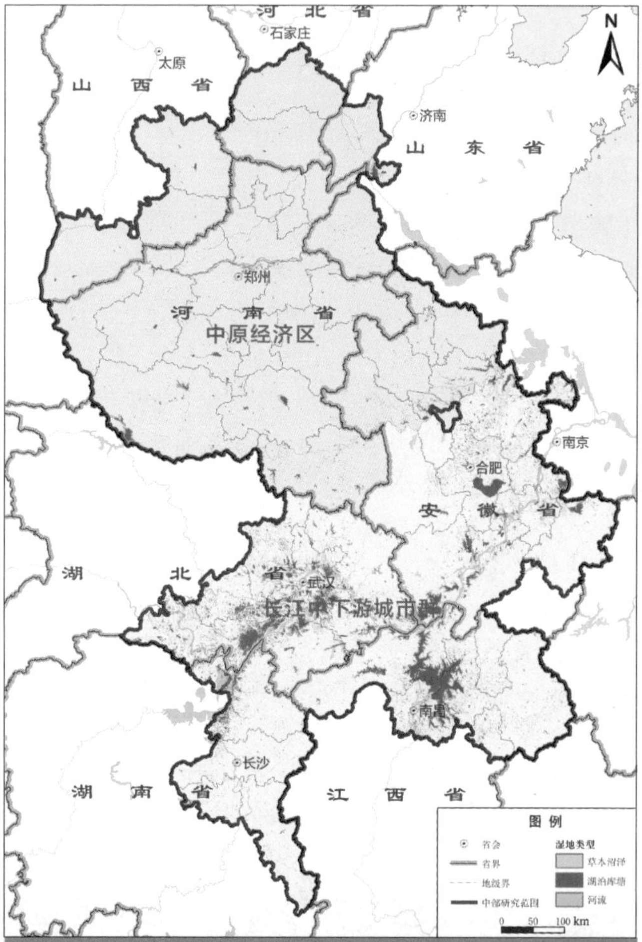

图 24 评价区湿地生态系统分布

（2）长江中下游城市群湖泊群湿地萎缩、鱼类的群落结构变化显著、长江特有水生物种种群数量锐减等水生态安全问题突出

湿地是中部地区具有重要生态服务功能的生态系统类型。中部地区湿地面积 3.28 万 km^2，占评价区总面积的 6.15%，主要分布在长江中下游地区（约占 83.3%）。其中，湖泊湿地 2.36 万 km^2，占中部地区湿地面积的 71.9%，主要分布在长江沿江区域，包括江汉湖群、安庆湖群以及洞庭湖、鄱阳湖、巢湖等重要湖泊（图 24）。

长江中下游湖泊湿地退化问题严重，近年退化趋势有所遏制。自 1950 年以来，长江中下游地区湿地面积前 30 年锐减、后 20 年基本稳定、近 10 年来略有增加。湖泊面积由 20 世纪 50 年代初的 1.72 万 km^2 减少到现在的 6 618 km^2，约 2/3 的湖泊消失（图 25）；鄱阳湖由 1949 年的 5 072 km^2 减少至 2012 年的 3 840 km^2，面积萎缩幅度达 24.3%；洞庭湖由 1949 年的 4 465 km^2 减少至 2010 年的 2 714 km^2，面积萎缩幅度达 39.2%。近年来，随着“退田还湖”政策的实施，长江中下游湖库型湿地面积略有增加，较 1998 年增加 6% 左右，但仍然接近 60 年来的历史低点，湖泊萎缩的问题仍然严重。

遥感解译显示，近 10 年来，评价区湿地面积略有增加，但增幅仅为 1.5%，且多为湖库型湿地，生物多样性维持功能较强的草本沼泽面积依然处于萎缩态势，淮河流域中游、汉江流域下游等区域草本沼泽面积明显减少，淮河流域自然湿地的面积减少 2.9%（图 26）。

（3）围湖造地、水利工程建设运行是导致湖泊湿地萎缩的重要原因

1949 年以来，江汉平原有 1/3 以上的湖泊面积被围垦，围垦总面积达 1.3 万 km^2，因围垦而消亡的湖泊达 1 000 多个。水利工程是近年来影响湿地面积的重要原因。自 2003 年 11 月三峡水库截流以来，鄱阳湖与洞庭湖水域面积明显减少。遥感监测结果表明（图 27），2000—2003 年，洞庭湖枯水期平均水域面积为 533.1 km^2，2004—2010 年洞庭湖枯水期平均水域面积为 469.7 km^2，截流前后平均水域面积减少了 63.4 km^2，降幅为 11.9%。鄱阳湖的水域面积减少更明显，2000—2003 年枯水期平均水域面积为 1 351.1 km^2，2004—2010 年鄱阳湖枯水期平均水域面积为 1 174.8 km^2，减少了 176.3 km^2，降幅为 13.4%。

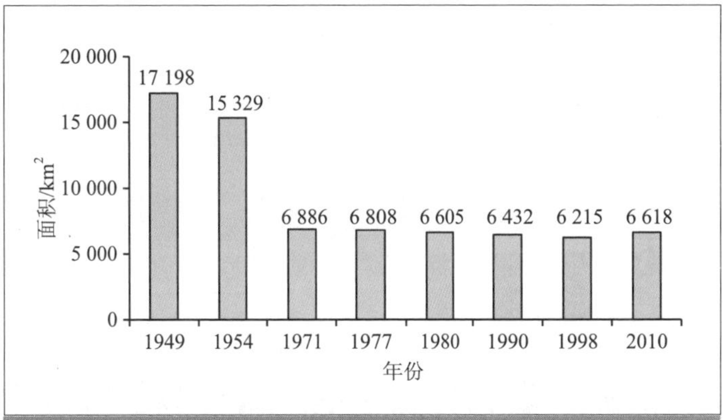

图 25 长江中下游（大通以上）湖泊面积的历史演变

（4）湖泊洪水调蓄能力下降趋势尚未得到根本扭转

湖泊调蓄容积的减少，直接导致湖泊洪水调蓄功能下降，其直接后果是长江汛期洪水风

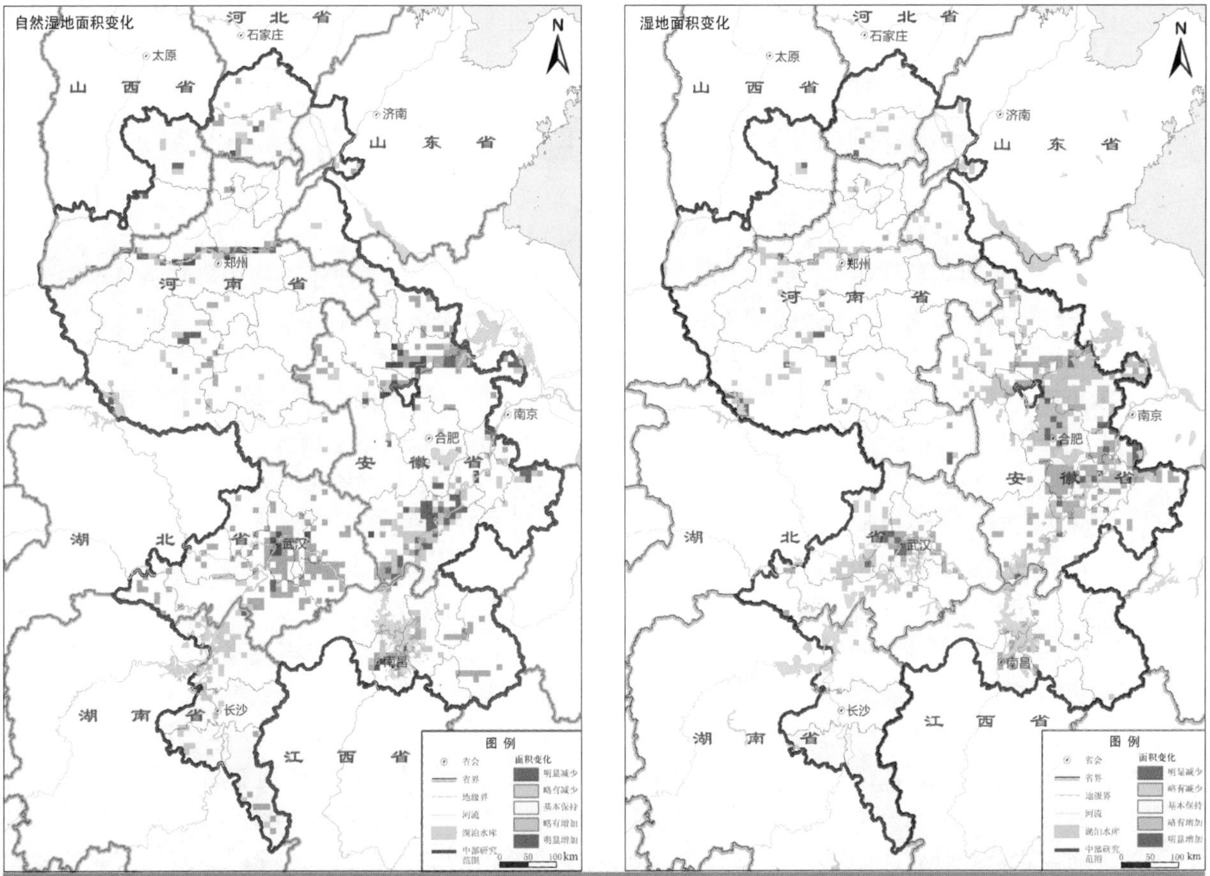

图 26 评价区湿地生态系统的变化

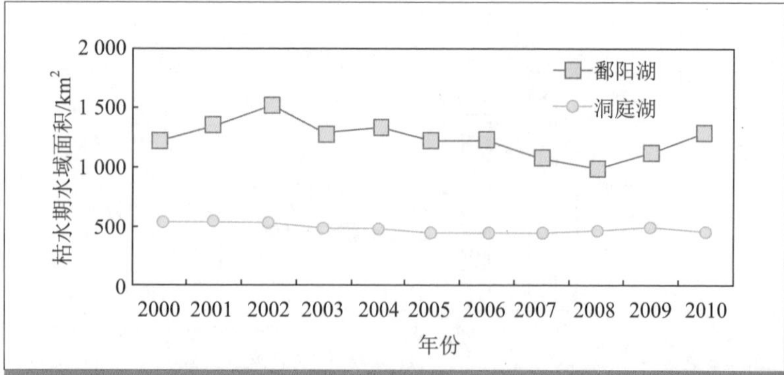

图 27　2000—2010 年鄱阳湖、洞庭湖枯水期水域面积变化曲线

险增加，江湖洪水位不断升高。如鄱阳湖多年平均最高洪水位，20 世纪 50 年代为 18.51 m，70 年代为 18.93 m，90 年代跃升至 20.1 m，2010 年最高水位达 20.23 m。1998 年长江流域特大洪水以后，评价区湖泊洪水调蓄能力有所恢复，但洞庭湖和鄱阳湖蓄水容量仅恢复至 70 年代末水平，湖泊洪水调蓄能力恢复任重道远（图 28）。

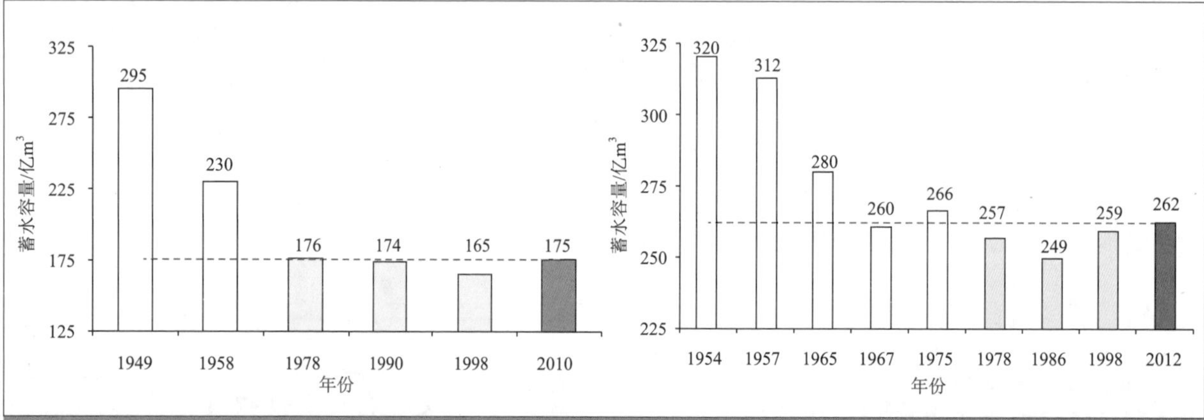

图 28　洞庭湖（左）与鄱阳湖（右）蓄水容量变化

（5）多重胁迫导致水生生物多样性锐减

近年来，长江中下游地区渔业资源与特有水生物种种群数量呈不断下降趋势，水生生物多样性资源萎缩的态势十分严峻。2003 年三峡工程第二期蓄水后，长江中游“四大家鱼”鱼苗径流量直线下降，2009 年监利断面监测到鱼苗径流量为 0.42 亿尾，仅为蓄水前（1997—2002 年）平均值的 1.2%。白鳍豚被宣告功能性灭绝，长江白鲟已多年未见报道。中科院水生生物研究所与中国水产科学研究院长江水产研究所的调查显示，20 世纪 90 年代以来，江豚种群数量下降速率约为每年 6.3%，其中 2006—2012 年长江干流长江江豚种群数量平均每年下降 13.7%。中华鲟野生种群数量以每 10 年一个数量级的速度快速减少，2013 年中华鲟野生种群数量从 80 年代的数千头下降至不足 100 头，且全年未观测到幼鱼与自然繁殖活动发生。

江湖阻断、过度捕捞以及船舶活动频繁是导致长江生物多样性极度萎缩的主要原因。目前，长江沿江湖泊中仅有洞庭湖、鄱阳湖和石臼湖为通江湖泊，许多江湖（海）洄游性水生动物如白鲟、鲥鱼、中华鲟、暗色东方鲀、大银鱼等从原有分布的湖区消失。长江岸线开发、河道整治、河道挖沙等经济行为造成鱼类“三场一道”（产卵场、育肥场、索饵场和洄游通道）丧失；10 年间长江干流荆州至马鞍山段年货运吞吐量增长 1.92 倍，江河船舶活动频繁，江豚、白鳍豚等水生哺乳动物的生存环境受到严重干扰。此外，过度捕捞已经导致渔业资源明显萎缩。水产统计资料显示（图 29），自 20 世纪 90 年代以来，江西、安徽、湖南、湖北四省渔业捕捞强度呈现出爆发式增长，但捕捞量在 2005 年以后逐年萎缩，渔业资源衰退迹象明显。

3. 水源涵养与水土保持功能有所提升

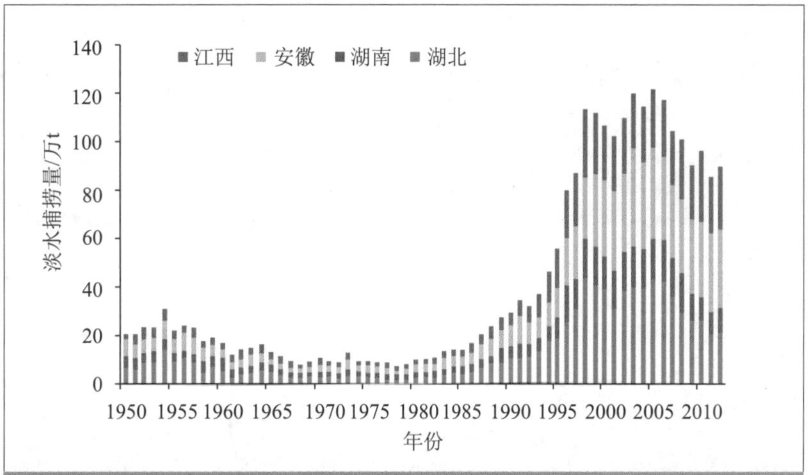

图 29　长江中下游四省淡水渔业捕捞量变化

森林生态系统是评价区第二大生态系统类型，是区域重要水源涵养与水土保持功能区。森林生态系统总面积 14.50 万 km^2，约占评价区的 27.16%，主要分布在太行山、伏牛山、秦岭、大别山、幕阜山、罗霄山等山地丘陵区（图 30）。评价区森林资源曾经历过大面积毁坏的历史，自 20 世纪 80 年代森林开始逐步恢复，近年来评价区森林面积稳中有增，森林生态系统的水源涵养与土壤保持功能也有所提升。2010 年，评价区水源涵养功能在 2000 年的基础上提升了 5.86 亿 m^3，增幅为 0.39%；水土保持功能提升幅度为 1.37%，森林生态系统的水源涵养与土壤保持功能得到提升（图 31）。但城镇建设用地快速扩张导致植被破坏，一定程度上抵消了森林生态系统恢复带来的水源涵养和水土保持功能整体提升效应。遥感监测显示，近 10 年长江中下游地区因人类活动新增的水土流失面积为

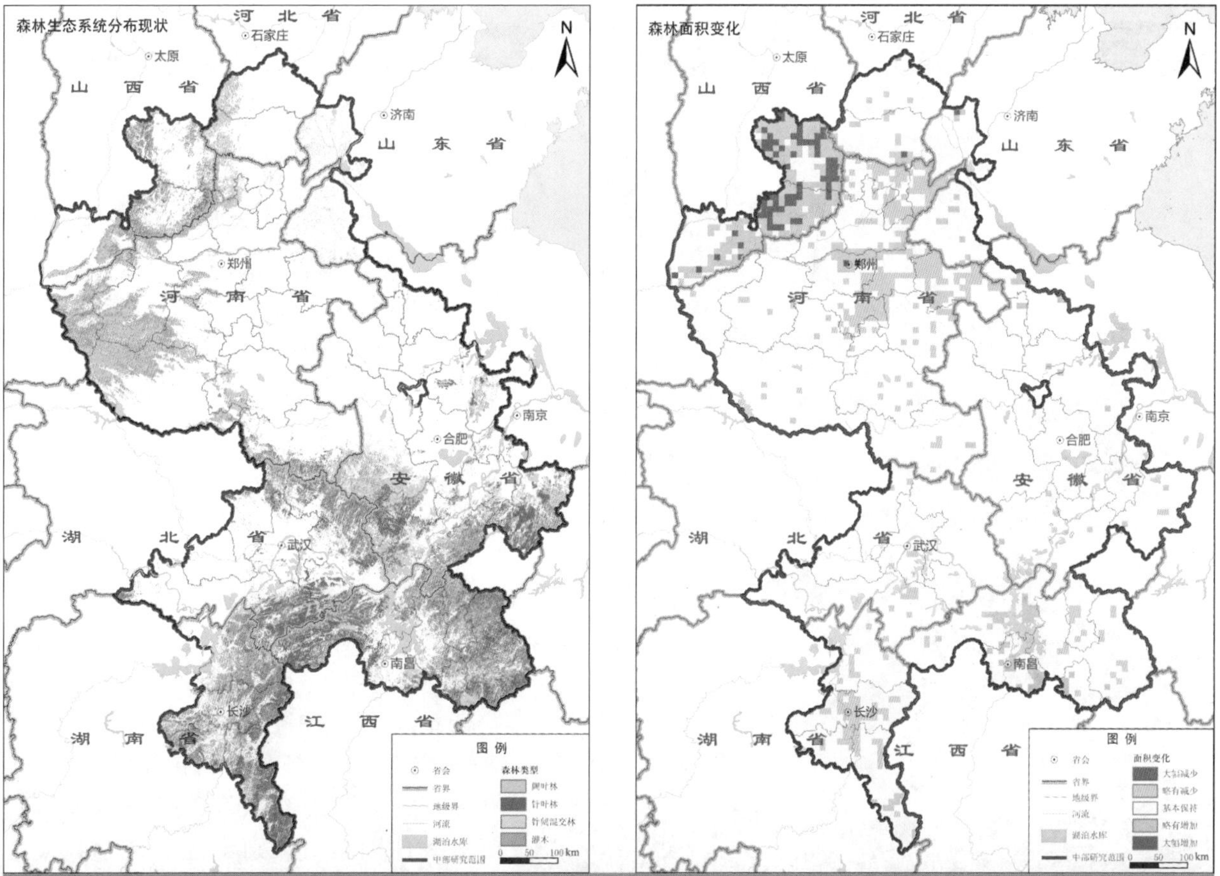

图 30　评价区森林生态系统分布与面积变化

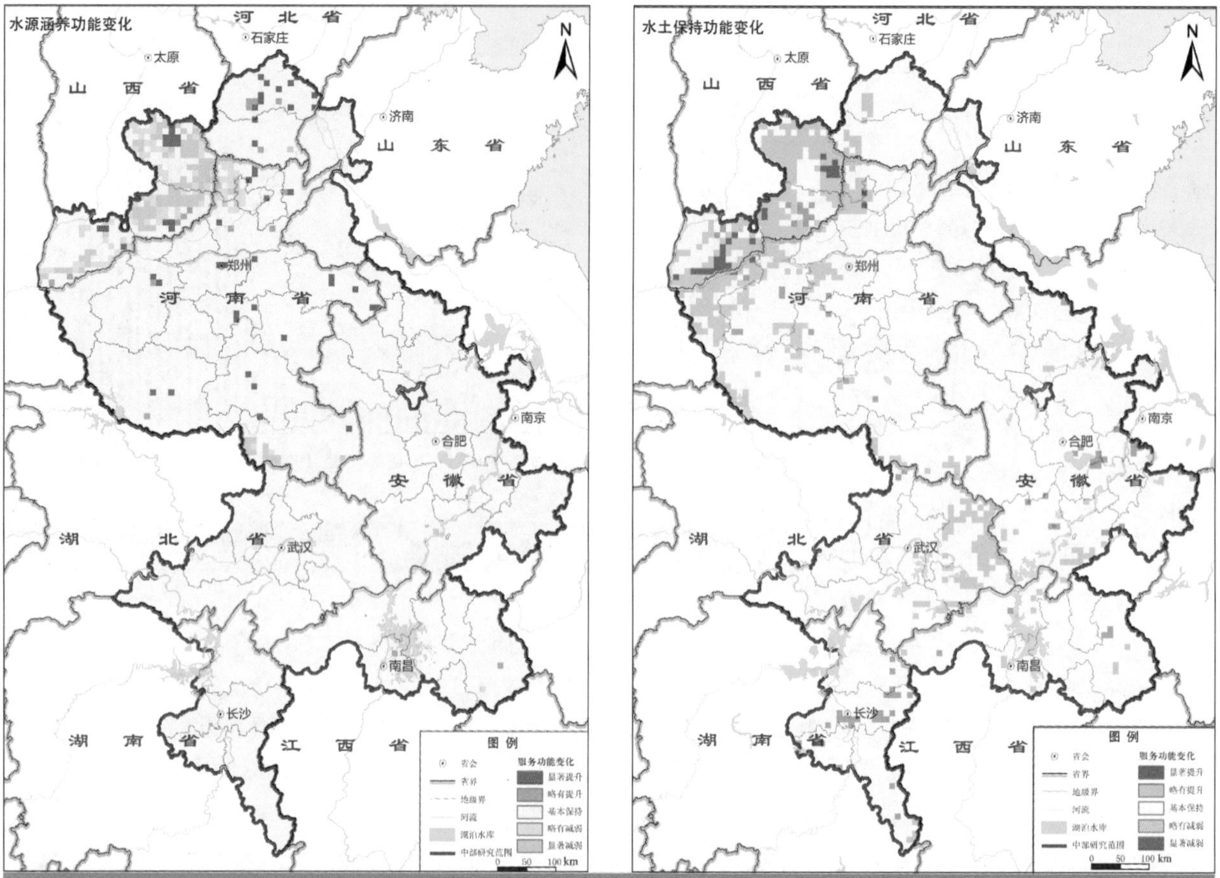

图 31 评价区水源涵养和水土保持功能变化

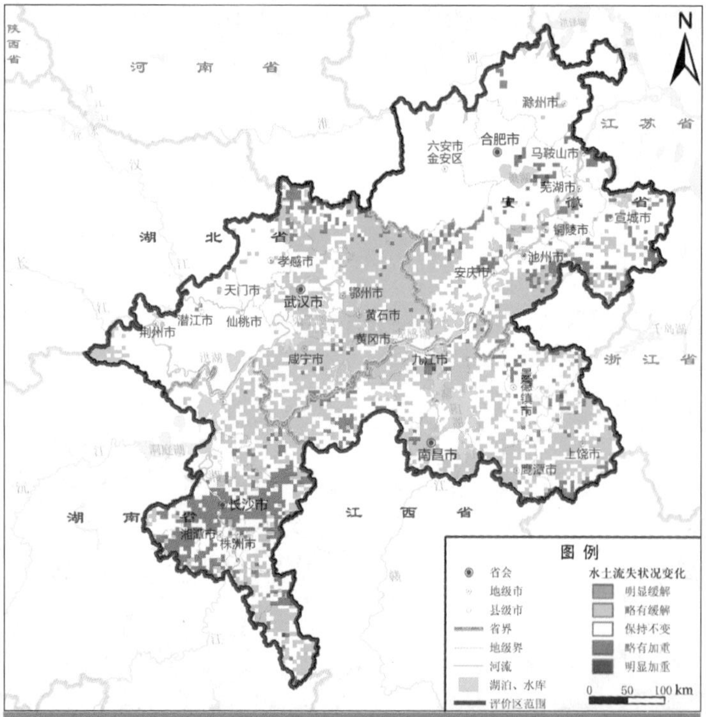

图 32 2000—2010 年长江中下游地区水土流失状况变化

394 km^2（图 32）。

（1）林分结构欠合理

林种单一，森林类型以人工林为主，天然林比例低，呈现森林面积、活立木蓄积量和森林覆盖率逐年提高，林龄结构不合理、林龄低龄化并存的局面，森林生态系统生态功能相对较弱。特别是长江中下游低山丘陵区马尾松、杉木分布面积过大，中幼龄林分布普遍。森林资源丰富的江西省，自 1977 年以来，全省林木蓄积量由 3.01 亿 m^3 增至 2011 年的 4.45 亿 m^3，以马尾松和杉木为主的次生林蓄积量由 1.31 亿 m^3 增至 2.62 亿 m^3，天然林为主的阔叶林蓄积量总量变化不大，仅由 1.70 亿 m^3 增至 1.83 亿 m^3（图 33）。

（2）水土保持功能有待提升

由于地形起伏大、暴雨频发等自然条件因素，大别山区和江南丘陵地

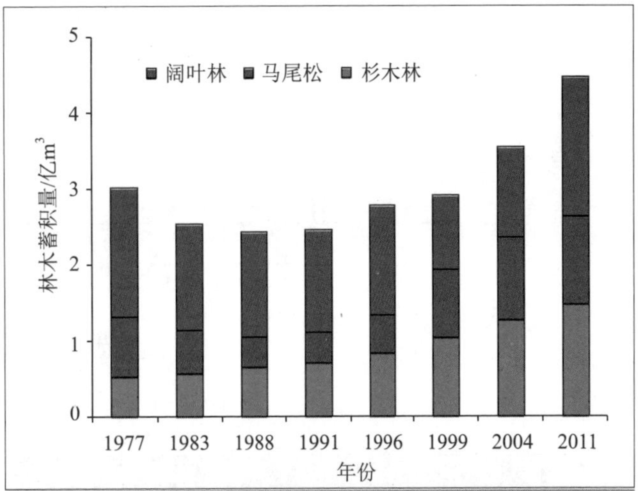

图 33　江西省森林不同林分蓄积量变化

区是我国水土流失较为严重的区域。由于中幼林植被覆盖低，林地侵蚀面积比正常林高4.87%～19.64%，平均高出13.55%；土壤侵蚀模数较正常林大1 169.7%～6 388.1 t/（km^2·a），平均达3 207.7 t/（km^2·a），约为同龄同立地条件正常林的11倍。

（四）人居环境安全形势严峻

评价区人口总量大、密度高，城市群及城镇人居环境安全保障功能突出，大气污染和饮用水安全成为公众关注的突出问题。传统煤烟型污染与以细颗粒物和臭氧为特征的大气复合污染并存，城市密集地区大气灰霾突出；城市集中式饮用水水源地与污水排放口交错布局、地下水源地面临超采与污染，农村饮用水水源地缺乏规范化建设与管理，对人居环境造成威胁。

1. 复合型大气污染严重

（1）气象条件复杂多变，周边跨区输送明显

评价区受西风带和亚洲季风的共同作用，气象条件复杂，总体偏弱，气流易呈现对峙状态，静稳天气多，风速较小，污染物不易扩散。春季，来自东海、南海的气流和来自西北内陆的干冷气流交汇，受到南方和西北气流的共同作用，南方沿海地区及西北内陆地区的污染物可输送至此，但强度较弱。夏季，受到东南亚夏季风的影响，污染物由南向北输送，中部地区南部受到珠三角地区污染物输送影响，地区内表现为长江中下游地区向中原经济区输送。秋冬季，主要受北方来向的强劲气流影响，评价区空气质量受到京津冀、山东、江苏等地高浓度污染物输送的影响。

评价区受周边区域污染输送影响较显著。2012年，全年到达郑州、洛阳、长治、邢台的气流轨迹主要分为3大类，来自蒙古、俄罗斯等国的远距离气团占5%～23%，来自甘肃中部、内蒙古西部的中远距离气团占16%～23%，来自蒙古中东部、内蒙古中部、京津冀地区的反气旋式气团占12%～54%。在中原经济区内部对郑州影响较大的是郑州以南地区，包括许昌、平顶山等地，其次是郑州以西和以北地区，包括洛阳、焦作、济源等地，郑州以东地区对其影响较小。

长江中下游城市群受外部输送影响显著。芜湖、鹰潭、荆州、仙桃、天门等城市的外部污染输送贡献达60%以上。马鞍山、六安、池州、武汉、黄石、长沙等城市外部贡献占30%～40%，受到输送影响相对较小，其他城市外部污染输送贡献均在40%～50%。

（2）煤烟型污染特征明显，SO_2和PM_{10}污染严重

近10年，评价区各城市主要大气污染物总体呈下降趋势。SO_2浓度总体水平低于京津冀、长三角、珠三角地区，但超过国内其他地区，其中，中原城市群（郑州及周边城市）和长株潭城市群的SO_2浓度在中部地区相对较高，约为0.05 mg/m^3。按《环境空气质量标准》（GB 3095—2012），大部分城市PM_{10}年均浓度长期处于超标状态（图34、图35），其中，中原经济区、长株潭城市群各城市PM_{10}年均浓度全部处于超标状态，武汉城市群、鄱阳湖生态

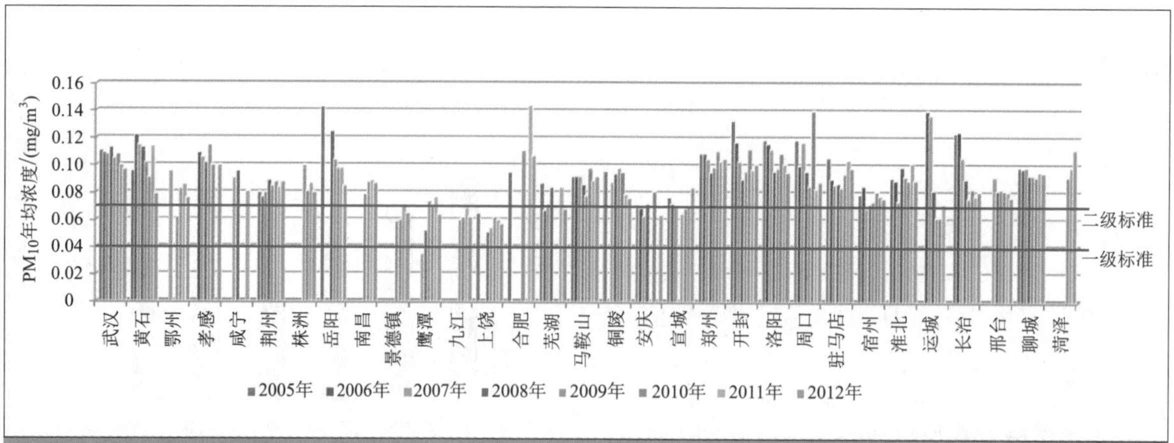

图 34 中部地区主要城市 PM_{10} 年均浓度多年变化趋势

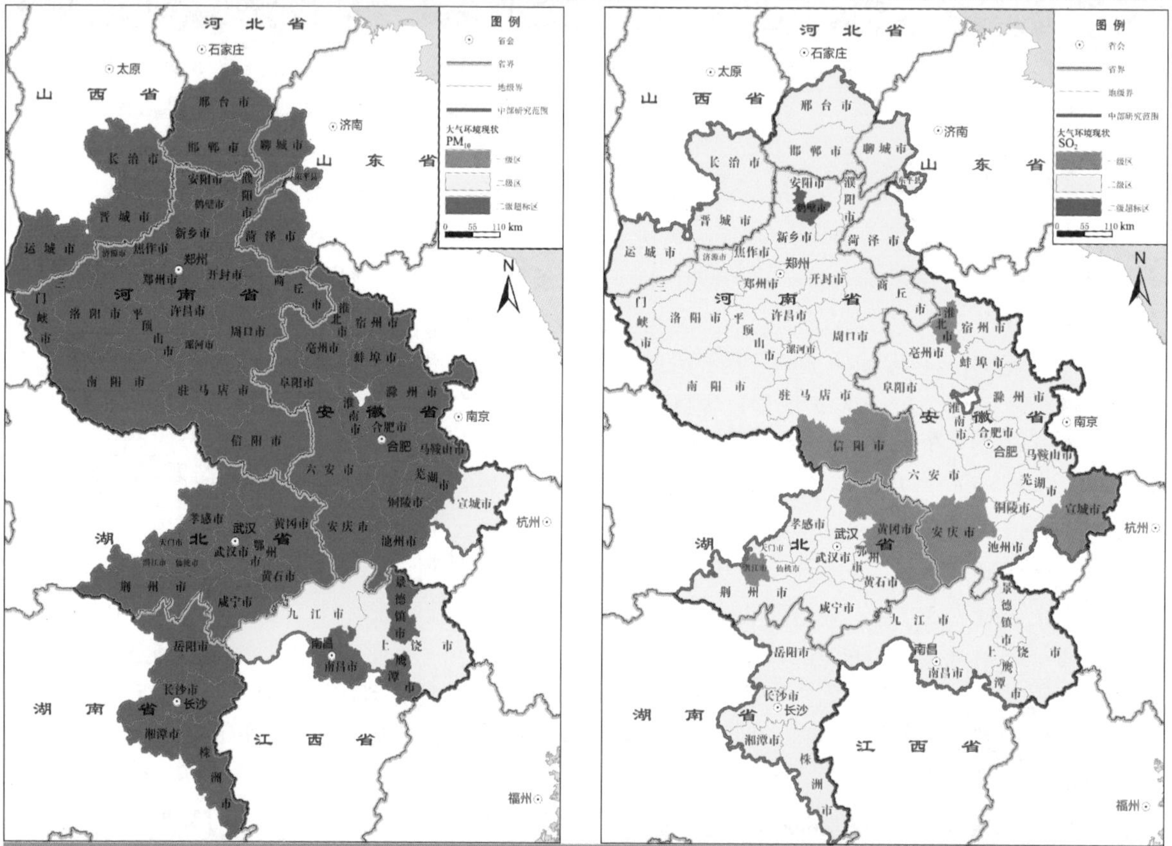

图 35 2012 年评价区 PM_{10}（左）及 SO_2（右）年均浓度空间分布

经济区和皖江城市带的重点城市武汉、南昌、合肥等 PM_{10} 年均浓度也处于超标状态。

（3）城市大气复合污染态势凸显，$PM_{2.5}$ 和 O_3 频繁超标

评价区大多数城市 $PM_{2.5}$ 污染频发，且北部污染较南部严重，已成为评价区最主要的大气环境问题。典型代表城市中，中原经济区的开封、郑州 $PM_{2.5}$ 超标最为严重，超标天数 55% 以上，长江中下游城市群的武汉、长沙和南昌 $PM_{2.5}$ 超标相对较轻，但超标天数也基本达到 30%（表 6）。从季节变化来看，$PM_{2.5}$ 污染春冬季重于夏秋季。中原经济区典型城市和

长江中下游城市群省会城市监测数据都表现为 $PM_{2.5}$ 冬春两季浓度高、超标严重，夏秋两季相对浓度低、超标天数少（图 36）。

评价区以 O_3 超标为特征的光化学污染已显现，一年中以夏秋季污染最为严重，长江中下游城市群 O_3 污染较中原经济区严重。2013 年，以武汉、长沙、南昌为代表的长江中下游城市群年超标时次分别为 233 个、92 个和 27 个时次，以郑州、开封、长治、

表 6 2013 年中原地区典型城市 $PM_{2.5}$ 超标状况统计

城市	统计天数 /d	超标天数 /d	超标率 /%
开封	272	150	55.1
郑州	242	153	63.2
长治	273	121	44.3
晋城	303	143	47.2
合肥	240	82	34.2
长沙	240	74	30.8
武汉	240	73	30.4
南昌	240	67	27.9

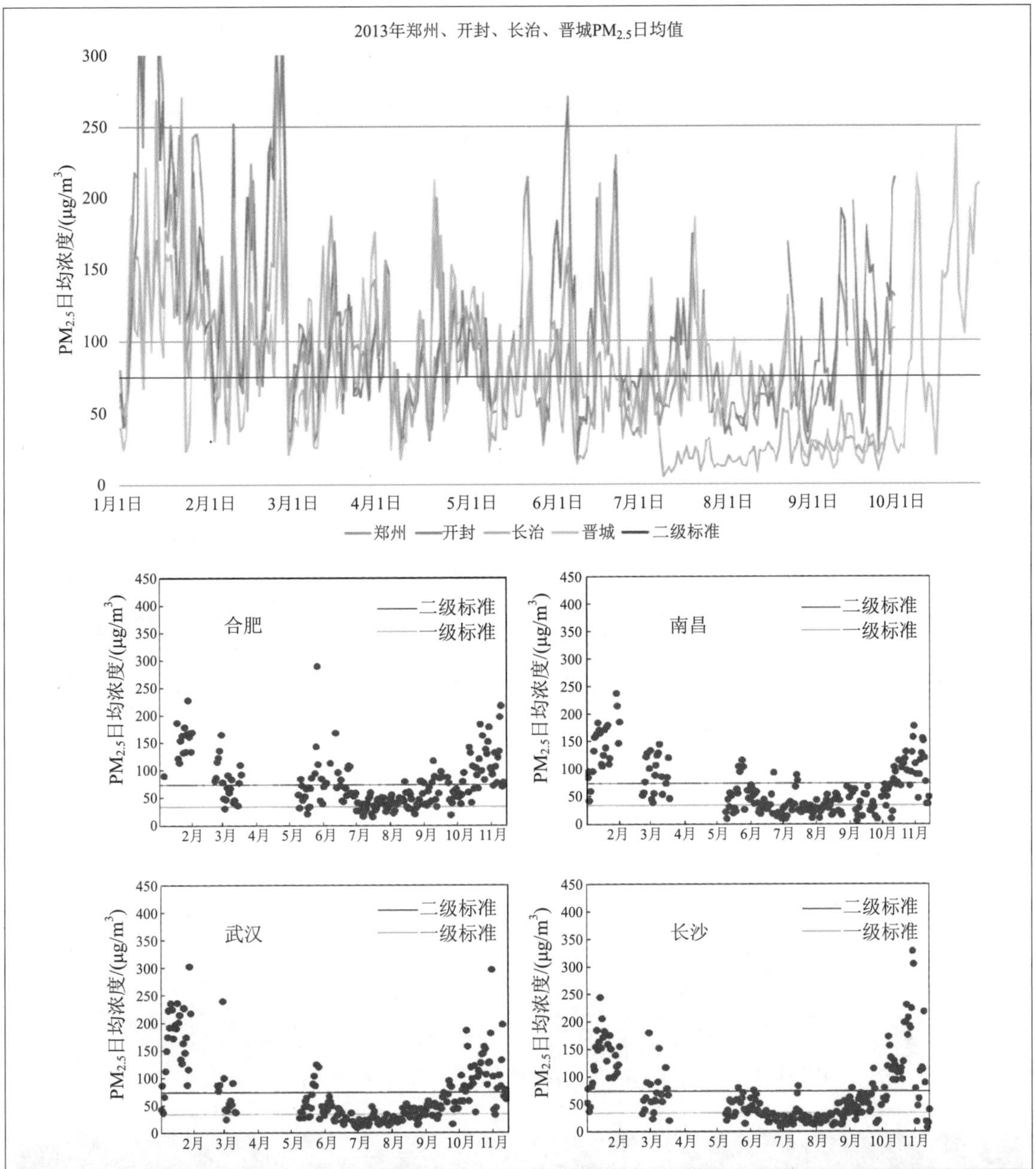

图 36 2013 年评价区典型城市 $PM_{2.5}$ 日均浓度

晋城为代表的中原经济区年超标时次分别为 5 个、22 个、72 个、14 个时次（图 37）。

（4）高浓度 $PM_{2.5}$ 的长期或短期暴露构成人群健康威胁

人群长期或短期暴露于高浓度大气 PM_{10} 尤其是 $PM_{2.5}$ 可导致心肺系统患病率、死亡率及人群总死亡率升高。世界卫生组织（WHO）于 2005 年制定的 $PM_{2.5}$ 健康风险准则值为 10 μg/m³，当 $PM_{2.5}$ 质量浓度高于准则值时，健康风险就会显著上升。

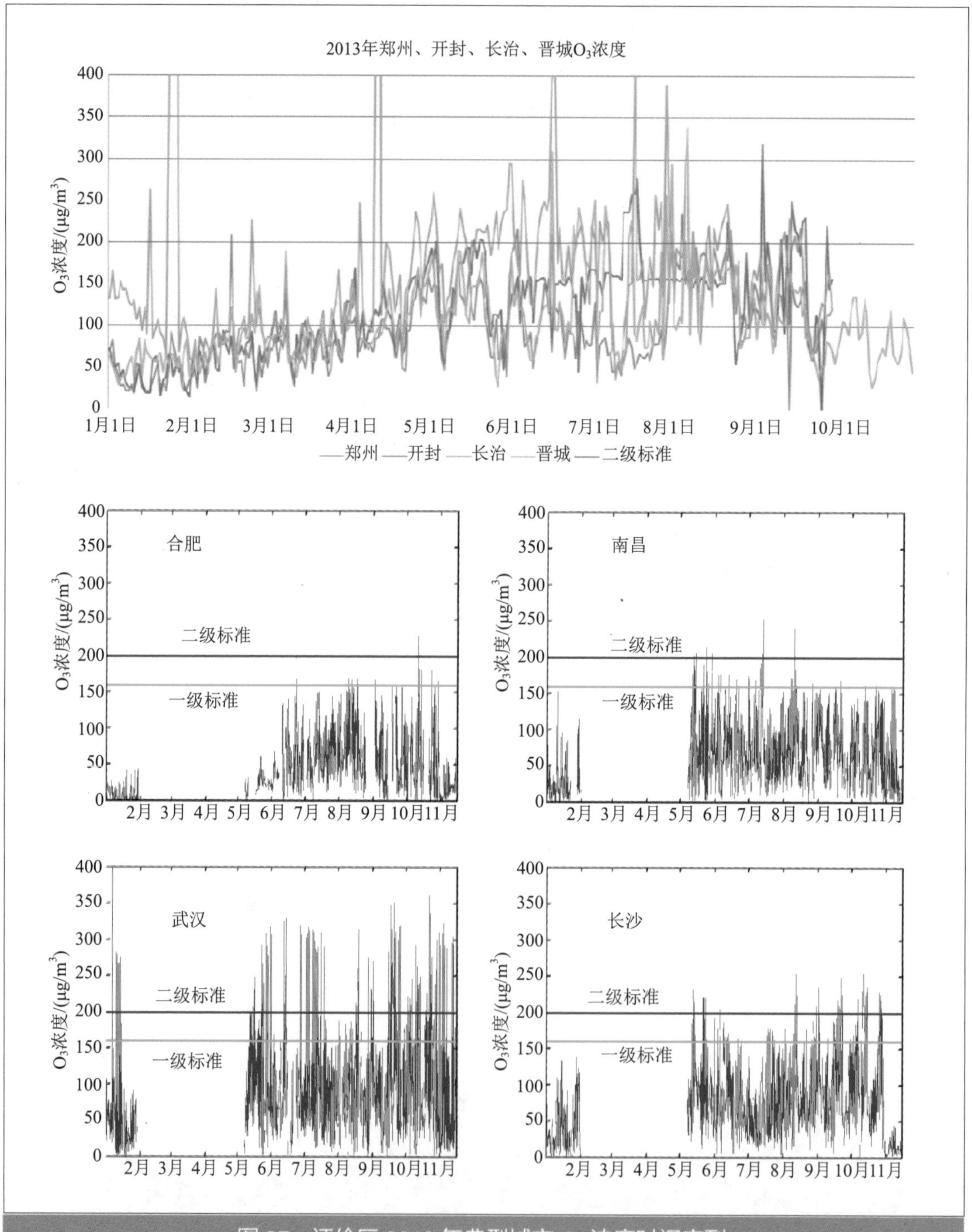

图 37　评价区 2013 年典型城市 O_3 浓度时间序列

大气数值模拟结果表明，中原经济区大部分地区 $PM_{2.5}$ 浓度超标（35 μg/m^3），仅三门峡南部、长治北部区域的 $PM_{2.5}$ 浓度低于标准值。高达 2/3 的中原经济区面积 $PM_{2.5}$ 浓度高于 70 μg/m^3（超标 1 倍以上），$PM_{2.5}$ 浓度超过 80 μg/m^3 的区域涵盖中原经济区黄河以北城市和中原城市群在内的 17 个地市，包括郑州、商丘、新乡、邯郸等拥有数百万人口的大城市，对中原经济区公众健康造成重大潜在威胁。

2. 饮用水水源安全存在隐患

中部地区尚未完全解决饮用水水源安全问题。中原经济区严重依赖地下水源，在全部 31 个省辖市中，有 13 个城市将地下水作为城市生活饮用水的唯一来源，11 个城市将地下水作为城市生活饮用水的重要来源。2012 年，中原经济区开展城市饮用水源地下水监测的 27 个城市中，地下水质优良率为 75%。其中，优良率不足 75% 的城市有 10 个。淮河流域（河南、安徽、山东）超过 1/4 的县级以上城镇饮用水水源地处于不安全状态（表 7）。

表 7　中原经济区淮河流域饮用水水源地水质安全状况评价

省份	水源地类型 / 个		不同类别水源地数量 / 个				
			Ⅰ类	Ⅱ类	Ⅲ类	Ⅳ类	Ⅴ类
			安全		基本安全	不安全	
河南省	地表水水源地	24	—	4	19	1	—
	地下水水源地	57	3	21	19	7	7
	小计	81	3	25	38	8	7
安徽省	地表水水源地	19	—	2	11	4	2
	地下水水源地	28	—	1	9	15	3
	小计	47	—	3	20	19	5
山东省	地表水水源地	6	2	1	3	—	—
	地下水水源地	49	2	23	16	1	7
	小计	55	4	24	19	1	7
合计	地表水水源地	49	2	7	33	5	2
	地下水水源地	134	5	45	44	23	17
	小计	183	7	52	77	28	19

长江中下游城市群 31 处国家重要饮用水水源地中有 5 处不能 100% 达标，不同程度地存在集中式饮用水水源保护区管理不规范问题（图 38）。长江中下游城市群城市集中式饮用水水源地与污水口交错分布、备用水源不足等问题突出，抵御水污染风险事故能力较低。

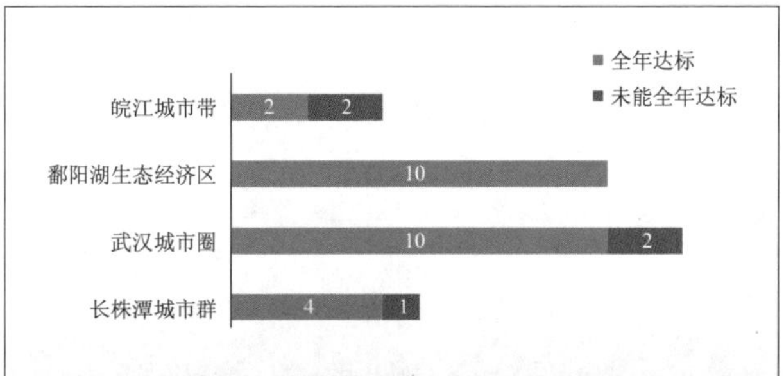

图 38　2012 年长江中下游城市群国家重要饮用水水源地达标情况

农村居民饮用水环境安全隐患较多，评价区农村环境基础设施欠缺、污染治理设施简陋，加上地下水氨氮、硝酸盐氮、亚硝酸盐氮超标和有机污染日益严重，对村镇地下水饮用水水源地安全构成威胁。

四、三大安全面临的中长期挑战

未来一段时期，中部地区工业化和城镇化加速推进。尽管产业结构不断优化，资源环境效率水平进一步提升，环境保护力度不断加大，但是区域生态环境压力仍将保持较高水平。耕地数量与质量保障难度进一步加大，水资源超采、水环境超载态势难以扭转，生物多样性丧失趋势难以遏制，大气复合型污染持续加重，饮用水安全问题日益严峻，2020 年中部地区总体上难以达到环境质量改善的拐点，粮食生产安全、流域生态安全、人居环境安全的保障难度将持续加大。

（一）区域经济社会发展态势与情景设定

1. 情景设置思路与原则

在中部地区 2000—2012 年历史趋势数据和地区“十二五”规划的基础上，综合考虑不同目标导向的发展趋势和约束因素，设定了两个情景方案。基线情景优先考虑地方发展意愿，以经济发展趋势外推和地方发展目标为导向；优化情景统筹产业结构调整和技术进步，综合考虑国家对区域经济发展战略指向和生态环境保护约束的强化要求。

2. 经济社会平稳快速发展

从人口增长趋势和城镇化发展角度（表 8），中部地区人口年均增长率可为 2.4‰～2.7‰，至 2030 年评价区内大城市人口增长速度将有所下降，中等城市人口增长速度提高。评价区将成为农村人口转移成为城镇人口的重要承接地，城镇化继续加速推进，城镇化差异逐步缩小。评价区 GDP 总量扩张态势仍将持续，占全国比重将缓慢上升，经济增长速度有所减缓。产业结构进一步优化，第一产业比重逐步降低，第二产业发展放缓，第三产业发展迅速，比重不断提高；工业结构在基本稳定的基础上逐步升级。

表 8　不同情景下评价区的主要经济社会指标

区域		GDP/ 万亿元		人口 / 万人	城镇化率 /%	
		基线情景	优化情景		基线情景	优化情景
中原经济区	2020 年	11.6	8.5	16 669	56	52
	2030 年	26.2	14.4	17 207	62	57
长江中下游城市群	2020 年	12.2	8.6	11 082	62	57
	2030 年	29.5	15.2	11 499	70	62
中部地区	2020 年	23.8	17.1	27 750	58	54
	2030 年	55.7	29.6	28 907	65	59

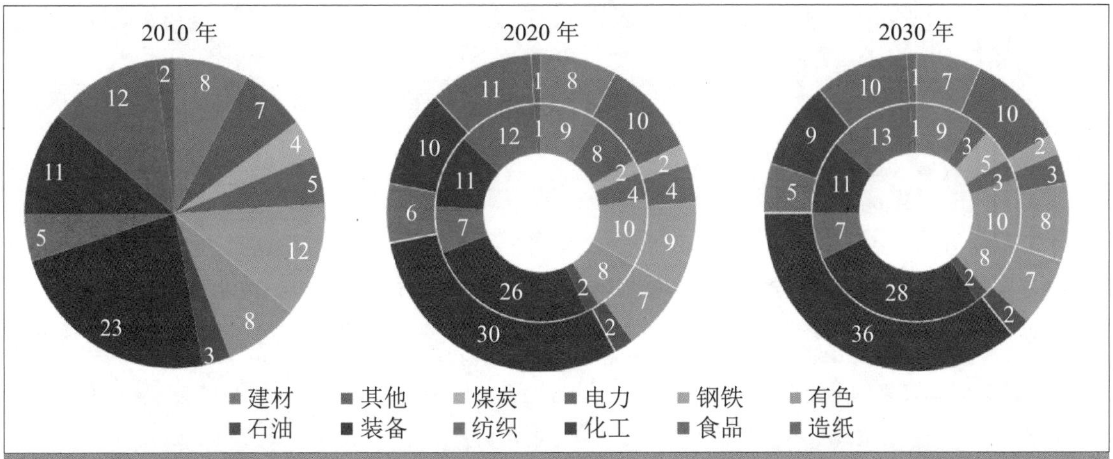

图 39　基线情景（内环）和优化情景（外环）产业结构变动态势

3. 工业结构逐步升级

基线情景条件下中部地区 11 个重点产业产业结构基本保持不变，优化情景下产业结构稳步升级（图 39）。基线情景下，装备制造、钢铁、化工、有色、食品等区域支柱产业仍保持增长态势，区域产业结构升级调整缓慢，重点产业发展导致的资源环境压力增大。优化情景下，装备制造业占区域工业总产值比重提高至 30% 以上，煤炭、电力、钢铁、有色、建材、石油加工及炼焦、化工、造纸等环境胁迫较大行业的产值比重降低至 43%。主要工业产品的产能持续增加，预计到 2020 年钢铁、有色冶金和建材的生产能力基本达到饱和，进入总量控制下的结构调整和空间布局调整阶段；石化产业受国内油品和下游产品需求及已有生产规模限制，处于规模扩张阶段；煤炭产能也进入总量控制下的空间布局和结构调整阶段，火电规模随着国内能源需求的增长还将进一步增长（图 40）。

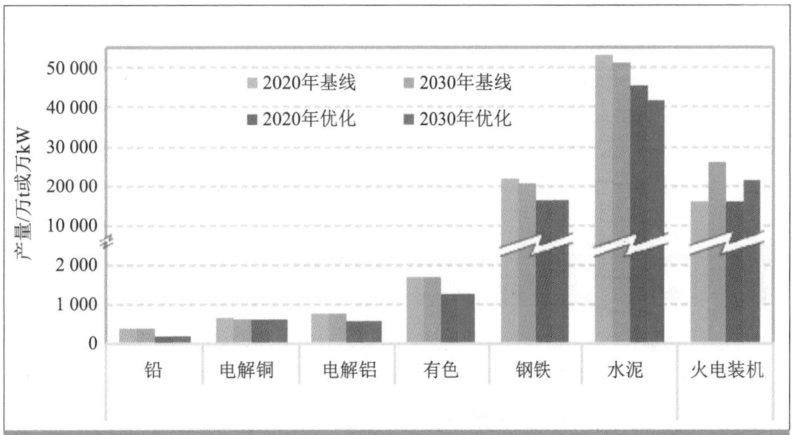

图 40　不同情景下评价区主要工业产品产量

4. 资源环境效率水平持续提升

中部地区能源和水资源效率水平大幅提升，污染物排放压力进一步减小。对比 2012 年，优化情景下 2020 年、2030 年中原经济区万元 GDP 能耗分别降低 29.4% 和 54.6%，2020 年、2030 年长江中下游城市群分别降低 28.4% 和 47.0%（表 9）。对比 2012 年，优化情景下，中原经济区 2020 年、2030 年万元 GDP 用水量分别下降 35.6% 和 59.4%；长江中下游城市群 2020 年、2030 年万元 GDP 用水量分别降低 46.8% 和 68.6%（表 9）。评价区污染物排放总量降幅明显：优化情景下中原经济区水、大气污染物排放量持续降低；长江中下游城市群水污

表 9　不同情景下评价区能源、水资源效率水平

项目	地区	2020 年		2030 年	
		基线情景	优化情景	基线情景	优化情景
能效水平 /（t 标煤 / 万元）	中原经济区	0.80	0.68	0.60	0.44
	长江中下游城市群	0.56	0.56	0.42	0.41
用水效率 /（m^3/ 万元）	中原经济区*	42.6	58.3	20.2	36.7
	长江中下游城市群	57.0	72.0	30.1	42.6

注：* 此处用水效率是在最严格用水总量控制指标下，根据基线情景和优化情景 GDP 目标测算出应实现的效率。

表 10　优化情景下污染物排放量变化（以 2012 年为基准）　单位：%

项目		COD	氨氮	SO_2	NO_x	烟粉尘
2020 年	中原经济区	-60.8	-58.8	-13.7	-20.1	-10.3
	长江中下游城市群	-9.2	-21.3	44.5	12.0	0.3
	中部地区	-41.1	-42.5	2.2	-10.3	-7.3
2030 年	中原经济区	-62.9	-61.8	-17.8	-30.0	-16.8
	长江中下游城市群	-20.0	-57.9	6.2	-15.2	-14.5
	中部地区	-46.4	-60.1	-11.3	-25.5	-16.2

染排放量持续降低，大气污染物排放量呈现先增后减的趋势（表 10）。

（二）粮食生产安全隐患进一步凸显

1. 耕地保护压力持续增加

（1）农田面积减少风险继续加大

利用土地利用模型（CLUE-S）分析可得，未来中部地区农田生态系统面积将呈持续下降趋势（表 11 和图 41）。评价区海拔相对较高的丘陵山地，如太行山区、大别山区、黄山—怀玉山区、幕阜山—九岭山区等，耕地面积减少的风险仍存在；海拔相对较低、坡度相对较缓的低丘缓坡地区，耕地面积将有一定程度增加；平原地区由于城镇化和工业化进程的进一步推进，耕地面积将面临进一步下降的风险。

表 11　农田生态系统面积变化情况

城市群	2020 年				2030 年			
	基线情景		优化情景		基线情景		优化情景	
	面积 / 万 km^2	增幅 /%	面积 / 万 km^2	增幅 /%	面积 / 万 km^2	增幅 /%	面积 / 万 km^2	增幅 /%
中原经济区	18.1	-0.4	18.1	-0.1	17.8	-2.0	18.1	-0.1
长江中下游城市群	11.2	-0.7	11.2	-0.6	11.1	-0.9	11.2	-0.5
总计	29.3	-0.5	29.3	-0.3	28.9	-1.8	29.3	-0.5

（2）占优补劣对区域农田质量影响进一步扩大

模拟结果表明，在现行土地政策管控下，评价区未来农田萎缩面积低于 2%，但高质量农田面积将出现较大程度的萎缩。根据环境保护部 2000—2010 年遥感监测结果，评价区开发强

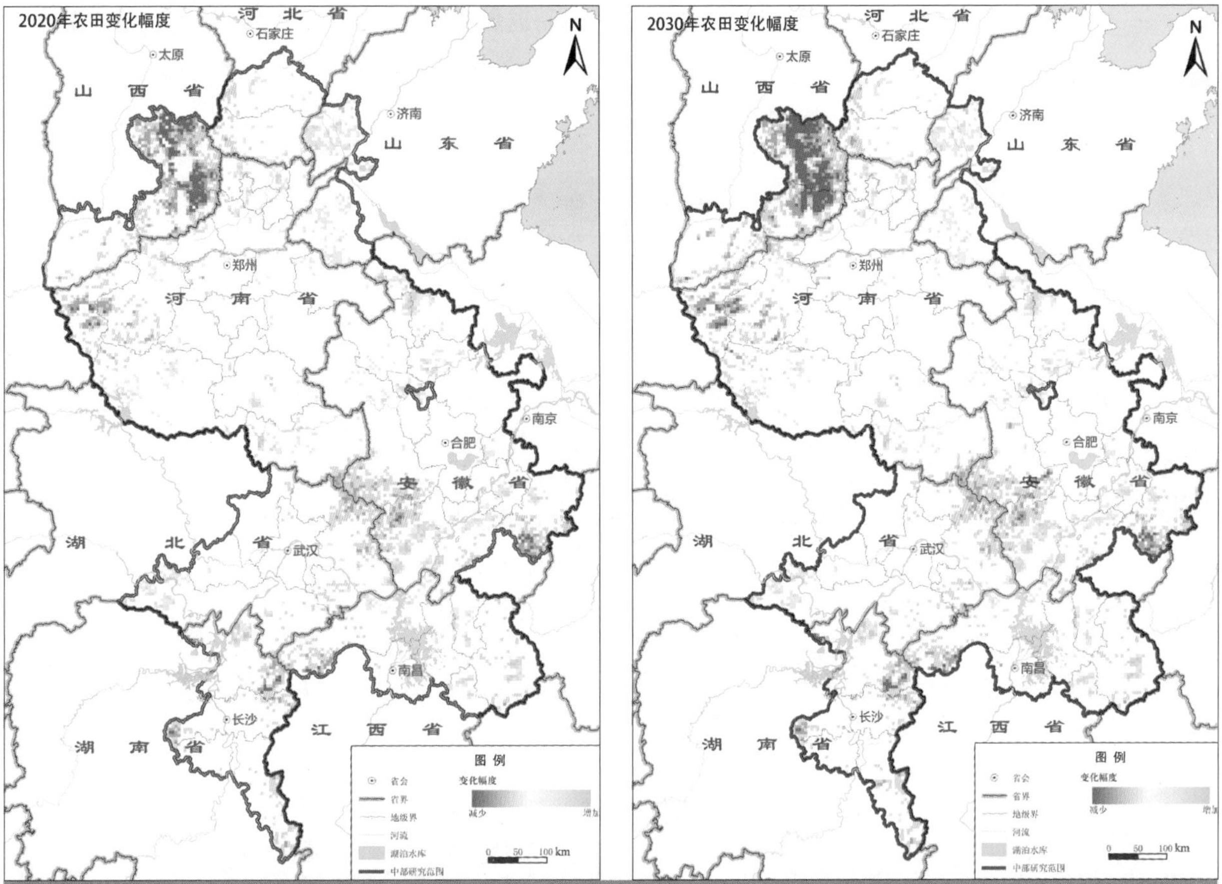

图 41 农田生态系统空间变化

度与高产田减少幅度呈显著正相关（图 42）。按此趋势外推，至 2020 年，整个评价区高产田面积将减少 7 306.3 km^2，幅度达 2.5%；至 2030 年，高产田萎缩幅度将达到 4.3%。根据 CLUE-S 模型预测，农田增加的区域中约 2/3 位于坡度大于 15° 的低丘缓坡区，评价区耕地质量下降趋势仍将持续。在耕地总量红线的约束下，用地需求将进一步加大生态用地保存压力；可被挤占的生态用地多处在生态环境脆弱的地区，土地生产能力很低，开垦这些后备耕地极有可能造成新的生态环境灾害，重蹈“开荒造田”覆辙。

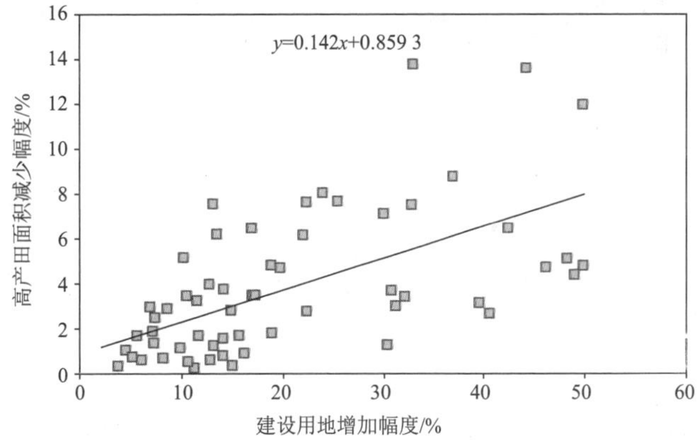

图 42 开发强度与高质量农田面积萎缩幅度呈显著正相关

（3）农产品供给保障能力尚有一定的不确定性

中部地区作为我国农产品主产区和粮食生产基地，在耕地面积和农业用水的双重压力下，农产品供给保障压力持续扩大。随着农业技术进步以及农药化肥施用边际效应的递减，2000—2012 年评价区粮食单产增幅呈现逐年下降的趋势。从产量预测上看，由于耕地保护措施趋严和农业科技进步等因素，评价区农产品产量将略有增加。但是，由于占优补劣、农药化肥残留、重金属污染累积等协同作用，农产品提供功能质量下降风险较大，特别是冶金产业和矿产开发增加较快的地区，主要集中在长治、晋城、三门峡等地（图 43）。

2. 农田土壤污染潜在风险加剧

（1）工业与城市污染将呈现向农村转移态势

农村地区的工业企业大多规模小、技术含量低、管理粗放，污染治理设施不配套或运行不规范，环境污染点多面广；部分工业企业污染源与农田、农村居民点混杂分布，容易引发局部农村环境污染。钢铁、冶金、石化、煤化工等产业为主导的重化工业园区（占 22%）与县镇建成区交错布局，或镶嵌在几个村庄之间，乡镇、村庄“包围”工业园区状况比较普遍。重化工业园区企业大多涉及重金属、有毒有害化学污染物排放，污染物种类繁杂、进入土壤的途径多样，对农业生产环境累积效应渐进或突变，对周围土壤质量具有一定程度的破坏。

（2）局部农田土壤环境受大气沉降影响进一步突出

采用嵌套网格空气质量模式（NAQPMS），预测长江中下游城市群重金属汞大气沉降。结果表明，长江中下游城市群约有 1.3 万 km^2 农田位于汞沉降高值区，约占农田总面积的 11.6%。重金属汞的大气沉降量与冶金、火电等行业布局在空间上呈现出一定的正相关。其中，长江以北是冶金、火电等行业重点布局区域，平原广袤农田分布集中，是农田土壤受工业发展影响较重的区域，江汉平原农田受汞沉降影响最大。

（3）农业面源污染进一步加剧

流域中上游地区化肥农药施用量与畜禽养殖量增幅较大，规模小、分布散，种养分离，

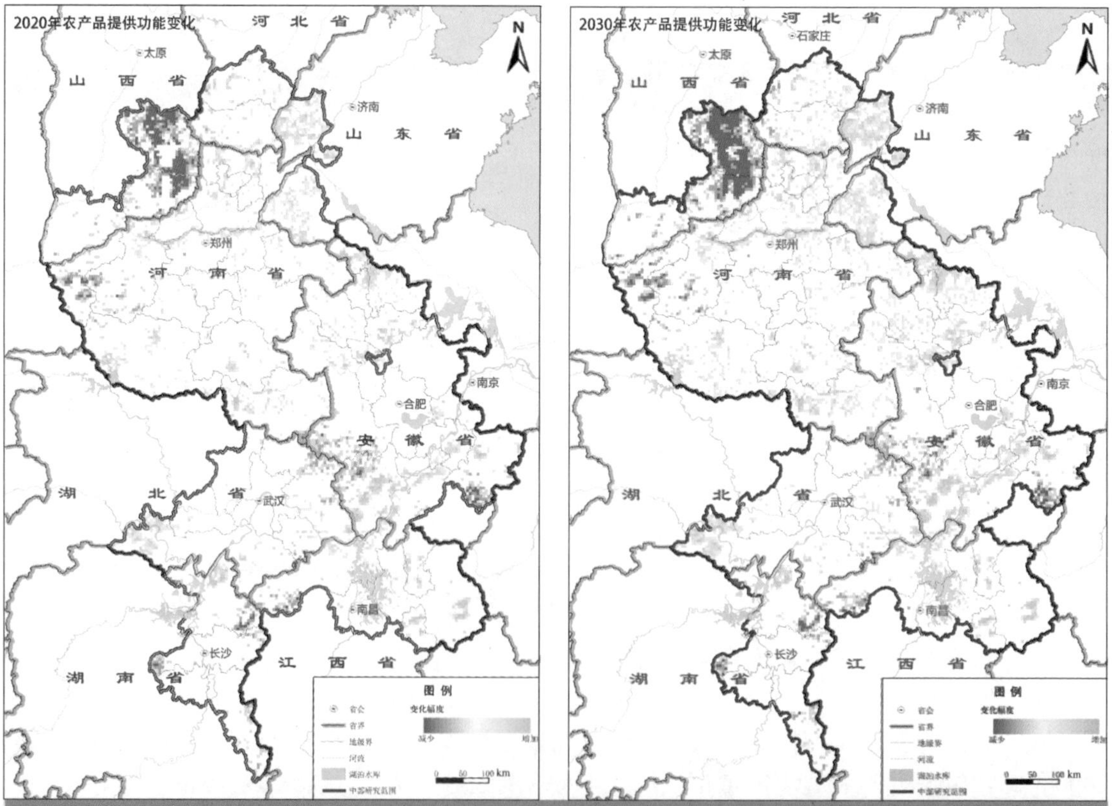

图 43 中部地区发农产品提供功能的变化

容易造成面源污染，将导致污染物向流域下游集中，加剧流域水体污染。依据中国农业可持续发展决策支持系统（CHINAGRO）对我国2020年化肥施用量的预测结果，至2020年中部地区农药化肥施用量将在2010年基础上增加3.2万t，增幅达2.8%，长江以南及晋东南丘陵地区增幅最大。畜禽养殖总量变化幅度不大，2020年将在2010年基础上增加12.4万头猪当量，增幅约为0.8%。农业生产废弃物资源化利用水平较低，安徽省秸秆综合利用率仅为53%，地膜年残留率高达20%，畜禽养殖业废弃物总体利用率只有30%，水产养殖污染物处理率低于20%。

3. 农业用水保障难度加大

（1）*水资源短缺进一步加剧*

中部地区整体存在资源型和水质型复合缺水的问题，特别是中原经济区水资源开发利用率已超过警戒线。2020年中原经济区的用水总量比2012增加71亿m^3，南水北调东线及中线工程受水42.57亿m^3，境内水源供水总量增加超过28.5亿m^3，水资源开发利用率为69.8%（未考虑再生水回用），较现状水资源利用率提高4.5个百分点，水资源超载状态将有所加剧。随着长江中下游城市圈城市化进程的加快，城市群的供需水矛盾日益突出，受极端旱涝事件影响，将加剧长江中下游城市群水资源量的时空分布不均匀性。一旦极端干旱气象事件发生，农业用水的保障程度降低的可能性将增加。

（2）*农业用水安全受到威胁*

尽管未来农业需水量有所减少，但农业生产格局和水资源空间分布不均、农业用水被挤占、水质污染现象严重、污水灌溉等问题，将持续威胁农业用水安全。中原经济区2020年、2030年生活用水总量将继续呈刚性增长趋势，较2012年分别增长28%和53%左右，重点产业用水总量也将分别增长27%和35%；长江中下游城市群2020年和2030年生活需水总量分别增长12%和26%。2020年中原经济区整体上水污染物排放压力较2012年有所减轻，淮河流域水污染物排放压力将削减15%以上，但海河、黄河流域水污染物排放压力将依然居高不下。长江中下游城市群污染物入河总量呈现减少的趋势，但部分城市群水环境承载力利用水平仍超过100%。中原经济区的引黄灌区、井灌区的土壤重金属的富集明显低于渠灌，在污灌区（尤其是从流经涉重产业集聚地区的河渠引水的灌区）耕地土壤重金属累积污染风险已经十分突出，未来在农业灌溉水重金属污染问题难以得到根本解决的情况下，污灌区和涉重工矿企业周边土壤重金属严重污染情况将进一步加剧。

（三）流域生态安全水平进一步下降

1. 水资源利用持续超载

（1）*水资源承载压力继续增加*

未来中原经济区需水总量相较2012年将有大幅度增长，社会经济发展的用水需求远超出水资源供给能力。优化情景下，中原经济区2020年总需水量对比2012年，增加71.9亿m^3，2030年需水量对比2020年增加28.7亿m^3。未来整个中原经济区所有水资源二级分区均处于缺水状态，基线情景下2020年各片区缺水率在30%～55%，2030年甚至达到55%～80%，沂沭泗河缺水最为严重；优化情景下部分地区缺水状况有较大缓解，2030年比2020年缺水水平有所降低，三门峡至花园口一带缺水状况较为严重。未来 20 年，中原经济区经济社会发展需水增长基本依靠跨流域引水来支撑，近期南水北调中线及东线工程配水 60.51 亿 m^3，河道生态需水依然缺乏保障（表 12）。如表 13 所示，长江中下游城市群受南水北调一期、引汉济渭等工程影响，汉江中下游、长江中下游水文情势变化显著，下游仙桃断面逐月流量最大降幅为 45.4%，随着沿程水量的不断恢复以及引江济汉工程实施影响，沿程流量降幅呈逐渐减少趋势。

表 12　中原经济区供水工程规划

流域	配置情况
海河流域	2020 年可供配置的长江水量 79.2 亿 m^3。其中，中线仍为 62.4 亿 m^3，东线二期增至 16.8 亿 m^3。2030 年可供配置的长江水量 117.5 亿 m^3。其中，中线二期增至 86.2 亿 m^3，东线三期增至 31.3 亿 m^3
淮河流域	2020 年规划实施南水北调东线二期工程、南水北调中线一期工程、引江济淮一期工程，新增供水规模约 78.5 亿 m^3。2030 年规划实施南水北调东线三期工程、南水北调中线二期工程、引江济淮二期工程，新增供水规模约 34.8 亿 m^3
黄河流域	到 2030 年预计黄河流域调入水量 97.6 亿 m^3

表 13　长江中下游城市群重大水利工程与水资源配置情况

工程名称	配置情况
三峡工程	与建库前相比，宜昌、汉口和大通站的径流量分别减小 9%、6% 和 10%
南水北调中线工程	一期从汉江调水，调出水量为 95 亿 m^3； 后期从长江三峡调水，调出水量为 130 亿～ 140 亿 m^3
引江济淮工程	2030 年的多年平均调出水量为 32.0 亿 m^3
引汉济渭工程	预计 2030 年建成后，多年平均调出水量为 15 亿 m^3
鄂北地区水资源配置工程	规划引水量 14.0 亿 m^3，扣除《南水北调中线规划》中分配给唐西和唐东的 11.1 亿 m^3，新增 2.9 亿 m^3 水量

（2）黄淮海流域水资源超载进一步加剧

优化情景需水预测结果显示，中原经济区 2020 年、2030 年需水量分别为 507.97 亿 m^3、536.72 亿 m^3，均超过最严格用水管理制度用水总量指标。考虑南水北调工程供水，中原经济区 2020 年、2030 年水资源开发利用率分别达到 72.1% 和 76.0%，较 2012 年分别提高 6.8 个和 10.7 个百分点。黄淮海流域水资源开发利用率超过 40% 的安全红线，短期内被挤占的生态用水无法全面补偿。海河流域常年断流或季节性断流的状况不会出现大的改观，河流水生态服务功能丧失殆尽。

（3）长江干流受水利工程影响日渐显著

枯水期长江干流受三峡水库、南水北调工程、引江济淮调水工程、鄂北水资源配置工程和引汉济渭工程的叠加累积影响加大。在典型枯水年（P=90%）情况下，长江口大通站逐月流量受到水利工程累积影响较为明显，特别是 1—3 月流量将显著减少，比无调水条件下降低 16.6%（图 44）。汉江中下游受多个调水工程累积影响自净能力降低：在南水北调中线一期调水 93.4 亿 m^3、引汉济渭调水 10.0 亿 m^3、清泉沟引水 14.0 亿 m^3 情况下，汉江中下游水文情势将发生显著变化，地下水水位可能进一步降低；预计仙桃断面逐月流量最大降幅增至

表 14　汉江中下游主要断面枯水年水质预测结果　　单位：mg/L

断面	现状		预测	
	高锰酸盐指数	氨氮	高锰酸盐指数	氨氮
老河口	2.4	0.14	2.7	0.16
格垒嘴	2.1	0.13	2.5	0.17
襄樊五水厂	2.6	0.15	3.6	0.21
宜城水厂	2.3	0.17	2.4	0.23
皇庄	2.4	0.31	2.5	0.38
仙桃	2.8	0.19	2.9	0.20
宗关	3.2	0.46	4.1	0.57

46.87%，逐月流量最大减少 183 m^3/s；根据汉江中下游河段枯水年水质累积影响分析，各主要断面污染物浓度均有不同程度的升高（表 14）。

（4）洞庭湖、鄱阳湖水文泥沙情势显著调整

三峡水库运行后，下游江湖关系发生较大变化。长江干流输沙量锐减，洞庭湖、鄱阳湖泥沙淤积量及沉积率也大幅减小，湿地面积还将进一步萎缩。荆南三口分沙显著减少，约减少 112 亿 m^3，较 1991—2002 年均值减少幅度约为 20%。三峡水库蓄水将持续影响入湖沙量，洞庭湖与鄱阳湖泥沙淤积减缓趋势也将持续，模型预测未来 50 年江湖关系主要表现为荆江河段将持续冲刷，累积冲刷量为 7.74 亿 m^3。在干流输沙量锐减的作用下，部分干流沿岸河漫滩湿地以及江心沙洲浅滩湿地受到侵蚀，部分河漫滩湿地将逐渐消失，江汉平原萎缩程度也较为严重。

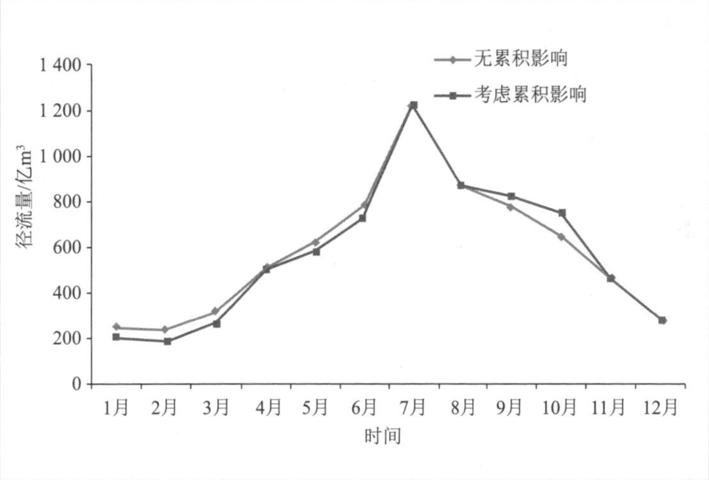

图 44　典型枯水年（P=90%）大通站逐月流量预测结果

2. 水环境健康状况持续恶化

（1）地表水环境超载问题更加突出

南水北调工程跨流域引水能一定程度缓解、减轻中原经济区需水压力，但这些区域河道径流没有增加，跨流域引水后用水的增加导致排水量也相应增多。未来中原经济区各流域水污染负荷整体下降，氨氮污染负荷下降幅度大于 COD 降幅；花园口以下、三门峡至花园口、徒骇—马颊河、海河南系区域 COD 污染负荷反而有所增加（表 15），海河、淮河流域大部分河流径污比进一步降低，地表水环境超载进一步加剧，仅能通过提高废水处理标准的途径减缓区域水污染。依据长江中下游城市群水功能区纳污能力计算结果，情景年城市群水环境承载力利用水平整体稍有缓解（表 16），但武汉城市圈、鄱阳湖生态经济区的水环境依然超载。

表 15　中原经济区各流域分区水环境承载状况

二级流域分区	水污染负荷增减 /%		径污比	可承载条件
	COD	氨氮		
花园口以下	+23	-15	0～1	废水处理达地表水标准
龙门至三门峡	-12	-32	1～5	废水处理提标
三门峡至花园口	+22	-18	1～5	废水处理提标
淮河上游	-18	-34	20～25	废水达标排放
淮河中游	-22	-34	1～5	废水处理提标
沂沭泗河	-40	-50	0～1	废水处理达地表水标准
徒骇—马颊河	+6	-20	0～1	废水处理达地表水标准
海河南系	+2	-31	1～5	废水处理提标
汉江	-3	-21	15～20	废水达标排放
中原经济区	-10	-31		

表 16　长江中下游城市群水环境承载力利用水平

城市群	2012 年	2020 年	2030 年
武汉城市圈	129%	101%	90%
长株潭城市群	96%	76%	61%
鄱阳湖生态经济区	125%	117%	105%
皖江城市带	89%	78%	65%
长江中下游城市群	105%	88%	75%

（2）高污染产业发展加剧水环境安全隐患

海河、淮河流域社会经济发展与河流健康改善需求之间矛盾尤为突出，纺织、造纸、石化、食品等涉水污染产业发展将造成矛盾进一步激化，河道持久性有机物和重金属污染物的累积效应将进一步凸显，下游地下水重金属、有机污染的潜在风险将进一步加剧。未来长江中下游城市群石化化工等重化产业进一步沿江布局，大量排污口在长江干流形成相对集中的岸边污染带，都将加剧流域结构性污染，增加流域水环境安全的压力和流域上下游突发性水污染事故的潜在风险。

（3）浅层地下水风险加剧

中原经济区浅层地下水长期受农药和化肥过度施用、污水灌溉、畜禽养殖废弃物及农村生活污染等面源污染影响，河流污染严重、工业固体废物堆存和生活垃圾填埋场等也对地下水环境产生影响。中原地区浅层地下水固有脆弱性由南向北逐渐降低，平原区高于山区，地下水固有脆弱性越高，抵御人类活动污染地下水的能力越低。人类活动影响主要集中在农药和化肥施用强度高、地均水污染物排放强度高、地下水开发利用程度高的海河流域与淮河流域中上游地区。未来相当长时期内，海河流域平原区地表水污染和水资源短缺的状态难以扭转，污水灌溉难以避免，这将成为海河流域农业主产区浅层地下水污染风险加剧的重要因素。

3. 生物多样性丧失趋势难以遏制

（1）长江水生生物多样性受到空前威胁

随着国家“依托黄金水道，建设长江经济带”战略的提出，长江航运业将进一步加快发展。预计至2020年，评价区长江干流货运吞吐量达到3.0万t左右，约为2010年的3倍。港口码头建设将加速岸线人工化，2010年长江中下游城市群岸线长度2 369.4 km，人工岸线占17.6%，按现有发展模式，预计2020年人工岸线比例将达到24.6%。荆州至九江段多个港区与四大家鱼（青、草、鲢、鳙）产卵场重合，港口岸线开发与河道整治将对水生生物造成严重的胁迫（图45）。在未来长江人类活动继续加强的背景下，长江水生生物多样性丧失的趋势将难以遏制。

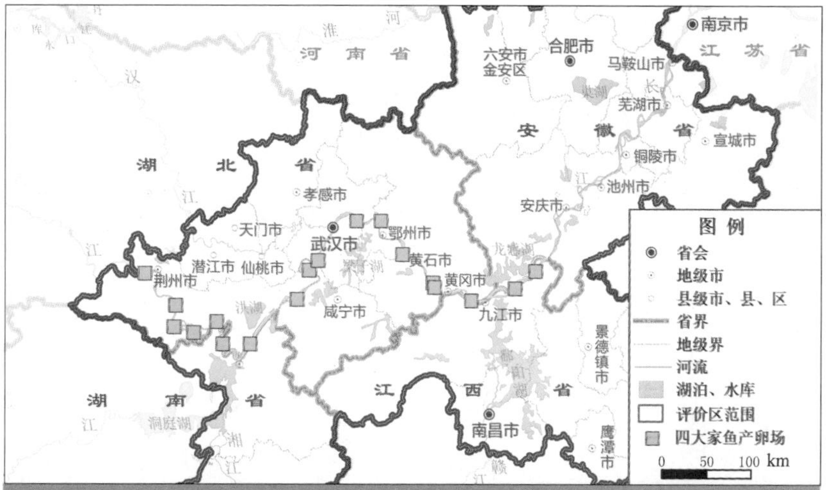

图45 长江干流四大家鱼产卵场分布

（2）鄱阳湖、洞庭湖湿地植被和水鸟种群发生明显改变

随着长江三峡水利枢纽工程运行后江湖关系发生重大变化，高滩湿地植被将进一步退化，水陆过渡带植物物种多样性衰退趋势难以扭转，新露出区域水生植被退化，出露时间延长区域的生物量增加并逐步向低滩地扩张，局部沉水植被类型将发生大面积的演替。人为干扰将对西洞庭湖湿地景观产生巨大影响，据大湖池和蚌湖观测数据推算，候鸟（尤其是涉禽）活动面积减少1/3～1/2。不同类群的水鸟对于栖息地的选择和需求不同，湿地景观的变化对水鸟的数量和种类有极大的影响：一方面，天然湿地大面积丧失以及湿地景观破碎化，造成水鸟数量减少；另一方面，湿地修复后的单一景观也造成水鸟多样性有所下降。

（3）四大家鱼种群将在低水平波动，江豚将面临灭绝

影响四大家鱼和江豚种群数量变化的因素较多，包括环境污染、无序采砂、航运发展、过度捕捞和上游水利工程建设等。水沙情势变化，是近10年来影响四大家鱼种群数量最为显著的因子之一。根据近40年四大家鱼种苗数量动态演变趋势，预计三峡蓄水进入常态化后，鱼苗数量较过去（2003—2009年）可能会有所恢复，但整体仍将在低水平波动（为20世纪60年代的1%～5%）。依据过去50年江豚种群数量动态趋势，并参考江豚种群动态参数预测模型模拟结果，洞庭湖江豚将在10年内消失，长江干流及鄱阳湖江豚将在20～30年内消失。鄱阳湖、洞庭湖闸坝的建立，会导致湖内江豚种群因基因交流显著减少而发生衰退，发生“ALLEE效应”——种群越小越易灭绝，从而加速其灭绝。

（4）湿地面积持续萎缩

依据CLUE-S模型模拟结果（图46），评价区湿地面积未来将持续减少。基线情景下，湿地面积从2010年3.4万km^2减少到2020年的3.0万km^2，减幅12.1%；到2030年进一步减少至2.8万km^2，减幅19.2%。优化情景下，2020年、2030年湿地面积分别减至3.3万km^2、3.1万km^2，相比2010年减幅分别为4.1%、7.0%。中部地区城镇建设用地日趋紧张、用地指标控制趋于严格，沿江沿湖地区草本沼泽湿地丧失的概率会显著增大，导致湿地生物多样性下降的风险进一步升高。

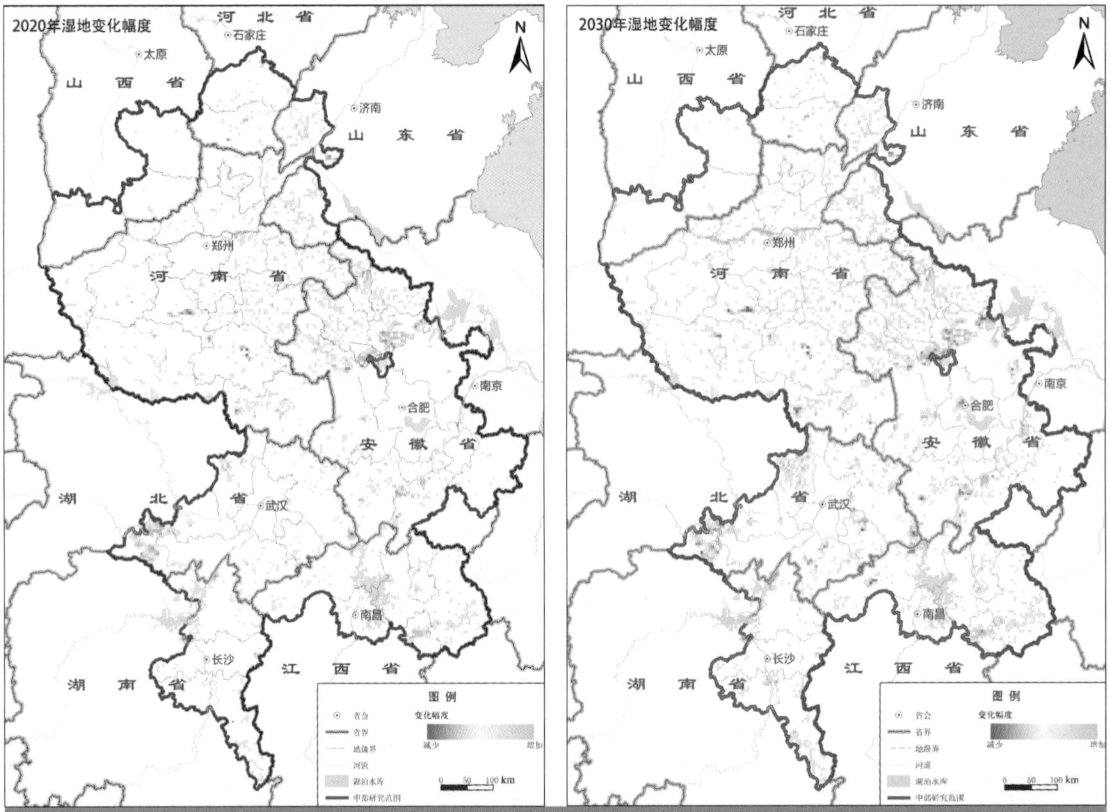

图 46　湿地生态系统空间变化

4. 水土保持和水源涵养功能有所提升

（1）森林生态服务功能继续提升

2010—2020 年逐年模拟结果表明，森林质量、生态用地面积均呈现出高海拔地区升高、城市集中区降低的趋势，评价区内森林质量整体上有一定提升，未来森林生物多样性维持功能提升的趋势仍将延续。

（2）森林面积稳中有增

模拟分析表明，森林生态系统面积相对稳定。从面积上看，从 2010 年的 15.3 万 km^2 增至 2020 年的 15.7 万 km^2，到 2030 年增至 15.9 万 km^2。从空间上看，太行山区、大别山区，东部黄山和怀玉山区，南部幕府山、九岭山和罗霄山等地的森林有所增加，中原经济区东部、长江干流两侧的河湖地区，以及鄱阳湖、洞庭湖沿岸地区的森林大幅度减少。

（3）水土保持功能和水源涵养功能呈现整体增加的趋势

低山丘陵区森林植被将得到明显恢复，森林质量也将有所提升。2020 年评价区生态系统水土保持功能在 2010 年的基础上增加 5.0%，水源涵养功能增加 1.0%；2030 年将再分别增加 5.4%、1.2%。海拔较高的晋东南太行山南部山区、豫西秦岭东部的伏牛山区、鄂豫皖交界的桐柏山—大别山区、皖赣交界的黄山—怀玉山区、湘鄂赣交界的幕阜山区，水土保持功能与水源涵养功能呈现明显提升（图 47）。但是，长江以南多为丘陵地区，城市边缘地区城镇化较为迅速，是土地开发强度较大的区域，局部地区水土流失可能会有所增加。

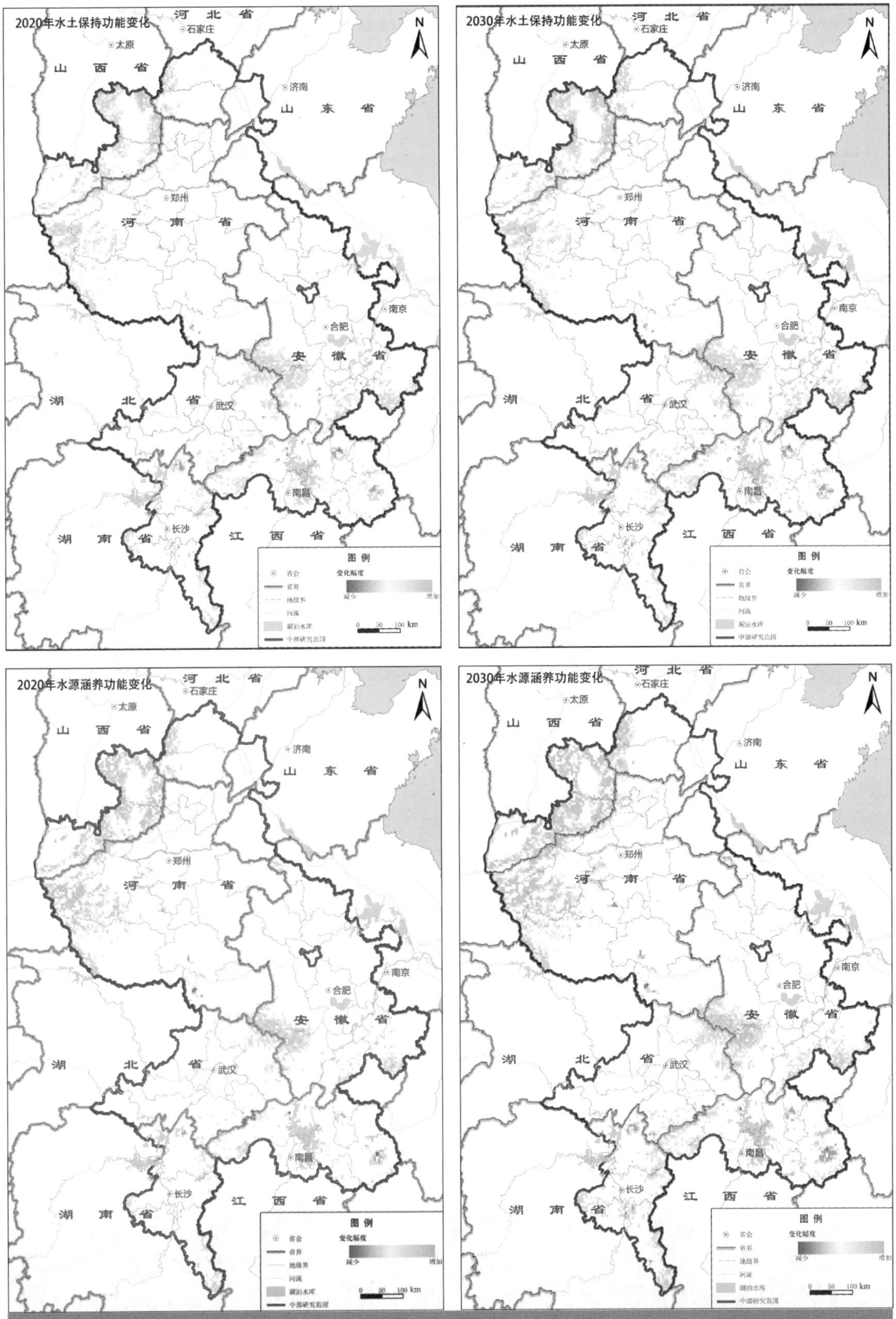

图 47 水土保持功能（上）、水源涵养功能（下）变化趋势

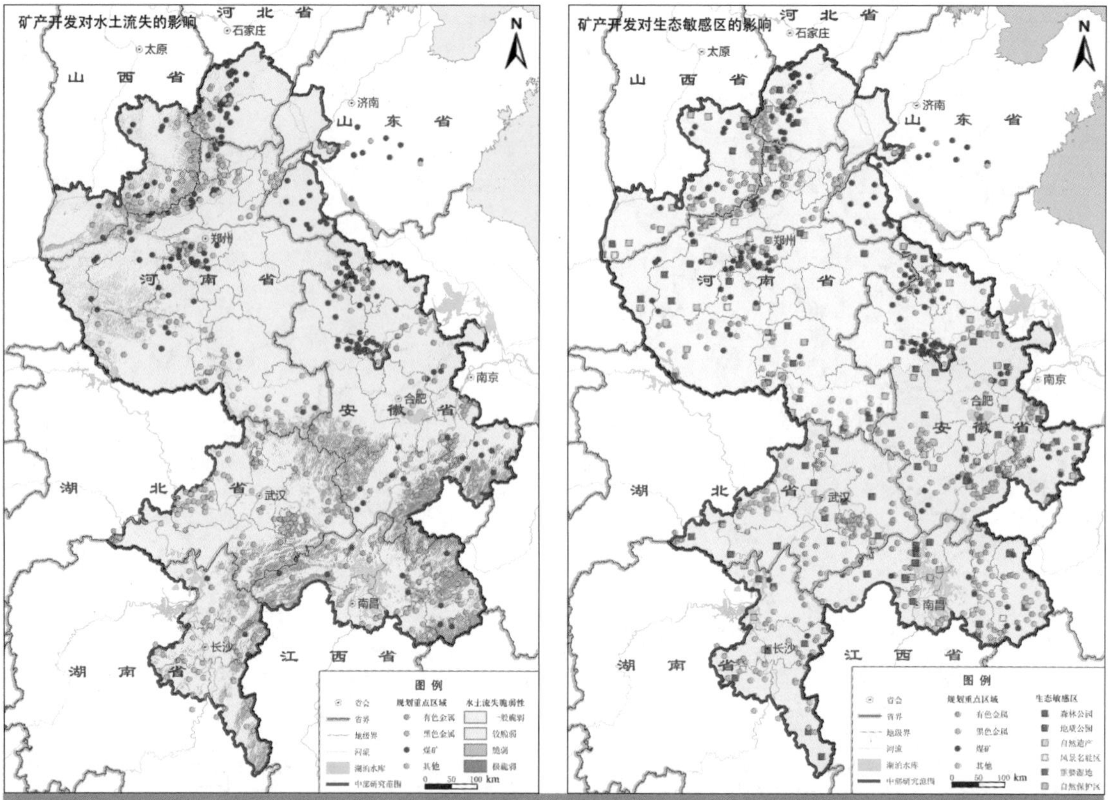

图 48　矿产资源开发的生态影响

（4）矿产开发加剧局部水土流失

中部地区规划矿产开发的重点区域，多位于生态敏感性较高的区域，部分矿产开发重要区与生态敏感区空间距离接近，有些甚至位于生态敏感区内（图 48）。根据各地市矿产资源发展规划，这些区域的矿产开采增量与增幅较大，将导致植被破坏、局部水土流失和地质灾害风险加重。在大规模开发矿产资源的同时，复垦率与治理率较低。湖北省铜、铁矿分布较为集中的黄石、黄冈、鄂州和湖南有色金属矿大市株洲，规划“十二五”末的矿山治理率均不及 35%，复垦率也低于 40%，并对流域下游产生较大的环境污染风险与地质灾害风险。

（四）人居环境安全压力进一步增大

1. 大气污染物排放压力持续加大

（1）煤炭支柱能源地位不会发生根本性改变

未来 20 年评价区能源消费还将大幅增加，2020 年、2030 年能源需求总量将分别达到 12.8 亿 t 标煤和 18.5 亿 t 标煤，是 2012 年的 1.7 倍、2.5 倍（表 17）。能源结构进一步优化，但煤炭仍将是支柱性能源。2020 年评价区煤炭需求占比为 63%，较 2012 年降低 13 个百分点；2030 年煤炭占比为 55%，较 2020 年再降低 8 个百分点。天然气、风能、太阳能、生物质能、核能等清洁能源将大力发展，在能源结构中占比有所提高，但未改变以煤炭为支撑的局面，火电为主的能源结构依然对大气环境构成巨大的压力。

表 17 中部地区分区能源需求总量及煤炭需求占比

地区	2012 年		2020 年		2030 年	
	能源消费总量 / 万 t 标煤	煤炭消费占比 / %	能源需求总量 / 万 t 标煤	煤炭需求占比 / %	能源需求总量 / 万 t 标煤	煤炭需求占比 / %
河南片区	23 194	80	42 123	66	65 048	60
河北片区	6 643	89	11 752	73	20 038	66
山西片区	5 777	78	11 846	64	16 970	58
山东片区	4 073	75	7 963	62	11 627	56
安徽片区	3 396	78	6 777	67	8 867	60
武汉城市圈	13 779	70	18 339	55	23 558	45
长株潭城市群	8 788	61	11 863	49	15 637	42
鄱阳湖经济区	3 882	70	5 540	58	7 309	50
皖江城市带	9 143	78	12 245	64	15 937	51

（2）大气污染物排放压力有所减缓

未来 20 年中部地区 GDP 的不同预期对大气污染物排放量起着决定性作用，不同情景下污染物排放情况有较大差异（表 18）。基线情景下，大气污染物排放持续增加，2030 年 SO_2、NO_x、烟粉尘分别比 2012 年增加 58.0%、36.9% 和 48.8%；优化情景下，2030 年中部地区 SO_2、NO_x、烟粉尘分别较 2012 年减少 11.3%、25.5% 和 16.2%。虽然在优化情景下大气污染物排放总量有所减少，排放压力有所减轻，但降幅并不显著，评价区未来 20 年仍面临大气污染物排放量大、大气环境质量无明显好转的局势；到 2030 年，以颗粒物为主要因子的大气环境超载状况将依然存在，难以实现根本性扭转。从空间分布来看（图 49），情景年大气污染

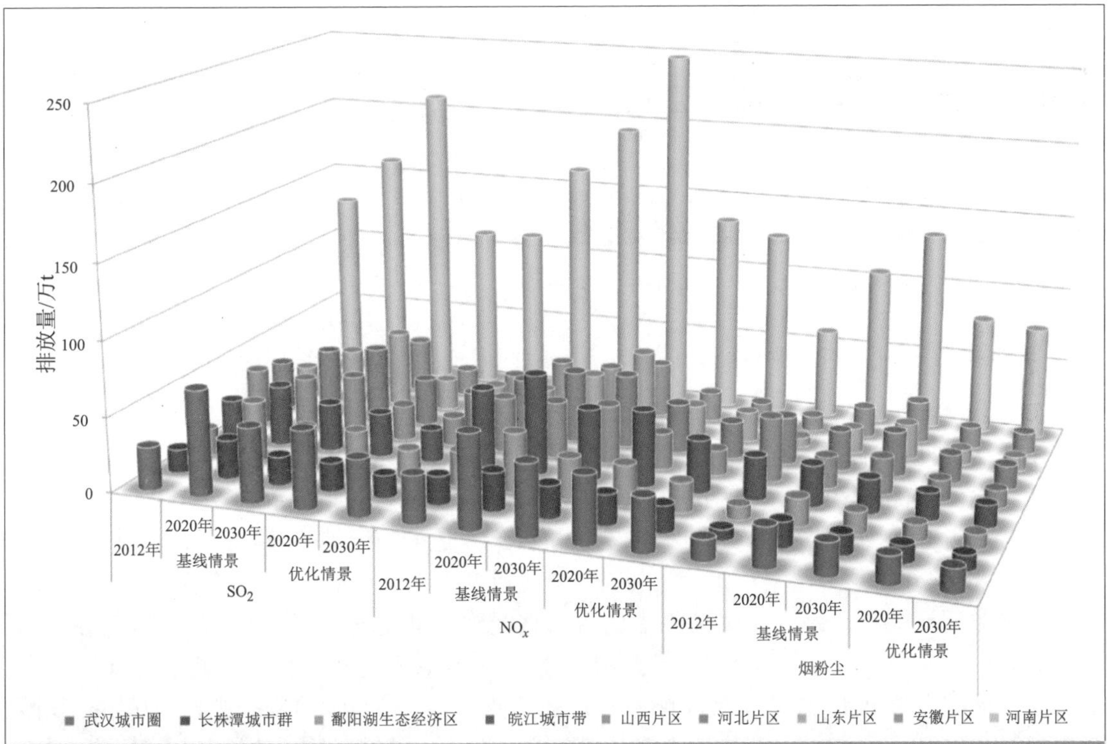

图 49 中部地区主要大气污染物排放量

表 18　中部地区大气污染物排放总量及增幅						
污染物		2012 年	基线情景		优化情景	
			2020 年	2030 年	2020 年	2030 年
SO_2	排放量 / 万 t	325.5	477.9	514.3	332.8	288.8
	比 2012 年增幅	—	46.8%	58.0%	2.2%	-11.3%
NO_x	排放量 / 万 t	416.2	538.4	569.9	373.2	310.0
	比 2012 年增幅	—	29.4%	36.9%	-10.3%	-25.5%
烟粉尘	排放量 / 万 t	209.8	278.3	312.2	194.4	175.9
	比 2012 年增幅	—	32.6%	48.8%	-7.3%	-16.2%

物排放最大地区仍然是河南，排放占比达到评价区的 30% 以上。在优化情景下，2020 年河南占中部地区 SO_2、NO_x、烟粉尘的排放比重分别为 33.3%、35.9% 和 40.4%，2030 年排放占比进一步增加，SO_2、NO_x、烟粉尘的排放占比分别为 38.6%、40.5% 和 42.8%。

（3）机动车污染物排放量有所降低

未来评价区机动车保有量进一步增加，在执行更加严格的机动车排放标准基础上，机动车排污量将有所降低。若 2020 年中原经济区“黄标车”全部淘汰，2012—2020 年新增车辆执行国Ⅳ标准，2020 年后新车执行国Ⅴ标准及国Ⅵ标准，则优化情景下 2030 年中原经济区机动车氮氧化物排放量将较 2012 降低 6.8 万 t，颗粒物降低 2.4 万 t；机动车污染物排放主要集中在中原经济区中北部，包括郑州、平顶山、洛阳、南阳、焦作、新乡、安阳和邯郸等地。若 2020 年长江中下游城市群执行机动车国Ⅴ标准，2030 年执行机动车国Ⅵ标准，则 2020 年长江中下游城市群氮氧化物将较 2012 年减少 14.4 万～ 16.4 万 t，颗粒物排放量减少 2.0 万～ 2.1 万 t；2030 年氮氧化物排放量较 2012 年减少 20.7 万～ 24.5 万 t，颗粒物排放量减少 1.3 万～ 1.9 万 t（图 50）。

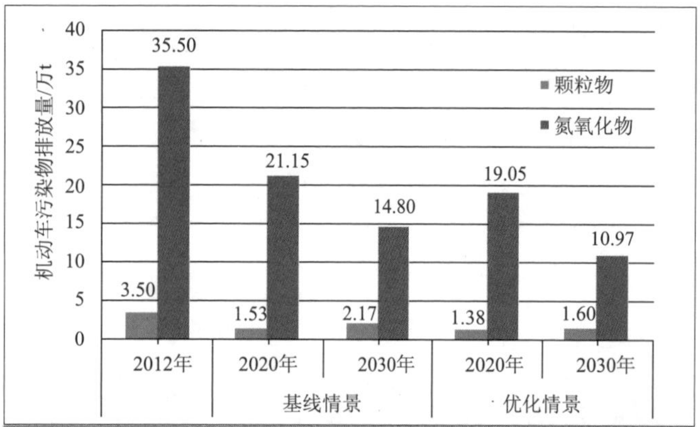

图 50　长江中下游城市群机动车污染物排放量

2. 复合型大气污染持续加重

（1）以 $PM_{2.5}$ 为代表的细颗粒物污染态势将更加严峻

未来 20 年区域性细颗粒物污染将长期影响中部地区，$PM_{2.5}$ 是首要污染物，污染态势更加严峻。即使在优化情景下，2020 年是 $PM_{2.5}$ 区域性污染峰值时期，$PM_{2.5}$ 污染覆盖整个中部地区，各地市 $PM_{2.5}$ 年均浓度均超标，影响评价区近 3 亿人。随着能效水平与排放标准提高，与现状年和 2020 年预测结果相比，2030 年 $PM_{2.5}$ 污染态势有所好转，但污染状况依然严峻，超标区域未明显减小，评价区 90% 左右的人口将受到污染空气影响。中原经济区仅驻马店、宿州、长治、晋城、运城、邢台等 6 个地市 $PM_{2.5}$ 年均浓度有望达标，超标城市占 80% 以上；长江中下游城市群 $PM_{2.5}$ 年均浓度小幅下降，武汉城市群大部分城市、合肥、马鞍山、长沙、南昌等城市仍然超标。$PM_{2.5}$ 污染治理将是中部地区大气污染治理的一项长期而艰巨的任务。

（2）传统煤烟型污染未能得到根本解决

2020 年评价区 PM_{10} 年均浓度较现状年有所下降，但污染仍然十分严重，57 个城市中有 45 个城市超标；2030 年 PM_{10} 年均浓度进一步下降，超标范围明显减小，但仍有 14 个城市超标。SO_2、NO_x 污染在未来 20 年有望得到有效控制，年均浓度超标范围有所缩小，但仍然存在个别城市年均浓度超标情况。优化情景下，中原经济区三大传统污染物浓度呈下降趋势；长江中下游城市群 2020 年浓度将达到峰值，2030 年有所下降。总体来看，中部地区三大传统污染物未能全面达标，传统煤烟型污染未能得到根本解决，仍是影响人居安全的重要因素。

（3）重金属沉降量呈现逐年减少趋势

未来中原经济区重金属污染物排放集中于安徽、河南和河北地区，占整个中原经济区重金属污染物排放的 83% ～ 85%。效率情景下，2020 年长江中下游城市群大气重金属排放量达到 1 547 t，较 2012 年降低 15%；2030 年排放量进一步降至 1 246 t，较 2012 年减少 32%（图 51）。大气重金属排放严重区域集中在株洲、上饶、池州等地，重金属排放量约占长江中下游城市群 40% 以上。有色冶金、电力行业仍是大气重金属重点排放源，2020 年、2030 年两个行业重金属排放量分别约占长江中下游城市群排放总量的 53%、58%。

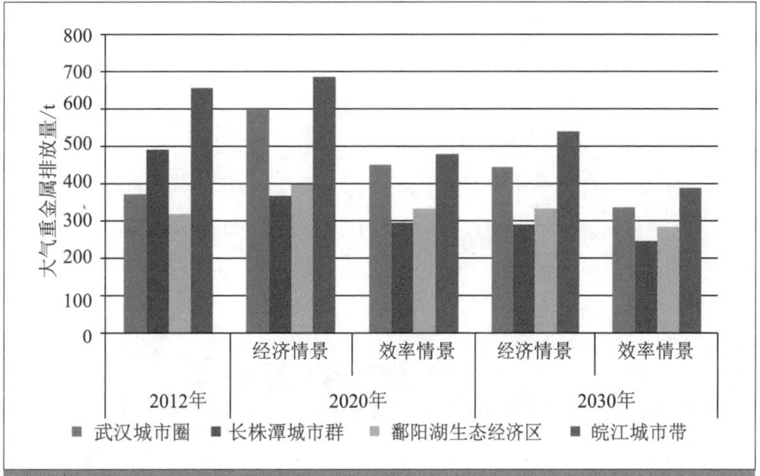

图 51　长江中下游城市群大气重金属排放量预测

3. 饮用水水源安全风险长期存在

（1）城市饮用水水源地安全风险加大

除沿黄和沿淮干流城市外，中原经济区多采用地下水源作为饮用水水源，其中，河南、山东地下水源占比较大，聊城、东平县等地饮用水全部来自地下水。中原经济区城镇和工业园区密集，饮用水水源地的补给径流区与被污染区域交织、重叠。未来 5 ～ 15 年，补给径流区地下水污染将在集中开采区逐步凸显，饮用水安全风险将进一步加大。长江中下游城市群重化产业沿江布局，沿江各地市主要饮用水水源地与各类危、重污染源生产储运集中区交替配置，武汉乙烯排口距葛店取水口 30 km，湘潭市部分取水口与排污口距离不足 10 km。长江“黄金水道”贯通后，沿江航运物流业将得到进一步发展，危险品运输引起突发性水污染事故的风险也随之扩大。当前长江中下游城市群各城市备用水源地水质稳定性差，未来确保饮用水安全压力将进一步增加。

（2）农村饮用水污染问题日益凸显

农村饮用水污染问题日益严重，本地生活污水、垃圾堆放及畜禽散养现象难以扭转，小企业和工业开发区、集聚区污染将逐步向农村地区转移，浅层地下水污染，规模化养殖污染物排放现象依然存在，农药、化肥残留物渗入地下或随水土流失排入沟河等多种问题交织，导致农村饮用水污染情况复杂，不同区域污染特征不同的现象。中原经济区农村饮用水氟超

表 19 淮河流域环境污染相关因素与肿瘤关联程度

省份	研究县	地表水	河网密度	浅层地下水	土壤	化肥	GDP
山东	巨野	○	○	○	○	○	○
河南	西平	○	●	●	○	○	○
	罗山	○	◐	●	○	◐	○
	扶沟	○	●	●	○	◐	○
	沈丘	●	●	●	○	◐	○
安徽	颍东	●	○	○	◐	●	○
	蒙城	○	○	○	◐	●	○
	埇桥	○	○	○	◐	◐	◐
	灵璧	○	○	○	●	◐	◐

注：关联程度由大到小表示为 ● ◐ ○。

表 20 城镇建设用地面积预测

城市群	2020 年				2030 年			
	基线情景		优化情景		基线情景		优化情景	
	面积 /km²	增幅 /%	面积 /km²	增幅 /%	面积 /km²	增幅 /%	面积 /km²	增幅 /%
长江中下游城市群	20 416.2	15.5	19 872.2	12.4	23 654.7	33.8	21 677.7	22.6
中原经济区	40 170.5	9.5	39 795.6	8.4	44 011.7	19.9	41 048.8	11.9
中部地区	60 586.7	11.4	59 667.8	9.7	67 666.4	24.4	62 726.5	15.4

标、砷超标、饮用苦咸水等问题进一步凸显，河南省受影响人口高达 2 000 万人，河北农村饮用水不安全人口达 600 万人，安徽达 900 万人。淮河流域部分地区癌症高发与水环境污染具有高关联性（表 19），河南省水体质量影响最大，以浅层地下水质量和河网密度影响为主。农村饮用水安全基础设施建设也十分薄弱，2012 年仅 31.1% 的村庄实施国家饮用水安全工程，17.23% 的村庄按要求使用水消毒设备。

4. 城市生态空间进一步受到挤占

（1）城镇建设用地面积将持续扩张

评价区城市建设用地面积持续增长。基线情景下，城市建设用地面积从 2010 年的 5.4 万 km^2 增长到 2020 年的 6.1 万 km^2，2030 年增至 6.8 万 km^2；优化情景下，增长幅度略有减小，2020 年、2030 年城镇建设用地面积分别增至 6.0 万 km^2 和 6.3 万 km^2（表 20）。城镇建设用地空间变化从中心城市向四周辐射，变化幅度逐渐减小；安徽铜陵和马鞍山、江西南昌和景德镇以及湖南长沙的城镇变化最为剧烈。

（2）经济开发区规模大、数量多，强烈挤占生态用地空间

中原经济区开发区沿江沿河、沿铁路布局特征明显。省级以上经济开发区 292 个，规划总面积超过 7 000 km^2，其中 8 个开发区规划面积超过 100 km^2。长江中下游城市群经济开发区数量较多，规划面积较大，其中，仅省级以上开发区 192 个，总面积 8 869.4 km^2，面积超过 100 km^2 的开发区有 22 个。部分开发区离自然保护区、森林公园等生态保护区距离较近，例如：洪湖经济开发区东起石码头电排河，西至州陵大道，南起长江，北抵护城堤，毗邻长江新螺段白鳍豚保护区；湖北龙感湖工业园区（筹）选址与龙感湖国家级自然保护区距离也较近。

五、三大安全战略性保护的总体方案

（一）战略目标

以生态文明建设为统领，推进绿色、循环、低碳发展，着力解决可持续发展面临的突出环境问题，2020 年区域资源环境压力快速上升的趋势得到遏制，粮食生产安全、流域生态安全、人居环境安全水平有所提升；2030 年生态环境质量得到改善，三大安全得到切实保障，实现中部地区绿色崛起。

1. 粮食生产安全目标

到 2020 年，中原经济区耕地保有量不减少、耕地质量不下降，长江中下游城市群粮食主产区耕地面积不减少、土壤质量逐步改善；农药施用强度下降到全国平均水平，农业面源污染减少 10%。到 2030 年，中原经济区和长江中下游城市群地区粮食综合生产能力明显提升，农业面源污染得到有效控制。

2. 流域生态安全目标

到 2020 年中原经济区流域水环境质量持续改善，实现 60% 以上河流有水；长江干流水质不降低，水功能区达标率达到 80% 以上。到 2030 年，中原经济区、长江中下游城市群地区水质、水量均得到有效保障，水功能区全面达标，水域生态环境得到全面修复。

3. 人居环境安全目标

到 2020 年，中原经济区复合型大气污染得到有效控制，城市环境空气质量得到明显改善，所有集中式饮用水水源地建立饮用水水源地保护区，全部达到国家饮用水水源保护要求；长江中下游城市群主要大气污染物浓度下降 15%，区域性复合型大气污染事件发生频次显著减小，城乡饮用水水源水质达标率接近 100%。到 2030 年，中部地区空气质量全面改善，全面消除饮用水水质安全隐患。

（二）思路与原则

大力推进生态文明建设，按照“保红线、严标准、调结构、提效率、控风险”的总体思路，优化区域发展模式，规范国土空间开发秩序，实施生态环境战略性保护，完善生态环境保护体制机制，确保粮食生产安全，维护流域生态安全，改善人居环境安全，促进经济社会与生态环境协调可持续发展，实现中部地区绿色崛起。

1. 坚持三个统筹

（1）统筹推进城乡生态建设

实施点、线、面结合的城乡生态建设工程，重点强化城镇和绿化美化，不断提高森林覆盖率，构建宜居城镇和美丽乡村协调共生的新格局。

（2）统筹推进工农业污染治理

调整“城乡分治、城市中心”的治理模式，增加农村环境综合整治投入，形成城乡环保全面推进、工农业污染防治并重的新格局。

（3）统筹推进“三生”空间建设

深入落实国省两级主体功能区划要求，严格控制生产空间，调整优化生活空间，适度拓展生态空间，形成生产空间集约高效、生活空间安全可靠、生态空间保障有力的新格局。

2. 坚持三个优先

（1）优先改善环境质量

积极开展二氧化硫、氮氧化物、颗粒物、挥发性有机物、氨的协同控制，有效控制灰霾和光化学烟雾等复合型大气污染；积极推进城镇污水处理厂配套管网建设，加快推进工业园区污染集中处理设施建设，全面提升水污染源控制水平。

（2）优先保障耕地资源

完善耕地保护制度，加快划定永久基本农田，严格管控优质耕地，严格执行耕地占补平衡政策规定，全面实行“先补后占”政策，保证中部地区耕地数量不下降。加大耕地保护、高标准粮田建设、耕地质量保护与提升、耕地土壤污染防治等方面的投入，推进化肥农药科学控量施用，对受污染严重的耕地集中修复，不断提高耕地质量。

（3）优先推进水生态修复

以促进河湖生态健康为核心，开展河湖综合整治，加大水生生物增殖放流力度，促进江河湖泊生态系统恢复，构建上下游水联动、地表水治理与地下水保护统一联动的水环境修复体系。优先恢复城市河湖水系的基本生态功能，逐步改善河流干涸、断流状况，恢复区域河湖连通性。

3. 坚持三个提升

（1）提升区域发展质量

加快推进经济结构调整，进一步提高服务业对区域经济发展的支撑作用，促使服务业成为拉动区域发展的重要力量，逐步降低区域发展对重化工业的依赖。加快发展装备制造业和战略性新兴产业，促进工业结构升级，逐步降低资源型产业比重。大力调整农业结构，积极发展绿色有机农业和精准农业，促进传统农业向生态农业转型。优化城镇体系等级规模结构和职能结构，完善城镇市政基础设施和公共服务建设，促进城镇绿色低碳发展。

（2）提升资源环境效率

加强水资源利用红线管理和用水效率控制红线管理，严格控制区域用水总量，加快建立健全节约用水体制机制。集约利用土地资源，通过立体开发、紧凑布局等方式，提高建设用地利用效率。以当前国内领先水平或清洁生产一级水平为标杆，加快传统产业的“绿色化”技术改造，大幅度降低生产过程污染物排放。鼓励生产企业广泛开展节能技术改造，探索生产领域阶梯电价、差别化电价管理办法，提高能源利用效率。

（3）提升环境管理能力

强化“源头严防”，制定中部地区环境保护负面清单，将重点淘汰类、高耗能、高耗水、重污染行业列入负面清单，设立区域性禁止、限制准入门槛。强化“过程严管”，建立严格监管所有污染物排放的环境监管和行政执法制度，探索环保部门和公安部门联合执法的联动机制。强化“后果严惩”，加大环境执法力量的整合力度，强化环境执法权威，依法严惩环境违法行为。加强环境监测、预警、应急体系建设，提高对突发环境事件预防、快速响应处置能力。

（三）引导发展模式转变

1. 推进绿色循环为核心的新型工业化

（1）强化资源节约集约利用

控制新增建设用地规模，从严控制工业用地增量，严格执行工业项目建设用地控制指标，挖掘存量工业用地潜力，整合一批市、县中区产业集聚功能不强、没有发展前景的工业园区。结合循环经济试点省、市建设，创建一批低碳、循环、资源节约和环境友好的产业集聚区示范工程。严格控制高耗水行业发展规模，加大工业节水力度。建立用水效率控制机制，中原经济区 2020 年节水效能达到全国先进水平，2030 年退出高耗水的低端制造业；长江中下游城市群 2020 年和 2030 年地区万元工业增加值用水量分别降低到 63 m^3 和 42 m^3 以下。

（2）促进园区转型和生态化改造

规范空间开发秩序，把产业集聚区建设作为中原经济区建设的综合性、全局性举措，加快资源型企业集聚升级，推进资源集约利用、企业集中布局、产业集群发展、功能集合构建。推进园区集约化经营，强化开发区用地内涵挖潜，提高开发区工业用地准入门槛，制定各开发区亩均投资强度标准和最低单独供地标准，并定期更新。强化园区分类指导，鼓励中部地区产业园区开展跨区域分工合作，着力建设一批具有产业链关联效率的特色专业园区。将国家级开发区、省级重点开发区作为产业发展的主要载体，严格控制市、县级园区无序发展与布局，推进市、县级园区工业企业搬迁改造和园区整合。加快推进园区生态化改造进程，按照产业链纵向共生耦合、循环低碳高效模式，大力建设国家级和省级生态工业园区。推进园区管理模式创新，探索不同行政区之间的利益分成机制。

（3）优化工业结构

优先发展高端劳动密集型产业，围绕电子信息、纺织服装、家用电器等领域，引进具有较高技术含量、以组装为主导的劳动密集型产业。壮大优势装备制造业，重点发展技术密集、关联度高、带动性强的现代装备制造业。中原经济区应大力发展电子信息、高端装备制造、汽车及零部件等高成长性装备制造业，建成全国重要的电子信息产业基地、先进装备制造业基地、汽车产业基地。长江中下游地区在大型电力设备、交通设备、数控机床以及大型加工设备等关键技术和规模生产上取得突破。加快培育战略新兴产业，中原经济区重点发展新能源、新材料、节能环保产业，打造国内重要的新能源汽车基地、全国重要的新材料产业基地，国内有较大影响力的节能环保产业基地。长江中下游地区应依托高校院所的人才资源，加快发展物联网、云计算、高端软件、生物医药、生物制造、新能源装备等产业，建设一批在全国具有重要地位的战略性新兴产业基地。

2. 推进高效生态为主导的农业现代化

（1）加快发展生态农业

总结中部城市群地区传统农业发展的有效经验，通过人工设计生态工程，推进大田种植与林、牧、副、渔业结合，形成生态上与经济上两个良性循环。按照因地制宜原则，形成增产增收效益的多元生态农业模式。中原经济区着力探索平原粮食主产区发展物质循环利用生态农业，重点发展作物复合型、农—林—果复合型、多元种植产业链延伸型、废弃物综合利用型、庭院种—养—加结合型等生态农业模式。促进生态型农业与养殖业的有机结合，扩大生猪、奶牛、肉牛、肉羊等优势产品的规模，推进畜禽标准化规模养殖场建设，建设全国优质安全畜禽产品生产基地。长江中下游地区重点发展稻田养鱼、林草、林粮、林果、林药间作的主体农业模式，形成农林牧结合、粮桑渔结合、种养加结合的复合生态农业模式。

（2）探索发展精准农业

依托“3S”等现代技术，率先建立田间数据搜集和处理系统，大力推进农业信息化。全面应用现代田间管理手段，推行测土配方施肥，力争2020年全面实现测土配方施肥。广泛应用作物动态监控技术，定时定量供给水分，应用滴灌、微灌等新型灌溉技术，推广精细播种、精细收获技术，将精细种子工程与精细播种技术有机地结合起来，全面降低农业消耗。

3. 推进宜居低碳为主导的新型城镇化

（1）推进宜居低碳城市建设

加快绿色低碳城镇建设，依托中部地区独特的山水资源优势，体现尊重自然、顺应自然、天人合一的理念，让城市融入自然。推动节地、节能、节水、节材和资源综合利用，将资源节约和高效利用纳入城市总体规划。规划实施绿色办公、绿色出行、绿色社区建设示范工程，加快推进绿色创建。强化城市生态景观建设，合理布局城市绿色廊道，改善人居环境。

（2）强化城市生活污染治理

支持新建、改造城市垃圾和污水处理厂（站），配置脱氮除磷设施，提升污染物处理能力和水平；加强雨污分流排水管网体系、再生水回用网络、餐厨废弃物资源化、固体废物和再生资源利用、废弃物和污泥资源化利用等城市生态工程建设。

（3）完善城市功能布局

落实国务院关于推进城市老工业区搬迁改造的战略部署，率先推进中部城市群地区老工业基地城市功能布局调整；加快推进黄石、上饶、铜陵等资源型城市功能转型，提升城市品位，实现由资源型城市向区域性城市及生态型城市转变。建设节水型社会。落实最严格水资源管理制度，优化水资源配置，促进水资源可持续利用；加大工业节水技术改造，在高耗水行业，推广成套节水、水回收再利用、水网络集成等先进技术。

（4）合理调控城镇化进程

合理调控农村人口向城市转移进程，根据区域资源环境承载能力，引导各地量力制定城镇化战略目标。到2020年，中原经济区、长江中下游地区城镇化总体水平应分别控制在55%、60%左右。根据资源环境承载能力和城市基础设施服务能力，适度控制郑州、武汉、长沙、合肥、南昌五个区域性核心城市人口规模。严格控制土地城镇化的速度和规模，重点控制粮食核心主产区城市建设用地总量。规范新城新区开发建设，划定用地红线，控制区域大中小城市边界扩张。

（5）提升核心城市功能

加快提升郑州、武汉、长沙、合肥、南昌等区域性中心城市功能，使之成为推动中部城市群地区协调发展的重要支撑。依托郑州航空港经济综合试验区，强化郑州龙头带动作用，完善综合服务功能，增强辐射带动中原经济区和服务中西部发展的能力。武汉市应进一步壮大先进制造产业体系，加快发展现代服务业，努力建成带动长江中下游城市群发展的龙头。长沙市应进一步壮大先进制造业，加快发展以文化创意产业、金融服务、商务服务为主体的现代服务业，建设长江中下游城市群重要增长极。合肥市应进一步扩大装备制造业规模，提高综合承载力，在促进与长三角融合发展上发挥更大的作用。南昌市应突出科技创新，大力提升综合服务功能，建设区域性商贸物流、金融及先进制造业中心。探索武汉、长沙、合肥、南昌四个区域性核心城市交流合作机制，创设跨区域合作平台，促进中部地区实现联动发展。

（四）规范国土空间开发秩序

1. 基于生态红线合理配置“三生”空间

（1）推进“三生”空间协调发展

严格落实全国主体功能区划要求，研究制定中部地区农田保护红线、城市发展红线、生态红线，进一步明确不同类型区域的主体功能定位，按照区域自然条件、资源环境承载能力、经济社会发展基础，规范空间开发秩序，合理配置生产空间、生活空间与生态空间，提高生产空间的经济效益，提高生活空间的社会效益，提升生态空间的质量与存量，充分利用生态空间实现生产空间与生活空间的有效隔离，形成生产空间集约高效、生活空间安全可靠、生态空间保障有力的“三生”空间协调发展格局。

（2）规范产城融合

鼓励环境友好型产业与城镇融合发展，实现生产空间与生活空间的协调统一，对于环境胁迫较大的产业，应集中布局在远离城镇的工业园区，设置生态隔离带，确保生产空间与生活空间互不侵扰、和谐共生。

（3）建设美丽乡村

着力解决农村和农田污染问题，重点破解农村生活垃圾集中处理和农田有机肥推广两大难题，确保乡村生活功能、农业生态功能和农田生产功能不降低。

2. 基于比较优势的特色产业发展

（1）装备制造基地

支持打造中原电气谷、洛阳动力谷和冀南冶金石化装备集群基地，推动郑州、新乡、焦作、安阳、南阳建设各具特色的新型装备制造业基地，积极研发先进适用、高附加值的主机产品和核心基础零部件，提升输变电装备、重型成套装备、现代农业机械、工程施工机械等产业的国际竞争力。支持郑州建设百万辆汽车基地，推进开封、洛阳、新乡、焦作、许昌、南阳、鹤壁等汽车及零部件产业集聚发展，壮大汽车产业规模。依托武汉汽车、机电一体化、成套装备工业基础，建设在全国具有重要意义的综合性装备制造业基地；在黄石、黄冈、鄂州建设以配套为主的装备制造业基地。依托长株潭技术创新优势，建设以工程机械、汽车及电动汽车航空航天产业、轨道交通为主导的装备制造业基地。依托南昌、景德镇航空产业技术研发优势，建设我国重要的航空产业基地；依托合肥、芜湖等城市重大基础装备产业基础，支持合肥建设工程机械和新能源汽车为主体的综合性装备制造业基地，支持芜湖建设以大型铸锻件、新能源汽车为主导的新型装备制造业基地。

（2）石化产业基地

立足中原经济区区内需求，支持洛阳石化、中原石化、东明石化扩能改造，提高石化产业集中度。立足国内石化产品巨大市场需求，依托长江水运的便利条件，适度推进长江中下游城市群地区石化产业扩张，重点建设岳阳、武汉、九江、安庆四个千万吨级石化产业基地。其他地市原则上不再布局新的石化产业基地。

（3）钢铁工业基地

依据国务院出台的《关于化解产能严重过剩矛盾的指导意见》，结合中原经济区钢铁工业布局调整，加快新乡、济源、信阳等地小钢厂淘汰转型，引导区域钢铁产能优势城市集中，建设邯郸、安阳、运城、长治、平顶山五个大型钢铁工业基地。大力推进长江中下游城镇群地区布局调整，进一步整合分散钢铁产能，引导产能向优势城市集中，重点建设武汉、黄石、鄂州、九江、马鞍山五个大型钢铁工业基地；严格控制其他城市钢铁工业发展规模，100 万 t 以下小钢厂逐步淘汰和整合。

（4）有色冶金基地

深入落实国家化解过剩产能相关要求，推进中原经济区电解铝产能向运城、聊城、洛阳等地市集聚，建设全国重要的铝材加工基础；引导区域电解铜产能向聊城、运城集聚，引导区域铅锌产能向济源集中，建设有色冶金精深加工基地。通过布局调整引导长江中下游地区有色冶金工业向主要产区集聚，形成规模优势。

（5）战略性新兴产业基地

支持郑州、漯河、鹤壁等电子信息产业基地建设，建设全国重要的电子信息产业基地。支持郑州国家生物产业基地和南阳、新乡、周口、焦作、驻马店等产业基地建设，建设全国重要的生物产业基地。支持武汉综合性国家高技术产业基地和光电子、生物产业、信息产业三个专业性国家高技术产业基地建设。围绕新型显示、智能家电、集成电路、软件、信息服务和物联网开发，支持合肥建设国家级新型平板显示产业基地。依托南昌半导体照明工程产业化基地和一批核心企业，建设以半导体发光材料、新型显示器、节能照明产品为主体的新型产业基地。依托科技优势和国家级高技术园区，以电子信息、生物、新材料、新能源为主攻方向，建设长株潭战略性新兴产业基地。

（五）生态环境战略性保护优先任务

1. 能源结构优化和消费总量控制

（1）调整能源供应结构

依托国家煤电大基地大通道建设，促进形成西电中送、北电中送的能源供给格局。依托国家西气东输、北气南下、海气登陆的供气格局，提高中部地区天然气的供给能力。加大水能、生物质能、风能等清洁能源的供应和推广力度，逐步提高清洁能源使用比重。提高水电资源的本地化利用比例，长江中下游地区在不破坏生态环境的前提下有序推动水电站和蓄水电站建设。中原经济区着力解决生物质收集、运输等问题，积极开展生物质成型燃料锅炉应用，发展秸秆热电联产，逐步推进农村集中供热。依托九江市九岭山、吉山、南昌蒋公岭、岳阳市洞庭湖区等风能资源加快风电开发。

（2）实施煤炭消费总量控制

转变能源消费方式，调整和优化能源结构，逐步降低煤炭在一次能源消费中的比重。建议 2020 年煤炭消费占比下降至 63%，煤炭消费总量控制在 6.3 亿 t 标煤；2030 年煤炭消费占比下降至 55%，煤炭消费总量控制在 6.5 亿 t 标煤。转变煤炭使用方式，着力提高煤炭集中高效发电比例。提高煤电机组准入标准，新建燃煤发电机组供电煤耗低于 300 g 标准煤 /（kW·h），污染物排放接近燃气机组排放水平。按照《煤电节能减排升级与改造行动计划（2014—2020 年）》要求，加快推进区域内煤电升级改造工作。

（3）优化火电建设布局

中原经济区按照“以热定电”的原则，发展热电联产，淘汰分散燃煤小锅炉，中原城市群不再新增燃煤电源点。建议中原经济区 2020 年和 2030 年电力装机容量分别控制在 3 700 万 kW 和 4 200 万 kW，严格控制鹤壁、焦作、义马、郑州、平顶山、永夏矿区煤炭产能扩张。建议长江中下游城市群 2020 年和 2030 年新增火电总装机容量分别控制在 2 200 万 kW 和 3 800 万 kW，武汉、黄石、铜陵等城市原则上不再新增火电装机量。

2. 区域大气复合污染联防联控

（1）推进区域联防联控和污染物协同控制

建立区域联合发展和空气污染综合防治调控体系，郑州、许昌、平顶山等城市实施大气污染联合防治。武汉城市圈和长株潭城市群重点在省内实行大气联防联控，鄱阳湖生态经济区和皖江城市带参与到长三角大气联防联控中。实施区域多种大气污染物协同控制策略，将二氧化硫、氮氧化物、颗粒物、挥发性有机物、氨等一次污染物作为主要协同控制对象；综合治理石油化工、有机化工、表面涂装、包装印刷、医药化工、电子清洗、塑料制品等行业的挥发性和半挥发性有机物；将传统重污染行业的点源污染防治与机动车污染、扬尘污染等线源、面源污染协同防治。

（2）提升重点行业的工业环境效率

通过淘汰落后产能、严格限制产业链前端和价值链低端产能扩张、提高能源环境绩效门槛、区域限批限产等手段，提高工业环境效率。2020 年，中原经济区钢铁、有色冶金、石油化工、纺织、电力等产业污染物排放绩效要达到清洁生产一级水平。长江中下游城市群火电、钢铁、有色、化工、建材等重点行业大气污染物排放水平达到国际先进水平，纺织、化工、煤炭、石油、食品、有色冶金、造纸、装备制造等行业污染物排放效率达到国内先进水平。

（3）实施全方位污染防治

推进重点用煤领域“煤改气”工程，加强余热、余压利用，加快淘汰分散燃煤小锅炉。扩大城市无煤区范围，逐步由城市建成区扩展到近郊，大幅减少城市煤炭分散使用。严格机动车市场准入，提高燃油品质，加快淘汰“黄标车”。2020 年机动车尾气排放执行国Ⅴ标准，2030 年达到欧Ⅵ标准。积极发展新能源、新能源汽车、资源回收以及节能建材等低碳产业，推进传统产业的清洁生产，2020 年传统支柱产业总体达到当前国内先进水平，有条件的地区选取重点行业推进碳排放总量控制试点。加强道路、建筑扬尘控制，降低颗粒物排放。推进农村秸秆的生物质利用，逐步取缔秸秆焚烧。大力推进集中供热，逐步取消农村散烧煤。

（4）建立多部门联动机制

建设区域尺度大气环境信息共享平台，以典型灰霾高发区为研究对象，深入研究区域大气污染形成机理，尤其是细颗粒物、臭氧污染机理，全面掌握研究区的灰霾成因；建立复合污染预警联动机制，成立区域灰霾预测预警行动小组，由相关政府领导任组长，协调发改、环保、气象、交通等各部门，厘清责任，联防联控，构建区域大气污染预测预警体制。

3. 水资源综合管理与高效利用

（1）全面落实最严格水资源管理制度

以流域水环境质量达标和持续改善为目标，强化水污染控制单元的纳污总量控制和水资源的开发利用与科学管理。落实水资源开发利用控制、用水效率控制和水功能区限制纳污三条红线以及阶段性控制目标，建立最严格水资源管理制度。切实保障最严格水资源管理制度的实施，建立水资源管理责任和考核制度，健全水资源监控体系，完善水资源管理体制和投入机制，健全政策法规和社会监督机制。

（2）全力推进水资源节约利用

加强农业节水，大力推广高效节水灌溉技术，加强大中型灌区节水改造工程建设；优化种植结构，发展旱作节水农业和雨养农业；推广农业综合节水技术，高起点、高标准建设一批现代化农业节水示范基地，海河流域2020年建成3～5个标准化、规范化高效节水综合示范区。加大工业节水技术改造，推广成套节水、水回收再利用、水网络集成等先进技术。推广使用节水设备和器具，推进城乡生活节水。建立高耗水产业的调整与退出机制。在水资源短缺地区实施高耗水产业逐步退出策略，严格限制或禁止引入高耗水低端制造业项目，现有的高耗水、高污染产业要加快节水建设和耗水工艺设备淘汰，2020年节水效能达到全国先进水平，2030年退出高耗水的低端制造业。

（3）加强城市非常规水资源利用

鼓励城市污水处理厂建设再生水生产项目，配套建设再生水输送管道。以政府为主导，通过政策引导，推动再生水参与水资源统一配置。实现再生水生产企业良性发展，促进供水水质稳定达标，强化生产设施维护资金投入与监管水平。

（4）提高水利工程的生态调度效益

综合考虑防洪、生态、供水、航运和发电等需求，进一步开展以三峡水库为核心的长江上游水库群联合调度研究与实践。发挥水利工程综合作用，调整现有闸坝运行管理模式，提高枯水季河流生态流量，开展生态用水调度。

4. 水环境综合治理与持续改善

（1）大力治理累积性水环境污染问题

加强对污染严重河流及地下水污染严重区域的修复治理力度，推进农村面源污染治理，推进实施耕地测土配方施肥，组织建设农业面源污染控制示范工程。加快农村环境整治工程，加强农业畜禽、水产养殖污染物排放控制及农村污水垃圾治理。

（2）全面保障城乡饮用水安全

加强城市水源地与供水系统风险预警与应急机制建设。加强潜在风险源的排查与预防，加强水源地动态监测体系及预警机制建设，加强重点风险源企业对突发性污染事故的应对能力。切实提高农村饮用水安全保障水平，对人口较密农村地区实施集中供水。强化农村饮用水安全监管和水源地环境综合整治。

(3)实施“一河(湖)一策”综合管理策略

将水环境治理目标策略落实到以水体为主线的流域范围，制订并实施分流域的管理对策和治理措施。实施重要河流、湖泊、水库的生态环境治理修复工程，提升流域健康水平。优先治理污染严重、影响范围广的水体。

(4)以水污染物资源化处理促进减量排放

继续提高城镇生活污水的处理水平，提高处理力度。继续加强对城镇生活污水的处理工艺水平及处理力度，实现污泥资源化利用。加强对畜禽养殖废水及粪便的收集及堆肥化处理利用。大力推进生活污水污泥肥料及畜禽养殖粪便肥料的使用。

5. 耕地保护与土壤质量改善

(1)强化土地用途管制

加强土地利用规划计划管控，严格建设占用耕地审批，落实最严格的耕地保护制度。建立健全耕地质量更新评价制度和监测机制，逐步完善中部地区耕地质量动态监测网络体系。依据《国土资源部 农业部关于进一步做好永久基本农田划定工作的通知》(国土资发 2014〔128〕号)文件，按照布局基本稳定、数量不减少、质量有提高的要求，严格划定永久基本农田保护红线，坚决遏制“摊大饼”式的城市扩张模式，合理控制城镇建设用地规模。

(2)强化土壤质量改善

严格落实 2020 年将耕地基础地力提高 0.5 个等级、土壤有机质含量提高 0.5 个百分点、有机肥资源利用率提高 20 个百分点、秸秆还田达到 80% 的战略目标，2020 年实现农药、化肥用量零增长，耕地酸化、盐渍化、污染等问题得到有效控制。推进土地综合整治和土壤修复，以郑州、洛阳、晋城、蚌埠、黄石、株洲、上饶等部分区域为试点，加强重金属污染区治理；抓紧建立和完善土壤环境监管的法律法规体系，加强土壤环境监测监管能力建设；建立完善土壤污染防治和修复机制，以高浓度、高风险、重金属污染为主，开展典型区域、典型类型污染土壤修复试点，积极推动历史遗留问题的解决。

(3)加快高标准粮田建设

加快中低产田改造，重点在商品粮棉油基地县、国家级基本农田保护示范区布局建设高标准生产基地。实施高标准粮田“百千万”建设工程，结合国家粮食生产核心区规划建设要求，规划建设一批百亩方、千亩方和万亩方高标准粮田。支持黄淮海平原、南阳盆地、豫北豫西山前平原优质小麦、玉米、大豆、水稻产业带建设。推进大中型灌区续建配套与节水改造，大力发展节水灌溉，实施“五小水利”建设，提高农业旱涝保收能力。

(4)推进农业结构战略性调整

大力发展生态农业，推进农业标准化和安全农产品生产，加快无公害、绿色和有机农产品生产基地建设。加强畜禽粪便、农作物秸秆和林业剩余物的资源化利用，建设驻马店、周口、漯河等农业废弃物综合利用示范区。促进农业结构调整，加快现代畜牧业发展和特色产业带建设。中原经济区应重点打造豫东、豫西、豫西南现代肉牛产业基地，加快发展沿黄、豫东、豫西南等现代乳品产业化集群，大力推进豫西、豫南高标准林果种植基地，信阳、南阳茶产业基地。长江中下游城市群应以高效农业、有机农业、生态农业为导向，加快发展特种水产、有机绿茶、特色果业、无公害蔬菜、食用菌等一批具有地方特色的绿色、有机农产品。

6. 关键生态功能修复与治理

（1）加强重要生态功能保护

全面加强自然生态系统的恢复与保护，秦岭山区、太行山区、黄山—怀玉山区、幕阜山—罗霄山区、桐柏山—大别山区、丹江口库区等中高海拔地区重点开展森林植被恢复；中低海拔地区重点开展江河湖泊保护，重点区域包括长江中下游江段及湖泊、黄河中下游河段、淮河中下游河段等。加强对水产种质资源保护区和水生生物重要产卵场的保护，强化江湖连通，开展灌江纳苗。加强对水源涵养区的保护与管理，严格保护具有重要水源涵养功能的自然植被；恢复与重建水源涵养区森林、湿地等生态系统；限制或禁止各种不利于保护生态系统水源涵养功能的经济社会活动和生产方式。继续提升水土保持功能，继续加强生态恢复与生态建设，治理土壤侵蚀，恢复和重建退化植被；严格资源开发和建设项目的生态监管，控制新的人为土壤侵蚀；全面实施保护天然林、退耕还林工程，严禁陡坡垦殖；开展小流域综合治理，协调农村经济发展与生态保护的关系。

（2）加强湿地生物多样性保护

加强省级立法和“一区（园）一法”进程，加强湿地保护体系建设，实施湿地恢复工程，在符合国家政策的区域开展退耕还湿，加强重点生态功能区内湿地保护。严格执行湿地保护政策，确保湿地面积不降低，强化长江中下游地区尤其是中小湖泊湿地恢复，实施江湖连通工程，加大湖泊及河流保护力度。长江以北的汉江流域、巢湖流域以及长江以南部分湖泊面积大幅萎缩，应加大水域生态环境的恢复和保护力度。大幅提升长江水生生物多样性保护力度，实施长江珍稀濒危水生生物的抢救性保护工作；推动长江干流全年休渔制度的试点，研究永久性全年休渔的可行性配套政策；对长江捕捞设备进行严格规范，严禁网眼过小的捕捞设备，严禁电鱼、炸鱼等掠夺性捕捞方式；建议采取财政手段对长江渔业捕捞开展转产转业，完善渔船燃油补贴方式，增收水产品的捕捞、加工、销售等相关税种以促进江河湖泊的水域生态保护。

（3）全面推进矿山生态修复

坚持环境保护优先，有序开发矿产资源，矿山开发实行“先还旧账，不欠新账”的管理策略。开展历史遗留损毁土地和自然损毁土地的调查评价，建立土地复垦数据库。按照典型示范、分类指导、分级治理、逐步推进的原则，积极开展生态破坏矿区的生态环境恢复治理工作。结合现有技术水平、矿山状态和生态环境约束，制定实现矿山生态恢复治理率 100% 和增产不增“三废”排放量的时间表；新建矿山恢复治理率和土地复垦率必须达到 100%。将矿山利用和保护纳入区域环境保护基本战略，严格控制生态敏感区的矿产资源开发活动。严格限制基本农田集中区的煤炭开采，平原区煤矿优先采用先进的充填开采技术，减轻煤炭开采对土地的损毁和生态破坏；山区丘陵煤矿必须采取保水采煤技术，防止矿区浅部水资源破坏。开展草山草坡退化治理和大别山区、黄山—怀玉山区、幕阜山—罗霄山区常绿阔叶林生态区的生态修复治理工作。

（六）完善体制机制

1. 健全生态环境保护现代化治理体系

（1）促进环境保护社会共治

切实转变政府职能，创新行政管理方式，优化政府机构设置、职能配置、工作流程，切实增强地方环保管理部门执法的独立性。继续推进环保行政审批制度改革，优化审批流程，减少审批环节，提高审批效率。完善环境保护公众参与的工作机制，进一步健全环境信息公开和公众评议制度，健全环境保护公众参与的工作机制，开辟环境保护公众参与的新路径，给予公众更多的知情权和监督权，确保环境保护公众参与工作的持续健康发展，加强各环境权益相关方之间的互动，加速向社会治理转变。

（2）完善环境经济政策

积极推行绿色信贷，对不符合环保要求的企业、项目贷款严格实行环保“一票否决”制，对钢铁、水泥、铁合金、电石等行业均采取名单制管理。将企业环保信息纳入银行信贷征信系统，作为银行进行信贷决策时的重要评估因素。积极探索绿色债券、市场化碳排放机制等正向激励的绿色金融政策。充分发挥税收对环境保护的积极引导作用，对排污严重、严重破坏环境的企业课以重税。构建绿色贸易体系，调整出口退税的结构，拓宽出口关税的征收范围，对于高污染的产品出口要征收环境关税。

2. 建立以生态保护红线为基础的区域开发调控机制

（1）建立分级管控的生态红线保护机制

生态红线划分为一级管控区和二级管控区，在分级管理的基础上对重要生态功能区按生态敏感区、脆弱区和禁止开发区 3 种类型分类管理。一级管控区是生态红线的核心，严禁一切形式的开发建设活动。要积极实施人口退出、退田还湖还湿政策，加大国家财政转移支付力度，促进生态移民就近城镇化。二级管控区以生态保护为重点，严禁有损主导生态功能的开发建设活动。三级管控区应控制人口规模，实施山区移民政策，可适当发展以生物资源培育利用为主的生态产业和以自然生态资源为主的观光旅游业。

（2）制定生态保护红线区的考核评估办法

针对生态保护红线区的管理要求——“性质不改变、面积不减少、功能不下降”，制定生态保护红线区的考核评估办法，明确考核工作的实施主体和考核对象，市、区、县、街镇在生态保护红线管理工作上的职责分工；规定考核的工作原则、具体考核指标、考核周期、考核形式和考核内容；明确考核结果的应用方式，将考核结果作为安排生态补偿资金的重要依据，保证生态保护红线发挥实效。建立生态红线保护的奖惩办法。

（3）健全生态保护补偿机制

建议参照主体功能区补偿标准，将中原经济区粮食主产区纳入国家重点生态功能区管理，制定特别农业保护政策和财政转移支付政策，加大对耕地保护、高标准粮田建设、耕地土壤污染防治、节水与用水保障等方面的财政投入。开展粮食主产区耕地土壤重金属污染损失评估与赔偿试点，探索构建农业生态损失补偿赔偿机制。在海河流域开展太行山水源涵养重要区与水资源受益区的生态补偿机制、海河跨界河流（漳河、卫河、马颊河等）水污染的生态损害评估与赔偿机制试点。开展长江、洞庭湖、鄱阳湖、大别山、黄山—怀玉山区、幕阜山—罗霄山区生态资产评估并纳入地方考核。建立健全水生生物资源有偿使用制度，完善资源与生态补偿机制。完善中央和省级财政转移支付政策，加大对农产品主产区和重点生态功能区的补偿力度。建议参照重要生态功能区补偿标准，增加对洞庭湖平原、鄱阳湖平原、江淮地区、江汉平原等粮食主产区生态环境保护补贴。建立耕地保护激励计划，改善在耕地的环境质量。加大生态移民财政转移支付补偿力度，通过直接资金补助、无息贷款、人才培训、就业安置、“三品一标”（无公害农产品、绿色食品、有机农产品和农产品地理标志）基地共建等方式，建立多类型、多层面的可持续生态补偿机制。

3. 推行基于环境质量的总量控制制度

（1）试点基于环境质量的区域总量控制

建议在“十三五”时期实施基于环境质量的水污染物区域排放总量控制试点。加大总氮、总磷排放控制力度，将水生态指示生物、总氮、总磷纳入“一江三湖”国控断面考核指标。以水质达标和实现良好湖泊为目标，建立以水资源综合利用、水污染物总量控制倒逼流域综合治理和保护模式。在洞庭湖、鄱阳湖、巢湖实行“一湖一总量”，控制主要污染物COD、氨氮、总氮、总磷入湖量。在粮食主产区试行农业面源污染（TN、TP）排放总量控制，到2020年农业面源污染较2012年削减10%。建议“十三五”时期试点区域火电行业碳排放总量控制。

（2）推广排污权交易制度

全面推广排污权有偿使用和交易制度，发挥市场机制在污染减排中的作用。坚持促进环境质量改善的原则，各地初始排污权分配总量不突破区域总量控制目标。加快建立鄱阳湖生态经济区和皖江城市带排污权交易，并纳入国家试点范围；进一步活跃武汉城市圈和长株潭城市群排污权交易市场，在区域内全面实行大气污染物（SO_2、NO_x）排污权交易，在“三湖”湖区独立实行水污染物（COD、氨氮、总氮、总磷）排污权交易。严格限制跨区域购买排污权，评价区内水污染物指标、大气污染指标“只出不进”，逐步推广碳排放权交易。

4. 实施差别化环境管理政策和多样化的环境保护投入机制

（1）实施差别化环境政策

中原经济区全面实行工业废水重金属“零排放”，海河流域实施工业废水排放量“零增长”，海河流域南水北调受水区，南水北调工程供水优先置换城市地下水超采量，减少超采区地下水开采量，海河、淮河流域实行重点水污染行业的流域水污染物特别排放限值，全面推动造纸、印染等行业的退出；中原城市群和豫北城市密集区实施与京津冀地区同等力度的大气污染防治政策，实行火电、钢铁、有色、水泥、建材等行业大气污染物排放特别限值。推进长江“黄金水道”危险化学品安全保障体系建设，开展安全风险与应急能力评估，加强污染控制和防范力度。建立健全长江水资源征收标准动态调整机制，不同水源、行业实行差别征收标准，对高耗水行业执行高于一般工业用水的征收标准。加快长江中下游城市群城镇污水处理设施建设，提升城镇污水处理厂排放标准，鄂州、孝感、合肥等地实行特殊排放标准。新增重化企业及燃煤锅炉项目要执行大气污染特别排放限值，现有企业应在“十三五”时期执行特别排放限值。

（2）实施多样化的环境保护投入政策

根据2020年资源环境综合承载力利用水平，“十三五”时期在中部地区各地市实行多样化环保投入，引导资源优化配置，推进各个区域经济发展与人口资源环境相协调。建立政府财政、金融贷款、社会投资相结合的多主体、多渠道环保融资机制，设立环保基金，采取无息或低息贷款方式优先为环保企业提供贷款，适当延长贷款期限。

5. 开展资源环境绩效综合考核

（1）建立环境绩效综合评估体系

以改善环境质量为目标导向，建立环境质量、排放总量和资源利用效率与经济发展水平耦合的环境绩效综合评估体系。建立资源环境绩效考核激励约束制度体系，以政府考核、公众评价和社会评价为监督考核主体，把资源环境绩效考核作为地方党政一把手和相关职能部门负责人任用、奖惩的重要依据。探索编制自然资源资产负债表，建立生态环境损害责任终身追究制。针对生态保护红线区的管理要求——“性质不改变、面积不减少、功能不下降”，制定生态保护红线区的考核评估办法，保证生态保护红线发挥实效，为生态补偿等激励制度提供重要依据。

（2）提高资源环境绩效考核标准和要求

以人均GDP水平衡量，2020年中原经济区（以地市为单元）单位GDP能耗、单位GDP水耗、单位GDP污染物排放强度等资源环境绩效指标优于2012年全国平均水平、优于当前同等人均GDP的省市平均水平。研究建立中原经济区及各地市资源环境资产负债表，将其纳入政府环境绩效评估考核。建立河北、河南对山西太行山水源涵养区、南水北调中线用水区对丹江口水库周边水源涵养区、淮河中下游用水区对桐柏山水源涵养区的生态补偿机制，将粮食主产区纳入重点生态功能区，实施粮食主产区生态补偿。长江中下游城市群开展长江、洞庭湖、鄱阳湖、大别山、黄山—怀玉山区、幕阜山—罗霄山区生态资产评估并纳入地方考核。取消对农产品主产区和重点生态功能区的生产总值考核，完善中央和省级财政转移支付政策，加大对农产品主产区和重点生态功能区的生态补偿力度。

6. 加强能力建设

（1）提高地方环保监管能力

加大对环保部门的投入，尤其是市、县两级环保部门的能力建设投入，在人员编制、业务办公用房、设备配备、项目申请等方面予以倾斜。中原经济区各地级市全面开展细颗粒物（$PM_{2.5}$）与臭氧等项目监测，建议安排中央财政资金支持中原城市群和北部城市密集区开展以细颗粒物和灰霾治理为主的大气污染防治。长江中下游城市群将汞、铅纳入大气环境常规监测指标；建立火电、钢铁、有色、化工、建材等重点行业大气污染物（SO_2、NO_x、汞）以及石化等行业VOCs排放在线监测网络。

（2）改革环保管理制度

提升环境管理的法制化水平，依法依规进行环境管理与督查，按照新《环境保护法》的要求强化对违法行为的惩戒力度。推动区域规划环境影响评价，规划环评要以战略环评为依据，规划没有依法开展环评的，对规划中所包含的项目环评一律不受理，项目环评不符合战略或规划环评要求的，一律不予审批。严格环评管理与资源生态红线、环境总量控制和生态补偿挂钩。在重点行业推进环境监理，严格落实环境监理与环评审批、试生产及竣工验收联动机制。探索环保负面清单管理模式，各地根据主体功能定位及资源环境禀赋，设立禁止、限制准入门槛。

（3）提升环境风险应急处置能力

各级环保和气象部门加强环境信息共享，建立区域、省、市三级重污染天气应急预警联动机制，及时向各省市发布重污染天气预报、预警信息。加强长江中下游流域水污染事故应急处置能力建设，由各级政府水利、环保、建设、公安、卫生等部门分别成立企业、县（区）、地市、省、国家五级水污染事故应急小组，制订突发性水污染事故应急预案。

专题一

中部地区区域发展战略专题

一、中部地区发展战略地位分析

以中原城市群和长江中下游城市群为核心构成的中部地区是我国主体功能规划确定的重点发展区域，对促进中部崛起、实现东西融合具有突出的战略地位和功能。在实施“促进中部地区崛起”和“主体功能区战略”中，中原城市群、皖江城市带、鄱阳湖生态经济区、武汉城市圈、长株潭城市群均是中部地区整体发展的重要支撑区域。同时，中原城市群和长江中下游城市群是我国黄河、淮河以及长江流域的关键区域，经济地位十分重要，生态安全格局地位突出，对维护我国经济安全、生态安全意义重大。促进中部地区实现科学发展，不仅是促进我国区域经济整体实力提升的客观需要，更是维护中部地区乃至东部沿海地区生态安全的重大战略举措。

2009 年 9 月国务院批准实施的《促进中部地区崛起规划》，明确了中部地区粮食生产基地、能源原材料基地、现代装备制造及高技术产业基地和综合交通运输枢纽的战略地位。2012 年国务院发布了《关于大力实施促进中部地区崛起战略的若干意见》（国发〔2012〕43 号），明确了中部地区作为我国的粮食生产基地、能源原材料基地、现代装备制造及高技术产业基地和综合交通运输枢纽的战略地位。通过梳理国家和地区相关发展规划，明确中部地区在我国国土开发和产业中的定位，从而为战略环境评价确定评价的基础和出发点。

（一）国家国土开发重点区域

中部地区是我国主体功能区划确定的重点发展区域，对促进中部崛起、实现东西融合具有重要的战略地位和功能。

从我国区域经济发展战略布局来看，中部地区是国家推进新一轮工业化和城镇化的重点区域，也是内需增长潜力最大的区域，在新时期国家区域发展格局中占有举足轻重的战略地位。其中，中原经济区地理位置重要、市场潜力巨大、文化底蕴深厚，是全国区域经济格局中的重要节点。其以郑汴洛都市区为核心、中原城市群为支撑、涵盖河南全省延及周边地区的经济区域，是国家重要的粮食生产和现代农业基地、新型城镇化的重点地区、我国重要的基础原材料与制造业基地和全国重要的现代综合交通枢纽。2011 年国家将建设中原经济区上升为国家战略，2012 年国务院正式批复《中原经济区规划》。此外，国家出台的《关于支持河南建设中原经济区的指导意见》，进一步明确了建设中原经济区的思路、目标、方向以及重大举措，从优惠政策、生产力布局等方面给予河南省一些新的倾斜，使中原经济区在全国国土开发格局中的地位稳步提升。

长江中下游城市群是我国长江经济带中游地区重要的人口和产业集聚区，不仅是全国重要的粮棉油水产生产基地，而且是全国重要的装备制造业和轻工制造基地。石化、装备机械制造、船舶制造、有色冶金、纺织、电子信息、能源等产业在全国产业中占据重要地位。随着国家调整产业结构，振兴石化、钢铁、纺织等传统产业战略，促进老工业基地调整改造等战略的提出，长江中下游城市群将在全国产业振兴以及承接沿海地区产业转移方面占据重要地位。此外，在全国的国土开发格局中，长江中下游城市群的长株潭城市群、武汉城市圈、鄱阳湖生态经济区、皖江城市带已被国家列入主体功能区规划中的重点开发区域。确定为全国重要的高新技术产业、先进制造业和现代服务业基地，全国重要的综合交通枢纽，区域性科技创新基地，长江中下游地区人口和经济密集区和承接产业转移的示范区。因此，通过整合资源和协同发展，该地区将非常有望成为继长三角、珠三角、京津冀之后中国经济新的增长极，为全国经济的持续发展提供更有力的战略支撑。

（二）国家重要的粮食生产基地

中部地区农业生产条件优越且历史悠久，是我国重要的农产品主产区。在《全国主体功能区规划》确定“七区十二带”的农业战略格局中，该地区是黄淮海平原主产区、汾渭平原农产品主产区、长江流域农产品主产区的重要组成部分，主要提供优质小麦、水稻、棉花、油菜、专用玉米、大豆和畜产品、水产品等，是国家重要的粮、棉、油生产基地、经济作物和淡水产品的重要产区。2014 年，评价区粮食产量 1.56 亿 t，占全国的 26.7%。其中小麦产量 5 112 万 t，稻谷产量 8 145.7 万 t，油料产量 1 461 万 t，分别占全国的 49.8%、24.3%、34.0%，特色农林产品在全国占有重要地位。在我国粮食增产千亿斤规划中，评价区在 2020 年前将承担近 1/4 国家新增粮食产量的任务。无论是粮食生产基础，还是国家粮食安全的目标指向，都表明评价区是我国粮食安全的重要保障区，“十分安全居其三”地位使得其保障全国粮食生产安全的战略作用非常突出。

中部地区在保障国家粮食安全和实现农产品有效供给方面承担重任，2009 年，国家提出到 2020 年新增粮食生产能力 1 000 亿斤。评价区确定为粮食增产的核心区，到 2020 年粮食生产能力增产 220 亿 kg。因此，评价区在保障中国粮食安全中的重要性将进一步提升，农业生产的地位日益重要。

（三）新型城镇化的重点地区

评价区是我国新型城镇化的重点探索和示范区域。目前评价区正处于工业化、城镇化加速推进阶段，区域人口总量大，城镇化水平较低，工业化和农业现代化水平和质量亟需提升。根据第六次人口普查数据，评价区总人口达到 3.03 亿人，比 2000 年增加了 4 439 万人，城镇化率从 2000 年的 27.95% 增加到 2010 年的 42.99%，新增城镇人口 5 798 万人，占全国新增城镇人口的 27.52%，是国家城镇化发展的重要推进与承载区域之一。根据国家城镇化的发展目标，到 2020 年全国城镇化率达到 60%，届时评价区还需要新增城镇人口 3 590 万人，约占全国新增城镇人口的 35.38%。如果按照目前的城镇人口建设用地使用情况，还需要新增城镇建设用地 953 km^2。

作为全国重要的粮食基地，评价区还承担着稳定耕地面积与粮食产量，维护国家粮食安全的重要任务。因此，评价区在扎实推进工业化和城镇化以提高地区社会经济发展水平的同时，必须探索一条工业化和城镇化良性互动、城镇化和农业现代化相互协调的新型城镇化道路，通过人口集中、产业集聚、土地集约联动实现城乡社会经济发展的一体化，并成为全国新型城镇化的示范区。

（四）重要的基础原材料与制造业基地

由于具有丰富的能源、矿产资源和水土资源，交通运输条件优越，新中国成立以来，评价区就是我国生产力布局的重点区域，全国重要的基础原材料生产和制造业基地。

中原经济区能源矿产资源丰富，拥有煤炭、石油、天然气、钼矿、金矿、银矿、铝土矿、铁矿、天然碱、岩盐、芒硝、耐火黏土矿、石灰岩、大理石、硅石、蓝晶石、硅线石、红柱石、珍珠岩矿等优势矿产资源，支撑了地区电力、有色冶金等工业的发展。2014 年，中原经济区电解铝生产能力近 500 万 t，占全国电解铝生产能力总量的 27.7%；煤炭产量 3.93 亿 t，约占全国总产量的 11.0%；发电量 3 723.3 亿 kW · h，占全国总发电量的 7.7%，是我国中部重要的电力输出基地。同时，中原经济区还是我国重要的农产品加工、交通设备、重用机械生产基地。2014 年河南省农用机械产量 10.87 万台，占全国总量的 23.46%。

长江中下游城市群地区铁、铜等金属矿产资源丰富，有全国“有色金属之乡”和“非金属之乡”。铁、铜矿、钨、铋、普通萤石、海泡石、隐晶质石墨等矿种的保有资源储量居全国之首，锰、钴、钒、锑、重晶石、玻璃用砂岩居全国第二，锡、铀、金刚石、水泥用灰岩居第三。钨、锑、铋保有储量分别占世界的 34.81%、9.34%、37.18%，具全球优势。2014 年长江中下游城市群粗钢产量 5 899 万 t，约占全国总产量的 7.3%。同时，长江中下游城市群是我国重要的石化和冶金装备制造基地。交通运输设备、石化装备、纺织装备等装备制造等在全国均占据重要地位。

承东启西与沟通南北的战略区域，加上廉价的生产要素，使评价区成为承接沿海地区制造业空间转移的重要承载基地。2010 年，国家为了加速中西部地区新型工业化和城镇化进程，推动东部沿海地区经济转型升级，在全国范围内优化产业分工格局，发布了《国务院关于中西部地区承接产业转移的指导意见》。并陆续批准了六个国家级的承接产业转移示范区。其中，黄河金三角承接产业转移示范区、荆州承接产业转移示范区、皖北产业转移示范区均在评价区范围之内。根据相关规划，这些产业转移示范区将被建设成为“中西部地区重要的能源原材料与装备制造业基地、区域性物流中心、区域合作发展先行区和新的经济增长极”。

（五）重要的交通枢纽

评价区地处我国中心地带，具有承东启西、连接南北、辐射八方的独特优势区位，是我国南北和东西交通通道的核心区域。根据国务院发布的《国务院关于大力实施促进中部崛起战略的若干意见》，评价区要建设成为国家重要的交通枢纽，综合运输网络已初具规模，具有全国意义的交通主通道已经初步形成。京广、京九、陇海等铁路干线贯穿评价区，京珠、连霍、沪蓉高速公路基本建成，长江黄金水道横跨湖北、湖南、江西、安徽四省。公路水路交通网络基本形成，基础设施质量明显提高，公路、水路运输服务体系初具规模，在综合运输中发挥突出作用，有力地支撑了经济社会发展。

此外，《中原经济区规划》明确提出要把郑州建设成为国内大型航空枢纽；中国民航局也把郑州新郑国际机场确定为“十二五”期间中国综合交通枢纽建设试点。2013 年，国务院正式批复了《郑州航空港经济综合实验区发展规划（2013—2025 年）》。这是全国首个上升为国家战略的航空港经济发展先行区。规划提出，郑州航空港经济综合实验区的战略定位为国际航空物流中心、以航空经济为引领的现代产业基地、内陆地区对外开放重要门户、现代航空都市、中原经济区核心增长极。由此，中原经济区综合交通枢纽和现代物流中心的地位将进一步加强。

（六）重要的生态安全屏障区

中部地区是我国重要的水源涵养区、水土保持区、洪水调蓄区和生物多样性保持功能区（图 1-1），区内长江、黄河、淮河、海河等江河水系和鄱阳湖、洞庭湖、巢湖等重要湖泊生态系统的健康稳定不仅是中部地区发展的基础保障，也直接关系到我国东部地区的生态环境安全。评价区水资源和流域生态系统直接和间接保障的人口总量、GDP 规模和城镇人口数量分别占全国的 38.1%、45.9% 和 39.6%。丹江口水库是华北城市的主要水源地，对保障城镇的饮水安全具有重要意义；淮河流域的水资源、水生态和水环境安全是中原经济区城镇化和农业现代化的基础保障；鄱阳湖水系的河湖生态系统安全是鄱阳湖经济区建设的基础保障；洞庭湖水系的河湖生态系统安全是洞庭湖生态经济区和长株潭城市群发展的基础保障；长江干流及江汉平原水系的河湖生态系统安全既是武汉都市圈的基础保障，也是长江下游地区的重要保障；长江干流及巢湖水系的河湖生态系统安全是皖江城市群的基础保障。

图 1-1 中部重点区域主要生态系统区域分布

长江中下游流域还是白鳍豚、江豚、扬子鳄、中华鲟等珍稀濒危动物的重要栖息地，是我国四大家鱼等多种重要水产种质资源的主要繁殖地，是东亚地区湿地迁徙水鸟重要的越冬地和停歇地，湿地生物多样性保护具有全球意义。长江中下游城市群地区是整个长江流域调洪蓄洪能力最强、地位最重的区域，洪水调蓄能力约占长江全流域的 63%，占全国生态系统洪水调蓄能力的 19%。

二、中部地区区域经济社会发展现状及特征

（一）经济总量快速增长，占全国比重逐步提高

自2000年以来，中部地区进入快速工业化、城镇化与农业现代化阶段。经济总量快速增长，占全国比重逐步提高。2000—2012年，评价区GDP年均增速11.8%，超过全国10.2%的平均增速。2012年中部地区GDP总量达到91 713万亿元，其占全国总量比重由2000年的14.8%增加到17.6%，成为我国区域经济发展的重要板块之一；特别是2007年以后，该地区GDP占全国比重稳定上升（图1-2）。

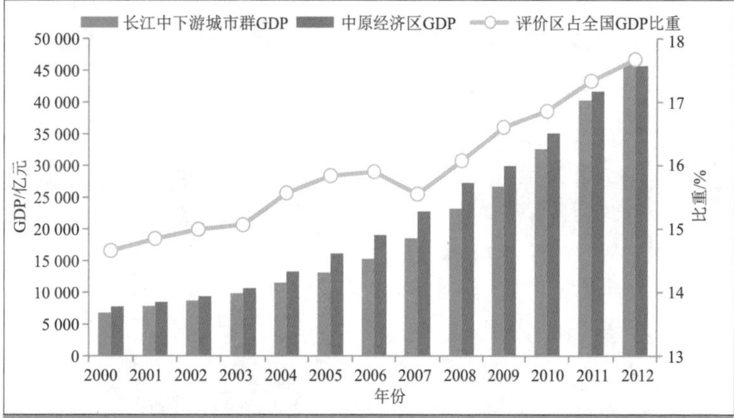

图1-2　2000—2012年评价区经济总量增长及在全国地位变化

人均GDP稳步增长。2000—2012年，评价区人均GDP从5 539元增加到30 969元，由不足全国人均水平的70%增长到81%。其中长江中下游城市群人均GDP从6 587元增加到41 355元，高于全国平均水平；中原经济区人均GDP从4 859元增加到24 712元，仍低于全国平均水平（图1-3）。

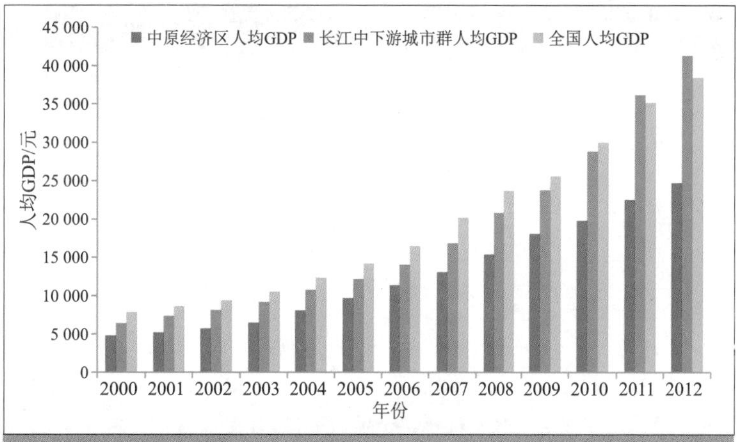

图1-3　2001—2012年评价区人均GDP变化及GDP增速与全国比较

（二）工业产值不断增高，是全国重要能源重化工业基地

2000—2012年评价区三次产业结构从2000年的20.8 ∶ 37.0 ∶ 42.2变为2012年的10.7 ∶ 52.0 ∶ 37.3。相较于全国（从15.1 ∶ 45.9 ∶ 39.0到10.1 ∶ 45.3 ∶ 44.6）三次产业结构变动趋势，十余年间评价区第二产业比重增幅15个百分点，与全国第二产业比重略微下降的趋势相反；第一产业比重下降10.1个百分点，超过全国第一产业同步变动趋势5个百分点；

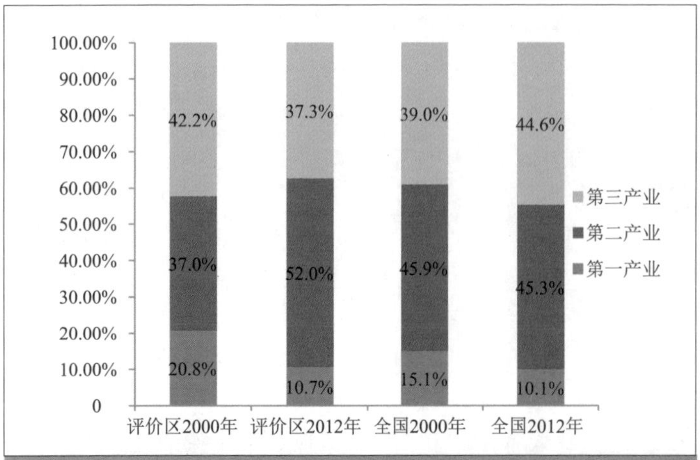

图 1-4　2000 年与 2012 年评价区三次产业结构与全国比较

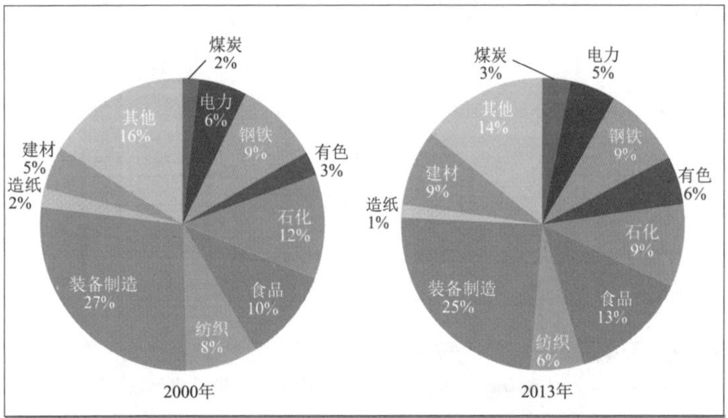

图 1-5　2000 年与 2013 年评价区工业部门结构变化

第三产业比重下降，而全国第三产业比重升幅达 5.6 个百分点（图 1-4）。

在工业内部，主要以重型化、初级化、资源型的产业部门为主，2013 年装备制造、石油化工、钢铁、农产品加工、有色冶金、煤炭采选及电力、建材等基础能源原材料工业占到地区工业总产值的 86%（图 1-5）。

（三）农产品产量逐年提高，粮食基地地位基本巩固

评价区是我国重要的粮棉油生产基地。2012 年评价区耕地总面积 29.4 万 km^2，占全国耕地总面积的 24.2%；农作物播种面积 5 461.1 万 hm^2，占当年全国农作物总播种面积的 33.4%。

2001—2012 年，评价区作为国家粮食基地的战略地位稳定。粮食作物的产量从 2000 年的 1.1 亿 t 增长到 2012 年的 1.6 亿 t，其在全国总产量中的比重从 2000 年的 24.3% 增加到 26.7%；棉花产量及其在全国总量中的比重则呈现下降趋势，从 2000 年 226.7 万 t 下降到 2012 年的 192.46 万 t，占全国比重相应由 51.32% 下降到 28.15%（图 1-6）；油料 1 168 万 t，占全

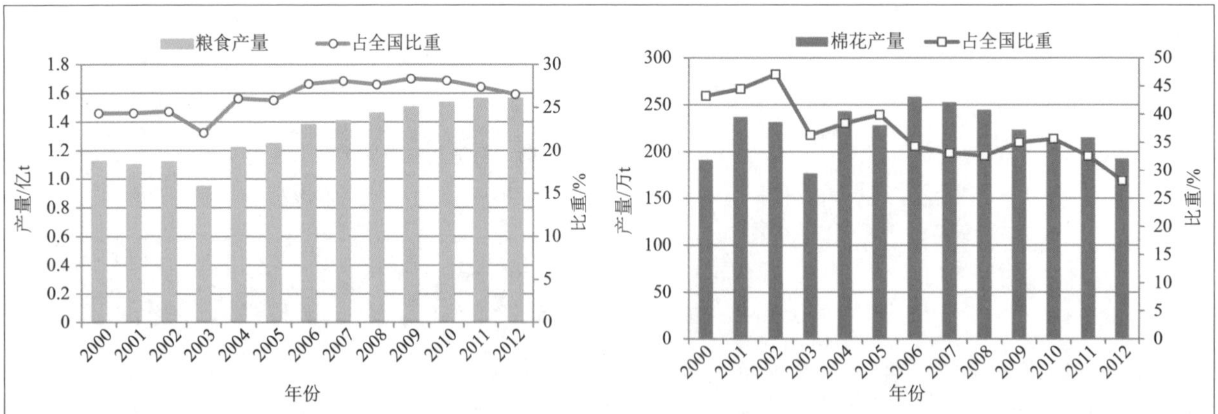

（a）粮食　（b）棉花

图 1-6　评价区粮食和棉花产量及其在全国地位变化

国总量的 34.01%。长江中下游区域还是我国重要的淡水产品产地，2012 年淡水产品产量为 1 126 万 t，占全国淡水产品总产量的 39.2%。黄淮海平原的豫东南和皖北地区是粮食主产区，周口、驻马店、南阳、商丘、菏泽、邯郸、安徽的阜阳、亳州、六安等地市的粮食产量均在 500 万 t 以上。

（四）第三产业增加值波动中上升，交通运输业发展较为迅速

中部地区第三产业增加值不断增加，但增加过程呈现出一定的波动变化。中部地区第三产业增加值由 2000 年的 5 371.46 亿元增加至 2012 年的 30 958.62 亿元，年均增长率高达 15.72%（图 1-7）。

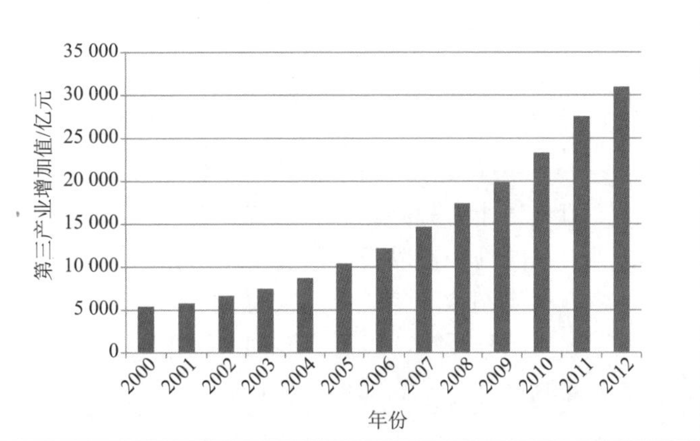

图 1-7　中部地区 2000—2012 年第三产业增加值变化

其中，长江中下游城市群第三产业增加值由 2000 年的 2 927 亿元增加为 2012 年的 16 734 亿元，增长了 5 倍多，年均增长率高达 15.63%，实现了服务业的持续性高增长。2000—2012 年，长江中下游城市群服务业占全国比重保持在 7.2% 左右，但服务业比重也体现了一定的波动性。2005 年长江中下游城市群服务业占全国比重达到 7.36%，而 2007 年仅占全国的 6.84%。中原经济区第三产业规模稳步增加，但占全国比重呈现先增后减的趋势。第三产业增加值由 2000 年的 2 445 亿元增加为 2012 年的 14 224 亿元，年均增长速率为 15.8%，占全国的比重由 2000 年的 6.32% 降低为 2012 年的 6.14%。与中部六省相比，占比呈现出波动变化趋势，由 2000 年占中部六省的比重为 35.12% 增长到 2002 年的 37%，后又波动下降到 2003 年的 36%，2003—2012 年呈现总体下降的波动起伏趋势，到 2012 年时已下降到 34.86%，整体来看第三产业发展比较滞后。

从交通运输业发展状况来看，整个中部地区在全国综合交通运输网络中具有重要的枢纽地位。其中，长江中下游城市群基础设施水平程度较高，区内铁路、公路、黑河航运和航空网络发达。2012 年，安徽、江西、湖南和湖北四省的铁路营业里程 1.37 万 km，占全国总里程的 14.07%；内河航道里程 3.1 万 km，占全国总里程的 24.8%；公路里程 76.79 万 km，占全国总里程的 18.12%。作为国家重要的黄金水道，长江航运在区域运输体系中发挥着重要的作用。同时长江水运在国内能源、原材料、矿建材料等大宗物资的运输以及外贸进出口货物运输中的地位和作用日趋明显，成为我国区域协调发展、对外参与国际竞争与合作的支柱性交通走廊和经济发展的重要纽带，是我国内河水运最重要、运输规模最大和最为繁忙的通航河流。近年来，国家逐步加大了长江航运基础设施建设力度，开启长江“黄金水道”全面建设新阶段，长江航道的航运潜能进一步得到释放，长江水运较好地满足了沿江经济发展的需求。2012 年，长江干线货物运输量 18 亿 t，居全世界内河航运货物运输量首位。其中位于长江中下游城市群境内的规模以上港口 19 个，泊位 2 185 个，码头长度 150 km。此外，随着湘江、汉江航电结合、梯级开发建设工程实施，安徽、江西、湖南、湖北省等主要支流航道整治，以长江干流为主干、各支流骨干航道为脉络的长江水运体系正在形成。干支联动工程的进一

步推进，有效扩大了干流水运的服务腹地，带动支流水运的发展。赣江、湘江、汉江分别成为江西、湖南、湖北省通江达海、最主要的水路运输通道。中原经济区 2012 年年末区内铁路营业里程、高速公路通车里程分别达到 6 965 km、8 323 km，占全国的 7% 和 9.8%，运营民用机场达到 7 个，在全国综合交通运输网络中具有重要的枢纽地位。随着中原经济区社会经济和国内外贸易的高速平稳增长，工业化、城市化的加速发展，地区能源、原材料运输市场需求旺盛，客运量与货物运输量都呈现大幅度增长。客运量从 2000 年的 12.68 亿人次增加到 2012 年的 34.44 亿人次，年均增长 8.69%；货运量从 2000 年的 10.11 亿 t 增加到 2012 年的 51.13 亿 t，年均增长 14.46%，均超过全国平均水平。

（五）人口规模呈增长态势，初步显现集聚效应

中部地区人口总量呈现出较明显的空间差异（图 1-8），河南多个地市人口总量都在 850 万人以上，郑州市、南阳市、周口店市等的人口均超过 1 000 万人，此外，河北的邯郸市、山东的菏泽市以及安徽的阜阳市人口总量也超过 850 万人；人口总量在 618 万人以上的有河南的洛阳市和信阳市，安徽的合肥市、六安市和宿州市，湖北的武汉市、黄冈市和荆州市，湖南的长沙市，以及江西的上饶市；其余地市人口总量相对较小。中部地区人口密度呈现出北高南低、东高西低的空间格局特征（图 1-9），人口密度较大的地市也主要集中在河南省，

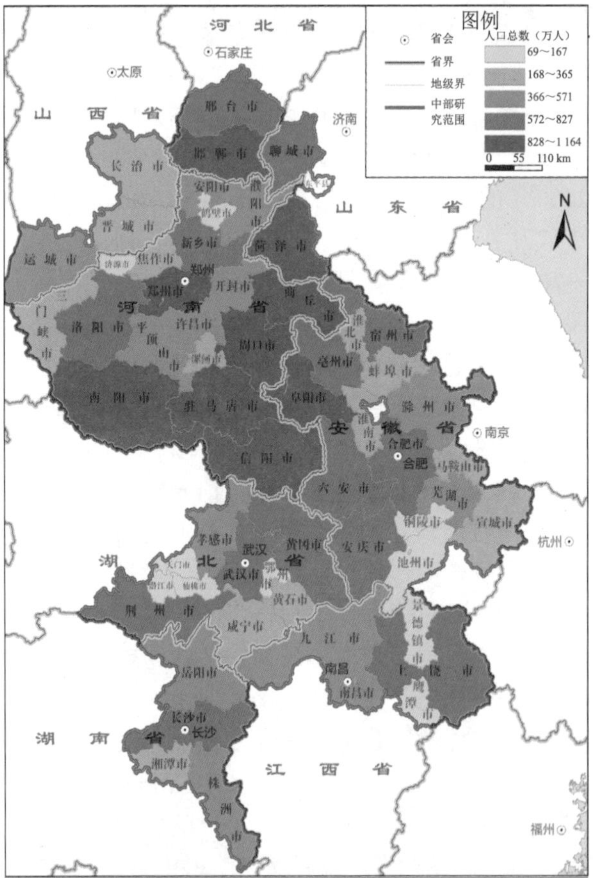

图 1-8 中部地区人口总量分布

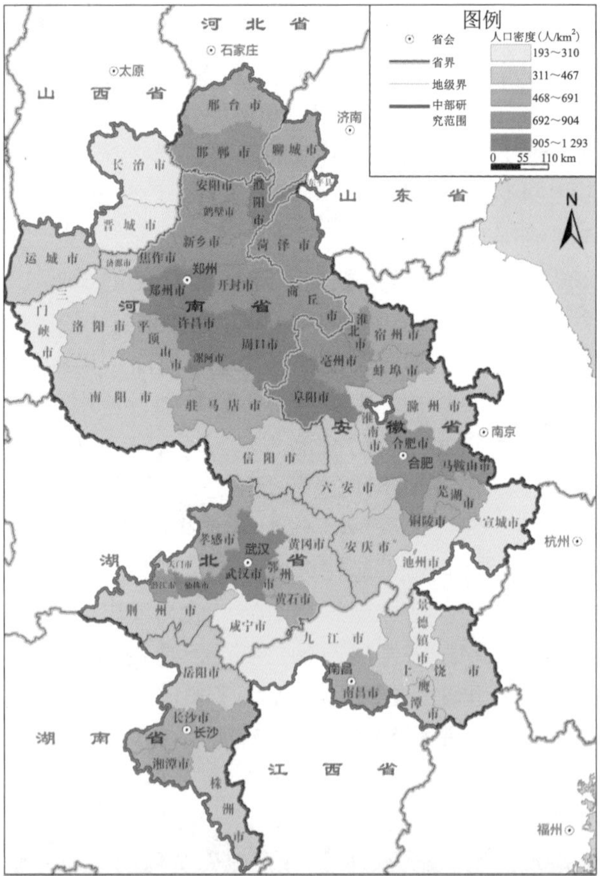

图 1-9 评价区各地市人口密度

包括郑州市、开封市、许昌市、商丘市、焦作市、漯河市、濮阳市和周口市，安徽的阜阳市、淮南市以及湖北武汉市的人口密度也较大，上述城市人口密度均超过 800 人 /km²，围绕这些城市，其周边多地市人口密度也相对较大。

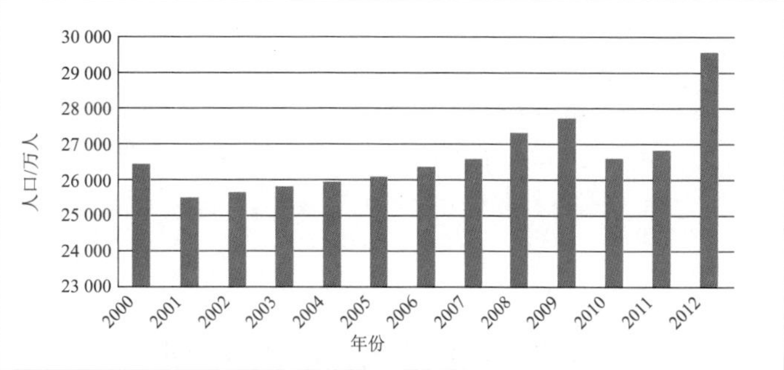

图 1-10　中部地区 2000—2012 年人口总量变化

就人口规模的变化趋势来看（图 1-10），中部地区人口总量由 2000 年的 26 460.64 万人增加到 2012 年的 29 614.25 万人，期间在 2001 年和 2010 年较前一时期的人口规模有所回落。总体上，中部地区总人口呈现波动中上升的变化趋势。

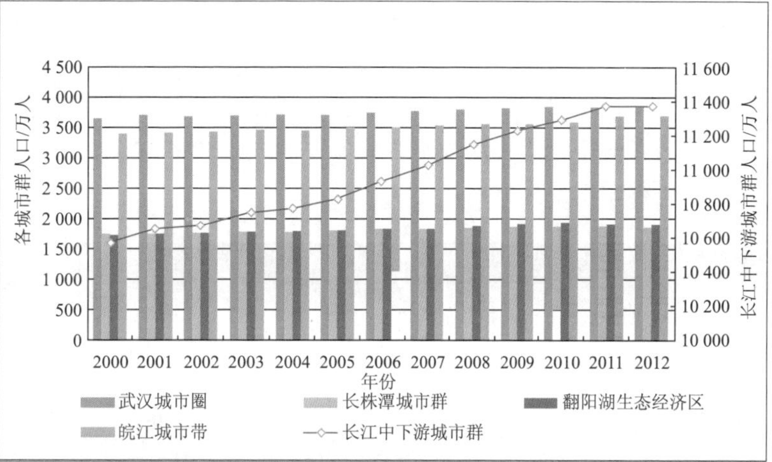

图 1-11　长江中下游城市群人口总量变化趋势（2000—2012 年）

数据来源：中国城市统计年鉴 2001—2013。

长江中下游城市群的人口规模较大（图 1-11）。根据第六次人口普查数据（表 1-1），2000—2010 年，长江中下游城市群人口总量增加了 346 万人，其中武汉城市圈人口减少了 104 万人，长株潭城市群人口增加了 173 万人，鄱阳湖生态经济区增加了 187 万人，皖江城市带增加了 90 万人。10 年时间，长江中下游城市群人口占全国比重下降，从 2000 年的 8.17% 下降到 2010 年的 7.98%，其中增加人口总量占全国增加人口总量的 4.68%。从人口增长速度来看，长江中下游城市群平均人口增长率达到 3.3‰，低于全国的平均水平。

表 1-1　长江中下游城市群人口增长统计

地区	2000 年人口 / 万人	2010 年人口 / 万人	增加人口 / 万人	增长率 /‰
全国	126 583	133 972	7 389	5.69
东部地区	44 108	49 750	5 642	12.11
东北地区	10 655	10 952	297	2.75
中部六省	35 147	35 672	525	1.48
西部地区	36 318	36 902	584	1.60
武汉城市圈	3 698	3 593	-105	-2.88
长株潭城市群	1 740	1 913	173	9.52
鄱阳湖生态经济区	1 719	1 906	187	10.38
皖江城市带	3 182	3 272	90	2.79
长江中下游城市群	10 339	10 685	346	3.29
长江中下游城市群人口占全国比重 /%	8.17	7.98	4.68	—

数据来源：第五次和第六次人口普查数据。

人口集聚受地形影响突出，主要集中于平原地区。长江以北地区人口密度为 477 人 /km²；长江以南地区人口密度较低，并且呈现出沿江和沿湖密集分布的态势。具体而言，武汉城市圈人口密度最高，达 589 人 /km²，年均人口增长率为 7.00‰；皖江城市带人口密度为 490 人 /km²，年均人口增长率为 5.59‰；长株潭城市群人口密度为 465 人 /km²，年均人口增长率为 8.41‰；鄱阳湖生态经济区人口密度为 346 人 /km²，年均人口增长率达到 10.34‰。从城市来看，人口密度最高的城市主要有 3 个，分别为武汉市、马鞍山市、合肥市，人口密度分别达到了 985 人 /km²、810 人 /km² 和 701 人 /km²；人口密度最小的城市为紧邻黄山、九华山的池州市，不足 200 人 /km²。人口密度高于 600 人 /km² 的城市主要有芜湖市、南昌市、鄂州市和铜陵市等 4 个城市；人口密度高于 500 人 /km² 的城市主要有孝感市、湘潭市等 9 个城市。

以长江中下游平原、鄱阳湖平原、云梦平原为主体，长江中下游城市群将成为我国新增城市人口的重要承接地。2012 年，长江中下游城市群城镇化率处于 30% ～ 70% 的城市比重高达 93.1%，其中，城镇化率为 30% ～ 50% 的城市比重为 58.6%。本城市群城镇化将进一步快速推进。加上本区域人口规模基数较大，且同样处于较快增长态势。若按照本区域总人口和城市化增长率均不变的保守估计，未来 10 年，长江中下游城市群将为我国整体的城市化进程做出巨大贡献。

表 1-2 中原经济区人口增长统计

地区	2000 年人口 / 万人	2010 年人口 / 万人	增加人口 / 万人	增长率 /‰
全国	126 583	133 972	7 389	5.69
东部地区	44 108	49 750	5 642	12.11
东北地区	10 655	10 952	297	2.75
中部六省	35 147	35 672	525	1.48
西部地区	36 318	36 902	584	1.60
中原经济区	15 921.92	16 569.03	647.11	4.00
中原经济区人口占全国比重 /%	12.58	12.37	8.76	

数据来源：第五次与第六次人口普查数据。

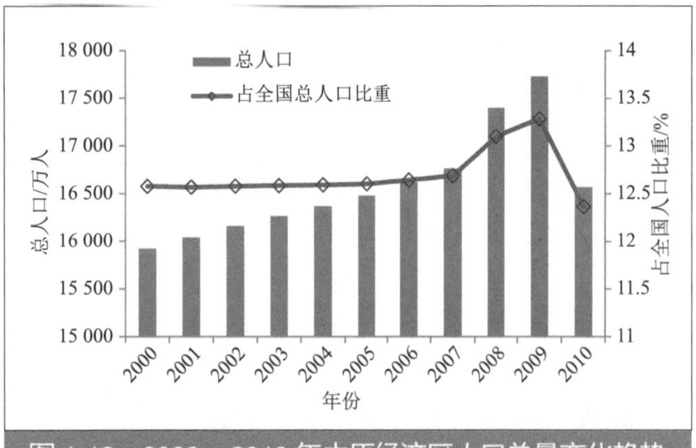

图 1-12 2000—2010 年中原经济区人口总量变化趋势

从中原经济区来看（表 1-2），2000—2010 年其人口总量增加了 647.11 万人，占全国人口比重略有下降，从 2000 年的 12.58% 下降到 2010 年 12.37%，其中增加人口总量占全国增加人口总量的 8.76%。从人口增长速度来看，中原经济区平均人口增长率达到 4‰，低于全国和东部平均水平，但仍高于中部六省、东北地区和西部地区平均水平。

从总人口增长变化趋势来看（图 1-12），2000—2010 年，中原经济区人口增长可以分为两个阶段：第一阶段为 2000—2007 年的平稳增长阶段，从 15 921.92 万人增长到 16 765.26 万人，增长了 843.34 万人，年均增长率为 7.40‰，高于全国人口平均增长率 6.14‰，2007 年中原经济区人口比重占全国人口比重 12.69%；第二阶段为 2008 年到 2010 年波动性下降阶段，到 2010 年人口下降到 16 569.03 万人，比 2008 年减少 828.84 万人，远远低于全国人口增长平均水平，2010 年中原经济区人口占全国人口比重为 12.37%。

人口集聚的空间分布方面，受自然地理的影响非常明显。整个中原经济区基本可以分为山地和平原两部分。西部是以太行山、中条山、崤山、熊耳山、武当山、大别山为主体，包括一部分黄土高原在内的高地势地貌；东部地区是以华北平原为主体的平原地貌。因此，以此自然地理特征为基底，人口分布呈明显的平原集聚特征。中原经济区东部平原的平均人口密度较高，人口分布较密集。其中，郑州、许昌、漯河、阜阳和濮阳的人口最为密集，人口密度超过 900 人 /km²。中原经济区西部地区平均人口密度较低。洛阳、济源、长治、晋城、运城、三门峡、南阳和信阳 8 个地市，人口密度不到 500 人 /km²，人口分布较松散。整个中原经济区人口密度东高西低的态势明显。

（六）城镇化快速推进，但处于空间极化的初期阶段

2012 年评价区人口总量 2.99 亿人，人口密度 542 人 /km²，远高于全国 140 人 /km²、中部六省 348 人 /km² 的平均水平，是全国人口分布比较稠密的地区。区域城镇化发展加速推进，城镇化率从 2000 年的 28.0% 增长到 2012 年的 45.6%，城镇人口年均增速 5.3%，高于全国 3.7% 的平均水平；新增城镇人口 6 292 万人，占全国新增城镇人口的 24.74%。

评价区内部城镇化率差异较大，武汉、铜陵、长沙、南昌、合肥、郑州、淮南、马鞍山等核心城市城镇化率在 60% 以上，而中原经济区东部的周口、濮阳，南部的南阳、信阳、驻马店，山东西部的菏泽、聊城，安徽北部的亳州、宿州、阜阳等农业主产大市城镇化率不足 40%（图 1-13）。

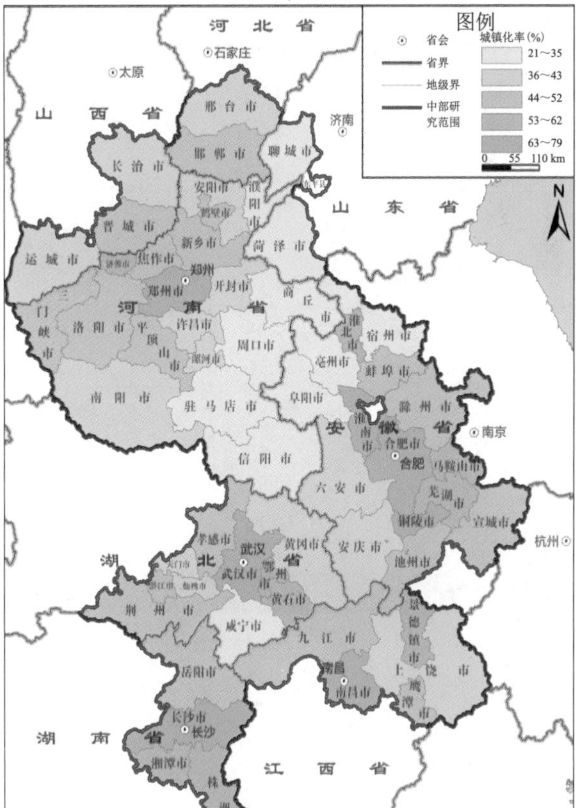

图 1-13　评价区各地市城镇化水平

分区域来看，长江中下游城市群 2000 年城镇化率为 35.92%，其中有 62.1% 城市的城镇化率处于 30% ～ 70%（表 1-3 和表 1-4）。按照诺瑟姆定律，处于该区间的城镇化进程将会加快推进。到 2012 年，长江中下游城市群城镇化水平达到 53.16%，年均增长 1.5%，高于全国同期 1.3% 的增速。其中，长江中下游城市群城镇化率处于 30% ～ 70% 的城市比重进一步提升，高达 93.1%，其中，速度和增长率双提升的城镇化率在 30% ～ 50% 的城市比重为 58.6%，意味着本城市群城镇化速度将进一步快速增长。相比于长江中下游城市群，中原经济区城镇化水平总体较低，但也表现出较大的发展空间（表 1-5 和表 1-6）。2000 年中原经济区整体城镇化率仅为 23.3%，与同期全国平均水平的差距高达 13.6 个百分点。其中，21 个城市的城镇化率低于 30%，占总体区域城市数量的 70%；仅有郑州一个城市的城镇化率超过 50%，也仅为 55.0%。2000—2012 年，中原经济区的城镇化率年均增长 1.49 个百分点，高于全国的 1.34 个百分点。

表 1-3 2000 年、2012 年长江中下游城市群城镇化率比较

项目	时间	城镇化水平				
		＜30%	30% ～ 70%			＞70%
			30% ～ 50%	50% ～ 70%	合计	
数量 / 个	2000 年	10	14	3	17	1
	2012 年	0	13	13	26	2
比重 /%	2000 年	34.5	51.7	10.3	62.1	3.4
	2012 年	0.0	58.6	34.5	93.1	6.9

表 1-4 长江中下游城市群城镇化率演变 单位：%

城市	2000 年	2012 年	城市	2000 年	2012 年
武汉市	81.65	78.00	南昌市	48.84	68.78
黄石市	49.37	59.50	九江市	28.37	46.27
鄂州市	53.93	60.38	景德镇市	45.83	59.85
孝感市	31.02	49.60	鹰潭市	34.76	51.25
黄冈市	24.07	39.02	上饶市	17.02	43.56
咸宁市	37.38	46.45	合肥市	43.96	66.4
仙桃市	35.20	50.80	芜湖市	42.78	58.0
潜江市	37.57	50.02	马鞍山市	50.34	61.2
天门市	26.34	47.08	铜陵市	57.43	76.3
荆州市	33.10	46.50	安庆市	22.34	39.6
长沙市	44.70	69.38	池州市	23.32	47.5
株洲市	38.18	59.10	滁州市	24.92	45.1
湘潭市	35.92	54.02	宣城市	21.63	46.7
岳阳市	31.11	49.30	六安市	18.53	38.9

表 1-5 2000 年、2012 年中原经济区城镇化率比较

项目	时间	城镇化水平				
		＜30%	30% ～ 70%			＞70%
			30% ～ 50%	50% ～ 70%	合计	
数量 / 个	2000 年	21	8	1	9	0
	2012 年	1	23	6	26	0
比重 /%	2000 年	70.0	26.7	3.3	30.0	0.0
	2012 年	3.3	76.7	20.0	96.7	0.0

表 1-6 中原经济区城市城镇化率演变 单位：%

城市	2000 年	2012 年	城市	2000 年	2012 年
郑州市	55.05	66.28	濮阳市	21.90	35.2
开封市	19.21	39.70	鹤壁市	34.63	51.56
洛阳市	30.03	47.93	三门峡市	32.92	51.56
平顶山市	29.95	44.97	邯郸市	23.42	46.58
新乡市	23.57	44.69	邢台市	20.04	42.80

城市	2000 年	2012 年	城市	2000 年	2012 年
焦作市	32.82	50.72	长治市	28.56	45.31
许昌市	20.35	42.83	晋城市	34.19	54.45
漯河市	23.59	42.84	运城市	21.82	41.41
济源市	30.57	53.44	聊城市	26.33	33.29
南阳市	20.16	36.81	菏泽市	20.86	21.61
信阳市	18.25	38.19	淮北市	41.35	57.2
驻马店市	12.11	33.44	阜阳市	21.96	34.9
周口市	12.98	33.44	宿州市	15.38	34.80
商丘市	13.20	33.49	亳州市	18.83	33.00
安阳市	25.66	42.43	蚌埠市	30.72	48.3

数据来源：2000 年城镇化率来自第五次人口普查年鉴，2012 年城镇化率来自各省统计年鉴和城市 2012 年统计年报。

随着城市人口规模增长，评价区建成区面积也快速扩张。2000—2012 年，评价区城市建成区面积从 2 871 km^2 增长到 5 960 km^2，年均增速 6.27%，超过同期人口增速。

中部地区虽然工业化基础较好，但城镇化水平较高的地区主要集中在以资源密集型工业为主导产业的几个资源型大城市，由此导致大型重工项目多集中于大城市，大城市规模不断扩张，小城市经济实力不强且较为分散，“一市独大”现象比比皆是，故而也就造就了中部地区城镇化发展水平呈现较明显的空间极化特征。

对于长江中下游城市群，其城镇化水平虽呈现区域差距缩小态势，但城市群城镇化水平空间分布差异较大。2000 年，城镇化水平较高的地区主要集中在省会城市和工矿城市，如武汉市、鄂州市、马鞍山市、铜陵市等地区。城镇化率高于 50% 的地区仅上述四个城市地区，分别达到 81.7%、53.9%、50.3%、57.4%。其余地区的城镇化水平普遍较低，城市群中 1/3 的城市城镇化率低于 30%。江西上饶市的城镇化率仅为 17.0%，与最高的武汉市相差高达 65 个百分点。2012 年，城镇化水平较高的城市主要集中于三种类型：省会城市、与省会城市或特大城市联系紧密的城市、传统发展较好的工矿业城市。省会城市，如武汉市、长沙市、南昌市、合肥市，其城镇化率均超过了 60%；与省会城市或特大城市联系紧密的城市，如株洲市、湘潭市等；传统发展较好的工矿业城市，如鄂州市、马鞍山市、铜陵市等。其余地区的城镇化水平有所提升，所有城市的城镇化率均高于 30%，约 1/3 的城市城镇化率大于 50%（图 1-14）。城镇化率最小的黄冈市为 34.8%，与最高的武汉市相差 42 个百分点，与 2000 年相比差距有所缩小。2000 年，该城市群 29 个城市的城镇化率标准差是 14.2，2012 年标准差为 12.1，标准差缩小，说明城市间的离散程度降低。

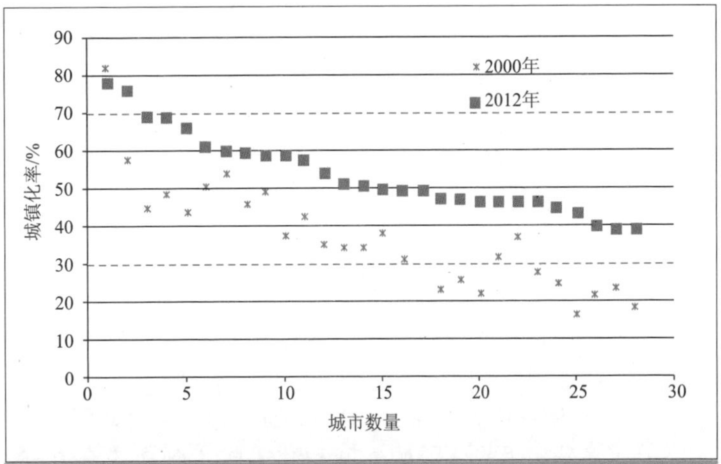

图 1-14　2000 年、2012 年长江中下游城市群城镇化率为 30% ～ 70% 的城市对比

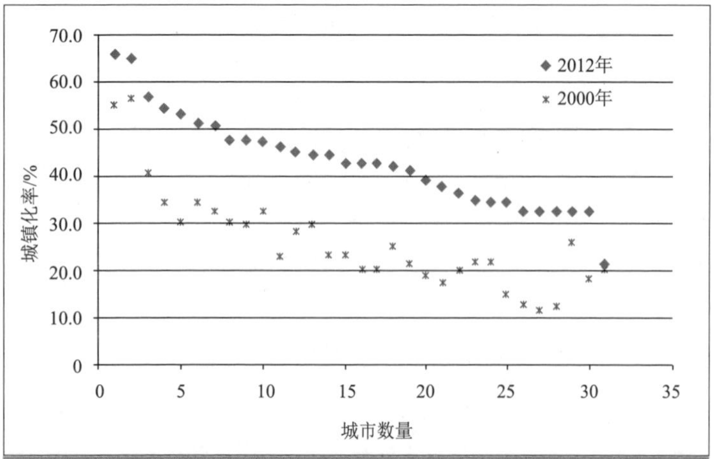

图 1-15　2000 年、2012 年中原经济区城镇化率为 30% ～ 50% 的城市对比

从中原经济区城镇化率空间分布中可以看出，虽然 2012 年中原经济区相当多数量的城市从 2000 年的低于 30% 的城镇化率提升为 30% ～ 40% 的城镇化率；但整体来看，2012 年中原经济区的城市化空间格局仍处于极化初期。首先，区域内没有城镇化率超过 70% 的高度成熟期城市出现，意味着人口从农村向小城市、从小城市到大城市的集聚度有待进一步加强。第二，城镇化率超过 50% 的大城市自身是以单点形式存在，意味着区域整体的城市发育度不高。第三，在城镇化率超过 50% 的大城市的周围地区，城镇化率未形成梯度，而是以连片形式存在。一般而言，大城市对周围的影响并不会是 360° 全覆盖的影响，而是以某一或某几个方向为重点，向外辐射；若周围城市以集中连片的形式展现而不存在差异，且处于城市化率的低值区间，说明这些区域还未开始受到大城市的辐射作用。以上均是城镇化空间极化初期的表现。

虽然中原经济区的城镇化水平偏低，但 2012 年区域整体城镇化率已迈入 30% ～ 50% 区间，且有 76.7% 的城市处于此区间之内（图 1-15）。相对而言，2000 年处于此区间的城市比重仅 26.7%。根据诺瑟姆定律，30% ～ 50% 区间所处的阶段将是城镇化快速推进时期。因此，未来 10 年左右，中原经济区的城市化进程将进入快速增长阶段。

（七）居民收入稳步增长，城乡收入差距较大

2012 年，长江中下游城市群城镇居民家庭可支配收入和农民人均纯收入分别为 21 563 元和 9 154 元，与 2000 年相比，分别增长了 283% 和 289%（表 1-7）。按照增长速度来看，长江中下游城市群城镇居民家庭可支配收入和农民人均纯收入年均增长率分别为 11.84% 和 11.98%（图 1-16 和图 1-17）。从重点地区来看，城镇居民家庭可支配收入和农民人均纯收入最高的地区为长株潭城市群，分别为 25 466 元和 11 594 元，与 2000 年相比，年均增长 11.17% 和 13.02%。收入最低的地区为武汉城市圈，城镇居民可支配收入和农民纯收入分别为 18 933 元和 8 975 元，年均增长 11.1% 和 11.39%。长江中下游城市群农民人均纯收入的增长幅度高于城镇居民家庭人均可支配收入。横向对比来看，长江中下游城市群城镇居民家庭可支配收入高于中部六省 913 元，农民人均纯收入高于中部六省 1 794 元。

在城乡收入差距方面，2012 年长江中下游城市群城乡居民收入的比例为 2.36，略低于 2000 年 2.41 的水平。其中武汉城市圈和长株潭城市群的城乡收入差距都呈现缩小态势，分别从 2.18 和 2.68 缩小到 2.11 和 2.20，但是鄱阳湖生态经济区和皖江城市带的城乡收入差距却显著拉大，分别从 2.29 和 2.50 扩大到 2.50 和 2.65。

表 1-7　长江中下游重点地区居民收入增长对比　　单位：元

地区	城镇居民人均可支配收入			农民人均纯收入		
	2000 年	2012 年	增长率 /%	2000 年	2012 年	增长率 /%
武汉城市圈	5 352	18 933	11.1	2 460	8 975	11.4
长株潭城市群	7 148	25 466	11.2	2 669	11 594	13.0
鄱阳湖生态经济区	5 230	21 123	12.3	2 267	8 439	11.8
皖江城市带	5 506	22 995	12.7	2 200	8 666	12.1
长江中下游城市群	5 632	21 563	11.8	2 365	9 154	12.0
中部六省	5 165	20 650	12.0	2 071	7 917	11.0
全国	6 280	24 565	11.1	2 253	7 961	11.2

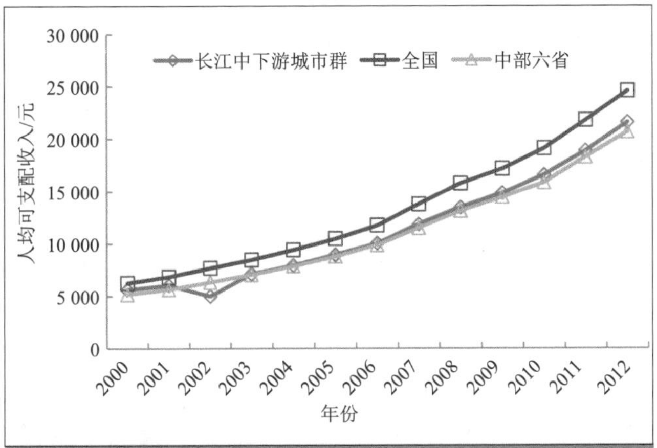

图 1-16　长江中下游城市群城镇居民人均可支配收入与全国对比（2000—2012 年）

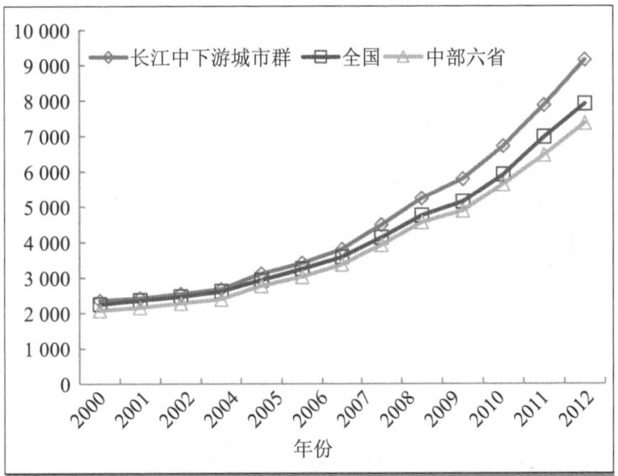

图 1-17　长江中下游城市群农民人均纯收入与全国比较（2000—2012 年）

中原经济区居民收入稳定增长。2000 年，中原经济区城镇居民人均可支配收入为 4 664 元；到 2012 年，中原经济区城镇居民可支配收入为 20 413 元，与 2000 年相比，增长约 4.37 倍，年均增长 13.09%（表 1-8）。与全国平均水平相比，中原经济区城镇居民可支配收入差距由 2000 年的 1 615 元扩大到 2012 年的 4 151 元。与中部六省平均水平相比，差距不大，且呈波动性减少趋势。2002 年，中原经济区城镇居民人均可支配收入与中部六省平均水平的差距达到最大值 1 120 元；2003—2012 年，中原经济区城镇居民人均可支配收入增长幅度较大，与中部六省差距逐渐减少到 236 元（图 1-18）。

中原经济区农民收入水平与中部和全国基本持平（表 1-9 和图 1-19）。2000 年，中原

表 1-8　中原经济区城镇居民收入增长对比　　单位：元

指标	地区	2000 年	2012 年	增长率 /%
城镇居民人均可支配收入	全国	6 279	24 565	12.04
	中部六省	5 164	20 650	12.24
	中原经济区	4 664	20 413	13.09

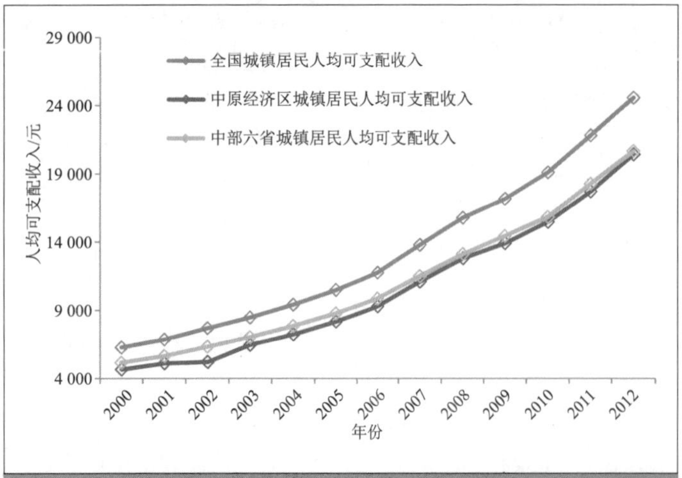

图 1-18 2000—2012 年城镇居民人均可支配收入增长趋势

表 1-9 中原经济区农民收入增长对比 单位：元

指标	地区	2000 年	2012 年	增长率 /%
农民人均纯收入	全国	2 253	7 917	11.04
	中部六省	2 070	7 361	11.15
	中原经济区	2 148	7 959	11.53

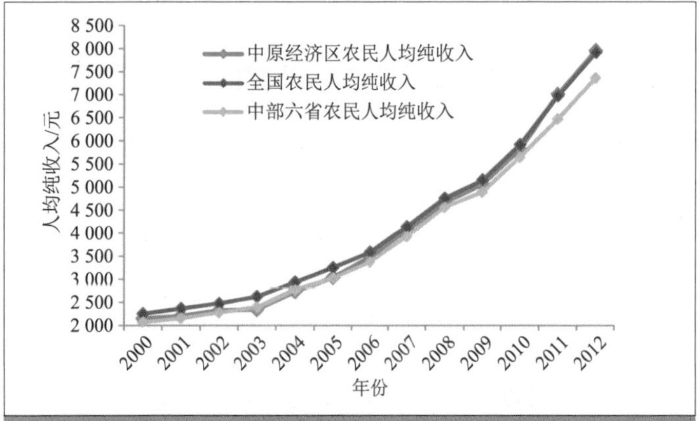

图 1-19 2000—2012 年农民人均纯收入增长趋势

经济区农民人均纯收入为 2 148 元；到 2012 年，中原经济区农民人均纯收入增长到 7 959 元，较 2000 年增长了约 3.7 倍，年均增长 11.53%。与全国相比，2010 年之前中原经济区虽然一直低于全国平均水平，但是差距不大，并于 2011 年超过了全国平均水平。与中部六省相比，2002—2005 年，中原经济区农民人均收入低于中部六省平均水平，而 2006—2012 年，中原经济区农民人均收入增长幅度较大，高于中部六省平均水平。

（八）区域经济发展不平衡，社会经济分布呈现中心集聚态势

改革开放以来，特别是中部崛起战略实施以来，中部地区经济取得了突飞猛进的发展，同时也带来了区域内各省市之间经济发展差距的进一步拉大。中原经济区的郑州，以及长江中下游四个省会城市是区域经济布局的重点。郑州、武汉、长沙、合肥、南昌等中心城市集聚的趋势日益显著，这五个省会城市经济总量占评价区经济总量的比重从 2000 年的 23.6% 增加到 2012 年的 29.6%（图 1-20）。

分区域具体来看，长江中下游城市群内部经济差异显著，两极分化比较突出。2012 年，经济总量超过 5 000 亿元的地区只有武汉和长沙市两个地区；超过 3 000 亿元的只有南昌和合肥市两个地区；低于 1 000 亿元的地区有 13 个，占长江中下游地区总数的 46.4%。其中经济总量最高的地区是武汉市，达到 8 003 亿元；其次为长沙市和合肥市，分别为 6 400 亿元和 4 164 亿元；而最低的地区潜江市和天门市，分别仅为442 亿元和 321 亿元。从长江中下游各市 GDP 分布可以看出（图 1-20），经济向武汉、长沙、合肥、南昌等中心城市集聚，其余地区的经济水平显著低于这些中心城市。中原经济区经济总量整体上低于长江中下游城市群，但区域发展水平的空间不平衡特征也比较显著，只有河南省的郑州市的 GDP 超过 5 000 亿元，高达 5 549.78 亿元；其次是邯郸市、洛阳市、南阳市和聊城市，其 GDP 均在 2 000 亿元以上，经济呈现向这些城市集聚的特征，外围各市的 GDP 则有所降低，大部分城市都在 1 000 亿～ 1 800 亿元；经济总量在 1 000 亿元以下的包括濮阳市、漯河市、鹤壁市和济源市，其中济源市最低，仅为 430 亿元。

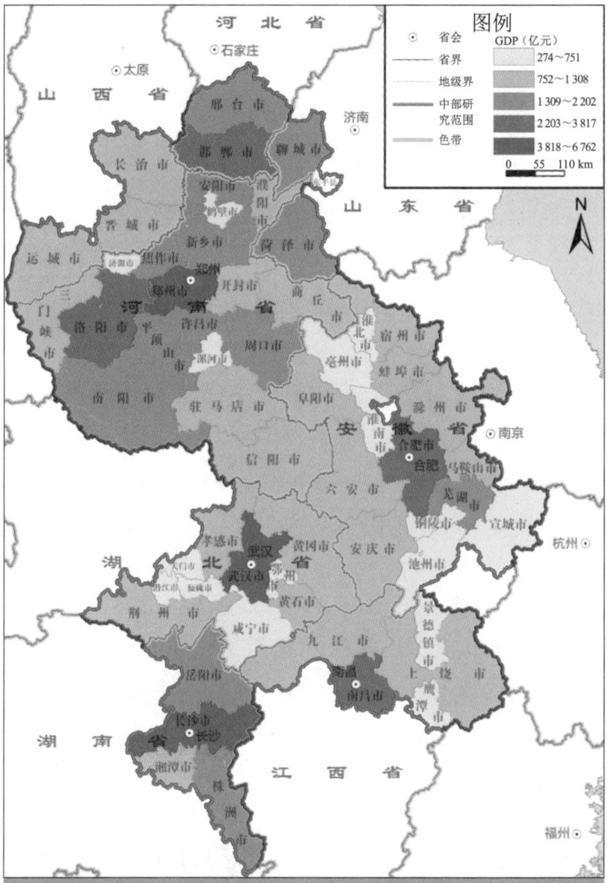

图 1-20　2012 年中部地区 GDP 分布

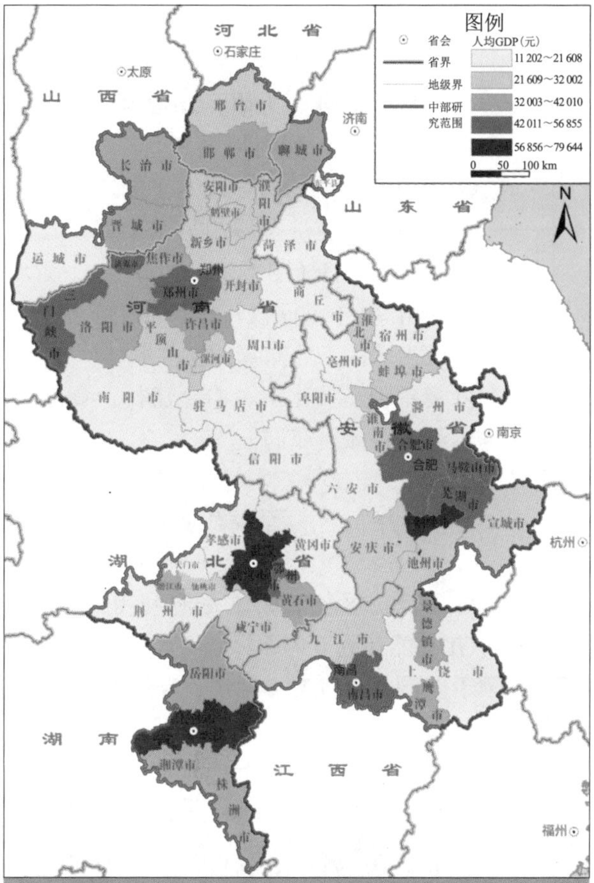

图 1-21　2012 年中部地区人均 GDP 空间分布差异

从人均 GDP 来看（图 1-21），长江中下游城市群人均 GDP 高于 50 000 元的地区主要包括长沙市、铜陵市、马鞍山市、武汉市、合肥市、南昌市、芜湖市和鄂州市等 8 个地区。而低于 30 000 元的地区有近 11 个，包括安庆市、滁州市等地区，其中最低的地区是六安市、上饶市和黄冈市，不足全国水平和长江中下游城市群的 1/2，区内差距十分显著。长江中下游城市群共 28 个重点城市中，有 14 个城市人均 GDP 低于全国平均水平。其中，潜江市、景德镇市和鹰潭市与全国水平接近；黄石市、仙桃市等 9 个地市人均 GDP 达到全国平水平的 60% 以上；而其他地市人均 GDP 远低于全国平均水平，其中黄冈市和六安市的人均 GDP 与全国平均水平相差达 20 000 元左右。发展水平最高的长沙市与发展水平最低的六安市人均 GDP 相差高达 70 000 元。从人均 GDP 分布图中可以更明显地看出中心城市的极化效应。以武汉、长沙、合肥、南昌等城市为中心，其人均 GDP 明显高于周围地区。另外，武汉、长沙、南昌和周围地区的经济落差一定程度上具有自近而远向外过渡态势，说明这些城市辐射效应开始显现，但集聚作用仍占据主导；合肥市则与周围的落差较为突出，说明集聚作用仍然为该城市的主体作用力。另外，芜湖、马鞍山的高水平人均 GDP 值，除了自身经济基础较好之外，很大程度上是受到江苏南京这一中心城市的辐射作用而导致。中原经济区内部人均 GDP 差异显著。2012 年全国人均 GDP 为 38 420 元，在中原经济区范围内，只有郑州、济源、邯郸、焦作、洛阳、三门峡、晋城和许昌八个城市高于全国平均水平，其他城市皆低于全国平均水平。2012 年中部六省人均 GDP 为 32 423 元，中原经济区大部分城市人均 GDP 仍低于中部人均水平，其中菏泽、宿州、亳州和阜阳人均 GDP 只有 21 436 元、17 006 元、14 605 元和 12 598 元，亳州和阜阳尚且不到全国平均水平的一半。

从空间分布上看，2012 年中原经济区的人均 GDP 整体上呈现西北高、东南低的态势。中原城市群、冀南地区和晋东南地区人均 GDP 较高，而皖北地区的人均 GDP 很低。人均 GDP 低于中部六省平均水平的地市皆分布在皖北东南部。

从社会经济发展的另一个重要方面——工业发展水平来看，郑州市占中原经济区工业比重高达 13.4%（图 1-22）；长江中下游城市群四个省会城市累计占长江中下游地区工业总量的 39.8%，其中，武汉市占长江中下游城市群工业比重高达 14.4%。工业园区（产业集聚区）已经成为地区工业布局的主要载体。据不完全统计，评价区共有省级及以上工业开发区 451 个，以装备制造、化工、冶金建材、食品纺织、新材料等产业为主。其中化工园区有 108 个，基本沿主要江河布局。

（九）资源环境效率提升空间较大，产业技术效率空间差异显著

评价区能源、水资源利用效率低于全国平均水平。2012 年，中原经济区 2012 年万元 GDP 能耗为 0.97 t 标煤 / 万元，长江中下游城市群万元 GDP 能耗为 0.77 t 标煤 / 万元，均高于全国均值 0.72 t 标煤 / 万元水平。中原经济区水资源利用效率较高，人均综合水耗是全国平均水平的 57.4%，万元工业增加值水耗为全国平均的 59.6%；但长江中下游城市群水资源利用效率低于全国平均水平，人均综合水耗是全国平均水平的 1.21 倍，78% 的城市单位工业增加值水耗大于全国平均值，48% 的城市高于全国 1 倍以上。

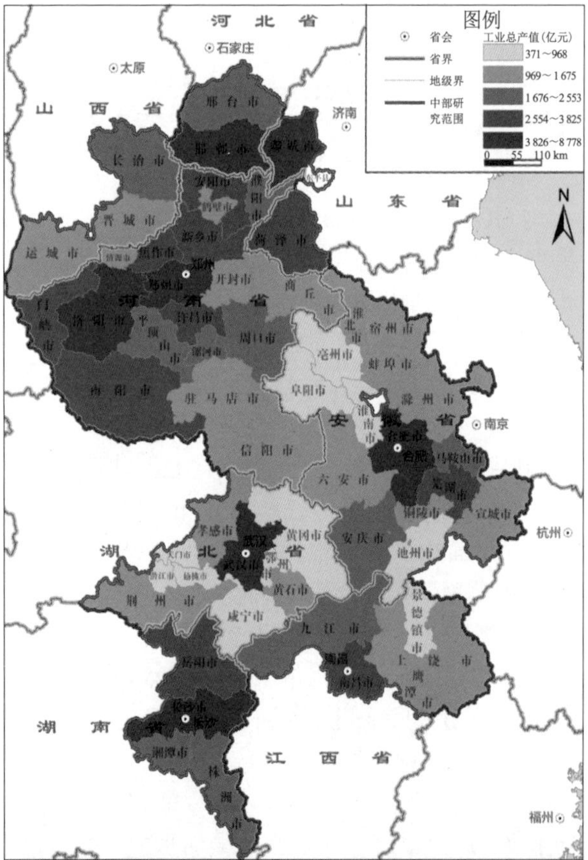

图 1-22 2012 年工业总产值分布

评价区大气、水环境污染物排放效率低于全国平均水平。2012 年中原经济区单位 GDP 的 SO_2、NO_x、COD、氨氮排放量为 5.13 kg/ 万元、6.35 kg/ 万元、5.32 kg/ 万元和 0.56 kg/ 万元，分别是全国均值的 106%、121%、114% 和 115%；长江中下游城市群单位 GDP 的大气污染排放效率要优于全国平均水平，但其单位 GDP 的氨氮排放量要高于全国均值（图 1-23）。

地区工业和重点行业的资源环境效率较低，具有较大的提升空间。中原经济区单位工业产值的 SO_2、NO_x、烟粉尘排放量分别为 2.67 kg/ 万元、2.68 kg/ 万元和 1.62 kg/ 万元，显著高于全国 2.10 kg/ 万元、1.82 kg/ 万元和 1.13 kg/ 万元的平均水平；长江中下游城镇群单位工业产值的 SO_2 和烟粉尘排放低于全国平均水平，而单位工业产值的 NO_x 排放量为 1.92 kg/ 万元，高于全国平均水平（图 1-24）。钢铁、石化、电力、纺织、食品加工等产业是地区重点发展产业，但部分行业的单位

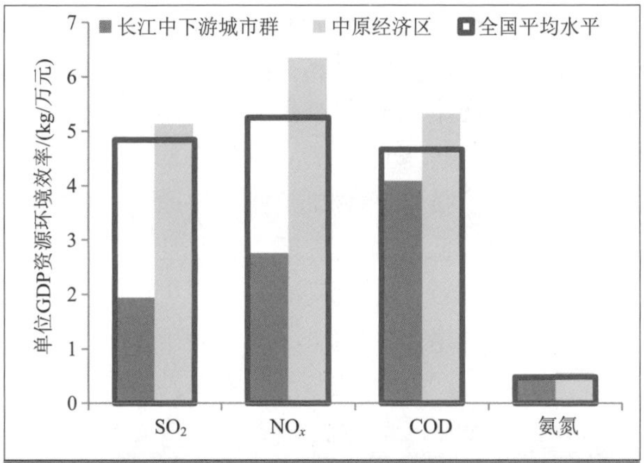

图 1-23　评价区单位 GDP 资源环境效率与全国平均水平比较

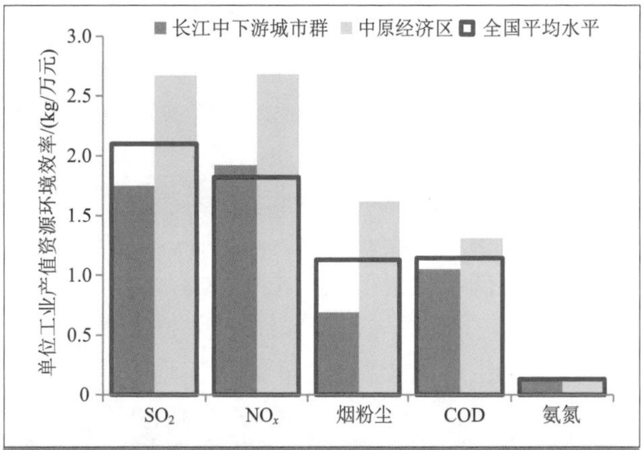

图 1-24　评价区单位工业产值资源环境效率与全国平均水平比较

资源消耗水平和污染物排放水平要高于全国均值。如中原经济区电力行业单位产值 SO_2 排放是全国均值的 112%、单位产值 NO_x 排放是全国均值的 155%，钢铁行业单位产值 SO_2 排放是全国均值的 125%；长江中下游城市群石化行业单位产值 COD 排放是全国均值的 175%、单位产值 SO_2 排放是全国均值的 116%；钢铁行业单位产值 COD 排放是全国均值的 170%；食品行业单位产值 NO_x 排放量是全国均值的 194%（图 1-25）。

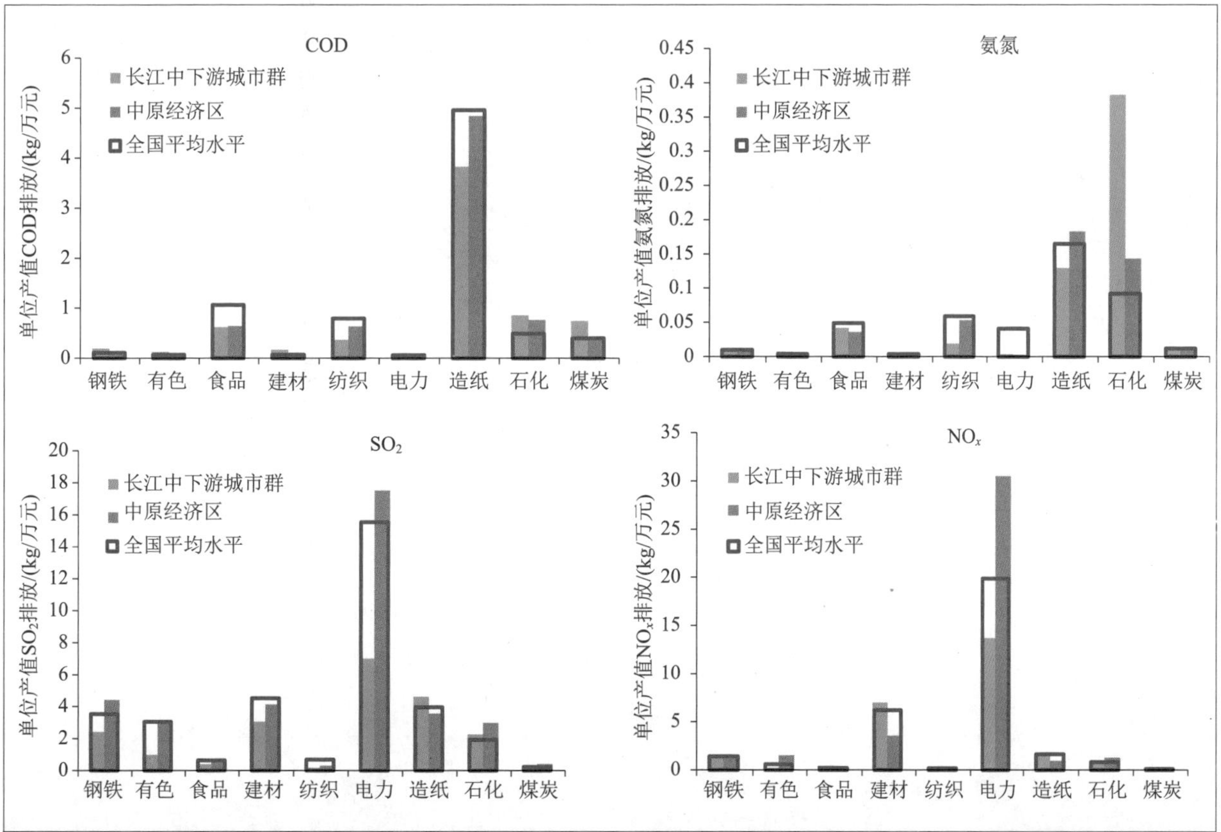

图 1-25　评价区重点工业行业资源环境效率与全国平均水平比较

从三次产业的技术效率来看：首先，就农业技术效率而言，整个中部地区农耕文化历史悠久，种植技术相对发达，并依托地区水系及种植业发达的优势发展了渔业、畜禽养殖业以及农产品加工业。长江中下游城市群农业的全员劳动生产率高于中部六省平均水平，但是由于农副产品加工业不发达，仍低于全国平均水平和沿海地区平均水平；在其内部，江汉平原上的武汉城市圈农业技术效率较高，而皖江城市带的农业技术效率却较低。中原经济区人口规模大、农业从业人口较多，导致农业全员劳动生产率较低，低于中部六省平均水平，也显著低于全国平均水平和沿海地区平均水平；从区域内部来看，位于黄淮海平原上的鹤壁、新乡、许昌、信阳等市以及农产品加工业相对发达的开封、洛阳、蚌埠、淮南等市农业全员劳动生产率较高，高于地区平均水平，而河南西部山区的济源、平顶山、南阳以及安徽北部人口大市如亳州、阜阳等市的农业全员劳动生产率要低于地区平均水平。就第二产业技术效率而言，整体上呈现南高北低的差异性格局，长江中下游城市群第二产业的全员劳动生产率高于中原经济区，且显著高于全国和沿海地区的平均水平，其中，武汉、长江、岳阳、株洲、湘潭、芜湖、铜陵、合肥、马鞍山等工业重镇的技术效率水平更高，中原经济区除郑州市外，几个能源原材料生产基地所在的地市，如山西的长治、晋城、运城，河南的洛阳、新乡、焦作、许昌、三门峡等市的第二产业全员劳动生产率水平较高，几乎高出地区平均水平的50%；而其他一些以农业生产为主的城市，如仙桃、潜江、天门、九江、上饶、滁州、宣城、六安，安徽的阜阳、亳州、宿州，河南的商丘、信阳、周口、驻马店等城市的第二产业技术效率水平较低。就第三产业技术效率而言，地区产业结构以工业为主，而工业又以资源型、重型部门为主，使经济发展和工业发展对第三产业发展贡献和拉动能力较弱，因而地区的第三产业规模小、层次低，同时技术效率水平也较低，基本上，只有武汉、长沙、南昌、郑州、开封、洛阳等大城市以及三门峡、平顶山、安阳等交通便利城市的第三产业全员劳动生产率高于地区和全国平均水平，其余大部分城市第三产业技术效率水平低于全国平均水平。

三、中部地区重点产业发展历程及现状与特征

（一）资源开发与工业发展特征

1. 矿产资源丰富，结构性问题及集约化利用问题突出

中部地区具有优良的成矿条件，煤、铁矿等矿产资源储量非常丰富，改革开放以来，中部地区矿产资源利用程度不断增加，几乎现有的已经探明的矿产资源都已经具备了产出能力。资源种类以能源和有色金属为主，分布呈现出不均衡分布的特征。

长江中下游城市群水量充沛，矿产资源丰富，储量大，开发前景广阔，城市群内部又分为四个自然资源亚区，资源禀赋特点各异。武汉城市圈毗邻长江和汉水，水资源优势突出，雨水充沛，河网密布，可开发水能资源 2 308.1 万 kW；矿产资源丰富，境内的黄石、大冶、孝感、黄冈拥有较丰富的金属矿产资源（已探明保有储量 80 种，其中各种金属矿 38 种），位处江汉平原腹地的潜江、仙桃赋存较丰富的石油储量。然而，武汉城市圈矿产供需总量失衡，开发布局与结构不尽合理。石油、煤炭、铁、铜、铝、硫等大宗矿产长期供不应求；磷、盐、石膏等非金属矿产供过于求；非金属尤其是新兴非金属矿产深加工能力明显不足。长株潭城市群水系密布，区域水资源丰富。其中，湘江干流纵贯三市，同时还分布着众多支流。湘江流域降水量比较丰沛，年降水量一般在 1 400 mm 左右。矿产资源丰富，素有“有色金属之乡”和“非金属之乡”之称，截至 2007 年年底，已发现矿产 141 种（含亚种），探明储量的 101 种。有特大型矿床 8 处，大型矿床 105 处，中型矿床 277 处，小型矿床 1 250 处。钨、铋、普通萤石、海泡石、隐晶质石墨等矿种的保有资源储量居全国之首，锰、钴、钒、锑、重晶石、玻璃用砂岩居全国第二，锡、铀、金刚石、水泥用灰岩居第三。钨、锑、铋保有储量分别占世界的 34.81%、9.34%、37.18%，具全球优势。15 种支柱性矿产中，除石油、天然气、钾盐外，其余 12 种矿产都有探明储量，但煤、油、气三大能源相对匮乏。鄱阳湖是中国第一大淡水湖，世界自然基金会划定的全球重要生态区，世界六大湿地之一，也是我国唯一的世界生命湖泊网成员，集名山（庐山）、名水（长江）、名湖于一体。鄱阳湖生态经济区内清洁能源如水能、风能、太阳能、地热能等资源较丰富，水力资源尤其丰富，赣、抚、信、饶、修五大江河，年径流量在 1 500 多亿 m^3，含有巨大水能，发展水电潜力很大。但煤炭、石油、天然气常规能源贫乏，人均煤炭储量为全国的 1/3。人均能源消费量为全国的 1/2，能源消费以煤炭、石油、天然气为主，占消费总量的 86.94%，以水力发电为主的清洁能源仅占 13.06%。皖江城市带自然资源丰富，自然环境优越。突出表现为：水资源充沛，这为发展高耗水企业提供了得天独厚的条件；土地资源充足，土地总面积达到 633 万 hm^2，可开发利用潜力大，而且土地价格较低，减少了土地开发的成本；矿产资源充裕，铜、金、铁、硫、石灰岩和方解石等矿产资源储量丰富；赋存集中、便于开采，能有效缓解长三角地区资源不足带来的压力。主要消

费的传统矿产资源煤炭、铁、硫、水泥用灰岩等有一定的保证程度，而有色金属及贵金属严重不足；工业化中期所需的现代矿产资源铝、钾、铬、金刚石、石油、天然气等基本空白，锰、镓、钒储量有限；而工业化后期需要的新兴矿产资源钴、锗、铂、钛和稀土元素等十分稀缺。

中原经济区能源矿产资源丰富，种类较齐全、储量大，开发前景广阔。河南省已发现127个矿种，其中查明资源储量的75种。全省查明资源储量的矿产地1 085个，其中大型及以上规模150个、中型259个、小型492个、小矿以及其他暂无规模指标184个。优势矿产有煤炭、石油、天然气、钼矿、金矿、银矿、铝土矿、天然碱、岩盐、耐火黏土矿、水泥用灰岩、蓝晶石、硅线石、红柱石、珍珠岩矿等。河南省的矿产资源主要分布在西部地区，为中原经济区重点城市的发展提供了良好的支撑。此外，山西运城、长治和晋城拥有较为丰富的煤炭、铁资源、铜、铅、镁（镁盐、白云岩）、芒硝、石灰岩、大理石、硅石等资源，其中，晋城无烟煤的储量占全国无烟煤储量的1/4以上，占山西省的1/2以上；总储量808亿t，其中已探明储量271亿t。安徽淮北、宿州、亳州、阜阳和淮南等地也含有大量的煤炭资源和金属矿资源等，其中，淮南市是安徽省乃至华东地区煤炭资源最丰富、分布最集中的地区之一。山东西南部和河北南部也有煤炭和油气资源分布。目前，资源的过度和不合理开发，造成了矿区地面塌陷、地裂缝、崩塌、滑坡、含水层破坏、地形地貌景观破坏等较严重的矿山地质环境问题。据2008年统计，河南省采煤等造成地面塌陷地522处，沉陷面积44 548 hm^2，严重破坏了矿区范围内的耕地、居民住宅、交通道路以及水利、电力设施。露天采矿占用、改变、损毁土地46 225.2 hm^2，固体废物积存总量27 489.94万t，使原有的地形地貌景观和生态环境受到严重破坏，引发水土流失、生态环境恶化。废水废液的排放总量为36 076.99万 m^3，造成水土环境污染，矿坑排水使矿区和周围地下水位下降、地下水均衡被破坏，原有水井被报废，部分群众吃水困难。

2. 工业经济总量稳步增加，在全国地位有所提升

近年来中部地区工业增加值稳步增加，由2000年的7 852亿元增加到2012年的91 595亿元，增加了近11倍，占全国的比重也呈现稳步上升的趋势。从整个中部地区的工业总产值分布来看，工业总产值在5 000亿元以上的地市有河南的郑州市、河北的邯郸市、山东的聊城市、安徽的合肥市、湖北的武汉市以及湖南的长沙市；紧邻上述城市的地区，包括山东的菏泽市，河南的洛阳市、许昌市、焦作市、安阳市，安徽的芜湖市，湖南的岳阳市等地市的工业总产值也较高，在3 000亿～5 000亿元，其余地市的工业经济总量较低，在3 000亿元以下。

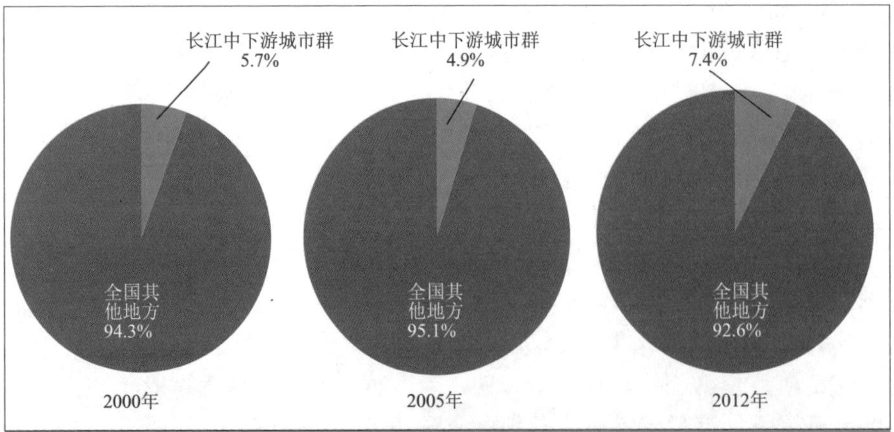

图1-26　长江中下游城市群地区工业总产值占全国比重变化

其中，长江中下游城市群地区工业总产值从2000年的4 932亿元增长到2012年的68 651亿元，年均增长略高出同期全国平均水平。过去10年，长江中下游城市群地区工业在全国地位先降后升，2000—2005年，工业在全国地

位呈下降态势，工业总产值占全国比重由5.7%下降到4.9%，5年间下降了0.8个百分点；2005年以来，工业在全国地位趋稳回升，至2012年工业总产值占全国比重提高到7.4%，7年间上升了2.5个百分点，工业总量扩张迅猛（图1-26）。

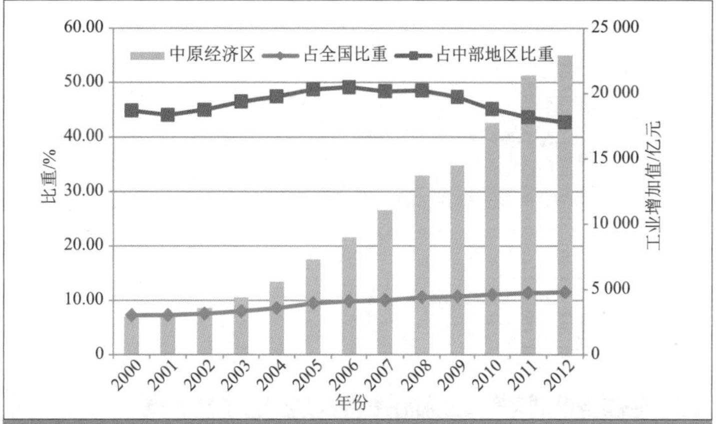

图1-27　中原经济区工业增加值占全国和中部六省比重的变化

中原经济区工业增加值稳步增加（图1-27），由2000年的2 920亿元增加到2012年的22 944亿元，增加了近8倍。其中，2001—2006年中原经济区工业增加值占中部六省的比重快速增加，占中部六省的比重由2001年的44.8%增加为2006年的49.1%。但到2006年之后随着长江中下游城镇群的发展速度加快，中原经济区在中部六省工业增加值中的比重开始呈现下降趋势，从2006年的49.1%下降到2012年的42.7%。此外，中原经济区工业增加值占全国比重呈现稳步上升的趋势，由2000年占全国的7.29%增加到2012年的11.5%。

从规模来看，工业增加值较高的地市集中在郑州、洛阳、许昌、邯郸和南阳等城市，工业增加值较低的地区主要集中在安徽西北部和山西南部。从增速来看，工业增加值增长速度较快的城市主要有长治、晋城、三门峡和宿州等城市，这些城市多为资源型城市，具有较好的发展潜力。

3. 工业化水平明显提升，区域工业发展不均衡

武汉、长沙、合肥、南昌等四个省会城市工业规模较大，累计占长江中下游城市群地区工业总量的37.4%，其中武汉市一枝独秀，占区域工业比重高达15.2%（图1-28）。芜湖、株洲、湘潭等地市工业发展相对较好，2012年工业总产值为2 000亿元左右，其他地市工业规模普遍较小，2012年工业总产值仅为1 000亿元左右。在区域工业发展的极化－扩散进程方面，向省会城市极化特征仍占主导，区域中心城市的辐射扩散效应尚未显现。

2000年以来，中原经济区的工业化进程加速，工业增加值占GDP的比重稳步提升，并超过了全国平均水平。在2003年之前，中原经济区的工业占GDP比重低于全国平均水平。但由于2000年以来，中原经济区工业发展速度加快，工业增加值年均增速快于全国平均水平，使工业增加值在GDP中的比重呈现逐渐增加趋势，并于2003年超过了全国平均水平（图1-29）。到2012年时，工业在GDP中的比重已经达到50.24%，是全国平均水平的1.31倍。根据霍夫曼定理，2000

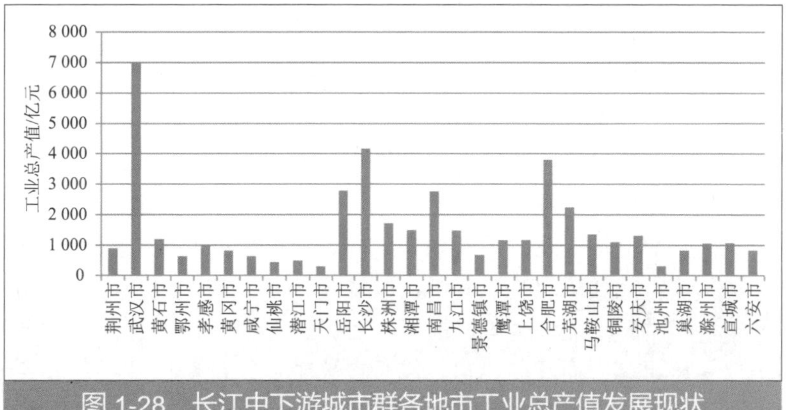

图1-28　长江中下游城市群各地市工业总产值发展现状（2012年）

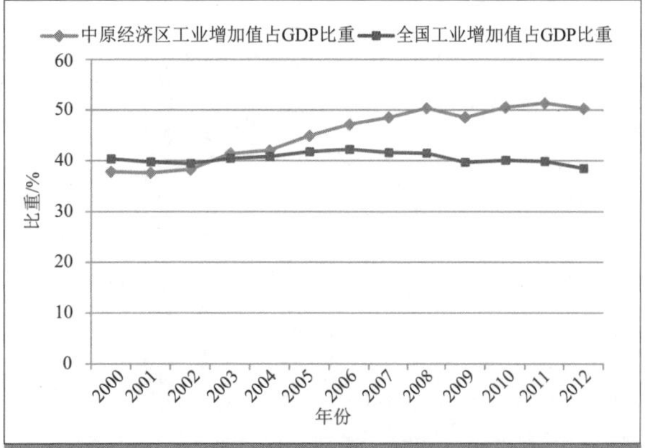

图 1-29 中原经济区工业增加值占 GDP 的比重

年中原经济区仅郑州市处于工业化初期阶段，其他城市仍处于初级产品生产阶段。2012 年较 2000 年有明显的变化。其中，郑州市和济源市进入工业化后期，人均 GDP 在 5 万元左右，远高于其他城市，菏泽和开封市仍处于工业化的初期阶段，其他城市均已经步入了工业化中期阶段，工业化水平呈现出区域不均衡分布特征。

4. 产业竞争力不断提升，优势产业层次较低

总体来看，中部地区目前的主导产业主要是传统制造业、原材料初加工业等重工业，工业经济的增长主要依靠生产要素的高投入和高消耗，高科技产业所占比重较低，缺乏一些带动力强、产业链延伸度大的高加工度、高技术含量产品与工业消费品。

与全国平均水平相比，长江中下游城市群地区具有绝对竞争优势的行业为黑色金属矿采选业、有色金属冶炼及压延加工业、黑色金属冶炼及压延加工业和非金属矿采选业，区位熵大于 1.5；有色金属冶炼及压延加工业、非金属矿采选业、印刷业和记录媒介的复制、专用设备制造业、黑色金属冶炼及压延加工业、电气机械及器材制造业、医药制造业、非金属矿物制品业、交通运输设备制造业、黑色金属矿采选业、电力及热力的生产和供应业等产业区位熵大于 1，与全国平均水平相比具有一定优势。过去 10 余年间，黑色金属矿采选业、有色金属矿采选业发展速度放缓，在全国的地位和竞争力有所下降；而专用设备制造业、电气机械及器材制造业及非金属矿物制品业发展速度迅猛，在全国的地位和竞争力不断提升。整体看来，长江中下游城市群的优势产业均带有明显的基础原材料特征，产业层次较低，未来面临的转型压力较大（表 1-10）。

中原经济区竞争优势较大的行业主要有煤炭开采和洗选业、黑色金属采矿冶炼业和有色金属冶炼及压延加工业，2001 年区位熵均大于 2，与全国平均水平相比具有绝对优势；2012 年，有色金属矿采选业的区位熵有明显提升，成为中原经济区具有绝对优势的产业。2012 年，区位熵大于 1 的产业主要有非金属矿采选业、农副食品加工业、食品制造业、饮料制造业、纺织业、造纸及纸制品业、医药制造业、塑料制品业、非金属矿物制品业、黑色金属冶炼及压延加工业、有色金属冶炼及压延加工业等。此外，2012 年较 2001 年有色金属矿选业、食品制造业、纺织业、家具制造业、医药制造业、非金属矿选制造业等的区位熵均有所提升；而煤炭开采和洗选业、石油和天然气开采业、黑色金属矿采选业、农副食品加工业等近年来发展速度放缓，在全国的地位和竞争力有所下降；其他行业与全国平均水平相比，均不具备竞争优势。整体看来，中原经济区的优势产业均带有明显的基础原材料特征，产业层次较低，未来面临的转型压力较大。从各个城市优势行业来看，优势行业主要集中在煤炭开采和洗选业、农副食品加工业、木材加工业、医药制造、非金属矿物制品业、黑色金属冶炼及压延加工业、有色金属冶炼及压延加工业等。其中，以煤炭开采业和洗选业为优势行业的城市有 8 个，分别是平顶山、许昌、淮北、阜阳、邯郸、晋城、鹤壁和商丘。此外，晋城、濮阳和南阳在石油和天然气开采业等方面具有优势。以金属采矿业为优势产业的城市主要有邯郸、邢台、洛阳、三门峡、南阳和信阳，而以金属冶炼业为优势产业的城市主要有郑州、洛阳、平顶山、许昌、邢台和邯郸。其中邢台和邯郸以黑色金属矿采选业和黑色金属冶炼业为优势产业，而洛阳以有色金属矿采

表 1-10 长江中下游城市群产业竞争力态势（以全国为背景）

行业	2001 年		2012 年	
	工业总产值 / 亿元	区位熵	工业总产值 / 亿元	区位熵
煤炭开采和洗选业	34	0.43	261	0.39
黑色金属矿采选业	31	3.11	690	1.29
有色金属矿采选业	11	1.43	333	0.98
非金属矿采选业	31	1.59	399	1.94
农副食品加工业	208	0.95	4 561	1.04
食品制造业	66	0.84	1 176	1.01
饮料制造业	92	0.98	1 021	1.02
纺织业	226	0.81	2 188	0.69
纺织服装、鞋、帽制造业	115	0.9	1 493	0.90
造纸及纸制品业	91	0.98	898	0.74
石油加工、炼焦及核燃料加工业	206	0.87	1 831	0.53
化学原料及化学制品制造业	296	0.94	3 927	0.97
医药制造业	153	1.41	1 364	1.33
化学纤维制造业	27	0.53	147	0.33
橡胶制品业	44	0.96	990	0.74
塑料制品业	96	0.87	825	0.94
非金属矿物制品业	238	1.15	4 042	1.32
黑色金属冶炼及压延加工业	568	1.9	5 474	1.56
有色金属冶炼及压延加工业	217	1.99	5 215	2.39
金属制品业	97	0.74	2 123	0.97
通用设备制造业	143	0.77	2 749	0.92
专用设备制造业	109	0.94	3 687	1.61
交通运输设备制造业	385	1.24	5 845	1.31
电气机械及器材制造业	279	0.98	5 968	1.38
通信设备、计算机及其他	240	0.53	2 660	0.41
仪器仪表及文化、办公用	40	0.73	498	0.82
电力、热力的生产和供应业	267	1.02	3 325	1.26

选业和有色金属冶炼业为优势产业。以医药制造为优势产业的城市主要有新乡、菏泽和亳州市。整体上来看，中原经济区重点城市仍主要以产业链的前端环节为主，产业层次较低。

（二）工业重点行业空间分布格局

根据中部地区 2012 年各地市工业分行业产值数据，选取煤炭、电力、钢铁、有色冶金、石油加工及炼焦、装备制造、纺织、化学、食品、造纸和建材为重点行业。这 11 大重点行业对中部地区工业产值的累计贡献率超过 90%，是区域的重点发展行业（表 1-11）。

1. 煤炭工业

在区域煤炭工业产能方面，中原经济区整体上高于长江中下游城市群地区。中原经济区

表 1-11 中部地区工业重点行业明细及其对应的国民经济行业门类

工业门类	行业大类（国民经济两位数产业）
煤炭工业	煤炭开采和洗选业（06）
电力工业	电力、热力的生产及供应业（44）
钢铁工业	黑色金属矿采选业（08）
	黑色金属冶炼及压延加工业（32）
	金属制品业（34）
有色冶金	有色金属矿采选业（09）
	有色金属冶炼及压延加工业（33）
石油加工及炼焦	石油加工及炼焦、核燃料加工业（25）
装备制造业	通用设备制造业（35）
	专用设备制造业（36）
	交通运输设备制造业（37）
	电气机械及器材制造业（39）
	通信设备、计算机及其他电子设备制造业（40）
	仪器仪表及文化、办公用机械制造业（41）
纺织工业	纺织业（17）
	纺织服装、鞋、帽制造业（18）
化学工业	化学原料及化学制品制造业（26）
	医药制造业（27）
	化学纤维制造业（28）
	橡胶制品业（29）
	塑料制品业（30）
食品工业	农副食品加工业（13）
	食品制造业（14）
	饮料制造业（15）
造纸工业	造纸及纸制品业（22）
建材工业	非金属矿采选业（10）
	非金属矿物制品业（31）

煤炭工业主要分布在长治、晋城、平顶山，其次为邯郸、许昌、郑州、邯郸、淮北和商丘，邢台、鹤壁、三门峡与焦作也有部分产能分布，其他地市规模较小。长江中下游城市群地区煤炭工业主要分布在湖南株洲、长沙、湘潭，湖北黄石及江西九江、上饶、景德镇也有部分产能分布，其他地市规模较小。

2. 电力工业

中原经济区电力工业主要分布在郑州、洛阳，其次为邯郸、聊城、新乡、南阳和平顶山，三门峡、菏泽、淮北、邢台、晋城与长治也有部分产能分布，其他地市规模较小。长江中下游城市群地区电力工业主要分布在武汉、南昌、合肥、长沙四个省会城市，其次为安徽的铜陵、芜湖、马鞍山、宣城四市，鄂州、滁州、六安、安庆、上饶也有部分产能分布，其他地市规模较小。

3. 钢铁工业

中原经济区钢铁工业主要分布在邯郸和安阳，其次为邢台、长治、聊城、焦作、郑州和平顶山，洛阳、南阳、信阳与许昌也有部分产能分布，其他地市规模较小。长江中下游城市群钢铁工业主要分布在湖北武汉，其次为安徽马鞍山，合肥、芜湖、鄂州、黄石、湘潭也有部分产能分布，其他地市规模较小。

4. 有色冶金

中原经济区有色冶金工业主要分布在河南郑州、洛阳、焦作和山东聊城，其次为河南新乡、商丘、南阳和许昌，河南开封和平顶山有部分产能分布，其他地市规模较小。长江中下游城市群有色冶金工业主要分布在安徽铜陵和江西鹰潭，其次为湖北黄石和江西上饶，芜湖、宣城、长沙、株洲有部分产能分布，其他地市规模较小。

5. 石化及炼焦

中原经济区石化及炼焦工业主要分布在河南洛阳和濮阳，其次为长治、邢台、邯郸、菏泽、安阳、南阳、许昌和平顶山，焦作和淮北也有部分产能分布，其他地市规模较小。长江中下游城市群石化及炼焦工业主要分布在湖北武汉和安徽安庆，其次为江西九江和景德镇，湖南长沙也有部分产能分布，其他地市规模较小。

6. 装备制造业

中原经济区装备制造业主要分布在郑州、洛阳和聊城，其次为新乡、安阳、焦作和许昌，邢台、邯郸、菏泽、开封、平顶山、南阳、濮阳、鹤壁也有部分产能分布，其他地市规模较小。长江中下游城市群装备制造业主要分布在武汉、合肥和长沙，其次为南昌、芜湖，株洲、湘潭、滁州也有部分产能分布，其他地市规模较小。

7. 纺织工业

中原经济区纺织工业主要分布在山东聊城、菏泽及河南南阳，其次为邢台、邯郸、郑州、周口、商丘、新乡、开封和许昌，平顶山、焦作、洛阳、驻马店、焦作、安阳和宿州也有部分产能分布，其他地市规模较小。长江中下游城市群纺织工业主要分布在江西南昌和九江，其次为武汉、孝感、黄冈、咸宁、安庆，合肥、六安、芜湖、长沙也有部分产能分布，其他地市规模较小。

8. 化学工业

中原经济区化学工业主要分布在焦作和菏泽，其次为郑州、新乡和聊城，平顶山、洛阳、鹤壁、安阳、周口、三门峡、南阳、驻马店、开封、漯河、邯郸、邢台也有部分产能分布，其他地市规模较小。长江中下游城市群化学工业主要分布在合肥和长沙，其次为武汉、株洲和宣城，安庆、南昌、九江、景德镇、孝感、滁州、芜湖也有部分产能分布，其他地市规模较小。

9. 食品工业

中原经济区食品工业主要分布在聊城和漯河，其次为郑州、濮阳、商丘、周口、信阳、焦作和菏泽，南阳、邢台、邯郸、新乡、许昌、开封、驻马店、安阳、鹤壁和宿州也有部分产能分布，其他地市规模较小。长江中下游城市群食品工业主要分布在武汉、长沙和南昌，其次为合肥、孝感，滁州、六安、宣城、安庆、黄冈、株洲、湘潭也有部分产能分布，其他地市规模较小。

10. 造纸工业

中原经济区造纸工业主要分布在河南郑州、新乡和山东聊城，其次为河南焦作、许昌和漯河，南阳、安阳、濮阳、菏泽和宿州也有部分产能分布，其他地市规模较小。长江中下游城市群造纸工业主要分布在武汉、南昌、长沙和孝感，其次为合肥、马鞍山，安庆、九江也有部分产能分布，其他地市规模较小。

11. 建材工业

中原经济区建材工业主要分布在河南郑州，其次为河南焦作、许昌、南阳、信阳和洛阳，平顶山、驻马店、安阳、三门峡和菏泽也有部分产能分布，其他地市规模较小。长江中下游城市群建材工业主要分布在长沙、株洲，其次为武汉、黄石、黄冈、芜湖、九江，湘潭、孝感、咸宁、南昌、景德镇、滁州和宣城也有部分产能分布，其他地市规模较小。

（三）产业集聚区发展

1. 产业集聚区发展现状

产业集群是一国工业化进行到一定阶段的必然产物，构建一国现代产业体系、现代城镇体系和自主创新体系的重要载体，也是统筹城乡发展、增强区域竞争力的重要来源和集中体现。随着“中原崛起”计划的实施，中部地区的产业集聚区发展倍加引人关注。

“十五”以来，中部地区产业呈现快速发展的势头，在非公有制经济、区域经济快速崛起和传统制造业转型的催生下，中部地区产业集群也呈现快速发展趋势。据统计数据显示，截至 2008 年年底，河南省年产值超亿元的产业集群近 200 个，其中年产值百亿元以上的产业集群就有 10 余个。随着“中原崛起”战略的实施，中部地区也将培育和壮大优势产业集群作为前提和基础，各地的产业集聚区发展因地制宜，呈现了不同的特点。目前，产业园区或产业集聚区已经成为中部地区工业布局的主要载体。

截至 2012 年，长江中下游城市群共有省级及以上工业开发区 188 个，主要布局食品、纺织、装备制造、冶金、化学和建材工业，且基本上沿长江及其干支流分布。

2009 年，河南省政府出台了《关于加快推进产业集聚区科学规划科学发展的指导意见》，规划了 180 个产业集聚区，其周边的山西、河北、山东等地也相继规划建立了产业集聚区。截至 2012 年，中原经济区共有 257 个产业集聚区，其中省部级以上园区 78 个。这些产业集聚区均设置了 2 ～ 3 个主导产业，主要为能源、装备制造、建材、食品加工等。

2. 产业集聚区发展的问题和优势

虽然中部地区产业集聚区发展态势良好，其主导产业也已形成了一批实力雄厚的产业基地和龙头企业，但与长江三角、珠三角等较发达的地区相比，还存在着产业集聚区数量少且规模小、产品附加值低、集聚效应不强、环境有待完善等方面的问题。

但同时，中部地区产业集聚区的发展也有着东南沿海地区产业集聚区发展所不可比拟的优势。首先，中央“促进中部崛起”战略的提出，将是中部地区在“十一五”期间加快发展的最大动力，也必将推动产业集聚区的快速发展。其次，产业基础雄厚。从主导产业的转换过程来看，改革开放以来，中部地区工业内部的结构有所转变，但重工业比重高达 64.9%，轻工业比重仅 35.1%，比全国轻工业所占比重低 4.7 个百分点，以原料工业和燃料动力为重心的重化工业主导型产业结构特征明显。再次，区位优势明显。中部六省中，东部的安徽、江西紧靠长三角的区域中心上海；南部的江西、湖南两省毗邻珠三角和港澳；西部的湖北、河南两省是东部产业向西部转移的桥梁与纽带，也是西气东输、西电东送的必经之路；北部的山西、河南紧靠以京津为中心的环渤海经济圈。同时，中部是全国交通运输体系的枢纽，是中部地区东西向联系的重要运输通道。

四、中部地区社会经济发展与资源环境的矛盾与冲突

（一）经济发展结构性矛盾突出

1. 经济发展基础薄弱，产业结构资源化、重型化

中部地区经济基础整体偏于薄弱。2000—2012 年，长江中下游城市群的 GDP 从 7 607 亿元增长到 46 064 亿元，年均增长率 12.53%，较高于全国平均水平，其在全国的比重也呈现逐步上升趋势。但是，相对于其人口基数而言，该规模依然较小，导致其人均 GDP 长期低于全国平均水平。虽然自 2000 年以来，中原经济区 GDP 呈现缓慢增长趋势，且年均增长率高于全国平均水平，但是，从人均 GDP 水平上，依然低于全国与中部六省的平均水平，且差距逐步拉大。2012 年中原经济区人均 GDP 仅为全国平均水平的 75%。特别是阜阳等地区，人均 GDP 在全国平均水平的一半以下。

同时，中部地区产业结构以第二产业为主体，三次产业结构从2000年的20.8 ∶ 37.0 ∶ 42.2 变为 2012 年的 10.7 ∶ 52.0 ∶ 37.3，二产比重上升，反映了总体上中部地区工业化程度不断上升。长江中下游城市群三次产业结构从 2000 年的 20 ∶ 40 ∶ 40 调整为 2012 年的 9 ∶ 55 ∶ 36。10 余年时间，第一产业、第三产业比重持续下降，而第二产业的比重不断增高。第二产业内部以工业为主体，其中重工业比重明显偏高。2012 年，石油化工、钢铁、农产品加工、有色冶金、煤炭开采与电力、建材等基础原材料工业占比达到 50%。基础能源原材料工业和装备制造业合计占比接近 90%，结构重型化特征突出（图 1-30）。如江西省工业结构中原材料行业比重较高，高耗能产业增加值占规模以上工业的 43%。这种高耗能、高污染的产业结构加重了地区资源消耗与环境污染。在产业层次上，长江中下游四省在全国具有比较优势的产业基本上都是以采掘业和能源原材料工业为主体的基础工业部门，重工业主要以中间产品为主。即便是区域具有优势的采掘业和能源原材料加工业，其产品的加工深度也不够，产品的质量和档次比较低，产品附加值及科技含量较低，高新技术产业比重低。

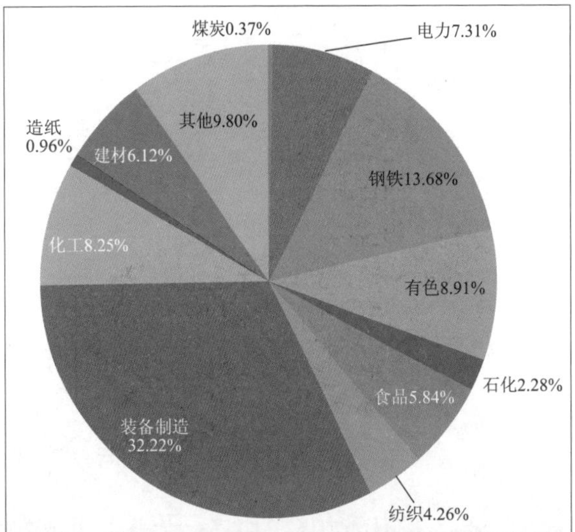

图 1-30　长江中下游城市群工业部门结构

中原经济区产业结构则呈现出原材料产业占据较大比重，对居民收入拉动较小的特征。传统农业依然在国民经济中占有较为重要的地位，第二产业产值虽然占比较大，但主要以初级的原材料与资源

性产品加工为主，高附加值与高技术产业不发达。第三产业产值占比相对较低，现代服务业发展相对不足，由此对居民收入增长拉动较小。与此同时，中原经济区资源性产业比重过大。中原经济区矿产资源丰富、品种繁多，是国家重要的能源原材料基地。区域产业发展的资源依赖性较强，导致地区产业多以资源开发型产业为主。2012 年，中原经济区石油化工、钢铁、农产品加工、有色冶金、煤炭、电力、建材等基础能源原材料工业占比达到 51%，结构资源化特征明显。基础能源原材料工业和装备制造业合计占比 70.48%，结构重型化特征突出。

此外，区内各地市产业结构趋同度高，未形成合理的产业分工。尽管城市群内各市的专业化部门有所差异，但各市之间产业结构相似度偏高，除郑州与开封、开封与济源之间产业结构相似系数较低之外，其他各城市之间的产业结构相似系数均在 0.9 以上，且多数居于 0.95 以上，平顶山与焦作两个资源型城市，其产业结构相似度为 1。

2. 立足于资源开采的产业结构加重了地区资源环境负担，也强化了结构性矛盾

虽然 2000 年以来，地区万元 GDP 能耗、单位产值的废水排放率、单位工业总产值 SO_2 排放率水平都有较大的降低，但是仍高于全国平均水平。武汉城市圈中黄石、鄂州，皖江城市带中的马鞍山作为地区重要的钢铁基地，是地区单位 GDP 能耗较高的地区。江西景德镇，湖北荆州、黄石，安徽滁州是万元工业总产值废水排放量较高的地区，基本上都在 6 t 以上。电力、冶金和建材工业相对集聚的黄石、鄂州、景德镇、池州等地，工业 SO_2 排放强度均在 5 kg/ 万元以上。

而对于中原经济区来说，由于本地主导产业结构是以基于地区矿产资源开发与加工的产业为主，产业发展加重了地区资源环境负担。首先，煤炭加工和高能耗产业加重了地区大气污染。目前，中原经济区大气污染物主要是二氧化硫、氮氧化物和可吸入颗粒物，而且工业生产的排放量占污染物来源的 90% 以上。电力、冶金、建材和化工是工业大气污染物的主要来源。以山西晋城为例，这四个行业二氧化硫排放量占全市工业排放量的 82.46%、烟尘排放量占全市工业排放量的 71.25%；电力、建材和化工这三个行业氮氧化物排放量占全市工业排放量的 86.45%。其次，煤炭开采与加工产业对地区水环境造成威胁，尤其是地下水水质污染问题。目前，地下水水质污染是矿业城市焦作市突出的环境地质问题，过量开采还形成了 4 个面积在 7 ～ 32 km^2 的漏斗，漏斗中心最大水位埋深 101.48 m。此外，煤炭开采还导致地表生态环境的破坏。如平顶山煤田采煤区塌陷面积 134.86 km^2，城镇和农村受损居民住户 27 835 户，人口 98 169 人，住宅受损建筑面积 224.11 万 m^2。其中，破坏程度达到 D 级的建筑面积 44.99 万 m^2。焦作矿区较大的塌陷坑 17 个，严重塌陷面积 80.13 km^2，采空塌陷不仅造成数千亩耕地和水利设施破坏，还使当地村庄房屋受损，危及当地居民的生命财产安全。平原城市地面沉降较严重的有开封、洛阳、许昌、新乡、濮阳等城市，如果不进行控制治理，将严重影响人民的生命财产安全。

（二）产业布局性矛盾显现

1. 重点行业布局分散，污染控制难度大

中部地区范围内，基本上表现为省会城市是地区工业的核心，四个城市累计占长江中下游城市群工业总量的 37.4%。其中武汉市一枝独秀，占区域工业比重高达 15.2%。芜湖、株

洲、湘潭等地市工业发展相对较好，2012 年工业总产值为 2 000 亿元左右，其他地市工业规模普遍较小，2012 年工业总产值仅为 1 000 亿元左右。在区域工业发展的极化 - 扩散进程方面，向省会城市极化特征仍占主导，区域中心城市的辐射扩散效应尚未显现。

在具体产业分布上，中部地区的石化、煤炭、装备制造、钢铁、有色冶金偏向于极化分布，主要分布在资源富集地区与中心城市；而食品、造纸、建材、纺织、化工等产业分布较为分散，对生态环境造成较大压力。

2. 园区多沿河流布局，流域安全面临严峻挑战

虽然目前产业园区已经成为地区工业布局的主要载体。但是目前园区存在土地利用效率不高、产业层次低、未形成集聚优势等问题，石化、煤炭、装备制造、钢铁、有色冶金偏向于极化分布，主要分布在资源富集地区与中心城市；而食品、造纸、建材、纺织、化工等产业分布较为分散，在长江中下游区域呈现高风险的园区沿江集聚分布，极大地增加了江湖的环境风险。

特别地，长江中下游是我国十大石化基地之一，主要包括湖北武汉和荆门、湖南岳阳、江西九江、安徽安庆等 5 个地市，拥有 8 家炼厂，其中石化 7 家，地炼 1 家。该基地炼厂都投产于 20 世纪 70 年代，经过扩能改建后，拥有 4 家 500 万 t 以上炼厂，炼油能力 3 000 万 t 左右，乙烯产能 125 万 t 左右。基地内原油产量较低，仅有江汉油田，但基地紧邻“黄金水道”长江，便利的内河航运，加上长三角的大规模原油码头，基本保障了区域原油供给。长江中下游城市群地区是我国化工产业最密集的地区之一，沿江布局了大量的化工园区。这些产业的高度密集对长江水域环境形成威胁。从长江沿江而下，依次布局有岳阳云溪化工园区、荆州开发区化工园区、武汉化工新区、潜江化学工业园、黄冈化工产业园、鄂州葛店经济技术开发区精细化工产业园、九江石化工业园、安庆石化工业园、合肥煤化工产业基地等（表 1-12）。

表 1-12　长江中下游城市群沿江化工园区概况

园区名称	主要发展产业
岳阳云溪化工园区	精细化工，形成了催化新材料、高分子聚合物、生物医药化工、环保溶剂等四大精细化工产业链
荆州开发区化工园区	重点发展农用化工、盐化工、日用化工、石油化工、精细化工等
武汉化工新区	以乙烯及下游化工产业为主体，形成以塑料、工程材料、有机原料、化纤聚酯和精细化工产品等为基础的炼化一体化产业基地。建成中部地区石油化工产品最大的生产基地，中部地区最大的石油化工产品供应中心和长江中游重要的物流基地
潜江化学工业园	以盐化工、煤化工和石油化工为基础，加快产业之间和交互发展，延伸产品链，突出发展精细化工产品
黄冈化工产业园	以医药化工、精细化工、有机硅、有机氟为主，重点做好承接武汉和沿海地区化工产业转移工作，打造百亿化工产业园，建成湖北具竞争力的专业化工园区
鄂州葛店经济技术开发区精细化工产业园	重点发展医药中间体、化工新材料、催化剂和水处理品剂等，建设湖北省重要的精细化工生产基地
九江石化工业园	石油炼化，原油综合加工能力由 500 万 t 提升到 1 000 万 t
安庆石化工业园	800 万 t 炼化石化，农用化工
合肥煤化工产业基地	煤化工、精细化工、材料化工，煤基系列产品及其深加工醋酸系列、丙烯酸系列和乙二醇系列等产品

（三）传统城镇化与粮食安全的冲突

1. 地区城市化基础薄弱，城市化处于低水平的规模扩张阶段

与东部沿海地区的城镇化道路相比，长江中下游城市群的城镇化依然处于初级粗放型扩张阶段，是一种基于低经济规模基础上的低效率城市化道路（图 1-31）。

第一，整体看中部地区经济发展水平对城镇化拉动有限。从城镇化所依托的经济基础而言，长江中下游城市群人口基数大、经济规模低，本地经济发展对农村剩余劳动力吸纳能力有限，导致当地农村剩余劳动力大量外流。根据第六次人口普查数据，2010 年长江中下游城市群所在四省外出打工人口 4 588 万人，占到四省总人口的 16.59%。同时，也导致该地区的城镇化模式呈现除少数省会城市和工业型城市外，大多数城市人口基数大、城镇化率进程缓慢的特征。大多数城市在 2000—2010 年城镇化率增加幅度低于 15%，但人口规模却多在 300 万人以上（图 1-32）。相比之下，中原经济区城市化的经济基础相对更薄弱，虽然自 2000—2012 年中原经济区的 GDP 年均增长率高于全国平均水平，但仍然低于东部沿海和长江中下游城市群地区。而且，相对于其人口在全国的比重而言，其经济比重依然较低。2000—2012 年，中原经济区人口总量从 1.59 亿人增长到 1.78 亿人，其在全国人口总量中的比重从 12.6% 增长到 13.2%，而其经济总量在全国的比重仅从 7.8% 增长到 8.8%。由此可知，中原经济区的人均 GDP 也长期低于全国平均水平。2012 年，中原经济区人均 GDP 只有 28 748 元，是全国平均水平的 83%。因而导致中原经济区大部分城市的城市化是在巨大人口基数上的快速城市化过程（图 1-33）。

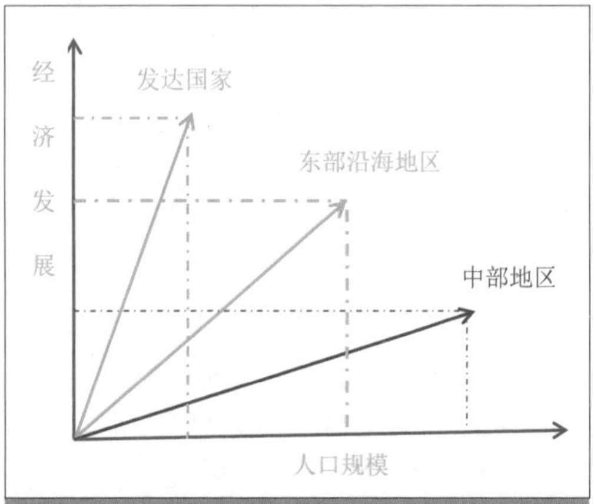

图 1-31 中部地区城市化路径

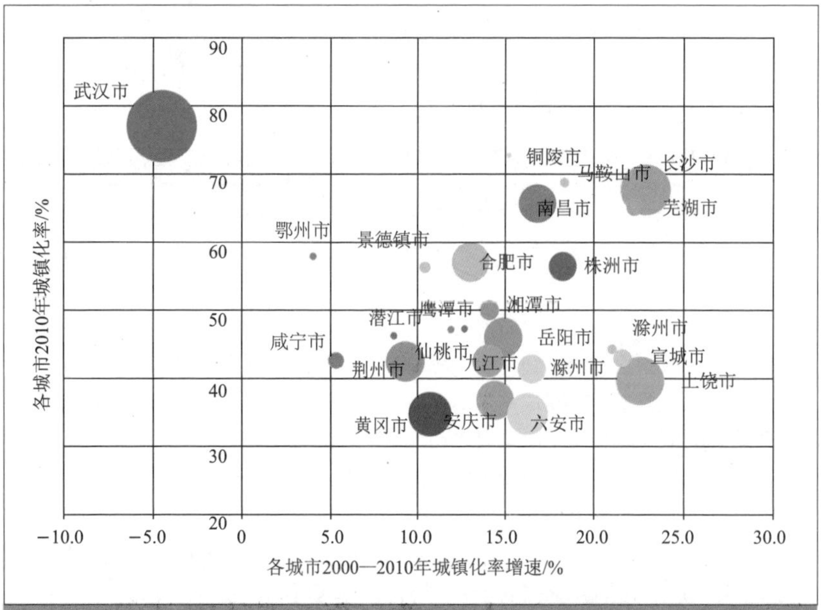

图 1-32 长江中下游城市群各城市城镇化率与增速变化

第二，地区产业发展对城镇化的拉动有限。长期以来，长江中下游城市群的产业结构一直呈现“二、三、一”的结构形态，第二产业在产业结构中占据绝对主导地位，比重长期在 50% 左右。而且，在第二产业中，石化、装备机械制造、船舶制造、有色冶金、纺织、电子

信息、能源等产业是地区主导产业。因此，导致该地区的经济发展对非农就业的吸纳能力非常有限。2012 年长江中下游城市群城镇化率与工业化率的比值为 0.78，显著低于全国 1.28 的平均水平。中原经济区的非农产业主要以能源原材料产品的开采与加工为主，对非农劳动力的吸纳能力有限，导致该地区的城镇化率水平较低。长期以来，中原经济区的产业结构一直呈现“二、三、一”的结构形态，第二产业在产业结构中占据绝对主导地位，2011 年比重高达 57%；第三产业尤其不发达，2011 年比重仅为 30%，大大低于全国平均水平和中部六省平均水平。而且，在第二产业中，煤炭开采与加工、电力、煤化工、建材、冶金等能源原材料产业是地区主导产业。因此，导致该地区的经济发展对非农就业的吸纳能力非常有限。2012 年中原经济区城镇化率与工业化率的比值为 0.78，显著低于全国 1.28 的平均水平。

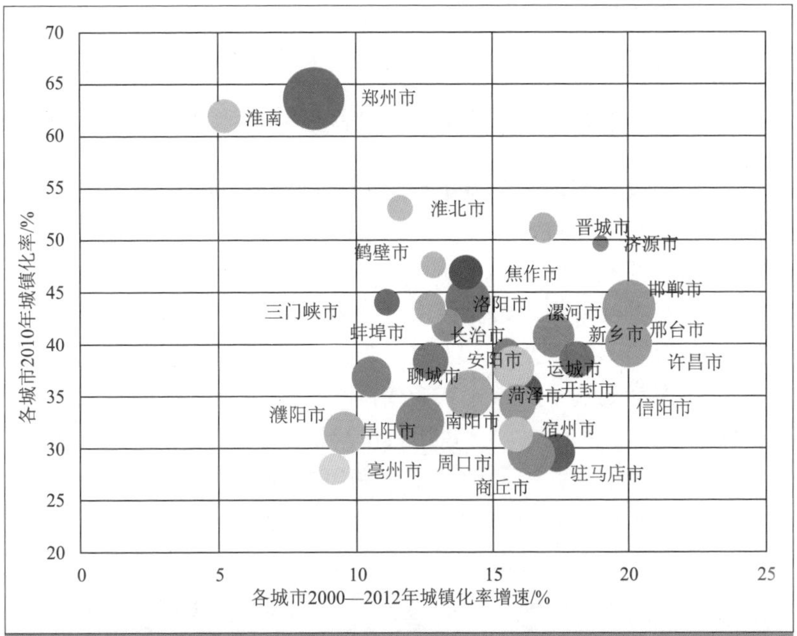

图 1-33　2000—2012 年中原经济区城市化变化过程

此外，中部地区的粗放式城市化还将延续。在国家城镇化政策利益的驱动下，地区对于增大城镇化率、扩大城市规模的热情不减。许多城市都规划了新城，或者打着“经济开发区、产业园区”的旗号，利用产城融合的噱头，促进城市扩张。如黄石市就规划了环大冶湖的黄石经济技术开发区，面积达 480 km^2；安徽省的“十二五”城市化发展目标里还将本省城市建成区面积扩大。这些将继续加重现有城市化对地区资源环境的压力。

第三，中部地区的城镇体系结构也是城市化水平发展的一个制约因素。特别是对中原经济区而言，其城镇体系结构不同于东部沿海与中部其他地区，是一种城镇相对发达的城镇体系。中原经济区核心城市的中心带动作用不强。如河南省 38 个城市中，大城市只有 9 个，占 24%；中小城市 29 个，占 76%。核心城市郑州的规模偏小、综合竞争力不强，辐射带动作用不明确。主要城市之间的联系也不紧密，尚未形成城镇群。中原城市群城市流强度值仅为珠三角城市群城市流强度值的 23%，郑州和洛阳城市流强度仅为广州和深圳的 15% 和 12%。表明中原城市群区域内城市化尚处于独立城镇膨胀阶段，部分城市之间如郑州与开封进入城镇空间蔓生阶段，距离城镇连绵带的形成还有很大距离。因此，中原经济区的城镇化发展将不同于我国东部沿海地区和长江中下游地区，其城镇化的目标不是要继续做大大城市，单纯地提高城镇化水平，而是要走多元化的城镇化道路。即大中小城市与小城镇协调共进，共同肩负起承载城镇化人口转移的重任，形成合理有序的城镇体系规模序列结构；允许不同区域的城镇化模式存在差异，充分发挥各地优势，有条件的地区可以推行本土城镇化；要把握城镇化的速度和节奏，积极引导农村剩余劳动力向城镇地区合理有序流动或就地转化。要重视城镇化的内涵发展，即注重提高居民的生活水平、生活方式、健康保障、基础设施等公共服务设施的城镇化，将地区城镇化水平与地区经济社会发展水平、城镇吸纳人口能力、本土转化人口能力相适应，防止出现超越承载能力的“过速、过度和虚假城镇化”。

2. 城市化、工业化的空间低效利用导致耕地面积丧失，直接威胁粮食安全

中部地区各城市群建立在城市空间规模扩张基础上的城市化占用了大量耕地，威胁到粮食安全。如长江中下游城市群地处长江中游平原，涵盖“一江三湖”（长江、洞庭湖、鄱阳湖、巢湖），是国家重要的粮食主产区和生态功能区，在国家粮食安全和生态安全战略部署中担负着重要使命。中原经济区也是国家重要的粮食生产基地。但是，近几年来，在国家城镇化政策的驱动以及地方土地财政的驱动下，中部地区许多城市都在进行“造城运动”。几乎每个城市都规划了新城，或者借助建设经济开发区的形式，以产城融合的方式，促进城市建成区的大幅度扩张，由此占用大量耕地，从而对粮食安全形成威胁。

第一，中部地区土地利用效率较低，城镇空间扩张快于人口产业扩张。根据统计分析，2000—2010 年长江中下游城市群建成区面积扩大了 2.5 倍，而人口规模仅扩大了 1.48 倍；相比较而言，城市空间规模扩张要快于人口规模增长。而同时，城市空间利用效率也较低。随着城市空间的扩张以及大量工业园区的建设，许多农业用地、居民房屋被征用拆迁。但是在城市土地利用上，存在土地利用效率低、经济产出低、新城空心化等问题。比如，新城的空心化问题：近几年在房地产高效益与高房价的驱动下，许多城市新城建设了大量的新商品房，但是房屋的入住率很低，房屋空置率高，形成了新的空心城。

第二，部分园区的土地利用效率较低（表 1-13）。为了促进地区经济的集聚发展，长江中游城市群和中原经济区都实施了产业集聚区发展战略，部署规划了大量的产业集聚区或工业园区。这些园区本是促进区域产业集聚发展的重要载体，也的确吸引了一批企业集聚，但是在空间利用、产业层次、服务配套等方面仍存在一系列问题。首先，产业集聚区内的产业结构不尽合理，集群效应尚未形成。一些集聚区选择的主导产业过多过宽，招商引资针对性不强，项目建设和产业发展存在“散、乱”现象，没有形成专业化分工和上下游合作关系，产业链条发展不够完善；一些集聚区在龙头企业引进上还没有取得突破，缺乏对集群发展的引领效应；一些产业集聚区的主导产品还集中在产业链的前端和价值链的低端，高科技产品数量比重小，产业素质不高，研发平台、研发团队薄弱，集群发展的创新驱动能力不足。此外，园区规划面积过大，成为城市扩张的主要载体。通过对长江中下游城市群、中原经济区国家级经济技术开发区的面积及其面积的经济产出与东部沿海地区国家级经济技术开发区进行比较，2012 年长江中下游城市群国家级经济技术开发区的平均面积是 89 km²，显著高于东部沿海地区；而单位面积的 GDP 产值仅为 3.33 亿元，仅为东部沿海平均水平的约 1/3；单位面积的工业增加值为 2.55 亿元，约为东部沿海开发区平均水平的 42%。部分产业集聚区仍沿袭以往粗放型发展的老路，不计资源环境成本追求短期利益的现象还比较突出。入驻项目存在未严格执行投资强度、容积率、建筑密度等用地标准，以单层厂房取代多层标准厂房，分期建设项目后续工期迟

表 1-13　中部地区经济开发区单位土地利用效率与沿海地区比较

地区	平均面积 / km^2	单位面积 GDP 产值 /（亿元 / km^2）	单位面积工业增加值 /（亿元 / km^2）
东部沿海	74.5	9.25	6.13
中部地区	71.6	4.01	3.02
西部地区	70.11	2.81	1.62
长江中下游	88.9	3.33	2.55
中原经济区	30.11	5.40	2.85

数据来源：中国开发区年鉴 2012。

迟不动工等问题，集中治污、清洁生产、可持续发展的理念没有得到真正贯彻。

此外，城市建成区的扩张是建立在对城市周边大量农用耕地占用基础之上的。据统计，2000—2010年，长江中下游城市群耕地面积减少480 km。对农田的大量占用，不仅改变了当地的自然生态环境，也对作为国家粮棉油生产基地的长江中下游城市群的耕地总量保护以及国家的粮食安全形成威胁。中原经济区是我国重要的粮食主产区和生态功能区，在国家粮食安全和生态安全战略部署中担负着重要使命。但是，中原经济区快速的工业化和城市化进程导致大量的耕地被占用而转化为建设用地。据统计，2000—2010年中原经济区农田面积减少4 230 km^2，其中95.88%转化为城镇用地。且这些耕地主要集中在水土条件较好的黄淮海平原地区。对农田的大量占用，不仅改变了当地的自然生态环境，也对作为国家粮棉油生产基地的中原经济区的耕地总量保护形成威胁，严重冲击了中原经济区对国家粮食安全的保障能力。

（四）“三化”发展与三大安全的矛盾

1. 工业化与城市扩展的资源环境问题突出，特别是流域生态安全胁迫严重

中部地区社会经济发展伴随水资源消耗总量的增长，资源型、水质型复合缺水交织叠加，流域生态安全受到严重胁迫。中原经济区以全国2.3%的水资源量承载了全国1/8的人口，承担了全国1/6的粮食生产任务。2012年中原经济区水资源开发利用率达64.9%，海河、淮河流域大部分地区的水资源开发利用率在50%～100%，相当部分地区水资源开发利用率超过100%，水资源短缺问题十分突出，并已成为粮食生产安全的重要制约因素。然而其内部许多城市不同程度地存在城市地表水体及地下水污染、区域地下水位下降等问题，部分城市存在原生水质不良、地下水资源衰竭、生态平衡破坏等问题。如郑州市2010年环境质量公报显示，郑州附近地表水河流水质为中度污染，主要污染物为氨氮、五日生化需氧量和高锰酸盐；其中Ⅰ～Ⅲ类水质河段占30.3%，Ⅳ类水质河段占6.9%，Ⅴ类水质河段占0.6%，劣Ⅴ类水质河段占62.2%。水环境质量总体上也不容乐观。

长江中下游城市群呈现水质型缺水状况，武汉城市圈的水资源开发利用率超过50%，超出水资源开发利用安全警戒线。农业用水占长江中下游城市群总用水量的54%；工业用水量占全国总工业用水的14.2%，高于其工业增加值占比（8.5%），用水效率偏低。同时，工业和城市发展导致水污染严重。在长江中下游城市群区域，洞庭湖流域长沙市湘江、浏阳河、捞刀河、靳江河、湘潭市湘江支流涟水，武汉市约1/4河流，荆州市豉湖渠、便河、西干渠，仙桃市通顺河等河流水质均为中度到重度污染。巢湖、鄱阳湖、洞庭湖和武汉城市内湖等富营养化问题突出。巢湖水质总体为Ⅴ类，属中偏重度富营养状态；鄱阳湖水质由Ⅴ类变为Ⅳ类，中营养状态；洞庭湖水质总体为Ⅳ类，中营养状态；武汉市城市内湖水质污染严重，呈富营养化。

2. 传统农业生产方式对粮食安全与流域安全形成威胁

中部地区平原面积广阔，区域气候、土地、水资源等条件较优越，适宜发展农业生产，是我国重要的粮、棉、油主产区之一。特别是其中的长江中下游城市群，其涵盖了洞庭湖平原、江汉平原、鄱阳湖以及长江各支流的河谷平原，是我国著名的鱼米之乡和重要的商品粮油基

地。中部地区是全国重要的产粮区和粮食输出区域，也是国家未来粮食增产的主要区域，粮食生产安全面临稳定耕地面积与提升耕地质量的双重压力。但是，近年来中部地区快速城镇化、工业化发展的用地需求处于增长阶段，耕地后备资源不足，稳定耕地数量压力不断增加；同时，由于对农产品产量的过度重视，农民过度依赖农药和化肥来保障粮食产量，造成食品安全和区域性的环境问题突出，化肥和农药过度施用、农业废弃物累积、污水灌溉、涉重产业园区和工矿企业周边的土壤重金属污染使耕地质量面临威胁。此外，农业比较效益低，地方政府财力不强，城镇化水平相对落后，基础设施建设成本偏高，基础设施建设历史欠账多，导致农业农田基础设施投资建设不足。

第一，近年来评价区耕地面积萎缩迅速。评价区农田生态系统总面积 29.4 万 km^2，占评价区面积的 54.0%，主要分布在海拔较低的平原区域，农田类型地域差异明显，淮河以北地区以旱地为主，淮河以南则以水田为主。近年来，中部地区农田面积萎缩，2000 年以来农田面积累积减少达 9 132.4 km^2，约占全国农田减少总面积的 21.5%。郑州、武汉、合肥、长沙、南昌等省会城市周边及冀南、皖东部分地区农田面积萎缩较为突出。城镇用地扩张是农田面积萎缩的主要因素。遥感监测显示，2000—2010 年，中原经济区城镇面积由 3.2 万 km^2 增至 3.7 万 km^2，增加 4 300 km^2，增幅达 13.4%；长江中下游城市群城镇面积由 1.1 万 km^2 增至 1.6 万 km^2，增加 4 900 km^2，增幅达 43.4%。评价区 2010 年建设用地强度指数最大值为 0.6，在 2000 年基础上增加 28.3%。评价区城市扩张占用的生态系统类型中最多的是农田，其次是森林与湿地（图 1-34）。近 10 年来，农田转化为城镇建设用地面积达 8 523.6 km^2，占农田转为其他用地类型总面积的 68.8%。

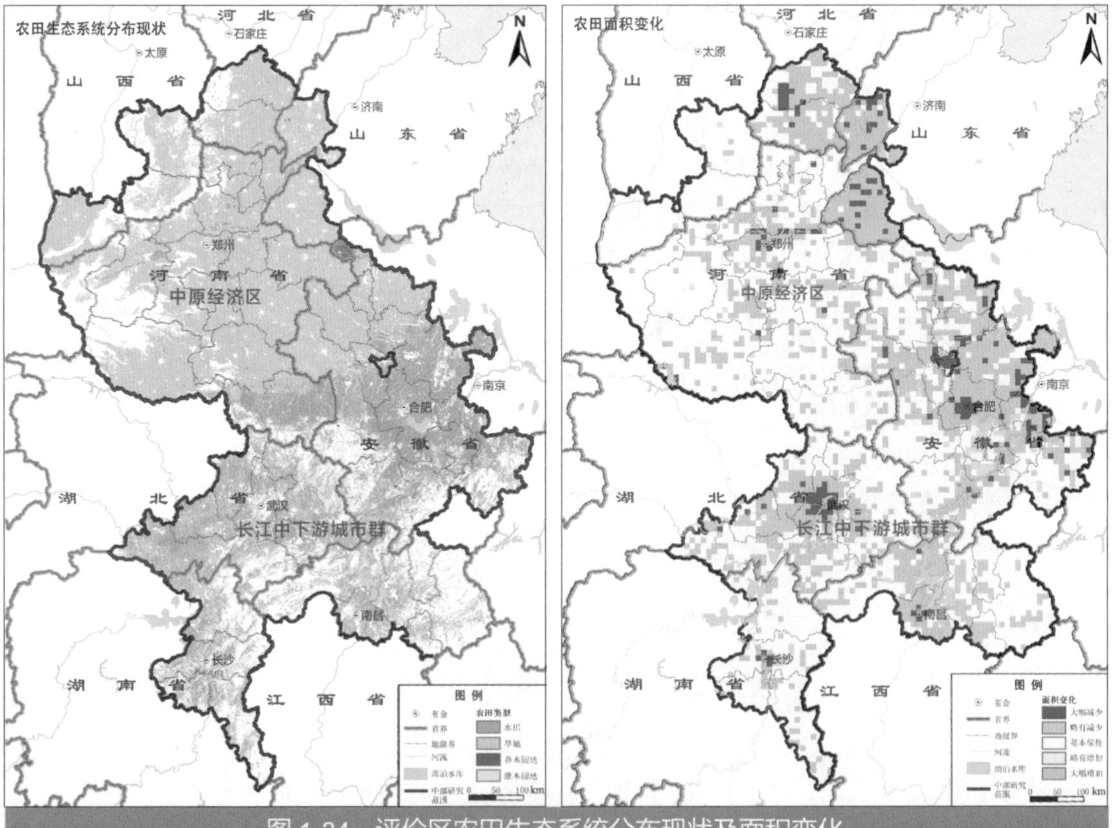

图 1-34　评价区农田生态系统分布现状及面积变化

第二，农田化肥农药施用量大，加重土地和流域污染。我国是世界上化肥施用强度最高的国家，其拥有地球上 7% 的耕地，但化肥和农药的施用量却占全球总量的 35%。国际公认的化肥施用安全上限是 225 kg/hm^2，但目前我国农用化肥单位面积平均施用量达到 434.3 kg/hm^2，是安全上限的 1.93 倍，且单位耕地的化肥施用量还在呈现增加趋势。20 世纪 50 年代，我国 1 hm^2 土地施用化肥 8 斤多，现在是 868 斤，以百倍速度增加。而河南省的化肥施用量要高于全国平均水平。2012 年，河南化肥施用量（折纯）684.4 万 t，居全国首位。平均施用量为 479.89 kg/hm^2，是全国化肥平均水平的 1.34 倍。而且，近 10 年，河南年化肥施用量年均递增 3%，目前仍处于上升趋势。化肥有效利用率低，氮肥当季利用率为 30% ～ 40%，磷肥为 10% ～ 20%，钾肥为 35% ～ 50%。加之表施多于深施，造成肥料的有效利用率低，肥料养分流失严重，大量未被利用的化肥通过径流、淋溶、硝化与反硝化等方式污染了地表水、空气等生态环境。

第三，土壤污染问题日益突出。农用化学品的过度施用和不合理使用，以及由缺水和水污染引发的污水灌溉，使得土壤持久性有机污染和重金属污染问题日益突出，成为影响土地质量的关键性问题，对保障粮食生产安全构成潜在威胁。化肥农药的施用量呈上升趋势。评价区内黄淮海平原区的化肥施用量高于周边地区，2010 年中原经济区平均化肥施用强度为 805.7 kg/hm^2（折纯量，以下均为折纯量），长江中下游城市群地区平均化肥施用强度为 767.6 kg/hm^2，化肥施用强度约为全国平均水平（434.3 kg/hm^2）的 2 倍左右。评价区重金属污染问题突出，污染地区主要在金属矿区和冶金产业集聚区。湖北、湖南、江西、河南被列入全国《重金属污染综合防治“十二五”规划》的重点治理省份。近年来，由于工业污染物排放，部分区域土壤重金属污染增加，农田污染加重趋势明显，污染事件频发。湖南、江西是我国有色金属资源大省，钢铁、有色等冶金行业是这一区域的重要产业，生产过程中产生大量重金属颗粒物，通过大气传输等方式在周边地区沉降，导致工业区周边地区土壤重金属含量升高，农田重金属污染问题较为突出，已造成了严重的生态、经济后果。

第四，部分地区农业畜禽污染严重。中部地区也是我国重要的畜禽养殖区。随着畜禽养殖业的发展，畜禽粪便产生量也不断增加，养殖业带来的生态环境问题日益突出。河南是畜产品生产大省，2013 年河南畜牧业增加值为 1 233.46 亿元，占河南农业增加值的 33%。畜禽粪便产生量为 1.70 亿 t，尿液排放量为 1.02 亿 t，是工业和生活污水量的 4%；COD 排放量 106.99 万 t、氨氮排放量 10.48 万 t，分别是工业、生活排放量的 1.5 倍和 1.2 倍。目前，河南禽畜粪便利用率为 82% 左右，污水利用率不足 45%。绝大部分养殖场的废水未经处理，直接排入地表水体，污染水体，导致河南养殖废水污染问题突出。江西省鹰潭市每年产生畜禽类粪便 350 万 t，废水及尿液 800 万 t，但只有 65% 的畜禽粪便得到收集，有 35% 的养殖场的畜禽粪尿被直接排放或被水产养殖户投入水体。

第五，作为全国主要的粮食生产基地，中原经济区也是全国秸秆产量最多的地区之一。如河南省农业厅 2010 年统计数字显示，当年全省共产生各类秸秆 8 537.62 万 t。其中小麦和玉米秸秆分别占总量的 44.7% 和 25.9%，麦秸秆几乎占据了“半壁江山”。但是，该地区的秸秆综合利用率较低，不足 80%。每年夏收时，大量的秸秆没有得到利用而被焚烧，对整个区域大气环境形成威胁。

因此，在满足国家粮食安全的前提目标下，中部地区必须进行农业发展模式的改革，鼓励发展精耕细作农业，加大人力资源的投入以提高耕地的自然产出效率；同时发展精准农业，实现农业投入的定量化和精确化，减少农业污染，提高资源利用效率。

3. 重型化、资源化的产业发展对地区大气和人居环境造成威胁

中部地区人口总量大、密度高，城市群及城镇人居环境安全保障功能突出，大气污染和饮用水安全成为公众关注的突出问题。传统煤烟型污染与以细颗粒物和臭氧为特征的大气复合污染并存，城市密集地区大气灰霾突出，对人居环境造成威胁。

中原经济区各主要城市的主导产业主要为基于煤炭的煤炭开采、煤电、煤化工，以及高载能的冶金、建材等产业。这些产业发展导致的直接后果是区域煤烟型大气污染严重。2013年郑州、邢台、邯郸就被列入全国十大空气质量最差的城市①。

长江中下游许多城市是全国重要的老工业基地，城市工业发展较早，许多老工业企业距离城区较近，城市居民区与工业区混杂，城市环境恶劣。尤其是一些具有污染性的化工和钢铁企业，对城市大气环境和水环境造成影响。如《2011 年武汉市环境状况公报》表明，武汉市地下水水质综合评价结果为：全新统孔隙承压水质量枯水期分极差、较差两级，以极差为主（82.4%）；丰水期分优良、较差、极差三级，以极差为主（81.2%）。上更新统孔隙承压水质量枯水期分优良、良好、较差三级，以较差为主（60.0%）；丰水期分优良、良好、较差、极差四级，以优良为主（63.6%）。碳酸盐岩类裂隙岩溶水质量枯水期分优良、良好、较差三级，以较差为主（50.0%）；丰水期分优良、较差两级，以优良为主（75.0%）。影响地下水水质的主要组分为总硬度、亚硝酸盐、铁、氨氮、锰、砷。此外，由于长江中下游城市群的主导产业主要为石化、钢铁、装备制造、有色金属、能源等，且随着城市扩张带来的城市人口增多，城市机动车数量的增加，许多大城市大气污染严重。如安庆市是全国重要的老化工基地，厂城一体，安庆化学工业区距离安庆市主城区较近，安庆石化及下游企业排放的大气污染物对城市居民有较大影响；随着城市日益扩张，荆州有些农药化工企业基本就处在城市内，每日企业排放的废气对城市环境造成影响。

4. 有色金属开采与冶炼对地区土壤和水环境造成威胁

长江中下游城市群矿产资源丰富，黄石、铜陵、马鞍山、安庆等地区拥有较丰富的金属矿产资源，并形成了以黄石、铜陵、鄂州等地区为主的有色金属开采与冶炼基地。有色金属的开采与冶炼对地表生态环境造成了破坏，并造成了流域性的重金属污染。如安庆市是长江中下游重要的铜矿城市，矿点多，分布广，种类较齐全。矿山开采的同时也带来了严重的环境问题，尤其是众多的小矿山企业和个体采矿，不仅缺乏资源的保护意识，也缺乏环境保护意识，加上技术和装备落后，对环境造成严重的破坏和污染。江西、安徽、湖南等省已经成为全国重金属污染最严重地区。如 1981—2000 年湘江的水质监测数据表明，湘江总体水质自 20 世纪 90 年代开始呈恶化趋势，主要污染源为工业污染和生活污水污染，工业污染中重金属污染明显，株洲、湘潭和长沙河段污染最为严重。“十五”规划实施以来，湖南的汞、镉、铬、铅排放量位居全国首位；砷（砒霜）名列甘肃之后居第二位；二氧化硫和化学需氧量（COD）的排放量居全国前列。在湘江枯水期的 5 个月，“长株潭”河段镉浓度严重超标。统计数据显示，湖南全省受到“矿毒”及重金属污染的土地面积达 28 000 hm^2，占全省总面积的 13%。湖南 14 个市、州中，有 8 个处在湘江流域，超过 4 000 万人的生产、生活用水受到污染。

① 2013 年中国空气质量最差十大城市 . http://www.tianqi.com/news/19742.html。

五、中部地区经济社会发展调控方案

近10年来，随着国家中部崛起等战略的提出，中部地区经济取得了快速发展。本书根据国际和国内经济增长环境与格局、地区发展的趋势、国家的相关产业政策和环境管制政策，对地区社会经济发展进行合理的判断，中部地区未来经济总量、人口数量、城镇化水平将会继续增加。但是以资源型、重工业为主的产业结构和快速的城镇化进程导致地区人地关系、用水关系较为紧张，流域性水环境、城市群大气环境污染形势较为严峻，持续改善环境质量的任务艰巨。随着中部崛起战略的深入实施，面对社会经济发展与资源生态环境的双重压力，处理好城市群发展规模与地区资源环境安全保障、地区产业发展与生态环境安全之间的矛盾是实现中部地区可持续发展的必然要求。

当前，转变经济增长方式、发展生态文明成为“十三五”时期区域发展的重点。随着十八届三中全会提出生态文明以来，各省都在通过调整经济发展模式、实施主体功能区战略、加强生态环境治理和保护等措施来积极落实。与此同时，随着地区大气和水环境问题日益突出，转变经济增长方式，提高经济发展效率，建设资源环境友好的生态文明发展方式将成为地区发展的主导思想。为此，迫切需要从推进农业现代化、新型工业化以及新型城镇化等方面入手，综合考虑各地资源禀赋、产业基础、区位优势和市场条件，采取科学措施，实施有力调控。

（一）构建新型发展模式

加快转变社会经济发展模式，建设资源节约型、环境友好型社会，推动经济结构战略性调整，加快转变农业发展方式，积极探索新型城镇化道路，强化工业结构调整及空间布局管制，走出一条不以牺牲农业和粮食、生态和环境为代价的“三化”协调科学发展的新路子（图1-35）。

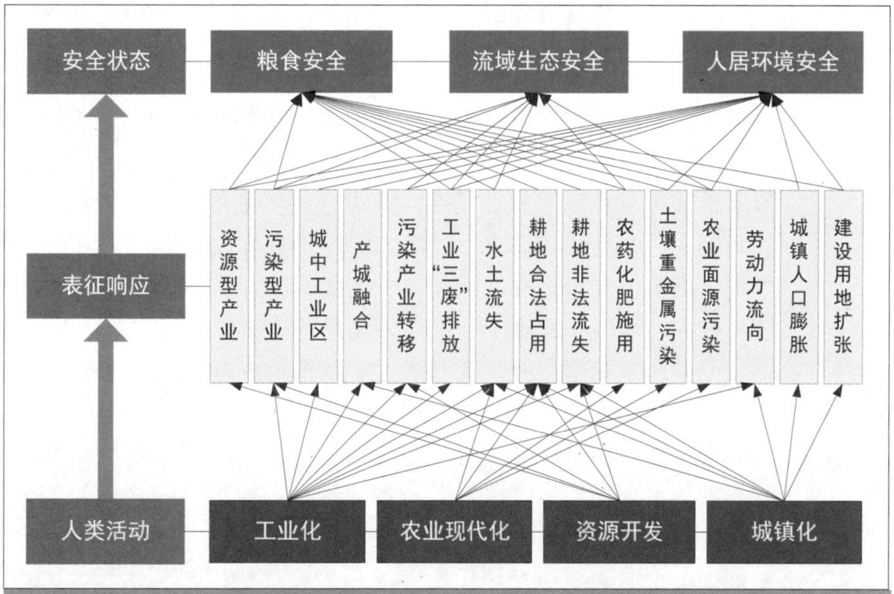

图1-35　人类活动对三大安全的胁迫传导机制

1. 构建“三化”融合发展新局面

依托中部地区的资源禀赋、区位条件和发展基础，深入挖掘农业现代、工业化和城镇化发展动力，提高农业生产效率，推进农业富余劳动力转移，为工业化和城镇化提供劳动力及人口支撑，提高工业化与城镇化的用地效率，缓解工业及城镇发展与农业争地问题（图 1-36）。

挖潜培育粮食核心主产区农业现代化发展动力。通过农业现代化与信息化的融合，改变传统农业生产经营方式，着力农业结构调整和布局优化提升农业比较优势和经济效益。

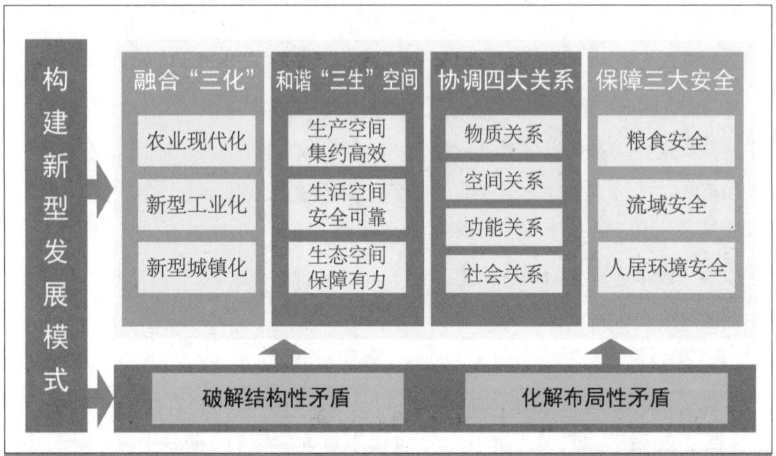

图 1-36 新型发展模式内涵

挖潜培育传统工业化地区新型工业化发展动力。一是依托制造业升级培育发展动力，通过推进传统工业部门调整改造和装备制造等新型高端产业的培育，促进制造业结构优化，提升工业经济竞争力；二是依托发展环保型产业培育发展动力，立足国家及区域生态环境保护需求，加快发展环保装备和设备，探索生态保育产业化，将问题与压力变成机遇，培育新的经济增长点。

挖潜培育新型城镇化发展动力。一是通过城镇人口规模有序增长和城镇化质量的不断提升，重塑城乡关系，进一步提升城乡居民消费能力和消费水平，为发展模式根本转型奠定基础；二是通过商贸、旅游、商务等传统服务业升档进级和社会服务、中介服务、研发服务等新型服务拓展，以优质服务带动行业发展，创造新的就业机会。

2. 农业现代化推进要点

（1）调整农业结构

在保障粮食生产前提下，加快发展特色经济作物，适度扩大养殖规模，提升农业发展效率。一是大力发展油料、棉花产业，推进蔬菜、林果、中药材、花卉、茶叶、食用菌、柞桑蚕、木本粮油等特色高效农业发展，建设全国重要的油料、棉花、果蔬、花卉生产基地和一批优质特色农林产品生产基地。二是加快现代畜牧业发展，重点提高生猪产业竞争力，扩大奶牛、肉牛、肉羊等优势产品的规模，大力发展禽类产品，提高畜禽产品质量，推进畜禽标准化规模养殖场（小区）建设，发展壮大优势畜牧养殖带（区），建设全国优质安全畜禽产品生产基地。三是加大养殖品种改良力度，发展高效生态型水产养殖业。

（2）优化农业布局

支持城市周边地区结合乡村旅游，以城市需求为导向，发展旅游观光农业等特色都市农业。推动粮食核心主产区农业规模化经营，鼓励规模经营机制创新，促进土地合理流转，推动耕地向种粮大户、农机大户、家庭农场和农民专业合作社集中，建设黄淮海平原、南阳盆地、太行山前平原、汾河平原优质专用小麦和优质玉米、水稻、大豆、杂粮产业带。引导区内涉水区域构建农林牧副渔一体化生态农业模式，引导山区构建推广果园山林立体种养殖生态农业模式，加快推进黄河滩区绿色奶业示范带、京广铁路沿线生猪产业带、中原肉牛肉羊产业带、豫北蛋肉鸡和豫南水禽等优势区域开发，实行品牌联动战略，提高农业发展的经济效益和环保水平。

（3）加快发展生态型农业

按照整体、协调、循环、再生的原则，以保护自然资源、改善农业生产条件、提高农业综合生产能力和增加农民收入为目标，因地制宜地推进中原经济区生态农业发展，实现经济、生态和社会效益相统一。推进豫东平原、淮北平原等平原粮食主产区探索发展物质循环利用生态农业，重点发展作物复合型、农 - 林 - 果复合型、多元种植产业链延伸型、废弃物综合利用型、庭院种 - 养 - 加结合型等生态农业模式。推进冀南豫北山地、豫西晋东山地等多山地区探索发展果园山林立体种养生态农业，重点发展林果、林粮、林畜、林药间作的主体农业模式，以及林果 - 禽畜 - 加工相结合的复合生态农业模式，加强与生态旅游、农家采摘、农家乐等休闲娱乐项目的融合发展，使各业之间互相支持，相得益彰，提高综合生产能力。推进黄河、淮河、海河、汾河沿岸地区以及区内湖泊水塘等水域生态系统探索发展农林牧副渔一体化生态农业，重点发展稻田养鱼、稻田养鸭以及稻 - 草 - 猪 - 鸭 - 鱼等多元生态农业模式。推进淮北、豫南、晋东、鲁西等地矿区探索发展生态综合治理型生态农业，在未塌陷区重点发展林草 - 畜牧 - 纸浆等复合生态农业模式，在积水塌陷区，通过挖深垫浅，形成鱼塘和耕地，发展立体养殖，建设塌陷区湿地地质公园，发展旅游经济，在生态修复的同时力求达到最佳综合效益。

（4）探索发展智慧农业

依托遥感（RS）、地理信息系统（GIS）、定位系统（GPS）现代技术支撑，率先建立田间数据搜集和处理系统，大力推进农业信息化。全面应用现代田间管理手段，全面推行测土配方施肥工程，及时掌握土壤肥力状况，按不同作物的需肥特征和农业生产要求，实行肥料的适量配比，采用因土、因作物、因时全面平衡施肥，彻底扭转传统农业中因经验施肥而造成的效率低下和环境污染问题。广泛应用作物动态监控技术，定时定量供给水分，通过滴灌、微灌等一系列新型灌溉技术，大幅度减少农业用水。推广精细播种、精细收获技术，将精细种子工程与精细播种技术有机地结合起来，全面降低农业消耗。

3. 新型工业化推进要点

按照高端、高质、高效发展的要求，主动谋求产业结构调整，跨越式提升环境保护技术，提高经济增长的效率和质量，着力发展先进装备制造业，改造提升原材料工业，加快淘汰落后产能，推进传统产业的绿色化改造，集群化发展中高端消费品工业，着力提升装备制造、有色钢铁、化工、食品、纺织服装五大战略支撑产业竞争力，在确保经济持续增长的前提下，扭转经济增长引发的生态环境恶化趋势。

（1）优化调整工业结构

对于长江中下游城市群而言，第一，优先发展新型劳动密集型工业行业。依托城市群丰富的劳动力资源，抓住长三角、珠三角地区劳动密集型产业转移机遇，围绕电子信息、纺织服装、家用电器等领域，大力引进具有一定技术含量、以组装为主导的劳动密集型产业，带动居民就业。设定适度的产业准入门槛，防止低端劳动型产业移入本区。第二，壮大优势装备制造业。充分利用现有基础和交通条件，发挥大型机械、成套设备及汽车、船舶制造等方面的产业优势和毗邻长三角的区位优势，在拓展现有优势产品的基础上，重点发展技术密集、关联度高、带动性强的现代装备制造业，融入长三角地区装备制造业的发展格局，力争在大型电力设备、交通设备、数控机床以及大型加工设备等关键技术和规模生产上取得突破，促进装备制造业成为长江中下游城市群支柱产业。第三，加快培育新兴产业。依托长江中下游城市群高校院所的人才资源，结合国家战略性新兴产业发展的总体部署，按照科学布局、有序推进、突出优势原则，积极培育战略性新兴产业。加快推进新一代信息网络技术推广应用，积极发展物联网、云计算、高端软件、新兴信息服务等行业。推进生物医药、生物制造、生物农业等优势产业发展，建设一批全国重要的生物产业基地。加快发展生物质能源、新能源装备等产业，促进区域能源结构优化，提高能源产业竞争力。大力发展高效节能、先进环保和资源循环利用的新装备和产品。

对于中原经济区而言，特别要发挥郑州航空经济综合实验区的政策优势，利用中原经济区劳动力成本低的人力资源禀赋，优先发展装备制造、中高端消费品、纺织服装、食品等就业带动能力强、生态环境相对友好型产业，控制发展煤炭、钢铁、有色、石油加工及炼焦、电力、化工、造纸、建材等就业带动能力弱、环境胁迫较大的产业，积极培育战略性新兴产业。

（2）推动工业集聚发展，促进园区集聚

落实全国主体功能区规划的要求，明确区域主体功能定位，按照区域自然条件、资源环境承载能力、经济社会发展基础，规范空间开发秩序，把产业集聚区建设作为中原经济区建设的综合性全局性举措，加快企业尤其是污染型企业向园区转移步伐，推进企业集中布局、资源集约利用、产业集群发展、功能集合构建。

严格按照国家有关投资强度、容积率、建筑密度等用地标准，为入驻项目匹配工业用地指标，引导园区土地利用从外延扩张型向内涵集约型转变，提高工业园区容积率、投资强度和单位面积产出规模，推进园区土地集约化经营。加强政策引导，推动重点园区、产业集聚，强化基础设施配套，提升工业园区服务水平。强化分类指导，引导园区明确产业发展主导方向，鼓励专业化发展，着力建设一批具有竞争力的特色专业园区。

（3）提升资源环境效率

集约利用空间资源。严格执行工业用地投资和产出强度标准。充分挖掘存量工业用地潜力，推进市、县（区）工业园区整合，撤销一批产业集聚功能不强、没有发展前景的工业园区，加快城市建成区污染型企业异地搬迁改造进程，通过用地置换与整合，在不增加工业用地的前提下提高生产空间的综合承载能力，缓解工业化对城镇化和农业化的用地挤占。严格控制工业用地增量，加强项目用地预审控制，按照高于国家工业建设用地投资强度和容积率指导标准制定区域性供地标准，实行更为严格的项目供地准入制。

降低工业发展的资源消耗。严格控制高耗水行业发展规模，提高水资源利用综合效益，加大工业节水力度，建立水资源开发利用控制、用水效率控制、水功能区限制纳污红线指标体系。加快淘汰落后产能，建立完善高耗水、高耗能企业退出机制。严格执行节能评估审查、环境影响评价制度，从严控制高耗水、高耗能行业新增产能，全面开展节能技术改造。

降低工业发展的环境排放。利用更先进的环保技术，提高重点行业发展的环境排放效率。实施最严格的环境准入标准，新上项目必须符合国家产业政策、污染物排放强度要求。推进传统资源型产业加快工艺技术升级改造，大幅度削减污染物排放。到2020年，区域钢铁、有色冶金、石油化工、纺织、电力等传统产业污染物排放要达到国内先进水平。在没有环境容量的前提下，禁止新上资源加工型项目。

4. 新型城镇化推进要点

（1）科学界定城镇化规模

中部地区未来10年区域城镇化进程将进入加速推进阶段。作为全国重要的粮食基地和农产品主产区，必须保证有一定的农村人口来从事农业生产，加之以重型工业为主导的区域发展结构对农村剩余劳动力的吸纳能力有限，未来区域城镇化进程不能盲目追求高速度，要严防城市化冒进对农业用地的挤占现象。

合理调控农村人口向城市转移进程。依据区域资源环境承载能力，引导各地市立足地方经济社会发展实际需求，量力制定城镇化战略目标，杜绝盲目攀比、一哄而上。到2020年，中部地区城镇化总体水平应控制在55%左右，到2030年，城镇化率总体水平控制在60%左右。

分区控制土地城镇化的速度和规模。一要严格控制评价区粮食核心主产区城市建设用地总量，划定用地红线，严格控制区域大中小城市扩张边界。二要从严管控城市群新型城镇化模式，引导区域大中城市通过城市经营和城市更新挖掘存量建设用地潜力，进一步规范新城规划与建设，坚决遏止各地市土地财政驱动下的“造城运动”。三要进一步规范评价区内传统工业化地区产城融合，防止各地市借助建设经济开发区的形式扩大城市建设用地规模。

（2）积极推进人口城镇化

立足区域城镇化水平低、农业富余劳动力转移压力大等特殊区情，以扩大城镇就业、户籍制度改革为基本导向，推进城镇化模式由生产主导向生活（消费）主导的转变，推进城镇化模式由工业主导向服务业主导的转变，由城乡分割向城乡融合的转变，通过大力发展生产性服务业、生活性服务业扩大城镇就业容量，实现城镇化发展与产业转型升级的有机结合，提高中部地区城镇化质量。

着力扩大城镇就业。大力发展第三产业和劳动密集型制造业，扶持地方中小企业发展，延长产业链条，提高就业弹性，积极开发公益性就业岗位，支持非全日制、临时性、季节性等灵活多样的、非正规的弹性就业形式，扩大就业岗位。建立城乡统一的劳动力市场，健全就业信息传递机制，充分利用网络、电视、电台、报纸等发布就业政策和劳动力供需信息，提高农民工就业参与率。完善公共就业服务体系，促进跨区域劳务协作和国际劳务输出，发展壮大农民工劳务组织，推进农村剩余劳动力有序转移。

有序推进户籍制度改革。2020年前放开中小城市和小城镇户籍制度，2030年前全面放开大城市户籍制度，逐步剥离户籍制度关联福利，尝试推行一元化户籍登记，实行居住证制度，纳入属地管理，以居住年限、社会保障参保年限作为获得基本公共服务和落户的条件，优先推进家庭流动和新生代流动人口的市民化进程。稳步推进农村土地流转，鼓励进城农民将土地承包经营权进行流转，将宅基地采取转包、租赁、互换、转让等方式进行流转，土地实施规模经营入股集体分红，土地承包权转让收取租金等方式增加进城农民财产性收入，作为进入城镇的启动资金和城乡待遇差别的补偿。

以促进人的融入为导向，以农业转移人口市民化为突破口，加快推进机制体制创新，进一步提升中部地区城镇化质量。扩大城镇基本公共服务提供范围，切实解决农业转移人口享有城镇基本公共服务问题。将农民工子女义务教育纳入地方政府教育发展规划和财政保障范畴，保障农民工随迁子女接受义务教育的权利。依法将农民工纳入城镇职工基本医疗保险，引导农民工积极参加城镇职工工伤保险、失业保险、生育保险。建立按常住人口配置城镇基本医疗卫生服务资源的体制机制，将农民工及其随迁家属纳入公共卫生服务体系。

（3）明确城市分工和发展主题

立足中部地区主要城市基础优势，明确发展方向，加强分工合作，实现有序分工、错位发展。一方面，要加快提升武汉、长沙、合肥、南昌等区域性中心城市功能，使之成为推动长江中下游城市群协调发展的重要支撑。探索武汉、长沙、合肥、南昌四个区域性核心城市交流合作机制，创设跨区域合作平台，促进长江中下游城市群实现一体化发展。以资源环境承载能力和城市基础设施服务能力为约束条件，强化武汉、长沙、合肥、南昌四个区域性核心城市人口规模控制。同时要增强区域次中心城市功能。发挥交通区位、产业基础、人口规模等优势，进一步提升区域次中心城市的综合承载能力和服务功能，扩大辐射半径，加速产业和人口向中心城区集聚，加快城市产业特色化发展，建设一批国家级特色产业基地，壮大城市规模和经济实力，增强在区内外经济发展中的承接、传导作用，培育形成支撑中原经济区发展的次中心城市。依托邯郸、聊城和安阳，加强中部地区与环渤海等经济区域交流合作；依托蚌埠、阜阳、商丘，加强中部地区与华东地区交流合作；依托南阳，加强中部地区与西南地区交流合作；依托长治，加强中部地区与太原城市群交流合作。

另一方面，要提升郑州这样的全国区域性中心城市地位。依托郑汴新区，推动向东拓展发展空间，强化郑州龙头带动作用，高标准改造交通条件，建设国家综合交通枢纽和通信枢纽，强化科技创新和文化引领，促进高端要素聚集，完善综合服务功能，增强辐射带动中原经济区和服务中西部发展的能力。

（4）推进城镇体系健康发展

对于长江中下游城市群来说，落实国务院关于推进城市老工业区搬迁改造的战略部署，率先推进长江中下游城市群地区老工业基地城市功能布局调整，重点推进老工业区配套老旧居民区，切实改善城市居住环境。加快推进黄石、上饶、铜陵等资源型城市功能转型，重点完善生活、消费、服务等城市功能，引导资源型城市进一步提高城市承载能力，提升城市品位，实现由资源型城市向区域性城市及生态型城市转变。

对于中原经济区而言，长期以来其经济社会发展缺乏龙头城市支撑，导致区域发展的向心力不强，冀南、晋东、鲁西南、安徽北部等周边地区的主导发展方向并未指向中原城市群。从各地市层面来看，大部分地级城市建成区发展滞后，建成区人口占区域城镇人口的比重低于全国平均水平近10个百分点，存在“小马拉大车”现象，严重制约了核心城市区域辐射带动作用的发挥。未来，中原经济区城镇体系健康发展的关键在于“强心”，应进一步提升郑州区域核心功能，推进大郑州千万人口区域核心城市建设，适度发展大城市和中等以上城市，同时结合粮食主产区生产生活需要，加快重点中心镇发展，推进新型农村社区建设。

（二）保障粮食安全

集中力量建设粮食生产核心区，推进高标准农田建设，保障国家粮食安全。加快发展现代农业产业化集群，推进全国重要的畜产品生产和加工基地建设，提高农业专业化、规模化、标准化、集约化水平，建成全国新型农业现代化先行区。

1. 严格保护耕地

中原经济区是中部六省重要的人口和产业密集区，人地矛盾十分突出。要积极探索城市更新、城市经营、产业集聚区建设等方式，解决未来工业化和城镇化快速推进过程中的用地需求，确保区域耕地数量不减少。推动西北部传统工业化地区挖潜存量工业用地潜力，提高工业用地产出水平，杜绝新上项目挤占农业用地；从严控制中原城市群及周边地区新增建设用地规模，引导城市通过旧城区改造、退二进三、腾笼换鸟等城市更新及城市经营策略盘活存量建设用地；严格控制东南部农业核心主产区土地“占补平衡”制度的实施范围，杜绝占优补劣，稳步推进农区城镇化进程，杜绝城镇化冒进导致农田流失，区域人均建设用地按照低标准供给。

2. 完善农业基础设施

加大农业基础设施建设投入，提高基础设施保障能力，为粮食增产奠定基础。一是推进大中型水库和灌区建设，加大低洼易涝地治理、病险水库除险加固和大型灌排泵站更新改造力度，增强抗御旱涝灾害能力。二是大力发展节水型农业，加强灌区续建配套和节水改造，提高灌溉水利用率和效益。加快淮北平原、里下河地区等涝区的排涝建设，提高农田防洪除涝标准。三是加快高标准农田建设和中低产田改造。四是推广耐密和适合套种、机收的品种，增加秋粮种植密度，在条件适宜地区推广耐旱品种及玉米晚收、小麦晚播种植模式。

3. 全面提升耕地质量

（1）实施耕地有机肥增补工程

以粮食主产区为重点，加强秸秆禁烧宣传和执法力度，加大补贴力度，大力推广秸秆直接还田，适当恢复和发展绿肥生产。结合农村污染整治、畜禽规模化养殖以及城市餐厨垃圾集中处理等，大力发展有机肥产业。建议国家给予中原经济区有机肥产业财政补贴或税收减免政策，降低有机肥生产成本，逐渐消除有机肥与化肥的价格差，利用市场手段实现有机肥对化肥的替代。

（2）控制化肥农药施用量及农业面源污染态势

强化粮食主产区化肥施用管控，组织实施测土配方施肥工程，与培植基地种植大户、农民经济合作组织等有机结合，防止化肥滥用，减少不合理施肥，节本增效，减少污染，提高农业生产效益，改善农产品品质，保持和提高土壤肥力，促进农业可持续发展。严格防止农药滥用，禁用高毒、高残农药，建议取消目前的农药补贴，转向补贴推广绿色植保工程。

（3）实行耕地质量数字化的动态管理

建立地力数据库和监测点，运用地理信息系统（GIS）、全球卫星定位系统（GPS）以及现代测试技术，密切关注耕地质量的动态变化，建立耕地质量评价制度和预测预警系统，为制订合理的施肥方案、耕地地力培肥措施、耕地质量管理提供支撑。

（4）加强农村生态环境综合治理

成立农村环境执法队伍，加强农村环境监管，禁止污染企业向农村转移。抓好重点流域水污染防治，着力从源头防治水资源污染，保护饮用水水源地水质。因地制宜推广种养业清洁生产技术，严格管控禽畜集中养殖加工的环境风险，有效控制农村面源污染和地下水污染问题。加强对农村生活、养殖为主的生活垃圾的收集，集中进行资源化、能源化生态处理。适当发展适合乡镇和农村聚集点的能源生态工程、农村给排水工程，减少和防止村镇面源污染，逐步引导乡镇和农村建立清洁、可持续的生活方式。

（三）化解布局性矛盾

1. 构建“三生”空间协调发展格局

（1）科学配置“三生”空间

严格落实全国主体功能区划要求，明确区域主体功能定位，按照区域自然条件、资源环境承载能力、经济社会发展基础，规范空间开发秩序，合理配置生产空间、生活空间与生态空间，提高生产空间的经济效益，提高生活空间的社会效益，提升生态空间的质量与存量，充分利用生态空间实现生产空间与生活空间的有效隔离，推动“三生”空间协调发展，形成生产空间集约高效、生活空间安全可靠、生态空间保障有力的“三生”空间协调发展格局。

（2）分类推进产城融合

鼓励环境友好型产业与城镇融合发展，实现生产空间与生活空间的协调统一，对于环境胁迫较大的产业，应选择远离城镇的区域建设工业园区集中布局，并建立相应的生态隔离带，确保生产空间与生活空间互不侵扰、和谐共生。

（3）全力维护乡村生态

着力解决农村和农田污染问题，重点破解农村生活垃圾集中处理和农田有机肥推广两大难题，确保乡村生活功能、农业生态功能和农田生产功能不降低。

2. 强化重化工业空间管控

统筹考虑中原经济区资源禀赋、产业基础和资源环境承载能力，引导区域重化工业向优势地市集聚，加强重化工业空间管制，引导中原经济区重化工业有序布局，避免出现产业空间与生态空间相冲突的布局性矛盾。采取基地化发展模式，重点对煤电、钢铁、有色、石化、水泥等产业实施空间管控。

（1）控制煤电基地建设规模

依托晋南、河南、鲁西、两淮四大国家级煤电基地，推进现代化大中型矿井建设，严格管控煤炭开采引发土地塌陷，降低煤炭开采导致的耕地和城市建设用地损失。一是适度控制晋东南基地晋城矿区无烟煤、潞安矿区和武夏矿区动力煤开发强度，煤炭产能维持在 3 亿 t 左右，结合长江中游地区主要电源点建设，适度保持电力装机容量增长，2020 年和 2030 年分别达到 3 700 万 kW 和 4 200 万 kW。二是严格控制河南基地鹤壁、焦作、义马、郑州、平顶山、永夏矿区煤炭产能扩张，煤炭产能控制在 2.5 亿 t 左右，严格控制火电装机规模扩张，除已批准立项或在建项目外，原则上不再新批项目，2020 年和 2030 年火电装机容量分别控制在 8 500 万 kW 和 11 000 万 kW。三是在严格控制煤炭开采与农业发展、城市建设争地问题的基础上，支持鲁西南基地菏泽境内的巨野和黄河北矿区开发，以缓解兖州、济宁等矿区采煤塌陷风险和淄博、枣滕矿区资源枯竭问题给区域煤炭供给带来的压力。四是管控两淮基地煤炭开发生态风险，结合皖电东送电源点建设，支持淮北、淮南、亳州和阜阳电厂建设，火电装机容量控制在 4 000 万 kW 以内。

（2）提升冶金工业集聚水平

推进钢铁工业布局调整，整合分散钢铁产能，推动城市钢厂搬迁，优化产业布局，引导区域钢铁产能向邯郸、安阳、运城、长治、平顶山等地集中，加快淘汰转型新乡、济源、信阳等地小钢厂，区域钢铁产能控制在 9 500 万 t 左右。提高炼焦行业的规模水平，加快清理整顿钢厂周边小焦化聚集问题。严格控制电解铝产能规模，远期规模控制在400万t左右，引导区域电解铝产能向运城、聊城、洛阳等地市集聚，其余地区原则上逐步淘汰退出，近期可通过延伸产业链重点发展后续铝材加工。严格控制铜铅锌冶炼规模，引导区域电解铜产能向聊城、运城集聚，引导区域铅锌产能向济源集中，支持产业链后续延伸发展，加快淘汰其他地区落后产能。

（3）推进石化及水泥工业转型升级

立足中原经济区区内需求，支持洛阳石化、中原石化、东明石化扩能改造，积极延伸石油化工产业链条，建设以服务中部六省为导向的石化产业基地，其他地市原则上不再布局新的石化产业基地。严格控制水泥产能扩张，加快生产线改造，防止区域快速城镇化和工业化引发的投资过热现象，支持聊城、平顶山、新乡、南阳、邯郸、邢台等地市水泥龙头企业兼并重组，提高行业集中度。

3. 促进工业园区有序布局与发展

中原经济区已规划建设的产业园区和产业集聚区存在主导产业不明晰、空间利用不集约、发展导向不明确等问题，非常不利于工业污染的集中治理，存在诸多隐患，需要进一步规范。

（1）提高园区建设门槛

切实提高市级以下园区的建设门槛，建立入园企业数量、土地产出水平等园区准建标准，规范园区建设，严格控制市级以下工业园区数量，暂不具备规模和条件的市级以下园区应坚决清理，推进市、县级园区工业企业搬迁改造和园区整合，切实发挥园区企业集聚平台功能，杜绝“一企一园”的园区布局模式。推进园区管理模式创新，探索不同行政区之间的利益分成机制，为中原经济区市、县级园区整合创造有利条件。

（2）加强园区分类管理

加强园区规范建设的顶层设计，建立统一的中原经济区工业园区管理体系，编制中原经济区工业园区主导产业目录，实施园区分行业管理，严格界定各园区的职能定位和产业发展方向，杜绝园区产业杂乱、分工混乱的局面。各工业园区围绕职能定位和产业发展方向，科学制定园区发展规划，并在招商引资过程中严格落实，坚决清理与园区发展方向不符的企业。对于以重化工业为主导产业的工业园区，必须设置生态隔离带，防止影响周边城镇的生活空间。对于以装备制造业及相对高端产业为主的产业集聚区，在留足空间、确保安全的前提下，可以适度推进产城融合。

（3）规范企业入园标准

园区集聚式发展的目的在于发挥集聚效应、有效管控环境污染，并非所有的工业企业都适合入园发展。建议中原经济区按照不同行业的环境污染程度高低，规范企业入园的标准。对于冶金、化工、造纸等高污染行业，必须强制入园发展，逐步引导各地市将国家级开发区、省级重点开发区作为产业发展的主要载体，凡具有高污染特征的企业，必须布局在省级以上工业园区，国家级和省级园区以外，原则上不再布局污染型工业项目，现有项目建设向相关园区调整。此外，中原经济区工业发展历史悠久，区内布局了大量老牌重化工型的央企和国企，随着城市建成区不断扩展，城市生活空间逐渐与这些央企、国企的生产空间连成一片，形成了巨大的生态隐患。建议国家组织发改委、国资委、住建部、环保部等部门，联手解决城市老牌重化工型央企、国企搬迁改造问题，在城市周边相应工业园区划拨等量工业用地指标，并给予一定资金支持，引导其异地搬迁升级改造入园发展。

（4）推进园区工业污染第三方治理

对于主导产业明确、排污企业门类统一（如全部是化工企业）的工业园区，继续沿袭传统的园区污染物集中治理模式。对于主导产业不明确、排污企业门类杂乱的工业园区，不宜再实行集中治理模式，建议将排污企业的生产与治污环节强制分割，引入第三方治理机构，采取点对点的方式，负责排污企业的污染治理问题。

（四）破解结构性矛盾

以就业优先和人的发展为导向，推动经济结构战略性调整，调整工业内部结构，破解中原经济区农村人口多、城镇化水平低、农村富余劳动力亟待转移等发展难题。

1. 加快调整三次产业结构

在稳农业、强工业的基础上，加快现代服务业发展，提高经济结构的就业拉动能力，稳步推进城乡基本公共服务均等化。围绕区域工业、农业发展需求和城乡居民消费需求，加快发展生产性服务业，大力提升生产性服务业，构建现代服务业体系，促进服务业成为拉动中原经济发展、解决中原农村富余劳动力就业的重要力量。

（1）优先发展生活性服务业

大力提升商贸服务业。优化城市商业网点结构和布局，鼓励和支持连锁经营、物流配送、电子商务等经营业态向农村延伸，引导住宿和餐饮业健康规范发展。推动传统商贸、餐饮和休闲娱乐融合发展，鼓励中心城市积极发展商贸综合体。以社区商业网点、社区养老、家政服务、医疗卫生为重点，推动创建一批居民服务示范社区。

着力壮大旅游服务业，加快推进特色旅游资源开发。挖掘整合旅游资源，实施旅游精品发展战略，加快建设中原历史文化旅游区、古都文化旅游区、豫东皖北鲁西历史文化旅游区、伏牛山休闲度假旅游区、太行山和桐柏—大别山生态红色旅游区，加快开发黄河文化旅游带和南水北调中线生态文化旅游带，加快培育世界文化遗产、中国功夫、拜祖寻根等一批精品旅游线路，打造世界知名、全国一流的旅游目的地。强化旅游基础设施建设。加快区域内旅游路网建设，重点推进旅游交通运输体系向旅游景区延伸，提高旅游交通网络的通达性。

（2）加快发展生产性服务业

做大做强现代物流业。充分发挥中原经济区在全国综合运输大通道中的作用，建设以郑州为中心，地区性中心城市为节点，物流园区为载体，第三方物流企业为支撑的现代物流体系，形成服务中西部、面向全国、连接国际的现代物流服务中心。结合全国物流示范城市建设试点，重点推进郑州国际物流中心建设，凸显郑州交通、物流、商务中心地位；加强洛阳、安阳、商丘、信阳、南阳等区域物流枢纽建设，加快建设区域性分拨中心和配送网络。大力发展第三方物流，促进区域制造业、采掘业与物流业协同联动发展。

加快发展金融服务业。加快推进郑东新区金融集聚核心功能区建设，积极开展国际结算业务，建设立足河南、辐射周边的金融后台服务中心、期货期权交易中心、股权产权交易中心和票据市场中心。支持郑州商品交易所增加期货品种，推动综合保税区开展离岸金融业务。积极研究在河南设立保险公司法人机构的可行性，在条件具备的情况下给予必要支持。

（3）积极培育新兴服务业

大力发展信息服务业，建设郑州软件服务外包基地，加快推进郑州国家电子商务示范城市建设。加快发展研发设计、技术交易、信息咨询等服务产业，推动科技、创意企业孵化园区建设，创建一批企业工业设计中心。积极发展会展业，举办国际性展会，培育知名会展品牌。支持郑州发展国际会展业，推进郑州服务业综合改革试点市建设。

2. 加快调整工业内部结构

适当控制就业带动能力弱的重化工业发展规模，优先发展农副食品加工业、纺织业等产业基础好、就业带动能力强的劳动密集型产业，加快发展装备制造业，提升区域工业发展的整体质量和就业带动能力。

（1）优先发展劳动密集型工业

支持建设全国重要的纺织工业基地，改造提升棉纺织和化纤等传统产业，强化技术创新和品牌建设，重点发展服装、家用和产业用纺织品等终端产业，健全产业服务体系，全面融入全球供应链体系。支持建设全国领先的食品工业基地，加快果蔬、油脂、饮料等优势产业发展，培育休闲食品、调味品等成长型产业，提高面制品、肉制品和乳制品规模和水平。积极承接玩具、文体用品、五金工具、灯具等产业转移，优先发展家电、家具厨卫用品、皮革皮具、包装印刷等消费品，建设国内低成本、创新型、绿色环保的轻工产品制造中心。

（2）做大做强现代装备制造业

支持打造中原电气谷、洛阳动力谷和冀南冶金石化装备集群基地，推动郑州、新乡、焦作、安阳、南阳建设各具特色的新型装备制造业基地，积极研发先进适用、高附加值的主机产品和核心基础零部件，提升输变电装备、重型成套装备、现代农业机械、工程施工机械等产业的国际竞争力，建设全国重要的现代装备制造业基地。支持郑州建设百万辆汽车基地，推进开封、洛阳、新乡、焦作、许昌、南阳、鹤壁等汽车及零部件产业集聚发展，壮大汽车产业规模，增强经济适用型汽车、高档客车、新能源汽车、专用汽车等重点产品的核心竞争力，建成全国重要的汽车制造基地和辐射中西部的汽车服务贸易中心。

（3）积极培育战略新兴产业

支持郑州、漯河、鹤壁等电子信息产业基地建设，建设全国重要的电子信息产业基地。支持郑州国家生物产业基地和南阳、新乡、周口、焦作、驻马店等产业基地建设，建设全国重要的生物产业基地。开发推广高效节能环保技术装备及产品，大力发展以设计、建设、运营为核心的节能环保工程服务业，推进市场化服务体系建设。建立先进技术支撑的废旧商品回收利用体系，积极推进煤炭清洁利用。发挥资源和原材料优势，支持洛阳新材料国家高技术产业基地和南阳国家新能源高技术产业基地建设。

3. 推进传统产业绿化改造

中部地区钢铁、石化、有色金属等资源型产业规模大、分布广，已对城市群及周边地区的大气环境、水环境、土壤环境造成巨大压力，推进绿色化改进势在必行。

在新的发展阶段，要提高城市群传统产业环境管理标准，引导冶金、石化、建材等传统资源型产业广泛运用高新技术和先进适用技术，走精益化改造道路，促进传统资源型产业实现高端化转型，形成新的竞争优势，为确保长江中下游城市群流域安居、人居环境安全奠定基础。

冶金工业要以结构调整和节能减排为中心，加快淘汰落后产能，促进工艺流程、技术装备的整体优化升级。在推进绿色化改造的同时，应进一步引导长江中下游城市群地区冶金工业集中布局，并根据资源环境承载能力，确定冶金工业合理发展规模。钢铁工业产能应向武汉、黄石、鄂州、九江、马鞍山等地区集中，到2020年产能控制在7 000万t左右。严格控制其他城市钢铁工业发展规模，100万t以下小钢厂逐步淘汰和整合，积极促进产业转型。严格控制电解铝的产能扩张，到2020年长江中下游城市群的电解铝控制在60万t以内，促进空间布局调整，逐步把产能向黄石、潜江和合肥集中；电解铜产能控制在300万t以内，引导电解铜的布局向鹰潭、上饶、黄石、铜陵集中；铅锌冶炼能力控制在260万t，促进产能向九江、上饶、池州、株洲集中。

石化工业要按照生态环保和适度集中的要求，推动产业向集约化、精细化、高端化发展。到2020年，长江中下游城市群炼油能力控制在3 500万t左右，乙烯能力控制在200万t左右。

建筑工业要按照清洁生产、集约发展的要求，围绕节能环保加大结构调整力度，淘汰落后工艺，整合优势资源，推动规模生产。到2020年，长江中下游城市群地区原则上不再增加水泥产能，重点推进黄石、鄂州、九江、上饶、芜湖、马鞍山和铜陵等集中产区生产线改造。

严格制定产业准入标准，制定产业发展负面清单，防止东部沿海地区落后产能向长江中下游城市群地区转移。要深入贯彻落实国家相关规划要求，从严制订承接东部沿海地区转移产业的门类和技术工艺要求，杜绝产业转移引发的污染转移。

六、中部地区经济社会与资源环境协调发展对策建议

（一）强化国家分类指导功能

开展国家区域规划实施情况的综合评估工作，结合评估结果，进一步深化、细化分类指导规划。强化国家区域规划的总体统筹作用，引导武汉城市圈、长株潭城市群、鄱阳湖生态经济区、皖江城市带按照国家相关区域规划要求，调整各地市中长期发展规划。引导各级政府调整、完善国家区域规划的具体实施方案，把各项任务落实到年度计划。建立国家区域规划实施考核与监督机制，保障国家区域规划得到有效实施。建立差别化的城市产业准入标准。

（二）编制城市群地区主体功能区规划

在国家主体功能区规划和省级主体功能区规划基础上，编制城市群地区主体功能区划，明确界定生产空间、生态空间、生活空间边界。在此基础上，提出生产空间、生活空间、生态空间的具体空间管治方案和相关政策区划，进一步细化不同类型的功能空间，形成城市群国土空间精细化开发格局。

（三）统筹工业园区规划

建议由国家相关部门牵头编制中原经济区工业园区发展总体战略规划，综合考虑中原经济区各类工业园区的总体规模和空间发展战略，以及区内各地市社会经济发展水平、产业发展基础和资源环境承载能力的差异，明确省级以上工业园区的功能定位和产业分工，避免各类园区产业同构和恶性竞争。

切实发挥规划环评作用。全面推进各类工业园区以及“两高一资”重点行业的规划环境影响评价，省级以上产业集聚区规划应与规划环评同时展开，未通过规划环评的产业园区禁止开工建设。强化和落实规划环评中跟踪监测与后续评价要求。

（四）推进机制体制创新

探索流域综合治理与保护模式，制定流域生态环境一体化保护机制。建立产业退出补偿机制、产业布局协调机制，有效缓解产业发展与生态环境保护的结构性矛盾和布局性矛盾。率先建立绿色国民经济核算考评机制，将发展过程中的资源消耗、环境损失和生态效益纳入经济发展水平的评价体系。建立有利于科学发展的政绩考评机制，将提升经济发展质量、保护生态环境作为领导干部考核的重要内容。

（五）制定区域化产业政策

研究制订产业发展指导目录，严格限制资源型发展规模，提高资源类产业的准入标准和要求，禁止高危行业和低水平资源类产业布局。

鼓励加快发展特色农副产品加工业，对中原经济区特色农副产品加工业给予适当的财税政策支持；研究制定冶金工业调整重组政策，推进钢铁、有色冶金工业布局调整，促进集聚发展；支持装备制造业、生物产业、新能源、新材料加快发展，适度减少增值税和企业所得税，将战略性新兴产业培育成区域支柱产业。

（六）完善配套支持政策

完善投入引导政策。对符合中原经济区产业指导目录的投资项目，在投资安排、资金补助、贷款贴息等方面给予大力支持。完善财税支持政策。中央财政应加大转移支付力度，支持中原经济区生态农业和现代服务业发展；对符合产业指导目录的生产性项目，给予适当税收优惠政策。完善金融扶持政策。金融机构加大对符合国家产业政策和节能环保要求等产业转移的信贷投放力度，为中原经济区发展提供有效信贷支持。

（七）提高企业发展门槛

结合产业结构升级和调整，运用经济政策手段，稳步提升企业发展的资源环境效率门槛，强化资源的有效开发利用，支撑区域经济社会的发展转型。大力推广可再生能源和清洁能源，推广使用清洁煤技术、节水技术及环保治理与生态修复技术。推进典型地区和重点行业开展低碳经济、生态城市、生态产业试点建设，带动区域循环经济、低碳经济发展。

提高生态用地占用成本，把占地面积和用地效率作为产业聚集区规划审批的前置条件。研究制定生态用地占用补偿分级制度，提高占用河滩、湿地等生态敏感性高的土地门槛，提高土地集约利用效率。

进一步加大水价改革力度，完善水价定价体系建设，制定有利于节约用水的水价机制。推行阶梯水价，已经设立阶梯水价的城市，加强水价计量与实施。理顺当地水资源与非常规水资源的价格关系，确保实现“同区同价”“同质同价”“优质优价”。以补偿成本和合理收益为原则，结合再生水水质、不同用途等，按低于自来水价格的一定比例，合理确定再生水价格，鼓励使用再生水替代自然水源和自来水。对于公益性和基础性项目，应建立非常规水资源利用的补贴机制。

（八）创新环境治理模式

建立吸引社会资本投入生态环境保护的市场化机制，推行环境污染第三方治理，支持排污企业或政府通过购买环境服务，将企业、园区或城市产生的污染物交给专业环保企业集中处理。

重点推进企业环境污染第三方治理试点。积极申请设立企业环境污染第三方治理的试点项目，分类推进试点区域企业环境污染第三方治理，对于自身污染处理能力较强、社会关注度较高的大型企业，可自行选择是否采取第三方治理模式，对于自身污染处理能力较弱、社会关注度较低的中小型企业，建议强制推行第三方治理模式。

支持典型问题区域探索环境污染综合治理模式。鼓励地方政府成立投资公司，全权负责老工业区搬迁改造、历史遗留污染问题区域治理、老旧矿山生态修复与工矿废弃地整理等问题区域环境治理工业，以后期土地开发收益为筹码，通过市场融资手段获取前期开发资金，聘请专业化环保公司负责区域环境污染综合治理，破解政府污染治理资金投入不足而社会资本参与积极性不高的难题。

适时推进政府和企业间全地域、全领域的区域综合环境服务模式。支持条件具备的地方政府委托专业第三方环保公司对全市范围内的生活垃圾、污水、废气等进行全方位综合治理，环保公司按照合同向地方政府提供集投融资、顶层设计、设备集成、工程建设、运营于一体的综合环境服务，地方政府根据服务效果向环保公司交纳服务费用，并对环境治理过程进行监管。

专题二

中部地区大气环境影响评价专题

一、概述

（一）工作背景

党的十八大把生态文明建设纳入中国特色社会主义事业“五位一体”总体布局，明确了建设生态文明的重大战略部署，提出了优化国土空间开发格局、全面促进资源节约、加大自然生态系统和环境保护力度及加强生态文明制度建设等战略任务。十八届三中全会提出必须建立系统完整的生态文明制度体系，十八届四中全会明确了全面推进依法治国的重大任务。这就要求我们用法律和制度手段保护生态环境，从宏观战略层面搞好顶层设计，按照“源头严防、过程严管、后果严惩”的思路，坚持新型工业化、城镇化、农业现代化、信息化和生态化“五化”协调，大力推进生态文明建设。

中部地区地处我国腹地，承东启西、连南贯北，文化底蕴深厚，区位优势明显，发展潜力巨大，是推进新一轮工业化和城镇化的重点区域，在我国区域发展总体战略中具有突出地位。2004 年 3 月，党中央、国务院明确提出促进中部地区崛起的战略。《中共中央 国务院关于促进中部地区崛起的若干意见》（中发〔2006〕10 号）发布以来，中部地区经济社会发展取得了重大成就。2009 年 9 月国务院批准实施的《促进中部地区崛起规划》，明确了中部地区粮食生产基地、能源原材料基地、现代装备制造及高技术产业基地和综合交通运输枢纽的战略地位，中部地区已经步入了加快发展、全面崛起的新阶段。2012 年国务院《关于大力实施促进中部地区崛起战略的若干意见》（国发〔2012〕43 号）明确提出山西、安徽、江西、河南、湖北和湖南等中部地区在新时期国家区域发展格局中占有举足轻重的战略地位，当前和今后一个时期是巩固成果、发挥优势、加快崛起的关键时期。

评价区气象条件总体不利于污染的扩散和消除，区域地形造成的局地弱环流造成区域内部传输明显。由于区域人口众多，开发历史悠久，能源重化工业占比仍较大，传统煤烟型污染与以细颗粒物和臭氧为特征的大气复合污染并存，城市密集地区大气灰霾问题显现，评价区南部酸雨污染严重，已对人居环境、水生、农田、森林生态系统造成严重威胁，持续改善环境质量的任务艰巨。随着国家一系列开发战略的实施，城镇化、工业化的进一步发展，中部地区开发规模与强度将进一步加大，区域发展与大气环境的矛盾将进一步显现，其经济社会可持续发展面临突出的大气环境约束。开展区域和行业重大发展战略环境评价，突破地方行政框架，以更为宏观的视角、从更长的时间尺度上和更大的空间尺度上，对中部地区发展的大气环境合理性进行全面诊断和系统评估，处理好城市群发展规模与大气环境承载能力、重点区域开发与生态安全格局之间的矛盾，是实现中部地区可持续发展的必然要求。开展中部地区发展战略大气环境评价工作，对于科学指导长江中下游地区全面崛起，促进经济与环境协调可持续发展，探索生态文明发展道路具有重要意义。

（二）评价目标与指标

1. 环保目标

中部地区发展战略大气环境评价战略目标为：持续改善区域环境空气质量，逐步减少或消除重污染天气，满足人体呼吸新鲜空气的基本要求，确保人体健康不受严重侵害；酸雨频次、酸度和面积大幅减少，重金属沉降显著下降，确保生态系统安全。

具体目标为：到2020年，评价区大气污染较为严重地区消除重污染天气，已达标地区污染物浓度持续降低15%，酸雨、灰霾和光化学烟雾等区域性大气污染事件发生概率显著减少，能源利用效率力争达到国家优良水平，重点行业大气污染物排放强度减少40%以上；到2030年，评价区不发生大气污染事件，污染物浓度全面达标，能源利用效率和重点行业大气污染物排放强度达到国家先进水平。

2. 评价指标及评价因子

根据本次战略环评的目标和要求，结合区域社会经济和生态环境特征，兼顾重点区域和重点产业，确定大气环境影响评价指标（表2-1）。

表2-1 中部地区发展战略大气环境评价主要指标

类别	指标	单位
大气环境质量	大气主要污染物排放（SO_2、NO_x、烟尘、粉尘）	t
	废气中的主要重金属排放（汞、砷、铅、镉等）	t
	空气质量优良天数比例	%
	酸雨城市比例、酸雨频率	%
	降雨pH	—
	可吸入颗粒物（PM_{10}）、二氧化硫（SO_2）、二氧化氮（NO_2）浓度	mg/m^3
	细颗粒物（$PM_{2.5}$）、臭氧（O_3）浓度	mg/m^3
资源环境承载力	大气污染物排放量/环境容量	%
资源环境效率	万元GDP能耗	t标煤/万元
	清洁能源比例	%
	污染物排放效率	kg/万元
	重点产业能源弹性系数	—

考虑评价的前瞻性，评价标准统一采用《环境空气质量标准》（GB 3095—2012）、《室内空气质量标准》（GB/T 18883—2002）、《霾的观测和预报等级》（QX/T 113—2010），酸雨评价标准为pH值小于5.6。

表 2-2 《环境空气质量标准》新旧评价标准对比 单位：mg/m³

标准	级别	二氧化硫年均浓度	二氧化氮年均浓度	可吸入颗粒物年均浓度	$PM_{2.5}$		TSP 年均浓度	O_3	
					年均浓度	日均浓度		小时浓度	8 h 浓度
旧标准（GB 3095—1996）及修改单	1 级	0.02	0.04	0.04			0.08	0.16	
	2 级	0.06	0.08	0.1			0.20	0.20	
	3 级	0.1	0.08	0.15			0.30	0.20	
新标准（GB 3095—2012）	1 级	0.02	0.04	0.04	0.015	0.035	0.08	0.16	0.10
	2 级	0.06	0.04	0.07	0.035	0.075	0.20	0.20	0.16

（三）评价思路与技术方法

1. 评价思路与技术路线

围绕大气环境专题需评价的重点内容，此次大气环境专题战略环境评价工作主要从以下方面进行：

第一，在深入分析评价区多年气候资料、排放源清单、污染监测资料的基础上，结合补充观测资料和区域空气质量模式源解析方法，研究区域大气环境现状及其演变趋势，估算重点污染源（城市、工业、交通等）及分析清单，识别主要大气污染因子，辨识中长期大气环境的影响特征，分析该地区大气污染物输送特征和形成污染事故的气象特征，研究形成大气污染的关键制约因素。

第二，利用评价区的经济统计数据和能源统计数据，计算区域大气资源环境效率，分析经济发展对区域大气污染的影响，识别产业结构变化对大气环境演变的贡献，研究大气环境现状与演化规律、经济社会发展特征及与资源环境耦合关系，评估区域社会经济发展与大气环境演变的基本态势。

第三，在评价区的经济发展预测基础上，预测经济发展与能源利用带来的大气污染排放变化特征，结合气候变化相关研究成果，利用区域空气质量模式模拟的方法，预测未来该地区大气环境特征及主要污染物时空分布特征，综合考虑区域污染物累积性效应，评估重点区域和重点产业发展可能导致的大气环境影响和潜在风险，包括重金属沉降等。

第四，运用区域空气质量模式模拟的方法，综合考虑大气污染物扩散、沉降、化学转化等因素，计算评价区大气环境容量，分析各污染物容量构成状况、地区间容量差异原因，重点分析局部复杂地形条件多样化导致的局部环境容量变化问题，从而结合大气污染物排放状况，分析大气环境承载力利用水平，评估其对重点区域和重点产业发展的约束影响。

第五，从污染源控制、排放总量控制、区域联防联控等方面，提出区域大气污染防治的战略性目标、原则、内容框架和重点任务；从效率准入、环境准入、空间准入等方面，提出区域优化发展、经济社会与资源环境协调发展的调控方案和对策，尝试建立以环境保护促进经济又好又快发展的长效机制。

技术路线如图 2-1 所示。

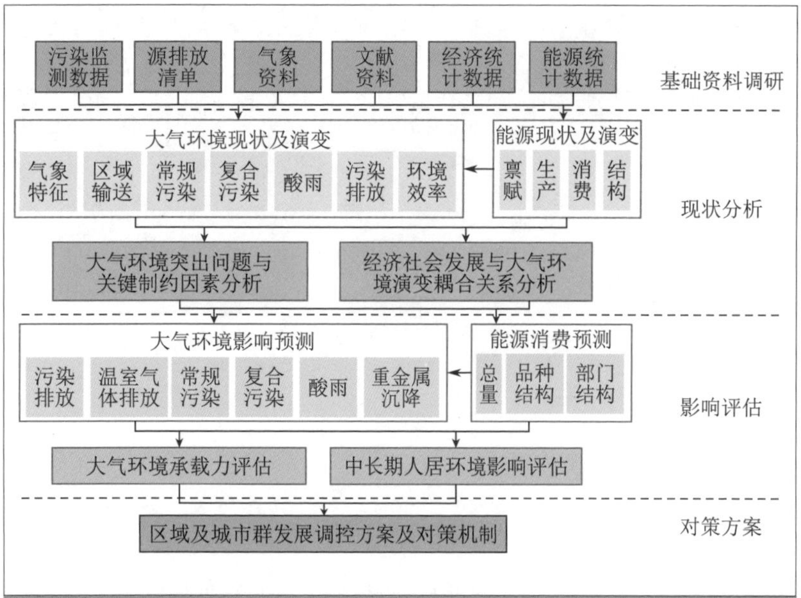

图 2-1 中部地区发展战略大气环境专题评价技术路线

2. 评价技术方法

（1）大气环境质量数值模拟及源解析技术

①嵌套网格空气质量模式系统（NAQPMS）

长江中下游城市群地区发展战略环境评价大气环境专题研究采用嵌套网格空气质量模式系统（Nested Air Quality Prediction Modeling System，NAQPMS）进行大气环境质量数值模拟和源解析。该模式系统由中国科学院大气物理研究所王自发研究员等主持开发，是在充分借鉴吸收国际上先进的天气预报模式、空气质量模式的优点基础上，结合我国各区域、城市的地理、地形环境、污染源的排放资料等特点建立的三维欧拉化学传输模式。NAQPMS 模式中利用双向嵌套技术成功实现多尺度的数值模拟，可同时计算出多重区域的污染物浓度，并且充分考虑到污染物区域输送，适用于区域至城市尺度的空气质量模拟和污染控制策略评估。该模式包括平流扩散模块、气溶胶模块、干湿沉降模块、大气化学反应模块等物理化学过程模块，各模块均提供了多种机制方案，可根据研究目的选择合适方案，目前可供选择的方案包括：耦合液相化学机制及一维诊断云模式、干沉降方案、湿沉降方案、颗粒分谱方案和化学反应机制。该模式发展出一套独特的污染来源与过程跟踪在线分析模块，突破大气物理化学过程的非线性问题，跟踪大气复合污染过程，实现了污染来源的反向追踪与定位，建立了一种大气污染分析来源与过程的新技术手段，为评估污染物区域和行业贡献提供了更为科学的研究工具。该模式实现高效能并行计算和高度自动化的脚本控制，有效地节约了计算时间。

NAQPMS 被广泛用于研究区域至城市尺度的空气污染问题（如灰霾、沙尘输送、酸雨、污染物的跨国输送等）。NAQPMS 参与了东亚大气化学输送模式比较计划（MICS-Asia），模式模拟效果得到了广泛认同。该模式连续三年为台湾春季沙尘密集观测计划提供了实时预报服务，台湾大学及中央研究院环境变迁研究中心也采用该模式研究台湾的复合型高污染（臭氧和悬浮颗粒物）的形成和产生机制。目前，已有环保部环境监测总站以及北京、上海、广州、深圳、郑州、沈阳、成都、台湾等地的环保部门利用该模式进行空气质量业务预报，较好地满足了业务预报的时效性和准确性需求。NAQPMS 模式被选入参加 2008 年北京奥运会、2010 年上海世博会、2010 年广州亚运会、2011 年西安世园会、2013 年成都财富全球论坛等空气质量保障工作与污染控制策略评估任务，为制订污染控制方案提供了科学依据。自 2009 年，NAQPMS 模式开始应用于战略环境评价和规划环境影响评价中，包括环渤海沿海地区战略环境评价项目、西南地区战略环境评价项目，为科学评估社会和经济发展对大气环境的影响提供了可靠的科学工具（图 2-2）。

根据区域战略环境评价的要求，充分考虑长江中下游城市群地区区域和城市污染物输送特点，本次战略环评中，NAQPMS 模式共设置三重嵌套区域。第一层区域（D1）包括除南海领域的我国大部分陆地及周边一些国家，分辨率为 80 km；第二层区域（D2）考虑到长江中下游地区与周边省份污染物相互输送影响，确定为河北以南，江苏、上海以西，广东以北，贵州以东地区，分辨率为 20 km；第三层区域（D3）主要考虑长江中下游地区内部污染物相互输送影响，区域设置为安徽、湖北、湖南、江西四个省份，分辨率为 5 km。

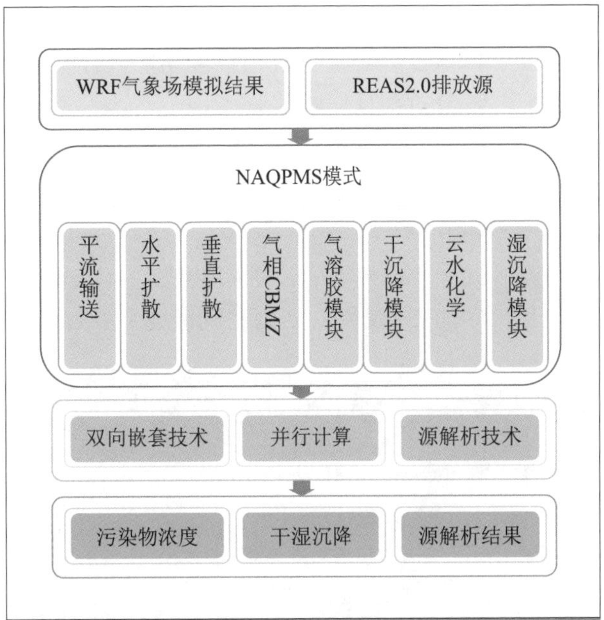

图 2-2 区域空气质量模式 NAQPMS 系统框架

为深入分析长江中下游地区的空气污染状况，衡量其周边地区对该地区空气污染贡献情况，需要对周边地区污染排放源的贡献进行定量化计算。一般环评多采用敏感性试验的方式——开关或者削减各区域排放源，但这样的方式存在着闭合性不足、计算量大（同一区域、同一时段需要反复计算）等缺点，但在 NAQPMS 模式中引入了国际上先进的源解析技术——质量跟踪方法。较之其他源解析技术，质量跟踪方法避免了其他方法需对多个目标源多次模拟的缺陷，大大减少了模拟的工作量，缩短了计算时间。质量跟踪方法在现有可进行传统污染物模拟的数值模式基础上，通过对模拟范围内不同地区（如不同的省、市、区县）、不同产业（如电力、冶金、化工等）进行标识和过程追踪，最终获得不同地区、产业所排放的污染物对研究目标地区某一物种的贡献。该方法可在一次模拟过程中，对不同地区、不同污染源类型的多种污染物来源进行跟踪。质量跟踪方法已在 NAQPMS 模式中实现，并被成功应用于北京 2008 年奥运空气质量保障项目“北京与周边地区大气污染物输送、转化及北京市空气质量目标研究”中，计算周边地区对北京地区的污染贡献率，确定了奥运会期间北京周边地区污染控制的重点地区和重点污染源，为国务院批复的《北京和周边地区空气质量保障方案》提供了科学依据。此外，该质量跟踪方法还应用于 2009 年启动的五大区域战略环评项目和 2012 年启动的西南地区战略环评项目，为识别评价区域主要大气污染因子，辨识中长期大气环境的影响特征，分析该地区大气污染物输送特征和研究大气污染的关键制约因素提供了重要的科学依据。目前，NAQPMS 已经成为环保部发布的《大气颗粒物来源解析技术指南》中指定的模式之一。

根据本项目规定的重点评价区域要求，结合周边地区与评价区域的污染物输送影响，将模拟区域划分成 17 个区域，各区域编号为：1 湖北，2 安徽，3 江西，4 湖南，5 陕西，6 河南，7 山东，8 江苏，9 浙江，10 上海，11 福建，12 广东，13 广西，14 贵州，15 重庆，16 山西，17 河北，18 中国剩余地区，19 其他国家和地区。

② CAMx 模型

中原经济区发展战略环境评价大气环境专题研究采用 CAMx 模型进行大气环境质量数值模拟和源解析。CAMx 模型是美国 ENVIRON 公司于 20 世纪 90 年代后期开始开发的三维欧拉型区域空气质量模式，可应用于多尺度的、有关光化学烟雾和细颗粒物大气污染的综合模拟研究。CAMx 模式可以利用 MM5、WRF 等中尺度气象模式提供的气象场，在三维嵌套网格中模拟对流层污染物的排放、传输、化学反应以及去除等过程（表 2-3 和图 2-3）。CAMx 模拟过程中提供几项扩展功能，包括臭氧源识别技术、颗粒物源识别技术、敏感性分析、过程分析和反应示踪。

CAMx 模式建立的物理基础是污染物的连续性方程：

$$\frac{\partial c_l}{\partial t}=-\nabla_H \cdot V_H c_l+\left[\frac{\partial\left(c_l \eta\right)}{\partial z}-c_l \frac{\partial}{\partial z}\left(\frac{\partial h}{\partial t}\right)\right]+\nabla \cdot \rho K \nabla\left(\frac{c_l}{\rho}\right)+\frac{\partial c_l}{\partial t}\bigg|_{\text{Chemistry}}+\frac{\partial c_l}{\partial t}\bigg|_{\text{Emission}}+\frac{\partial c_l}{\partial t}\bigg|_{\text{Removal}} \quad (2\text{-}1)$$

式中，c_l 为物种 l 的平均浓度；z 为垂直方向的地形随动坐标；V_H 为水平风矢量；η 为垂直方向的夹卷速率；ρ 为空气密度；K 为湍流扩散系数；t 为时刻。

表 2-3 CAMx 模型中主要物理过程的模拟与计算方法

过程	物理模型	计算方法
水平输送	欧拉连续方程	Boot/PPM
水平扩散	K 理论	二维方程
垂直输送	欧拉连续性方程	隐式后向欧拉中心逆流求解
垂直扩散	K 理论 / 非局地混合	隐式后向欧拉 / 非对称对流扩散
气相化学	CB05/CB06/SAPRC99	EBI/IEH/LSODE
气溶胶化学	水相无机化学 / 有机与无机热动力学 / 静态双模态或多模态	RADM-AQ/ISORROPIA/SOAP/CMU
干沉降	气体与气溶胶阻力模式	利用垂直扩散计算沉降速度
湿沉降	气体与气溶胶去除模式	以去除系数指数消除

根据区域战略环境评价的要求，本次研究模拟的区域为东经 57°—161°，北纬 1°—59°，地图投影采用 Lambert 投影方法。模式模拟网格水平分辨率为 36 km，网格数为 200 160，垂直层次 20 层，模式顶高约为 15 km。模式模拟范围的第一层涵盖整个中国及东南亚地区，第二层包含中国的东部和中部地区，第三层包含了整个中原经济区。

本次模拟应用模式的 O_3 等气态污染物源识别技术（OSAT）和颗粒物源识别技术（PSAT）进行源解析。研究中模拟过程将每个市、区、县包含的网格合并成组合受体点，通过来源追踪得到各市、区、县组合受体点平均的浓度来源贡献，相比选择单个受体点而言，由组合受体点反映的城市间输送关系更具代表性，应用于区域战略环境评价更为科学合理。

（2）大气环境容量及承载力计算方法

大气环境容量是指某一区域内满足维护生态系统平衡和保护人群健康的条件下大气环境所能承纳污染物的最大能力，或所能允许排放的污染物总量。前者常被称为自净介质对污染物的同化容量（ASEC）；而后者则被称为大气环境目标值与本底值之间的差值容量（RSEC）。它们的大小取决于该区域内大气环境的自净能力以及自净介质的总量。若超过了容量的阈值，大气环境就不能发挥其正常的功能或用途，生态的良性循环、人群健康及物质财产将受到损害。研究大气环境容量可为制定区域大气环境质量标准、控制和治理大气污染提供重要的依据。

大气环境容量估算的基本方法主要有 A 值法、模拟法以及规划法（多源模式加数学规划法）。A 值法依赖简单的箱体模型简化表征大气污染物的扩散稀释规律，建立污染源与受点空气质量浓度的响应关系，以空气质量标准为控制目标，来计算大气环境容量。模拟法是一种基于大气扩散模式对区域的污染物扩散进行计算的方法。规划法是将污染源及其扩散过程与控制点的空气质量联系起来，通过空气质量模型建立排放量和空气质量的响应关系，以目标控制点的浓度达标作约束，通过优化方法确定源的最大允许排放量或削减量。

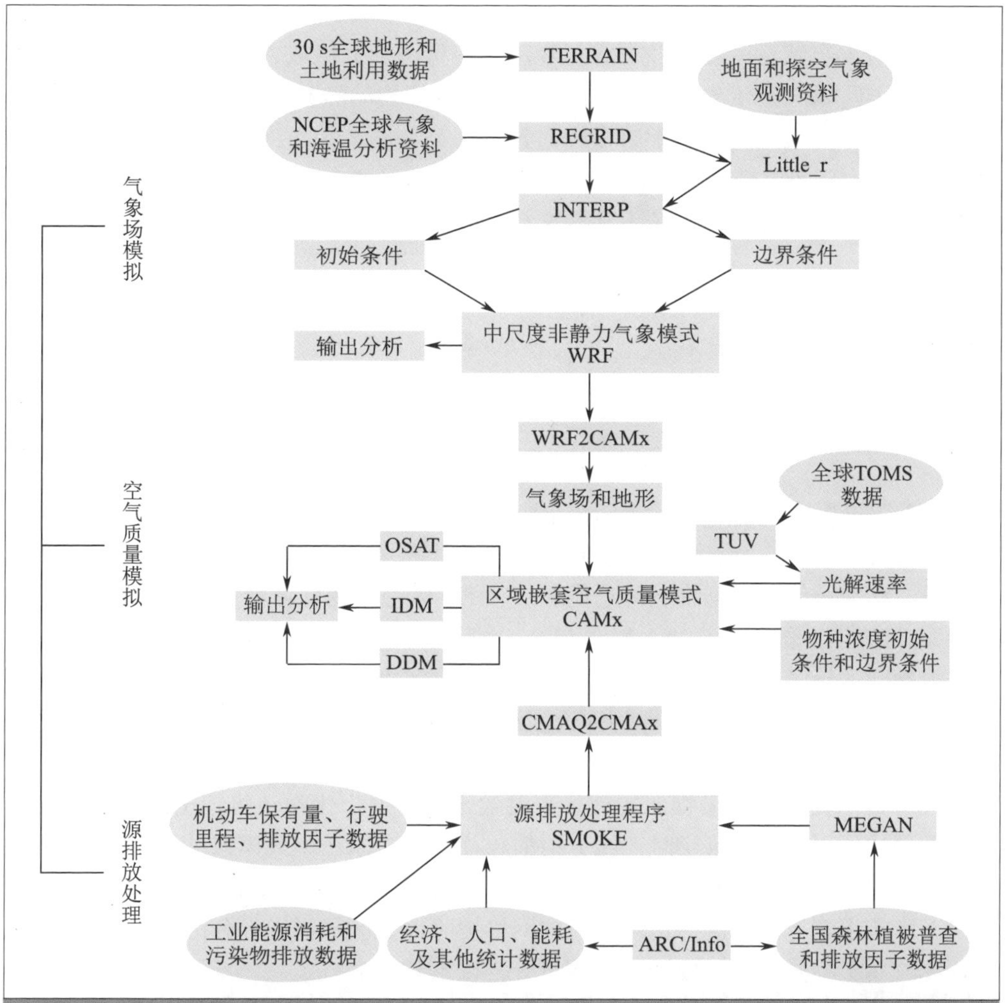

图 2-3　CAMx 模型的基本系统框架

目前，传统大气环境容量计算方法的诸多缺点及应用中的不合理性，已经不能继续适用于各种规模的环境影响评价工作，影响到环境影响评价工作的最终判定。亟须开发一种理论框架更加合理、数据支持更加可靠、适用性更加广泛的大气环境容量计算的新方法。因此，中国科学院大气物理研究所基于区域空气质量模式，开发了新的大气环境容量计算方法——区域空气质量模式法。该方法将大气环境作为一个开放的、动态的空间，充分考虑气象条件的复杂性，从污染物的生成转化、消亡过程量化大气对污染物的容纳能力，最终计算出目标区域具有时空动态特征的大气环境容量。该方法将大气作为整体，将污染物的发生、发展、消亡的过程逐一进行量化，不仅可得到大气容纳污染物的最大能力，体现大气污染物的区域输送特征，更能得到影响评价区域污染物的关键因素、关键机制。该方法的发展，可为大气环境评价提供理论更加合理、数据更加可靠、结果更加可信的评价判定依据。同时，为区域大气污染物总量控制、排放量削减、区域大气环境保护目标制定等提供科学支持。

区域空气质量模式法认为大气环境容量与环境的社会功能、环境背景、污染源位置（布局）、污染物的物理化学性质、区域的气象条件以及环境自净能力等因素密切相关，因此，其测算方法应将上述各要素充分考虑，体现出环境要素对污染物的容许承受能力。

针对大气环境空间的开放性及气象条件的复杂性，大气环境容量指某一环境区域内接纳某种污染物的最大容纳量，应由静态容量和动态容量两部分组成。静态容量指在一定环境质量目标下，一个区域内各环节要素所能容纳的某种污染物的静态最大量（最大负荷量）；动态容量指该区域内各要素在一个确定时段内对该种污染物的动态自净能力。大气环境容量中的动态容量既要考虑污染物在大气中所造成的污染程度，又要考虑污染物平流扩散、化学转化、干湿沉降净化等因素。因此，大气环境容量 Q 的表达式可表示为：

$$Q = Q_{\text{static}} + Q_{\text{dynamic}} \tag{2-2}$$

$$Q_{\text{static}} = c_{\text{standard}} \times V \tag{2-3}$$

$$Q_{\text{dynamic}} = F_{\text{net}} + D + T \tag{2-4}$$

$$F_{\text{net}} = F_{\text{out}} - F_{\text{in}} \tag{2-5}$$

$$F_{\text{net}} = F_{\text{out}} - F_{\text{in}} = u_{\text{out}} \times c \times A_{\text{section}} - u_{\text{in}} \times c \times A_{\text{section}} \tag{2-6}$$

$$D = D_{\text{dry}} + D_{\text{wet}} \tag{2-7}$$

式中，Q_{static}为评价区大气静态容量，Q_{dynamic}为评价区大气动态容量，c_{standard}为国家环境空气质量标准等级浓度，V 为高为距地一定高度、底面积为评价区域的柱体体积，F_{net} 为评价区污染物净输出量，D 为评价区污染物沉降总量，T 为评价区污染物化学转化量，F_{out} 为评价区污染物总输出量，F_{in} 为评价区污染物总输入量，u_{out} 为自评价区指向其他区域方向的风速，u_{in} 为自其他区域指向评价区方向的风速，c 为评价区边界的污染物浓度，A_{section}为评价区边界为底边、距地一定距离为高的垂直切面，D_{dry} 为评价区污染物干沉降量，D_{wet} 为评价区污染物湿沉降量。

根据上述理论框架，区域空气质量模式法需基于区域空气质量模式的过程分析法及分区标记。过程分析法是针对污染物的排放、平流输送、扩散、化学转化、干沉降和湿沉降等物理与化学过程的作用大小进行实时在线分析的一种技术，即在模式模拟过程中实时输出输送、平流、扩散、化学、沉降、排放等过程的量值，用于分析污染的发生、发展、消亡的物理和化学机制及影响因素等。分区标记即将模式网格按照评价区界线进行分区标记。

区域空气质量模式法的主要计算步骤可分为以下几步：

①利用区域气象模式模拟计算评价区全年的气象要素逐小时均值。

②利用区域空气质量模式模拟计算评价区全年的污染物浓度逐小时均值，同时启动过程分析模块，输出每小时的污染物输送量、干湿沉降量、化学转化量等。

③利用评价区及周边区域气象观测数据、大气污染物监测数据及卫星监测数据等验证区域气象模式和区域空气质量模式模拟结果的合理性和可靠性。

④使用地理信息系统软件（ArcGIS）将区域气象模式和区域空气质量模式的计算网格按照评价区界线进行分区标记。

⑤设定容量计算所需距地高度（一般情况下取 1 000 m），再根据 ArcGIS 划分的评价区界限，计算评价区不规则柱体体积、评价区边界的垂直切面面积。

⑥根据评价的需要，选择合适等级的国家环境空气质量标准浓度，计算评价区静态容量。

⑦根据上述式（2-2）至式（2-7），计算评价区以边界为界的污染物净输出量、沉降总量、动态容量，最终得到污染物的大气环境总容量。

大气环境承载力是指在一定时期内、一定空间范围内，在保证人类活动所造成的大气环境影响不至于破坏生态系统平衡和损害生态功能，以及危害人群健康的前提下，该地区可承载的人类活动水平。本研究中，长江中下游城市群地区发展战略环境评价大气环境专题采用大气环境承载力指数（即某一大气污染物排放量与对应的大气环境容量的比值）这一指标对大气环境承载力进行表征。

中原经济区发展战略环境评价大气环境专题采用大气环境承载率表征大气环境承载状态。大气环境承载率指数计算公式如下：

$$\mathrm{AELRI}=\mathrm{Max}(\mathrm{AELRI}_i)\quad i=1, 2, \cdots, n \tag{2-8}$$

$$\mathrm{AELRI}_i=\frac{\mathrm{ET}_i}{\mathrm{ASEC}_i} \tag{2-9}$$

式中：AELRI——大气环境承载率指数，量纲一；

AELRI_i——第 i 种污染物大气环境承载率，量纲一；

ET_i——控制区第 i 种污染物空气质量浓度 C_i 对应的排放量，t/a；

ASEC_i——控制区第 i 种污染物的绝对环境容量，t/a；

n——大气污染物的种类数。

$$\mathrm{ET}_i=\mathrm{E}_i+\mathrm{EC}_{0i} \tag{2-10}$$

E_i——本地已知（统计）污染源排放第 i 种污染物的排放量，t/a；

EC_{0i}——将背景浓度 C_0 转化为本地污染源排放第 i 种污染物的当量排放量，t/a。

（3）基于活动的大气污染物排放分析

①工业大气污染物排放预测方法

长江中下游城市群地区发展战略环境评价大气环境专题采用以下方法预测工业大气污染物排放效率，并结合设定的工业产值情景预测工业大气污染物排放。通过梳理环境统计年报中全国各类工业大气污染物排放效率变化轨迹发现（图 2-4），近年来全国工业大气污染物排放效率整体上呈指数形式递减。其中，工业 SO_2 排放效率以年均 20% 的下降速度从 2005 年的 147.7 t/ 亿元降至 2011 年的 42.8 t/ 亿元，工业烟粉尘排放效率以年均 28% 的下降速度从 2005 年的 126.0 t/ 亿元降至 2011 年的 23.2 t/ 亿元，工业 NO_x 排放效率以年均 9% 的下降速度从 2007 年的 56.7 t/ 亿元降至 2011 年的 37.4 t/ 亿元。指数方程可以很好地拟合各类污染物排放效率多年的变化趋势，3 类污染物排放效率的拟合优度均高于 0.85，其中二氧化硫和烟粉尘的拟合优度更是高于 0.99。

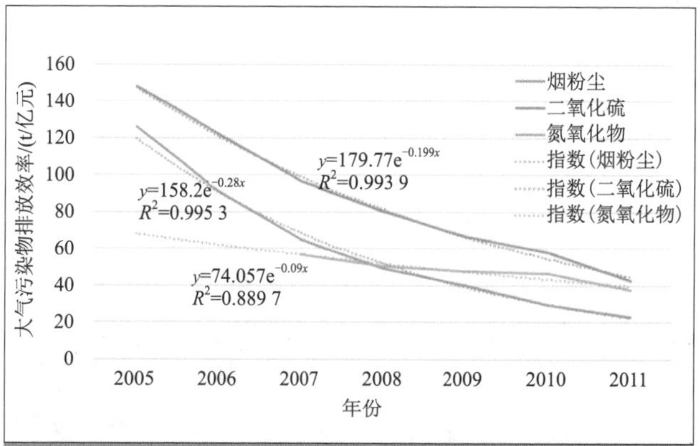

图 2-4　全国工业大气污染物排放效率多年变化趋势

由于缺少长江中下游城市群过去几年的工业分行业排放效率，因此使用 2005—2011 年全国工业分行业的各类污染物排放效率历史变化趋势预测长江中下游城市群未来的工业大气排放效率水平，计算得到各行业各类污染物排放效率年均降幅（表 2-4）。

表 2-4　各行业主要大气污染物排放效率年均降幅

行业	二氧化硫	氮氧化物	烟粉尘
装备制造	−0.27	−0.1	−0.19
造纸工业	−0.09	−0.09	−0.16
食品工业	−0.13	−0.08	−0.18
有色冶金	−0.07	−0.11	−0.17
电力工业	−0.25	−0.07	−0.2
纺织工业	−0.14	−0.16	−0.18
钢铁工业	−0.06	−0.09	−0.18
建材工业	−0.17	−0.05	−0.29
化学工业	−0.13	−0.13	−0.16
石油工业	−0.09	−0.03	−0.19
煤炭工业	−0.21	−0.12	−0.2

考虑到不同城市之间污染物排放效率水平不同，且各行业在未来 20 年内污染物排放效

率不可能无限度提高，因此，依据近几年在长江中下游城市群、环渤海城市群等 70 余个城市的污染物排放效率，选择各行业的各类污染物排放效率标杆，将选择得到的排放效率标杆作为全国先进水平（表 2-5）。设定当效率水平高于全国先进水平时，效率的提高速度下降。

表 2-5 重点行业各大气污染物排放效率标杆 单位：t/亿元

行业	SO_2 排放效率	NO_x 排放效率	烟粉尘排放效率
装备制造	0.37	0.1	0.86
造纸工业	19.33	8.53	10.75
食品工业	3.26	1.62	4.87
有色冶金	14.34	2.14	8.21
电力工业	72.98	239.21	39.62
纺织工业	3.74	1.14	3.76
钢铁工业	11.04	4.75	19.28
建材工业	48.44	108	178.48
化学工业	4.12	1.89	13.7
石油工业	1.5	1.1	2.38
煤炭工业	3.02	1.07	5.48

各地市分行业排放效率水平计算规则：当某城市的工业污染物排放效率高于标杆效率时，下一年该城市单位产值排放将以全国年均削减速度降低；当某城市工业污染物排放效率低于标杆城市时，则以原来 1/4 的速度降低单位产值排放。

中原经济区发展战略环境评价大气环境专题依据设定的 2020 年经济、2020 年效率、2030 年经济、2030 年效率 4 种情景的产品产量推算各情景下二氧化硫、氮氧化物、烟粉尘的排放量。推算方法为：通过资料收集、科研论文查阅等方式查出各行业 2012 年的产品产污系数，依据产业专题估算的排放效率的提高（基线情景下，重点产业环境排放效率按照年均提高 2% 的速度稳步提高；优化情景下，到 2020 年，重点产业环境排放效率较 2012 年提高 1 ～ 2 倍，到 2030 年，上述环境因子排放效率较 2012 年提高 3 ～ 4 倍）计算出各情景下的产品产污系数。以各情景下重点行业产品产量乘以对应的各情景下的产品产污系数，得出行业大气污染物排放量。

②机动车污染物排放预测方法

机动车污染物排放量由机动车保有量、机动车行驶里程、排放因子计算得到，机动车污染物排放量计算公式为：

$$Q_m=\sum(p_{m,i}\times M_i\times \mathrm{EF}_{m,i}) \tag{2-11}$$

式中，m 为某区域；i 为车型；Q_m 为 m 区域的机动车排放量，辆；$P_{m,i}$ 为在 m 区域第 i 车型机动车保有量；M_i 为第 i 车型的年均行驶里程，km；$\mathrm{EF}_{m,i}$ 为在 m 区域第 i 车型的排放因子，g/（km · 辆）。在本次计算中，车型 i 总体上分为载客微型、载客轻型、载客中型、载客大型、载货微型、载货轻型、载货中型、载货大型、三轮汽车、低速载货汽车、普通摩托车、轻便摩托车十二大类，假设情景年评价区各城市机动车构成类型比例不变，不同车型的年均行驶里程不变，机动车保有量、机动车排放因子的改变导致机动车排污量发生改变。以此为基础，分别计算评价区不同城市地区机动车污染物排放量。

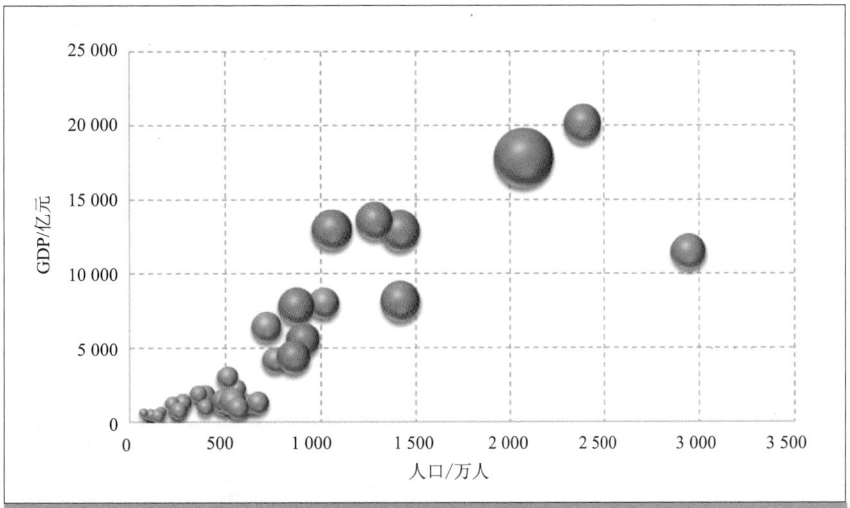

图 2-5　人口、GDP 与机动车保有量关系

注：图中气泡大小为机动车保有量。

从评价区主要城市、全国机动车保有量前十名城市（北京、天津、成都、深圳、上海、广州、杭州、重庆、郑州、西安）2012 年人口、GDP 与机动车保有量的关系图（图 2-5）可知，机动车保有量与人口、GDP 呈较好的正相关关系，人口越多、GDP 越大，机动车保有量越大。因此，将人口、GDP 作为自变量，机动车保有量作为因变量，建立多元线性回归方程，并通过拟合优度检验、回归方程显著性检验、*t* 检验等。利用情景年人口和 GDP 预测数据，得出情景年三种情景下评价区各城市机动车保有量。

2018 年我国轻型汽车将开始使用《轻型汽车污染物排放限值及测量方法（中国第五阶段）》（GB 18352.5—2013）。2015 年城市柴油车辆将开始使用《城市车辆用柴油发动机排气污染物排放限值及测量方法（WHTC 工况法）》（HJ 689—2014）。2009 年已经开始使用《重型车用汽油发动机与汽车排气污染物排放限值及测量方法（中国Ⅲ、Ⅳ阶段）》（GB 14762—2008），2011 年已经开始使用《摩托车和轻便摩托车排气污染物排放限值及测量方法（双怠速法）》（GB 14621—2011），预计到 2020 年重型汽油车和摩托车将使用更严格的标准。本项目中，假设 2020 年我国机动车全部执行欧Ⅴ标准，2030 年执行更加严格的欧Ⅵ标准。基于此假设，通过文献调研得到不同车型机动车的排放因子（表 2-6），并假设车辆行驶里程在情景年不发生变化（表 2-7）。

表 2-6　情景年各种机动车车型的排放因子　　单位：g/（km · 辆）

项目		载客微型	载客轻型	载客中型	载客大型	载货微型	载货轻型	载货中型	载货重型	三轮汽车	低速载货汽车	普通摩托车	轻便摩托车
2020 年欧Ⅴ标准	PM_{10}	0.02	0.02	0.1	0.1	0.03	0.04	0.1	0.2	0.02	0.04	0.02	0.01
	NO_x	0.1	0.1	3.6	3.6	0.1	0.8	2.8	4.9	0.1	0.8	0.2	0.1
2030 年欧Ⅵ标准	PM_{10}	0.02	0.02	0.1	0.1	0.03	0.04	0.1	0.1	0.02	0.04	0.02	0.01
	NO_x	0.1	0.1	0.7	0.7	0.1	0.4	0.5	0.9	0.1	0.4	0.2	0.1

数据来源：蔡皓，谢绍东．中国不同排放标准机动车排放因子的确定．北京大学学报：自然科学版，2010，46（3）。

表 2-7　各种机动车车型的行驶里程　　单位：万 km/a

项目	载客微型	载客小型	载客中型	载客大型	载货微型	载货轻型	载货中型	载货重型	三轮汽车	低速载货汽车	普通摩托车	轻便摩托车
行驶里程	5	5	4	4	4	4	3	3	3	3	1.2	1.2

数据来源：宋翔宇，谢绍东．中国机动车排放清单的建立．环境科学，2006，27（6）：1041-1045。

二、大气环境基本状况及演变趋势

（一）大气污染物区域输送特征分析

评价区地势西高东低，河湖密布，地势平坦低平，大部分在海拔 50 m 以下，形成河流冲积平原，如江汉平原、洞庭湖平原、鄱阳湖平原、太湖平原等。这种地貌地形较有利于大气污染物输送和扩散，大气污染物不易累积而形成重污染。与此同时，丘陵地区地势较低处易形成局地环流，不利于污染物稀释扩散。

评价区气象条件复杂多变，周边跨区输送明显。评价区受西风带和亚洲季风的共同作用，气象条件复杂，总体偏弱，气流易呈现对峙状态，静稳天气多，风速较小，污染物不易扩散。春季，来自东海、南海的气流和来自西北内陆的干冷气流交汇，受到南方和西北气流的共同作用，南方沿海地区及西北内陆地区的污染物可输送至此，但强度较弱。夏季，受到东南亚夏季风的影响，污染物由南向北输送，中部地区南部受到珠三角地区污染物输送影响，地区内表现为长江中下游地区向中原经济区输送。秋冬季，主要受北方来向的强劲气流影响，评价区空气质量受到京津冀、山东、江苏等地高浓度污染物输送的影响。

评价区受周边区域污染输送较显著。2012 年，全年到达郑州、洛阳、长治、邢台的气流轨迹主要分为三大类，来自蒙古、俄罗斯等地区的远距离气团占 5% ～ 23%，来自甘肃中部、内蒙古西部的中远距离气团占 16% ～ 23%，来自蒙古中东部、内蒙古中部、京津冀地区的反气旋式气团占 12% ～ 54%。在中原经济区内部对郑州影响较大的是郑州以南地区，包括许昌、平顶山等地，其次是郑州以西和以北地区，包括洛阳、焦作、济源等地，郑州以东地区对其影响较小。

利用 NAQPMS 模式对 2012 年长江中下游城市群各城市 $PM_{2.5}$ 来源进行解析（表 2-8）。结果表明，长江中下游地区受到区域外、城市群之间、各城市间三重大气污染输送影响。本地污染贡献大于 60% 的城市为马鞍山、六安、池州、武汉、黄石、长沙，受外部输送影响大于 60% 的城市为芜湖、鹰潭、荆州、仙桃、天门。

①区域外影响：皖江城市带受江苏、安徽北部、上海等地区污染输送显著，这几个地区对芜湖、马鞍山、宣城的输送贡献可达到 20% 以上；武汉城市圈主要受到我国北方地区和湖北剩余地区的影响，受影响较为突出的城市为孝感、荆州、潜江，其输送贡献可达到 30%；长株潭城市群受湖南剩余地区和江西剩余地区影响显著，长沙、株洲、湘潭受这两个地区的影响为 20% 左右；鄱阳湖生态经济区主要受上海、浙江、安徽的输送影响，上饶、景德镇受其影响为 25% 左右。

②城市群间影响：鄱阳湖生态经济区主要受到皖江城市带的安庆和池州的输送影响，如九江受到安庆的输送影响达 12%。武汉城市圈受其他三个城市群相邻城市的污染输送影响，如黄冈受安庆和六安约 38% 的输送影响，黄石、咸宁均受到九江的输送影响，咸宁还受到岳阳 4.6% 的输送影响。皖江城市带受其他城市群污染输送影响较小。

表 2-8　长江中下游城市群 $PM_{2.5}$ 污染来源解析　　单位：%

地区	本地贡献	外部输送贡献	主要的污染源区
合肥	54.4	45.6	东方（13.0），滁州（12.0），六安（5.5），安徽剩余（3.6）
芜湖	32.5	67.5	东方（25.3），宣城（16.3），合肥（9.9），马鞍山（8.5）
马鞍山	67.8	32.2	东方（20.1），合肥（9.6），宣城（4.3），滁州（3.7）
铜陵	56.8	43.2	芜湖（10.8），合肥（8.6），东方（7.7），安庆（4.2），池州（4.2）
安庆	58.8	41.2	六安（12.6），合肥（9.5），黄冈（7.3），池州（4.1）
滁州	55.3	44.7	东方（16.5），安徽剩余（5.4），马鞍山（5.0），合肥（4.8），北方（2.6）
六安	67.8	32.2	安徽剩余（9.1），合肥（7.1），滁州（4.2），安庆（3.5）
池州	60.7	39.3	宣城（10.3），九江（8.0），安庆（7.0），东方（4.6）
宣城	54.4	45.6	东方（21.8），池州（5.8），芜湖（2.7），马鞍山（1.0)
南昌	51	49	九江（17.0），上饶（14.2），江西剩余（10.4），安庆（2.3）
景德镇	46.1	53.9	安徽剩余（14.2），东方（12.7），池州（9.3），上饶（8.9）
九江	58.7	41.3	安庆（12.6），黄冈（6.7），黄石（5.0），南昌（3.8）
鹰潭	31	69	上饶（41.4），东方（10.7），景德镇（3.9），东南方（3.6）
上饶	47.3	52.7	东方（22.6），安徽剩余（7.4），景德镇（4.4），池州（4.0）
武汉	64.5	35.5	黄冈（7.6），北方（6.3），孝感（5.8），鄂州（5.0），咸宁（4.2）
黄石	67.5	32.5	黄冈（7.9），九江（6.9），安庆（6.7），咸宁（5.8）
鄂州	49.8	50.2	黄石（16.1），黄冈（13.7），武汉（7.3），咸宁（7.3）
孝感	48.4	51.6	北方（20.4），湖北剩余（9.6），安徽剩余（4.4），武汉（8.6）
荆州	37.1	62.9	湖北剩余（23.2），潜江（5.6），湖南剩余（5.5），北方（6.4）
黄冈	44.8	55.2	六安（23.8），安庆（14.0），北方（8.9），武汉（4.2）
咸宁	49.3	50.7	九江（11.3），武汉（10.9），黄石（9.5），岳阳（4.6）
仙桃	39.3	60.7	孝感（14.7），武汉（11.5），天门（8.9），荆州（8.7）
潜江	43.8	56.2	湖北剩余（20.2），北方（10.2），荆州（8.1），天门（5.3）
天门	37.1	62.9	湖北剩余（20.3），孝感（13.0），北方（9.5），武汉（6.2）
长沙	68.8	31.2	湖南剩余（11.0），江西剩余（6.9），岳阳（6.1），湘潭（4.5）
株洲	42.3	57.7	江西剩余（15.7），长沙（11.3），湖南剩余（9.6），湘潭（5.9），岳阳（3.2）
湘潭	42.3	57.7	湖南剩余（23.4），长沙（18.7），岳阳（3.1），株洲（3.0）
岳阳	53.4	46.6	咸宁（11.1），长沙（10.9），湖南剩余（7.5），九江（7.4）

注：“东方”指上海、江苏、浙江等地区；“北方”指京津冀、河南、山东、西北、东北等地区；“东南方”指福建、台湾等地区；“安徽剩余”“江西剩余”“湖北剩余”“湖南剩余”指不在本次长江中下游城市群评价区的安徽、江西、湖北、湖南剩余地区。

③城市间影响：除了区域外和城市群间的影响，各城市的污染输送主要表现为相邻城市之间的相互影响，这也是各城市污染输送最主要的特征，绝大多数城市受到相邻城市的输送影响最为显著。例如，九江对南昌的输送贡献达 17%，安庆对九江的影响达到 12.6%，鄂州受到黄石（16.1%）和黄冈（13.7%）的影响较显著，咸宁受到武汉的输送影响约为 11%，仙桃受孝感（14.7%）和武汉（11.5%）的影响显著，天门受到孝感的输送影响约为 13%，株洲、湘潭、岳阳受长沙影响均在 10% 以上。

为了掌握中原经济区各地区之间大气污染物的相互输送情况，利用 CAMx 模型的源追踪技术，分别进行了 SO_2、NO_2 等污染物的来源追踪，再统计各受点上来自不同地区的污染物的贡献。

一次排放 $PM_{2.5}$ 相互输送影响分析。从总体上看，中原经济区 33 个市（区、县）中来自本地排放的浓度贡献平均为 23.5%，最大的是长治，达到 58.9%。其中本地排放浓度贡献超过 50% 的地区共 3 个，分别是长治、运城和邯郸；在 40% ～ 50% 的地区有 3 个，分别为平顶山、安阳和焦作；在 30% ～ 40% 的地区有 2 个，分别是淮北和邢台；其他地区本地排放对自己浓度的贡献率均小于 30%，东平县本地贡献只有 1.3%，其他多为周边地区和区外输入。大部分地区外地排放对一次 $PM_{2.5}$ 浓度贡献较大，区外贡献率超 30% 的地区共有 18 个，其中区外贡献率超 50% 的有南阳、信阳、驻马店、蚌埠、潘集区、凤台县、阜阳、宿州、亳州、东平县，区外贡献率在 30% ～ 50% 的有濮阳、漯河、三门峡、商丘、周口、淮北、聊城、菏泽。

从各地区之间的相互输送影响来看，影响较为明显（浓度贡献在 10% 以上）的有：郑州受平顶山的浓度贡献为 13.9%；洛阳受平顶山的浓度贡献为 15.1%；安阳受邯郸的浓度贡献为 11.4%；鹤壁受安阳和邯郸的浓度贡献分别为 20.3% 和 15.9%；新乡受安阳的浓度贡献为 14.7%；濮阳受安阳和邯郸的浓度贡献分别为 11% 和 14%；许昌受平顶山的浓度贡献为 10.4%；三门峡受运城的浓度贡献为 18.6%；济源受晋城的浓度贡献为 18.2%；晋城受长治的浓度贡献为 13.9%；邯郸受长治的浓度贡献为 10.9%；邢台受邯郸的浓度贡献为 19.8%；聊城受邯郸的浓度贡献为 14.4%。

（二）大气环境质量现状及演变特征

1. 首要污染物为颗粒物，呈面状分布，超标严重

采用《环境空气质量标准》（GB 3095—2012）分析，2012 年评价区大部分城市 PM_{10} 年均浓度处于超标状态，其中中原经济区、长株潭城市群各城市 PM_{10} 全部处于超标状态。中原经济区中，河南和山东各城市 PM_{10} 年均浓度最高，相对较低的城市位于山西和河北。各城市中，PM_{10} 年均浓度最高的是东平（0.129 mg/m^3），其他超过 0.1 mg/m^3 的城市还有菏泽、郑州、开封。长江中下游地区中，皖江城市带 PM_{10} 年均浓度最高，长株潭城市群次之，武汉城市圈位居第三，鄱阳湖生态经济区浓度最低。各城市中，合肥市 PM_{10} 年均浓度最高，达到 0.144 mg/m^3，其次是黄石（0.114 mg/m^3），居于第三位的是武汉和咸宁（0.100 mg/m^3），均超过了国家二级标准，其他超标的城市有鄂州、孝感、黄冈、仙桃、潜江、天门、荆州、岳阳、株洲、湘潭、马鞍山、芜湖、铜陵、宣城、南昌、鹰潭、景德镇。

2. SO_2 和 NO_2 浓度总体不高，个别城市超标

目前，评价区 SO_2 浓度在全国范围内处于中等污染水平（图 2-6），相对于京津冀、长三角、珠三角及四川盆地地区浓度较低，但和全国其他地区相比仍污染较重。中原经济区和长江中下游地区的 SO_2 年均浓度基本持平，除鹤壁外，其他城市均达到了国家二级标准。郑州及周边城市和长株潭城市群的 SO_2 浓度相对较高，约为 0.05 mg/m^3。评价区中部 SO_2 浓度最低，约为 0.03 mg/m^3。此外，部分城市 SO_2 浓度达到了国家一级水平，如淮北、信阳、潜江、黄冈、安庆、宣城。

评价区部分城市出现 NO_2 超标（图 2-6）。长江中下游城市群 NO_2 浓度总体不高，从空间分布上来看，NO_2 年均浓度以长株潭城市群最高，其后依次为鄱阳湖生态经济区、皖江城市带、武汉城市圈；长江中下游城市群中 NO_2 超标的城市为武汉、株洲和上饶。中原经济区

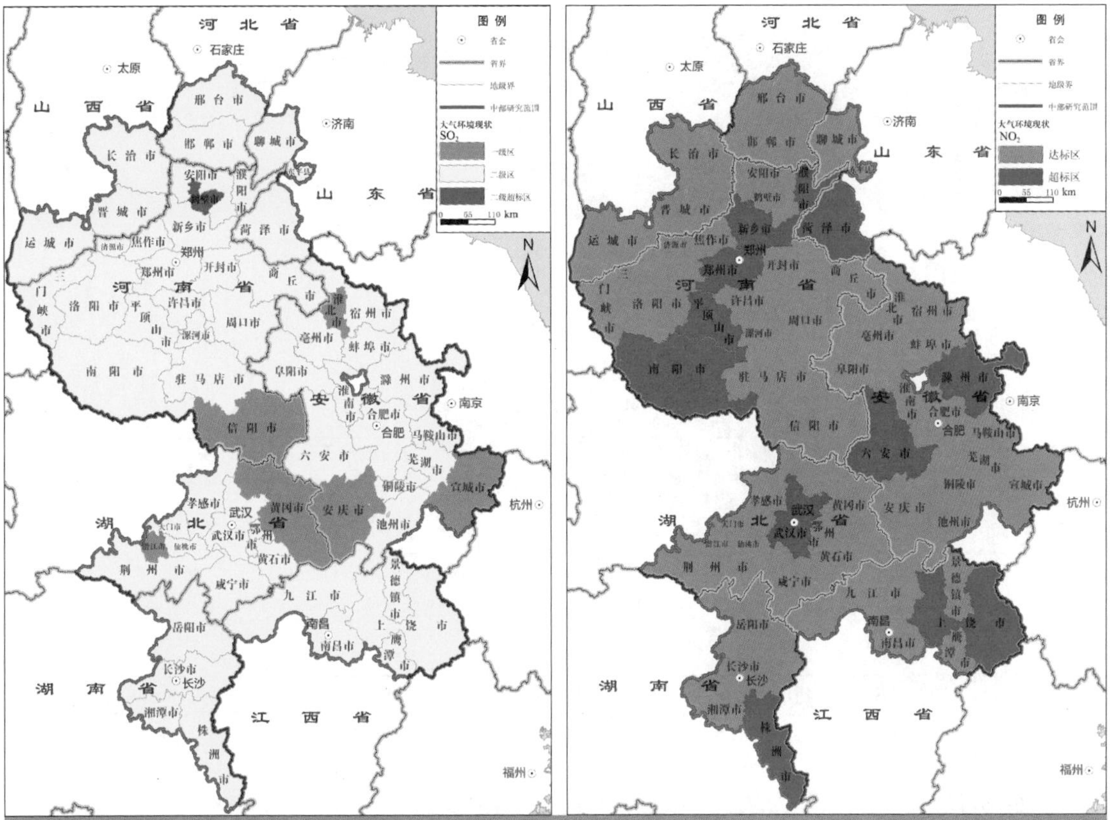

图 2-6　评价区 2012 年 SO_2（左）和 NO_2（右）年均浓度空间分布

NO_2 超标的城市有 7 个，分别为郑州、新乡、濮阳、平顶山、南阳、菏泽、安阳。

3. 城市大气复合污染态势凸显，$PM_{2.5}$ 和 O_3 频繁超标

评价区多数城市 $PM_{2.5}$ 污染频发，且北部污染较南部严重，已成为评价区最主要的大气环境问题。典型代表城市中，中原经济区的开封、郑州 $PM_{2.5}$ 超标最为严重，超标天数 55%以上，长江中下游城市群的武汉、长沙和南昌 $PM_{2.5}$ 超标相对较轻，但超标天数也基本达到 30%（表 2-9）。从季节变化来看，$PM_{2.5}$ 污染春冬季重于夏秋季。中原经济区典型城市和长江中下游城市群省会城市监测数据都表现为 $PM_{2.5}$ 冬春两季浓度高、超标严重，夏秋两季相对浓度低、超标天数少（图 2-7）。

表 2-9　评价区典型城市 2013 年 $PM_{2.5}$ 超标状况统计

城市	统计天数 /d	超标天数 /d	超标率 /%
开封	272	150	55.1
郑州	242	153	63.2
长治	273	121	44.3
晋城	303	143	47.2
合肥	240	82	34.2
长沙	240	74	30.8
武汉	240	73	30.4
南昌	240	67	27.9

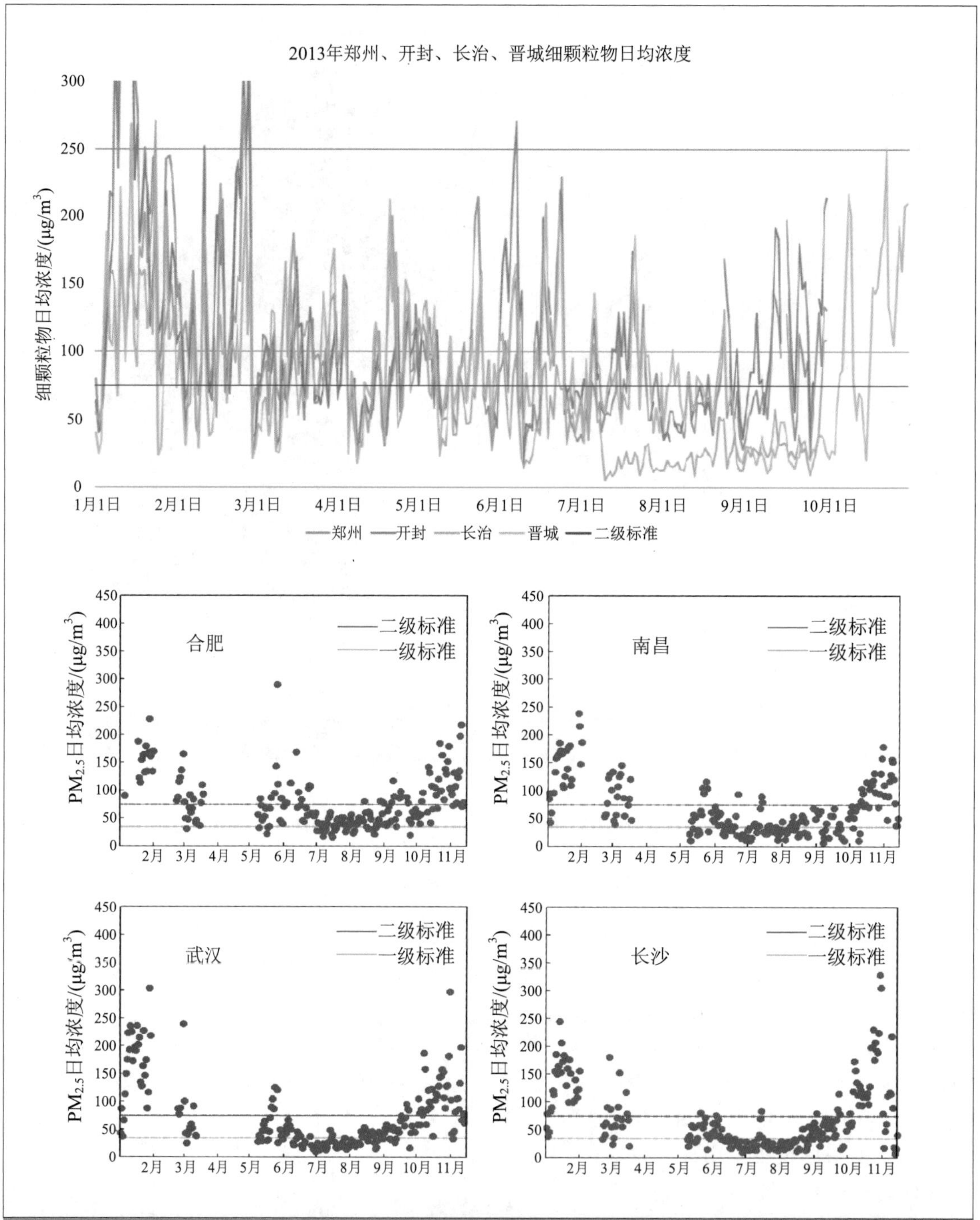

图 2-7 评价区 2013 年典型城市 $PM_{2.5}$ 日均浓度

评价区以 O_3 超标为特征的光化学污染已显现，一年中以夏秋季污染最为严重，长江中下游城市群 O_3 污染较中原经济区严重。2013 年，以武汉、长沙、南昌为代表的长江中下游城市群年超标时次分别为 233 个、92 个和 27 个时次，以郑州、开封、长治、晋城为代表的中原经济区年超标时次分别为 5 个、22 个、72 个和 14 个时次（图 2-8）。

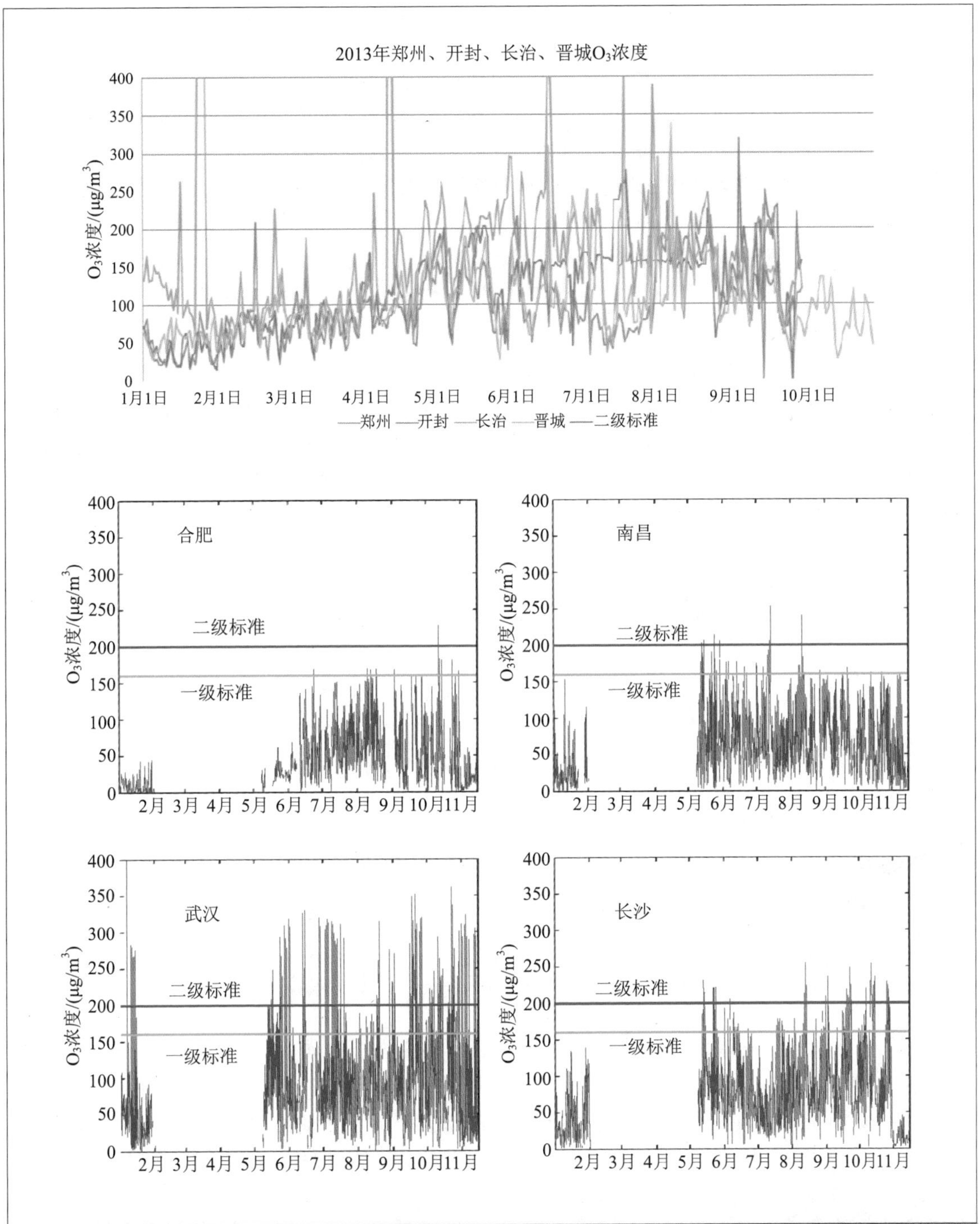

图 2-8　评价区 2013 年典型城市 O_3 浓度时间序列

大气数值模拟结果表明，评价区大部分地区 $PM_{2.5}$ 浓度均超标（超过 35 μg/m^3），仅三门峡南部、长治北部区域的 $PM_{2.5}$ 浓度低于标准值，区域内主要大城市均处于 $PM_{2.5}$ 浓度高于 70 μg/m^3（超标 1 倍以上）的状态，对区域公众健康造成重大潜在威胁。

4. 长江中下游城市群地区酸雨污染严重，多年未有改观

评价区酸雨污染主要集中于长江中下游地区，降雨酸度大，离子浓度高，污染严重，多年未改善。中原经济区仅个别城市出现酸雨。安徽、江西、湖北、湖南四省均有较大面积属于国家酸雨控制区，控制酸雨污染形势严峻，江西酸雨形势也较为严重（图 2-9）。2011 年，湖南省 14 个城市的降水平均 pH 值为 4.78，酸雨平均发生率为 54.8%。湖北省武汉和咸宁的降水 pH 年均值分别为 4.99 和 4.78，黄冈最低，为 4.78，这三个城市降水 pH 年均值低于酸雨标准，为主要酸雨城市。江西省全省城市降水 pH 年均值为 4.89，全省城市酸雨频率为 70.4%，酸雨频率大于 80% 的城市有南昌、景德镇、鹰潭。安徽省的马鞍山、安庆、滁州、宣城、铜陵、池州等城市出现了酸雨，芜湖、马鞍山、铜陵、宣城市平均酸雨频率为 24.8%。中原经济区（河南、安徽北部、山东西部、河北南部、山西南部）位于 pH ＞ 5.6 的区域。2012 年，河南省 18 个省辖市降水监测结果表明，降水 pH 年均值在 4.72 ～ 8.84，只有洛阳一个城市出现酸雨，酸雨发生频率为 3.8%，降水 pH 年均值为 5.07。中原经济区范围的安徽省 6 个地市中，只有蚌埠出现酸雨，发生频率为 6.8%，降水 pH 年均值为 5.62。河北省的邯郸和邢台，未出现酸雨。山西省的长治、晋城未出现酸雨。山东省聊城、菏泽未检出酸雨。

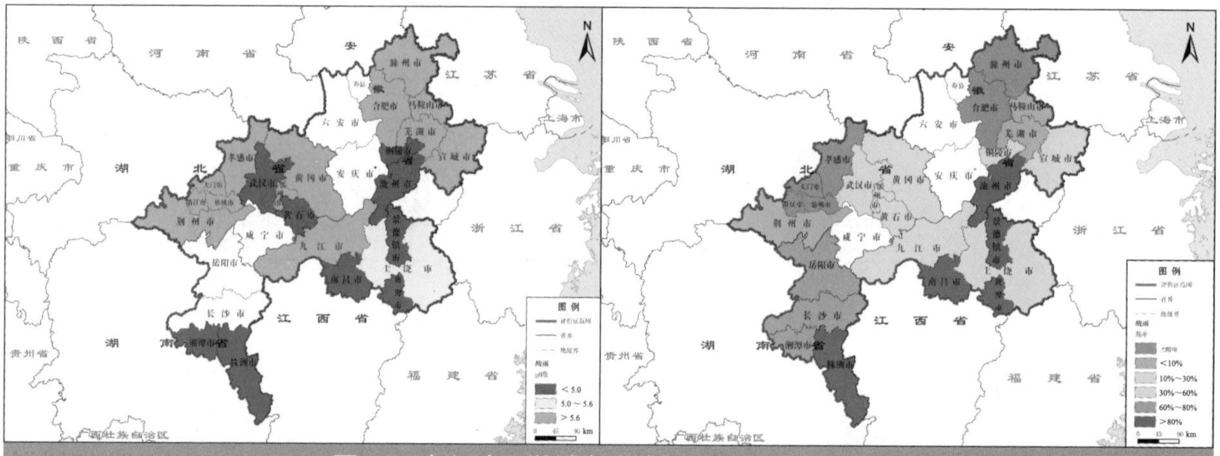

图 2-9　长江中下游城市群地区 2012 年酸雨分级

长江中下游城市群酸雨污染多年未出现改观，污染态势严峻（中原经济区无酸雨多年历史资料）（图 2-10）。武汉城市圈中，武汉市酸雨的 pH 值年均在 5.0 左右，酸雨频率经历了先增加后减小的过程，最大值出现在 2005 年（37.7%）；黄石市的酸雨 pH 值历年在 5.0 左右，在 2011 年达到最小值 4.78，降雨频率逐年递增，2011 年达到最大值 28.7%。鄂州市的降水 pH 值近三年来酸性降低，但是酸雨的频率有所增加；荆州市的降水 pH 值经历了先增加后减少的过程，保持在 6.0 左右。孝感市的降水 pH 值从 2006—2010 年一直维持在 6.02 ～ 7.55 的水平，无酸雨出现，状况良好。黄冈的降水 pH 值则逐年减小，酸雨频率经历先增加后减小的过程。天门市的酸雨频率虽然缓慢递增，但是频率一直较低，保持在 2% ～ 5%。长株潭城市群中，长沙市 2001—2004 年降水 pH 值一直在 4.0 左右，酸雨频率经历了先增加后减小的过程，酸雨频率持续在 80% 以上，直到 2011 年才有所好转，频率降低到 68%。株洲市的降水 pH 值在 2001—2004 年保持在 4.0 ～ 5.0，酸雨频率波动性上升，在 2011 年达到最大频率 95%。湘潭降水 pH 值在 2001—2004 年都在 4.0 ～ 5.0，降雨频率波动性较大，最大值是

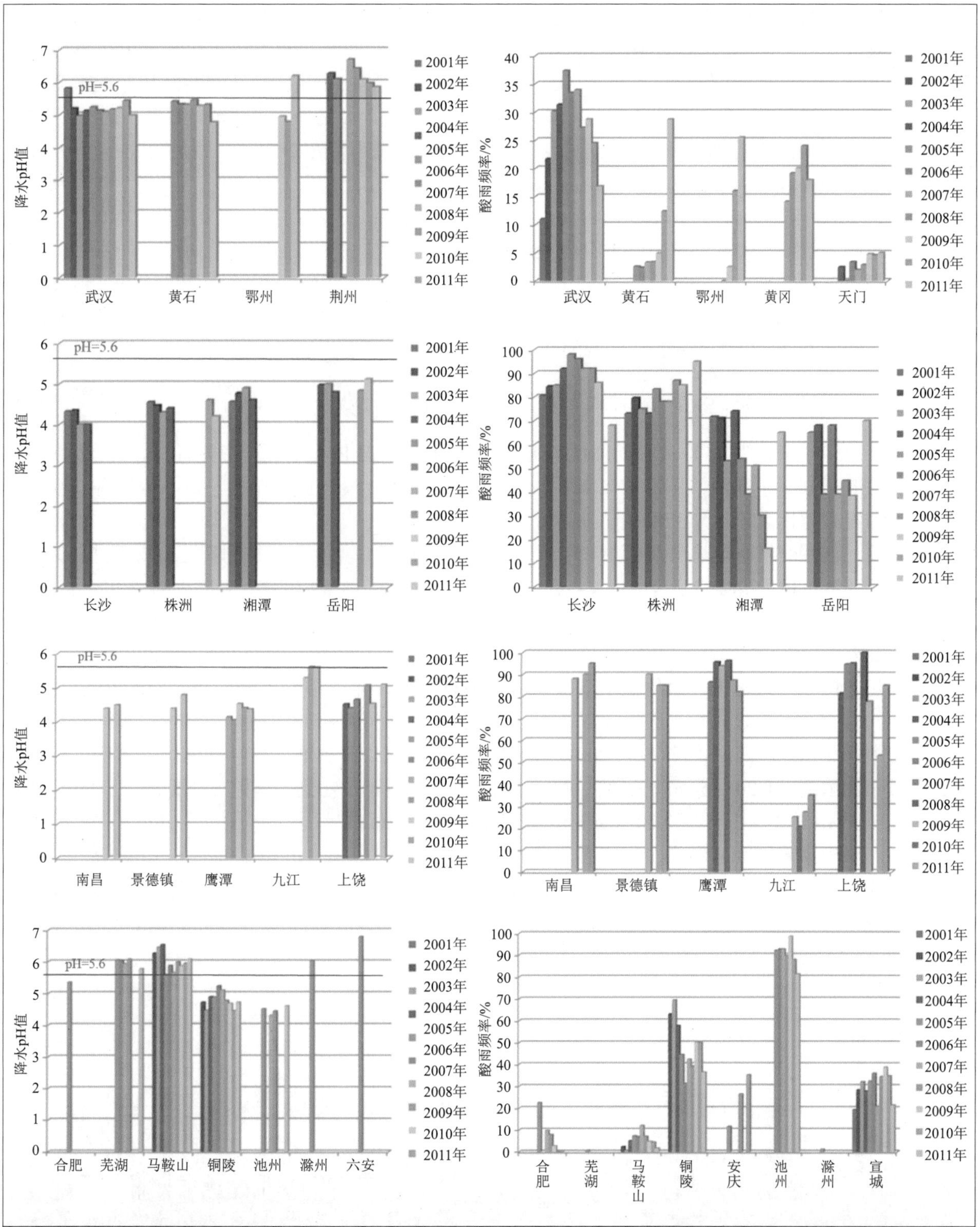

图 2-10　长江中下游城市群酸雨变化趋势

2004 年的 71.7%，最小值在 2009 年，只有 16.0%，岳阳与湘潭类似，酸雨频率波动也比较大，最大值在 2011 年，为 70.0%，最小值在 2009 年，为 38.9%。除九江市，鄱阳湖生态经济区各地级市降水 pH 值均在 4 ～ 5，九江市情况较好，历年 pH 值在 5 ～ 6。从历年的酸雨频率图中可知，大部分城市历年的酸雨频率都在 80% 以上，如南昌、景德镇、鹰潭、抚州、上饶，其中上饶的酸雨频率经历了先增加后减少的过程，最小值在 2011 年，为 53%，只有九江的酸雨频率较低，均在 20% ～ 30%。皖江城市带中，芜湖市降水 pH 值在 5 ～ 6，酸雨频率只有 2005 年的值 0.7%；马鞍山的降水 pH 值为先降低后升高的趋势，主要集中在 6.0 左右，酸雨频率较低，大多都在 10% 以下；铜陵市的降水 pH 值先升高后降低，均在 4.3 ～ 5.2，酸雨频率波动性减少，2003 年频率较大，2006 年频率最低，只有 31.2%；池州降水 pH 值集中在 4 ～ 5，酸雨频率较大，都在 80% 以上。另外，合肥、滁州、六安只有 2005 年的降水 pH 值，分别为 5.35、6.02 和 6.79。宣城的降雨频率先增加后减少，基本在 20% ～ 40%。

5. 大气环境质量未出现明显改观，NO_x 污染呈上升态势

多年来，评价区 SO_2 和 PM_{10} 浓度虽逐年下降，但 PM_{10} 污染一直高位运行，达标率低（图 2-11）。中原经济区，多年来各城市 PM_{10} 年均浓度最大值都超标，最小值只有鹤壁和蚌埠没有超标。2003 年 PM_{10} 浓度较高的洛阳、长治、开封、安阳、平顶山、晋城等城市下降明显，这些变化与国家在“十五”“十一五”期间实施的污染物总量控制和污染物减排任务，以及环境目标考核等措施密切相关。在长江中下游城市群中，近 10 年，湖北 PM_{10} 浓度一直超标，2001 年为近 11 年最大，达到 0.225 mg/m^3，2001—2005 年虽明显下降，至 2005 年下降至 0.043 mg/m^3，但 2006 年后，PM_{10} 浓度无明显变化趋势，依然超标。湖南 PM_{10} 浓度自 2011 年起均超过国家二级标准，总体上呈下降趋势，2009—2011 年有小幅上升趋势。安徽 PM_{10} 浓度自 2011 年起均超过国家二级标准，总体上呈先上升后下降再回升的趋势，2009—2011 年有小幅上升趋势。江西 PM_{10} 浓度自 2001—2003 年超过国家二级标准，2001 年最大，可吸入颗粒物年均浓度为 0.208 mg/m^3，虽然 2008—2011 年大幅下降，达到了国家二级标准，但到了 2011 年 PM_{10} 浓度又上升至 0.701 mg/m^3，超过了国家二级标准。

中原地区 SO_2 污染多年来有所改善，个别城市出现 SO_2 污染加重趋势（图 2-12）。中原经济区中，2003 年 SO_2 呈高浓度的运城、邢台、晋城、济源、三门峡、焦作、长治、安阳等城市，到 2012 年基本达标，个别地市 SO_2 浓度呈现上升趋势，如鹤壁市，而且 2012 年其浓

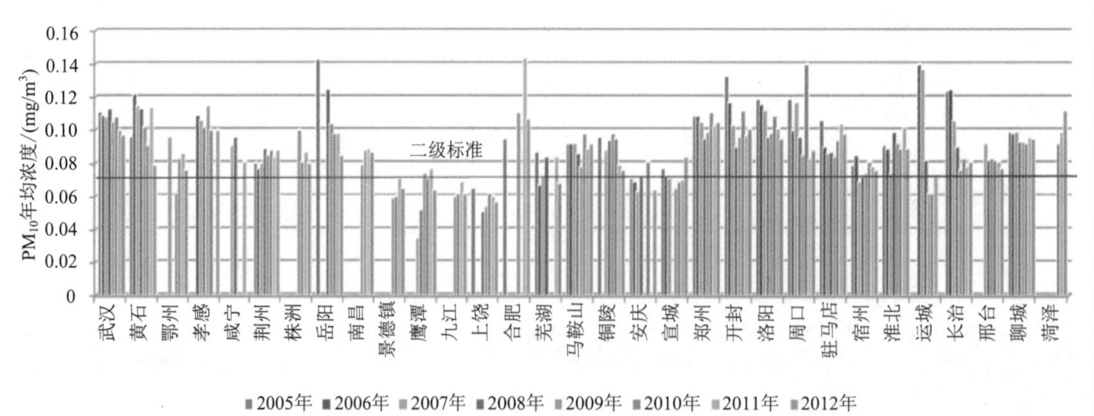

图 2-11 评价区主要城市 PM_{10} 年均浓度多年变化趋势

度已经超标。长江中下游城市群中，武汉城市圈和皖江城市带的 SO_2 浓度表现为先上升后下降趋势，长株潭城市群一直趋于下降的态势，而鄱阳湖生态经济区 SO_2 总体保持上升，SO_2 污染加重（图 2-13）。

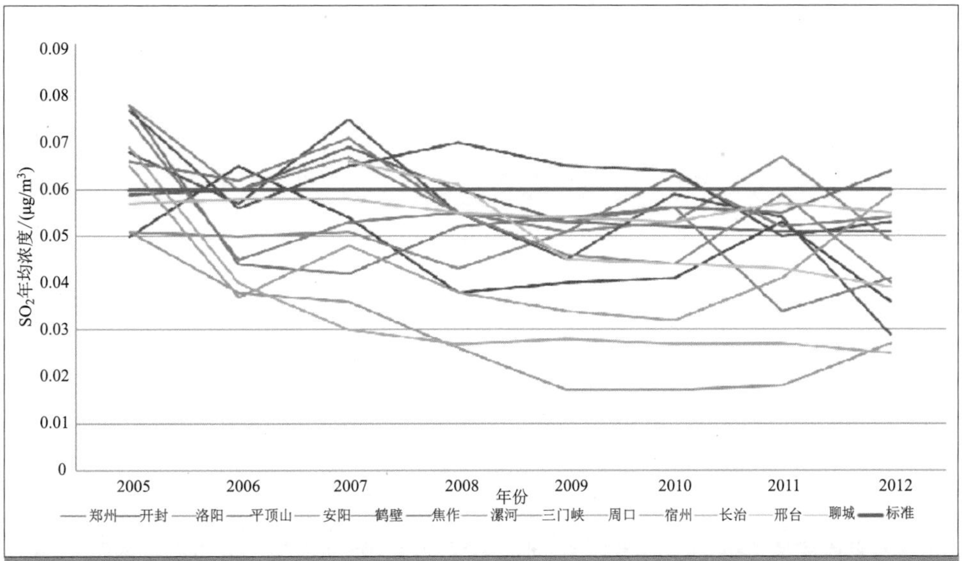

图 2-12　中原经济区多年 SO_2 年均浓度变化趋势

评价区 NO_2 浓度多年来变化趋势平稳，部分城市出现超标，甚至出现 NO_2 浓度上升态势。中原经济区 10 个地市 2012 年浓度比 2005 年要高，

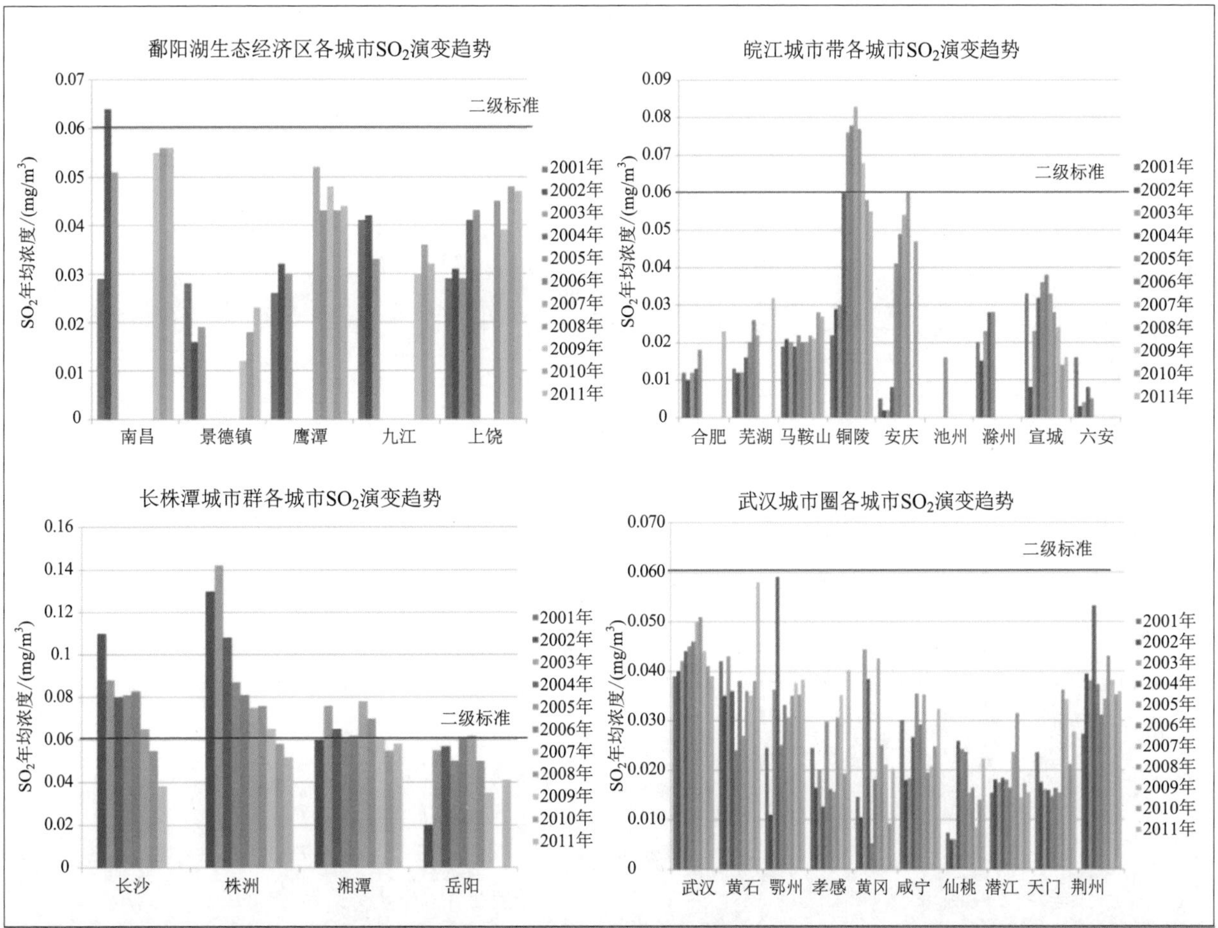

图 2-13　长江中下游城市群多年 SO_2 年均浓度变化趋势

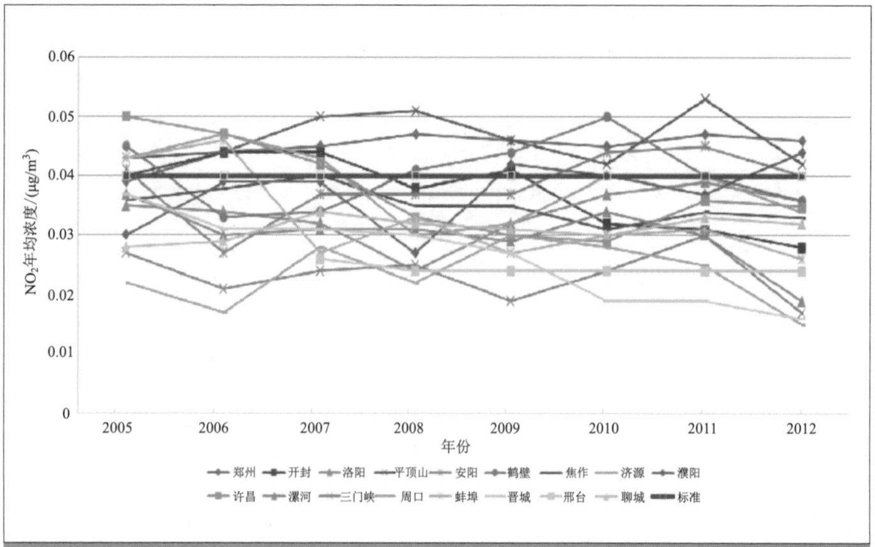

图 2-14 中原经济区多年 NO_2 年均浓度变化趋势

15 个城市有超标的年份（图 2-14）。平顶山、鹤壁、郑州、安阳的 NO_2 年均浓度高位波动，达标压力大。如图 2-15 所示，长江中下游城市群中，武汉市 NO_2 浓度多年明显高于其他城市，成为 NO_2 污染严重的城市，且表现为逐年上升的趋势；长沙也多年出现超标，同长株潭城市群其他三个城市一样，近几年也表现为逐年上升态势；鄱阳湖部分城市在部分年份出现超标，景德镇、九江、上饶近几年 NO_2 浓度开始上升。

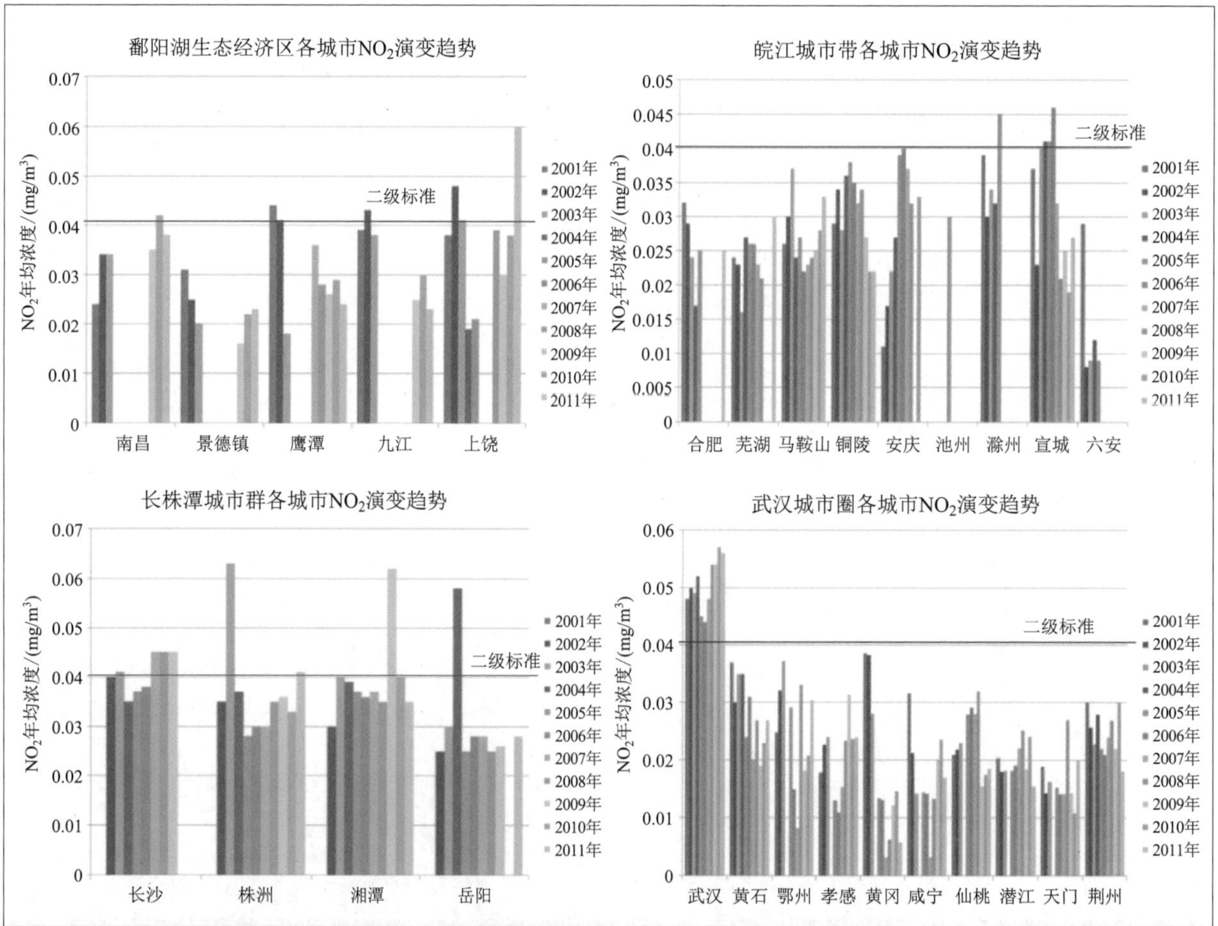

图 2-15 长江中下游城市群多年 NO_2 年均浓度变化趋势

三、经济发展与大气环境耦合关系分析

（一）能源环境耦合关系分析

1. 以煤炭为主的能源消费量逐年增加，能耗水平较差

2012 年，评价区能源消费量达到 7.4 亿 t 标煤，占全国能源消费总量的 17.5%。其中，中原经济区为 4.2 亿 t 标煤，长江中下游城市群为 3.2 亿 t 标煤。9 个分区中（图 2-16），河南片区能源消费量最大，达到了 2.3 亿 t 标煤，武汉城市圈位居第二，达到了 1.2 亿 t 标煤，皖江城市带、长株潭城市群、河北片区、山西片区能源消费量也均超过 0.5 亿 t 标煤。

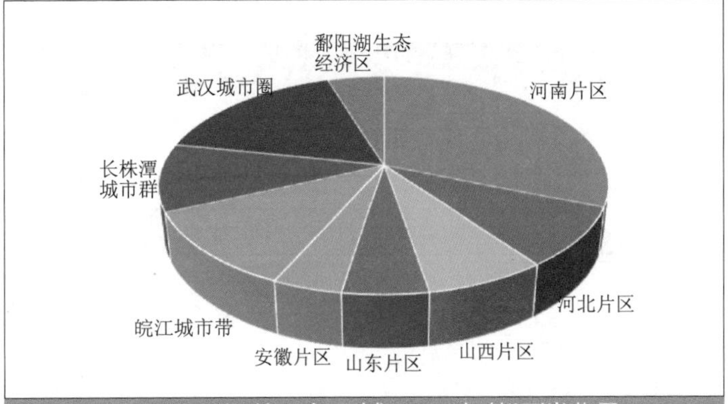

图 2-16　评价区各区域 2012 年能源消费量

多年来，评价区与全国一样，能源消费量与 GDP 之间存在显著正相关，表现为随着 GDP 逐年快速增加，能源消费量增速较快（图 2-17）。评价区涉及的八个省份能源消费量在 1990 年为 3.5 亿 t 标煤，2000 年为 5.5 亿 t 标煤，2012 年则达到 16.5 亿 t 标煤。2000—2012 年，湖南和山东的能源消费增幅最大，分别达到 311.3% 和 242.4%。

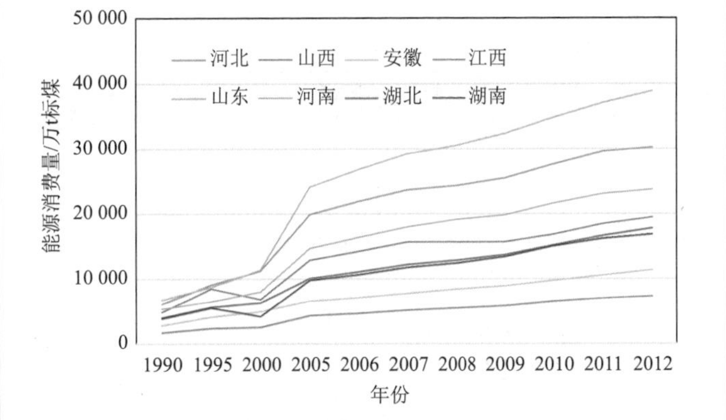

图 2-17　评价区各省能源消费量历史变化趋势

从能源消费结构来看，评价区能源消费始终以煤炭为主，煤炭在能源消费中占据绝对地位。2012 年，评价区涉及的八个省份的煤炭消费占比分别为：河南 80.2%、河北 88.8%、山东 75.2%、山西 78.0%、安徽 78.6%、江西 70.0%、湖南 60.9%、湖北 70.0%；除湖南省外，其他省份均远高于全国平均水平（66.6%）。

评价区能源效率总体较差，且地区间差异显著（图 2-18）。2012 年，除江西和安徽外，其余六省单位 GDP 能耗均劣于全国平均水平。评价区涉及的八个省份中，江西单位 GDP 能耗最优，为 0.56 t 标煤 / 万元，安徽次之，为 0.66 t 标煤 / 万元；单位 GDP 能耗最高的省份是山西和河北，分别为 1.60 t 标煤 / 万元和 1.14 t 标煤 / 万元，分别为全国平均水平的 2.3 倍

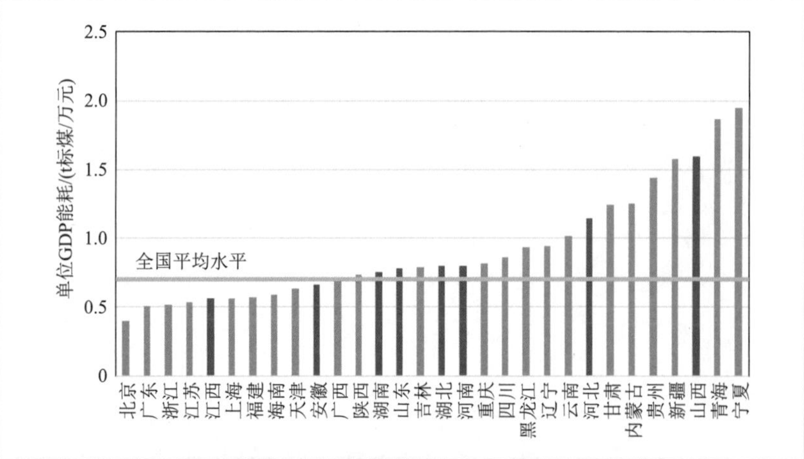

图 2-18 全国各地区 2012 年单位 GDP 能耗水平

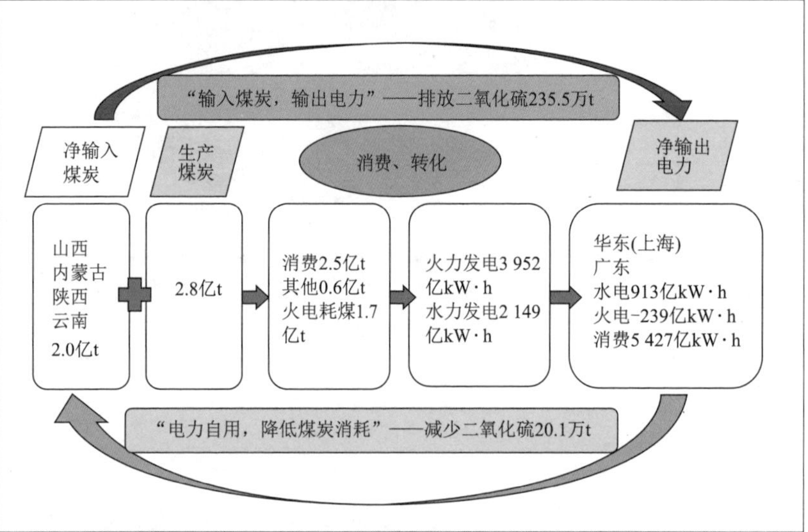

图 2-19 长江中下游四省 2012 年煤炭、电力能源供给平衡图

和 1.6 倍。

2. 电力输出加大本地污染压力

评价区电力输出加大了本地污染压力。以长江中下游四省为例（图 2-19），2012 年四省 SO_2 排放总量达到 235.5 万 t，电力行业排放量占比约 50%。按照目前四省能源供给、转化、消费方式，2012 年四省对外输出清洁水电 913 亿 kW · h（湖北为主），同时又调入大量煤炭发电，产生大量的污染物，对于当地环境产生较大压力。按照将清洁电力净输出量 674 亿 kW · h（水电 913 亿 kW · h 输出，火电净输入 -239 亿 kW · h，等价输出清洁电力 674 亿 kW · h）作为区内利用，可以减少火力发电 674 亿 kW · h，根据现状火力发电污染物平均排放水平估算，这部分电力可以减少 SO_2 20.1 万 t，四省污染物排放总量下降约 8.5%，占湖北省 SO_2 排放量的 32%，占安徽省 SO_2 排放量的 39%。可见，电力输出给中部四省，尤其是湖北、安徽带来较大的环境压力，改变电力输送状态，将对区域污染物减排以及大气环境质量改善带来较为显著的效果。

（二）大气污染物排放及环境效率演变分析

1. 污染物排放量位居全国中前列，工业排放占比高

评价区中，河南、河北、山东、山西均为常规污染物排放大省，位居全国前列，安徽、湖北、湖南和江西也处于全国中等水平。2012 年，评价区常规污染物排放量分别为 SO_2 350.8 万 t、NO_x 439.2 万 t、烟粉尘 226.4 万 t，分别占全国排放量的 15.8%、18.3%、17.7%。其中，中原经济区常规污染物排放量较大：SO_2 238.1 万 t、NO_x 294.8 万 t、烟粉尘 154.0 万 t，分别占评价区各污染物排放比重的 67.9%、67.1% 和 68.0%。

从空间分布看，常规污染物排放表现为北高南低特征（图 2-20）。其中，中原经济区大气污染物排放主要分布在西北部、中部和北部地区。河北邯郸 SO_2、NO_x、烟粉尘三种污染物排放量均为最大，分别为 21.4 万 t、24.9 万 t 和 22.1 万 t。SO_2 排放量超过 10 万 t 的有邯郸（21.4 万 t）、洛阳（16.2 万 t）、运城（14.7 万 t）、长治（14.0 万 t）、三门峡（13.4 万 t）、安阳（12.3 万 t）、郑州（12.0 万 t）、邢台（11.4 万 t）、焦作（10.8 万 t）和平顶山（10.4 万 t）等 10 个地区；NO_x 排放量超过 10 万 t 的有邯郸（24.9 万 t）、郑州（21.6 万 t）、洛阳（17.1 万 t）、焦作（13.7 万 t）、邢台（13.7 万 t）、长治（13.2 万 t）、运城（12.6 万 t）、聊城（11.6 万 t）、晋城（10.7 万 t）、平顶山（10.7 万 t）和南阳（10.4 万 t）等 11 个地区；烟尘排放量超过 10 万 t 的有邯郸（22.1 万 t）、长治（21.7 万 t）、运城（13.1 万 t）等 3 个地区。长江中下游城市群大气污染物排放主要集中在工业比较发达、人口较为密集的城市，其中，省会城市污染排放量均较大。武汉城市圈 SO_2 排放量最大的城市是武汉，达到 7.9 万 t；长株潭城市群 SO_2 排放量最大的城市是岳阳，达到 6.2 万 t；鄱阳湖生态经济区 SO_2 排放量最大的城市是九江，达到 8.6 万 t；皖江城市带 SO_2 排放量最大的城市是马鞍山，达到 6.6 万 t。SO_2 排放量在 5 万 t 以上的城市为武汉、岳阳、九江、马鞍山；其他城市 SO_2 排放量相对较小，特别是武汉城市圈的个别地区，如仙桃、天门，其 SO_2 排放量仅为 0.15 万 t 和 0.19 万 t。NO_x 排放量在 5 万 t 以上的城市有武汉（14.5 万 t）、岳阳（6.7 万 t）、九江（7.8 万 t）、马鞍山（10.1 万 t）、南昌（5.7 万 t）、上饶（6.2 万 t）、合肥（9.8 万 t）和芜湖（8.1 万 t）；其他城市的 NO_x 排放量相对较小，如湖北省的仙桃、潜江、天门，均未超过 1 万 t。长江中下游各城市群的烟粉尘排放量均不大，各城市相比，烟粉尘排放最大的城市是芜湖，达到了 5.3 万 t，其次是合肥，为 4.6 万 t；大部分城市烟尘排放量在 1 万～5 万 t；烟尘排放量相对较小的城市主要分布在湖北省仙桃、潜江、天门和江西省鹰潭。

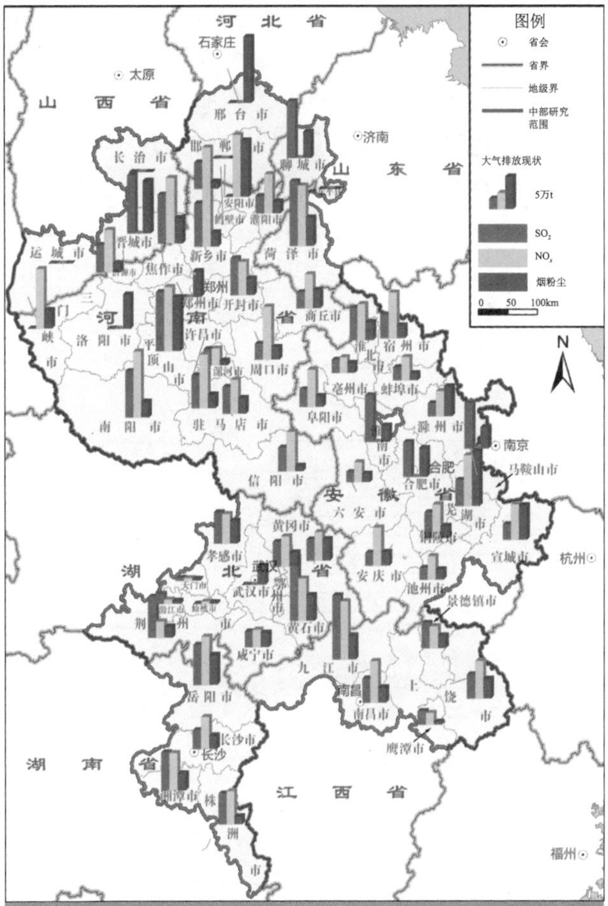

图 2-20　评价区 2012 年常规大气污染物排放空间分布

常规大气污染物排放中，工业排放占比很高，工业 SO_2 排放占比约为 90%，NO_x 约为 75%，烟粉尘约为 85%。其中，长江中下游地区工业排放 SO_2 为 228.7 万 t、NO_x 为 208.2 万 t、烟粉尘为 143.3 万 t，分别占区域排放总量的 92.8%、70.4% 和 91.3%；中原经济区工业排放 SO_2 为 205.7 万 t、NO_x 为 223.3 万 t、烟粉尘为 135.7 万 t，分别占区域排放总量的 86.4%、75.7% 和 88.1%。

2. 污染物排放减幅慢，部分地区 NO_x 和 VOCs 排放增加明显，排放主要集中于传统高污染高耗能行业

多年数据资料显示，评价区常规污染物排放量总体呈减少趋势，但部分地区 NO_x 和烟粉

尘排放在近几年有所增加（图 2-21）。常规污染物排放的趋势变化与其浓度趋势变化表现一致。其中，除武汉城市圈和皖江城市带，其余地区 SO_2 排放呈现平稳下降的趋势，可以看出，自“十一五”以来，各地大力开展了 SO_2 总量减排工作，最终使得 SO_2 浓度逐年下降。部分地区 NO_x 排放量在近几年出现一定幅度的增加，表现较为明显的地区主要集中在长江中下游城市群，若再考虑机动车排放，NO_x 的排放总量更大，这也直接导致近年来 NO_2 污染开始显现和加剧。近几年烟粉尘排放在部分地区有增加趋势，如山西片区、河北片区、鄱阳湖生态经济区等，作为细颗粒物的一次污染源，烟粉尘对细颗粒物浓度有较大贡献，这也是评价区 $PM_{2.5}$ 频繁超标的主要原因之一。

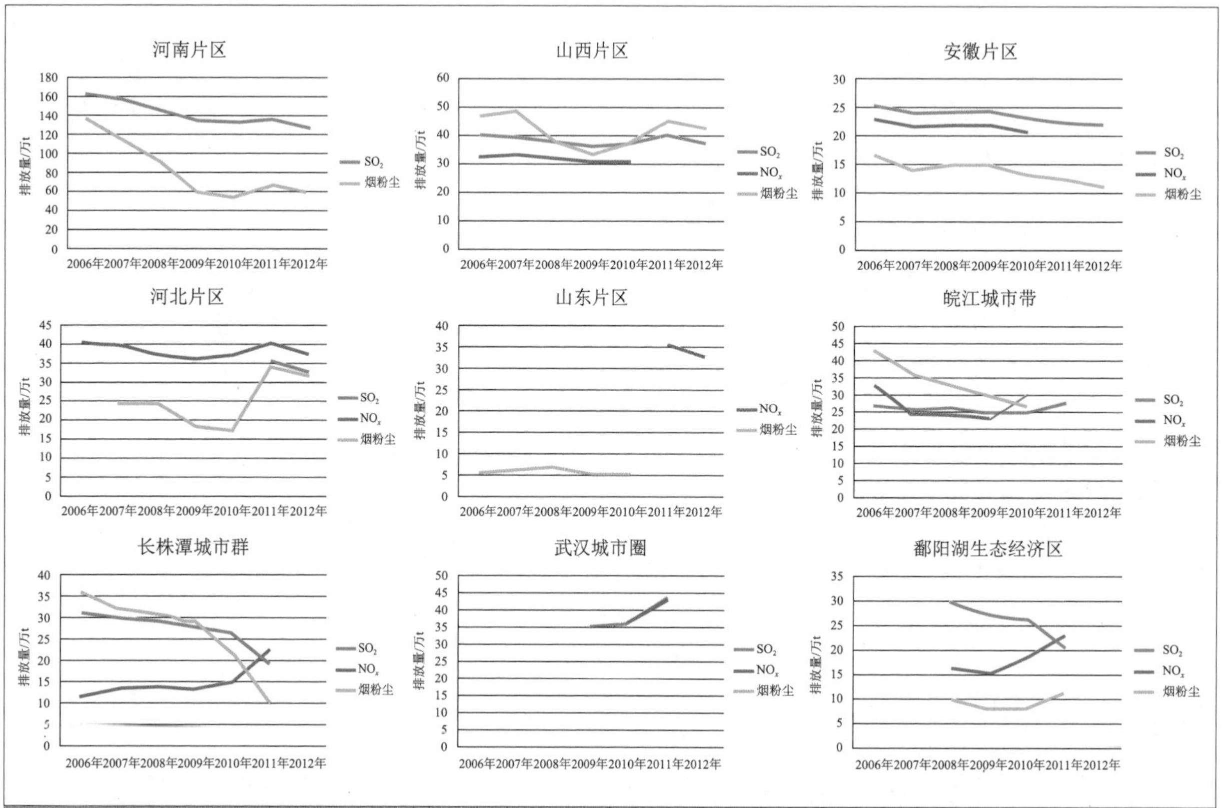

图 2-21 评价区常规污染物排放历史趋势变化

评价区污染物排放依然集中于传统的高污染高耗能行业，包括电力行业、建材行业、钢铁行业、化学行业、石油行业等，这些行业的污染物排放量占比超过了 80%（图 2-22）。

中原经济区大气污染物贡献排前三名的是电力行业、建材行业、钢铁行业；其中，电力行业是 SO_2、NO_x 的首要排放大户，分别占 39.1%、69.3%，钢铁行业是烟粉尘的首要排放大户，占 29.5%；其他排放贡献较大的还包括有色冶金行业和化学行业。

长江中下游城市群大气污染物贡献率较高的行业依然集中于电力行业、建材行业、化学行业、钢铁行业，其他行业排放相对较小。对于 SO_2，电力行业占比 25.7%，钢铁行业占比 24.7%，建材行业占比 17.9%，化学行业占比 13.9%；对于 NO_x，电力行业占比 44.5%，建材行业占比 36.7%，钢铁行业占比 11.1%；对于烟粉尘，建材行业占比 49.9%，钢铁行业占比 18.4%，化学行业占比 11.4%，电力行业占比 8.3%。

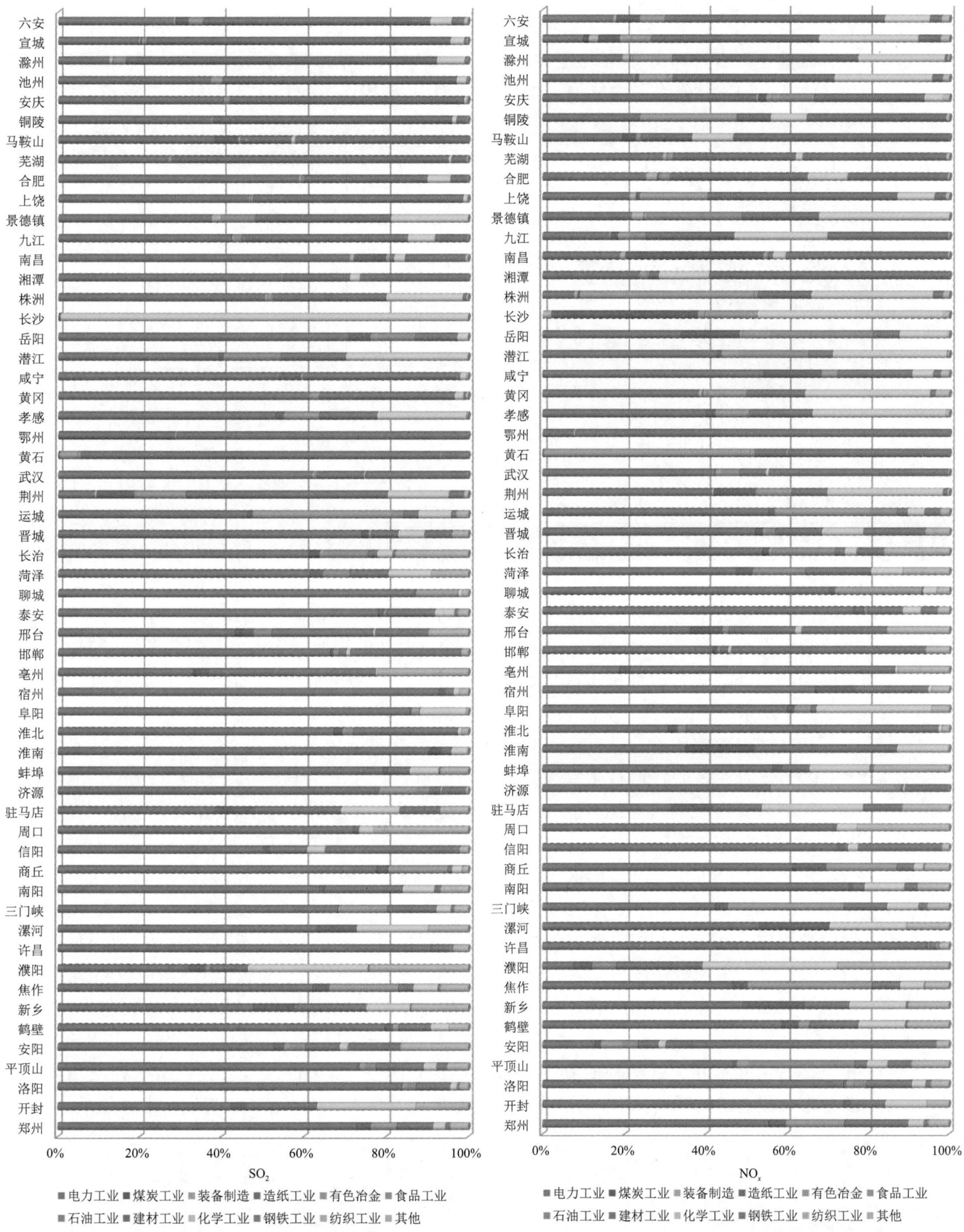

图 2-22　评价区重点行业大气污染物排放比重

3. 大气污染物环境效率表现为南高北低

评价区大气环境效率南北差异较大，长江中下游城市群大气污染物环境效率较好（图2-23）。与2012年全国平均单位GDP排放强度水平相比，长江中下游城市群单位GDP排放强度均低于全国平均水平，四个城市圈中，武汉城市圈和长株潭城市群单位GDP排放强度低于鄱阳湖生态经济区和皖江城市带。其中，单位GDP的SO_2排放强度最小的为长株潭城市群，仅为1.3 kg/万元，鄱阳湖生态经济区相对较大，为2.7 kg/万元；单位GDP的NO_x排放强度最小的也为长株潭城市群（1.6 kg/万元），皖江城市带相对最大，达到4.3 kg/万元；单位GDP的烟粉尘排放强度排序与单位GDP的NO_x排放强度相同，即长株潭城市群最小，皖江城市带最大。中原经济区整体大气污染物环境效率较差，单位GDP的SO_2、NO_x和烟粉尘排放效率均不及全国平均水平。即便以经济相对发达的中原城市群（包括郑州、开封、洛阳、平顶山、新乡、焦作、许昌、漯河、济源9个城市）比较，单位GDP的NO_x排放效率也劣于全国平均水平。

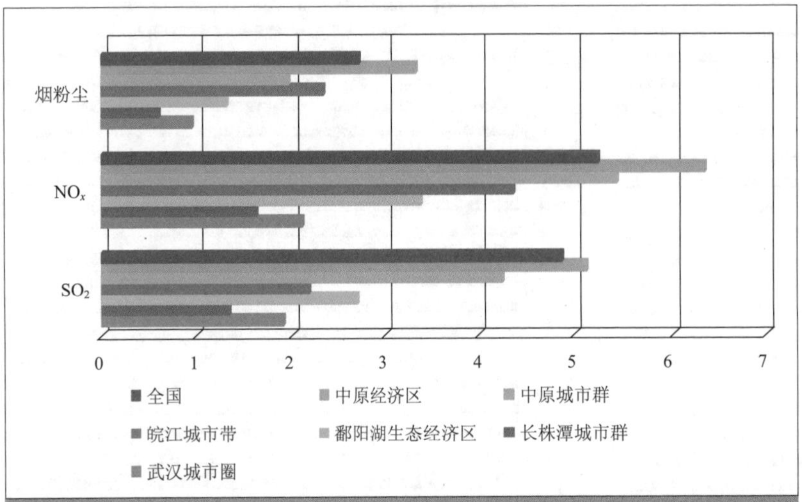

图2-23　评价区2012年单位GDP大气污染物排放强度

从区域内部空间看，长江中下游各城市中，2012年单位GDP的大气污染物排放强度较大的城市均集中在皖江城市带和鄱阳湖生态经济区，主要为马鞍山、铜陵、九江、池州、滁州、宣城等城市。单位GDP的SO_2排放强度大于全国平均水平的城市依次为九江（6.0 kg/万元）、铜陵（5.6 kg/万元）、马鞍山（5.4 kg/万元）；单位GDP的NO_x排放强度大于全国平均水平的城市依次为池州（8.9 kg/万元）、马鞍山（8.2 kg/万元）、铜陵（7.8 kg/万元）、宣城（6.5 kg/万元）、九江（5.5 kg/万元）；铜陵、池州、滁州、宣城4个城市的单位GDP烟粉尘排放强度较大。相对地，单位GDP污染物排放强度最小的城市集中于武汉、仙桃、天门、长沙等。中原经济区三门峡、济源、鹤壁、安阳、平顶山、洛阳等地市单位GDP的SO_2排放量较高，河北片区和山西片区各市也较高，安徽片区的淮北较高；这些地区单位GDP的SO_2排放量大于7 kg/万元。河南省的济源、鹤壁、三门峡等地市，河北片区、山西片区各市和安徽片区除亳州、蚌埠外的其他各市的单位GDP所排放的NO_x较高。山西和河北两片区的各市单位GDP的烟粉尘排放较高，尤其是山西片区三市单位GDP的烟粉尘排放最高。

四、大气环境预测与风险评估

（一）区域经济社会发展态势与情景设定

1. 情景设置思路与原则

在中部地区 2000—2012 年历史趋势数据和地区“十二五”规划的基础上，综合考虑不同目标导向的发展趋势和约束因素，设定了两个情景方案。基线情景优先考虑地方发展意愿，以经济发展趋势外推和地方发展目标为导向；优化情景统筹产业结构调整和技术进步，综合考虑国家对区域经济发展战略指向和生态环境保护约束的强化要求。

2. 经济社会平稳快速发展

从人口增长趋势和城镇化发展角度（表 2-10），中部地区人口年均增长率可为 2.4‰ ～ 2.7‰，至 2030 年评价区内大城市人口增长速度将有所下降，中等城市人口增长速度提高。评价区将成为农村人口转移成为城镇人口的重要承接地，城镇化继续加速推进，城镇化差异逐步缩小。评价区 GDP 总量扩张态势仍将持续，占全国比重将缓慢上升，经济增长速度有所减缓。产业结构进一步优化，第一产业比重逐步降低，第二产业发展放缓，第三产业发展迅速，比重不断提高；工业结构在基本稳定的基础上逐步升级。

表 2-10 不同情景下评价区的主要经济社会指标

区域		GDP/ 万亿元		人口 / 万人	城镇化 /%	
		基线情景	优化情景		基线情景	优化情景
中原经济区	2020 年	11.6	8.5	16 669	56	52
	2030 年	26.2	14.4	17 207	62	57
长江中下游城市群	2020 年	12.2	8.6	11 082	62	57
	2030 年	29.5	15.2	11 499	70	62
中部地区	2020 年	23.8	17.1	27 750	58	54
	2030 年	55.7	29.6	28 907	65	59

3. 工业结构逐步升级

基线情景条件下中部地区 11 个重点产业产业结构基本保持不变，优化情景下产业结构稳步升级。基线情景下，装备制造、钢铁、化工、有色、食品等区域支柱产业仍保持增长态势，区域产业结构升级调整缓慢，重点产业发展导致的资源环境压力增大。优化情景下，2020 年装备制造业占区域工业总产值比重提高至 30% 以上，煤炭、电力、钢铁、有色、建材、石油加工及炼焦、化工、造纸等环境胁迫较大行业的产值比重降低至 43%。主要工业产品的产能

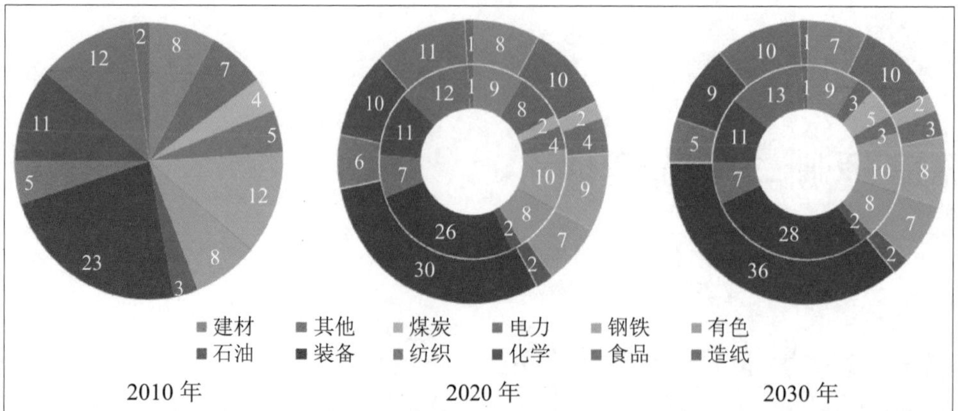

图 2-24　基线情景（内环）和优化情景（外环）产业结构变动态势

持续增加，预计到 2020 年钢铁、有色冶金和建材的生产能力基本达到饱和，进入总量控制下的结构调整和空间布局调整阶段；石化产业受国内油品和下游产品需求及已有生产规模限制，处于规模扩张阶段；煤炭产能也进入总量控制下的空间布局和结构调整阶段，火电规模随着国内能源的需求还将进一步增长（图 2-24）。

（二）大气污染物排放及大气环境质量预测分析

1. 大气污染物排放压力仍较大，极化排放格局依然显著

对比 2012 年，评价区在基线情景下污染物排放总量持续加大，优化情景下大气污染物排放量排放压力有所减缓（表 2-11）。中原经济区在基线情景下，3 种污染物排放均有所增加，SO_2 排放量 2020 年和 2030 年分别比 2012 年增加 27.3% 和 63.3%，NO_x 排放量 2020 年和 2030 年分别比 2012 年增加 19.0% 和 47.2%，烟粉尘排放量 2020 年和 2030 年分别比 2012 年增加 25.4% 和 58.8%。在优化情景下，3 种污染物排放均比基准年有所下降，SO_2 排放量 2020 年和 2030 年分别比 2012 年下降 13.7% 和 17.8%，NO_x 排放量 2020 年和 2030 年分别比 2012 年下降 20.1% 和 30.0%，烟粉尘排放量 2020 年和 2030 年分别比 2012 年下降 10.3% 和

表 2-11　两种情景下大气污染物排放量变化（以 2012 年为基准）　单位：%

情景	项目		SO_2	NO_x	烟粉尘
基线情景	2020 年	中原经济区	27.3	19.0	25.4
		长江中下游城市群	98.7	53.0	51.3
		评价区	46.8	29.4	32.6
	2030 年	中原经济区	63.3	47.2	58.8
		长江中下游城市群	44.0	13.5	23.0
		评价区	58.0	36.9	48.8
优化情景	2020 年	中原经济区	−13.7	−20.1	−10.3
		长江中下游城市群	44.5	12.0	0.3
		中部地区	2.2	−10.3	−7.3
	2030 年	中原经济区	−17.8	−30.0	−16.8
		长江中下游城市群	6.2	−15.2	−14.5
		评价区	−11.3	−25.5	−16.2

16.8%。

长江中下游城市群大气污染物排放量呈现先增后减的趋势，到 2020 年，长江中下游城市群大气污染物排放量较现状排放有所增加，到 2030 年，污染物排放总量较 2020 年有所减小，与 2012 年相比，基线情景下污染物排放量仍有增加，优化情景下 NO_x 和烟粉尘均有所减少。基线情景下污染物排放增幅明显高于优化情景增幅。在基线情景下，SO_2 排放量 2020 年和 2030 年分别比 2012 年增加 98.7% 和 44.0%，NO_x 排放量 2020 年和 2030 年分别比 2012 年增加 53.0% 和 13.5%，烟粉尘排放量 2020 年和 2030 年分别比 2012 年增加 51.3% 和 23.0%。在优化情景下，2020 年 SO_2、NO_x 和烟粉尘排放量分别比 2012 年增加 44.5%、12.0% 和 0.3%，2030 年 SO_2 排放量比 2012 年增加 6.2%，NO_x 和烟粉尘排放量分别比 2012 年降低 15.2% 和 14.5%。

从大气污染物排放的空间分布来看（图 2-25），河南片区仍将是未来评价区排放的主要集中区域，在四个情景下，SO_2 的排放量占比为 33.3% ～ 40.7%，NO_x 的排放量占比为 35.9% ～ 43.4%，烟粉尘的排放量占比为 38.0% ～ 43.1%。评价区中，SO_2 排放量增幅较大的是武汉城市圈和鄱阳湖经济区，基线情景下 2020 年排放量增幅分别达到 146% 和 121%。NO_x 排放量增幅较大的是武汉城市圈、鄱阳湖经济区和山东片区，基线情景下 2020 年排放量增幅分别达到 98%、71% 和 68%，山东片区 2030 年排放量增幅将达到 159%。烟粉尘排放量增幅较大的是山东片区、长株潭城市群和鄱阳湖经济区，基线情景下 2020 年排放量增幅分别达到 163%、135% 和 106%，山东片区、安徽片区和河南片区基线情景下 2030 年排放量增幅分别达到 271%、176% 和 124%。

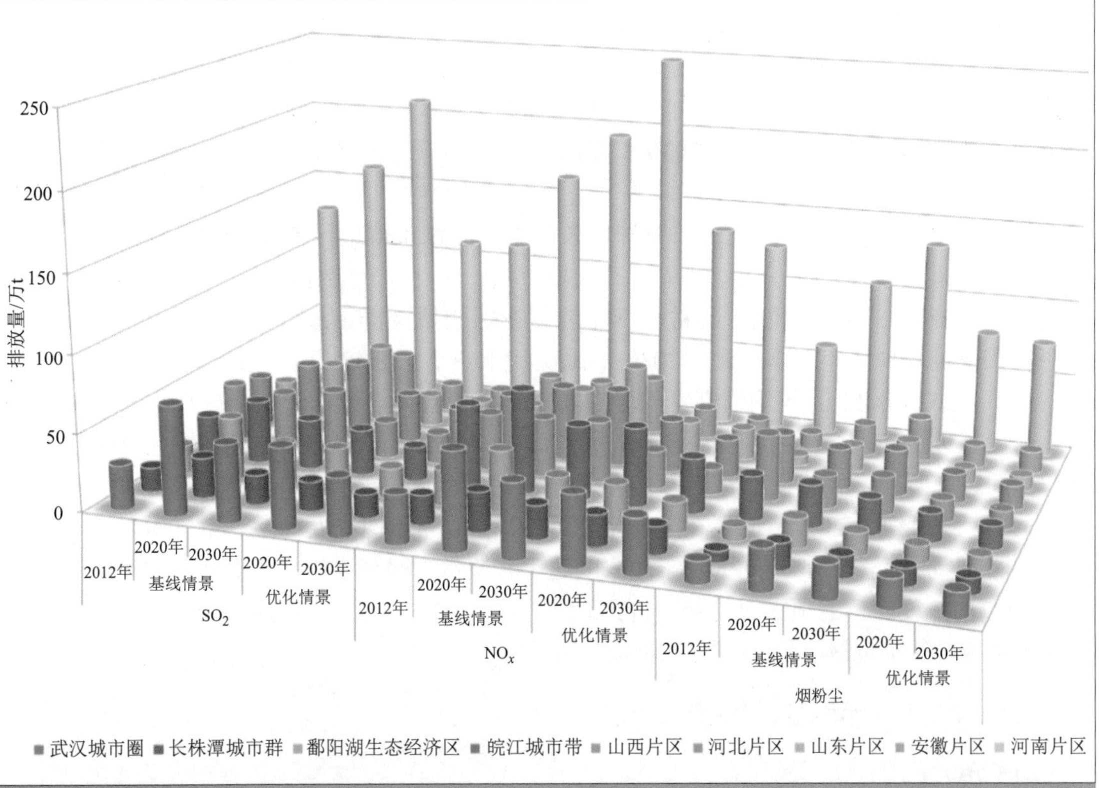

图 2-25　不同情景下评价区主要区域大气污染物排放量

2. 传统煤烟型污染未能根本解决

2020 年评价区 PM_{10} 年均浓度较现状年有所下降，但污染仍然十分严重，57 个城市中有 45 个城市超标；2030 年 PM_{10} 年均浓度进一步下降，超标范围明显减小，但仍有 14 个城市超标。SO_2、NO_x 污染在未来 20 年有望得到有效控制，年均浓度超标范围有所缩小，但仍然存在个别城市年均浓度超标情况。总体来看，评价区三大传统污染物未能全面达标，传统煤烟型污染未能根本解决，仍是影响人居安全的重要因素。

（1）SO_2

空气质量模式模拟结果表明，现状年长江中下游地区 SO_2 年均浓度全面达标。到了情景年，SO_2 年均浓度随着排放量的增加而升高，2020 年上升幅度较显著，2030 年与现状年差异很小。到 2020 年，长江中下游地区 SO_2 年均浓度将整体上上升 4 ～ 10 μg/m^3，而在以工业排放量大且集中、人口稠密的城市市区上升幅度更大，可达到 20 μg/m^3 以上。尽管长江中下游大部分地区 SO_2 浓度仍然达到国家二级标准，但仍有城市 SO_2 年均浓度超标，如武汉城市圈东部城市、皖江城市带的马鞍山市。根据预测，中原经济区 2020 年和 2030 年信阳、周口、驻马店 3 个城市年均浓度仍将超标。

（2）NO_x

从长江中下游城市群地区 NO_x 年均浓度空间分布可知，NO_x 相对较高浓度区主要集中于城市市区，武汉 NO_x 污染最突出。情景年 NO_x 年均浓度与现状年相比，空间分布差异不大，高浓度依然集中于各城市市区。2020 年 NO_x 浓度与现状年相比，整体上浓度稍有上升，浓度增幅为 2 ～ 4 μg/m^3，主要增幅地区为城市市区及工业区，这与城市市区和工业区布设新增排放源有关；超标城市为武汉、鄂州、马鞍山。2030 年 NO_x 浓度较现状年有所下降，整体上降幅为 2 ～ 6 μg/m^3，城区和工业区的降幅更为明显；2030 年，武汉 NO_x 浓度仍处于超标。根据预测，中原经济区 2020 年 NO_2 年均浓度超标的地区仅有郑州、安阳、菏泽，超标地区数量由 2012 年的 7 个下降为 3 个；2030 年郑州 NO_2 年均浓度仍将超标。

（3）PM_{10}

从 PM_{10} 现状年均浓度空间分布可知，长江中下游城市群地区 PM_{10} 年均浓度较高，几乎所有城市均超过国家二级标准。其中，武汉城市圈、皖江城市带浓度高于长株潭城市群和鄱阳湖生态经济区，鄱阳湖生态经济区 PM_{10} 浓度在四个城市群中最低。优化情景下，2020 年烟粉尘排放量与现状年基本一致，2030 年比现状年减小了 8.48 万 t，减幅为 14.5%。在此排放情景下，2020 年 PM_{10} 年均浓度空间分布与现状年也较为一致，无明显变化。2030 年 PM_{10} 年均浓度整体上较现状年有明显下降，减幅为 10 ～ 20 μg/m^3，长江中下游地区 PM_{10} 年均浓度超标问题有所改善，大部分城市 PM_{10} 年均浓度达到国家二级标准，超标城市为武汉、黄石、孝感、南昌、长沙等。2012 年中原经济区各城市 PM_{10} 监测年均浓度均超过空气质量二级标准。根据预测，中原经济区 2020 年 PM_{10} 年均浓度达空气质量二级标准地区仅长治和晋城 2 个地区，2030 年年均浓度超标的地区有郑州、开封、平顶山、漯河、周口、潘集、凤台、东平、菏泽等 9 个地区，其他地区均能达到空气质量二级标准。

3. 城市大气复合污染态势将更加严峻

（1）$PM_{2.5}$

根据模拟，评价区 $PM_{2.5}$ 到 2020 年将达到污染峰值，灰霾污染概率进一步加大。未来 20

年区域性细颗粒物污染将长期影响中部地区，$PM_{2.5}$是首要污染物，污染态势更加严峻。即使在优化情景下，2020 年仍是$PM_{2.5}$区域性污染峰值时期，$PM_{2.5}$污染覆盖整个中部地区，各地市$PM_{2.5}$年均浓度均超标，影响评价区近 3 亿人。其中，长江中下游地区$PM_{2.5}$年均浓度较现状年普遍增加 10 ～ 20 μg/m³，超标面积进一步扩大，长江中下游地区所有城市均严重超标，超过国家二级标准 2 ～ 3 倍。中原经济区各城市$PM_{2.5}$年均浓度均超过空气质量二级标准。

随着能效水平与排放标准提高，与现状年和 2020 年预测结果比较，2030 年$PM_{2.5}$污染态势有所好转，但污染状况依然严峻，超标区域未明显减小，评价区 90% 左右的人口将受到污染空气影响。中原经济区仅驻马店、宿州、长治、晋城、运城、邢台 6 个地市$PM_{2.5}$年均浓度有望达标，超标城市占 80% 以上；长江中下游城市群$PM_{2.5}$年均浓度小幅下降，整体上减幅为 8 ～ 16 μg/m³，武汉城市圈大部分城市以及合肥、马鞍山、长沙、南昌等城市仍然超标。$PM_{2.5}$污染治理将是中部地区大气污染治理的一项长期而艰巨任务。

（2）O_3

O_3污染依然存在，光化学污染未得到根本解决。现状年长江中下游地区O_3年均浓度整体上保持在 50 ～ 100 μg/m³，夏秋季节出现超标。将优化情景下各污染物新增排放量空间分摊到长江中下游地区，利用空气质量模式模拟O_3年均浓度空间分布。结果表明，2020 年长江中下游地区O_3年均浓度与现状年相比变化不显著，空间分布与现状年较为一致，整体上浓度上升 5 μg/m³ 以下，这与 2020 年各主要污染物排放量增加有关。2030 年，O_3年均浓度较现状年有所下降，降幅为 10 ～ 30 μg/m³，以O_3为代表的光化学污染问题有所改善，发生O_3超标事件概率有所降低。

4. 长江中下游地区 2020 年酸雨概率增大

从 2012 年硫酸盐（S）、硝酸盐（N）以及铵盐（NH_3）的湿沉降量来看（表 2-12），长江中下游为主要的湿沉降高值区，分别为 40 ～ 60 mmol/（m²· a）。S、N 以及NH_3高值区分布与 pH 值小于 5.6 的区域较为相似，这表明硫酸盐、硝酸盐和铵盐对 pH 值的贡献较高。长江中下游地区 S、N 和NH_3总的沉降量分别为 254.3 万 t、175 万 t 和 237.4 万 t，平均 0.48 t/（km²·a）、0.33 t/（km²· a）和 0.45 t/（km²· a），其中来自本地源的沉降量为 172.4 万 t、117.2 万 t 和 215.4 万 t，平均 0.32 t/（km²·a）、0.22 t/（km²· a）和 0.41 t/（km²· a），分别占 68%、67% 和 91%，本地源和外来源湿沉降量分别占 34% 和 24% 左右（NH_3的外来源仅为 5%）。

表 2-12　长江中下游地区酸沉降来源输送通量　单位：10^5t/a

	总沉降（湿沉降）[1]	来源于本地[2]	来源于外地[3]
S	25.34（14.71）	17.24（8.52）	8.10（6.19）
N	17.50（10.67）	11.72（6.19）	5.78（4.48）
NH_3	23.74（9.23）	21.54（8.14）	2.20（1.09）

注：1、2、3 分别表示各区域内总的沉降量、本地排放的污染物在本地的沉降量以及外地排放的污染物在本地的沉降量，括号内表示的是相对应的湿沉降量。

到 2020 年，由于酸雨前体物SO_2和NO_x排放量均有所增加，若不考虑气象条件和其他因素变化，长江中下游地区酸雨污染形势将更加严峻，污染概率增加，这将仍然是该地区的主要污染问题之一。从现阶段的酸雨形势以及未来SO_2、NO_x等酸性前体物的预测上看，未来酸雨仍然以湖南和江西为主，湖北和安徽出现酸雨的概率将有所增加。到 2030 年，由于SO_2和NO_x排放量均有所减少，因此，酸雨也有所减轻，酸雨问题有所缓解。

5. 2020 年重金属沉降污染风险加大

依据优化情景下产能消耗和利用率预测 2020 年和 2030 年的重金属 Hg 沉降量结果。2020 年和 2030 年长江中下游城市群分别排放 Hg 141.6 t 和 92.8 t，主要为电力行业的排放，武汉城市圈、皖江城市带和鄱阳湖生态经济区为主要排放区域。2020 年、2030 年与现状年相比，安庆、六安、九江、上饶、武汉、孝感、荆州、黄冈、长沙、岳阳等地仍是沉降量较大的区域，存在污染风险。从 Hg 沉降量空间分布可知，与现状年相比，2020 年 Hg 沉降量整体有所增加，增幅为 6 ～ 12 μg/m^2，污染风险区域面积有所增加；到 2030 年，Hg 沉降量较现状年差别不显著。

根据预测，中原经济区 Hg 的年排放量主要集中于阜阳、淮南、长治和平顶山市，其中 2020 年基线情景下淮南市 Hg 年排放量约为 3.9 t。中原经济区 Pb 的年排放量主要集中于阜阳、淮南、运城、晋城、长治和平顶山市，其中 2020 年基线情景下淮南市 Pb 年排放量约为 303.2 t。中原经济区 As 的年排放量主要集中于阜阳、淮南、运城、晋城、长治和菏泽市，其中 2020 年基线情景下淮南市 As 年排放量可达 71.7 t。中原经济区 Cd 的年排放量主要集中于阜阳、淮南、运城、晋城、长治、平顶山和菏泽市，其中 2020 年基线情景下淮南市 Cd 年排放量约为 0.44 t。

五、大气环境承载力分析

（一）大气环境容量

在长江中下游城市群各城市市域范围内大气环境中的 SO_2、NO_2、PM_{10} 质量浓度满足国家环境空气质量二级标准（GB 3095—2012）的原则下，利用区域空气质量模式法，计算得到长江中下游城市群 SO_2 总环境容量为 190.9 万 t，NO_x 总环境容量为 199.4 万 t，烟粉尘总环境容量为 66.6 万 t。四个城市群中，武汉城市圈各污染物环境容量最大，其次为皖江城市带，鄱阳湖生态经济区环境容量最小（图 2-26）。

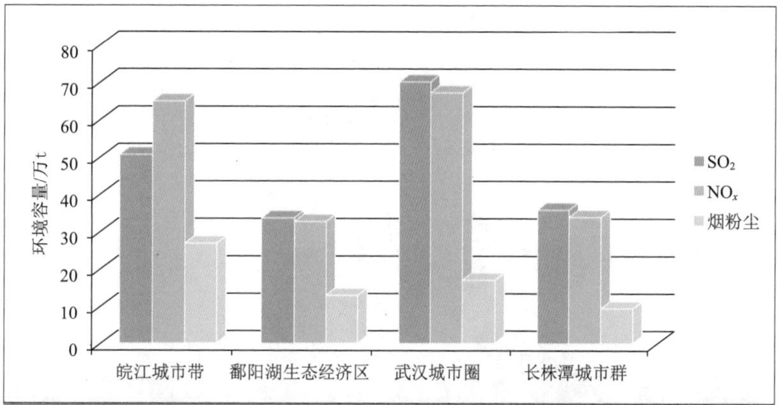

图 2-26　长江中下游城市群典型大气环境污染物环境容量

长江中下游城市群中，污染物环境容量较大的城市为九江、武汉、黄冈、长沙，其 SO_2 和 NO_x 环境容量均在 10 万 t 以上，其次为岳阳、合肥、马鞍山、黄石、荆州、咸宁、湘潭，环境容量较小的城市为铜陵、六安、景德镇、鹰潭、鄂州、仙桃、潜江、天门，这些城市的 SO_2 环境容量均小于 5 万 t（图 2-27）。

（二）现状年大气环境承载力分析

现状年，长江中下游城市群大气污染物排放量分别为 SO_2 114.3 万 t、NO_x 147.4 万 t、烟粉尘 73.6 万 t，与环境容量比较，SO_2、NO_x 排放量分别占其环境容量的 59.9% 和 73.9%，烟粉尘排放量超过其环境容量近 7 万 t，超载 10.5%。从四个城市群来看，各城市群 SO_2 和 NO_x 均存在排放空间，SO_2 剩余 30% ～ 40% 的环境容量，NO_x 剩余 14% ～ 36% 的环境容量。鄱阳湖生态经济区烟粉尘环境容量剩余 13.9%，其余三个城市群烟粉尘环境容量均用完，其中皖江城市带超载 17.8%，武汉城市圈超载 18.9%，长株潭城市群超载 7.5%（图 2-28）。

长江中下游城市群各城市大气污染物环境容量利用差异较大，SO_2 环境容量均有剩余，部分城市的 NO_x 出现超载，大多数城市烟粉尘超载。马鞍山、铜陵、景德镇、武汉、黄石、鄂州的 SO_2 环境容量利用率均达到 90% 以上，接近饱和。滁州、六安、武汉、上饶的 NO_x 环境容量已用尽，均出现不同程度的超载，但超载未超过 10%；合肥、马鞍山、铜陵、南昌

的 NO_x 环境容量利用率也达到了 90% 以上，接近饱和。烟粉尘超载最为严重的城市为芜湖，超载 1 倍以上，多数城市超载 20% 以下（图 2-29）。

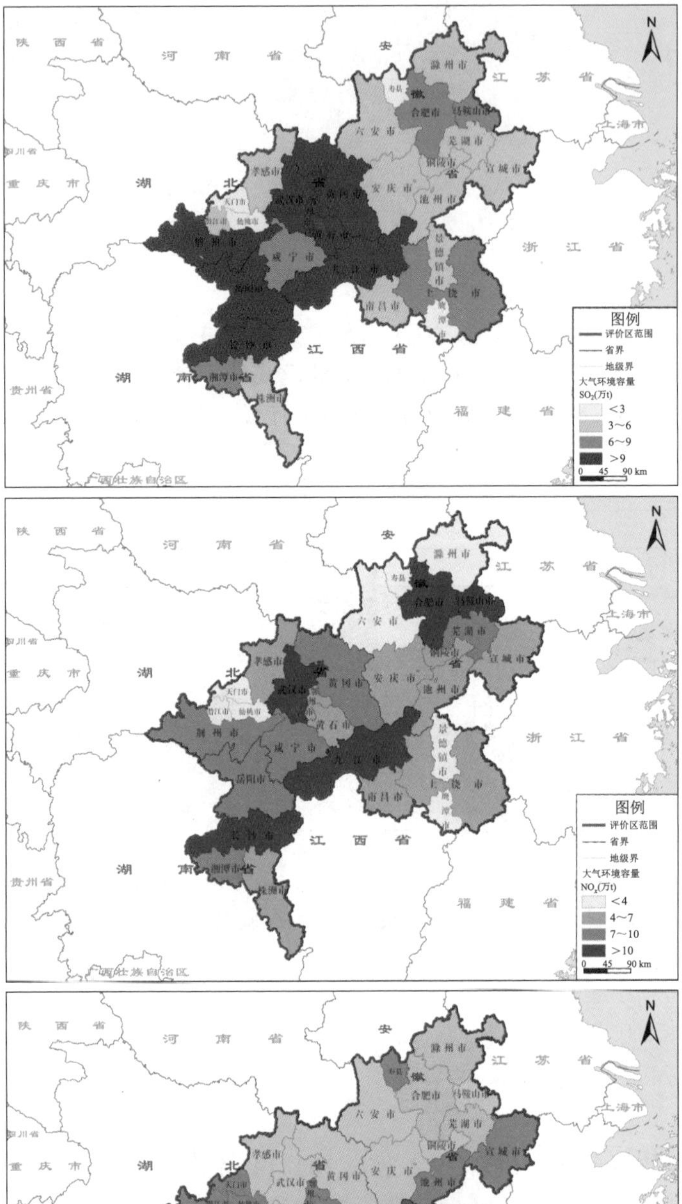

图 2-27 长江中下游各城市大气污染物环境容量空间分布

2012 年中原经济区大气污染物排放量分别为 SO_2 238.08 万 t、NO_x 294.76 万 t、烟粉尘 154.04 万 t。以地级市为评估单元，2012 年中原经济区所有城市的烟粉尘全部超载，其中，凤台、东平、菏泽、郑州、开封、潘集、平顶山、许昌、周口、济源、漯河、邯郸、安阳、焦作、洛阳、聊城 16 个地市县严重超载；郑州、平顶山、新乡、三门峡、济源、菏泽、安阳等近 1/4 城市 NO_x 已经超载，鹤壁、周口 SO_2 承载率已超过 100%，信阳、驻马店、潘集 SO_2 承载率也已进入预警区域。

（三）情景年大气环境承载力分析

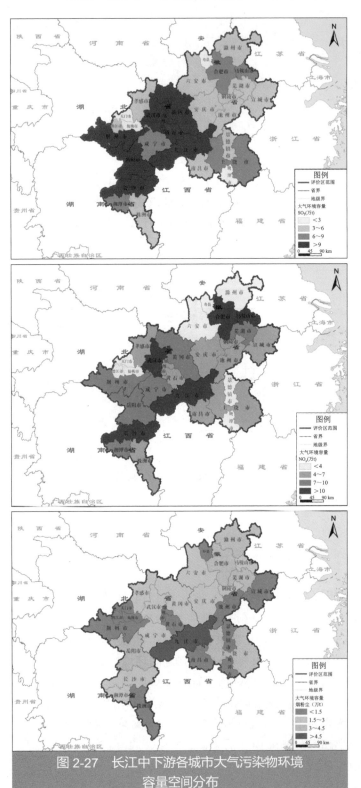

情景年，由于工业快速发展、人口增长、城镇化水平进一步提升，长江中下游城市群大气污染物排放总量有所增加，2020 年污染物排放量最大，2030 年有所减小，但仍比 2012 年大。2020 年 SO_2 排放总量将增长到 128.8 万 ～ 177.1 万 t，2030 年达到 94.7 万 ～ 128.4 万 t；NO_x 2020 年达到 142.1 万 ～ 194.3 万 t，到 2030 年为 107.6 万～ 144.0 万 t；烟粉尘排放量到 2020 年增长到 58.7 万～ 88.5 万 t，2030 年为 50.1 万～ 72.0 万 t。长江中下游城市群 SO_2 总环境容量为 190.9 万 t，NO_x 总环境容量为 199.4 万 t，烟粉尘总环境容量为 66.6 万 t。因此，情景年长江中下游城市群主要为基线情景下烟粉尘超载，优化情景下并不超标，而 SO_2 和 NO_x 在任何情景下均不超载，但两者环境容量利用率有所提高，允许排放空间减小。在基线情景下，2020 年烟粉尘超载 21.88 万 t，2030 年超载 5.32 万 t。在情景年，各城市群均出现污染物超载。在武汉城市圈，基线情景下，2020 年 SO_2 超载 1.1%、烟粉尘超载 56.06%，2030 年

烟粉尘超载 28.15%；在优化情景下，2020 年烟粉尘超载 8.81%。在长株潭城市群，主要表现为烟粉尘在基线情景和优化情景下均超载，2020 年超载 17.40% ～ 73.16%，2030 年超载 5.63% ～ 40.79%。在鄱阳湖生态经济区，主要为基线情景下各污染物超载，2020 年 SO_2 超载 20.88%，NO_x 超载 20.18%，烟粉尘超载 42.02%；2030 年主要为烟粉尘超载 8.75%。在皖江城市带，各情景下 SO_2 和烟粉尘未出现超载，仅基线情景下 NO_x 超载 2.68%。

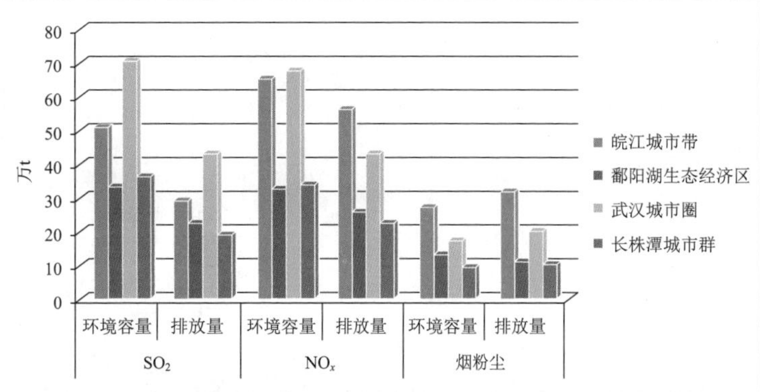

图 2-28　长江中下游城市群现状大气环境承载力分析

优化情景下（图 2-30），2020 年长江中下游城市群荆州、孝感、九江、黄石、马鞍山等城市 SO_2 超载；武汉、马鞍山的 NO_x 超载，孝感和九江的 NO_x 环境容量利用率将超过 90%；武汉、孝感、黄石、咸宁、荆州、岳阳、长沙、南昌、铜陵、马鞍山等城市烟粉尘超载，其中长沙和南昌超载 1 倍以上。

2030 年长江中下游城市群铜陵市 SO_2 超载，黄石市 SO_2 承载力利用率超过 90%；武汉市 NO_x 超载，马鞍山市 NO_x 承载力利用率超过 90%；武汉、孝感、黄石、荆州、长沙、南昌等城市烟粉尘仍超载。

根据优化发展情景下 2020 年、2030 年大气污染物排放量预测结果，以地级城市为单元测算中原经济区大气环境承载率。

2020 年，中原经济区鹤壁 SO_2 环境承载率大于 1.0，周口、驻马店和信阳 3 个城市的 SO_2 环境承载率达到警戒线，为 0.8 ～ 1.0；聊城和菏泽 SO_2 环境承载率为 0.6 ～ 0.8，其余 27 个地市 SO_2 环境承载率在 0.6 以下。

安阳、新乡、郑州和菏泽 4 个城市 NO_x 承载率为 1.0 ～ 2.0；邯郸、东平、濮阳、济源、三门峡、洛阳和平顶山 7 个城市 NO_x 环境承载率为 0.8 ～ 1.0；其他地区的 NO_x 环境容量尚有较大空间。

聊城、东平、菏泽、郑州、开封、许昌、漯河、周口和淮南 9 个城市烟粉尘环境超承载率大于 2.0，长治、晋城和运城 3 个城市的烟粉尘环境承载率为 0.8 ～ 1.0；其余 20 个地区的烟粉尘环境承载率为 1.0 ～ 2.0。

2030 年，鹤壁 SO_2 环境承载率为 1.0 ～ 2.0，周口、驻马店和信阳 3 个城市为 0.8 ～ 1.0，聊城、菏泽和郑州 3 个城市 SO_2 环境承载率为 0.6 ～ 0.8；其余 26 个地区的 SO_2 环境容量尚有较大空间。

新乡、郑州和菏泽 3 个城市 NO_x 承载率为 1.0 ～ 2.0；安阳环境承载率为 0.8 ～ 1.0；济源、洛阳、平顶山、濮阳和东平 5 个城市承载率为 0.6 ～ 0.8；其余 24 个地区的 NO_x 环境容量尚有较大空间。

聊城、东平、菏泽、郑州、开封、漯河、许昌、周口和淮南 9 个城市的烟粉尘环境承载率大于 2.0；邢台和运城烟粉尘环境承载率为 0.8 ～ 1.0；长治和晋城烟粉尘环境承载率为 0.6 ～ 0.8；其余 19 个地区烟粉尘环境承载率为 1.0 ～ 2.0。

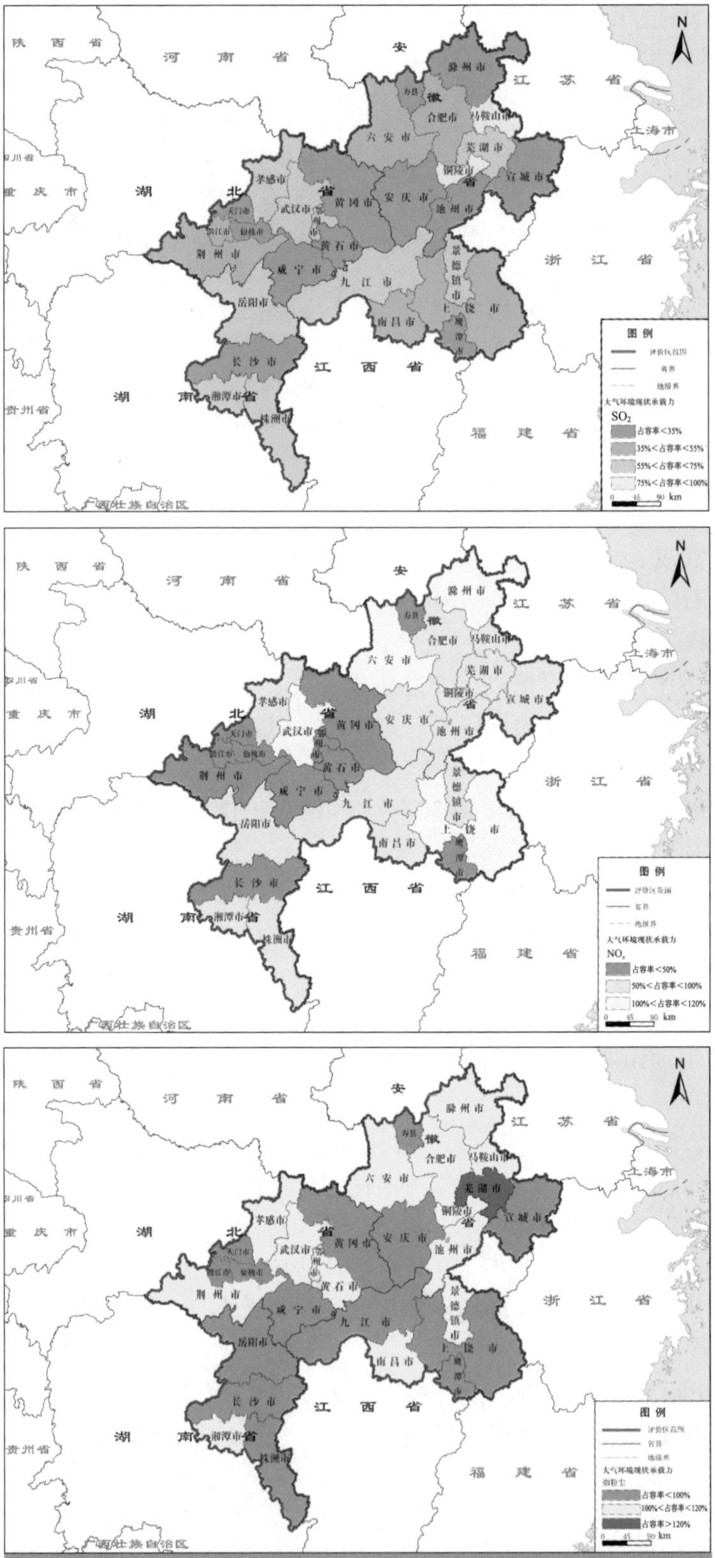

图 2-29 长江中下游城市群现状大气环境承载力分布

2020 年　　　　2030 年

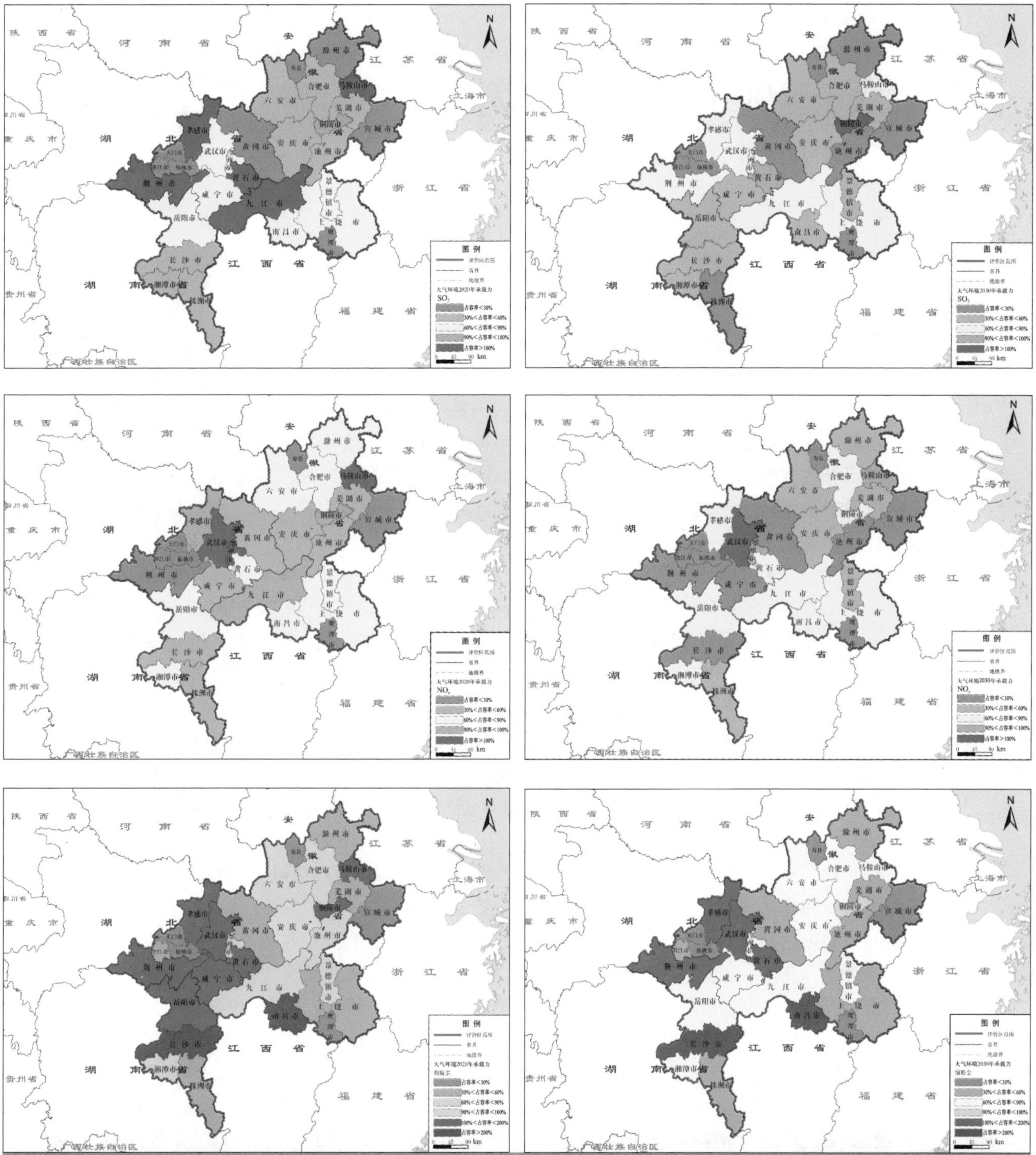

图 2-30　长江中下游城市群优化情景下大气环境承载空间分布

六、区域经济与大气环境协调发展调控方案及对策机制

（一）优化能源结构，发展低碳城市

调整和优化能源结构，实施煤炭消费总量控制，逐步降低煤炭消费占比，提高清洁能源占比。依托国家西气东输、北气南下、海气登陆的供气格局，提高中部地区天然气的供给能力。加大水能、生物质能、风能等清洁能源的供应和推广力度，逐步提高清洁能源使用比例。提高水电资源的本地化利用比例，长江中下游地区在做好生态环境保护的前提下推动水电站建设。中原经济区着力解决生物质收集、运输等问题，积极开展生物质成型燃料锅炉应用，发展秸秆热电联产，逐步推进农村集中供热。依托九江市九岭山、吉山、南昌蒋公岭、岳阳市洞庭湖区等风能资源加快风电开发。力争2020年煤炭消费占比下降至63%，煤炭消费总量控制在6.3亿t标煤；2030年煤炭消费占比下降至55%，煤炭消费总量控制在6.5亿t标煤。转变煤炭使用方式，着力提高煤炭集中高效发电比例。提高煤电机组准入标准，新建燃煤发电机组供电煤耗低于300 g标煤/（kW · h），污染物排放接近燃气机组排放水平。

优化火电建设布局。中原经济区积极推进“煤电一体化”，中原经济区除“以大代小”“热电联产”外不再新增燃煤发电电源点。中原经济区2020年和2030年电力装机容量分别控制在3 700万kW和4 200万kW，严格控制鹤壁、焦作、义马、郑州、平顶山、永夏矿区煤炭产能扩张。长江中下游城市群2020年和2030年新增火电总装机容量分别控制在2 200万kW和3 800万kW，武汉、黄石、铜陵等城市原则上不再新增火电装机量。

按照国家新型城镇化规划要求，把生态文明融入城镇化进程，推进绿色发展、循环发展、低碳发展。将低碳理念全面融入城市的发展，构建低碳的生产、生活方式。①推广普及绿色建筑，完善绿色建筑认证体系、扩大执行范围，加快既有建筑节能改造，大力发展绿色建材，2030年武汉、长沙、合肥、南昌、郑州等城市新建建筑的绿色建筑比例达到60%以上，其余城市达到50%以上。②合理控制机动车保有量，重点控制武汉、鄂州、马鞍山、安阳、新乡、郑州、菏泽等NO_x预测排放量超过环境容量的城市，严格实施机动车燃料消耗限值标准，加快新能源汽车的推广应用，优先发展公共交通，改善步行、自行车出行条件，倡导市民绿色出行；2030年武汉、长沙、合肥、南昌、郑州等城市公共交通出行分担率达到60%以上，清洁能源公交汽车比例提高到70%，其余城市分别达到50%、60%以上。③合理划定生态保护红线，扩大城市生态空间，增加森林、绿地、湿地面积，在城镇化地区合理建设绿色生态廊道，提高城市碳汇能力。

（二）加强大气污染物排放总量控制，深入推进污染减排

加强大气污染物排放总量控制，严格落实总量控制制度，深入推进污染减排，腾出环境容量，优化资源环境配置，全面实现环境保护目标要求。因此，依据首先满足环境容量要求，已满足环境容量要求的城市2020年再下降15%、2030年再下降30%的总体要求，确定大气污染物总量控制要求，并从源头预防、过程控制、末端治理等全过程系统控制角度，强化结构减排，细化工程减排，硬化监管减排，推进协调减排。

①结构减排。提高相关行业环境准入门槛，预防新建项目盲目建设和低水平重复建设，限制现有企业盲目扩张和低水平扩能，以技术经济可行为依据，对重点行业的排放标准、清洁生产标准进行更新，鼓励建设专业园区，积极引导污染较严重的相关行业向专业园区集中。严格执行国家产业政策和落后产能关停计划，加快相关行业技术进步步伐，用高新技术改造传统产业，对治理无望、治理成本过高、高消耗、高排放、低效益的落后企业、产品，坚决淘汰退出。电力行业减排突出结构调整与脱硫脱硝设施稳定运行，钢铁、建材、有色、化学等行业减排突出脱硫脱硝设施建设及结构调整；工业锅炉突出结构升级，加强集中供热，加大小锅炉淘汰力度，大吨位锅炉因地制宜地采取脱硫脱硝减排措施。

②工程减排。加大污染治理力度，在做到稳定达标排放的基础上，挖掘减排潜力，对重点相关行业，加大污染深度治理和工艺技术改造力度，提高行业污染治理水平。持续推进火电行业污染减排。新建燃煤机组要全部配套建设脱硫脱硝设施，脱硫效率达到95%以上，脱硝效率达到80%以上。现役燃煤机组安装的脱硫设施不能稳定达标排放的应进行更新改造并取消烟气旁路，综合脱硫效率要提高到90%以上。单机容量30万kW及以上燃煤机组实行脱硝改造，综合脱硝效率达到70%以上。加快非电重点行业脱硫脱硝进程，重点对钢铁行业的烧结设备及有色行业的工业窑炉、建材窑炉、炼焦炉等污染源进行监控管理，按照要求安装烟气脱硫设施。大力开展水泥行业新型干法窑降氮脱硝。新建20蒸吨以上燃煤锅炉应安装脱硫脱硝设施，城市主城区10蒸吨以下锅炉应使用清洁能源；35蒸吨以上的现有燃煤锅炉实施烟气脱硫；循环流化床锅炉脱硫设施应安装在线监控设备，提高综合脱硫效率。

③监管减排。加强污染治理设施的运行管理，确保稳定高效运转。重点加强已建重点污染源的监管，切实提高设施的运转率，充分发挥好自动监控设施的作用，严惩偷排、停运等违法行为；加强生产过程中的环境管理，减少或杜绝跑、冒、滴、漏；加强污染减排统计体系、监测体系和考核体系建设，强化对重点行业强制性清洁生产审核及评估验收，把清洁生产审核作为环保审批、环保验收、核算污染物减排量的重要因素，提升清洁生产水平；把总量控制指标分解落实到污染源，全面推行排污许可证制度。组织开展污染减排核查工作，加强预警督查，公开曝光违法违规问题，对工作不力、进展严重滞后的地方实行区域限批。优化城市交通，大力推进绿色交通体系建设，机动车尾气污染问题突出的城市加强机动车污染管理。

④协同减排。凡涉及废气排放的企业，新建或升级改造的污染处理设施所选择的处理工艺，要综合考虑减排效果，实现污染物协调减排。废气污染处理设施既要考虑脱硫、脱硝效果，也要控制颗粒物的排放。涉及排放重金属污染物的企业，必须控制排入环境中的多种重金属排放总量。加强含汞、铅等的环境管理，建立二氧化碳等主要温室气体排放清单及排放量统计制度，充分利用协同效应，有效控制温室气体排放。推动建立关联区域为达到特定时期和特殊环境目标采取的联防联控机制。

（三）优化空间布局，全面提升重点产业资源环境

根据产业发展区位优势、资源环境承载能力及空间分异规律，对城市和重点排污行业进行调控，调整产业结构，优化空间布局。新建产业园区选址应充分考虑大气污染区域输送特点，慎重规划和评估产业园区对周边区域或下游城市的影响，特别是对人口密度大、环境敏感区域的输送影响，避免在大气污染输送通道上布设产业园区或者重点污染行业，减少对污染输送目标城市的影响。

加快运用高新技术和先进适用技术，改造提升传统产业。积极推进企业清洁生产和ISO14000 环境管理体系认证，引导和鼓励企业采用先进工艺、技术和装备，改善生产和管理，减少或避免废弃物的产生，实现由末端治理向全程控制的转变，全面提升电力、钢铁、建材、有色冶金、化工、石化等行业资源环境效率。

①电力行业：合理控制新增装机容量，发展高效能源发电方式，加大超临界、超超临界、IGCC 等先进发电技术，加快现役机组和电网技术改造，加大锅炉、风机等设备节能改造，提高机组发电效率，降低电厂用电率和输配电线损。全面实施低氮燃烧技术，新建、扩建、改建机组必须配套烟气脱硝设施，30 万 kW 以上现役机组在采取低氮燃烧的基础上逐步实施脱硝设施改造。烟尘排放质量浓度不能稳定达到 30 mg/m^3 以下的火电厂，必须根据自身特点进行除尘器改造。

②钢铁行业：大力推进兼并重组，整合钢铁企业资源，加快淘汰能源消耗不达标的落后产能，淘汰落后烧结、球团、炼焦、炼铁、炼钢、轧钢等生产工艺装备，进一步推广节能技术工艺和装备，采用世界先进的绿色钢铁冶炼工艺。加大能源高效回收、转换和利用，提高二次能源综合利用水平。单台烧结面积 90 m^2 以上的烧结机、年产量 100 万 t 以上的球团设备全部脱硫，综合脱硫效率达到 70%；已安装脱硫设施但不能稳定达标排放的、实际使用原料硫分超过设计硫分的、部分烟气脱硫的，应进行脱硫设施改造。单台烧结面积 180 m^2 以上的烧结机按照国家有关要求建设烟气脱硝示范工程。

③建材行业：以水泥、平板玻璃、新型墙体材料为重点，严格执行行业准入条件和淘汰落后产能计划，控制水泥产能扩张，加强对现有大中型回转窑、磨机、烘干机的节能改造，推进清洁生产，普及新型干法生产线和中低温余热发电等先进技术，提高单线产能。所有煤矸石砖瓦窑、规模大于 70 万 m^2/a 且燃料含硫率大于 0.5% 的建筑陶瓷窑炉、所有浮法玻璃生产线实行脱硫，且脱硫效率需达到 60%。水泥行业新型干法窑推行低氮燃烧技术，加快烟气脱硝建设，规模大于 2 000 t 熟料 /d 的新型干法水泥窑综合脱硝效率应达到 70%。未采用布袋除尘设备的全部改造为布袋除尘器。

④有色冶金行业：严格控制电解铝和电解铜新增产能，淘汰落后工艺，推动企业兼并重组。加快生产工艺设备更新改造，研究推广冶炼节能工艺，提高装备节能水平。加强大中型企业能源管理中心建设，加强系统性节能降耗。加大冶炼烟气中硫的回收利用率，采取烟气制酸或其他方式回收烟气中的硫，低浓度烟气和制酸尾气排放超标的必须进行脱硫处理。

⑤化学工业：主要以合成氨、烧碱、纯碱、电石等行业为重点，合理控制其新增产能，淘汰高耗能装置，采用先进生产工艺和节能设备，降低动力能耗，提高化工能源综合利用率。

⑥石化行业：推动园区化发展和清洁生产，提高石化产品附加值，鼓励采用先进节能设备，对乙烯等生产装置进行节能降耗改造，实施余热余压利用。加强石油炼制行业催化裂化装置催化剂再生烟气治理和加热炉和锅炉烟气脱硫（综合脱硫效率达到 70% 以上），改进尾

气硫回收工艺、提高硫黄回收率。原油加工行业实施能量系统优化工程，重点推广优化换热流程、优化中段回流取热比例、降低汽化率、增加塔顶循环回流换热等节能技术；合成氨行业鼓励应用先进的煤气化技术，重点推广节能高效脱硫脱碳技术。

此外，加快其他行业脱硫脱硝步伐。因地制宜地开展燃煤锅炉烟气治理，新建燃煤锅炉要安装脱硫脱硝设施，现有燃煤锅炉要实施烟气脱硫。规模在 20 t 以上的燃煤锅炉必须安装静电除尘器或布袋除尘器；对 20 t 以下中小型燃煤工业锅炉，推行使用含灰量低的优质煤。加强脱硫、脱硝设施运行的管理和监督。

（四）建立区域大气联防联控机制，统筹区域大气环境治理

以改善环境空气质量为目标，以增强区域环境保护合力为主线，以全面削减大气污染物排放为手段，运用组织和制度资源打破行政界限，建立统一监测、统一监督、统一管理、统一评估、统一协调的区域大气联防联控和污染物协同控制，重点放在以下三个方面：

一是区域的联合防控与联合治理。应坚持统一管理、整体推进的原则，以区域整体环境空气质量改善为目标，打破行政边界，进行统一规划。郑州、许昌、平顶山等城市实施大气污染联合防治。武汉城市圈和长株潭城市群重点在省内实行大气联防联控，鄱阳湖生态经济区和皖江城市带参与到长三角大气联防联控中。对于受外部输送影响大于 60% 的城市，如芜湖、鹰潭、荆州、仙桃、天门，应与对其影响较大的周边城市和地区加强大气污染防治合作。参与这些城市和地区的城市总体规划、重点工业园区规划，并提出意见和建议，防止新增源增加而导致输送贡献进一步加大；当出现污染预警时，利用行政手段，减少位于输送通道的重点排放源排放，减小对其影响较大城市和地区输送贡献。

二是区域多污染物的协同控制与多污染源的综合治理。评价区大气污染联防联控，除要解决 SO_2、NO_x、颗粒物等传统污染问题外，还要解决灰霾、光化学烟雾等新型环境问题，将 O_3、$PM_{2.5}$ 纳入空气质量评价指标，树立起环境质量全面改善的工作目标。因此，在控制因子方面，除总量控制污染物，还要纳入颗粒物、挥发性有机物、氨等一次污染物、温室气体等因子，实施多污染协同控制、传统大气污染物与温室气体协同控制；在污染控制行业方面，除了火电、钢铁外，还要对有色、石化、水泥、有机化工等重点行业，提出具体的控制对策要求；在污染控制领域，除传统工业领域外，还要突出机动车和扬尘污染防治，谋划能源清洁利用政策措施，开展煤炭总量控制和划分高污染燃料禁燃区。

三是区域环境管理机制创新与管理能力提升。区域大气污染联防联控需要统筹协调不同的利益主体，包括不同的行政区以及不同的部门，因此迫切需要机构、机制以及政策措施的创新，同时还要加大区域污染防治的能力建设。为此，应建立“五统一”的区域大气污染联防联控机制。“统一协调”，即建立跨行政区的大气污染联防联控协调组织机构，即建立联席会议制度、健全会商机制和通报制度，围绕区域大气污染防治目标、任务以及区域内重大活动空气质量保障工作等，形成具体的解决方案，推进促进区域污染防治一体化的政策措施。“统一规划”，即打破城市行政区限制，以污染物扩散的空气流域为边界，制定区域大气污染防治规划，提出统一的目标与任务要求。“统一监管”，即开展环境联合执法，统一区域环境执法尺度，建立跨界污染防治协调处理机制和区域性污染应急处理机制，防止区域内污染转移。“统一评估”，即建立联防联控工作评估考核体系，出台严格的空气质量管理奖惩措施；实施重大项目联合审批制度，将颗粒物与挥发性有机物排放总量纳入项目审批的前置条件。完善环

境经济政策，积极推进主要大气污染物排放指标有偿使用和排污权交易工作，完善扬尘收费、挥发性有机物排放收费等有利于区域空气质量改善的机制。“统一监测”，即推动区域空气质量监测网络建设，提高区域空气质量监测能力，重点加强酸雨、$PM_{2.5}$、O_3等空气质量监测，在加强SO_2、NO_x、烟粉尘等传统污染物统计的基础上，开展挥发性有机物统计工作，摸清排放基数，为下一步挥发性有机物减排奠定基础；建立区域环境信息共享平台，并实现区域监测信息共享。

此外，强化大气污染防治的科技支撑。加强大气污染基础性研究和前沿技术研究，深刻把握大气污染本质特征，形成科学高效的控制策略和技术体系；加强环境空气和污染源的监测体系建设，形成满足实际需要的大气污染监控和预警能力；加强大气污染治理产业和各行业节能减排技术研发，加快建立以企业为主体、市场为导向、产学研相结合的技术创新体系。

（五）加强人口聚集区中长期大气环境风险的应对

随着经济的快速发展、城市化进程的加快、人口的增加、机动车数量的增加以及未来有可能面临的极端气候，中部地区面临大气环境污染加重的风险，因此，必须采取长期的、坚持不懈的防范对策，才能保证空气质量持续改善。

谋求经济的持续、适度快速和协调增长：经济的快速增长要适度，要同资源、人口和环境相协调，与产业结构调整优化和提高经济效益紧密结合，以达到区域经济的可持续发展。

完善大气污染防治法律法规：完善国家和地方关于环境保护的法律法规，并加强执法力度，提高执法效能，这样不仅有利于生态环境的改善，还可促进可持续发展。

合理利用资源，提高资源的利用率，全面采取资源循环利用的方式、方法，是防治环境污染的切实可行的措施。

加强城市大气污染防治监管。实施城市清洁空气行动计划，加大城市烟尘、粉尘、细颗粒物（$PM_{2.5}$）和汽车尾气的治理力度，加强对$PM_{2.5}$的管理与控制研究。到2015年，在所有地级以上城市开展臭氧和$PM_{2.5}$等污染物监测。

控制机动车污染：针对机动车迅速增长的情况，加快建设城市快速交通、轨道交通的进程。坚持公交优先，建设清洁公交体系。提高机动车环境准入要求，加强生产一致性检查，禁止不符合排放标准的车辆生产、销售和注册登记。推动机动车淘汰和车用燃油低硫化进程，严格执行老旧机动车淘汰制度，完成“黄标车”淘汰工作。到2020年，机动车尾气排放执行国Ⅴ标准，到2030年，机动车尾气执行相当于欧Ⅵ的排放标准。加快车用燃油低硫化进程，鼓励使用车用燃油清净剂，改善车用燃油品质。大力发展压缩天然气、液化天然气、生物柴油、燃料电池和混合动力等清洁能源车辆，提高清洁能源车辆使用比重。

加强扬尘污染控制：一是控制道路扬尘。街道裸露地面采取硬化措施，街道两侧采取硬化、绿化措施；改造完善主干道的树坑，增加覆盖塑胶网或碎石子；对较大的空间地面进行植被覆盖；在市区内运输渣土、沙石等易产生粉尘污染物的车辆实行密闭或加篷遮盖措施；对市区道路上的积土，及时清运或采取覆盖措施，防止道路积土扬尘。二是控制建筑扬尘。建设工程施工现场全封闭设置围挡墙，严禁敞开式作业；施工现场道路、作业区、生活区进行地面硬化；对因堆放、装卸、运输、搅拌等易产生扬尘的污染源，采取遮盖、洒水、封闭等控制措施，减少扬尘污染；施工现场的垃圾、渣土、沙石等及时清运，建筑施工场地出口设置车辆清洗平台，保持出场车辆清洁，防止车辆运输扬尘污染。

（六）加强宣传，提高全民减排意识

完善环境宣传教育体系，推动政府引导、多部门合作、全社会参与的环境宣传教育大格局的形成。认真贯彻实施环境保护部、中央宣传部、教育部、中央文明办、共青团中央、全国妇联六部委发布的《全国环境宣传教育行动纲要（2011—2015年）》，推进省、市、县级环境宣教能力标准化建设。加强面向不同社会群体的环境宣传教育和培训，进一步强化媒体宣传和监督作用，完善新闻发布和重大环境信息披露制度，增强全民的环境意识。积极发展环境文化，推进生态文明氛围的逐步形成。努力提高绿色学校、绿色社区等创建工作，普及环境教育。倡导绿色消费，不断推进公众低碳生活方式的形成。广泛团结动员社会各界力量，发挥环保社团组织的积极作用，完善公众参与环境保护机制，走环境保护群众路线，建立环保统一战线，建立健全全民参与的社会行动体系。

①将总量减排宣传纳入重大主题宣传活动。每年制订总量减排宣传方案，主要新闻媒体在重要版面、重要时段进行系列报道，刊播总量减排公益性广告，广泛宣传总量减排的重要性、紧迫性以及国家采取的政策措施，宣传总量减排取得的阶段性成效，大力弘扬“节约光荣，浪费可耻”的社会风尚，提高公众的节约环保意识。

②广泛深入持久开展总量减排宣传。组织好每年一度的全国节能宣传周、全国城市节水宣传周及世界环境日、世界地球日、世界水日宣传活动。组织企事业单位、机关、学校、社区等开展经常性的节能环保宣传，广泛开展节能环保科普宣传活动，把节约资源和保护环境观念渗透到各级各类学校的教育教学中，从小培养儿童的节约和环保意识。选择若干总量减排先进企业、机关、商厦、社区等，作为总量减排宣传教育基地，面向全社会开放。

③表彰奖励一批总量减排先进单位和个人。各级人民政府对在节能降耗和污染减排工作中做出突出贡献的单位和个人予以表彰和奖励。组织媒体宣传总量减排先进典型，揭露和曝光浪费能源资源、严重污染环境的反面典型。

专题三

中部地区水资源与水环境评价专题

一、中原经济区战略定位与水资源及水环境的关系

（一）资源环境区位特征

长江中下游城市群资源环境区位特征明显：①地处长江经济带“龙腰”位置，交通便捷，区位优势明显：以长江连接我国东、中、西三大地带，东接长三角地区，南临珠三角地区，西靠成渝经济区，北部紧接中原经济区；②地形多冲积平原，河湖水系发达，资源优势明显：区域具有丰沛的淡水资源，流域面积超过 8 万 km^2 的支流有沅江、湘江、汉江、赣江 4 条；河流长度超过 1 000 km 的支流有沅江、汉江 2 条；该区是国家商品粮生产的重要基地，矿产资源丰富；③气候温暖湿润，降雨年内分布不均，旱涝频发：降水量年内分配不均，年际变化较大，每年 6—7 月易形成“梅雨”和“伏旱”；④重大水利工程对区域乃至全国影响巨大，如三峡水利工程、丹江口水库、南水北调中线工程、引汉济渭工程、引江济淮工程、鄂北地区水资源配置工程、洞庭湖水利枢纽工程、鄱阳湖水利枢纽工程，调水工程运行后的水资源分布格局将缓解我国北方用水紧张局面，对上下游河湖水文情势及水动力条件产生重大影响，对长江生态与环境的影响日益显现，但这些影响具有很大的不确定性。

中原经济区是以《全国主体功能区规划》明确的重点开发区域为基础，以中原城市群为支撑，涵盖河南全省，延及河北、山西、山东、安徽周边四省的经济区域。地处我国腹地，承东启西、连贯南北，是全国“两横三纵”城市化战略格局中陆桥通道和京广通道的交汇区域。区域气候四季分明，雨热同期，自然灾害以旱涝为主。降水量时空分布不均，全年降水量主要集中在夏季，季风性气候显著。区域地跨黄河、淮河、海河、长江四大流域，是淮河流域的源头区和南水北调中线工程的水源地。河流水系密集，大小河流超过 2 000 条，河川径流总量在全国中等偏下水平，地区分布上呈现自南向北、自西部山地至东部平原逐渐递减特征。

（二）战略定位与水资源及水环境的关系

根据《中原经济区规划（2012—2020 年）》，中原经济区的战略定位为国家重要的粮食生产和现代农业基地；是加快新型工业化、城镇化进行中同步推进农业现代化的全国“三化”协调发展示范区；是全国重要的经济增长板块；是全国区域协调发展的战略支点和重要的现代综合交通枢纽。其中明确对中原经济区水资源和水环境提出了以下要求：

（1）加强水资源保障

加快黄河、淮河等大江大河治理，建设河口村水库，推进出山店等大中型水利控制性工程的前期工作。加强淮河、海河流域蓄滞洪区建设，健全洪水影响评价制度。完成病险水库及水闸除险加固。全面建成南水北调中线工程及配套工程。实施南水北调中线总干渠防洪影

响工程。深化西霞院至南水北调总干渠贯通工程前期工作，建设引黄、引淮等一批调蓄工程，规划建设引江济淮等跨流域骨干调水工程。加强中小河流治理和山洪灾害防治。加强水源地建设保护，重点做好丹江口库区和南水北调中线、东线工程输水沿线、承担城市供水任务大中型水库的保护。加强城市防洪排涝工程建设。实施地下水保护行动计划，加快河流生态修复、雨洪利用、地下水补源、抗旱应急备用水源工程建设。建设黄河中下游沿线综合开发示范区，打造集生态涵养、水资源综合利用、文化旅游、滩区土地开发于一体的复合功能带。

（2）改善水环境质量

优先保护饮用水水源地，加大重点流域环境综合整治，深化重点行业水污染治理，实施城镇污水处理扩能增效及升级改造工程，提高城市中水循环利用水平，到2020年，县城以上城市污水处理率达到90%以上。加强农业面源污染治理，加大规模化养殖污染治理力度。实行最严格的水资源管理制度，提高水资源利用综合效益，建立水资源开发利用控制、用水效率控制、水功能区限制纳污红线指标体系，加大工业节水力度，大力发展节水农业，积极创建节水型城市。

长江中下游城市群是我国主体功能规划确定的重点发展区域，对促进中部崛起、实现东西融合具有突出的战略地位和功能。在实施“促进中部地区崛起”和“主体功能区战略”中，皖江城市带、鄱阳湖生态经济区、武汉城市圈、长株潭城市群均是长江中下游地区整体发展的重要支撑区域。

（1）国家粮食主要产区的灌溉用水安全保障

长江中下游城市群的农业资源比较丰富，历来是国家商品粮生产的重要基地，湖北、湖南、安徽、江西粮食总量占全国比重高达19%左右，承担着保障国家粮食安全和实现农产品有效供给的重任，亟须保障农田灌溉用水安全，对水资源配置和水环境保护提出新需求。

（2）基础原材料与装备制造业基地的工业用水保障

区域具有丰富的能源、矿产资源和水土资源。区内有色金属矿种丰富。评价区所在的湖北、湖南、江西、安徽四省已发现矿种141种，占全国已发现矿种数的87.03%；主要有色金属矿产资源（铜、铅、锌）基础储量1 927.25万t，占全国总量的26.06%；其中，湖南省素称“有色金属之乡”，铜、钨、铀、稀土、钽被誉为江西矿产种的“五朵金花”；湖北和安徽两省则以铁矿尤为著名。长江中下游城市群一直是国家的能源原材料建设重点区域，是我国重要的基础原材料生产与装备制造业基地，其工业用水安全是原材料加工与装备制造的重要环节。

（3）沿海制造业承接基地加剧用水需求

承东启西与沟通南北的战略区域，加上廉价的生产要素，使长江中下游城市群地区成为承接沿海地区制造业空间转移的重要承载基地。与西部大部分地区相比，长江中下游城市群地区人口与城镇密集，水资源丰富，生态环境优越，更接近国内市场；与东部沿海地区相比，劳动力和自然资源充足，且成本较低。近年来，沿海地区产业向中部地区转移的趋势越来越明显。

二、水资源与水环境现状和演变趋势

（一）水资源禀赋及其时空演变规律

选取评价区长系列水文资料，对降水、径流等与水资源密切相关的自然变量的时空演化规律进行分析。中原经济区横跨黄河、长江、海河、淮河四大流域。根据水资源分区系统监测资料、水资源公报和水资源评价成果，以流域为基本空间单元，从大区域、省级行政区、重点经济区等空间层次，分区评价区域地表、地下水资源禀赋特征及空间分异规律。

1. 降水

（1）黄河流域片区

中原经济区内黄河流域多年平均降水量为 616.1 mm，黄河流域不同年代降水量变化趋势是：20 世纪 50—60 年代连续偏丰，70 年代偏枯，80 年代持平，90 年代最枯。1956—2000 年的 45 年间，出现了 1958 年、1964 年、1967 年、1982 年等大水年，1960 年、1965 年、2000 年等干旱年。2012 年河南省境内黄河流域降水量为 488.6 mm，低于多年平均降水量 648.9 mm，降幅为 22.8%，属枯水年。

（2）淮河流域片区

中原经济区横跨淮河流域的 3 个水资源二级区，其范围包括淮河上游区和淮河中游区的大部分以及沂沭泗河区的小部分。据淮河区 1956—2000 年资料统计，淮河上游区多年平均降水量为 1 008.5 mm，淮河中游区多年平均降水量为 863.8 mm，沂沭泗河区多年平均降水量最小，为 788.4 mm。2012 年河南省辖淮河流域降水量为 654.2 mm，比多年平均值偏少 22.3%，属枯水年；2012 年安徽省淮河流域年降水量为 834.3 mm，较多年平均值低 12%，属枯水年；2012 年山东省辖沂沭泗河区年降水量比多年平均值偏少 13.9%，菏泽市降水量为 406.2 mm，比多年平均值偏少 37%，属特枯水年。

（3）海河流域片区

中原经济区横跨海河流域的两个水资源二级区，其范围包括海河南系和徒骇—马颊河。根据 1956—2009 年气象资料，海河流域多年平均降水量为 552 mm，枯水年降水量不足 400 mm，丰水年降水量大于 800 mm。2012 年河南省辖海河流域降水量为 491.5 mm，比多年平均值低，属于枯水年；2012 年河北省辖海河流域降水量为 509.0 mm，比多年平均值偏少 6.2%，为平水年；山西省辖海河流域降水量为 524.6 mm，比多年平均值偏多 5.2%；山东省辖海河流域降水量为 676.4 mm，比多年平均值偏多 19.6%。

（4）长江流域片区

河南省长江流域片区 1956—2000 年的多年平均降水深度为 822.3 mm，降水总量为

227.03 亿 m³，变化范围为 500 ～ 1 400 mm。长江流域近 12 年的平均值为 838.13 mm，略高于多年平均值（822.3 mm），2001 年的降水量最少，仅为 584.1 mm，比多年平均值偏少 28.97%。2012 年河南省辖长江流域片区降水量为 667.7 mm，较多年平均值有大幅减少，减幅为 18.8%，2012 年度属偏枯年份。

2. 水资源

对于地表水资源量，中原经济区所辖的 9 个水资源二级区中，仅淮河上游的产水模数高于全国平均水平，为 32.75 万 m³/km²，徒骇—马颊河最低，为 3.80 万 m³/km²；对于地下水资源量，中原经济区所辖的 9 个水资源二级分区的地下水产水模数中，仅龙门至三门峡低于全国同期水平。其中，花园口以下最高，为 20.21 万 m³/km²，龙门至三门峡最低，为 7.03 万 m³/km²（图 3-1 和图 3-2）。以下重点分析中原经济区水资源总量变化。

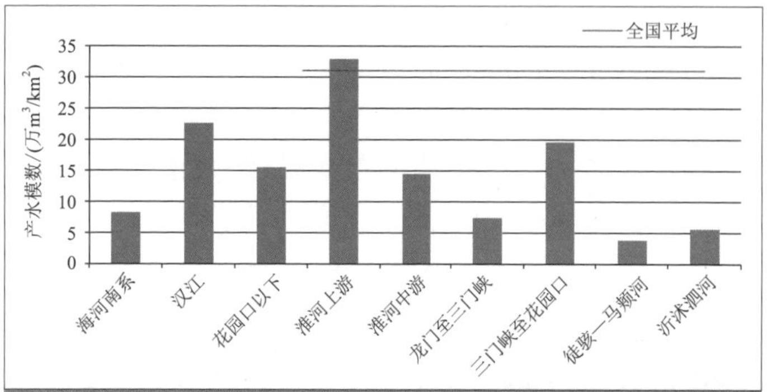

图 3-1 水资源二级区地表水产水模数

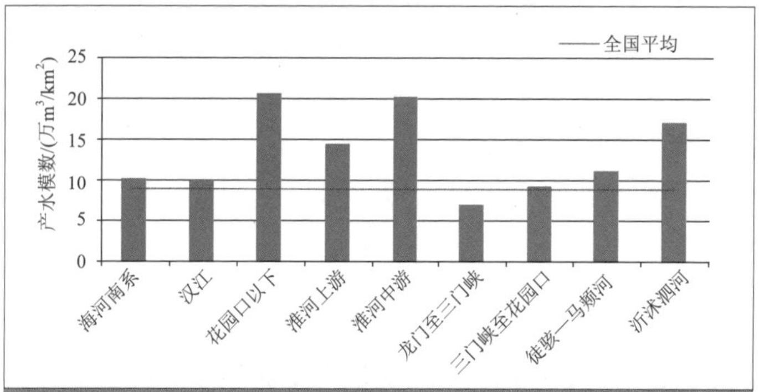

图 3-2 水资源二级分区地下水产水模数

（1）黄河流域片区

①多年平均水资源总量

中原经济区所辖黄河流域多年平均水资源总量为 94.95 亿 m³，按水资源二级分区，三门峡至花园口分区水资源总量最多，为 63.10 亿 m³，龙门至三门峡分区及花园口以下水资源总量分别为 13.24 亿 m³、18.61 亿 m³。产流模数自西向东逐步增加，龙门至三门峡分区产流模数最小，为 8.4 万 m³/km²，花园口以下分区最大，为 16.8 万 m³/km²（表 3-1 和表 3-2）。

表 3-1 黄河流域二级区水资源总量状况

区域	面积 / 万 km²	水资源总量 / 亿 m³	径流深 /mm	Cv	产流模数 /（万 m³/km²）
龙门至三门峡	1.59	13.24	64.7	0.26	8.4
三门峡至花园口	3.67	63.10	132.1	0.43	15.1
花园口以下	1.15	18.61	99.3	0.40	16.8

注：Cv 为变差系数。

表 3-2 黄河流域二级区水资源总量分布特征

区域	年水资源总量 / 亿 m³	Cv	Cv/Cs	不同频率地表水资源量 / 亿 m³			
				20%	50%	75%	95%
龙门至三门峡	13.24	0.26	3	15.59	12.55	10.55	8.30
三门峡至花园口	63.10	0.43	3	78.50	54.68	41.15	28.92
花园口以下	18.61	0.40	3	22.35	15.92	12.17	8.67

注：Cv 为变差系数；Cs 为偏态系数。

河南省境内黄河流域多年平均水资源总量为59.70亿m^3，产流模数为16.51万m^3/km^2，产流系数为0.26。行政分区中，洛阳市水资源总量最大，为27.85亿m^3，其次为三门峡市、新乡市、郑州市、开封市，水资源总量在11亿～17亿m^3。鹤壁市水资源总量最小，为3.63亿m^3。各行政分区产流模数在13万～20万m^3/km^2。其中，焦作市产水模数最大为19.55万m^3/km^2，濮阳市产流模数最小，为13.99万m^3/km^2。各行政分区产流系数在0.21～0.32，焦作市产流系数最大，为0.32，濮阳市产流系数最小，为0.21（表3-3）。产流模数和产流系数的具体变化见图3-3和图3-4。

表3-3 河南省黄河流域行政分区水资源总量状况

行政分区	面积/km^2	降水量/mm	水资源总量/亿m^3	径流深/mm	径流系数	产流模数/（万m^3/km^2）	产流系数
鹤壁市	2 137	622.79	3.63	94.33	0.15	17.00	0.29
濮阳市	4 188	566.29	5.86	48.79	0.09	13.99	0.21
新乡市	8 249	612.37	14.68	85.57	0.14	17.80	0.29
焦作市	4 001	595.46	7.82	103.56	0.17	19.55	0.32
三门峡市	9 937	679.57	16.92	162.81	0.24	17.03	0.24
洛阳市	15 229	682.12	27.85	166.63	0.24	18.29	0.27
郑州市	7 533	631.85	12.97	98.16	0.16	17.21	0.27
开封市	6 261	662.34	11.52	67.66	0.10	18.39	0.28
黄河流域	36 164	626.25	59.70	122.27	0.20	16.51	0.26

②近年水资源总量变化

河南省境内黄河流域近年（2001—2011年）水资源总量平均值为59.02亿m^3，接近多年平均水资源总量（59.70亿m^3），变化幅度非常小。近年流域内水资源总量变化趋势基本与降水量变化趋势一致。2003年达到最高值，为104.99亿m^3（图3-5）。

河南省黄河流域所辖各行政分区中，仅濮阳市、焦作市、开封市近年水资源总量相比多年平均值有所增加，增加幅度分别为16.3%、11.2%、1.7%，其余大部分行政分区近年水资源总量相比常年都有所下降。其中，洛阳市下降幅度较大，为13.1%，其余行政分区下降幅度均小于10%（图3-6）。

③现状水资源总量

2012年河南省境内黄河流域水资源总量为48.16亿m^3，与多年均值相比，减少了17.7%。河南省黄河流域所辖8

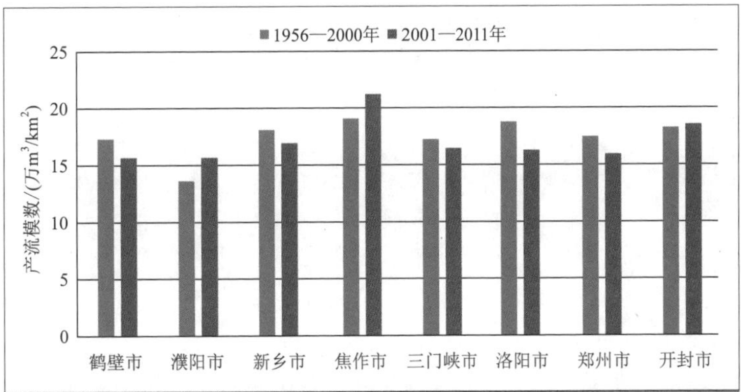

图3-3 河南省黄河流域行政分区产流模数年代变化

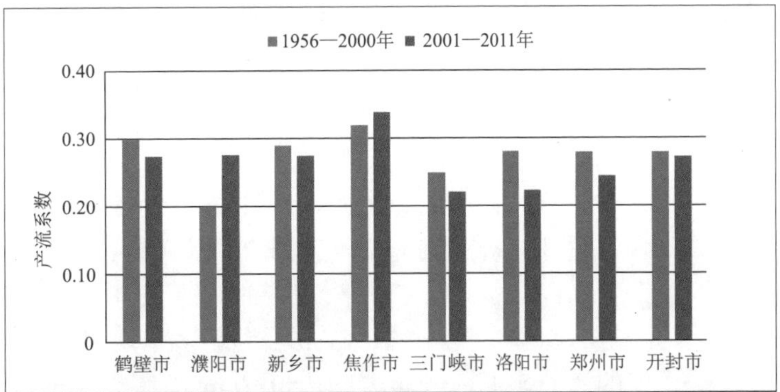

图3-4 河南省黄河流域行政分区产流系数年代变化

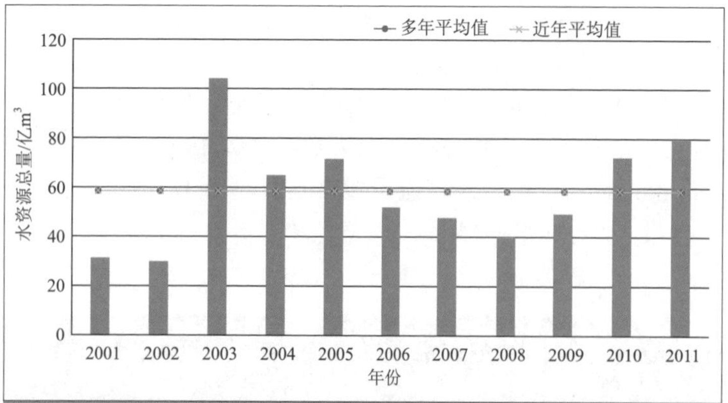

图 3-5　河南省黄河流域近年水资源总量

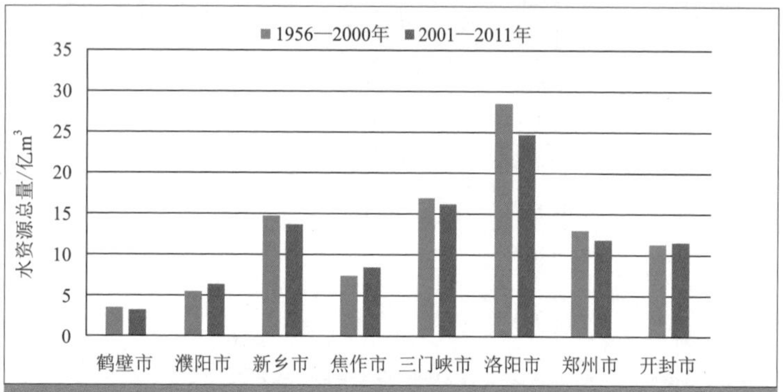

图 3-6　河南省黄河流域行政分区水资源总量比较

个行政区中，洛阳市水资源总量最大，为 21.88 亿 m³，鹤壁市最少，仅为 2.86 亿 m³。相比常年，所有行政区的水资源总量均有不同程度的减少，郑州市、安阳市、濮阳市减幅均超过 30%，开封市、新乡市、洛阳市、鹤壁市的减幅也在 20% ～ 30%，三门峡市减幅为 14.0%，焦作市减幅最小，只有 3.2%。

（2）淮河流域片区

①多年平均水资源总量

淮河区水资源量的地区分布与流域社会、经济分布不相适应，水资源与耕地、人口分布不相匹配。水资源的分布是山区大于平原，而人口和耕地的分布是平原大于山区。山丘区雨量丰沛，水资源丰富，但人口和耕地较少，平原区人口和耕地较多，水资源却不足。

根据淮河流域 1956—2000 年统计资料，淮河流域 3 个水资源分区的多年平均水资源总量分别为：淮河上游区 121 亿 m³，产水系数 0.39；淮河中游区 271.98 亿 m³，产水系数 0.33；沂沭泗河区 37.01 亿 m³，产水系数 0.34（表 3-4）。

表 3-4　1956—2000 年淮河流域二级分区水资源总量特征值

分区		降水量 / mm	地表水资源量 / 亿 m³	浅层地下水		水资源总量 / 亿 m³	不同频率水资源总量 / 亿 m³				产水系数
				资源量 / 亿 m³	不重复量 / 亿 m³		20%	50%	75%	95%	
二级区	淮河上游	309	103	44.7	18.3	121	167	111	77	41.4	0.39
	淮河中游	815.2	195.7	123.2	76.2	272	356.3	257.3	192.8	121	0.33
	沂沭泗河	109.1	25.1	17.52	11.9	37	48.6	35.1	26.3	16.4	0.34

②近年水资源总量变化

河南省淮河流域 2000—2011 年水资源总量变化见图 3-7。

通过分析河南省淮河流域 2000—2011 年水资源总量发现，近 12 年水资源总量平均值为 246.1 亿 m³，比多年平均值高 7%。12 年中，2003 年水资源总量最多，为 449.3 亿 m³，其次是 2000 年，为 431.8 亿 m³；高于多年均值的还有 2005 年、2007 年、2010 年 3 个年份，3 年的水资源量在 250 亿～ 350 亿 m³；水资源量低于 200 亿 m³ 的年份有 2001 年、2006 年、2009 年和 2011 年，2001 年水资源量最少，仅为 127.7 亿 m³；其余 3 年的水资源量略低于多年平均值。

③现状水资源量

2012 年河南省水资源总量为 140.23 亿 m^3，较多年平均值减少了 43%。河南省淮河流域所辖 11 个行政区中，南阳市的水资源总量最大，为 55.55 亿 m^3，漯河市水资源总量最小，仅为 4.52 亿 m^3。与多年平均水平相比，全流域各行政区水资源总量都有所减少，其中，驻马店市、信阳市减幅最大，超过 50%，分别为 57.8% 和 56.7%，郑州市、漯河市、商丘市、开封市、周口市、洛阳市、许昌市、平顶山市的减少幅度都在 20% 以上，南阳市减幅最小，为 18.8%。

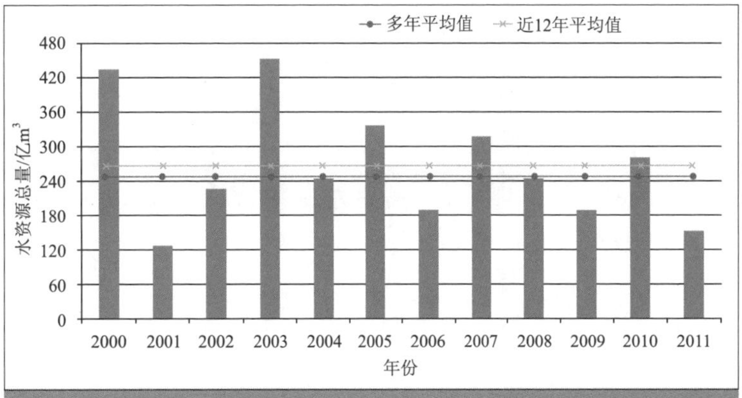

图 3-7　2000—2011 年河南省淮河流域水资源总量变化

2012 年河南省人均水资源量为 251.86 m^3，仅为全国同期人均水资源量的 1/8。而 11 个行政分区的人均水资源量也较低，仅洛阳、平顶山、南阳、信阳高于全省平均值，分别为 597 m^3、440 m^3、583 m^3、338 m^3；其余 7 个行政区人均水资源量均偏低于全省同期值。

2012 年安徽省淮河流域的 6 个地市中，宿州市水资源总量最多，为 23.65 亿 m^3；其次是阜阳市、亳州市和蚌埠市，水资源总量均超过 15 亿 m^3，分别为 22.62 亿 m^3、21.75 亿 m^3、15.45 亿 m^3；淮北市和淮南市水资源总量较小，均在 10 亿 m^3 以下，分别为 6.35 亿 m^3 和 6.12 亿 m^3。

安徽片区平均人均水资源量为 389.73 m^3，仅为全国同期人均水资源量的 22.58%。6 个地市中，蚌埠市人均水资源量最高，为 682.90 m^3；其次是宿州市和亳州市，分别为 484.22 m^3 和 400.56 m^3；淮北市最小，为 244.06 m^3，阜阳市和淮南市的人均水资源量均低于 300 m^3。

2012 年山东省沂沭泗河区入境水量为 1.6 亿 m^3，水资源总量较多年平均值减少了 22.9%。沂沭泗河流经的菏泽市水资源总量为 13.43 亿 m^3，较多年平均值减少 34.8%。菏泽市的人均水资源量为 162.05 m^3，不到全国平均水平的 1/10。

（3）海河流域片区

①水资源总量多年平均值

海河流域 1956—2000 年多年平均水资源总量为 370 亿 m^3，其中地表径流量 138 亿 m^3，最大为 1964 年的 734 亿 m^3，最小为 1999 年的 189 亿 m^3，产水系数 0.22。在所有水资源二级区中，海河南系水资源总量最大，徒骇—马颊河最小（表 3-5）。

表 3-5　1956—2000 年海河流域二级区水资源总量特征值

二级区	水资源总量均值 / 亿 m^3	径流深 /mm	Cv	Cs/Cv	不同频率水资源总量 / 亿 m^3			
					20%	50%	75%	95%
海河南系	178.6	120	0.4	3.5	229	163	126	95.2
徒骇—马颊河	39.3	119	0.53	2.5	54.2	34.9	24	14.4

②近年水资源总量变化

中原经济区海河流域 2001—2010 年水资源总量平均值为 60.1 亿 m^3，比多年平均值偏低

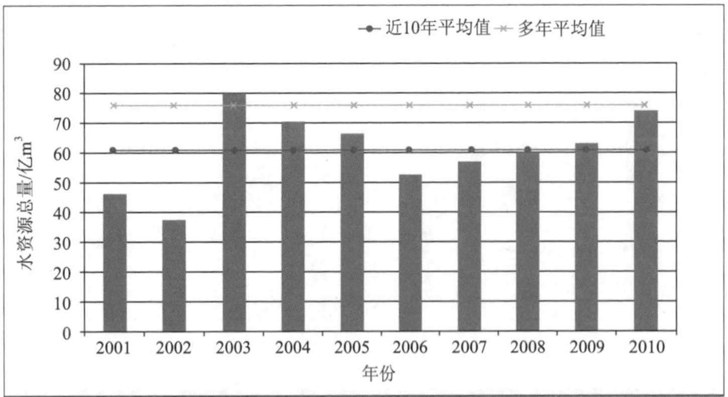

图 3-8 中原经济区海河流域近 10 年水资源总量

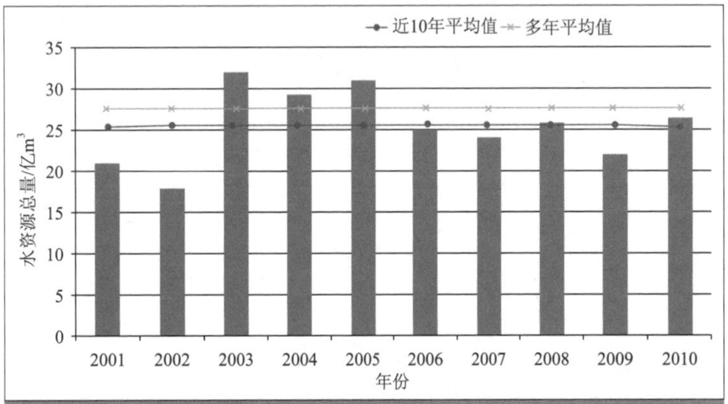

图 3-9 海河流域河南省近 10 年水资源总量

21%。其中，2003 年水资源总量最大，超过多年平均值，为 80.0 亿 m³，而 2002 年最少，只有 37.1 亿 m³（图 3-8）。

海河流域河南省 2001—2010 年水资源总量平均值为 25.47 亿 m³，与多年平均值相比偏低 7.7%。其中，2003 年水资源总量最大，为 32 亿 m³；2002 年最小，为 17.86 亿 m³（图 3-9）。

③现状水资源总量

2012 年河南省海河流域水资源总量为 21.56 亿 m³，比多年平均值低 21.9%。所辖 5 个城市中，新乡市水资源总量最大，为 11.13 亿 m³，鹤壁市最小，仅为 2.86 亿 m³。与多年平均值相比，安阳市、濮阳市减少幅度超过 30%，新乡市、鹤壁市减少幅度在 20% ～ 30%，焦作市相对减幅较小，为 3.2%。

河北省辖海河流域水资源总量为 21.8 亿 m³，比多年平均值低 22.5%；山西省辖海河流域水资源总量为 8 亿 m³，比多年平均值低 18.6%；山东省辖海河流域水资源总量为 10.1 亿 m³，略低于多年平均值。

（4）长江流域片区

①多年平均水资源总量

中原经济区所属的河南省长江流域片区的多年平均水资源总量为 71.3 亿 m³，产水模数为 25.8 万 m³/km²。

②近年水资源总量变化

近 12 年的水资源多年平均值比长系列（1956—2000 年）多年平均值略高，其中，地下水较为丰富的年份有 2000 年、2003 年、2005 年、2010 年，地下水比较平均的年份有 2004 年、2007 年、2009 年和 2011 年，而其他年份的地下水皆偏少，而以 2002 年的地下水资源为最少，比多年平均值低 26.89%，而 2000 年的地下水资源最丰，比多年平均值高出 48.23%（表 3-6

表 3-6 2000—2011 年河南省长江流域水资源状况

年份	地表水资源 / 亿 m³	地下水资源 / 亿 m³	水资源总量 / 亿 m³	比多年平均值增加（减少）比例 /%	产水模数 /（万 m³/km²）	产水系数
2000	134.316	38.481	152.882	114.44	55.37	0.48
2001	29.99	19.73	37.79	-47.00	13.69	0.23
2002	30.97	18.98	41.21	-42.20	14.93	0.20
2003	99.78	29.99	111.43	56.30	40.36	0.40
2004	60.75	22.99	68.11	-4.47	24.67	0.31

年份	地表水资源 / 亿 m^3	地下水资源 / 亿 m^3	水资源总量 / 亿 m^3	比多年平均值增加（减少）比例 /%	产水模数 /（万 m^3/km^2）	产水系数
2005	110.85	26.87	122.08	71.24	44.22	0.45
2006	50.13	22.01	56.66	-20.53	20.52	0.29
2007	67.05	24.31	76.26	6.97	27.62	0.34
2008	49.61	22.08	57.78	-18.96	20.93	0.28
2009	60.45	25.67	70.15	-1.61	25.41	0.30
2010	145.20	33.21	156.40	119.38	56.65	—
2011	62.25	27.17	71.47	0.24	25.89	0.33
均值	75.11	25.96	85.18	—	30.85	0.33

和图 3-10）。

③现状水资源总量

2012 年河南省长江流域水资源总量为 55.6 亿 m^3，比多年平均值减少了 20%。

（5）人均水资源量

总体上，中原经济区人均水资源占有量较低，平均人均水资源量约为 293 m^3，仅为全国同期平均水平的 1/6。9 个二级分区中，汉江分区人均水资源量最高，也仅为全国平均水平的 1/3；三门峡至花园口、徒骇—马颊河和龙门至三门峡 3 个分区的人均水资源量也超过了全国平均水平的 1/5；其他五个分区人均水资源量均少于全国平均水平的 1/5，沂沭泗河区人均水资源量最低，不足 200 m^3，仅为全国平均水平的 1/9（图 3-11）。

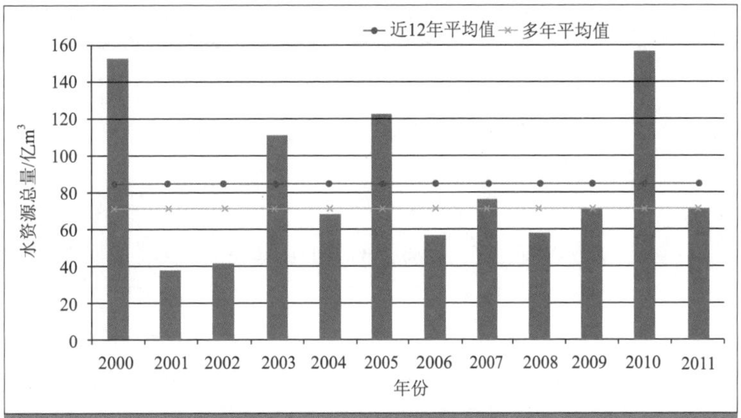

图 3-10　2000—2011 年河南省长江流域水资源状况

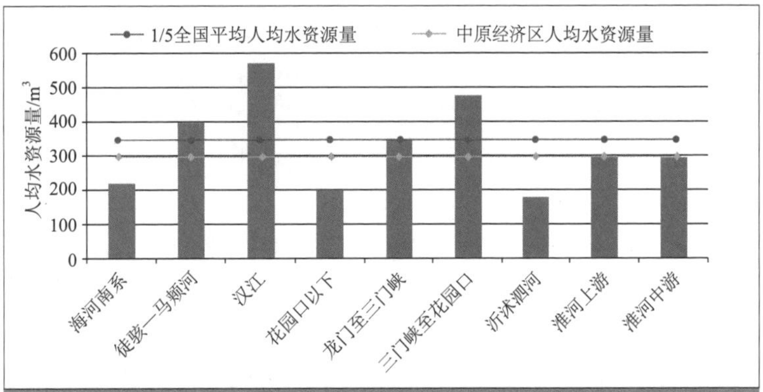

图 3-11　中原经济区各二级区人均水资源量

中原经济区各地市的人均水资源量均低于全国同期平均水平，三门峡市的人均水资源量最高，约为全国平均水平的 45%；蚌埠市、济源市、洛阳市、南阳市、宿州市、聊城市、平顶山市、亳州市和晋城市 9 个地市的人均水资源量在全国平均水平的 20% ～ 40%；其他 22 个地市的人均水资源量均低于全国平均水平的 20%，郑州市和菏泽市最小，低于全国平均水平的 10%（图 3-12）。

3. 中部地区水资源时空分布特征

（1）降水量空间分布不均匀，年际及年内变化大

中原经济区降水量从东南至西北逐步递减，近海地区降水大于内陆地区，山区降水大于

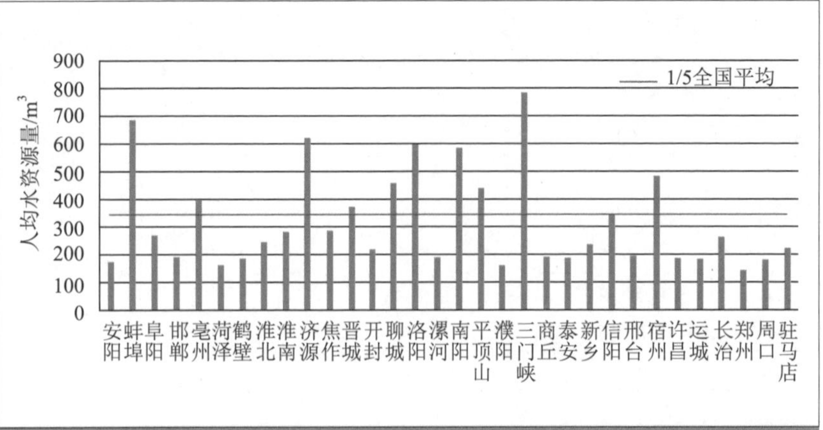

图 3-12 中原经济区各地市人均水资源量

平原地区。年降水量从水资源二级区淮河上游的 1 008.5 mm 下降至黄河流域龙门至三门峡二级区的 540.6 mm。降水量年际变化大，最大与最小年降水量比值大都在 3 倍以上。降水年内变化大，多集中在夏季，冬季降水量最小。

（2）水资源年际变化大，近 10 年黄河及海河流域地表水资源量呈下降趋势

与降水量空间分布类似，中原经济区地表水资源量从东南向西北逐步递减。水资源二级区中，除淮河上游以外，其余二级区地表水产水模数均低于全国平均水平。近 10 年黄河及海河流域地表水资源量平均值低于多年平均值。

2004—2007 年，长江中下游四大城市群的年降水量和年径流量呈现下降趋势；2007—2010 年呈上升趋势，且 2010 年的年降水量和年径流量均高于 2004 年。2011 年四大城市群的净流量都出现急剧下降，并在 2012 年回升，其中长株潭城市群的增加最多，由 2011 年的 226.5 亿 m³ 增加到 430 亿 m³。武汉城市圈和皖江城市带的年降水量在 2011 年略有增加，2012 年又有所减少；长株潭城市群和鄱阳湖生态经济区的年降水量在 2011 年明显减少，2012 年又明显增加。

（3）中原经济区人均水资源量大幅低于全国平均水平，水资源严重短缺

中原经济区所含四大流域人均水资源量均大幅低于全国平均水平，水资源短缺严重。其中，人均水资源量低于全国 20% 的地市包括郑州市、开封市、安阳市、许昌市、漯河市、商丘市、周口市、驻马店市、鹤壁市、濮阳市、新乡市、焦作市、淮北市、阜阳市、淮南市、菏泽市、泰安市、长治市、运城市、邢台市、邯郸市和信阳市。

（二）水资源开发利用特征

1. 供水

中原经济区 2012 年供水总量约为 436.12 亿 m³。其中，地表水和地下水供水总量分别为 189.92 亿 m³ 和 242.44 亿 m³，分别占全区供水总量的 43.55% 和 55.59%。此外，其他来源供水量为 3.76 亿 m³。各水资源二级分区的供水情况见表 3-7。

表 3-7 中原经济区水资源二级分区供水现状（2012 年） 单位：亿 m³

分区名称	地表水供水量	地下水供水量	地表水供水比重 /%	地下水供水比重 /%	供水总量
海河南系	23.08	56.75	28.75	70.70	80.27
汉江	9.85	13.17	42.79	57.19	23.03
花园口以下	17.27	19.08	45.27	50.02	38.15
淮河上游	14.91	13.49	52.50	47.50	28.40

分区名称	地表水供水量	地下水供水量	地表水供水比重 /%	地下水供水比重 /%	供水总量
淮河中游	73.83	88.83	45.24	54.43	163.19
龙门至三门峡	6.93	6.68	50.82	49.05	13.63
三门峡至花园口	18.97	17.93	50.72	47.94	37.40
徒骇—马颊河	13.76	12.09	52.89	46.45	26.02
沂沭泗河	11.32	14.42	43.50	55.38	26.03

各水资源二级分区中，海河南系的地下水供水比重最大，高达 70.7%，汉江、淮河中游、沂沭泗河及花园口以下 4 个片区的地下水供水比重超过了 50%；龙门至三门峡和三门峡至花园口的地表、地下水供水比重相差较小；淮河上游和徒骇—马颊河的地表水供水比重稍大于地下水比重。

长江中下游四大城市群的地表水供水量占到总供水量的 95% 以上；皖江城市带的地表水供水量所占的比例最大，高达 98%；其次是武汉城市圈、鄱阳湖生态经济区和长株潭城市群。长株潭城市群的地下水供水量所占的比例最高，达到 5.22%；剩下的三个城市群的地下水供水量所占的比例均未超过 5%。皖江城市带和武汉城市圈的供水量基本相当，均为 180 亿 m^3 左右；而鄱阳湖生态经济区和长株潭城市群的供水量分别为 84.35 亿 m^3 和 99.21 亿 m^3（表 3-8）。

表 3-8　长江中下游城市群供水结构

城市群	地表水供水量 / 亿 m^3	地下水供水量 / 亿 m^3	地表水百分比 /%	地下水百分比 /%
长株潭城市群	94.03	5.18	94.78	5.22
武汉城市圈	175.46	5.07	97.19	2.81
鄱阳湖生态经济区	80.41	3.94	95.33	4.67
皖江城市带	177.82	2.79	98.46	1.54
总量	527.72	16.98	96.88	3.12

2. 用水

中原经济区 2012 年用水总量为 436.12 亿 m^3，其中生产用水量 359.81 亿 m^3，生活用水量 75.25 亿 m^3。生产用水量中，第一产业用水量为 261.09 亿 m^3，第二产业用水量为 98.72 亿 m^3。用水结构见图 3-13。

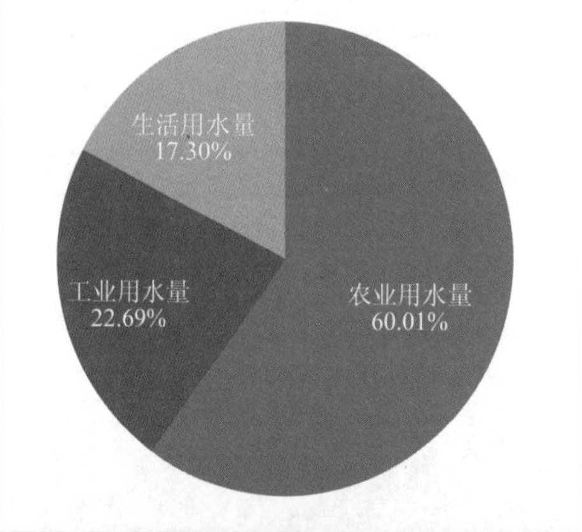

图 3-13　中原经济区用水结构

中原经济区用水量的变化：相较 2007 年，2012 年中原经济区用水总量有所增长，增长率为 12.47%。各水资源分区中，除徒骇—马颊河略有减少外，其余片区均有所增长。其中，淮河上游增长率最高，达 49.06%；其次是龙门至三门峡，用水增长率为 25.19%；淮河中游、三门峡至花园口及沂沭泗河的用水增长率在 15% 左右，而其余片区均在 10% 以下（表 3-9）。

其中，相较于 2007 年，2012 年中原经济区生产用水总量有所增加，增长率约为 9.34%。各水资源分区中，除海河南系、汉江及徒骇—马颊河的生产用水有所减少外，其余片区均有不同程度的增加。其中，淮河上游生产用水增长率最高，为 57.75%；其次是龙门至三门峡、淮河中游、三门峡至花园口、沂沭泗河，用水增长率在 10% ～ 22%；花园口以下用水增长率较低，为 2.67%（表 3-10）。

表 3-9　中原经济区水资源二级区用水总量变化趋势　单位：亿 m^3

流域分区	2007 年	2012 年	用水总量增长率 /%
海河南系	80.05	80.28	0.28
汉江	22.89	23.03	0.62
花园口以下	34.98	38.15	9.05
淮河上游	19.05	28.40	49.06
淮河中游	136.82	163.19	19.28
龙门至三门峡	10.88	13.63	25.19
三门峡至花园口	31.50	37.42	18.79
徒骇—马颊河	28.96	26.02	-10.14
沂沭泗河	22.63	26.01	14.91

表 3-10　中原经济区水资源二级区生产用水量变化趋势　单位：亿 m^3

二级区	2007 年	2012 年	用水增长率 /%
海河南系	71.92	69.52	-3.33
汉江	19.21	18.82	-2.06
花园口以下	30.20	31.01	2.67
淮河上游	14.64	23.09	57.75
淮河中游	111.26	130.46	17.26
龙门至三门峡	9.98	12.08	21.01
三门峡至花园口	25.94	29.37	13.24
徒骇—马颊河	25.84	23.01	-10.93
沂沭泗河	20.10	22.46	11.75

相较于 2007 年，2012 年中原经济区农业用水总量增长了 11.49%。各水资源分区中，除海河南系、花园口以下和徒骇—马颊河农业用水量有所减少外，其余片区均有所增加。其中，农业用水增长率最高的为淮河上游，达 66.76%；最低的是三门峡至花园口，为 5.32%；其余片区农业用水增长率在 10% ～ 35%（表 3-11）。

表 3-11　中原经济区水资源二级区农业用水量变化趋势　单位：亿 m^3

二级区	2007 年	2012 年	用水增长率 /%
海河南系	58.33	56.39	-3.32
汉江	10.20	12.59	23.53
花园口以下	25.94	25.00	-3.64
淮河上游	11.19	18.66	66.76
淮河中游	65.36	83.05	27.06
龙门至三门峡	7.52	10.10	34.36
三门峡至花园口	14.43	15.20	5.32
徒骇—马颊河	22.89	19.75	-13.71
沂沭泗河	18.33	20.35	11.03

相较于 2007 年，中原经济区 2012 年工业用水总量有所增加，增长率为 4.04%。各水资源分区中，海河南系、汉江和龙门至三门峡的工业用水量有所减少，其余分区均有不同程度的增加。其中，花园口以下片区工业用水增长率最高，为 41.12%（表 3-12）。

表 3-12　中原经济区水资源二级区工业用水量变化趋势　单位：亿 m^3

二级区	2007 年	2012 年	用水增长率 /%
海河南系	13.58	13.13	-3.35
汉江	9.02	6.22	-30.99
花园口以下	4.26	6.01	41.12
淮河上游	3.45	4.43	28.50
淮河中游	45.89	47.41	3.30
龙门至三门峡	2.47	1.98	-19.68
三门峡至花园口	11.51	14.17	23.17
徒骇—马颊河	2.95	3.26	10.60
沂沭泗河	1.77	2.11	19.25

生活用水量也相应地发生了变化，相较于 2007 年，2012 年中原经济区生活用水总量增长明显，用水增长率达 28.21%。各水资源分区中，除徒骇—马颊河的生活用水有 3.6% 的减少外，其余分区均有 10% 以上的增加。用水增长率最高的是龙门至三门峡，高达 71.46%；其次是花园口以下，达 49.23%；其余分区用水增长率为 10% ～ 40%（表 3-13）。

表 3-13　中原经济区水资源二级区生活用水量变化趋势　单位：亿 m^3

二级区	2007 年	2012 年	用水增长率 /%
海河南系	8.14	10.75	32.19
汉江	3.67	4.16	13.46
花园口以下	4.78	7.14	49.23
淮河上游	4.42	5.31	20.29
淮河中游	25.56	32.56	27.36
龙门至三门峡	0.90	1.55	71.46
三门峡至花园口	5.56	7.23	29.94
徒骇—马颊河	3.12	3.01	-3.58
沂沭泗河	2.54	3.54	39.62

对长江中下游城市群 2004—2012 年的多年平均的行业用水量进行统计，用水总量最大的城市群为武汉城市圈和皖江城市带，这两者的用水量基本相当，分别为 184.87 亿 m^3 和 180.36 亿 m^3；而长株潭城市群和鄱阳湖生态经济区的用水量分别为 112 亿 m^3 和 99.74 亿 m^3。从图 3-14 可以看出，2004—2012 年，武汉城市圈和皖江城市带用水总量呈现出增加趋势，且皖江城市带用水量增加幅度较大；而长株潭城市群和鄱

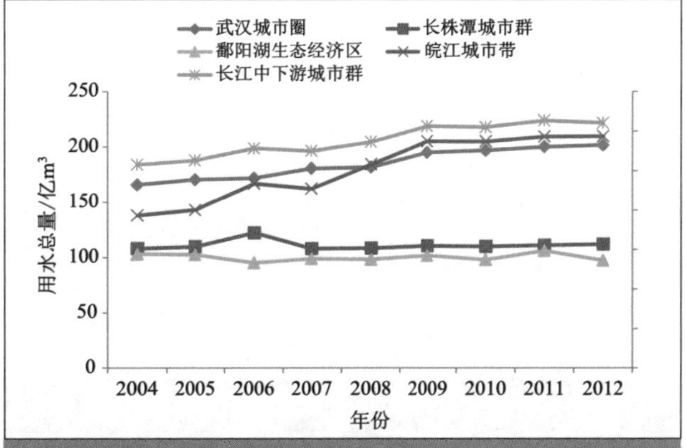

图 3-14　长江中下游城市群的用水总量变化趋势

阳湖生态经济区的用水总量呈现出下降趋势，且两者下降的幅度基本相当。就整个长江中下游城市群来说，用水总量呈现出上升趋势，且上升的幅度较大。

表 3-14 为长江中下游城市群的用水结构，从表中可以看出，长江中下游城市群农业用水占总水量的比例最高，可高达 56.1%；工业用水量占 33%；居民生活用水量和城镇公共用水量所占比例相当，约为 5%；生态用水所占比例最低，不到 1%。武汉城市圈和长株潭城市群的用水结构基本相似，农业用水：工业用水：居民生活用水：城镇公共用水：生态用水为 50 ：35 ：9 ：4 ：2。鄱阳湖生态经济区和皖江城市带的用水结构基本相同，五个行业的用水比例为 60 ：30 ：2 ：7 ：1。

表 3-14　长江中下游城市群用水结构　单位：%

城市群	农业用水	工业用水	居民生活	城镇公共	生态
长株潭城市群	52.27	34.57	8.95	3.42	0.79
武汉城市圈	54.02	35.23	7.92	2.76	0.06
鄱阳湖生态经济区	60.60	27.98	1.85	7.82	1.63
皖江城市带	59.13	31.61	1.47	6.92	0.83
总量	56.06	33.03	5.03	5.11	0.75

3. 用水效率变化趋势

（1）人均综合用水量

2012 年中原经济区各水资源二级分区的人均综合用水量相较于 2005 年整体上有所增加。其中，仅沂沭泗河的人均综合用水量有所下降，下降幅度为 8.73%；2012 年较 2005 年增长幅度最大的是淮河上游，增幅达 83.74%，其次是淮河中游，增幅为 46.29%，其余片区增幅均在 30% 以下（图 3-15）。

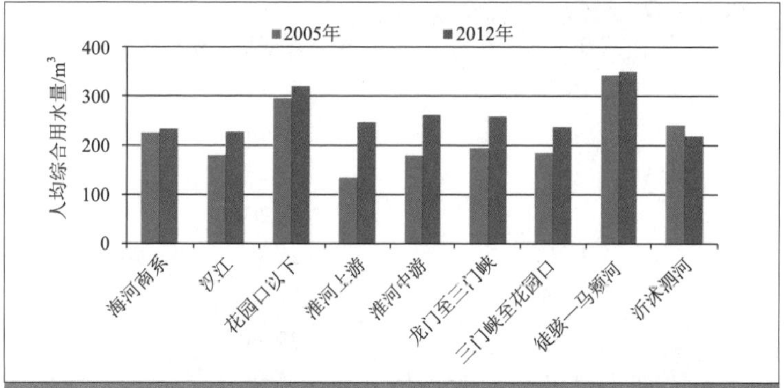

图 3-15　水资源二级分区 2005 年和 2012 年人均综合用水量

（2）万元 GDP 用水量

2012 年中原经济区各水资源二级分区的万元 GDP 用水量相较于 2005 年均有较大程度的下降，用水效率有所提高。各分区中，沂沭泗河的万元 GDP 用水量降幅最大，达到 88.87%；其次是淮河中游，降幅达 69.44%；其他分区降幅均在 45% ～ 65%（图 3-16）。

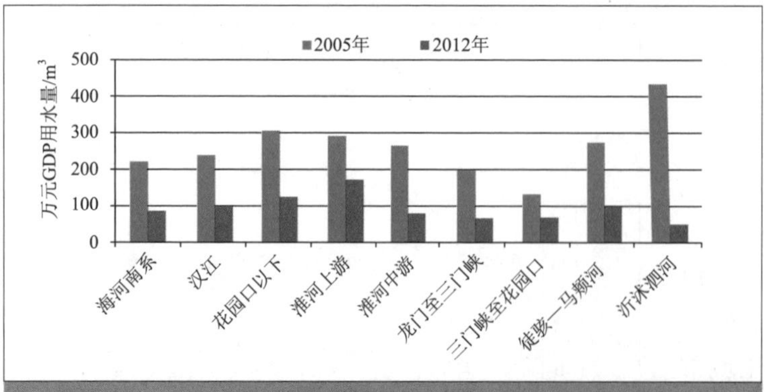

图 3-16　水资源二级分区 2005 年和 2012 年万元 GDP 用水量

就万元 GDP 用水量来说，长株潭城市群最低，低于长江流域 107 m^3/万元和全国 118 m^3/ 万元的平均水平，鄱阳湖生态经济区和皖江城市带均高于长江流域和全国的平均水平，武汉城市圈高于长江流域的平均水平，但低于全国平均水平。

（3）万元工业增加值用水量

2012 年中原经济区各水资源二级分区的万元工业增加值用水量相较于 2005 年均有不同程度的下降，工业用水效率有所提高。各分区中，海河南系的降幅最大，降幅达 74.9%；其次是汉江，降幅为 68.97%；其他分区的降幅均在 49% ～ 62%（图 3-17）。

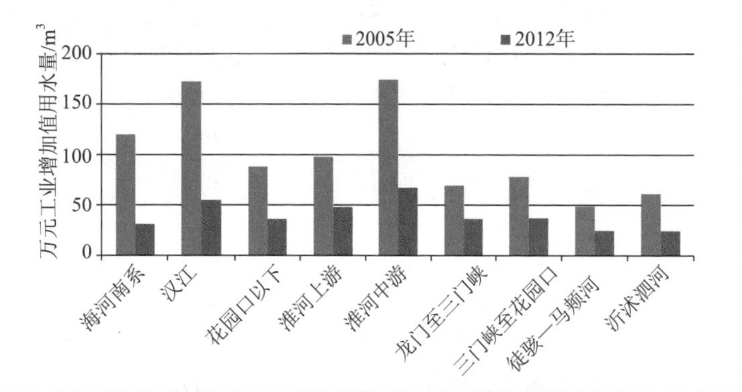

图 3-17　水资源二级分区 2005 年和 2012 年万元工业增加值用水量

四个城市群的工业增加值用水量均高于全国水平（69 m^3/ 万元），长株潭城市群和鄱阳湖生态经济区低于长江流域的平均水平（86 m^3/ 万元）。

4. 水资源开发利用程度

总体上看，中原经济区水资源开发利用程度较高。从水资源分区上看，仅淮河上游、汉江两个分区的水资源开发利用率低于 60%；其余 7 个分区中，徒骇—马颊河、花园口以下、海河南系及沂沭泗河 4 个分区的水资源开发利用率均超过了 100%（表 3-15）。

表 3-15　中原经济区水资源二级分区水资源开发利用现状　单位：%

分区名称	地表水开发利用率	地下水开发利用率	水资源开发利用率
海河南系	61.62	107.23	104.74
汉江	15.97	48.54	33.02
花园口以下	183.63	106.90	149.76
淮河上游	14.51	33.41	26.41
淮河中游	50.44	71.05	73.03
龙门至三门峡	91.74	60.15	85.87
三门峡至花园口	44.95	48.41	62.12
徒骇—马颊河	310.47	86.75	165.58
沂沭泗河	174.01	89.17	110.25

各分区地表水的开发利用程度中，徒骇—马颊河的开发利用率最高，已超过 200%；地表水资源开发利用率超过 100% 的还有沂沭泗河、花园口以下两个分区；龙门至三门峡的开发利用率超过 90%；其余分区中除汉江和淮河上游的开发利用率不到 20% 外，开发利用率均在 40% ～ 62%。

各分区地下水的开发利用程度中，水资源开发利用率超过 100% 的是海河南系和花园口以下两个分区；徒骇—马颊河和沂沭泗河的开发利用率在 80% 以上，而淮河中游和龙门至三门峡的开发利用率也超过了 60%；其余分区的开发利用率在 30% ～ 50%。

从 32 个市级行政区看，濮阳市水资源利用率最高，超过了 200%；焦作市、郑州市、淮南市、邯郸市、聊城市、邢台市、开封市、新乡市、鹤壁市、菏泽市、运城市和安阳市 12 个地市的水资源开发利用率也超过了 100%（表 3-16）。

表 3-16　中原经济区各地市水资源开发利用率　　单位：%

地市名称	地表水开发利用率	地下水开发利用率	水资源开发利用率
安阳市	39.50	151.38	106.18
蚌埠市	90.00	28.74	76.04
阜阳市	49.33	42.22	50.23
邯郸市	97.74	118.62	142.99
亳州市	36.17	85.55	71.19
菏泽市	196.94	88.90	116.06
鹤壁市	46.95	156.12	116.08
淮北市	32.90	72.01	57.07
淮南市	166.47	36.18	152.39
济源市	61.46	54.46	80.38
焦作市	132.47	142.48	170.97
晋城市	15.22	31.56	37.03
开封市	91.42	131.31	121.29
聊城市	278.39	70.90	139.41
洛阳市	34.12	40.52	51.69
漯河市	27.53	102.85	74.79
南阳市	16.02	49.46	33.07
平顶山市	50.84	64.83	71.54
濮阳市	499.68	151.77	288.59
三门峡市	17.92	23.92	27.36
商丘市	52.54	89.81	79.10
泰安市	44.36	86.42	88.95
新乡市	125.91	76.21	120.44
信阳市	18.90	9.90	20.73
邢台市	56.80	146.15	126.03
宿州市	22.76	40.47	32.31
许昌市	58.78	90.32	91.53
运城市	118.97	73.51	107.45
长治市	17.27	32.94	30.47
郑州市	124.37	100.63	157.19
周口市	17.85	103.34	74.65
驻马店市	6.23	55.29	28.20

注：部分地区开发利用率超过 100% 的原因是除了利用本地水资源以外，也利用客水资源。

各地市中，濮阳市和聊城市的地表水资源开发利用率最高，均超过 200%，菏泽市、淮南市、焦作市、新乡市、郑州市和运城市的地表水资源开发利用率也超过了 100%。地下水资源开发利用率超过 100% 的地市有鹤壁市、濮阳市、安阳市、邢台市、焦作市、开封市、邯郸市、周口市、漯河市和郑州市；其他地市中除信阳市地下水开发利用率低于 10% 外，地下水开发利用率均在 20% ～ 100%。

5. 重点产业用水效率分析

2012 年中原经济区九大重点产业工业总产值为 56 740.16 亿元，平均单位产值用水量为 13.27 m³/ 万元。其中，工业总产值位列前五的重点产业依次是食品工业（10 875.28 亿元）、钢铁工业（10 610.77 亿元）、化学工业（8 922.08 亿元）、有色冶金工业（7 204.18 亿元）、煤炭工业（5 659.58 亿元）（表 3-17）。

表 3-17　2012 年中原经济区九大重点产业用水量

产业类别	工业总产值 / 亿元	工业用水量 / 亿 m³	单位产值用水量 /（m³/ 万元）
煤炭工业	5 659.58	4.55	8.04
电力工业	4 799.84	15.68	32.67
钢铁工业	10 610.77	5.73	5.40
有色冶金工业	7 204.18	2.38	3.30
石油加工工业	2 617.88	2.13	8.13
纺织工业	4 487.97	9.76	21.76
化学工业	8 922.08	15.23	17.06
食品工业	10 875.28	15.58	14.32
造纸工业	1 562.58	4.29	27.46

2012 年中原经济区九大重点产业的工业用水总量约为 75.32 亿 m³。其中，工业用水量最多的是电力工业，用水量约为 15.68 亿 m³，约占全区重点工业总用水量的 20.82%；其次是食品工业、化学工业，用水量均超过 15 亿 m³，分别占全区重点工业总用水量的 20.68% 和 20.21%；其他产业的用水总量均在 10 亿 m³ 以下（图 3-18）。

九大重点产业的单位产值用水量由低到高依次是有色冶金工业（3.3 m³/ 万元）、钢铁工业（5.4 m³/ 万元）、煤炭工业（8.04 m³/ 万元）、石油加工工业（8.13 m³/ 万元）、食品工业（14.32 m³/ 万元）、化学工业（17.06 m³/ 万元）、纺织工业（21.76 m³/ 万元）、造纸工业（27.46 m³/ 万元）、电力工业（32.67 m³/ 万元）。

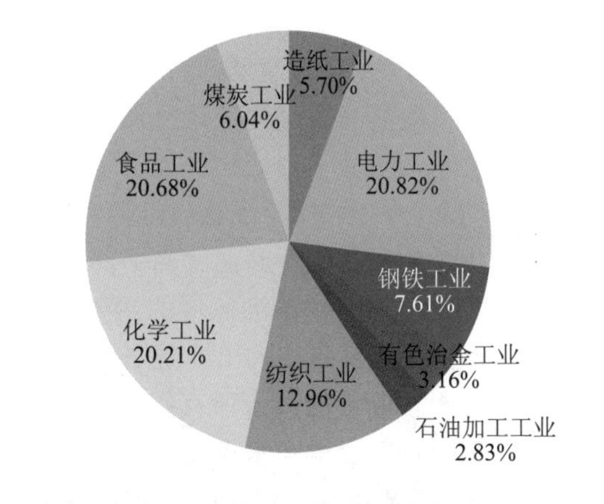

图 3-18　中原经济区九大重点产业行业用水量比例

（三）水环境现状及演变特征

1. 水环境质量现状特征

（1）黄河流域片区

河南省辖黄河流域的 2012 年水质级别整体为轻度污染。河南省辖黄河流域的主要污染因子为氨氮、化学需氧量和五日生化需氧量。所监控的 19 个省控河流监测断面中，Ⅰ～Ⅲ类水质断面有 12 个，占 63.2%；Ⅳ类水质断面有 3 个，占 15.8%；Ⅴ类水质断面有 2 个，占

10.5%；劣Ⅴ类水质断面有 2 个，占 10.5%。

运城市辖黄河流域的 6 个监控断面中，黄河龙门断面、板涧河解村断面和亳清河上亳城断面为Ⅴ类水质，水质状况为中度污染；汾河河津大桥断面、涑水河张留庄断面和浍河西曲村断面为劣Ⅴ类水质，水质状况为重度污染。运城市各河流主要受到氨氮、化学需氧量、五日生化需氧量、石油类、挥发酚、氟化物的污染。

晋城市辖黄河流域的主要河流为沁河水系的丹河和沁河。晋城市内监测的 2 条河流的 10 个断面现状年的水质状况为：符合或优于Ⅲ类水质断面有 6 个，占 60.0%，Ⅴ类水质断面有 1 个，占 10.0%；劣Ⅴ类水质断面有 3 个，占 30.0%。其中，丹河 6 个断面中 2 个断面符合规定类别，4 个断面劣于规定类别，丹河的主要污染因子为氨氮、生化需氧量和石油类；沁河 4 个断面中全部符合规定类别，拴驴泉断面（国控断面）的水质级别为Ⅱ类。

长治市辖黄河流域的主要河流为沁河。长治市内监测的 2 个省控断面均为Ⅱ类水质，符合功能区水质目标，该河段水质状况为优。

总体上看，黄河流域片区河流水质有所改善，特别是对黄河干流水质分析发现，"十一五"期间黄河干流水质明显好转。但是，受其他支流的影响，某些断面的污染物浓度一直较高。以风陵渡黄河大桥断面为例，该断面位于黄河三门峡水库段，上游是陕西省、左岸是山西省，受大黑河、汾河、渭河的影响，该断面污染物浓度一直较高。

（2）*淮河流域片区*

河南省辖淮河流域现状年的水质级别整体为轻度污染。河南省辖淮河流域现状年监测评价的 46 个监测断面中，Ⅰ～Ⅲ类水质断面有 20 个，占 43.5%；Ⅳ类水质断面有 13 个，占 28.3%；Ⅴ类水质断面有 4 个，占 8.7%；劣Ⅴ类水质断面有 9 个，占 19.5%。

安徽省辖淮河流域总体水质状况为中度污染，监测的 40 条河流 82 个监测断面中，Ⅰ～Ⅲ类水质断面占 34.2%，水质状况为优良；劣Ⅴ类水质断面占 28.0%，水质状况为重度污染。与 2010 年相比，安徽省淮河流域总体水质状况无明显变化，Ⅰ～Ⅲ类水质断面比例无明显变化，劣Ⅴ类水质断面比例下降了 5.3 个百分点。

菏泽市辖淮河流域的主要河流设置国控断面 1 个，省控断面 4 个。其中，仅国控的出境断面于楼和省控的出境断面徐寨生化需氧量略微超标，其年均值分别为 6.16 mg/L 和 6.40 mg/L；而于楼断面的其余所有指标均达到了功能区规划的Ⅳ类区水质标准，徐寨断面的其他监测指标也均符合地面水Ⅳ类标准。

总体上看，淮河流域片区河流水质轻度污染，但是仍存在个别长期不达标且重度污染的断面。以贾鲁河的西华大王庄断面为典型代表，该断面水质目标为Ⅳ类，但是长期处于劣Ⅴ类而不能达标。位于周口市的西华大王庄断面的水质问题能代表现代农业型城市在提升产业化进程中所产生的综合性水污染问题。

（3）*海河流域片区*

河南省辖海河流域现状年的水质级别为重度污染。河南省辖海河流域所监控的 11 个省控河流监测断面中，Ⅰ～Ⅲ类水质断面有 2 个，占 18.2%；Ⅳ类水质断面有 2 个，占 18.2%；无Ⅴ类水质断面；劣Ⅴ类水质断面有 7 个，占 63.6%。

河北片区辖海河的七大水系水质总体为中度污染。主要河流的监测断面中，Ⅰ～Ⅲ类水质断面比例为 45.2%，Ⅳ类水质断面比例为 17.5%，Ⅴ类水质断面比例为 10.3%，劣Ⅴ类水质断面比例为 27.0%。七大水系中，滦河水系和永定河水系为轻度污染，大清河水系和漳卫南运河水系为中度污染，北三河水系、子牙河水系和黑龙港运东水系为重度污染。

聊城市辖海河流域的主要河流整体水质状况为中度污染，除卫运河的氨氮外，各河流断面化学需氧量和氨氮均符合Ⅴ类水标准。其中，徒骇河水质为Ⅳ类，水质状况为轻度污染；马颊河水质为Ⅴ类，水质状况为中度污染；卫运河水质为劣Ⅴ类，水质状况为重度污染。

一直以来，河南省辖海河流域水质污染问题较为严重，以卫河上的南乐元村集断面和小河口断面为代表。南乐元村集断面位于濮阳市南乐县，是卫河的出境监控断面，该断面水质目标为Ⅴ类，水质状态长期处于劣Ⅴ类，能代表海河流域典型的以北方农业、人口密集区产生的农业生活综合污染为特征的水环境问题；而小河口断面水质长期处于严重污染状态，水质问题较为突出。

（4）长江流域片区

长江流域片区现状年的水质级别为良好。长江流域片区所监控的 7 个省控河流监测断面中，Ⅰ～Ⅲ类水质断面有 5 个，占 71.4%；Ⅳ类水质断面有 1 个，占 14.3%；Ⅴ类水质断面有 1 个，占 14.3%；无劣Ⅴ类水质断面。

长江流域片区水质级别整体为良好，但是由于该片区各河流断面所在的功能区目标较高，尤其是某些出境断面的水质目标受到严格控制。以白河的新甸铺断面为例，该断面位于南阳市新甸铺镇，是白河的出境断面，水质目标为Ⅲ类。由于白河流经多个县市，接纳了城市的生产、生活废水，水质类别一般较低，而白河将在新甸铺断面出境到湖北省襄樊市，是该地区农村用水的主要水源。因此，新甸铺断面的水质状况值得关注。

2. 饮用水水源地水质特征

（1）集中式饮用水水源地水质评价

①中原经济区片区

a. 河南省

河南省现状年城市集中式饮用水水源地水质级别为良好，与上年相比基本稳定。濮阳、驻马店、平顶山、鹤壁、许昌、郑州 6 个城市集中式饮用水水源地水质级别为优，洛阳、济源、三门峡、新乡、安阳、信阳、商丘、焦作、开封、漯河、周口、南阳 12 个城市水质级别为良好。

b. 安徽片区

安徽片区 6 个地市中，淮北、宿州、蚌埠 3 市的城市集中式饮用水水源地水质达标率为 100%；亳州、阜阳、淮南 3 市水源地水质存在不同程度的超标：以淮河为水源地的淮南市水质达标率为 99.5%，仅李咀孜水源地 4 月氨氮超标 0.28 倍；阜阳市茨淮新河水源地 12 月高锰酸盐指数超标 0.02 倍；由于受地质条件影响，亳州市和阜阳市地下水水源地氟化物超标，最高超标 0.57 倍。

c. 山西片区

山西片区所辖运城、长治和晋城 3 市集中式饮用水水源地水质达标率为 100%。运城市监控水源地永济黄河滩 80 m 深井群地下水（引黄水）水质级别为良好；长治市监控水源地辛安泉全年水质良好，符合国家饮用水水源地水质要求；晋城市 2 个监控水源地一水厂地下水水源地和郭壁泉水水源地水质达标率均为 100%。

d. 山东片区

山东片区所辖聊城、菏泽 2 市和泰安市东平县城市集中式饮用水水源地中，聊城市监测水源地为聊城市东郊水厂，水源取自东阿牛角店地下水，其水质符合地下水Ⅲ类标准，水质级别为良好；菏泽市监测水源地为雷泽水库，水质总氮含量超标 1.8 倍，其余监测指标未出现超标现象，水质总体尚可，其总氮超标原因是受到引入黄河水质的影响。泰安市东平县饮用水水源地所有监测项目均符合III类标准，监测的水量全部达标，饮用水水质达标率为100%。

e. 河北片区

河北片区所辖邯郸市和邢台市的城市集中式饮用水水源地水质达标率为100%，其中邯郸市羊角铺井群和岳城水库水质良好，适合作为饮用水水源；邢台市董村水源地的总体水质为优良，紫金泉和韩演庄水源地总体水质为良好，备用水源地朱庄水库水质达到II类标准。

②长江中下游城市群片区

2012年长江中下游城市群范围31个国家重要饮用水水源地的水质评价显示，不达标水源地4处，主要超标项目为总磷。区域共有登记水源地236个，其中达标224个，12个不达标，其中，不达标水源地多为小型水源地，中型、大型不达标水源地各1处，均位于信江，超标项目为氨氮、大肠杆菌群。

a. 长株潭城市群

2012年湖南省14个城市的31个饮用水水源地水质达标率为81.6%（按单因子方法评价，粪大肠菌群不参与评价）。除长沙和湘潭外，其他12个城市的达标率为100%。

长株潭城市群中国家重要饮用水水源地5处，全年评价合格4处。湘江株洲饮用水水源区全年监测12次，达标7次。

b. 武汉城市圈

2012年对湖北省69个饮用水水源地的水质进行评价，全年水源地水质合格率（全年水源地水质合格次数 / 全年水源地水质监测评价次数）大于或等于80%为年度水质合格水源地。69个饮用水水源地中，合格水源地有62个，不合格的有7个，水源地合格率为89.9%。水源地主要超标项目为氨氮、总磷[①]。

武汉城市圈国家重要饮用水水源地12处，其中水质合格水源地10处，荆州市2处水源地不达标。

c. 鄱阳湖生态经济区

2012年江西省11个设市主城区27个主要供水水源地合格率均为100%。其中，优于III类水质的有南昌市青云水厂、朝阳水厂、双港水厂，景德镇市观音阁水厂、黄泥头水厂，九江市河西水厂、河东水厂及上饶市城东水厂等8处水源地；其他19处水源地水质均符合III类水质标准[②]。

鄱阳湖生态经济区城市中国家重要饮用水水源地10处，各水源地全年监测36次，全年达标率全部为100%。

d. 皖江城市带

2012年，安徽省16个地级市和6个县级市的45个集中式生活饮用水水源地进行了水质监测，其中地表水源地30个，地下水源地15个。全省城市集中式生活饮用水水源地水质达标率为98.4%，较2011年上升2.3%[③]。

皖江城市带城市中国家重要饮用水水源地4处，其中全年达标率100%的有2处；大房郢水库水源地全年监测160次，达标130次，达标率81.3%；城西水库水源地全年监测24次，

① 资料来源：《湖北省2012年水资源公报》。
② 资料来源：《2012年江西省水资源公报》。
③ 资料来源：《2012年安徽省环境状况公报》。

达标 19 次，达标率 79.2%。

（2）农村地区饮用水水质分析

河南省农村地区饮用水安全面临氟超标、砷超标、饮用苦咸水、其他水质指标超标等问题。现状年全省饮用高氟水规划内人口为 1 020.8 万人，高氟地下水致病区分布在开封市、安阳市、濮阳市、商丘市、周口市及许昌市等地，涉及 50 个县。全省饮用砷超标水规划内人口为 1.46 万人，存在于个别城市，呈点状分布。全省饮用苦咸水规划范围内有 1 411.81 万人，分布于盆地及地势低洼地带。全省饮用未经处理的Ⅳ类及超Ⅳ类地表水、细菌超标水、未经处理的地下水等其他水质指标超标水的人口有 285.3 万人。

目前，河南省农村地区饮用水安全基础设施建设比较薄弱。根据文献中对河南省农村饮用水安全现状的调查分析发现，存在国家饮用水安全工程只覆盖少数农村、农村饮用水消毒设备没有或使用不到位、大部分村庄或乡（镇）中没有垃圾填埋场和污水处理厂等。国家饮用水安全工程在河南省农村地区覆盖情况为：只有 31.09% 的村庄实施国家饮用水安全工程，其余 68.91% 的村庄没有实施国家饮用水安全工程。农村饮用水消毒设备使用情况为：54.2% 的村庄没有饮用水消毒设备；仅有 17.23% 的村庄按要求使用水消毒设备；全省农村地区生活垃圾集中处理设施比较落后，47.90% 的乡（镇）、村中没有垃圾处理场；65.46% 的乡（镇）、村中没有污水处理厂。水体污染日趋严重及水污染事件发生导致农村饮用水水质不达标，饮用水的安全问题直接影响了人民群众生命财产安全。

3. 污染物排放特征

（1）点源污染物排放分析

根据河流水质评价结果，结合我国环境管理和总量控制需求，考虑统计数据的可得性，污染物排放分析集中在 COD 和氨氮。

中原经济区 2012 年废水排放总量为 63 亿 t。其中，生活污水排放总量为 41.3 亿 t，工业源废水排放总量为 21.7 亿 t。总体上，中原经济区生活污水排放比重较大，占总量的 65.5%。在中原经济区水资源二级区中，淮河中游二级区废水排放总量最大，为 24.3 亿 t，其次为海河南系二级区，废水排放总量为 13.42 亿 t。总体来看，中原经济区生活污水排放量高于工业废水。

中原经济区现状年 COD 排放总量为 147.99 万 t。其中，点源 COD 排放总量 106.68 万 t，占总量的 72.1%，为中原经济区 COD 排放主要来源。非点源 COD 排放量为 41.3 万 t。点源 COD 排放中，生活源排放量较大，达 76.6 万 t，占点源排放总量的 71.8%。现状年氨氮排放总量为 16.3 万 t。总体上，中原经济区氨氮排放主要来源于点源排放，点源排放比重为 95%，点源排放量为 15.5 万 t。而点源氨氮排放中，生活源排放量较大，为 13.1 万 t，占点源总量的 84.5%。各分区的点源氨氮排放中，淮河中游二级区排放量最大，其次为海河南系二级区。各分区点源氨氮排放主要来源于生活源，生活源排放量占各区点源排放总量的比重均超过 75%。

2012 年长江中下游城市群区域废污水排放量为 54.9 亿 t，占全国排放总量的 8.0%，其中工业废水排放量占 27.2%，城镇生活污水排放量占 72.8%。COD 排放量为 188.9 万 t，占全国排放总量的 7.8%，其中工业污染源来源占 11.9%，城镇生活污染源来源占 47.7%，农业面源来源占 40.0%。氨氮排放量为 23.24 万 t，占全国排放总量的 9.16%，其中工业污染源来源占 13.2%，城镇生活污染源来源占 53.5%，农业面源来源占 32.9%。

（2）非点源污染物排放分析

整个中原经济区非点源 COD、氨氮、总氮、总磷排放量分别为 41.43 万 t、0.8 万 t、54.62 万 t 和 6.31 万 t。各流域中，淮河流域非点源 COD、氨氮、总氮、总磷排放均最大，各污染物排放量均占整个中原经济区 50% 左右。长江流域各非点源污染物排放贡献率最小。中原经济区非点源 COD、氨氮、总氮、总磷排放强度分别为 4.88 t/km^2、0.37 t/km^2、1.87 t/km^2、0.22 t/km^2。所辖各流域中，海河流域非点源 COD 及氨氮排放强度最大，分别为 6.97 t/km^2 和 0.48 t/km^2，淮河流域总氮及总磷排放强度最大，分别为 2.27 t/km^2 和 0.25 t/km^2。各水资源二级分区点源及非点源的 COD 和氨氮排放量分别见图 3-19 和图 3-20。

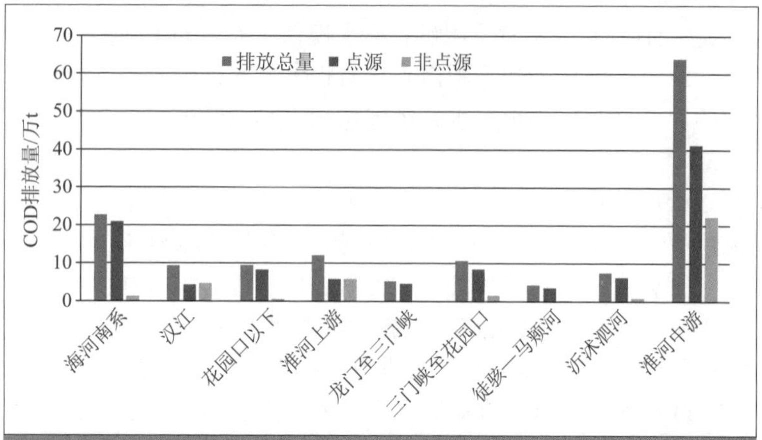

图 3-19 各水资源二级分区 COD 排放总量

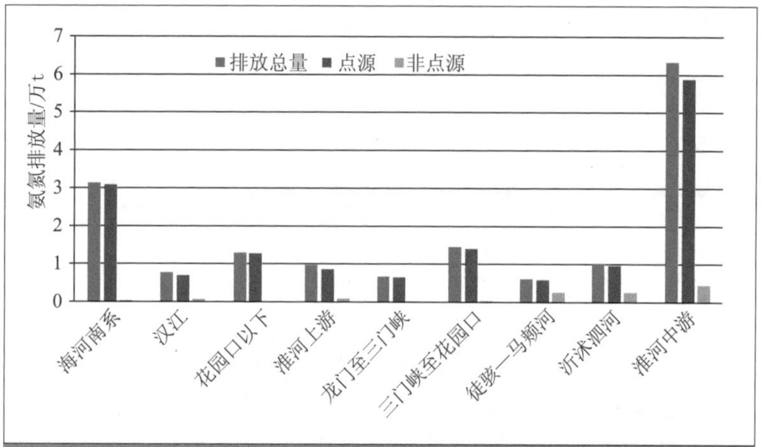

图 3-20 各水资源二级分区氨氮排放总量

（四）水环境主要问题识别

在气候变化背景下，随着城镇化进程加快和社会经济发展，中原经济区未来的水资源量时空格局改变，河湖关系及水资源供需矛盾日益突出，水资源短缺严重制约着中原经济区的社会经济发展和重点产业的布局。

1. 中原经济区片区

（1）中原经济区海河片区水质状况整体较差

河南省辖海河流域状况为重度污染。省控监测断面中水质为劣Ⅴ类的占 63.5%。重度污染河流包括卫河、共产主义渠、马颊河。河北省邢台市大部分河流水质为劣Ⅴ类。邯郸水质状况相对较好，但辖卫河为重度污染。山东省聊城市辖海河流域整体水质状况呈中度污染。

（2）中原经济区黄河与淮河片区干流水质状况良好但不稳定，部分支流污染严重

河南省辖淮河流域水质级别整体为轻度污染，但双洎河、黑河、惠济河、包河等支流为重度污染。安徽省辖淮河流域整体状况为中度污染，北岸入淮河干流中有 55% 为重度污染，水质较差的原因除安徽省本省污染以外，上游从河南省入境支流的污染也是主要原因。沂沭泗河区水质状况相对较好。河南省辖黄河流域水质整体为轻度污染，其中蟒河水质为重度污染。山西省辖运城汾河、涑水河、浍河及晋城丹河为重度污染。

（3）生活污水排放量占比大，近年来增长趋势明显，占点源 COD 排放量及氨氮排放量的比重最大

总体上，中原经济区生活污水排放比重较大，占废水排放总量的 65.5%。同时，生活污水是点源 COD 排放与氨氮排放的最重要来源，占中原经济区点源 COD 排放总量的 71.8% 和氨氮排放总量的 84.5%。

近 10 年，河南省废水排放总量逐年上升，生活污水在过去 10 年排放量增加了一倍；在各地市控制点源 COD 和氨氮的排放后，排放量整体上有所下降。

（4）中原经济区各地区污染物排放强度高于全国平均水平

现状年中原经济区各水资源分区的污染物单位面积排放强度均远高于全国平均水平。中原经济区单位面积废水、COD、氨氮的平均水平值均是全国平均水平的 3 倍左右。花园口以下和徒骇—马颊河是各污染物排放强度均最高的两个分区。

从污染物的排放环境效率看，中原经济区总体上氨氮排放环境效率低于全国平均水平，废水和 COD 均接近于全国平均水平。水资源分区中，龙门至三门峡、花园口以下分区废水万元 GDP 排放强度较大；淮河上游、龙门至三门峡分区 COD 万元 GDP 排放强度较大；花园口以下、龙门至三门峡氨氮万元 GDP 排放强度较大。

（5）化工、造纸、食品加工是污染物排放量较大的重点行业，有限环境容量并未得到充分利用

中原经济区 2012 年九大重点产业 COD 排放总量为 22.45 万 t。其中，造纸工业排放量最大，为 6.29 万 t，占九大重点产业 COD 排放总量的 28%；其次为食品工业、化工工业，排放量分别为 6.03 万 t 和 4.48 万 t，分别占九大重点产业排放总量的 26.8% 和 19.9%。九大重点产业氨氮排放总量为 1.86 万 t。其中，化工工业排放量最大，为 0.86 万 t，占九大重点产业氨氮排放总量的 46.4%；其次为食品工业、化工工业，排放量分别为 0.34 万 t 和 0.24 万 t，分别占九大重点产业排放总量的 18.5% 和 13%。

2. 长江中下游城市群片区

（1）水资源开发利用率低，用水效率和管理水平有待提高

长江中下游城市群水资源开发利用率为 18.3%，低于全国平均值，水资源开发尚有较大潜力。长江中下游地区的人均用水量均高于全国平均水平和长江流域的平均水平。农业灌溉用水量占总用水量的 52.5%；农业灌溉用水长江中下游地区大型灌区渠系水利用系数低于全国平均水平，因为渠系渗漏严重以及管理不善，加之农田灌溉水量浪费很大，很多灌区缺水都表现为尾灌区缺水。经济发展水平较高的湘江流域、汉江流域、淮河流域的相关城市，工业用水定额较低，工业用水水平明显高于全省平均水平，但仍有部分城市由于石化、化工、造纸等高耗水工业所占比重较大，工业用水定额较大，工业用水重复利用率为 47% 左右，工业用水有较大的节水潜力。城镇供水管网漏失率一般为 12% ～ 18%，目前城市用水管理处于较低水平。

长江中下游地区本地水资源量有限，但是过境水资源丰富。城市群之间的初始水权不明晰，现行的管理体系存在严重漏洞，随着未来城镇化进程加快，水资源供需矛盾日益突出，城市群之间、省际之间以及流域上下游之间的水资源量合理分配，水权之争以及水事纠纷的问题愈演愈烈；加之流域干支流水利工程建设以及大型调水工程的实施，改变了现有的水资源利用格局，加剧了水资源的区域内和区域间的供需矛盾；因此，迫切需要建立合理的水量

分配和管理体系，实施水资源补偿制度，加强水资源的统一调度和严格的取用水管理。

（2）工程性、季节性和水质性缺水问题凸显

由于长江中下游地区降水的时空分布不均匀，年际年内变化较大，作物生长需水高峰期往往降水较少，与降雨期不一致，季节性干旱缺水问题严重；工程的分布不均，部分地区由于自然条件较差，难以建设蓄水调节工程；已建工程配套条件差，有些水库水源条件充足，但由于工程配套条件差，造成了工程性局部缺水现象，尽管该区域水资源丰富，但由于供水工程有限，枯水年份枯水季节流量小，难以保障和支撑社会经济的发展，供水河段水质下降，部分地区仍然存在用水紧张和水荒现象频发的状况，干旱年缺水程度十分严重；下游地区特别是一些沿江城市地表水体污染和部分湖泊富营养化，水体自净能力差，存在水质性缺水情况，局部地区存在深层承压水利用量较大的现象。

在全球气候变化背景下，长江中下游地区极端气候事件频发，旱涝急转现象时有发生，季节性缺水的现象仍然比较普遍，特别是春夏连旱时期。在人口和耕地最为集中，工农业总产值较高的地区，人均水资源量低的地区缺水问题越来越严重。例如，长株潭城市群 2010 年的用水总量已经逼近控制红线。山丘地带农村缺水比重较高，分散居住型村庄缺水农户比重大。流域枯水季节缺水，多见于年末和年初；2011 年年初长江中下游地区发生了旱灾，这次旱灾影响范围广，持续时间长，是自 1959—1961 年旱灾后 50 年来最严重的一次；之后的 6 月份，接连 4 轮强降水过程又使该地区遭受严重暴雨洪涝灾害。这种旱涝急转和交替的发生给当地带来重大影响。

（3）江湖关系和水资源时空分布改变，水安全隐患仍然存在

水利工程群导致长江中下游城市群的水资源时空分布不均匀，存在明显的丰枯季节，加速了长江与洞庭湖、鄱阳湖等湖泊江湖关系的演变，使湖泊分流减少，断流时间提前，断流期延长；枯水期出流加快，湖区提前进入枯水期，水量增加影响一些洄游性鱼类的繁殖。长江干流来水对湖口产生顶托、湖口倒流以及湖泊对洪水的调节作用，改变了江湖水沙交换，使湖泊枯水程度加剧。在枯水季节河段面源污染严重，受干支流水情的影响，鄱阳湖、洞庭湖、巢湖以及汉江下游的生态安全水平下降，富营养化趋势加重，部分河湖湿地萎缩严重。随着大型水利工程和调水工程的逐步运行，加剧了旱涝灾害的治理难度。河道整治工程、沿岸的采砂活动以及沿江物流港口的修建，直接导致河湖水系连通，出现部分河段洪涝水宣泄不畅，抵御自然灾害的能力明显不足，同时降低水体纳污能力，河湖生态系统遭到破坏，加剧了旱涝灾害的治理难度。在部分支流出现连续干旱或者水质污染时，水体循环明显减弱，水生态环境承载能力降低，存在爆发较大规模“水华”的风险，两湖地区仍处于洪水威胁中。

（4）沿江产业集群化，增加突发性水污染事故发生的潜在风险

随着未来城市群沿江产业升级和布局优化，特别是石化产业的集约化发展，大量排污口在长江干流形成相对集中的岸边污染带，加剧了流域结构性污染的特征，严重威胁饮用水水源地的水质安全，增加了流域水环境安全的压力和流域上下游突发性水污染事故的潜在风险，无法保障城市供水安全。同时，城市群产业集群化发展，特别是长江“黄金水道”的贯通，带动了沿江航运物流业的迅猛发展，危险品运输逐年增加，也加大了突发性水污染事故的风险。重大水污染事件一旦发生，短时间内大量污染物进入水体，导致水质迅速恶化，影响波及范围甚广，对人体健康、流域生态安全以及生产和生活带来严重影响，成为流域用水安全和水环境质量的一个潜在威胁。

长江中下游城市群水资源时空分布不均匀，年际变化大且年内分配不均匀，存在明显的

丰枯季节。干流控制性工程的运行，或多或少地改变了河道汇流过程，月流量过程发生明显改变，非汛期尤其是枯水期的水量增加，对一些洄游性鱼类的繁殖等产生重要影响，进一步改变水资源的时空分布格局，改变河流的自然水文情势，形成湖库相连，从空间上改变水资源分布。

（5）部分饮用水水源地水质超标，区域水生态安全遭到威胁

长江中下游地区部分小型城镇集中式饮用水水源地存在污染物超标现象，超标水源地集中于小型河道型水源地。比如江西鄱阳湖环湖区、信江、安徽巢湖周边个别地下水水源地存在铁、锰超标，超标的主要原因为生活污水污染及农业面源污染的排放。大量排污口的沿江布设，大量排污口附近形成的岸边污染带，一旦发生环境事故，直接威胁沿江城市主要饮用水水源地的水源安全，容易受上游排污口影响或者突发水污染事故的影响。长江中下游干流水质总体良好，个别支流和湖泊存在一定的超标现象，长期积聚的污染负荷导致水体恶化，江湖阻隔的封闭水域加重了水域的污染，点面源污染严重，且汛期面源增加，非汛期点源为主，进入河流，受江水上托的影响，易发生污染积聚。比如污染严重水域主要集中在长江干流荆州段、黄石段，巢湖西部环湖河流、淮河支流总体水质状况为中度污染。支流中涢水孝感下游至武汉段、四湖总干渠荆州至潜江段、通顺河、滁河、湘江衡阳至长沙段分支流水质较差，污染严重，主要污染指标为氨氮、化学需氧量、总磷和五日生化需氧量。水环境质量下降，部分湖区富营养化严重，受水位下降的影响，改变原有的湿地生物群落演替和时空格局，湿地生态系统受到威胁；河流生态系统中的生物多样性下降，部分物种数量减少，甚至濒临灭绝，区域水生态安全遭到潜在的威胁。

三、区域发展对水资源环境影响预测

（一）社会经济发展情景预测

根据中原经济区发展的条件，“中原经济区发展战略环境评价重点区域和产业发展战略评价专题”研究团队设计了未来社会经济发展的两种情景。情景一：基于经济发展惯性和地方发展意愿的经济导向情景；情景二：基于空间和产业结构调整及技术进步的效率导向情景。根据不同地区的主体定位和发展情景，不同情景下2020年与2030年GDP发展规模与“三产”比例见表3-18和表3-19。2020年及2030年人口预测成果见表3-20。

表3-18　2020年中原经济区各地市不同情景下GDP及“三产”结构预测成果　单位：%

地区	经济情景				效率情景			
	GDP/亿元	第一产业	第二产业	第三产业	GDP/亿元	第一产业	第二产业	第三产业
蚌埠市	2 204	8	45	46	1 530	13	40	47
淮北市	1 536	4	62	34	1 149	5	55	40
宿州市	2 109	14	42	43	1 572	20	40	40
亳州市	1 772	15	43	42	1 230	22	38	40
阜阳市	2 559	24	42	34	1 654	24	38	38
淮南市	2 078	4	49	47	1 447	4	49	47
运城市	2 646	11	48	41	1 836	11	48	41
晋城市	2 693	2	48	50	1 740	3	42	55
长治市	3 290	2	48	50	2 283	2	48	50
聊城市	5 707	8	46	46	3 689	10	45	45
菏泽市	5 099	9	45	46	3 071	10	40	50
东平县	718	7	49	44	464	10	48	42
郑州市	14 754	2	58	41	11 896	2	58	41
开封市	2 989	15	48	37	2 405	17	45	38
洛阳市	7 381	7	61	32	5 518	7	57	37
平顶山市	3 704	6	68	26	2 570	6	68	26
安阳市	3 880	7	62	31	2 692	9	60	31
鹤壁市	1 351	10	72	18	938	10	72	18
新乡市	4 010	11	61	29	2 998	11	61	29
焦作市	3 841	6	70	24	2 666	6	70	24
濮阳市	2 450	14	66	21	1 832	14	62	24
许昌市	3 679	9	69	22	3 177	10	69	22
漯河市	1 974	11	70	19	1 370	11	70	19

地区	经济情景				效率情景			
	GDP/ 亿元	第一产业	第二产业	第三产业	GDP/ 亿元	第一产业	第二产业	第三产业
三门峡市	2 791	7	69	23	2 087	8	65	27
南阳市	5 394	16	55	29	4 022	18	50	32
商丘市	3 460	17	52	31	2 586	20	49	31
信阳市	3 220	21	45	35	2 401	23	42	35
周口市	3 376	20	51	29	2 706	24	46	30
驻马店市	3 165	21	46	33	2 542	24	44	32
济源市	1 229	4	75	21	797	4	75	21
邯郸市	7 488	11	54	35	5 196	11	49	39
邢台市	3 531	13	57	31	2 632	13	53	34
合计	116 076	9.7	55.4	34.9	84 694	10.8	53.3	35.9

表 3-19　2030 年中原经济区各地市不同情景下 GDP 及“三产”结构预测成果　单位 :%

地区	经济情景				效率情景			
	GDP/ 亿元	第一产业	第二产业	第三产业	GDP/ 亿元	第一产业	第二产业	第三产业
蚌埠市	4 938	5	47	48	2 468	5	47	48
淮北市	3 442	2	48	49	1 981	2	48	49
宿州市	4 427	8	45	46	2 536	15	42	43
亳州市	3 970	9	46	45	1 984	17	38	45
阜阳市	6 113	20	44	36	2 668	20	37	43
淮南市	4 965	3	49	48	2 495	3	49	48
运城市	5 928	8	50	42	2 963	9	49	42
晋城市	6 433	1	48	51	2 808	1	48	51
长治市	7 369	1	49	50	3 683	1	49	50
聊城市	13 635	6	47	47	5 951	6	47	47
菏泽市	12 986	7	46	47	4 955	7	46	47
东平县	1 715	5	48	47	748	9	47	44
郑州市	35 249	1	57	42	23 402	1	57	42
开封市	6 695	10	51	39	4 431	10	51	39
洛阳市	16 535	6	60	34	9 515	6	55	39
平顶山市	8 297	5	69	26	4 147	5	67	28
安阳市	8 691	5	64	32	4 344	5	64	32
鹤壁市	3 027	8	73	19	1 513	8	70	22
新乡市	8 984	9	62	29	5 170	9	61	30
焦作市	8 605	5	71	24	4 301	5	70	25
濮阳市	5 490	13	66	21	3 159	13	62	25
许昌市	7 237	8	70	22	5 478	10	65	25
漯河市	4 421	10	71	19	2 210	10	67	23
三门峡市	6 253	7	70	24	3 598	7	65	28
南阳市	11 326	14	56	30	6 489	16	49	35
商丘市	7 750	12	55	33	4 460	18	49	33

地区	经济情景				效率情景			
	GDP/ 亿元	第一产业	第二产业	第三产业	GDP/ 亿元	第一产业	第二产业	第三产业
信阳市	6 761	16	47	36	3 874	20	42	38
周口市	6 640	15	54	31	4 365	22	46	32
驻马店市	6 646	17	49	34	4 384	22	44	34
济源市	3 130	3	76	21	1 375	4	66	30
邯郸市	16 775	10	53	38	8 384	10	48	42
邢台市	7 413	10	58	32	4 247	12	50	38
合计	26 1850	7.5	56.0	36.4	144 084	8.7	53.6	37.8

表 3-20　2020 年、2030 年中原经济区各地市人口预测成果　　单位：万人

地区	2020 年	2030 年	地区	2020 年	2030 年
蚌埠市	307.08	298.89	鹤壁市	164.95	172.52
淮北市	226.70	241.40	新乡市	600.01	627.56
宿州市	519.45	505.59	焦作市	343.53	334.37
亳州市	470.71	458.15	濮阳市	370.82	380.95
阜阳市	737.50	717.82	许昌市	448.29	464.69
淮南市	250.25	266.47	漯河市	264.79	274.48
运城市	550.57	586.26	三门峡市	230.20	236.49
晋城市	239.57	250.57	南阳市	1 078.85	1 128.40
长治市	350.51	366.61	商丘市	743.69	750.41
聊城市	608.60	636.54	信阳市	604.83	599.41
菏泽市	837.09	844.66	周口市	868.88	845.70
东平县	82.00	84.00	驻马店市	715.92	709.51
郑州市	1 051.64	1 257.02	济源市	71.03	74.29
开封市	496.48	523.95	邯郸市	964.39	1 008.67
洛阳市	688.49	720.11	邢台市	754.20	795.94
平顶山市	505.38	519.20	合计	16 668.92	17 207.88
安阳市	522.52	527.24			

不同情景下 2020 年及 2030 年城镇化率预测成果见表 3-21，预计到 2020 年，中原经济区平均城镇化率将达到 48% ～ 52%；到 2030 年，城镇化率将达到 53% ～ 60%。

表 3-21　2020 年、2030 年中原经济区各地市城镇化率预测成果　　单位：%

地区	2020 年城镇化率		2030 年城镇化率		地区	2020 年城镇化率		2030 年城镇化率	
	经济情景	效率情景	经济情景	效率情景		经济情景	效率情景	经济情景	效率情景
蚌埠市	50	45	58	52	鹤壁市	60	55	65	60
淮北市	65	60	70	65	新乡市	52	50	60	55
宿州市	45	40	50	45	焦作市	60	58	66	62
亳州市	45	40	50	45	濮阳市	48	45	57	50
阜阳市	45	42	50	45	许昌市	50	48	56	52
淮南市	72	70	77	73	漯河市	50	45	56	50

地区	2020年城镇化率		2030年城镇化率		地区	2020年城镇化率		2030年城镇化率	
	经济情景	效率情景	经济情景	效率情景		经济情景	效率情景	经济情景	效率情景
运城市	53	50	60	55	三门峡市	52	50	58	55
晋城市	62	60	65	62	南阳市	50	48	55	52
长治市	55	50	60	55	商丘市	47	45	53	50
聊城市	53	50	58	55	信阳市	46	43	52	48
菏泽市	48	45	50	48	周口市	40	36	45	40
东平县	43	30	48	36	驻马店市	45	42	50	47
郑州市	72	70	78	75	济源市	65	60	70	65
开封市	50	48	58	54	邯郸市	54	51	62	57
洛阳市	52	50	60	55	邢台市	52	48	60	53
平顶山市	53	50	59	55	合计	51.66	48.54	57.91	53.68
安阳市	50	45	55	53					

（二）水资源需求预测

水资源需求预测由生活需水、生产需水和生态需水三部分组成。与产业专题两个情景相对应，水资源需求预测设计了两个未来情景。情景一对应产业专题的社会经济发展情景一，用水效率采用强化节水定额；情景二对应产业专题的社会经济发展情景二，用水效率采用极强节水定额。采用指标预测法进行需水预测，指标包括社会经济发展指标及各用水户的需水定额指标，其中社会经济发展指标以产业专题预测为准。

1. 生产需水预测成果

（1）情景一

在情景一下，2020 年中原经济区生产需水总量为 685.02 亿 m^3，2030 年为 1 304.82 亿 m^3。

从水资源二级分区看，2020 年淮河中游需水量为 268.52 亿 m^3，海河南系需水量 134.13 亿 m^3，龙门至三门峡需水量为 26.27 亿 m^3，其余片区需水量在 38 亿～ 60 亿 m^3；2030 年，淮河中游需水量最高，达 504.93 亿 m^3，其次是海河南系，需水量达 256.81 亿 m^3，龙门至三门峡和汉江需水量分别为 49.03 亿 m^3 和 67.34 亿 m^3，其余片区需水量在 80 亿～ 115 亿 m^3（表 3-22）。

表 3-22　各水资源二级区情景一生产需水预测　单位：亿 m^3

二级区	海河南系	汉江	花园口以下	淮河上游	淮河中游	龙门至三门峡	三门峡至花园口	徒骇—马颊河	沂沭泗河
2020 年	134.13	38.43	49.84	47.53	268.52	26.27	58.28	49.03	51.82
2030 年	256.81	67.34	97.07	84.78	504.93	49.03	114.62	97.14	109.61

（2）情景二

在情景二下，2020 年中原经济区生产需水总量为 388.73 亿 m^3，2030 年为 398.6 亿 m^3。

从水资源二级分区看，2020 年淮河中游片区需水量 160.10 亿 m^3，海河南系片区需水量为 70.07 亿 m^3，龙门至三门峡片区需水量为 15.88 亿 m^3，其余片区需水量均在 20 亿～ 32 亿 m^3；

2030 年，淮河中游片区需水量高达 166.41 亿 m^3，海河南系片区需水量达 72.61 亿 m^3，龙门至三门峡片区需水量为 15.90 亿 m^3，其余片区需水量在 20 亿～ 35 亿 m^3（表 3-23）。

表 3-23　各水资源二级区情景二生产需水预测　单位：亿 m^3

二级区	海河南系	汉江	花园口以下	淮河上游	淮河中游	龙门至三门峡	三门峡至花园口	徒骇—马颊河	沂沭泗河
2020 年	70.07	24.97	23.55	31.68	160.10	15.88	29.98	27.60	24.29
2030 年	72.61	24.84	21.95	33.71	166.41	15.90	30.67	28.25	23.20

2. 农业灌溉需水预测

2020 年和 2030 年中原经济区农业灌溉需水总量分别为 221.95 亿 m^3 和 206.12 亿 m^3。其中，2020 年淮河中游片区农业灌溉需水量为 71.96 亿 m^3，海河南系片区需水量为 46.70 亿 m^3，龙门至三门峡片区需水量为 9.54 亿 m^3，其余片区需水量在 10 亿～ 21 亿 m^3；2030 年淮河中游片区农业灌溉需水量为 66.74 亿 m^3，海河南系片区需水量为 42.70 亿 m^3，龙门至三门峡片区需水量为 9.08 亿 m^3，其余片区需水量在 10 亿～ 20 亿 m^3（表 3-24）。

表 3-24　各水资源二级区农业灌溉需水预测

二级区	有效灌溉面积 /10^3hm^2			灌溉定额 /（m^3/ 亩）			灌溉需水量 / 亿 m^3		
	2012 年	2020 年	2030 年	2012 年	2020 年	2030 年	2012 年	2020 年	2030 年
海河南系	1 867.33	1 860.12	1 862.70	181.20	167.39	152.83	50.75	46.70	42.70
汉江	491.80	506.44	514.72	153.65	141.94	129.60	11.33	10.78	10.01
花园口以下	681.93	718.11	748.93	207.41	191.61	174.95	21.22	20.64	19.65
淮河上游	857.25	877.03	890.83	130.68	120.73	110.23	16.80	15.88	14.73
淮河中游	3 665.33	3 749.88	3 808.90	138.49	127.94	116.82	76.14	71.96	66.74
龙门至三门峡	291.45	306.91	320.08	224.23	207.15	189.13	9.80	9.54	9.08
三门峡至花园口	412.28	434.15	452.78	223.84	206.78	188.80	13.84	13.47	12.82
徒骇—马颊河	609.47	607.12	607.96	185.63	171.49	156.58	16.97	15.62	14.28
沂沭泗河	593.89	607.59	617.15	206.21	190.50	173.93	18.37	17.36	16.10

3. 生活需水预测

（1）情景一

在情景一下，2020 年中原经济区生活需水总量为 91.49 亿 m^3，其中城镇和农村生活用水量分别为 59.51 亿 m^3 和 31.98 亿 m^3；2030 年中原经济区生活需水总量为 109.23 亿 m^3，其中城镇和农村生活用水量分别为 76.55 亿 m^3 和 32.69 亿 m^3（表 3-25）。

表 3-25　各水资源二级区情景一生活需水预测　单位：亿 m^3

二级区	城镇需水量		农村需水量		生活需水总量	
	2020 年	2030 年	2020 年	2030 年	2020 年	2030 年
海河南系	9.22	11.59	4.23	4.21	13.45	15.80
汉江	3.13	3.82	1.86	1.87	4.98	5.70
花园口以下	4.68	5.90	2.76	2.87	7.44	8.77

二级区	城镇需水量		农村需水量		生活需水总量	
	2020 年	2030 年	2020 年	2030 年	2020 年	2030 年
淮河上游	3.55	4.30	2.90	2.88	6.45	7.19
淮河中游	27.40	36.05	15.08	15.37	42.47	51.42
龙门至三门峡	1.38	1.75	0.57	0.58	1.95	2.34
三门峡至花园口	7.23	9.71	2.68	2.82	9.91	12.54
徒骇—马颊河	2.43	2.96	1.45	1.56	3.88	4.52
沂沭泗河	1.92	2.28	1.36	1.43	3.28	3.71

（2）情景二

在情景二下，2020 年中原经济区生活需水总量为 90.90 亿 m^3，其中城镇和农村生活用水量分别为 57.82 亿 m^3 和 33.08 亿 m^3；2030 年中原经济区生活需水总量为 108.28 亿 m^3，其中城镇和农村生活用水量分别为 73.59 亿 m^3 和 34.69 亿 m^3。

从水资源二级区看，由于人口的增长，2020 年和 2030 年各片区生活需水总量仍然较大。其中，淮河中游片区生活需水总量 2020 年和 2030 年分别为 42.31 亿 m^3 和 51.15 亿 m^3，海河南系片区和三门峡至花园口片区，生活需水量在 9 亿～ 20 亿 m^3，其余片区需水量均小于 9 亿 m^3（表 3-26）。

表 3-26　各水资源二级区情景二生活需水预测　　单位：亿 m^3

二级区	城镇需水量		农村需水量		生活需水总量	
	2020 年	2030 年	2020 年	2020 年	2030 年	2020 年
海河南系	8.81	10.85	4.47	4.68	13.28	15.53
汉江	3.00	3.61	1.93	2.00	4.93	5.61
花园口以下	4.58	5.69	2.83	3.01	7.41	8.70
淮河上游	3.38	4.05	3.02	3.07	6.40	7.12
淮河中游	26.86	35.08	15.45	16.08	42.31	51.15
龙门至三门峡	1.32	1.63	0.61	0.65	1.92	2.29
三门峡至花园口	7.08	9.38	2.77	3.05	9.86	12.43
徒骇—马颊河	2.33	2.82	1.51	1.65	3.84	4.47
沂沭泗河	1.82	2.19	1.43	1.50	3.25	3.68

4. 生态需水预测

中原经济区 2020 年和 2030 年河道外生态需水总量分别为 6.65 亿 m^3 和 8.2 亿 m^3。各水资源二级区中，仅淮河中游及海河南系片区生态需水量超过 2 亿 m^3，其余各片区均不高于 0.6 亿 m^3（表 3-27）。

表 3-27　各水资源二级区生态需水预测

二级区		海河南系	徒骇—马颊河	淮河上游	淮河中游	沂沭泗河	花园口以下	龙门至三门峡	三门峡至花园口	汉江
需水量 / 亿 m^3	2020 年	2.00	0.10	0.35	2.86	0.32	0.15	0.12	0.31	0.44
	2030 年	2.36	0.15	0.42	3.52	0.39	0.22	0.17	0.46	0.51

5. 总用水量预测

根据生活需水、生产需水及生态需水预测结果，对2020年和2030年中原经济区各水资源二级区需水总量及用水结构进行分析。

（1）情景一

在情景一下，中原经济区2020年总需水量为824.33亿m³。其中，生活需水量91.94亿m³，生产需水量685.02亿m³，生态需水量6.65亿m³，分别占总需水量的11.38%、87.81%和0.81%；2030年中原经济区总需水量为1 501.52亿m³，其中，生活需水量为109.23亿m³，生产需水量为1 304.82亿m³，生态需水量为8.2亿m³，分别占总需水量的7.46%、92%和0.55%（图3-21和图3-22）。情景一下中原经济区各水资源二级区用水结构见表3-28。

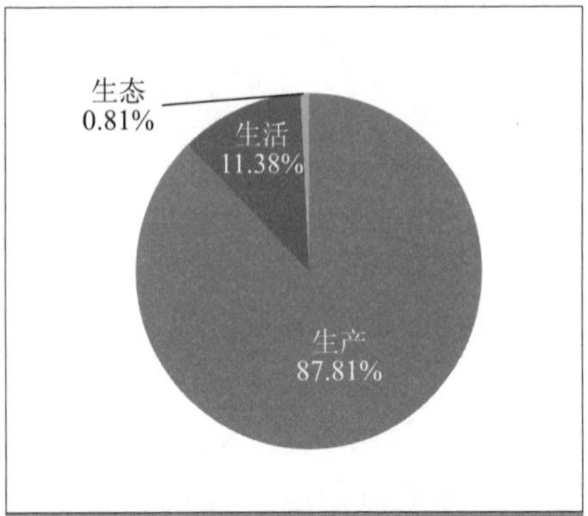

图3-21　中原经济区2020年情景一用水结构

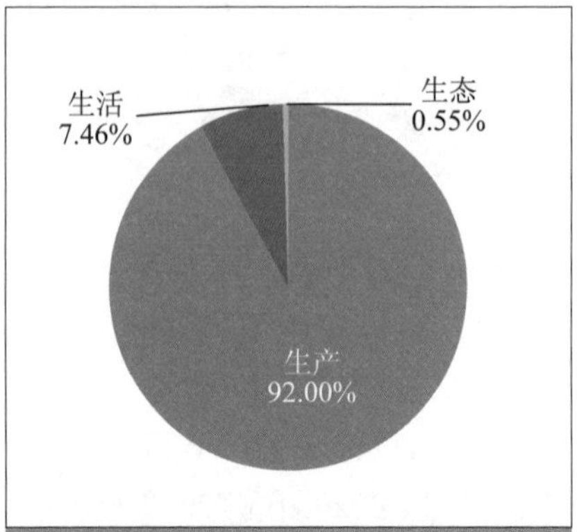

图3-22　中原经济区2030年情景一用水结构

表3-28　各水资源二级区情景一用水结构　　单位：%

二级区	2020年			2030年		
	生产	生活	生态	生产	生活	生态
海河南系	89.68	8.99	1.34	93.39	5.75	0.86
汉江	87.63	11.36	1.01	91.56	7.75	0.70
花园口以下	86.77	12.96	0.27	91.53	8.27	0.21
淮河上游	87.49	11.87	0.64	91.76	7.78	0.46
淮河中游	85.56	13.53	0.91	90.19	9.18	0.63
龙门至三门峡	92.69	6.88	0.43	95.14	4.54	0.32
三门峡至花园口	85.08	14.47	0.45	89.82	9.82	0.36
徒骇—马颊河	92.49	7.32	0.19	95.41	4.44	0.15
沂沭泗河	93.50	5.93	0.57	96.39	3.26	0.34

（2）情景二

在情景二下，中原经济区2020年总需水量为507.99亿m³。其中，生活需水量为90.90亿m³，生产需水量为388.73亿m³，生态需水量为6.65亿m³，分别占总需水量的18.35%、80.34%和1.31%；2030年中原经济区总需水量536.7亿m³，其中生活需水量为108.28亿m³，生产需水量为398.6亿m³，生态需水量为8.2亿m³，分别占总需水量的20.68%、77.79%和1.53%（图3-23和图3-24）。情景二下中原经济区各水资源二级区用水结构见表3-29。

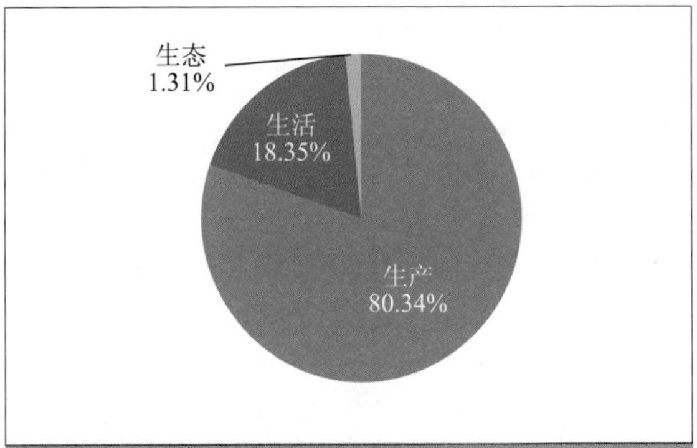

图 3-23　中原经济区 2020 年情景二用水结构

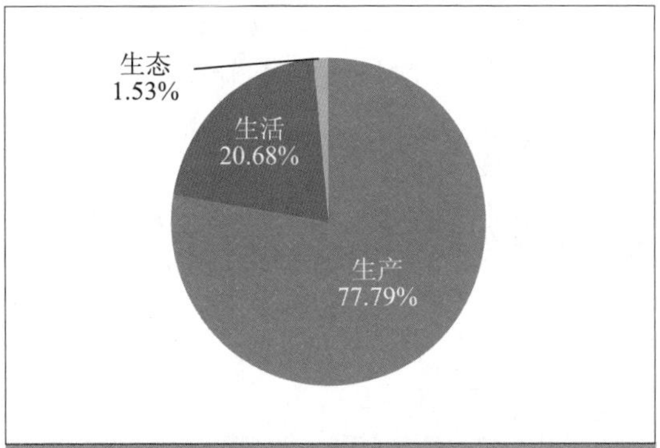

图 3-24　中原经济区 2030 年情景二用水结构

表 3-29　各水资源二级区情景二用水结构　　单位：%

二级区	2020 年			2030 年		
	生产	生活	生态	生产	生活	生态
海河南系	82.10	15.56	2.34	80.23	17.16	2.61
汉江	82.29	16.25	1.46	80.21	18.13	1.66
花园口以下	75.69	23.81	0.49	71.11	28.17	0.71
淮河上游	82.44	16.66	0.90	81.72	17.25	1.03
淮河中游	77.99	20.61	1.39	75.27	23.14	1.59
龙门至三门峡	88.59	10.72	0.68	86.64	12.46	0.90
三门峡至花园口	74.68	24.56	0.77	70.41	28.54	1.05
徒骇—马颊河	87.51	12.17	0.33	85.93	13.60	0.46
沂沭泗河	87.19	11.67	1.14	85.06	13.51	1.44

（三）水环境需求预测

为了分析未来中原经济区社会经济发展对水环境健康的影响，需对工业、城镇生活及农业在 2020 年及 2030 年的水污染物排放量进行预测。与未来水资源需求预测情景类似，分别设置两个情景。社会经济发展规模按照产业专题提供成果进行设定。根据现状分析成果，考虑到中原经济区大部分地区当前水污染物排放量已超过环境容量，污染物排放强度总体超过全国平均水平，未来中原经济区大幅降低排放强度势在必行。对于工业污染物排放强度，在经济优先的情景一下，采取强化减排措施，整体达到当前全国平均水平；在效率优先的情景二下，采用极强减排措施，整体达到当前全国的先进水平。

1. 污染物排放总量预测成果

（1）情景一

在情景一下，中原经济区 2020 年和 2030 年 COD 排放总量分别为 155.33 万 t 和 164 万 t；各地市中，COD 排放总量排前列的是聊城市、邯郸市、郑州市和驻马店市。中原经济区 2020 年和 2030 年氨氮排放总量分别为 16.75 万 t 和 16.37 万 t；各地市中，氨氮排放总量排前列的是南阳市、周口市、驻马店市、邢台市和邯郸市。

从水资源分区来看，淮河中游及海河南系的COD和氨氮排放总量均较大。情景一下水资源二级区污染物排放总量预测成果见表3-30。

表3-30　情景一水资源二级区污染物排放总量预测　单位：万t

二级区	COD			氨氮		
	2012年	2020年	2030年	2012年	2020年	2030年
海河南系	22.95	28.78	35.49	3.14	2.76	2.99
汉江	9.73	10.61	10.53	0.79	1.03	1.12
花园口以下	9.76	8.61	10.93	1.30	0.84	1.02
淮河上游	12.38	12.79	11.98	0.99	1.41	1.11
龙门至三门峡	5.74	6.20	6.61	0.68	0.62	0.66
三门峡至花园口	11.07	14.99	17.37	1.47	1.50	1.64
徒骇—马颊河	4.73	6.36	6.07	0.63	0.91	0.74
沂沭泗河	7.92	6.48	5.25	1.00	0.96	0.67
淮河中游	63.71	60.50	59.77	6.34	6.71	6.42

（2）情景二

在情景二下，中原经济区2020年和2030年COD排放总量分别为104.6万t和80.02万t；各地市中，COD排放总量排前列的是聊城市、邯郸市、郑州市、驻马店市和邢台市。中原经济区2020年和2030年氨氮排放总量分别为7.64万t和5.39万t；各地市中，氨氮排放总量排前列的是周口市、南阳市、驻马店市、邢台市和邯郸市。从水资源分区来看，淮河中游和海河南系的COD和氨氮排放总量均较大。情景二下水资源二级区污染物排放总量预测成果见表3-31。

表3-31　情景二水资源二级区污染物排放总量预测　单位：万t

二级区	COD			氨氮		
	2012年	2020年	2030年	2012年	2020年	2030年
海河南系	22.95	18.56	14.77	3.14	1.47	1.05
汉江	9.73	8.01	6.30	0.79	0.48	0.34
花园口以下	9.76	5.36	3.91	1.30	0.42	0.29
淮河上游	12.38	9.00	7.07	0.99	0.49	0.35
龙门至三门峡	5.74	3.91	2.74	0.68	0.32	0.21
三门峡至花园口	11.07	9.80	7.13	1.47	0.80	0.56
徒骇—马颊河	4.73	3.63	2.57	0.63	0.32	0.22
沂沭泗河	7.92	3.81	2.72	1.00	0.33	0.21
淮河中游	63.71	42.52	32.82	6.34	3.01	2.15

2. 重点产业水污染物排放预测成果

（1）煤炭工业

在情景二下，2020年、2030年中原经济区煤炭工业COD总排放量分别为14 158.07 t和16 778.25 t；在情景一下，2020年、2030年煤炭工业COD总排放量分别为26 081.45 t和

26 165.05 t。从水资源分区看，2020 年、2030 年煤炭工业 COD 排放量比较大的片区是淮河中游、海河南系和三门峡至花园口（表 3-32）。

表 3-32　水资源二级区煤炭工业 COD 排放预测　单位：t

二级区	2012 年	2020 年		2030 年	
		情景一	情景二	情景一	情景二
海河南系	4 050.38	5 180.6	4 042.11	5 993.64	4 425.5
汉江	194.33	348.11	132.19	337.16	159.17
花园口以下	398.01	573.63	282.13	592.4	372.37
淮河上游	80.26	95.85	46.89	84.07	46.4
龙门至三门峡	782.35	1 382.47	512.31	1 309.32	563.45
三门峡至花园口	3 201.97	4 927.91	2 876.8	5 691.72	3 511.85
徒骇—马颊河	30.12	38.84	26.08	32.84	24.79
沂沭泗河	484.52	525.38	434.33	507.39	429.23
淮河中游	9 184.76	13 008.66	5 805.23	11 616.51	7 245.49
中原经济区	18 406.7	26 081.45	14 158.07	26 165.05	16 778.25

在情景二下，2020 年、2030 年中原经济区煤炭工业氨氮总排放量分别为 503.37 t 和 351.48 t；在情景一下，2020 年、2030 年中原经济区煤炭工业氨氮总排放量分别为 875.55 t 和 967.24 t。从水资源分区看，2020 年、2030 年煤炭工业氨氮排放量比较大的片区是沂沭泗河、淮河中游和龙门至三门峡（表 3-33）。

表 3-33　水资源二级区煤炭工业氨氮排放预测　单位：t

二级区	2012 年	2020 年		2030 年	
		情景一	情景二	情景一	情景二
海河南系	149.03	10.49	4.38	11.26	0
汉江	5.83	19.91	6.7	19.75	2.91
花园口以下	14.48	5.29	2.92	5.04	6.4
淮河上游	3.66	32.02	12.33	28.82	4.18
龙门至三门峡	17.93	288.27	178.83	365.93	42.21
三门峡至花园口	201.90	0.31	0.21	0.26	3.05
徒骇—马颊河	0.24	31.24	16.03	30.1	0.14
沂沭泗河	28.92	321.79	164.61	302.51	118.97
淮河中游	214.99	165.99	118.21	203.65	199.34

（2）电力工业

在情景二下，2020 年、2030 年中原经济区电力工业 COD 总排放量分别为 1 502.78 t 和 1 744.02 t；在情景一下，2020年、2030年电力工业COD总排放量分别为3 342.62 t和3 135.43 t。从水资源分区看，2020 年、2030 年电力工业 COD 排放量比较大的片区是淮河中游、海河南系和三门峡至花园口（表 3-34）。

表 3-34 水资源二级区电力工业 COD 排放预测					单位：t
二级区	2012 年	2020 年		2030 年	
		情景一	情景二	情景一	情景二
海河南系	583.92	717.3	375.08	688.26	379.13
汉江	29.61	44.53	23.65	40.97	29.5
花园口以下	20.99	31	20.48	33.69	21.24
淮河上游	6.89	14.22	11.23	13.46	10.1
龙门至三门峡	30.02	30.73	22.09	28.34	19.7
三门峡至花园口	514.70	791.48	352.01	743.5	475.29
徒骇—马颊河	208.38	187.3	64.27	176.94	66.23
沂沭泗河	99.85	108.24	53.38	115.76	65.41
淮河中游	872.87	1 417.82	580.59	1 294.52	677.42

在情景二下，2020 年、2030 年中原经济区电力行业氨氮总排放量分别为 107.05 t 和 130.75 t；在情景一下，2020 年、2030 年电力行业氨氮总排放量分别为 359.53 t 和 329.62 t。从水资源分区看，2020 年和 2030 年中原经济区电力工业氨氮排放量比较大的片区是三门峡至花园口、淮河中游和海河南系（表 3-35）。

表 3-35 水资源二级区电力工业氨氮排放预测					单位：t
二级区	2012 年	2020 年		2030 年	
		情景一	情景二	情景一	情景二
海河南系	67.63	93.68	32.43	88.56	39.68
汉江	5.65	8.73	2.16	7.82	2.62
花园口以下	0.85	1.38	0.93	1.48	1.03
淮河上游	0.51	1.18	0.97	1.07	0.86
龙门至三门峡	1.28	1.34	0.96	1.24	0.86
三门峡至花园口	94.47	149.33	27.55	133.56	38.63
徒骇—马颊河	7.07	7.28	4.23	6.82	3.71
沂沭泗河	0.95	1.1	0.73	1.16	0.7
淮河中游	56.33	95.51	37.1	87.9	42.65

（3）钢铁工业

在情景二下，2020 年、2030 年中原经济区钢铁工业 COD 总排放量分别为 7 204.66 t 和 9 689.59 t；在情景一下，2020 年、2030 年钢铁工业 COD 总排放量分别为 13 891.70 t 和 14 553.53 t。从水资源分区看，2020 年、2030 年钢铁工业 COD 排放量最大的片区是海河南系，其次是三门峡至花园口、淮河中游和花园口以下（表 3-36）。

表 3-36 中原经济区水资源二级区钢铁工业 COD 排放预测					单位：t
二级区	2012 年	2020 年		2030 年	
		情景一	情景二	情景一	情景二
海河南系	6 599.47	10 119.01	6 232.87	10 113.86	7 605.79
汉江	66.27	180.48	99.8	198.92	154.4

二级区	2012 年	2020 年		2030 年	
		情景一	情景二	情景一	情景二
花园口以下	501.53	828.75	439.87	759.21	556.03
淮河上游	52.46	96.87	58.96	121.24	88.92
龙门至三门峡	386.86	571.18	413.99	678.4	426.54
三门峡至花园口	685.96	1 000.11	690.23	1 372.85	1 045.96
徒骇—马颊河	185.98	310.51	185.58	352.53	235.59
沂沭泗河	8.65	13.36	9.87	19.2	14.34
淮河中游	521.66	771.44	478.82	937.33	645.46

在情景二下，2020 年、2030 年中原经济区钢铁工业氨氮总排放量分别为 378.92 t 和 564.91 t；在情景一下，2020 年、2030 年中原经济区钢铁工业氨氮总排放量分别为 942.62 t 和 957.65 t。从水资源分区看，2020 年和 2030 年中原经济区钢铁工业氨氮排放量最大的片区是海河南系，其次是三门峡至花园口和淮河中游（表 3-37）。

表 3-37　中原经济区水资源二级区钢铁工业氨氮排放预测　单位：t

二级区	2012 年	2020 年		2030 年	
		情景一	情景二	情景一	情景二
海河南系	498.35	756.86	292.81	754.33	447.85
汉江	2.98	8.55	4.06	7.92	6.07
花园口以下	17.65	31.05	14.39	29.53	20.69
淮河上游	2.12	3.03	1.56	3.23	2.13
龙门至三门峡	26.54	31.95	19.45	36.68	21.11
三门峡至花园口	42.17	47	15.18	56.59	23.05
徒骇—马颊河	15.32	27.17	12.27	29.05	18.38
沂沭泗河	0.07	0.07	0.05	0.05	0.05
淮河中游	27.40	36.95	19.14	40.28	25.57

（4）有色金属工业

在情景二下，2020 年、2030 年中原经济区有色金属工业 COD 总排放量分别为 2 311.05 t 和 3 242.05 t；在情景一下，2020 年、2030 年中原经济区有色金属工业 COD 总排放量分别为 7 976.57 t 和 9 830.72 t。从水资源分区看，2020 年和 2030 年中原经济区有色金属工业 COD 排放量比较大的片区是三门峡至花园口、龙门至三门峡和淮河中游（表 3-38）。

表 3-38　中原经济区水资源二级区有色金属工业 COD 排放预测　单位：t

二级区	2012 年	2020 年		2030 年	
		情景一	情景二	情景一	情景二
海河南系	46.16	106.02	67.64	139.77	100.13
汉江	210.10	481.52	195.53	616.69	286.03
花园口以下	13.17	24.35	15.13	25.46	18.14
淮河上游	7.53	14.14	6.17	15.72	9.27
龙门至三门峡	975.15	1 230.86	488.89	1 368.93	578.61

二级区	2012 年	2020 年		2030 年	
		情景一	情景二	情景一	情景二
三门峡至花园口	1 891.36	4 672.42	1 195.27	5 963.35	1 830.49
徒骇—马颊河	160.06	293.8	153.46	221.63	126.99
沂沭泗河	20.92	23.27	7.6	17.79	8.33
淮河中游	526.24	1 130.65	181.36	1 461.39	284.07

在情景二下，2020 年、2030 年中原经济区有色金属工业氨氮总排放量分别为 115.39 t 和 173.86 t；在情景一下，2020 年、2030 年中原经济区有色金属工业氨氮总排放量分别为 426.32 t 和 543.52 t。从水资源分区看，2020 年和 2030 年中原经济区有色金属工业氨氮排放量比较大的片区是三门峡至花园口、淮河中游和汉江（表 3-39）。

表 3-39 中原经济区水资源二级区有色金属工业氨氮排放预测 单位：t

二级区	2012 年	2020 年		2030 年	
		情景一	情景二	情景一	情景二
海河南系	2.01	4.8	3.58	6.03	4.77
汉江	14.68	33.79	10.27	43.7	15.88
花园口以下	0.67	1.17	0.79	1.33	1
淮河上游	0.53	0.97	0.41	1.32	0.63
龙门至三门峡	10.12	19.85	14.79	24.38	17.12
三门峡至花园口	115.05	306.7	70.06	395.28	112.44
徒骇—马颊河	2.68	4.92	2.57	3.71	2.13
沂沭泗河	0.45	0.01	0	0	0
淮河中游	24.56	54.11	12.92	67.77	19.89

（5）*石油工业*

在情景二下，2020 年、2030 年石油工业 COD 总排放量分别为 2 749.32 t 和 4 096.62 t；在情景一下，2020 年、2030 年石油工业 COD 总排放量分别为 15 312.13 t 和 17 151.72 t。从水资源分区看，2020 年、2030 年石油工业 COD 排放量比较大的片区是海河南系、淮河中游、三门峡至花园口和龙门至三门峡（表 3-40）。

表 3-40 中原经济区水资源二级区石油工业 COD 排放预测 单位：t

二级区	2012 年	2020 年		2030 年	
		情景一	情景二	情景一	情景二
海河南系	2 988.21	4 716.94	1 012	5 361.17	1 784.98
汉江	135.79	32.3	28.58	31.13	27.05
花园口以下	180.94	570.08	145.29	783.8	259.42
淮河上游	208.50	275.85	9.56	285.3	19.2
龙门至三门峡	2 239.67	3 182.68	285.88	3 532.78	431.46
三门峡至花园口	1 746.56	2 389.67	653.68	2 640.89	706.01
徒骇—马颊河	150.56	470.48	120.13	646.24	218.66
沂沭泗河	216.72	456.39	296.12	597.63	342.29
淮河中游	2 621.45	3 361.63	198.06	3 470.11	307.56

在情景二下，2020 年、2030 年中原经济区石油工业氨氮总排放量分别为 383.4 t 和 581.3 t；在情景一下，2020 年、2030 年中原经济区石油工业氨氮总排放量分别为 2 157.19 t 和 2 515.10 t。从水资源分区看，2020 年和 2030 年中原经济区石油工业氨氮排放量比较大的片区是淮河中游、海河南系、龙门至三门峡和三门峡至花园口（表 3-41）。

表 3-41 中原经济区水资源二级区石油工业氨氮排放预测 单位：t

二级区	2012 年	2020 年		2030 年	
		情景一	情景二	情景一	情景二
海河南系	489.31	584.41	102.66	772.73	160.32
汉江	14.63	1	0.88	0.96	0.83
花园口以下	21.56	68.37	36.57	94.03	53.81
淮河上游	26.80	35.48	2.88	36.7	5.78
龙门至三门峡	356.88	507.14	86.01	562.93	129.81
三门峡至花园口	293.66	445.93	58.52	487.14	81.69
徒骇—马颊河	17.64	55.79	29.74	76.68	44.15
沂沭泗河	21.49	45.43	29.48	59.49	34.07
淮河中游	322.99	423.02	36.67	437.31	70.84

（6）纺织工业

在情景二下，2020 年、2030 年纺织工业 COD 总排放量分别为 13 726.01 t 和 15 260.47 t；在情景一下，2020 年、2030 年纺织工业 COD 总排放量分别为 32 735.74 t 和 28 917.31 t。各地市中，邢台市、运城市、安阳市和平顶山市排放量较多。从水资源分区看，纺织工业 COD 排放量比较大的片区是海河南系、淮河中游、三门峡至花园口和花园口以下（表 3-42）。

表 3-42 中原经济区水资源二级区纺织工业 COD 排放预测 单位：t

二级区	2012 年	2020 年		2030 年	
		情景一	情景二	情景一	情景二
海河南系	6 251.88	1 3051.65	4 698.16	11 824.98	5 384.12
汉江	836.95	1 611.77	1 202.6	1 889.23	1 427.93
花园口以下	1 031.95	3 596.36	869.09	2 027.68	998.14
淮河上游	202.04	713.43	460.63	678.42	502.29
龙门至三门峡	1 419.67	2 593.05	307.09	2 182.31	317.82
三门峡至花园口	955.26	2 436.2	906.19	2 109.8	863.23
徒骇—马颊河	432.14	867.26	523.4	924.49	543.52
沂沭泗河	430.19	859.34	439.98	901.49	483.54
淮河中游	2 211.52	7 737.22	4 318.88	7 038.51	4 739.87

在情景二下，2020 年、2030 年中原经济区纺织工业氨氮总排放量分别为 1 337.74 t 和 1 489.31 t；在情景一下，2020 年、2030 年中原经济区纺织工业氨氮总排放量分别为 2 993.83 t 和 2 620.34 t。从水资源分区看，2020 年和 2030 年中原经济区纺织工业氨氮排放量比较大的片区是海河南系、淮河中游、龙门至三门峡和三门峡至花园口（表 3-43）。

表 3-43 中原经济区水资源二级区纺织工业氨氮排放预测 单位：t

二级区	2012 年	2020 年		2030 年	
		情景一	情景二	情景一	情景二
海河南系	357.82	1 007.37	400.04	849.3	451.31
汉江	50.67	108.43	79.56	122.84	92.55
花园口以下	97.09	338.44	67.68	180.5	80.87
淮河上游	39.52	169.03	116.55	162.32	122.04
龙门至三门峡	103.84	194.34	24.09	163.21	25.36
三门峡至花园口	91.21	227.55	71.45	200.79	66.7
徒骇—马颊河	19.55	42.63	25.9	44.28	26.77
沂沭泗河	25.88	52.31	26.73	55.59	29.9
淮河中游	244.98	853.74	525.75	841.52	593.8

（7）化工工业

在情景二下，2020 年、2030 年中原经济区化工工业 COD 总排放量分别为 33 056.22 t 和 42 940.68 t；在情景一下，2020 年、2030 年中原经济区化工工业 COD 总排放量分别为 78 484.30 t 和 86 773.85 t。从水资源分区看，2020 年和 2030 年中原经济区化工工业 COD 排放量比较大的片区是淮河中游、海河南系、三门峡至花园口和花园口以下（表 3-44）。

表 3-44 中原经济区水资源二级区化工工业 COD 排放预测 单位：t

二级区	2012 年	2020 年		2030 年	
		情景一	情景二	情景一	情景二
海河南系	13 441.15	23 389.34	16 061.46	25 290.36	18 440
汉江	1 757.90	2 746.24	2 179.49	3 374.48	2 519.23
花园口以下	4 050.31	8 109.81	5 373.75	9 448.39	5 911.53
淮河上游	1 282.32	2 221.79	1 704.2	2 644	1 949.06
龙门至三门峡	3 967.82	5 836.26	3 974.79	6 148.12	3 708.56
三门峡至花园口	6 971.75	13 141.42	8 575.94	14 439.03	9 863.44
徒骇—马颊河	2 181.79	4 392.12	2 643.93	5 092.37	2 927.53
沂沭泗河	1 409.71	2 046.41	1 189.23	2 595.48	1 505.56
淮河中游	10 841.76	16 744.75	9 915.22	17 535.36	11 607.71

在情景二下，2020 年、2030 年中原经济区化工工业氨氮总排放量分别为 8 673.10 t 和 9 449.67 t；在情景一下，2020 年、2030 年中原经济区化工工业氨氮总排放量分别为 13 495.70 t 和 14 537.88 t。从水资源分区看，2020 年和 2030 年中原经济区化工工业氨氮排放量比较大的片区是淮河中游、海河南系和三门峡至花园口（表 3-45）。

表 3-45 中原经济区水资源二级区化工工业氨氮排放预测 单位：t

二级区	2012 年	2020 年		2030 年	
		情景一	情景二	情景一	情景二
海河南系	1 129.46	1 985.33	647.63	2 115.12	840.55
汉江	308.90	470.41	187.9	580.99	254.27

二级区	2012 年	2020 年		2030 年	
		情景一	情景二	情景一	情景二
花园口以下	588.96	1 112.55	327.39	1295	447.48
淮河上游	242.48	413.37	166.08	478.99	211.86
龙门至三门峡	514.09	768.23	117.02	811.54	146.37
三门峡至花园口	1 013.27	1 906.93	469.18	1 960.53	584.04
徒骇—马颊河	233.31	469.98	213.16	547.31	258.28
沂沭泗河	213.76	169.41	93.7	212.12	119.61
淮河中游	4 193.62	5 690.13	759	5 984.83	1 109.26

（8）食品工业

在情景二下，2020 年、2030 年中原经济区食品工业 COD 总排放量分别为 29 633.56 t 和 20 743.57 t；在情景一下，2020 年、2030 年中原经济区食品工业 COD 总排放量分别为 50 896.80 t 和 30 309.11 t。从水资源分区看，2020 年和 2030 年中原经济区食品工业 COD 排放量比较大的片区是淮河中游和海河南系（表 3-46）。

表 3-46　中原经济区水资源二级区食品工业 COD 排放预测　单位：t

二级区	2012 年	2020 年		2030 年	
		情景一	情景二	情景一	情景二
海河南系	16 622.73	19 600.7	10 119.6	14 045.86	9 643.21
汉江	1 811.07	719.35	484.66	406.28	300.61
花园口以下	4 060.47	4 134.43	2 191.13	1 478.35	926.14
淮河上游	3 351.74	1 079.83	819.33	779.98	585.68
龙门至三门峡	3 971.37	3 214.44	1 839.76	2 072.27	1 219.5
三门峡至花园口	4 836.25	5 234.89	2 693.16	2 721.1	1 558.57
徒骇—马颊河	2 996.75	3 126.66	1 545.69	1 427.09	841.27
沂沭泗河	2 025.19	492.68	288.78	316.37	214.33
淮河中游	21 021.56	14 249.31	9 651.45	8 033.65	5 454.27

在情景二下，2020 年、2030 年中原经济区食品工业氨氮总排放量分别为 1 948.93 t 和 2 841.09 t；在情景一下，2020 年、2030 年中原经济区食品工业氨氮总排放量分别为 3 013.06 t 和 1 658.18 t。从水资源分区看，2020 年和 2030 年中原经济区食品工业氨氮排放量比较大的片区是淮河中游和海河南系（表 3-47）。

表 3-47　中原经济区水资源二级区食品工业氨氮排放预测　单位：t

二级区	2012 年	2020 年		2030 年	
		情景一	情景二	情景一	情景二
海河南系	699.29	799.28	540.71	498.04	849.03
汉江	96.63	33.08	24.96	20.78	34.81
花园口以下	328.66	341.09	187.01	124.01	268.64
淮河上游	243.59	77.35	58.91	55.93	84.06
龙门至三门峡	254.49	190.48	106.29	140.96	130.74

二级区	2012 年	2020 年		2030 年	
		情景一	情景二	情景一	情景二
三门峡至花园口	312.49	316.49	200.4	169.07	286.47
徒骇—马颊河	248.26	253.87	126.8	118.6	180
沂沭泗河	103.65	24.5	13.59	15.5	20.04
淮河中游	1 341.47	992.84	690.25	535.85	987.29

（9）造纸工业

在情景二下，2020 年、2030 年中原经济区造纸工业 COD 总排放量分别为 14 486.94 t 和 7 085.22 t；在情景一下，2020 年、2030 年中原经济区造纸工业 COD 总排放量分别为 28 552.0 t 和 12 951.48 t。从水资源分区看，造纸工业 COD 排放量比较大的片区是淮河中游和海河南系（表 3-48）。

表 3-48　中原经济区水资源二级区造纸工业 COD 排放预测　单位：t

二级区	2012 年	2020 年		2030 年	
		情景一	情景二	情景一	情景二
海河南系	14 943.19	5 943.07	3015.07	2 345.06	1 357.96
汉江	853.88	262.22	198.91	157.58	123.09
花园口以下	5 527.60	3 879.21	1 747.27	895.31	613.4
淮河上游	4 660.83	939.29	777.35	697.98	523.8
龙门至三门峡	5 994.04	3 293.55	115.34	2 093.95	115.34
三门峡至花园口	5 497.69	4 781.5	2 632.9	2 086.84	1 161.74
徒骇—马颊河	3 121.45	2 359.9	1 536.52	1 658.6	964.63
沂沭泗河	1 128.03	224.79	125.9	131.4	80.62
淮河中游	21 325.39	7 168.41	4 337.68	3 113.82	2 144.64

在情景二下，2020 年、2030 年中原经济区造纸工业氨氮总排放量分别为 591.26 t 和 772.60 t；在情景一下，2020 年、2030 年中原经济区造纸工业氨氮总排放量分别为 1 026.63 t 和 500.22 t。从水资源分区看，2020 年和 2030 年中原经济区造纸工业氨氮排放量比较大的片区是淮河中游和海河南系（表 3-49）。

表 3-49　中原经济区水资源二级区造纸工业氨氮排放预测　单位：t

二级区	2012 年	2020 年		2030 年	
		情景一	情景二	情景一	情景二
海河南系	607.27	202.65	115.8	86.96	141.01
汉江	28.78	10.02	7.7	5.93	10.73
花园口以下	139.33	100.62	43.67	23.45	54.13
淮河上游	187.76	40.07	33.1	29.79	44.56
龙门至三门峡	132.03	72.51	5.64	46.07	5.64
三门峡至花园口	212.13	197.99	126.19	85.56	173.07
徒骇—马颊河	168.39	138.21	88.51	103.61	120.78
沂沭泗河	51.01	10.14	6.05	6.02	6.62
淮河中游	918.77	264.72	164.59	120.79	215.53

四、水资源环境承载力综合评估

（一）水资源承载力

水资源承载力是指某一区域（国家、地区、流域）的水资源在一定发展阶段下，以可预见性的技术、经济和社会发展及水资源的动态变化为前提，保证水资源的可持续发展，并在维护生态良性循环发展的条件下，经过合理优化配置，对该区域维系人口、经济、生态环境协调发展的最大支撑能力。

由于中原经济区总体的水资源开发利用程度较高，很多地区存在超采现象，考虑以地表水资源量和地下水可开采量为约束条件的水资源承载力，评价中原经济区各地市的水资源对社会经济发展的承载水平。

1. 地表水资源承载力压力

以各地市地表水资源量为约束条件，评价目前中原经济区各地市在地表水资源承载力方面面临的压力，以地表水资源承载压力指数 P_s 开展评价：

$$P_s=\frac{C_{\text{地表供水量}}}{W_{\text{地表水资源承载力}}} \tag{3-1}$$

式中，$W_{\text{地表水资源承载力}}$是多年平均地表水资源量；$C_{\text{地表供水量}}$是该市在评价年份的地表水供水量。对于得出的压力指数依据表 3-50 的标准进行分级。当压力指数小于 1 时，说明该地区地表水资源压力较小；当压力指数大于 1 时，说明存在压力，且指数数值越大压力越大。

表 3-50　地表水水资源承载力压力级别

水资源承载力压力指数数值范围	＜0.6	0.6～＜0.8	0.8～＜1	1～＜1.2	≥1.2
水资源承载力压力级别	1	2	3	4	5

中原经济区各水资源二级区的地表水资源承载压力总体上分布不均。各二级区的地表水资源承载压力指数分析结果显示，花园口以下、沂沭泗河和徒骇—马颊河三个二级区的地表水资源承载面临着巨大压力；海河南系的承载压力级别为 3 级，地表水开发利用已达到临界状态，需对该区域的各项工程措施进行论证；其余 5 个二级区总体上地表水承载压力不大。结果见表 3-51。

表 3-51 中原经济区各水资源二级区地表水资源承载压力			
分区名称	地表供水量 / 亿 m^3	地表水资源承载力 / 亿 m^3	压力级别
花园口以下	16.48	13.79	5
龙门至三门峡	3.08	9.88	1
三门峡至花园口	15.93	49.17	1
淮河上游	14.63	96.37	1
淮河中游	83.70	139.64	1
沂沭泗河	10.72	8.03	5
徒骇—马颊河	16.47	4.08	5
海河南系	20.69	35.37	3
汉江	11.56	62.33	1

2. 地下水资源承载力压力

以各地市地下可开采量为约束条件，评价目前中原经济区各地市的地下水资源承载力所面临的压力，以地下水资源承载压力指数 P_g 开展评价：

$$P_g = \frac{C_{地下供水量}}{W_{地下水资源承载力}} \tag{3-2}$$

式中，$W_{地下水资源承载力}$是地下水可开采量；$C_{地下供水量}$是该市在评价年份的地下水供水量。对于得出的压力指数依据表 3-52 的标准进行分级。当压力指数小于 1 时，说明该地区地表水资源压力较小；当压力指数大于 1 时，说明存在压力，且指数数值越大压力越大。

表 3-52 地下水水资源承载力压力级别					
水资源承载力压力指数数值范围	＜0.6	0.6～＜0.8	0.8～＜1	1～＜1.2	≥1.2
水资源承载力压力级别	1	2	3	4	5

总体上，中原经济区内 67% 以上的地区地下水资源承载存在较大压力，当地的地下水资源已不能满足社会经济发展需求。各二级区的地下水资源承载压力指数分析结果显示（表 3-53），仅三门峡至花园口、淮河上游和汉江 3 个分区的地下水资源承载压力较小；龙门至三门峡和沂沭泗河的地下水资源开发利用处于临界状态；花园口以下和徒骇—马颊河 2 个分区的承载压力级别已达到 4 级，地下水资源的开发利用已经超出区域的自然承载能力；海河南系的地下水资源承载正面临着巨大压力。

表 3-53 中原经济区各水资源二级区地下水资源承载压力			
分区名称	地下供水量 / 亿 m^3	地下水资源承载力 / 亿 m^3	压力级别
花园口以下	19.69	19.52	4
龙门至三门峡	9.24	11.14	3
三门峡至花园口	17.96	34.01	1
淮河上游	11.28	42.42	1
淮河中游	82.98	131.36	2
沂沭泗河	12.45	15.45	3
徒骇—马颊河	11.19	9.89	4
海河南系	56.36	44.45	5
汉江	12.36	26.89	1

以中国水利水电科学研究院开发的三层次分析法进行长江中下游城市群水资源承载能力计算和评价。以经济发展水

平和水资源可利用量之间关系分析为基础的单位 GDP 综合用水量评判法进行水资源承载能力计算，从水资源主体和客体两方面入手确定水资源条件对经济总量和人口的支撑能力，推算出可承载的总经济规模和人口数量两项指标。

基于区域发展预测的三产的 GDP、人口以及产业结构和社会经济发展的数据，以搜集到长江中下游城市的三条红线指标数据为约束条件，计算出用于生产的可利用量，最后确定出现状年下和各个承载水平年下可承载的 GDP 总量，然后根据表征生活水平的人均 GDP，推算出各承载水平下的承载人口数量，将预估的人口和 GDP 与其做差比较，结果显示现状年只有皖江城市带超载，其人口超载 10 万人，GDP 超载 419 亿元。经济情景下，2020 年，长株潭城市群人口超载 438 万人，皖江城市带人口依然超载，约 19 万人，GDP 只有鄱阳湖生态经济区未超载。2030 年，人口只有鄱阳湖生态经济区未超载，所有城市群 GDP 全部超载，鄱阳湖生态经济区 GDP 超载最少，为 3 367 亿元。效率情景下，2020 年，只有长株潭城市群超载，人口超载约为 128 万人，GDP 超载 1 925 亿元。2030 年，仍只有长株潭城市群超载，人口超载约为 149 万人，GDP 超载 5 256 亿元。

（二）水环境承载力

环境容量是在保证一定环境质量标准的前提下，某环境区域在一定时期内可容纳的污染物最大排放量，一般用来表征区域环境承载力。

本书中，以区域水环境容量对经济社会发展带来的 COD 和氨氮排放的承载水平作为约束条件，评价中原经济区各地市所面临的水环境压力。其中，各地区 COD 和氨氮的环境容量来源于《河南省环境容量报告》《山东省河流水环境容量研究》等。

1. COD 承载评估

以各地市的 COD 环境容量为约束条件，评价目前中原经济区各地市 COD 承载的压力状况，以承载压力指数 P_c 开展评价：

$$P_c=\frac{C_{\text{COD排放量}}}{W_{\text{COD环境容量}}} \tag{3-3}$$

式中，$W_{\text{COD环境容量}}$是各地市水环境允许的最大 COD 排放量；$C_{\text{COD排放量}}$是该市在评价年份的现状 COD 排放量。对于得出的压力指数依据表 3-54 的标准进行分级。当压力指数小于 1 时，说明该地区 COD 承载力压力较小；当压力指数大于 1 时，说明存在压力，且指数数值越大压力越大。

表 3-54　COD 承载力压力级别

水环境承载力压力指数数值范围	＜0.7	0.7～＜1	1～＜3	3～＜5	≥5
水环境承载力压力级别	1	2	3	4	5

中原经济区各水资源二级区的 COD 承载压力指数的分析结果显示（表 3-55），全区的 COD 排放超载状况较为严峻，环境承载存在较大压力。其中，各分区压力级别最低的是汉江、淮河上游和淮河中游 3 个分区，COD 的承载压力已经达到 3 级；龙门至三门峡和三门峡至花园口 2 个分区的压力级别达到 4 级；海河南系、花园口以下、徒骇—马颊河和沂沭泗河 4 个

表 3-55　中原经济区各水资源二级区 COD 承载压力

分区名称	COD 排放量 /t	COD/（t/a）	压力级别
海河南系	511 246.25	68 539.63	5
汉江	99 663.46	57 131.18	3
花园口以下	239 507.36	22 792.35	5
淮河上游	156 469.76	105 094.10	3
淮河中游	932 425.50	465 975.72	3
龙门至三门峡	72 020.43	20 293.24	4
三门峡至花园口	203 414.47	80 188.54	4
徒骇—马颊河	186 167.41	6 037.48	5
沂沭泗河	163 431.17	18 006.99	5

分区的压力级别达到 5 级，水环境承载压力巨大。

2. 氨氮承载评估

以各地市的氨氮环境容量为约束条件，评价目前中原经济区各地市氨氮承载的压力状况，以承载压力指数 P_n 开展评价：

$$P_n = \frac{C_{氨氮排放量}}{W_{氨氮环境容量}} \tag{3-4}$$

式中，$W_{氨氮环境容量}$是各地市水环境允许的最大氨氮排放量；$C_{氨氮排放量}$是该市在评价年份的现状氨氮排放量。对于得出的压力指数依据表 3-56 的标准进行分级。当压力指数小于 1 时，说明该地区氨氮承载力压力较小；当压力指数大于 1 时，说明存在压力，且指数数值越大压力越大。

表 3-56　氨氮承载力压力级别

水环境承载力压力指数数值范围	＜ 0.7	0.7 ～＜ 1	1 ～＜ 3	3 ～＜ 5	≥ 5
水环境承载力压力级别	1	2	3	4	5

表 3-57　中原经济区各水资源二级区氨氮承载压力

分区名称	氨氮排放量 /t	氨氮环境容量 /（t/a）	压力级别
海河南系	51 659.62	5 458.52	5
汉江	12 219.43	4 684.26	5
花园口以下	21 896.54	1 834.99	5
淮河上游	18 202.03	11 373.2	5
淮河中游	102 319.6	21 016.73	5
龙门至三门峡	8 620.95	1 863.28	5
三门峡至花园口	23 053.07	7 524.33	5
徒骇—马颊河	13 178.99	460.929	5
沂沭泗河	15 587.57	634.92	5

中原经济区各水资源二级区的氨氮承载压力指数的分析结果显示，全区的氨氮排放严重超载，地区水环境承载压力巨大，亟须采取有效措施控制污染物排放。结果见表 3-57。

采用《全国水资源综合规划》水环境纳污能力预测结果反推人口与经济承载能力。根据现状生活、工业、农业污染物产生量、排放量、入河量比例，以及相关产污系数、排放系数、入河系数，依据不同水平年河流纳污能力，反向计算城镇人口与区域工业增加值的承载能力。分流域统计了长江中下游城市群 1 500 多个水功能区现状纳污能力，并对 2020 年、2030 年水平年纳污能力进行了预测。

环境承载力分析选用了生活耗氧量与氨氮指标。现状年区域城镇人口已经超出了环境承载能力，生活污染物氨氮指标超出了河流的纳污能力，按照现有的污水收集、处理水平，区域最大可承载城镇人口数为 4 785 万人，区域实际城镇人口数为 5 324 万人，部分城镇生活污水收集处理能力难以承载现有人口污水排放量。伴随人口不断增加，生活污水入河量不断增长，现有规划生活污染治理能力不足以支撑部分城市的人口发展方案，区域生活污染源是当前水环境超标的主要来源之一。

2020 年，水环境可承载城镇人口数为 6 744 万人，经济情景发展模式下区域城镇人口规划为 6 960 万人，效率情景发展模式下区域城镇人口规划为 6 645 万人，因此，2020 年经济情景发展模式下长江中下游区域人口略超载，荆州、武汉、孝感、黄冈、南昌、上饶、合肥市环境人口承载压力偏大，需要进一步提高生活污水治理水平。

2030 年，水环境可承载城镇人口数为 9 938 万人，经济情景发展模式下区域城镇人口规划为 7 988 万人，效率情景发展模式下区域城镇人口规划为 7 553 万人，因此，2030 年总体上水环境可以支撑各情景发展模式下长江中下游区域城镇人口规模，但部分城市如武汉、鄂州、孝感、黄冈、南昌、上饶、合肥等仍然存在人口超载现象。当前，部分城市生活污水处理率已经较高，比如武汉市 98%、合肥市 94%，区域生活污水仍然是最主要的污染源。因此，为了提高环境人口承载力，加大污水收集率，严格执行排污标准，是今后本区域削减生活污染源最重要的工作。

（三）综合承载力评估

考虑到水资源与水环境承载力之间联系紧密，在两者中建立数学关系，从而对水系统承载力进行综合的压力评估，以综合压力指数 P 开展评价：

$$P=C_s P_s+C_g P_g+C_c P_c+C_n P_n \tag{3-5}$$

式中，P_s、P_g 分别为计算得出的地表和地下水资源承载压力指数级别值；P_c、P_n 分别为 COD 和氨氮承载压力指数级别值；C_s、C_g、C_c、C_n 分别为各压力指数的相关系数，此处均选取 0.25。综合压力指数值范围为 0 ～ 5，压力指数大于 1，说明水系统承载力存在压力，数值越大表明水系统承载压力越大。

对各水资源二级区的水系统承载力综合指数的分析显示，中原经济区总体上水系统承载力压力较大。其中，水系统综合压力指数超过 4 的分区有 4 个，花园口以下和徒骇—马颊河的水系统面临压力最大，综合压力指数高达 4.75，沂沭泗河和海河南系压力指数均为 4.5；综合压力指数在 3 ～ 4 的分区是龙门至三门峡，压力指数为 3.25；其余 4 个分区的水系统综合压力指数在 2.5 ～ 3。具体结果见图 3-25。

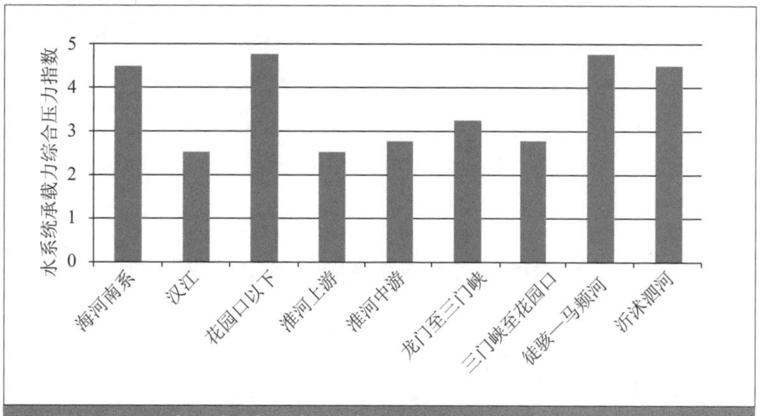

图 3-25　中原经济区各水资源二级区水系统综合压力指数

五、区域发展面临的主要水问题与调控对策

（一）区域发展面临的主要水问题

1. 随着城镇化进程深入，生活用水将继续呈刚性增长趋势

预计2020年中原经济区的生活用水总量将达到91亿m^3，较2012年增长28%左右；2030年生活用水总量将达到108亿m^3，较2012年增长约53%。其中，2020年，中原经济区城镇和农村生活用水量分别为58亿m^3和33亿m^3左右；2030年，城镇和农村生活用水量分别为74亿m^3和34亿m^3左右。中原经济区各地市未来生活用水量将持续增加，郑州市、南阳市、信阳市、周口市、邯郸市和商丘市等地的生活需水量最多。各水资源分区未来的生活用水量较2012年也有较大幅度提高。其中，三门峡至花园口需水量增幅最高，2030年的增幅将超过70%；其他片区需水量增幅均在60%以下。

2. 重点产业规模化扩张将抵消节水措施效果，工业用水量将进一步增加

在强化节水的生态情景下，2020年和2030年中原经济区九大重点产业用水总量较2012年的增幅将分别达到27%和35%。各水资源二级分区未来重点产业的用水量较2012年有不同程度的增长，增长百分比在10%～50%。其中，徒骇—马颊河二级区2020年的重点产业用水总量较2012年的增长百分比最高，超过40%；其他水资源分区的重点产业用水总量增长百分比均在20%～40%。各行业中，中原经济区未来用水量最高的工业为食品工业、化学工业、纺织工业和电力工业，未来用水量增幅最大的工业为有色冶金工业、化学工业和食品工业。

3. 南水北调工程能缓解区域水资源压力，但无法完全解决区域水资源短缺矛盾

南水北调中线、东线一期工程实施后，各市分配水量占当前用水量的比例为5.2%～38.1%。受水区供水格局将发生较大变化，总体上受水区现状供水中当地地表水、地下水及外流域调水的比例为4：5：1，通过地下水压采方案的实施，能够有效改善受水区地下水超采状况。但随着社会经济发展带来的用水量增长，南水北调中线、东线工程的供水效益会部分被新增用水量所抵消，无法完全解决受水区水资源短缺的矛盾。

4. 工业污染物排放量虽呈有所下降，但结构性污染依然突出

在情景二下，2020年中原经济区工业废水COD排放总量为27.22万t，2030年为35.02万t，相比2012年中原经济区工业废水COD排放量，2020年降低9.4%，2030年增加16.5%；

2020 年中原经济区工业废水氨氮排放总量为 2.06 万 t，2030 年为 2.66 万 t，相比 2012 年中原经济区工业氨氮排放量，2020 年降低 13.5%，2030 年增加 11.8%。虽然 2020 年工业污染物排放量相比 2012 年有所下降，但是结构性污染依然很突出。

5. 城市集中式饮用水水源地及供水管道系统面临突发性水污染事故的风险加大

中原经济区沿黄和沿淮干流城市供水中地表水供水比例较大。以郑州市为例，90% 城市供水源自黄河。同时部分城市供水管道建设于 20 世纪 70 年代后期至 80 年代，已接近设计使用年限，管体比较脆，抗压性低，易发生爆裂。湖库型水源地及脆弱的供水管道容易受突发性水污染事故影响。饮用水水源地突发性污染事故发生突然，来势凶猛，在短时间内难以得到控制，破坏性大，影响范围比较广，一些重大污染源造成的事故严重危及环境，对人体造成严重伤害并严重影响人们正常的生活生产秩序。

6. 城镇生活污水处理量大幅提升，但仍无法完全满足城市河段水质持续改善需求

基于生态红线约束和发展效益提升的生态保护优先情景下，城镇生活污水处理能力大幅提升，整个中原经济区 2020 年与 2030 年城镇生活污水 COD 排放量相比 2012 年降低 38.8% 和 55.6%，氨氮排放量分别降低 62% 和 73.6%。2020 年和 2030 年整个中原经济区城镇生活污水 COD 排放量占总 COD 排放量的 41%，2030 年城镇生活污水 COD 排放量占总排放量的 35%。氨氮排放量方面，城镇生活污水氨氮排放量占总排放量比重更大，2020 年和 2030 年分别是 65% 和 52%。

（二）调控对策

1. 区域可持续发展对策

（1）在各部门强化节水的前提下，推动水资源统一调度与动态管理，实现用水的经济与生态环境效益最优化

将地表水、地下水、再生水、矿坑水、微咸水以及跨流域调水等纳入水资源管理体系，实行统一配置。统筹安排生产、生活和生态用水，统筹城乡供水、水生态治理等用水需求。

推进水资源动态管理，提高水资源供需时空匹配性。根据水资源管理“三条红线”设立的水资源评价标准，建立实时监测、实时评价、实时预警、动态管理、全面考核管理流程，协调不同部门不同时间段的用水需求，实现水资源可持续利用与效益最大化。

协调流域上下游用水需求，实行全流域水资源统一调度。协调上下游、左右岸、地区之间、部门之间用水需求，重点协调社会经济发展与河流生态用水需求。

在水资源严重过度开发的区域，以水资源承载力约束发展规模。根据区域水资源条件，以水定规模、以水定发展理念为指导，确定城市发展规模，合理工业布局，调整产业结构。

（2）加强城市水源地与供水系统风险预警与应急机制建设

加强潜在风险源的排查与预防。严格环境准入，限制水源地上游高污染、高风险行业的开发。防范地下水集中式饮用水水源地补给径流区内垃圾填埋场、化工与石油产业等典型污染源的环境风险。建设和完善水源地保护区公路和水路危险品运输管理系统。加强对输入管道的动态监测及老旧管道的更新与改造。

加强水源地动态监测体系及预警机制建设。建立水源地及建设重大危险源动态安全监管网络。构建水质、水量监测数据的定时汇交与信息报送机制，为保护管理工作提供决策依据。提高对突发性污染事故的应急监测能力。同时应根据监测数据构建数值模拟模型，开发研制突发性污染事故预警系统。预测污染事故的时空范围及严重程度，为制订合理的应急处理措施提供技术支持。

建立突发性污染事故应急预案。根据各地市饮用水水源地具体情况，制订城市饮用水安全保障的应急预案，建设应急备用水源，建立应对突发事件的快速响应机制，提高应对突发事件的能力。

加强重点风险源企业对突发性污染事故的应对能力。提升企业应急响应水平。督促企业结合管理实际，加强细化单元的风险管理，做好风险管理的过程控制，注重风险管理信息的集成，结合企业布局实际，织成风险管理网络，完善事故应急设施。

落实责任追究，加大惩处力度。认真做好突发水污染事件的调查和责任追究工作，对突发性污染事故的原因进行彻查，对事故责任单位及责任人依法严惩，以此为基础制订相关整改措施并强制落实。

（3）促进流域地表地下水统一管理，统筹解决地下水超采与污染问题

建立地表地下水联合调度体制。在水资源配置中充分考虑地表水和地下水的空间分布，按照总量控制和地下水采补平衡的原则，统一考虑流域地表水和浅层地下水资源的配置。根据各地实际，实行超采区地下水年度取用水总量控制和定额管理。严格限制并逐步削减地下水超采量，最终达到采补平衡。在水资源条件允许的地区，采用地下水人工回灌补源，人为地调节地下水的开采补给关系。

降低地表水污染对地下水的影响。在地下水超采区制定更加严格的排放标准，规范排污口的布局并加强监管。开展河道整治工作，降低以排污为主河道向地下水潜水面的渗透量。新建垃圾填埋场选址应充分考虑工程地质与水文地质条件。采取防渗措施、地下排水及导流设施防治垃圾渗滤液对地下水的污染。

（4）推进流域涉水信息能力建设与信息共享，提升水环境管理精细化水平

在全流域内开展流域环境质量联合监控工作，成立城市群环境监测联合，构建流域各河流环境质量监测数据、突发性环境污染事故监测数据、水文水资源数据共享的数字流域信息平台。该平台集数据存储、管理、交换、发布与服务等功能为一体，实现基础空间数据与专业数据、空间数据与时间序列数据、政区数据与流域数据的整合和同化，实现数据与业务系统的无缝拼接，降低业务成本、提高工作效率，为流域涉水事务综合管理业务数字化、智能化打下数据基础。

以流域为管理单元建立水环境环保管理体系。流域水环境保护以重点流域污染防治规划划定的控制单元为载体，包括流域地表水和地下水水质评价管理、水功能区管理、取水口与入河排污口管理、水资源保护监督管理、突发水污染事件应急监测与预警管理、饮用水水源地保护、水生态系统保护等，通过统计、分析、评价、建立模型等手段，全面分析流域内水量、水质和水生态、地表与地下、保护与修复、点源与非点源等状况，为提高业务部门的流域水环境保护管理水平提供支持。

（5）建立流域统筹管理体制，协调河流上下游发展需求

推动流域上下游城市间水环境保护与水生态建设联合规划。通过制定统一规划，使用统一法规，共同制定流域水环境治理目标和约束遵守条件，消除上游污染、下游治理的流域水

环境分治状态。

推动新建工程项目流域联审制度。对于流域新建化工、制药、造纸等重污染工程项目，逐步推行上下游联审制度，如果是下游城市不同意建设的污染项目，上游城市主管部门将不得随意批准。

加强生态补偿机制建设与落实。在明确界定流域生态补偿的损益关系的基础上，建设生态补偿实施过程中各种管理机制。制订科学合理的补偿模式，除了财政补贴、税收减免等资金补偿，还应包括建设水源地保护项目、人员培训等技术补偿和治理补偿措施，以推动建立生态补偿的长效机制。

(6) 以再生水资源化利用重点，缓解城镇化生活用排水问题

加大再生水建设项目投资力度，努力提高再生水利用率。鼓励城市污水处理厂建设再生水生产项目，配套建设再生水输送管道。以政府为主导，推动再生水用于河道景观、市政绿化、居民日常杂用等用途。通过政策引导，提高工业企业利用再生水资源积极性，鼓励工业企业使用再生水，减少企业新鲜水的取水量。

实现企业的良性发展，促进再生水供水水质稳定达标。加强再生水生产设施维护的资金投入与监管水平，建立合理的价格机制，通过完善收费制度，补偿再生水设施的投资、建设、运营支出，保证生产过程不打折扣，保障供水水质满足各类用水需求。

2. 提升各流域健康水平对策与措施

中原经济区内各流域均具有其独特的生态环境特征，应有针对性地开展河流、湖泊、水库的生态环境治理，提升流域健康水平。区分轻重缓急，优先治理污染严重、影响范围广的水体。将各项水环境治理目标策略落实到以水体为主线的流域范围，制订并实施分流域的管理对策和治理措施。

(1) 海河流域

①做好山区水资源保护和水土保持生态建设，保证下游水库供水安全。

②平原地区充分利用未来南水北调资源，缓解地下水超采。

③做好河流生态修复，通过水资源合理配置适当安排河流生态供水量。

④平原区禁止引进高耗水、高污染工业项目，引导已有产业向零排放发展。

(2) 淮河流域

①上游、中游山区强化水资源及生态保护，适当提高水资源开发利用程度。

②按照水环境功能区水质保护目标和限制排污总量要求，严格排污口设置审批，强化入河排污口监督监测与综合整治。

③中游能源基地加大对洗煤、发电及煤化工等能源化工产业进行节水改造，加大对污水处理的回用，加大对矿坑水的利用。

④发挥水利工程综合作用，调整现有闸坝运行管理模式，提高枯水季河流生态流量，开展生态用水调度。

(3) 黄河流域

①加大对引黄灌区的节水改造力度，提高农业灌溉用水利用效率。

②利用南水北调置换部分引黄水，部分退还被挤占的生态环境用水量，适度增加河道内生态环境用水。

③制定更为严格的地方工业和生活污染物排放标准，坚决执行点源达标排放政策。

④以城市生活水源区保护为重点，调整和规范入河排污口设置。

（4）长江流域

①加强地表水拦蓄工程建设，提高地表水对南阳盆地的供水能力，逐步替换超采的地下水资源。

②加强丹江口水库水源地生态保护，强化汇水区有毒有害物质管控，加强环境风险防范和应急预警。

专题四

中部地区生态环境影响评价专题

一、概述

（一）背景意义

党的十八大把生态文明建设纳入中国特色社会主义事业“五位一体”总体布局，明确了建设生态文明的重大战略部署，提出了优化国土空间开发格局、全面促进资源节约、加大自然生态系统和环境保护力度及加强生态文明制度建设等战略任务，并在十八届三中全会上提出了健全自然资产产权制度和用途管制制度、划定生态红线、实行资源有偿使用制度和生态补偿制度以及改革生态环境保护机制的生态文明制度建设的具体任务。中部地区作为我国农产品、能源、原材料和装备制造业基地，在我国区域发展总体战略中具有突出的地位和功能，对促进区域协调发展，确保国家粮食生产、流域生态和人居环境安全，提升国家经济发展质量具有十分重要的作用。随着中原经济区、皖江城市带、鄱阳湖生态经济区、武汉城市圈、长株潭城市群等区域的工业化、城镇化进程进一步加快，中部地区在我国区域发展总体格局中的地位将更加突出。

中部地区位于长江、黄河、淮河、海河等重要流域的关键区域，分布有鄱阳湖、洞庭湖、巢湖等重要湖泊生态系统，其生态环境质量不仅关系到本区域的生态环境健康，也直接关系到东部地区的生态环境安全。该区域人口稠密，开发历史悠久，人地关系、用水关系较为紧张，流域性水环境、城市群大气环境污染形势较为严峻，持续改善环境质量的任务艰巨。中部地区是我国统筹城乡发展，努力构建资源节约型和环境友好型国土空间开发格局的关键区域，是统筹工业化、城镇化和农业现代化，大力推动发展转型的难点区域，是统筹流域保护与开发，确保流域生态环境安全的重点区域。开展中部地区发展战略环境评价，探索确保粮食生产、流域生态和人居环境安全的发展模式与对策，是深入贯彻落实党的十八大精神和科学发展观的重要举措，也是实施中部地区生态环境战略性保护的重要技术支撑，对于促进现代农业发展、优化国土空间开发格局、转变发展方式、实现可持续发展具有重大的现实意义和深远的历史意义。

（二）研究目标

以确保粮食安全、流域生态安全、人居环境安全为目标，优化国土空间开发，优化水土资源和环境资源配置，实施中部地区生态环境战略性保护，推动区域经济社会与资源环境全面协调可持续发展，确定研究目标为：

- 从区域生态空间格局、生态服务功能和生态敏感性角度，评价区域生态系统现状及其演变趋势，分析社会经济发展与生态系统演变的耦合关系，探究区域关键生态问题的驱动机制。

- 以生态敏感性评价和生态服务功能重要性评价为基础，研究区域生态空间管制及其空间分异规律，辨识区域生态功能定位。
- 基于区域生态功能定位，针对重点区域开发和重点产业发展目标，识别关键性生态制约因素，预测未来社会经济发展的生态影响及可能引发的中长期生态风险。
- 以保障区域生态安全和维护流域生态健康为基准，制订生态保护的战略框架和路线图，明确生态管控空间格局。
- 以区域社会经济发展与生态保护相协调为准则，提出生态优化调控方案与对策建议，推动区域生态文明建设。

（三）研究范围与时限

1. 研究范围

研究范围包括中原经济区、武汉城市圈、长株潭城市群、皖江城市带、鄱阳湖生态经济区等重点区域，涉及河南、安徽、山西、山东、河北、湖北、湖南、江西 8 个省份 64 个地市（表 4-1）。重点关注三类地区：一是区域开发和重点产业发展的热点区域；二是重要生态功能区和生态环境脆弱区；三是未来城市化、区域开发与重点产业发展的指向区域。重点产业遴选：一是有利于改善民生的产业；二是有利于生态保护的产业；三是有利于提升经济总量的产业和对环境影响大的产业。

表 4-1　中部地区发展战略环境评价工作范围

地区	省份	重点区域	市（州）	重点区域面积（占全省比例）
中原经济区	河南	全省	全省 18 个地市	16.7 万 km^2（100%）
	安徽	皖北地区	宿州市、阜阳市、亳州市、蚌埠市、淮南市凤台县、潘集区	3.07 万 km^2（21.9%）
	山东	鲁西地区	菏泽市、聊城市、泰安市东平县	2.09 万 km^2（13.1%）
	河北	冀南地区	邯郸市、邢台市	2.45 万 km^2（12.9%）
	山西	晋东南地区	晋城市、长治市、运城市	3.76 万 km^2（24.1%）
长江中下游城市群	湖北	武汉城市圈	武汉市、黄石市、鄂州市、孝感市、黄冈市、咸宁市、仙桃市、潜江市、天门市、荆州市	7.19 万 km^2（38.7%）
	湖南	长株潭城市群	长沙市、株洲市、湘潭市、岳阳市	4.31 万 km^2（20.4%）
	江西	鄱阳湖生态经济区	南昌市、景德镇市、鹰潭市，九江市、新余市、抚州市、宜春市、上饶市、吉安市的部分县（市、区）	5.12 万 km^2（30.8%）
	安徽	皖江城市带承接产业转移示范区	合肥市、芜湖市、马鞍山市、铜陵市、安庆市、池州市、巢湖市、滁州市、宣城市，六安市的金安区和舒城县	7.57 万 km^2（54.2%）

2. 评价时限

现状基准年为2012年，参照年份为2000年、2005年和2010年，近期评价水平年为2020年，中远期评价水平年为2030年。

（四）研究重点

1. 分析区域生态系统现状及演变趋势，研究其与经济社会发展的耦合关系

研究区域内生态系统类型、分布及其空间格局演变趋势，摸清湿地、农田主要生态系统服务功能变化状况，分析区域城镇化生态过程；评价区域内人类活动的生态胁迫作用与效应，识别区域关键生态问题；结合区域发展历程，研究生态系统演变与经济社会发展的耦合关系，辨识区域关键生态问题的驱动机制。

2. 评估区域生态系统承载能力，辨识区域生态功能定位

开展区域生态系统的生态敏感性评价和生态系统服务功能重要性评价，评估生态系统承载能力及空间分异规律。结合区域生态功能区划和生态保护现状，分析区域生态功能定位。

3. 评估重点区域开发和重点产业发展对生态系统的影响，预测中长期生态风险

针对重点区域开发和重点产业发展战略和规划方案，识别区域发展的生态影响特征与关键影响因子，评估其对区域生态系统格局与功能等方面带来的影响，结合驱动机制分析，判断区域关键生态问题的发展趋势。根据区域生态系统演变特点，围绕生物多样性下降、农田生态系统退化、人居环境压力增大等影响“三大安全”的核心问题，分析中长期生态风险。

4. 构建区域生态安全格局，建立生态安全长效管理机制

以确保区域“三大安全”为目标，制订生态保护战略性框架和路线图。构建生态安全格局，提出生态空间管制策略，划定区域开发的生态红线，明确生态准入原则。分区域、分流域、分阶段提出中部地区“三化”发展的优化调整建议，建立流域生态安全长效管理机制。

二、工作方案与评价方法

（一）技术路线

见图4-1。

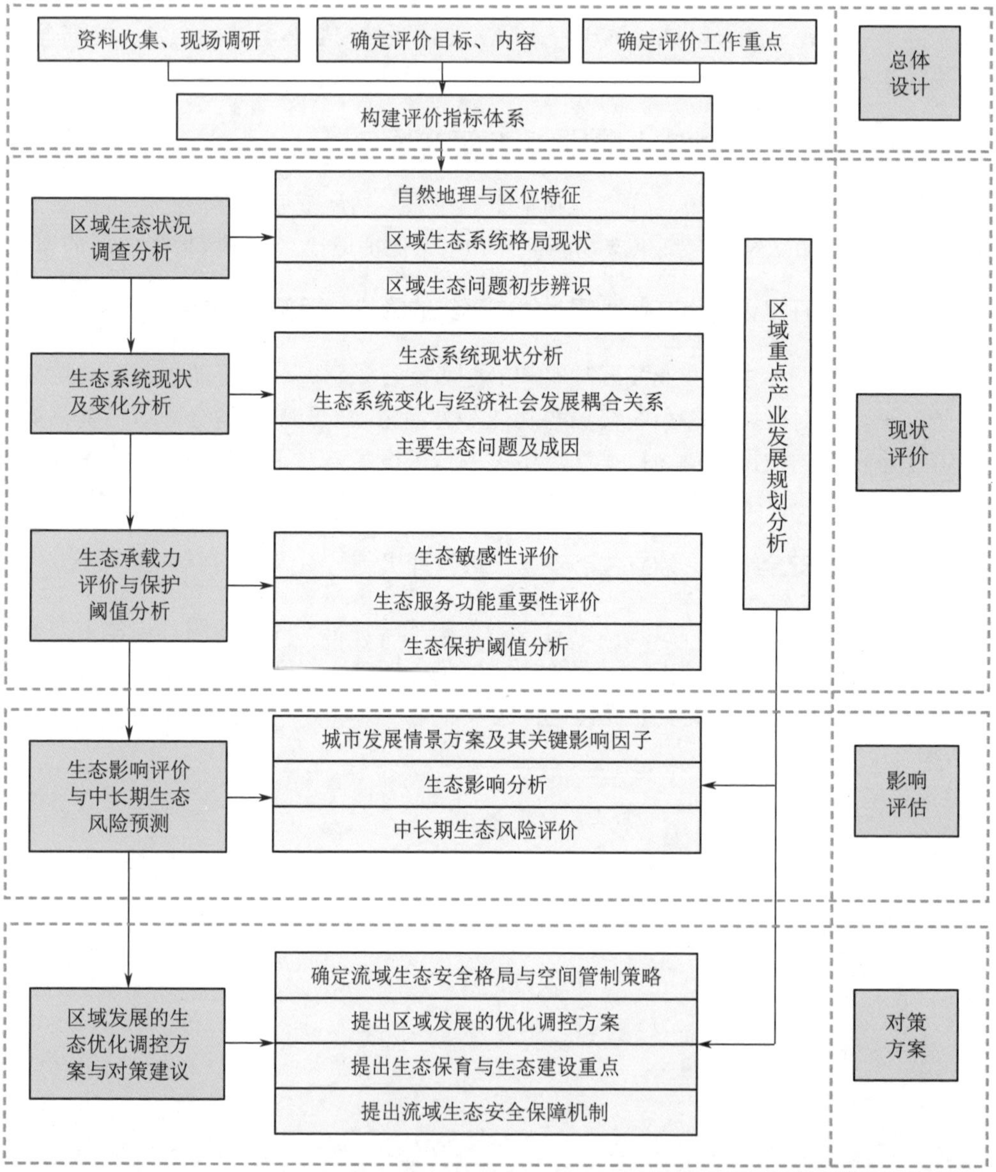

图4-1　技术路线

（二）评价方法

1. 生态重要性评价

生态重要性评价即是评价生态系统服务功能的重要性。生态系统服务功能是指生态系统与生态过程所形成及所维持的人类赖以生存的自然环境条件与效用。生态系统服务功能评价的目的是要明确回答区域各类生态系统的生态服务功能及其对区域可持续发展的作用与重要性，并依据其重要性分级，明确其空间分布。生态系统服务功能评价是针对区域典型生态系统，评价生态系统服务功能的综合特征，根据区域典型生态系统服务功能的能力，按照一定的分区原则和指标，将区域划分成不同的单元，以反映生态服务功能的区域分异规律，并用具体数据和图件支持评价结果。

（1）评价内容

本书采用原国家环保总局发布的《生态功能区划技术暂行规程》的有关生态服务功能重要性评价方法，针对区域典型生态系统评价其生态服务功能的综合特征，分析生态服务功能的区域分异规律，明确生态服务功能的重要区域。生态服务功能重要性分为极重要、重要、较重要和一般共 4 级，评价是对每一项生态服务功能按照其重要性划分出不同级别，明确其空间分布，然后在区域上进行综合。

根据中部地区的特点，从生物多样性保护、土壤保持、水源涵养和洪水调蓄 4 个方面，构建了中部地区生态系统服务功能重要性评价指标体系及方法，并将中部地区生态重要性划分为极重要、重要、较重要和一般重要 4 个等级。

（2）主要指标及评价方法

① 生物多样性

主要从区域生境质量、生境稀缺性两个方面评价区域生物多样性维持功能。计算方法：

a. 生境质量

采用生境质量指数评价生境质量：

$$Q_{xj} = H_j\left[1-\left(D_{xj}^z \Big/ D_{xj}^z + k^z\right)\right] \tag{4-1}$$

$$D_{xj} = \sum_{r=1}^{R}\sum_{y=1}^{Y_r}\left(w_r \Big/ \sum_{r=1}^{R} w_r\right) r_y i_{rxy} \beta_x S_{jr} \tag{4-2}$$

$$i_{rxy} = 1-\left(\frac{d_{xy}}{d_{r\max}}\right)\text{（线性）} \tag{4-3}$$

$$i_{rxy} = \exp\left[-\left(\frac{2.99}{d_{r\max}}\right)d_{xy}\right]\text{（指数）} \tag{4-4}$$

式中：Q_{xj}——土地利用与土地覆盖 j 中栅格 x 的生境质量；

D_{xj}——土地利用与土地覆盖或生境类型 j 中栅格 x 的生境胁迫水平；

i_{rxy}——栅格 y 中胁迫因子 r_y 对栅格 x 中生境的胁迫作用；

d_{xy}——栅格 x 与栅格 y 之间的直线距离；

$d_{r\max}$——胁迫因子 r 的最大影响距离；

w_r——胁迫因子 r 的权重，表明某一胁迫因子对所有生境的相对破坏力；

β_x——栅格 x 的可达性水平，1 表示极容易达到；

S_{jr}——土地利用与土地覆盖（或生境类型）j 对胁迫因子 r 的敏感性，该值越接近 1 表示越敏感；

k——半饱和常数，当 $1-\left(D_{xj}^z \big/ D_{xj}^z+k^z\right)=0.5$ 时，k 值等于 D_{xj} 值；

H_j——土地利用与土地覆盖 j 的生境适合性。

b. 生境稀缺性

$$R_x=\sum_{x=1}^{X}\sigma_{xj}R_j \tag{4-5}$$

式中，R_x 为栅格 x 的稀缺性，如果栅格 x 在土地利用与土地覆盖 j 中，则 $\sigma_{xj}=1$。

$$R_j=1-\frac{N_j}{N_{j,\text{baseline}}} \tag{4-6}$$

式中，土地利用与土地覆盖 j 的 R_j 值越接近 1，土地利用与土地覆盖受到保护的可能性越大，如果土地利用与土地覆盖 j 在基线景观格局下消失，则 R_j=0；N_j 为当前土地利用与土地覆盖 j 的栅格数；$N_{j,\text{baseline}}$ 为基线景观格局下土地利用与土地覆盖 j 的栅格数。

② 土壤保持

根据降雨、土壤、坡长坡度、植被和土地管理等因素获取潜在和实际土壤侵蚀量，以两者的差值即土壤保持量来评价生态系统土壤保持功能的强弱。

采用通用土壤流失方程 USLE 进行评价，包括自然因子和管理因子两类。在具体计算时，需要利用已有的土壤侵蚀实测数据对模型模拟结果进行验证，并且修正参数。

土壤侵蚀量（USLE）：

$$\text{USLE}=R\cdot K\cdot LS\cdot C\cdot P \tag{4-7}$$

土壤保持量（SC）：

$$\text{SC}=R\cdot K\cdot LS\cdot(1-C\cdot P) \tag{4-8}$$

a. 降雨侵蚀力因子

$$\overline{R}=\sum_{k=1}^{24}\overline{R}_{\text{半月}k} \tag{4-9}$$

$$\overline{R}_{\text{半月}k}=\frac{1}{N}\sum_{i=1}^{N}(\alpha\sum_{j=1}^{m}P_{\text{d}ij}^{\beta}) \tag{4-10}$$

$$\alpha=21.239\beta^{-7.396\,7} \tag{4-11}$$

$$\beta=0.624\,3+\frac{27.346}{\overline{P}_{\text{d}12}} \tag{4-12}$$

$$\overline{P}_{\text{d}12}=\frac{1}{n}\sum_{l=1}^{n}P_{\text{d}l} \tag{4-13}$$

式中：$\overline{R}$——多年平均年降雨侵蚀力，MJ · mm/（hm^2 · h · a）；

$\overline{R}_{\text{半月}k}$——第 k 半月的多年平均降雨侵蚀力，MJ · mm/（hm^2 · h）；

$P_{\text{d}ij}$——第 i 年第 k 半月第 j 日≥ 12 mm 的日雨量；

α、β——回归系数；

$\overline{P}_{\text{d}12}$——日雨量≥ 12 mm 的日平均值，mm；

$\overline{P}_{dl}$——统计时段内第 l 日≥ 12 mm 的日雨量；

k——1 年 24 个半月，k=1，2，…，24；

i——年数 i=1，2，…，N；

j——第 i 年第 k 半月日雨量≥ 12 mm 的日数，j=1，2，…，m；

l——统计时段内所有日雨量≥ 12 mm 的日数，l=1，2，…，n 。

由各雨量站的多年日雨量数据计算站点 $\overline{R}$ 后，通过 Kriging 插值法进行空间内插，得到降雨侵蚀力栅格图层，精度与其他图层一致。

b. 土壤可蚀性因子

$$K_0=\{0.2+0.3\exp[-0.0256m_s(1-m_{silt}/100)]\}\times[m_{silt}/(m_c+m_{silt})]^{0.3}\times \{1-0.25orgC/[orgC+\exp(3.72-2.95orgC)]\}\times \{1-0.7(1-m_s/100)/\{(1-m_s/100)+\exp[-5.51+22.9(1-m_s/100)]\}\} \tag{4-14}$$

$$K=(-0.013\,83+0.515\,75\times K_0)\times 0.131\,7 \tag{4-15}$$

式中：K_0——表层土壤可蚀性因子，t · hm² · h/（hm² · MJ · mm）；

K——土壤可蚀性因子，t · hm² · h/（hm² · MJ · mm）；

m_s——土壤砂粒百分含量；

m_{silt}——土壤粉粒百分含量；

m_c——土壤黏粒百分含量；

orgC——有机碳百分含量。

根据各土壤亚类的属性信息计算得到相应 K 值（表 4-2），再使用 ArcGIS 中的 Polygon to Raster 工具将该字段进行矢量栅格转换，得到土壤可蚀性栅格图层。

表 4-2　部分土壤类型 K 值

土壤类型	K 值	土壤类型	K 值	土壤类型	K 值
草褐土	0.362 6	湿潮土	0.353 7	淋溶棕壤	0.240 2
潮土	0.340 1	石灰性褐土	0.349 6	沙姜潮土	0.340 1
粗草棕壤	0.240 2	山地草甸土	0.213 7	盐潮土	0.411 6
褐土	0.322 1	沼泽草甸土	0.213 6	生草棕壤	0.240 2
棕土	0.215 7				

c. 坡长 - 坡度因子

$$\begin{cases} S=10.8\sin\theta+0.03 & \theta<5° \\ S=16.8\sin\theta-0.5 & 5°\leqslant\theta<10° \\ S=21.91\sin\theta-0.96 & \theta\geqslant 10° \end{cases} \tag{4-16}$$

$$L=\left(\frac{\lambda}{22.13}\right)^m \tag{4-17}$$

$$m=\begin{cases} 0.2 & \theta\leqslant 1\% \\ 0.3 & 1\%<\theta\leqslant 3\% \\ 0.4 & 3\%<\theta\leqslant 5\% \\ 0.5 & \theta\geqslant 5\% \end{cases} \tag{4-18}$$

式中：L——单元格网的坡长因子；

θ——坡度，（°）；

λ——坡长，m。

坡度可通过 ArcGIS 中的 Slope 工具实现，坡长则可通过 ArcGIS 中的 Flow Accumulation 计算汇流量，以汇流量与栅格分辨率的乘积近似表示。

d. 植被覆盖与管理因子

通过文献或专家咨询获取。

e. 水土保持措施因子

通过文献或专家咨询获取（表 4-3）。

表 4-3　区域 C 值和 P 值

项目	森林	灌丛	园地	水田	旱地	水域	建设用地	裸地	草地
C	0.005	0.099	0.18	0.18	0.228	0	0	1	0.112
P	1	1	0.69	0.15	0.352	0	0.01	1	1

③ 水源涵养

采用降水贮存量法，即用生态系统的蓄水效应来衡量其涵养水分的功能［式（4-19)］。

$$Q = A \cdot J \cdot R \tag{4-19}$$

$$J = J_0 \cdot K \tag{4-20}$$

$$R = R_0 - R_g \tag{4-21}$$

式中，Q 为与裸地相比较，森林、草地、湿地、耕地、荒漠等生态系统涵养水分的增加量，mm/（$hm^2 \cdot a$）；A 为生态系统面积，hm^2；J 为计算区多年平均产流降雨量（$P > 20$ mm），mm；J_0 为计算区多年平均降雨总量，mm；K 为计算区产流降雨量占降雨总量的比例；R 为与裸地（或皆伐迹地）相比，生态系统减少径流的效益系数；R_0 为产流降雨条件下裸地降雨径流率；R_g 为产流降雨条件下生态系统降雨径流率。

赵同谦等以秦岭—淮河一线为界限将全国划分为北方区和南方区。北方降雨较少，降雨主要集中于 6—9 月，甚至一年的降雨量主要集中于一两次降雨中。南方区降雨次数多、强度大，主要集中于4—9月。因此，建议北方区 K 值取0.4，南方区 K 值取 0.6。

表 4-4　中国主要森林生态系统类型 R 值

森林类型	R 值
寒温带落叶松林	0.21
温带针叶林	0.24
温带、亚热带、热带落叶阔叶林	0.28
温带落叶小叶疏林	0.16
亚热带常绿落叶阔叶混交林	0.34
亚热带常绿阔叶林	0.39
亚热带、热带针叶林	0.36
亚热带、热带竹林	0.22
热带雨林、季雨林	0.55

根据已有的实测和研究成果，结合各种生态系统的分布、植被指数、土壤、地形特征以及对应裸地的相关数据，可确定全国主要生态系统类型的 R 值，表 4-4 是主要森林生态系统的 R 值。其他草地、灌木林、沼泽等生态系统的 R 值有待进一步确定。

④ 洪水调蓄

水生态系统在洪灾的减轻与预防中具有重要的作用。水生态系统通过减缓洪水流速，削减洪峰，弱化洪水的冲击力，减少洪水造成的经济损失。

洪水调蓄是水生态系统自身水循环的一个过程，能够起到自身调节作用，间接为人类减轻水系的洪水威胁，减少洪水和严重暴雨带来的更大范围的损失。水库、湖泊、塘坝等蓄滞洪区有蓄洪、泄洪、削减洪峰的作用，同时由于湿地植物吸收、渗透降水，降水进入江河的时间滞后，入河水量减少，从而起到减少洪水径流量、削减洪峰的作用。水库、湖泊洼淀暂时蓄纳入湖洪峰水量，而后缓慢泄出，对洪水进行调蓄。由河道洪水泛滥而形成的洪泛区，在承纳与调蓄超出河流行洪能力的洪水时，也具有降低洪水流速、削减洪峰流量的作用。

洪水调蓄功能是通过衡量水体能够容纳调蓄的洪水量来体现的，包括河道调蓄量、防洪库容及湿地调蓄量。

2. 生态敏感性评价

生态敏感性是指生态系统对区域中各种自然和人类活动干扰的敏感程度，它反映的是区域生态系统在遇到干扰时，发生生态环境问题的难易程度和可能性的大小，也就是在同样的干扰强度或外力作用下，各类生态系统出现区域生态环境问题的可能性大小。

（1）评价内容

生态敏感性评价应明确区域可能发生的主要生态环境问题类型与可能性大小。评价过程中应根据主要生态环境问题的形成机制，分析研究区生态环境敏感性的区域分异规律，明确特定生态环境问题可能发生的地区范围与程度。

采用原国家环保总局发布的《生态功能区划技术暂行规程》中的有关生态敏感性评价方法，应用定性与定量相结合的方法进行，利用遥感数据、地理信息系统技术及空间模拟等先进的方法与技术手段来绘制区域生态环境敏感性空间分布图。分布图既包括单个生态环境问题的敏感性分区图，也包括在各种生态环境问题敏感性分布的基础上，进行区域生态环境敏感性综合分区图。其中，每个生态环境问题的敏感性往往由许多因子综合影响而成，对每个因子赋值，最后得出总值。根据值所在的范围而将敏感性分为极敏感、敏感、较敏感以及一般敏感 4 个级别。

根据中部地区生态系统特征和生态环境主要影响因子，选择的生态环境敏感性评价内容主要包括土壤侵蚀敏感性、土壤沙漠化敏感性、土壤石漠化敏感性和酸雨敏感性。

（2）主要指标与评价方法

① 土壤侵蚀敏感

土壤侵蚀敏感性评价是为了识别容易形成土壤侵蚀的区域，评价土壤侵蚀对人类活动的敏感程度。根据《生态功能区划技术暂行规程》推荐的方法，主要考虑降水侵蚀力（*R*）、土壤质地因子（*K*）、坡度因子（*S*）与地表覆盖因子（*C*）4 个方面因素的影响（表 4-5）。

a. 降水侵蚀力（*R*）

与土壤侵蚀关系比较密切的降雨特征参数较多，在实际工作中，一般采用综合的参数 *R*——降雨冲蚀潜力（降水侵蚀力）来反映降雨对土壤流失的影响。

表 4-5　中部地区生态敏感性评价指标体系

生态问题	影响因子	一般敏感	较敏感	敏感	极敏感
土壤侵蚀	年平均降雨量 /（mm/ 月）	≤ 25	25 ～ 100	＜ 100 ～ 500	≥ 500
	土壤质地（土壤类型或 *K* 值）	石砾、沙	粗砂土、细砂土、黏土	壤土、面砂土	砂壤土、粉黏土、壤黏土
	坡度 /（°）	＜ 8	8 ～ 15	15 ～ 25	＞ 25
	地表覆盖物类型	水域、沼泽水田、城市	阔叶林、针叶林、灌丛	草地	旱地、裸地

b. 土壤质地因子（K）

土壤质地组成主要包括砂粒、粉粒和黏粒三类组分，根据国际制土壤质地分类系统，小于 0.002 mm 的土粒为黏粒，0.02 ～ 0.002 mm 的土粒为粉粒，0.02 ～ 2 mm 为砂粒。根据这三类粒级组分的不同含量（%），可以把土壤质地进一步细分为砂土、壤质砂土、砂质壤土、壤土、砂质黏壤土、砂质黏土、黏壤土和黏土等。

c. 坡度因子（S）

地形起伏度是影响土壤侵蚀的一个重要因素，它反映了坡长、坡度等地形因子对土壤侵蚀的综合影响。

d. 地表覆盖因子（C）

植被覆盖是防止土壤侵蚀的一个重要因子，其防止侵蚀的作用主要包括对降雨能量的削减作用、保水作用和抗侵蚀作用。不同的地表植被类型，防止侵蚀的作用差别较大，由森林到草地再到荒漠，其防止侵蚀的作用依次减小。

e. 土壤侵蚀敏感性综合评价

结合以上 4 种因子的评价结果，利用地理信息系统软件中的空间叠加分析功能，计算土壤侵蚀敏感性指数，分级后得到土壤侵蚀综合敏感性评价结果。

$$\mathrm{SS}_j=\sqrt[4]{\prod_{i=1}^{4}C_i} \tag{4-22}$$

式中，SS_j 为 j 空间单元土壤侵蚀敏感性指数；C_i 为 i 因素敏感性等级值。

② 土壤沙漠化敏感

根据《生态功能区划技术暂行规程》提供的方法，土地沙漠化可以用湿润指数、植被覆盖、水资源等来评价区域沙漠化敏感性程度，具体指标与分级标准见表 4-6。

表 4-6 中部地区生态敏感性评价指标体系

生态问题	影响因子	一般敏感	较敏感	敏感	极敏感
土壤沙漠化	湿润指数（干燥度）	＞ 0.65	＞ 0.50 ～ 0.65	＞ 0.20 ～ 0.50	≤ 0.20
	植被覆盖	森林、水域、城市	灌丛	草地	农田、裸地
	单位面积地表水资源量 /（万 m^3/km^2）	＞ 9.8 ～ 12.5	＞ 8 ～ 9.8	＞ 5.1 ～ 8	≤ 5.1

沙漠化敏感性指数计算方法如下：

$$\mathrm{DS}_j=\sqrt[3]{\prod_{i=1}^{3}D_i} \tag{4-23}$$

式中，DS_j 为 j 空间单元沙漠化敏感性指数；D_i 为 i 因素敏感性等级值。

③ 土壤石漠化敏感

本研究根据区域坡度、植被覆盖和地形因素，评价土壤石漠化敏感性程度，具体指标与分级标准见表 4-7。

表 4-7　中部地区生态敏感性评价指标体系

生态问题	影响因子	一般敏感	较敏感	敏感	极敏感
土壤石漠化	喀斯特地形	不是	是	是	是
	坡度	< 15°	15° ~ 25°	25° ~ 35°	> 35°
	植被覆盖 /%	> 70	50 ~ 70	30 ~ 50	< 30

土壤石漠化敏感性指数计算方法如下：

$$DS_j = \sqrt[3]{\prod_{i=1}^{3} D_i} \tag{4-24}$$

式中，DS_j 为 j 空间单元土壤石漠化敏感性指数；D_i 为 i 因素敏感性等级值。

④ 酸雨敏感

生态系统对酸雨的敏感性，是整个生态系统对酸雨的反应程度，是指生态系统对酸雨间接影响的相对敏感性，即酸雨的间接影响使生态系统的结构和功能改变的相对难易程度，它主要依赖于与生态系统的结构和功能变化有关的土壤物理化学特性，与地区的气候、土壤、母质、植被及土地利用方式等自然条件都有关系。生态系统的敏感性特征可由生态系统的气候特性、土壤特性、地质特性以及植被与土地利用特性来综合描述（表 4-8）。

表 4-8　生态系统对酸沉降的相对敏感性分级指标

因子	贡献率	等级	权重
岩石类型	1	Ⅰ A 组岩石	1
		Ⅱ B 组岩石	0
土壤类型	1	Ⅰ A 组土壤	1
		Ⅱ B 组土壤	0
植被与土地利用	2	Ⅰ针叶林	1
		Ⅱ灌丛、草地、阔叶林、山地植被	0.5
		Ⅲ农耕地	0
水分盈亏量（P － PE）	2	Ⅰ > 600 mm/a	1
		Ⅱ 300 ~ 600 mm/a	0.5
		Ⅲ< 300 mm/a	0

注：1. P 为降水量，PE 为最大可蒸发量。

2. A 组岩石：花岗岩、正长岩、花岗片麻岩（及其变质岩）和其他硅质岩、粗砂岩、正石英砾岩、去钙砂岩、某些第四纪砂 / 漂积物；B 组岩石：砂岩、页岩、碎屑岩、高度变质长英岩到中性火成岩、不含游离碳酸盐的钙硅片麻岩、含游离碳酸盐的沉积岩、煤系、弱钙质岩、轻度中性盐到超基性火山岩、玻璃体火山岩、基性和超基性岩石、石灰砂岩、多数湖相漂积沉积物、泥石岩、灰泥岩、含大量化石的沉积物（及其同质变质地层）、石灰岩、白云石。

3. A 组土壤：砖红壤、褐色砖红壤、黄棕壤（黄褐土）、暗棕壤、暗色草甸土、红壤、黄壤、黄红壤、褐红壤、棕红壤；B 组土壤：褐土、棕壤、草甸土、灰色草甸土、棕色针叶林土、沼泽土、白浆土、黑钙土、黑色土灰土、栗钙土、淡栗钙土、暗栗钙土、草甸碱土、棕钙土、灰钙土、淡棕钙土、灰漠土、灰棕漠土、棕漠土、草甸盐土、沼泽盐土、干旱盐土、砂姜黑土、草甸黑土。

根据等权体系进行评价，可分为极敏感、敏感、较敏感和一般敏感 4 个等级（表 4-9）。

表 4-9　敏感性等级分类（等权体系）

敏感性指数	敏感性等级
0 ~ 1	一般敏感
2 ~ 3	较敏感
4	敏感
5	极敏感

3. 景观格局评价

生态系统构成是指全国或不同区域森林、草地、湿地、农田、城镇等各类生态系统的面积和比例。生态系统格局是指生态系统空间格局，即不同生态系统在空间上的配置。

（1）评价内容

为了了解不同生态系统类型在空间上的分布与配置、数量上的比例等状况，通过评价陆地生态系统类型、分布、比例与空间格局，分析各类型生态系统相互转化特征。本书按照“全国生态环境十年变化（2000—2010 年）遥感调查与评估项目”技术要求开展了景观格局评价，主要评价了陆地生态系统类型、分布、比例与空间格局，分析了各类型生态系统相互转化特征。具体内容为：

- 生态系统类型与分布；
- 各类型生态系统构成与比例变化；
- 生态系统类型转换特征；
- 生态系统格局特征。

（2）主要指标与评价方法

① 生态系统类型变化率

生态系统类型变化率表达的是研究区一定时间范围内某种生态系统类型的数量变化情况，其计算公式如下：

$$V=\frac{\mathrm{EU_b}-\mathrm{EU_a}}{\mathrm{EU_a}}\times\frac{1}{T}\times100\% \tag{4-25}$$

式中，V 为研究时段内某一生态系统类型的变化率；$\mathrm{EU_a}$ 和 $\mathrm{EU_b}$ 分别为研究期初及研究期末某一种生态系统类型的数量（如面积、斑块数等）；T 为研究时段长，当 T 的时段设定为年时，V 的值就是该研究区某种生态系统类型的年变化率。

② 综合生态系统类型动态度

综合生态系统类型动态度是定量描述生态系统变化速度的指数。综合生态系统动态度指数综合考虑了研究时段内生态系统类型间的转移，着眼于变化的过程而非变化结果，反映研究区生态系统类型变化的剧烈程度，便于在不同空间尺度上找出生态系统类型变化的热点区域。计算公式如下：

$$\mathrm{EC}=\left(\frac{\sum_{i=1}^{n}\Delta\mathrm{ECO}_{i-j}}{2\sum_{i=1}^{n}\Delta\mathrm{ECO}_{i}}\right)\times\frac{1}{T}\times100\% \tag{4-26}$$

式中，ECO_i 为监测起始时间第 i 类生态系统类型面积；$\Delta\mathrm{ECO}_{i-j}$ 为监测时段内第 i 类生态系统类型转为非 i 类生态系统类型面积的绝对值；T 为监测时段长度，当 T 的时段设定为年时，EC 值就是研究区域生态系统年变化率。

综合生态系统类型动态度定量地描述了生态系统类型的变化速度，对预测未来变化趋势有积极的作用。

其中，ECO_i 根据区域生态系统类型图矢量数据在 ArcGIS 平台下进行统计获取。$\Delta\mathrm{ECO}_{i-j}$ 根据附件转移矩阵模型获取。

③ 生态系统类型转移矩阵分析方法

转移矩阵可全面而又具体地分析区域生态系统变化的结构特征与各类型变化的方向。该方法来源于系统分析中对系统状态与状态转移的定量描述，为国际、国内所常用。

$$S_{ij}=\begin{Bmatrix} S_{11} & S_{12} & S_{13} & \cdots & S_{1n} \\ S_{21} & S_{22} & S_{23} & \cdots & S_{2n} \\ S_{31} & S_{32} & S_{33} & \cdots & S_{3n} \\ \cdots & \cdots & \cdots & \cdots & \cdots \\ S_{n1} & S_{n2} & S_{n3} & \cdots & S_{nn} \end{Bmatrix} \tag{4-27}$$

式中，n 为生态系统的类型数；i、j 分别为研究期初与研究期末的生态系统类型；S_{ij} 为研究期内，生态系统类型 i 转换为生态系统 j 的面积。

转移矩阵的意义在于它不但可以反映研究期初、研究期末的土地利用类型结构，而且还可以反映研究时段内各土地利用类型的转移变化情况，便于了解研究期初各类型土地的流失去向以及研究期末各土地利用类型的来源与构成。

计算方法：

ArcGIS 软件平台下，利用 arctoolbox 工具，选择 Spatial Analyst Tools-Zonal-Tabulate Area 工具即可实现。

在对生态系统类型转移矩阵计算的基础上，还可以计算生态系统类型转移比例，计算公式如下：

$$O_{ij}=S_{ij}\times 1/\sum_{j=1}^{n}S_{ij}\times 100\% \tag{4-28}$$

$$I_{ij}=S_{ij}\times 1/\sum_{i=1}^{n}S_{ij}\times 100\% \tag{4-29}$$

式中，O_{ij} 为第 i 种生态系统类型在研究期末转变为第 j 种生态系统类型的比例；I_{ij} 为在研究期末第 j 种生态系统类型中由研究期初的第 i 种生态系统类型转变而来的比例。

一种常用的方法是采用 post-classification 获得。在 ENVI 软件支持下，把两个不同时相的遥感分类图像先后输入程序中，系统便会产生含有面积、百分比和像元数的转换矩阵。土地利用的转化矩阵是一个“from-to”的 $N\times N$ 的矩阵，其对角线上的数据代表本类地物没有变化的面积，其他的数据表示本类地物向其他地物转化的面积以及其他地物向本类地物转换的面积。

④ 土地覆被转类指数

对本研究中定义的土地覆被类型按照一定的生态意义进行定级，并去除受人类活动影响变化较剧烈且无规律的农田和城镇，得到区域主要土地覆被类型的生态级别。

对土地覆被类型定级后，我们将土地覆被类型变化前后的级别相减，如果为正值则表示覆被类型转好，反之表示覆被类型转差，并进一步定义土地覆被转类指数（Land Cover Chang Index，LCCI）：

$$\mathrm{LCCI}_{ij}=100\%\times\sum\left[A_{ij}\times\left(D_{a}-D_{b}\right)\right]/A_{ij} \tag{4-30}$$

式中，i 表示研究区；$j=1,\cdots,n$，表示土地覆被类型。A_{ij} 为某研究区土地覆被一次转类的面积；D_a 为转类前级别；D_b 为转类后级别。LCCI_{ij} 表示某研究区土地覆被转类指数，值为正，表示此研究区总体上土地覆被类型转好；值为负，表示此研究区总体上土地覆被类型转差。

⑤ 景观指数

景观结构指标包括景观的多样性指标、均匀度、优势度、镶嵌度、集聚度、分离度、破碎度指数以及景观中斑块类型的分维等。这些指标为景观空间格局的分析奠定了基础。这些指标的计算方法的新趋势是把传统的计算程序集成于 GIS 中，以便有效地利用 GIS 管理和分析空间数据的能力，几乎可以计算所有类型的景观结构指标。

a. 斑块数（Number of Patches，NP）

指标含义：评价范围内斑块的数量。该指标用来衡量目标景观的复杂程度，斑块数量越多说明景观构成越复杂。

计算方法：应用 GIS 技术以及景观结构分析软件 FRAGSTATS3.3 分析斑块数（NP）。

基本参数：NP（斑块数量）。

b. 平均斑块面积（Mean Patch Size，MPS）

指标含义：评价范围内平均斑块面积。该指标可以用于衡量景观总体完整性和破碎化程度，平均斑块面积越大说明景观越完整，破碎化程度越低。

计算方法：应用 GIS 技术以及景观结构分析软件 FRAGSTATS3.3 分析平均斑块面积（MPS）。

$$\mathrm{MPS}=\frac{\mathrm{TS}}{\mathrm{NP}} \tag{4-31}$$

基本参数：MPS：平均斑块面积；TS：评价区域总面积；NP：斑块数量。

c. 类斑块平均面积

指标含义：景观中某类景观要素斑块面积的算术平均值，反映该类景观要素斑块规模的平均水平。平均面积最大的类可以说明景观的主要特征，每一类的平均面积则说明该类在景观中的完整性。

计算方法：

$$\overline{A_i}=\frac{1}{N_i}\sum_{j=1}^{N_i}A_{ij} \tag{4-32}$$

基本参数：N_i：第 i 类景观要素的斑块总数；A_{ij}：第 i 类景观要素第 j 个斑块的面积。

d. 边界密度（Edge Density，ED）

指标含义：边界密度也称为边缘密度，边缘密度包括景观总体边缘密度（或称景观边缘密度）和景观要素边缘密度（简称类斑边缘密度）。景观边缘密度（ED）是指景观总体单位面积异质景观要素斑块间的边缘长度。景观要素边缘密度（ED_i）是指单位面积某类景观要素斑块与其相邻异质斑块间的边缘长度。

它是从边形特征描述景观破碎化程度，边界密度越高说明斑块破碎化程度越高。

计算方法：

$$\mathrm{ED}=\frac{1}{A}\sum_{i=1}^{M}\sum_{j=1}^{M}P_{ij} \tag{4-33}$$

$$\mathrm{ED}_i=\frac{1}{A_i}\sum_{j=1}^{M}P_{ij} \tag{4-34}$$

基本参数：ED：景观边界密度（边缘密度），即边界长度之和与景观总面积之比；ED_i：景观中第 i 类景观要素斑块密度；A：景观面积；A_i：景观中第 i 类景观要素斑块面积；P_{ij}：景观中第 i 类景观要素斑块与相邻第 j 类景观要素斑块间的边界长度。

e. 聚集度指数（contagion index）

指标含义：反映景观中不同斑块类型的非随机性或聚集程度。聚集度指数越高说明景观完整性越好，相对的破碎化程度越低。

计算方法：

$$C = C_{\max} + \sum_{i=1}^{n}\sum_{j=1}^{n} P_{ij}\ln\left(P_{ij}\right) \tag{4-35}$$

$$C' = C / C_{\max} = 1 + \frac{\sum_{i=1}^{n}\sum_{j=1}^{n} P_{ij}\ln\left(P_{ij}\right)}{2\ln n} \tag{4-36}$$

式中，$C_{\max}$ 为聚集度指数的最大值；n 为景观中斑块类型总数；P_{ij} 为斑块类型 i 与 j 相邻的概率。比较不同景观时，相对聚集度 C' 更为合理。

基本参数：$C_{\max}$：$P_{ij} = P_iP_j/i$ 指数的最大值；n：景观中斑块类型总数；P_{ij}：斑块类型 i 与 j 相邻的概率。

4. 生态系统胁迫评价

生态系统胁迫是指对维持生态系统稳定和良好演变不利的各种因素。生态系统胁迫因素主要包括自然变化和人类活动两类。自然变化类的生态系统胁迫因素主要包括各种类型的自然灾害和气候变化等，人类活动类的生态系统胁迫因素主要包括人口增长、社会经济发展和环境污染物排放等。

（1）评价内容

本书评估了 2000—2010 年评价区来自人类活动对生态系统的胁迫及其空间格局和十年变化，辨识评价区生态系统时空演变的原因和驱动力，为评价区生态系统胁迫控制和生态系统的优化管理提供支撑。重点分析了影响生态系统格局、质量和服务功能等的人类活动及其十年变化特征，揭示生态环境变化及其原因。主要内容包括：

- 经济建设活动、资源开发及其对生态环境的影响；
- 化肥施用、畜牧业等农业活动强度及其对生态环境的影响；
- 生态环境胁迫和效应。

（2）主要指标与评价方法

本研究按照“全国生态环境十年变化（2000—2010 年）遥感调查与评估项目”技术要求开展了生态系统胁迫评价。

综合社会经济活动强度、开发建设活动强度、农业活动强度、污染物排放强度 4 类共 12 个指标，建立人类活动胁迫综合指数，采用主成分分析法评估各评估单元、不同时段人类活动胁迫的相对大小。各指标的计算方法如下：

① 人口密度

指标含义：单位国土面积年末总人口数量，在宏观层面评估人口因素给生态环境带来的压力及其时空演变。

计算方法：收集各县（区）历年年末总人口数量以及各县（区）国土面积，计算各县（区）历年人口密度：

$$\mathrm{PD}_{i,t} = \frac{P_{i,t} \times 10\,000}{A_i} \tag{4-37}$$

式中，$PD_{i,t}$ 为第 i 个区（县）第 t 年人口密度，人 /km^2；$P_{i,t}$ 为第 i 个区（县）第 t 年年末总人口，万人；A_i 为第 i 个县区国土面积，km^2。

② 城镇人口密度

指标含义：指单位国土面积年末城镇人口总数，在宏观层面评估人口因素给生态环境带来的压力及其时空演变。

计算方法：根据各县（区）历年年末城镇人口总数以及各县（区）土地面积，计算各县（区）历年城镇人口密度：

$$UPD_{i,t} = \frac{UP_{i,t} \times 10\,000}{A_i} \tag{4-38}$$

式中，$UPD_{i,t}$ 为第 i 个县（区）第 t 年人口密度，人 / km^2；$UP_{i,t}$ 为第 i 个县（区）第 t 年年末常住城镇人口总数，万人；A_i 为第 i 个县（区）国土面积，km^2。

③ GDP 密度

指标含义：指单位国土面积按 2000 年可比价计算地区生产总值，用来评估宏观经济给生态环境带来的压力。

计算方法：

a. 收集 2000 年各县（区）现价 GDP 数据，以及按照 1978 年或者其他固定年份为 100 的 2000 年、2005 年与 2010 年 GDP 指数数据；如果收集不到按照 1978 年或者其他固定年份为 100 的 GDP 指数，则需要收集 2001—2010 年按照上一年为 100 的 GDP 指数数据。

b. 计算各县（区）2005 年和 2010 年按 2000 年可比价 GDP。如果能够收集到按照 1978 年或者其他固定年份为 100 的 GDP 指数数据时，则可分别计算 2005 年和 2010 年各县（区）可比价 GDP：

$$\begin{aligned}&2005\text{年GDP（按2000年可比价）}=\\&2000\text{年现价GDP}\times\frac{2005\text{年GDP指数（1978年=100）}}{2000\text{年GDP指数（1978年=100）}}\end{aligned} \tag{4-39}$$

$$\begin{aligned}&2010\text{年GDP（按2000年可比价）}=\\&2000\text{年现价GDP}\times\frac{2010\text{年GDP指数（1978年=100）}}{2000\text{年GDP指数（1978年=100）}}\end{aligned} \tag{4-40}$$

如果不能收集到按照 1978 年或者其他固定年份为 100 的 GDP 指数数据，而收集到 2001—2010 年按照上一年为 100 的 GDP 指数（上一年 =100）数据，则分别计算 2005 年和 2010 年各县（区）可比价 GDP：

$$\begin{aligned}2005\text{年GDP（按2000年可比价）}=\ &2000\text{年现价GDP}\times\\&\frac{2001\text{年GDP指数（上年=100）}}{100}\times\\&\frac{2002\text{年GDP指数（上年=100）}}{100}\times\\&\cdots\cdots\\&\times\frac{2005\text{年GDP指数（上年=100）}}{100}\end{aligned} \tag{4-41}$$

$$2010年GDP(按2000年可比价) = 2000年现价GDP \times \frac{2001年GDP指数（上年=100）}{100} \times \frac{2002年GDP指数（上年=100）}{100} \times \cdots\cdots \times \frac{2010年GDP指数（上年=100）}{100} \quad (4\text{-}42)$$

c. 计算各县（区）2000 年、2005 年和 2010 年单位国土面积可比价 GDP：

$$DGDP_{i,t} = \frac{GDP_{i,t}}{A_i} \quad (4\text{-}43)$$

式中，$DGDP_{i,t}$ 为第 i 县（区）第 t 年 GDP 密度，万元 /km^2；$GDP_{i,t}$ 为第 i 县（区）第 t 年按 2000 年可比价计算的 GDP，万元。

④ 第一产业增加值密度

指标含义：指单位国土面积按 2000 年可比价计算第一产业增加值，在宏观层面评估农林牧副渔业发展给生态环境带来的压力及其时空演变。

计算方法：

a. 同可比价 GDP 数据收集和计算方法类似，收集并计算各县（区）2000 年、2005 年和 2010 年按 2000 年可比价第一产业增加值数据，单位为万元 /km^2；

b. 根据各县（区）2000 年、2005 年、2010 年可比价第一产业增加值和国土面积，计算各县（区）2000 年、2005 年和 2010 年单位国土面积可比价第一产业增加值，单位为万元 /km^2。

⑤ 第二产业增加值密度

指标含义：指单位国土面积按 2000 年可比价计算第二产业增加值，在宏观层面评估第二产业发展给生态环境带来的压力及其时空演变。

计算方法：

a. 同可比价 GDP 数据收集和计算方法类似，收集并计算各县（区）2000 年、2005 年和 2010 年按 2000 年可比价第二产业增加值数据，单位为万元 /km^2；

b. 根据各县（区）2000 年、2005 年、2010 年可比价第二产业增加值和国土面积，计算各县（区）2000 年、2005 年和 2010 年单位国土面积可比价第二产业增加值，单位为万元 /km^2。

⑥ 第三产业增加值密度

指标含义：指单位国土面积按 2000 年可比价计算第三产业增加值，在宏观层面评估第三产业发展给区域生态系统带来的胁迫及其时空演变。

计算方法：

a. 同可比价 GDP 数据收集和计算方法类似，收集并计算各县（区）2000 年、2005 年和 2010 年按 2000 年可比价第三产业增加值数据，单位为万元 /km^2；

b. 根据各县（区）2000 年、2005 年、2010 年可比价第三产业增加值和国土面积，计算各县（区）2000 年、2005 年和 2010 年单位国土面积可比价第三产业增加值，单位为万元 /km^2。

⑦ 建设用地指数

指标含义：指评估单元内建设用地面积占评估单元总面积的百分比。

计算方法：以县级行政区为单元，计算建设用地面积占总土地面积比例，计算公式为：

$$\mathrm{USLI}_{i,t}=\frac{\mathrm{USL}_{i,t}}{A_i}\times 100\% \tag{4-44}$$

式中，$\mathrm{USLI}_{i,t}$ 为第 i 县（区）第 t 年建设用地指数，%；$\mathrm{USL}_{i,t}$ 为第 i 县（区）第 t 年建设用地面积，km^2；A_i 为第 i 县（区）国土面积，km^2。

建设用地面积利用土地覆被分类数据，分为城乡居住地、工业用地和交通用地等。

⑧ 交通网络密度

指标含义：指单位国土面积四级及四级以上公路长度，用来评估公路建设对生态系统的胁迫效应。

计算方法：

$$\mathrm{RD}_{i,t}=\frac{\mathrm{RL}_{i,t}}{A_i}\times 100\% \tag{4-45}$$

式中，$\mathrm{RD}_{i,t}$ 为第 i 县（区）第 t 年的交通网络密度，$\mathrm{km/km}^2$；$\mathrm{RL}_{i,t}$ 为第 i 县（区）第 t 年四级与四级以上公路长度，km；A_i 为第 i 县（区）国土面积，km^2。

四级及四级以上公路长度来源：全国交通路网矢量图。

⑨ 化肥施用强度

指标含义：指单位国土面积农业化肥施用量，反映农业生产活动给生态系统带来的胁迫。

计算方法：

$$\mathrm{CFUI}_{i,t}=\frac{\mathrm{CFU}_{i,t}}{A_i} \tag{4-46}$$

式中，$\mathrm{CFUI}_{i,t}$ 为第 i 县（区）第 t 年化肥施用强度，$\mathrm{t/km}^2$，数据精确到小数点后两位；$\mathrm{CFU}_{i,t}$ 为第 i 县（区）第 t 年化肥施用量，t；A_i 为第 i 县（区）国土面积，km^2。

⑩ 单位国土面积污水排放量

指标含义：指单位国土面积生活污水和工业废水排放量，反映污水排放给湿地生态系统带来的胁迫。

计算方法：收集各地区 2000 年、2005 年和 2010 年生活污水和工业废水排放量数据；计算各地区历年单位国土面积污水排放量。

$$\mathrm{WWDI}_{i,t}=\frac{\mathrm{WWD}_{i,t}}{A_i}\times 100\% \tag{4-47}$$

式中，$\mathrm{WWD}_{i,t}$ 为第 i 地区第 t 年单位国土面积污水排放量，$\mathrm{t/km}^2$；$\mathrm{WWD}_{i,t}$ 为第 i 地区第 t 年生活污水和工业废水排放总量，t；A_i 为第 i 地区国土面积，km^2。

⑪ 单位国土面积 COD 排放量

指标含义：指单位国土面积生活污水和工业废水中的 COD 排放量，反映污水排放给湿地生态系统带来的胁迫。

计算方法：收集各地区 2000 年、2005 年和 2010 年生活污水和工业废水中的 COD 排放量数据；计算各地区历年单位国土面积 COD 排放量。

$$\mathrm{CODI}_{i,t}=\frac{\mathrm{COD}_{i,t}}{A_i}\times 100\% \tag{4-48}$$

式中，$\mathrm{CODI}_{i,t}$ 为第 i 地区第 t 年单位国土面积 COD 排放量，$\mathrm{t/km}^2$；$\mathrm{COD}_{i,t}$ 为第 i 地区第 t 年生活污水和工业废水中 COD 排放总量，t；A_i 为第 i 地区国土面积，km^2。

⑫ 单位国土面积 SO_2 排放量

指标含义：指单位国土面积工业和生活 SO_2 排放量，反映大气污染物排放对酸雨及各类生态系统的影响。

计算方法：收集各地区 2000 年、2005 年和 2010 年生活和工业源 SO_2 排放量数据；计算各地区历年单位国土面积 SO_2 排放量。

$$SDOI_{i,t}=\frac{SDO_{i,t}}{A_i}\times 100\% \tag{4-49}$$

式中，$SDOI_{i,t}$ 为第 i 地区第 t 年单位国土面积 SO_2 排放量，t/km^2；$SDO_{i,t}$ 为第 i 地区第 t 年工业和生活 SO_2 排放总量，t；A_i 为第 i 地区国土面积，km^2。

综合社会经济活动强度、开发建设活动强度、农业活动强度、污染物排放强度四类指标，建立人类活动胁迫综合指数，分析人类活动胁迫的强度特征。

采用主成分分析法评估各评估单元、不同时段人类活动胁迫的相对大小，确定 k 个主成分参量计算人类活动胁迫综合指数（HPI）：

$$HPI=\sum_{g=1}^{k}(\lambda_g/\sum_{g=1}^{m}\lambda_g)F_g \tag{4-50}$$

式中，λ 为特征根，F 为主成分分量。

5. 生态系统格局变化预测

本书采用土地利用模型 CLUE-S 预测不同情景下生态系统空间格局变化，并进一步对区域发展对生态系统的影响开展定量或半定量评价。

（1）模型介绍

CLUE-S 模型是由荷兰瓦赫宁根大学 Verburg 等科学家组成的“土地利用转换及其效应”研究小组在其 CLUE 模型的基础上创建而成的。CLUE-S 模型在世界多个国家和地区的区域尺度的土地利用变化模拟中得到广泛应用。2009 年，Verburg 等在原有模型基础上开发了 Dyna-CLUE 模型，改进后的模型可以处理土地利用变化对邻域的影响，并设计了土地利用连续变化的动态过程模拟机制，使模型更为完善。

CLUE-S 模型是一类基于 LUCC 与政策、人口、社会、经济等约束条件下的 LUCC 模型，其假设条件是：一个地区的土地利用变化是受该地区的土地利用需求驱动的，并且一个地区的土地利用分布格局总是和土地需求以及该地区的自然环境和社会经济状况处在动态平衡之中。

CLUE-S 模型的输入包括：①模拟初期各土地利用类型的空间分布格局及其与相应驱动因素的相关系数；②历年各土地利用类型的面积；③各土地利用类型的转换规则。

土地利用变化的相应驱动因素可选取地形因子（DEM、坡度、坡向等）、邻域因子（到河流的距离、到农村居民点的距离、到市中心的距离、到道路的距离等）、自然因子（多年平均降水、土壤有机质含量、土壤总氮含量等）、社会经济因子（人口、农业人口、GDP、农业产值、工业产值、居民年平均消费等）等分析土地利用的驱动因素。其中每类土地利用的空间分布与驱动因素的关系利用 Logistic 回归方程求得。

转换规则是根据实际情况，计算并设置模拟期间各土地利用方式的转换参数（conversion elasticity，ELAS），对研究区域各土地利用类型的稳定性进行设置。ELAS 取值 0 ～ 1，ELAS 值越大，土地利用类型的稳定性越高。

模型验证和确定时间尺度。模型的验证是模型参数设定合理性和在研究区是否适用的判断标准，应用 Kappa 指数对 CLUE-S 模型的模拟进行验证，Kappa 指数＞ 0.75，则表明具有较好的一致性。

CLUE-S 模型根据历年各土地利用类型的面积需求，通过对土地利用变化进行空间分配迭代以实现模拟。

（2）模型运行流程

基于 CLUE-S 模型的生态系统变化预测过程主要分为三个主要步骤：①基于地理要素数据以及土地利用动态数据开展土地利用驱动力分析；②结合情景设置，对各情景下的生态系统的面积变化进行预测；③利用 CLUE-S 模型模拟各情景下生态系统的空间格局（图 4-2）。

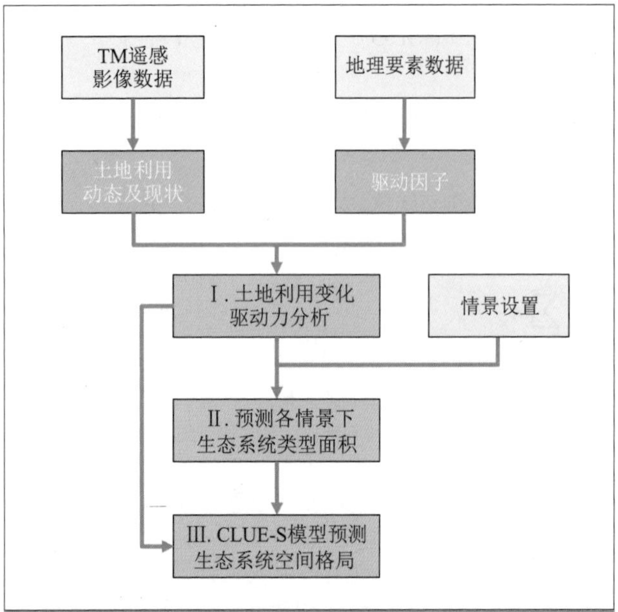

图 4-2　基于 CLUE-S 模型的生态系统变化预测过程

① 土地利用驱动因子分析

土地利用变化驱动力是指导致土地利用方式和目的发生变化的因素。参考美国全球变化委员会土地利用变化的自然驱动因子体系，结合评价区的现有数据，共选取了海拔因子、坡度因子、与省会城市的距离、与地级市的距离、与县级城市的距离、与开发区的距离、与一二级河流的距离、与三四级河流的距离、与高速公路的距离、与普通道路的距离 10 个因子。所选取的驱动因子对土地利用变化的影响与土地利用本身结合非常密切，并且在短时间内保持相对稳定，即使是发生变化，也是呈跳跃式的，而非渐进式的。

将湿地、农田、城镇、林地、草地、其他六类生态系统分别从现状图的栅格文件中提取出来，有该种地类的空间位置设为 1，没有该种地类的空间位置设为 0，再转为 ASCII 文件，与 6 种驱动力的 ASCII 码文件用 CLUE-S 模型中的 File Converter 模块转化为单一记录的文件，然后使用 SPSS 将每种生态系统类型与各种驱动力进行 Logistic 回归分析，得出每种驱动力的回归系数（表 4-10）。

表 4-10　Logistic 回归系数

驱动因子	生态系统类型					
	林地	草地	湿地	农田	城镇	其他
海拔因子	0.000 171 7	0.002 246 8	−0.008 589 6	−0.002 146 5	−0.002 286 4	−0.002 001 5
坡度因子	0.197 381 9	0.021 837 2	0.009 760 5	0.003 231 5	0.003 441 2	0.023 338 5
与省会城市的距离	−0.000 002 0	0.000 000 7	−0.000 006 3	0.000 003 6	0.000 001 0	−0.000 002 2
与地级市的距离	0.000 004 6	−0.000 010 6	0.000 001 6	−0.000 002 5	−0.000 004 1	0.000 010 2
与县级城市的距离	0.000 011 2	0.000 001 4	0.000 009 8	0.000 003 3	−0.000 035 7	−0.000 020 1
与开发区的距离	0.000 035 1	−0.000 009 1	0.000 002 4	−0.000 028 4	−0.000 018 7	0.000 010 9
与一二级河流的距离	0.000 000 3	0.000 002 1	−0.000 016 9	0.000 000 7	0.000 004 9	−0.000 012 8
与三四级河流的距离	0.000 005 5	0.000 001 2	−0.000 005 8	−0.000 001 4	−0.000 006 6	0.000 003 8
与高速公路的距离	0.000 009 9	−0.000 007 5	0.000 019 3	−0.000 012 1	−0.000 009 9	0.000 006 0
与普通道路的距离	−0.000 016 8	0.000 002 6	0.000 016 5	0.000 003 9	−0.000 005 6	−0.000 017 3
常数	−3.093 045 4	−3.950 380 4	−1.486 072 0	0.810 919 6	−0.828 752 2	−5.928 386 5

② 情景模式设置

依据产业专题提供的社会经济数据，利用土地利用驱动力模型，对不同情景下的各评价单元内的主要生态系统面积进行预测，预测方法见表 4-11。

表 4-11　不同情景设置下生态系统面积预测方法

情景	参考规划	生态系统面积预测方法
基线情景	能源、石化、钢铁等重点产业发展规划	主要依据土地利用总体规划，重点保障建设用地需求，湿地作为未利用地
优化情景	综合现有重点规划，重点参考主体功能区划、土地利用总体规划等	根据产业专题预测的人口数据，同时依据《城市用地分类与规划建设用地标准》对建设用地需求进行预测，优先保障主体功能相对应的用地需求。确保粮食主产区耕地不减少，生态功能重要区生态用地不减少

③ 模拟结果

本研究采用 Dyna-CLUE 2.0 软件开展 CLUE-S 模型分析，依据模型软件运行要求，将土地利用现状、评价区域转化为 ASCII 码格式，并将土地利用驱动力分析所获得的参数、转换规则以及各年份不同情景下的土地需求等按照模型运行所需求的文件格式进行整理。完成文件输入后，运行模型，即获得各年份不同情景下的生态系统格局（图 4-3）。

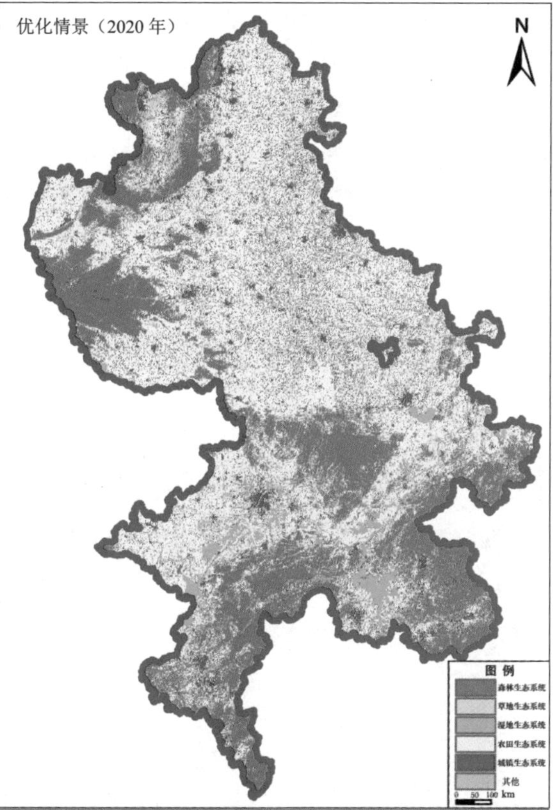

图 4-3　CLUE-S 模型模拟结果

6. 生态风险评价

本书在对区域重点产业发展中长期生态风险进行系统调查的基础上，确定区域发展生态风险源、胁迫因子以及生态风险评价终点，建立生态风险评价模型，构建生态风险评价的总体框架，依据调查数据、统计数据和前人研究成果对区域发展进行生态风险评价实证研究。

（1）评价内容

根据生态风险源、胁迫因子和风险评价结果，研究在区域发展中如何加强生态环境保护、降低土地整理生态风险，并提出规避区域发展生态风险的政策建议。主要内容包括：

- 风险源识别：依据本研究中区域开发与重点产业发展的生态影响特征与关键影响因子识别的分析结果，开展区域重点产业发展风险源识别。
- 风险受体及其暴露 - 响应分析：确定生态受体与生态效应，选择评价终点，并基于风险源、生态压力的接触暴露途径以及相应的生态终点开展暴露 - 响应关系分析。
- 生态风险的表征：拟采用 RRM 模型（relative risk model）对区域开发与重点产业发展的生态风险进行评价。拟根据风险管理目标、风险源和生境特征确定评价单元，并建立连接风险源、受体以及评价终点的风险概念模型，根据评价终点，确定相对风险计算的等级系统并计算相对风险值。

（2）评价流程

① 风险源识别

风险源识别即影响因子分析。在对区域重点产业发展中长期生态风险进行系统调查的基础上，依据区域开发与重点产业发展的生态影响特征与关键影响因子识别的分析结果，确定区域发展的影响因子与生态风险源，开展区域重点产业发展风险源识别。根据评价区“三化”发展的关键影响因子的初步辨识，拟将城镇扩张、工业发展、农业发展、航运发展与矿产资源开发作为生态风险源。

② 受体分析

生态风险受体分析的主要内容包括风险受体的选择与生态终点的确定。本专题拟以问题为导向，依据中部地区的生态功能定位与重大生态问题，重点针对水生生物多样性丧失、耕地面积萎缩及质量下降、人居环境压力增大的问题开展生态风险评价。因此，生态风险受体确定为流域生态安全、粮食生产安全与人居环境安全，评价终点可确定为生物多样性丧失、洪水调蓄功能下降、水土保持功能下降、产品提供功能下降等。

③ 暴露 - 响应分析

区域开发生态风险评价中的暴露和危害分析是一个难点和重点，本专题拟通过分析区域开发活动发展战略进行生态环境评价，提出产业优化及可持续发展对策，辨析风险源在区域开发各个阶段的表现形式与风险特征。

本书的暴露 - 响应分析，可参考本书对区域发展生态影响特征的分析结果，确定为图 4-4，暴露 - 响应矩阵确定为表 4-12。

④ 风险的表征

采用 RRM 模型对区域开发与重点产业发展的生态风险进行评价和表征。拟根据风险管理目标、风险源和生境特征确定评价单元，并建立连接风险源、受体以及评价终点的风险概

表 4-12　中部地区生态风险评价暴露 - 响应矩阵

暴露因子及系数				响应因子及系数									
风险源	SO	PA	RD	生态终点	DI	VD	WL	FL	HF	NPPA	SFD	HMPA	WD
UE	0.7	0.5	0	BD	0.3	0.5	0.7	0.5	0	0.3	0	0	0.3
ID	0	0.5	0.3	FR	0	0	0.7	0	0	0	0	0	0.3
AD	0	0.3	0.3	SE	0	0.7	0	0	0	0	0	0	0
M	0.3	0.7	0	PS	0	0	0.3	0	1	0	0.3	0.3	0
SD	0.3	0	0										

注：风险源：UE（urban expanding）：城镇扩张；ID（industry development）：工业发展；AD（agriculture development）：农业发展；M（mining）：矿产开发；SD（shipping industry development）：航运发展。

暴露因子：SO（space occupancy）：空间占用；PA（pollutant accumulation）：污染累积；RD（resource depletion）：资源耗竭。

响应因子：DI（disturbance intensification）：干扰加剧；VD（vegetation degradation）：植被破坏；WL（wetland losses）：湿地萎缩；FL（farmland losses）：农田侵占；HF（habitat fragmentation）：生境破碎化；NPPA（non-point pollution aggravation）：面源污染加剧；SFD（soil fertility decline）：土壤肥力下降；HMPA（heavy metal pollution aggravation）：重金属污染加剧；WD（wetland degradation）：湿地退化。

生态终点：BD（biodiversity）：生物多样性丧失；FR（flood regulation）：洪水调蓄功能降低；SE（soil erosion）：水土流失加重；PS（production supply）：产品提供功能下降。

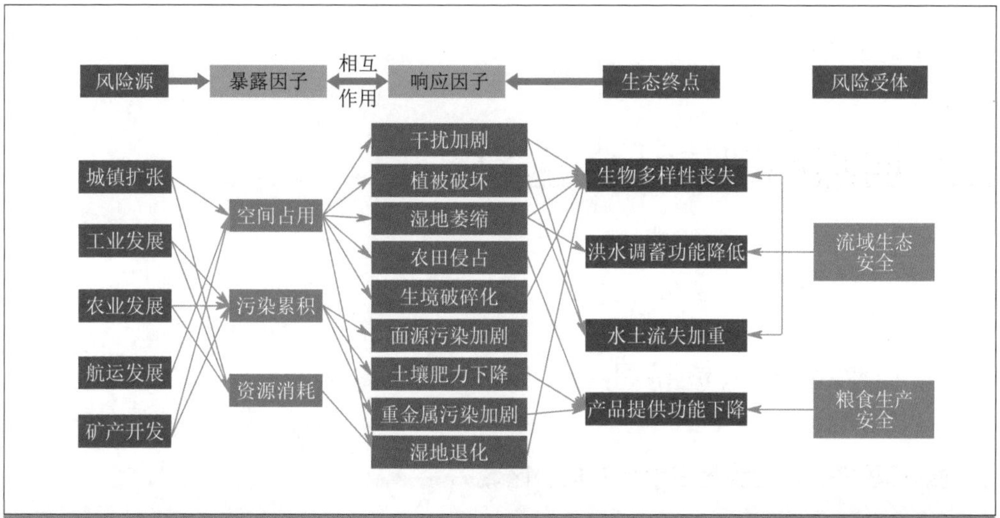

图 4-4　中部地区中长期发展生态风险源与风险受体的暴露 - 响应关系

念模型，根据评价终点，确定相对风险计算的等级系统并计算相对风险值。

RRM 模型最早由 Landis 和 Kelly 在 20 世纪 90 年代提出，经过 20 多年的不断发展和完善，被广泛用于区域生态风险评价。

该模型可用下式计算：

$$R=\sum([\text{压力密度}]_i\times[\text{敏感因子风险度}]_i\times[\text{暴露系数}]_i\times[\text{响应系数}]_i)\quad(4\text{-}51)$$

由于本书重点研究生态风险的变化，因此可利用 RRM 模型对生态风险的变化值（ΔR）进行如下表征：

$$\Delta R=\sum(\Delta[\text{胁迫强度}]_i\times[\text{生态敏感性/重要性}]_i\times[\text{暴露系数}]_i\times[\text{响应系数}]_i)\quad(4\text{-}52)$$

该评价模型的步骤包括：a. 区域风险管理的目标；b. 对与区域风险管理相关的潜在风险源和生境进行制图；c. 根据风险管理目标、风险源和生境对区域进行进一步划分；d. 建立连接风险源、受体以及评价终点的概念模型；e. 根据评价终点，确定相对风险计算的等级系统；f. 计算相对风险值；g. 对风险等级进行不确定性和敏感性评价；h. 为将来样地和实验室的调查建立可检验的风险假设，目的是减少风险评价的不确定性和确定风险的等级；i. 检验上一步骤中的风险假设，对相对风险和不确定性进行表达，以便与区域风险管理目标相对应。

三、自然地理与社会经济特征

（一）自然地理区位特征

1. 地处我国中部，地势第三阶梯的核心区域

地理区位上，评价区在我国具有重要的战略意义。评价区地处我国中部，该区域东接长三角地区，南邻珠三角地区，与我国经济发展的龙头区域互呈犄角。此外，该区域东南部毗邻海西经济区，西靠成渝经济区，北部紧接京津塘城市群。因此，评价区在区位上具有明显的过渡特征，是我国地理上连南启北、承东启西的战略支点。

评价区总面积达 53.09 万 km^2，其中长江中下游城市群 24.19 万 km^2，东西最大横距 880 km，南北最大纵距 793 km，包括武汉城市圈、长株潭城市群、鄱阳湖生态经济区及皖江城市带，分别隶属于湖北、湖南、江西及安徽四省，我国第一大河流——长江贯穿整个区域，成为沟通全区的重要地理要素。中原经济区 28.9 万 km^2，涵盖河南 18 个地市及山东、安徽、河北、山西 12 个地市和 3 个县区，该区是全国“两横三纵”城市化战略格局中陆桥通道横轴和京广通道纵轴的交会处，是《全国主体功能区划》确定的重点发展区。

2. 平原广袤，低山丘陵交错

评价区内平原、丘陵、低山交错分布。地势西高东低，自西向东梯状降低，由中山、低山、丘陵过渡到平原。其中，平原面积最大，主要包括湖北江汉平原、湖南洞庭湖平原、江西鄱阳湖平原、安徽长江沿岸平原、黄淮海平原、华北平原等。

评价区四面环山，其中，长江中下游城市群北临桐柏山—大别山，西倚巫山—武陵山—雪峰山，南接罗霄山—武功山，东邻黄山—怀玉山—武夷山。丘陵海拔通常为 200 ～ 600 m，低山海拔通常为 1 000 ～ 1 500 m，一般不超过 2 000 m。中原经济区西南部有太行山、秦岭、桐柏—大别山呈半环形分布，最高点为老鸦岔垴，海拔 2 413.8 m，最低点为淮河出界口，相对高差为 2 390 m。

3. 气候四季分明，雨热同期

评价区地处北亚热带和暖温带地区，南部跨亚热带，属北亚热带向暖温带过渡的大陆性季风气候，气候温和，日照充足，降水丰沛，适宜于农、林、牧、渔各业发展。

评价区气候温暖湿润，降雨年内分布不均。年均温度 14 ～ 18℃，以 2012 年全国平均温度为参考，高出全国年平均温度 5 ～ 9℃，最冷月平均气温 0 ～ 5.5℃，最热月平均气温 27 ～ 28℃，绝对最高温可达 38℃以上，无霜期 210 ～ 270 d，年降水量 800 ～ 1 400 mm，是

我国降水量较为丰富的区域。由于该地区处于亚热带季风气候区，因此，降雨年内分布不均，近 50% 的降水量集中在 6—8 月，为全国平均年降水量的 1.5 ～ 2 倍。初夏，低纬海洋暖湿气流侵入，与北方变性干冷空气在长江中下游一线交汇，形成梅雨锋系，造成连绵不断的阴雨天气和暴雨，形成“梅雨”，易渍涝；夏季后期，受副热带高压影响，且少台风活动，多“伏旱”。秋季，晴多雨少，秋高气爽，秋分前后往往有秋寒发生。冬季，寒冷少雨，干燥多风，间有冻害。

4. 流域水系复杂，长江中下游地区河湖水网发达

评价区由长江、淮河、海河和黄河四大流域组成，区内水系复杂。其中，中原经济区水系密集，大小河流超过 2 000 条；而长江流域在评价区内的支流众多，水系复杂，较大的水系包括汉江水系、洞庭湖水系、鄱阳湖水系、长江中游干流水系（宜昌至湖口）和长江下游干流水系（湖口以下）等。

长江中下游地区是全国河网密度最大的地区，也是我国淡水湖群分布最集中的地区。著名淡水湖有鄱阳湖、洞庭湖、巢湖、梁子湖等，这些湖泊多与长江相通，具有调节水量、削减洪峰的天然水库作用。此外，评价区内河流交错，湖北境内的汉江是长江中游最大支流；而湘江则是湖南省第一大河，也是长江主要支流之一；长江安徽部分全长 416 km，有“八百里皖江”之称；江西省内的赣江为长江第七大支流，全省最长的河流。长江中下游地区的江河湖泊提供了丰富的水土资源、渔业资源以及航道资源，是该区域经济发展的重要基础。

5. 水资源分布不均，南北差异明显

评价区地处我国多水带，水系发达，是我国水资源较为丰富的地区，但分布不均，南北差异明显。

其中，长江流域地表径流较为充沛，多年平均 2 470.68 亿 m^3，鄱阳湖水系常年年径流深达 618.5 mm，且区内分布均匀。淮河流域多年均地表径流量 317.5 亿 m^3，平均径流深 207.3 mm，但该流域面积南北跨度大，地表径流深相差悬殊，南部桐柏山、大别山区径流深 450 mm 左右，而豫东平原仅 50 ～ 100 mm。黄河流域多年均地表径流量 47.3 亿 m^3，径流深 131.3 mm，海河流域多年均地表径流 20.0 亿 m^3，径流深 130.1 mm，徒骇—马颊河流域径流深只有 29.7 mm，是评价区产流的低值区。

6. 生物资源丰富，生物多样性高

评价区内的长江中下游地区在全球生物多样性格局中具有重要地位，是全球生物多样性的关键地区。

长江中下游地区的森林植物物种多样性在我国占有举足轻重的地位。长江中下游四省的植物区系属于华中区和华东区，湘、鄂两省更具华中区特色，赣、皖两省更具华东区特色。据统计，华中共有种子植物 207 科 1 279 属 6 370 种，华东植物区系共有种子植物 174 科 1 180 属 4 259 种。另据不完全统计，《中国高等植物图鉴》记载了种子植物 8 514 种，其中，在四省境内分布有 2 660 种，占 31.2%。

长江中下游地区还是我国乃至湿地和淡水水域生物多样性关键地区之一。相关调查数据显示，区域共有水生植物 140 种，隶属 50 科 105 属，其中蕨类 5 科 7 种，双子叶植物 31 科 12 种，单子叶植物 14 科 121 种；区域鱼类 156 种和亚种，隶属于 24 科 90 属，其中，定居性鱼类

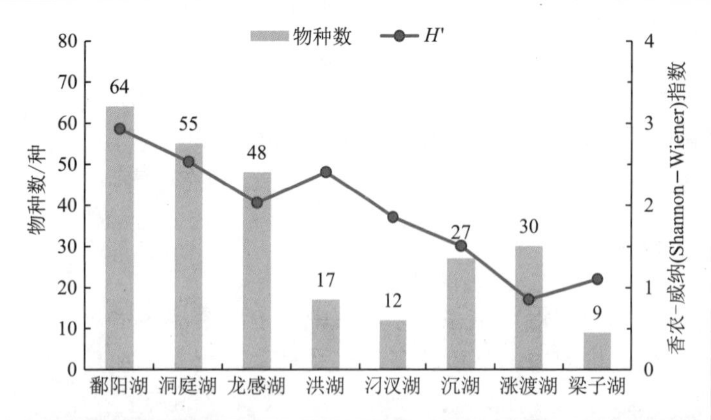

图 4-5 长江中下游地区主要湖泊湿地的鸟类物种丰富度与多样性

118 种，半洄游性鱼类 27 种，洄游性鱼类 11 种，定居性鱼类以江河平原鱼类为主，半洄游鱼类主要有青、草、鲢、鳙等，洄游性鱼类则有鲥鱼、鲚、鳗鲡等；区域内鸟类 374 种，隶属 17 目 53 科，其中，冬候鸟 117 种，夏候鸟 71 种，留鸟 125 种，旅鸟 61 种，且达到国际重要意义标准的水鸟有 27 种，如白琵鹭、小天鹅、鸿雁、东方白鹳、罗纹鸭等，各湖泊湿地鸟类物种丰富度与多样性如图 4-5 所示。丰富多样的湿地类型孕育了种类繁多的水生动物，如国家一级保护动物白鳍豚、扬子鳄以及江豚。并且，在不同季节里吸引了种类繁多、数量庞大的水鸟群体来此觅食、栖息、繁殖和越冬。

7. 开发历史悠久，耕地资源相对丰富

评价区开发的历史悠久，地带性植被主要以落叶阔叶林为主，生态系统类型以农田为主。因南北气候不同，东西地势高差悬殊，生境类型多样，尽管生物资源种类多，但生物多样性基本遭到破坏，且地域差异性较明显。

其中，长江中下游土壤类型以水稻土、红壤和黄壤为主，北亚热带以黄棕壤为主，该区是人类最早种植水稻的地区，已有数千年的水稻栽培历史，盛产稻米。中原经济区土壤类型主要有棕壤、褐土、黄棕壤、潮土、砂礓黑土、盐碱土、水稻土等。从分布来看，棕壤主要分布于豫西海拔 800 ～ 900 m 的中山区，以伏牛山、太行山分布较为集中，这类地区土壤厚度变化大，一般土层较薄。该区是全国重要的粮棉产区。

8. 矿产资源丰富，开采价值大

评价区物华天宝，矿产资源丰富，形成了西有煤田、东有油田、西北有铁矿的主要矿产分布格局。区域内矿床点达 1 904 个，主要分布于北部、西部、南部山区和东部宿州市附近，矿床点类型多种多样。

许多自然资源总量位居全国前列，如原煤、原油、天然气生产量均居全国前十位，电力装机规模居全国第五位，钼、钨、镓、铝土矿、天然碱等矿产资源储量位居全国前三，金、银、硅石、水泥灰岩、玻璃用砂等矿产储量也居全国前列。区内有色金属矿种丰富。据统计，评价区所在的湖北、湖南、江西、安徽四省已发现矿种 141 种，占全国已发现矿种数的 87.03%；主要有色金属矿产资源（铜、铅、锌）基础储量 1 927.25 万 t，占全国总量的 26.06%；中原经济区的煤炭产量在全国占有重要地位，山西省长治市、晋城市是全国无烟煤生产基地，而且品质良好，化工业中用处广泛；煤种类丰富并且容易开采。河北省邯郸与邢台地区、安徽省淮北矿区以及河南省鹤壁、焦作、永城、义马、郑州、平顶山矿区，已经被列入国家发改委大型煤炭基地建设规划。

（二）社会经济发展特征

1. 人口密度大，是我国劳动力输出主要地区

中部地区人口总量大、密度高，城市群城镇人居生态安全保障功能突出。

中部地区评价区内户籍人口规模为 2.9 亿人，约占全国的 1/4，人口密度高达 555 人 /km^2，是全国平均水平（140 人 /km^2）的 3.96 倍。其中，长江中下游地区人口 1.31 亿人，人口密度 473 人 / km^2，是全国平均水平的 3.38 倍。中原经济区人口规模为 1.6 亿人，人口密度 570 人 / km^2，是全国平均水平的 4.07 倍。

2. 特色农产品丰富，是我国重要的粮食主产区

评价区农产品种类丰富、产量大，小麦、玉米、豆类、棉花、油料作物、肉类、禽蛋、奶制品等产品在我国均占有重要地位，是我国重要的粮食主产区。

其中，2012 年，长江中下游城市群所在四省总耕地面积为 5 653.5 万 hm^2，占全国耕地面积的 35.2%，农作物总播种面积为 3 072.48 万 hm^2，占全国农作物总播种面积的 19.12%，全区农林牧副渔业总产值占全国的 29.7%。而中原经济区谷物总产量约 9 400 万 t，占全国的 19%，其中，小麦产量 5 532.08 万 t，占全国的 48.03%；玉米产量 3 272.69 万 t，占全国的 18.46%；油料作物产量 678.44 万 t，占全国的 21.00%；棉花产量 129.56 万 t，占全国的 21.73%。此外，评价区拥有丰富的颇具特色的农产品资源，如湖北的莲藕、湖南的辣椒、江西的脐橙、安徽的茶等。

3. 经济发展迅速，是我国中部地区发展重要增长极

从经济发展多项指标上来看，评价区经济发展水平处于全国中等水平，但近年来城市群产业发展迅猛，明显高于全国平均水平，已成为中部经济发展的重要增长极，发展潜力巨大（图 4-6）。

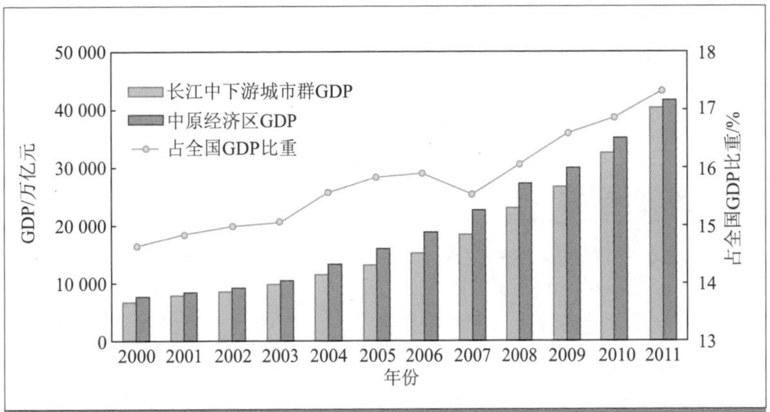

图 4-6　评价区经济总量增长及在全国地位变化

评价区是全国经济发展的重点区域，经济发展增速较快。2000—2011 年，评价区的 GDP 从 15 338.48 亿元增长到 86 889.73 亿元，年均增长 17.09%，高于全国平均增长水平。并且其在全国 GDP 总量中的比重也从 2000 年的 14.66% 增长到 2012 年的 17.33%，已成为全国重要的经济增长区域。

长江中下游城市群已开始积极承接长三角与珠三角的产业转移。该区 2012 年生产总值为 43 798.72 亿元，占中部地区生产总值的 50.87%，全国生产总值的 10.02%，同比增长 13.15%，属于经济增长较快的区域之一。而中原经济区 2012 年 GDP 总量为 4.58 万亿元，占全国的 8.42 %；城镇居民人均可支配收入 1.37 万元，农民人均纯收入 5 051 元，分别相当于全国平均水平的 79.7% 和 98%。

四、区域生态服务功能与定位

（一）生态保护现状

1. 生态保护规划与区划

（1）重点生态功能区

重点生态功能区是指在涵养水源、保持水土、调蓄洪水、防风固沙、维持生物多样性等方面具有重要作用的区域，须国家和地方共同管理，并予以重点保护和限制开发的区域。保护和管理重点生态功能区，对于防止和减轻自然灾害，协调流域及区域生态保护与经济社会发展，保障国家和地方生态安全具有重要意义。

根据《全国主体功能区规划》，在全国25个重点生态功能区中，评价区内共有7个，分别是大别山水土保持生态功能区、黄土高原丘陵沟壑水土保持生态功能区、秦巴山生物多样性生态功能区、三峡库区水土保持生态功能区、武陵山区生物多样性及水土保持生态功能区和南岭山地森林及生物多样性生态功能区。其中，大别山水土保持生态功能区是评价区内的主要重点生态功能区，其面积约为27 471 hm^2，功能区类型主要以水源涵养和土壤保持为主。大别山区位于湖北、河南、安徽三省交界处，包括36个县（市、区），面积6.7万km^2，是长江与淮河的分水岭，森林覆盖率高达74.5%，野生动植物种类资源丰富，生态功能区位置重要，有很高的水土保持生态功能区生态保护与建设保护价值。其余重点生态功能区均位于评价区边缘，评价区内面积较小，对整个评价区的生态功能格局影响相对有限。

（2）重要生态功能区

重要生态功能区是指在保持流域、区域生态平衡，防止和减轻自然灾害，确保国家和地区生态安全方面具有重要作用的区域。改革开放以来，随着经济的快速发展，资源的不合理开发和自然资本的过度利用，我国重要生态功能区生态破坏严重，部分区域生态功能整体退化甚至丧失，严重威胁国家和区域的生态安全。在《全国生态功能区划》中划定的50个重要生态功能区中，中部地区涉及12个（表4-13）。

表4-13　重要生态功能区名录

编号	名称	主要生态功能
1	大别山水源涵养重要区	水源涵养
2	洞庭湖区湿地洪水调蓄重要区	洪水调蓄
3	鄱阳湖湿地洪水调蓄重要区	洪水调蓄
4	安徽沿江湿地洪水调蓄重要区	洪水调蓄
5	淮河中下游湿地洪水调蓄重要区	洪水调蓄
6	桐柏山淮河水源涵养重要区	水源涵养
7	浙闽赣交界山区生物多样性保护重要区	生物多样性保护
8	长江荆江段湿地洪水调蓄重要区	洪水调蓄
9	黄土高原丘陵沟壑区土壤保持重要区	水土保持
10	太行山地土壤保持重要区	水土保持
11	丹江口库区水源涵养重要区	水源涵养
12	秦巴山地水源涵养重要区	水源涵养

（3）生物多样性保护优先区

根据《中国生物多样性保护战略与行动计划（2011—2030 年）》，我国划定了 35 个生物多样性保护优先区域，更进一步促进生物多样性保护。中部地区涉及 9 个在全国尺度上划定的生物多样性优先区，其中，7 个属于陆地生物多样性保护优先区，分别是太行山区、秦岭区、大别山区、黄山—怀玉山区、武陵山区、武夷山区和南岭地区；2 个属于湿地生物多样性保护优先区，分别为鄱阳湖区和洞庭湖区。

这些生物多样性保护优先区主要属于丘陵平原区，保护重点为建立以残存重点保护植物为保护对象的自然保护区、保护小区和保护点，在长江中下游沿岸建设湖泊湿地自然保护区群。加强对人口稠密地带常绿阔叶林和局部存留古老珍贵动植物的保护。在长江流域及大型湖泊建立水生生物和水产资源自然保护区，加强对中华鲟、长江豚类等珍稀濒危物种的保护，加强对沿江、沿海湿地和丹顶鹤、白鹤等越冬地的保护，加强对华南虎潜在栖息地的保护。其中，大别山区是评价区内主要的生物多样性保护优先区，区内生态系统类型多样，动植物种类丰富，是温带生物多样性的保留地和生物资源宝库，主要保护物种包括国家重点保护野生植物，如银杏、南方红豆杉等，动物资源以国家重点保护野生动物及珍稀濒危物种为主，如原麝、金钱豹等。鄱阳湖区和洞庭湖区以湿地居多，因此优先保护的生物资源包括鸟类，如国家一级保护鸟类白鹤、白头鹤、白鹳、中华秋沙鸭等，珍贵鱼类如鲥鱼、银鱼、刀鲚、中华鲟等，及一些特有湿地植物，如国家一级保护植物中华水韭、水松、水杉、莼菜等。

2. 生态保护地建设

生态敏感区是指对人类生产、生活活动具有特殊敏感性或具有潜在自然灾害影响，极易受到人为的不当开发活动影响而产生生态负面效应的地区。生态敏感区包括生物、生境、水资源、大气、土壤、地质、地貌以及环境污染等属于生态范畴的所有内容。长江中下游城市群生态敏感点主要涉及自然保护区、风景名胜区、森林公园、地质公园等生态敏感点共 299 个。其中，自然保护区 203 个，风景名胜区 16 个，森林公园 60 个，地质公园 20 个（表 4-14）。

表 4-14　评价区的重要生态保护区数量

类别		数量 / 个
生态保护地	自然保护区	203
	其中：国家级	31
	省级	75
	市级	17
	县级	80
	风景名胜区	16
	森林公园	60
	地质公园	20

（1）自然保护区

评价区内共有各级自然保护区 203 个，面积共计 634.57 万 hm^2（表 4-15）。其中，国家级自然保护区 31 个（中原经济区 14 个，长江中下游城市群 17 个），面积为 145.11 万 hm^2；省级 75 个（中原经济区 40 个，长江中下游城市群 35 个），面积为 437.55 万 hm^2；市级 17 个（中原经济区 11 个，长江中下游城市群 6 个），面积为 8.54 万 hm^2；县级 80 个（中原经济区 4 个，长江中下游城市群 76 个），面积为 43.37 万 hm^2。省级以上自然保护区名录见附表 1。

从中原经济区分布来看，河南省作为中原经济区的核心区，其自然保护区的数量占据明显优势，占整个中原经济区自然保护区数量的 49.28%，而面积仅占 25.54%；其面积并没有晋东南地区和皖北地区的保护区面积大，二者分别占整个中原经济区保护区总面积的 45.49% 和 27.64%，说明晋东南地区的保护区面积普遍较大。冀南地区的自然保护区数量和面积均最

表 4-15 中部地区自然保护区数量及面积

区域		数量 / 个					面积 /hm²				
		国家级	省级	市级	县级	合计	国家级	省级	市级	县级	合计
中原经济区	河南	11	21	0	2	34	937 061	306 941	0	1 400	1 245 403
	皖北地区	0	9	2	1	12	0	1 311 464	16 054	20 000	1 347 518
	鲁西地区	0	0	8	1	9	0	0	43 694	350	44 044
	冀南地区	1	1	1	0	3	15 164	5 464	400	0	21 028
	晋东南地区	2	9	0	0	11	30 400	2 187 709	0	0	2 218 109
	合计	14	40	11	4	69	982 625	3 811 579	60 148	21 750	4 876 103
长江中下游城市群	武汉城市圈	5	5	6	5	21	55 998	123 156	25 310	25 483	229 948
	长株潭城市群	2	5	0	4	11	213 786	68 594	0	5 289	287 669
	鄱阳湖生态经济区	5	16	0	63	84	95 153	192 017	0	357 312	644 483
	皖江城市带	5	9	0	4	18	103 594	180 072	0	23 810	307 476
	合计	17	35	6	76	134	468 531	563 840	25 310	411 895	1 469 575

小，占整个评价区数量和面积的 4.4% 和 0.43%。从保护类型来看，中原经济区内的自然保护区主要有森林生态、内陆湿地、野生动物和古生物遗迹三大类型，保护对象主要包括温带及过渡带森林生态系统、常绿阔叶与落叶混交林、落叶阔叶次生林等，湿地生态系统及以其为生境的珍稀鸟类和水生生物等，还有一些国家一级重点保护野生动物，如白鹳、白头鹤、大鸨等，此外，还有两处恐龙蛋化石古生物遗迹。总体来看，中原经济区重点针对各类森林生态系统及内陆湿地建立了各类保护区，相应地对森林植被、野生动植物及湿地生境、鸟类、水生生物起到了很好的保护作用。但自然保护区的建设和管理也存在一些问题，如国家级和省级、市级、县级保护区重复，没有充分发挥自然保护区的保护功能的优势。

而在长江中下游城市群，鄱阳湖生态经济区的自然保护区的数量和面积均占据明显优势，占整个长江中下游自然保护区数量和面积的 62.69% 和 43.86%；武汉城市圈自然保护区的数量次之，为 21 个，皖江城市带为 18 个，而长株潭城市群数量最少，仅为 11 个。因此，鄱阳湖生态经济区在长江中下游城市群的生物多样性保护中占重要地位。在生态系统类型上，长江中下游城市群内的自然保护区主要包括以沿江湖泊为主的湿地生态系统和以山地阔叶林为主的森林生态系统两类，保护对象主要包括国家一级重点保护野生动物（如麋鹿、白鳍豚、白鹤、梅花鹿、白鹳、扬子鳄、黑麂等）以及湿地湖泊生态系统和北亚热带森林生态系统等。在评价区内 52 个省级以上的自然保护区中，湿地型保护区 27 个（国家级 10 个，省级 17 个），森林型保护区 25 个（国家级 7 个，省级 18 个）。总体来看，长江中下游自然保护区建设对各类珍稀野生动物、北亚热带常绿阔叶林景观、各种珍稀鸟类及水生生物资源起到了很好的保护作用。但自然保护区在建设和管理中也存在一些不足，如在早期规划时未考虑未来经济发展需求，划定的保护区面积过大，在面对经济发展与自然保护矛盾时，对保护区面积范围不断进行调整。

（2）风景名胜区

评价区内共有风景名胜区 16 个，总面积达 62 080 km²。其中，中原经济区内风景名胜区 10 个，长江中下游城市群内 6 个。评价区内的风景名胜区大多以山麓自然景物为主，风景资源集中、环境优美，极具地方代表性，具有重要的观赏、文化和科学价值。其中，位于洛阳市南 13 km 的伊河两岸的龙门石窟与甘肃的敦煌莫高窟、山西大同的云冈石窟并称中国古代佛教石窟艺术的三大宝库；而位于郑州市西北 30 km 处的黄河风景名胜区北临黄河，南依岳山，黄河在这里冲出最后一个峡口进入平原形成悬河，因此景致独特，气势雄浑壮观。

（3）国家森林公园

评价区内共有国家森林公园 60 个，总面积达 2 590.34 km^2。其中，中原经济区国家森林公园 24 个，面积为 951.80 km^2；长江中下游城市群内国家森林公园 36 个，面积达 1 638.54 km^2。

（4）国家地质公园

评价区内共有国家地质公园 20 个，总面积达 3 984.7 km^2。其中，中原经济区内国家地质公园 13 个，长江中下游城市群内国家地质公园 7 个。评价区内的国家地质公园类型以地质地貌遗迹景观为主，包括溶洞、峡谷、火山、密网状岩溶构造等。如八公山地质公园以形成于距今 5.1 亿～ 5.4 亿年前的寒武系下、中统剖面及所产的丰富的古生物化石为特色。云台山地质公园则以云台山园区的构造单面山体地貌和断崖飞瀑、幽谷清泉地貌为特征。南阳伏牛山世界地质公园位于秦岭造山带东部的核心地段，在宝天曼国家地质公园、南阳恐龙蛋化石群国家级自然保护区、宝天曼国家森林公园和世界生物圈保护区、伏牛山国家地质公园和南阳独山玉国家矿山公园的基础上整合而成。而位于我国四大佛教圣地之一的九华山国家地质公园是唯一一个具有佛教特色的风景旅游区。

（二）生态功能重要性特征

生态功能重要性评价即是评价生态系统服务功能的重要性。生态系统服务功能是指生态系统与生态过程所形成及所维持的人类赖以生存的自然环境条件与效用。生态系统服务功能评价的目的是要明确回答区域各类生态系统的生态服务功能及其对区域可持续发展的作用与重要性，并依据其重要性分级，明确其空间分布。生态系统服务功能评价是针对区域典型生态系统，评价生态系统服务功能的综合特征，根据区域典型生态系统服务功能的能力，按照一定的分区原则和指标，将区域划分成不同的单元，以反映生态服务功能的区域分异规律，并用具体数据和图件支持评价结果。

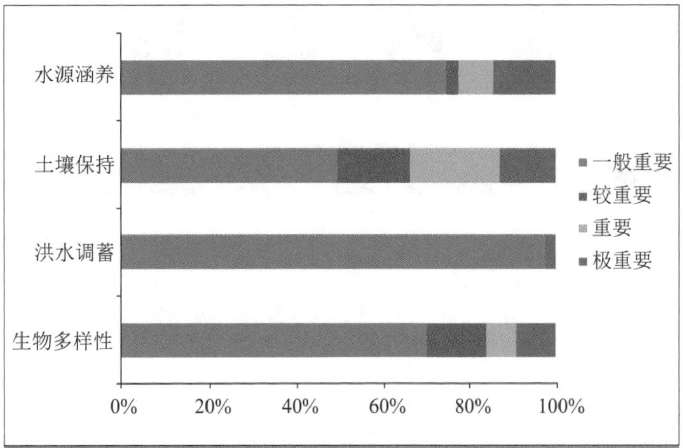

图 4-7 中部地区单要素生态功能重要性构成比例

根据中部地区的特点，从生物多样性保护、土壤保持、水源涵养和洪水调蓄 4 个方面，构建了生态系统服务功能重要性评价指标体系及方法，并将中部地区生态功能重要性划分为极重要、重要、较重要和一般重要 4 个等级（图 4-7）。

1. 生物多样性维持功能重要

中部地区的生物多样性维持功能重要性等级主要为一般重要，面积为 36.9 万 km^2，占中部地区总面积的 69.5%；从空间分布来看，生物多样性极重要和重要等级的区域主要分布于长江中下游的广德、松滋、红安、新建、赤壁等区域和河南省西部和南部山区，以及运城、卢氏、固始、郸城、沙河、卫辉等区域。

2. 洪水调蓄功能重要

洪水调蓄功能重要性仅有极重要和一般重要两个等级，面积分别为 51.3 万 km^2 和 1.7 万 km^2；极重要区域主要是中部地区内的各湖泊、水库。

3. 土壤保持功能较为重要

土壤保持功能重要性主要处于一般重要等级，面积为 26.2 万 km^2，占中部地区总面积的 49.3%；从空间分布来看，土壤保持功能极重要和重要的区域主要分布于长江中下游的景德镇、婺源、岳阳等区域和河南省西部、山西省南部，以及商城、平顺、壶关等区域。

4. 水源涵养功能较为重要

水源涵养功能重要性主要处于“重要”等级，面积为 39.6 万 km^2，占中部地区总面积的 74.6%；从空间分布来看，水源涵养极重要的区域主要为长江中下游的景德镇、上饶、宁国、攸县、茶陵等区域和中原经济区南部桐柏山周边，以及新县、商城、阳城、泽州等区域。

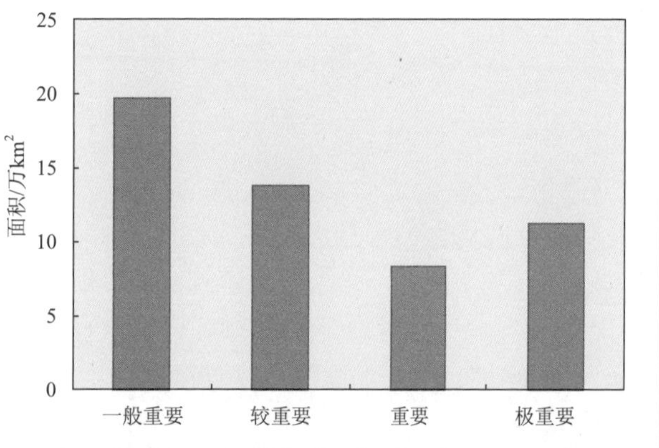

图 4-8 中部地区生态重要性综合等级

5. 生态功能重要性综合特征

综合考虑生物多样性保护、水源涵养、土壤保持和洪水调蓄，得出中部地区生态重要性综合评价结果，如图 4-8 所示，中部地区生态一般重要的区域面积为 19.69 万 km^2，占总面积的 37%；极重要区域面积为 11.22 万 km^2，占总面积的 21.13%；从空间分布来看，极重要区域主要分布于长江中下游的景德镇、婺源、宁国、武宁等区域和河南省的西部、河南与山西交界区域，以及栾川、卢氏、陵川、邢台等区域。

（三）生态系统敏感性特征

生态系统敏感性是指生态系统对区域中各种自然和人类活动干扰的敏感程度，它反映的是区域生态系统在遇到干扰时，发生生态环境问题的难易程度和可能性的大小，也就是在同样的干扰强度或外力作用下，各类生态系统出现区域生态环境问题的可能性大小。

生态系统敏感性评价应明确区域可能发生的主要生态环境问题类型与可能性大小。根据中部地区生态系统特征和生态环境主要影响因子，选择的生态系统敏感性评价内容主要包括土壤侵蚀敏感性、土壤沙漠化敏感性、土壤盐渍化敏感性、土壤石漠化敏感性和酸雨敏感性（图 4-9）。

1. 酸雨敏感性较高

中部地区的酸雨敏感性等级主要为较敏感，面积为 22.5 万 km^2，占中部地区总面积的 42.4%；从空间分布来看，酸雨极敏感的区域主要分布于长江中下游的德兴、平江、修水、麻城等区域和河南省南部山区，以及西峡、南召、桐柏、新县等区域。

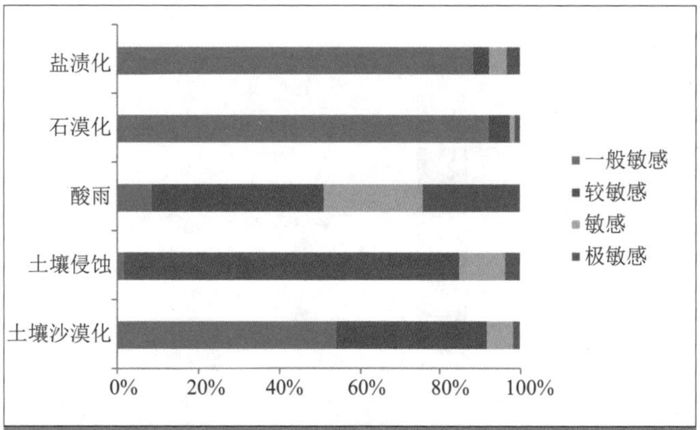

图 4-9　中部地区单要素生态敏感构成比例

2. 土壤侵蚀敏感性较高

土壤侵蚀敏感性主要处于较敏感等级，面积为 44.1 万 km^2，占中部地区总面积的 83%；从空间分布来看，土壤侵蚀极敏感和敏感的区域主要分布于长江中下游的池州、咸宁、阳新等区域和河南省西部和山西省南部，以及宜阳、灵宝、陵川等区域。

3. 土壤沙漠化敏感性一般

土壤沙漠化敏感主要为一般敏感和较敏感等级，面积分别为 28.7 万 km^2 和 20 万 km^2；敏感区域主要是长江中下游的凤台、南昌、鄱阳等区域和河南省北部，以及内黄、新乡、兰考及山东聊城等区域。

4. 土壤盐渍化一般敏感

土壤盐渍化主要发生在中原经济区，敏感性主要处于一般敏感等级，面积为 13.43 万 km^2，占中原经济区总面积的 46.49%；极重要区域分布较少，仅有 1.73 万 km^2；从空间分布来看，土壤盐渍化极敏感区域主要为中原经济区北部的平乡、广宗、聊城等区域。

5. 土壤石漠化敏感性一般

土壤石漠化主要发生在长江中下游城市群，敏感性主要处于一般敏感等级，面积为 22.72 万 km^2，占长江中下游城市群总面积的 92.76%；极敏感区域分布较少，仅有 0.72 万 km^2；从空间分布来看，土壤石漠化极敏感区域主要在池州、石台、咸宁、攸县等区域（图 4-10）。

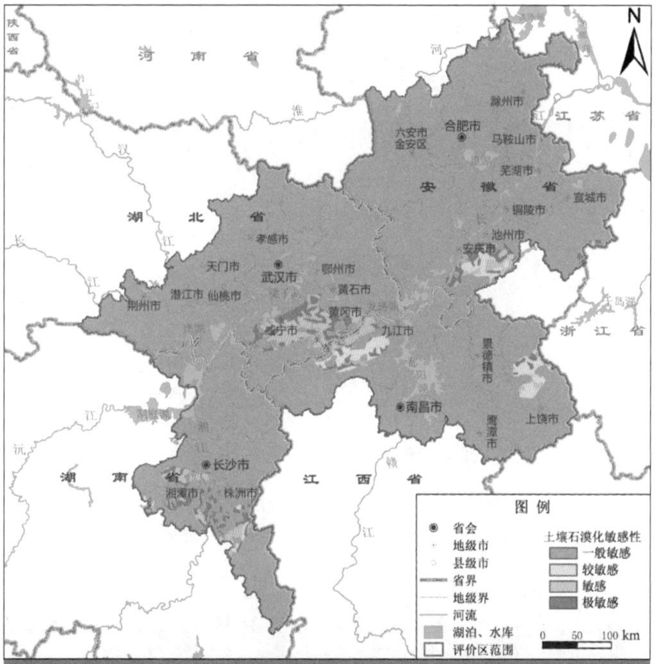

图 4-10　长江中下游土壤石漠化敏感性空间分布

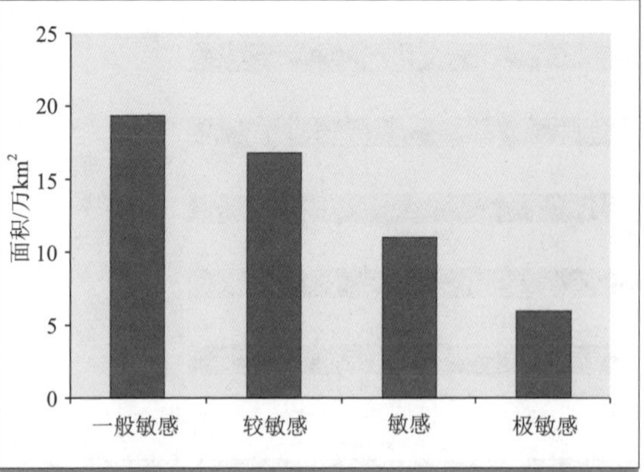

图 4-11　中部地区生态系统敏感性综合等级

6. 生态系统敏感性综合特征

综合考虑酸雨、土壤侵蚀、土壤石漠化、土壤盐渍化和土壤沙漠化，得出中部地区生态敏感性综合评价结果，如图 4-11 所示，中部地区生态一般敏感的区域面积为 19.27 万 km^2，占总面积的 36.3%；极敏感区域面积为 5.99 万 km^2，占总面积的 11.28%；从空间分布来看，极敏感区域主要分布于长江中下游的咸宁、大冶、阳新、池州等区域和中原经济区的中牟、南乐、清丰、聊城、邯郸等区域。

（四）区域生态功能定位

1. 珍稀濒危物种多，是具有全球意义的生物多样性关键地区

中部地区特别是长江中下游地区是在全球生物多样性格局中具有重要意义的区域。根据《中国生物多样性保护战略与行动计划（2011—2030 年）》，我国划定了 35 个生物多样性保护优先区域，评价区涉及 8 个，生物多样性保护优先区面积共计 6.14 万 km^2，约占评价区面积的 11.75%（表 4-16）。评价区内省级以上自然保护区有 106 个，其中国家级自然保护区 31 个，另有国家森林公园 60 个、国际重要湿地 5 处。

表 4-16　评价区内生物多样性保护优先区名录

名称	面积 / 万 hm^2	类型
秦岭区	20.37	陆地
大别山区	16.14	陆地
鄱阳湖区	15.28	陆地
洞庭湖区	17.56	陆地
黄山—怀玉山区	13.37	陆地
武夷山区	9.46	陆地
南岭地区	15.28	陆地
太行山区	53.31	陆地

从全国物种多样性分布格局上看，中部地区虽然处于中等或中等偏低水平，但该地区生物多样性独特、珍稀濒危物种多，特别是长江中下游地区是江豚、白鳍豚、扬子鳄、华南虎、大鲵等珍稀濒危动物的重要栖息地，是东亚地区湿地迁徙水鸟重要的越冬地和停歇地，有国家一级保护鸟类白鹤、白头鹤、白鹳、中华秋沙鸭等优先保护生物资源，是鲥鱼、银鱼、刀鲚、中华鲟等珍贵鱼类以及其他许多重要水产种质资源的主要繁殖地；大别山地区是温带生物多样性的保留地和生物资源宝库，有原麝、金钱豹等国家重点保护野生动物及珍稀濒危物种，也是全球著名的第三纪古老孑遗植物如珙桐、红豆杉等珍稀树种的自然分布区；太行山地区是梅花鹿和褐马鸡等主要保护物种的栖息地（图 4-12）。

图 4-12　评价区典型湿地生物

a）江豚；b）扬子鳄；c）白鳍豚（功能性灭绝）；d）中华水韭；e）莼菜；f）水松；g）东方白鹳；h）青头潜鸭；i）卷羽鹈鹕。

2. 农产品供给功能重要，在我国粮食安全保障格局中地位突出

中部地区水土资源丰富，气候条件优良，是我国重要的粮、棉、油等农作物的生产基地与畜禽养殖基地，对保障我国粮食生产安全具有突出意义。

在我国 7 大粮食主产区中占了 2 个（黄淮海平原主产区和长江流域主产区），在我国 9 大商品粮基地中占了 4 个（江淮平原、鄱阳湖平原、江汉平原和洞庭湖平原）。2010 年，中部地区农田生态系统食物供给总能量为 666.9 万亿 kcal①，占全国的 23.74%，单位土地面积食物供给能量为 12.07 亿 kcal/km^2，为全国平均水平的 4.05 倍。中原经济区小麦产量约占全国的 48.03%，长江中下游四省稻谷产量约占全国的 37.32%，整个中部地区的棉花、油料作物、禽蛋、肉类等农产品产量均在全国的 1/3 左右。此外，中部地区特色农产品丰富，如河南的山药、湖北的莲藕、湖南的辣椒、江西的脐橙、安徽的茶等。

3. 丘陵山地水源涵养与土壤保持功能强大，对保障流域生态安全具有重要意义

中部地区森林生态系统的水源涵养与土壤保持功能强大，对于保障流域生态安全以及南水北调沿线地区饮用水安全具有重要意义。

水源涵养和土壤保持是山地丘陵地区的森林生态系统重要的服务功能。中部地区多山地丘

① 1 kcal=4 185.85 kJ。

陵，如太行山、秦岭、大别山、罗霄山等，地形起伏，森林广布，水源涵养和土壤保持功能重要。

此外，鄂豫交界的丹江口水库是南水北调中线工程渠首所在地，山东泰安的东平湖是南水北调东线工程的最后一级蓄水湖。此外，丹江口水库及桐柏山地区还是汉江、淮河的重要发源地。评价区的水源涵养功能对于保障我国北方地区以及长江中游地区的水源安全具有突出重要的作用。

根据全国生态功能区划和主体功能区划，评价区包括 3 个水源涵养重要区和 1 个水土保持生态功能区（图 4-13）。

4. 湖泊湿地洪水调蓄功能重要，是我国核心经济区的安全屏障

评价区内的长江中下游地区洪水调蓄功能重要，对于保障长江中下游地区我国东部核心经济区生态安全具有重要作用。

长江中下游地区是全国河网密度最大的地区，是我国五大湖泊群之一，也是我国淡水湖群分布最集中的地区。著名淡水湖有鄱阳湖、洞庭湖、巢湖、洪湖等，这些湖泊多与长江相通，具有调节水量、削减洪峰的天然水库作用。该地区湖泊湿地调蓄洪水的功能在全国地位重要，在整个长江流域中占有突出地位，是我国东部核心经济区的安全屏障。根据《全国生态功能区划》，洪水调蓄是评价区特别是长江中下游城市群的重要生态服务功能之一，长江沿江湖泊以及淮河中下游湿地均为重要的洪水调蓄重要区（图 4-14）。

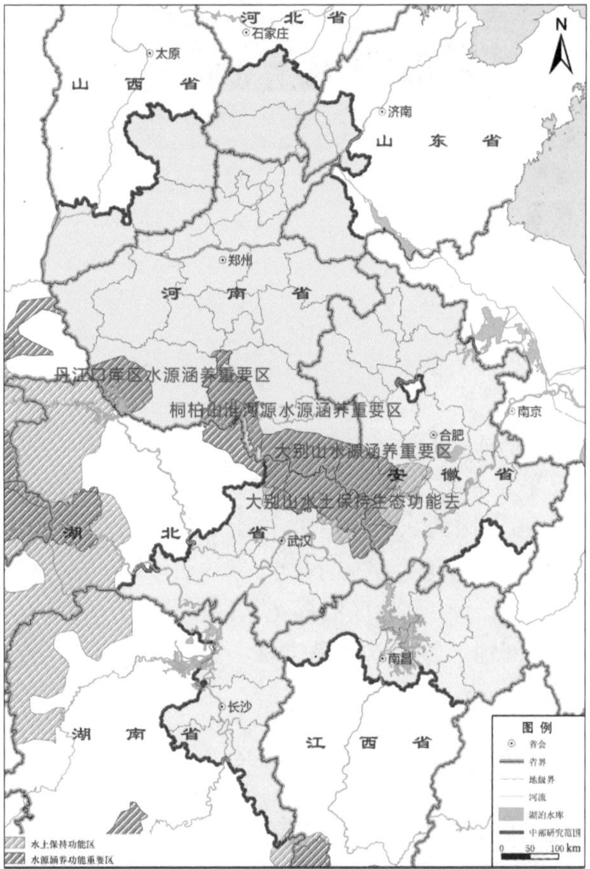

图 4-13 水源涵养和水土保持重要区分布

注：水土保持功能区数据来源于《全国主体功能区划》；水源涵养功能重要区数据来源于《全国生态功能区划》。

图 4-14 长江中下游城市群洪水调蓄功能重要区分布

数据来源：《全国生态功能区划》。

2010年，长江中下游地区调蓄洪水总量1 122.65亿m^3，约占全国洪水调蓄功能的18.68%。其中，湖泊调洪量为289.24亿m^3，约占全国湖泊调洪能力的18.24%，水库调洪量705.13亿m^3，占全国水库调洪能力的28.13%。长江中下游地区也是整个长江流域调洪蓄洪能力最为强大和重要的地区，《长江流域生态环境十年变化调查研究》显示，2000年长江中下游地区的洪水调蓄能力约占长江全流域的59.67%，2010年上升至62.64%。

五、生态系统质量演变趋势及重大问题

中部地区主要的生态系统类型包括农田、森林、城镇和湿地等，面积分别为 28.71 万 km^2、14.50 万 km^2、5.27 万 km^2 和 3.28 万 km^2，占比分别为 53.77%、27.16%、9.87% 和 6.15%（图 4-15 和图 4-16）。农田主要分布在地势平坦的平原地区；森林是山地丘陵的主要生态系统类型；湿地主要为湖泊湿地，且分布在沿江沿河地区。

中部地区复杂的地理环境条件和多样的生态系统构成，为这一区域的社会经济发展提供了多种重要的生态服务功能，主要有农产品供给、洪水调蓄、水源涵养、人居生态环境保障等。

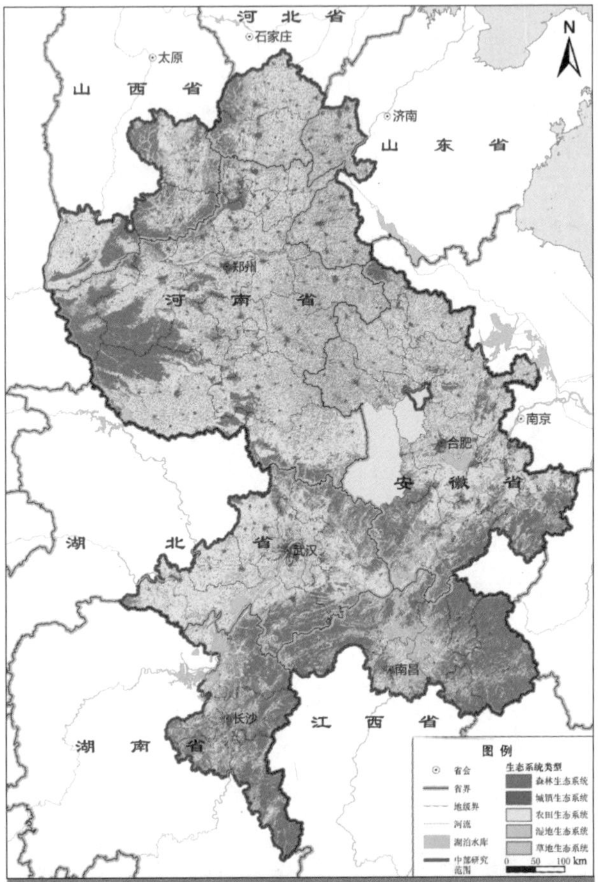

图 4-15　中部地区生态系统分布格局

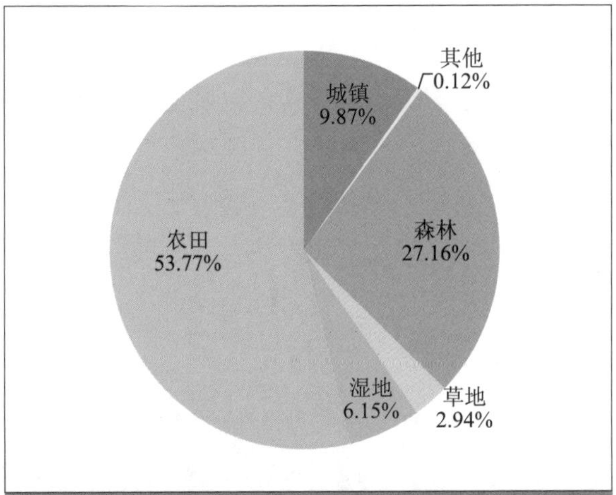

图 4-16　中部地区各生态系统面积比例

（一）农田面积下降，农产品供给功能受胁迫

1. 耕地面积萎缩，局部地区农产品提供功能减弱

中部地区农田面积大，占比高。农田是中部地区分布面积最大的生态系统类型，总计面积 28.71 万 km^2，占整个评价区面积的 53.77%，约占全国农田面积（88.15 万 km^2）的 1/3。其中，中原经济区农田面积 18.22 万 km^2，占其总面积的 63.08%；长江中下游城市群农田面积 10.48 万 km^2，占其总面积的 42.78%。

中部地区农田主要分布在地势平坦的平原区域。农田类型区域差异明显，淮河以北地区以旱地为主，淮河以南则以水田为主（图 4-17）。

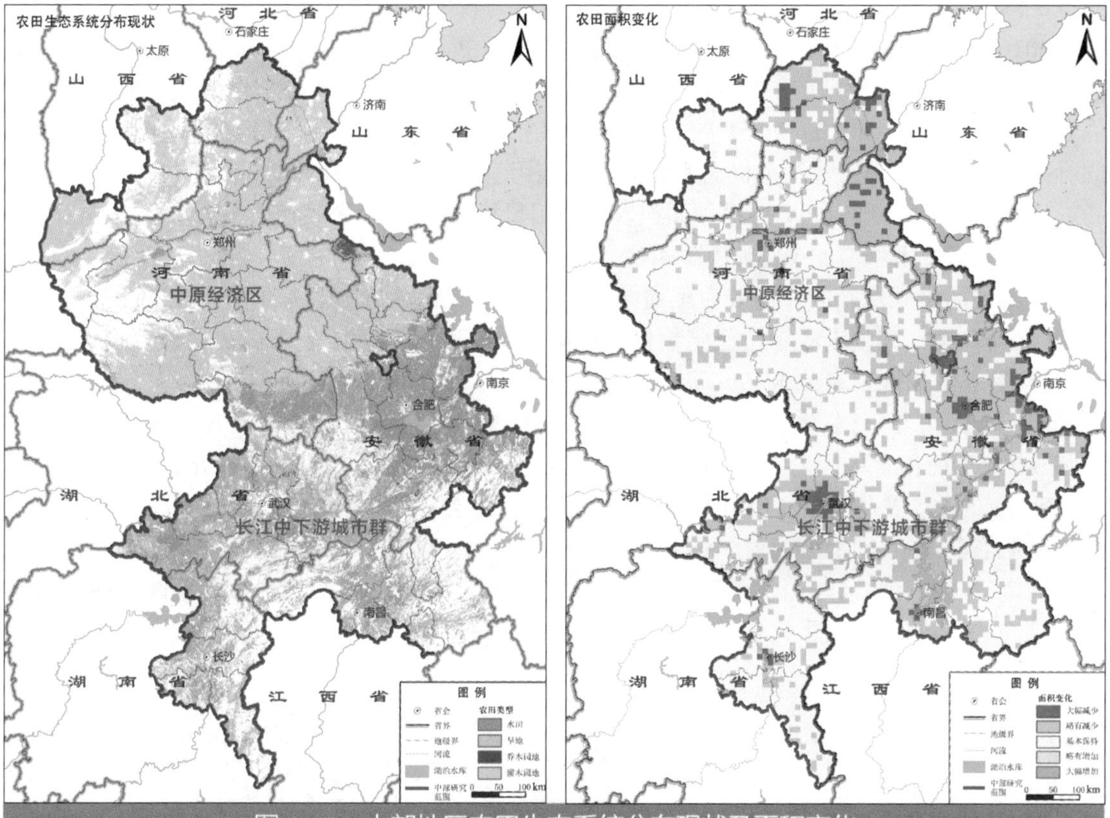

图 4-17　中部地区农田生态系统分布现状及面积变化

农田是中部地区面积减少最为剧烈的生态系统类型。农田面积萎缩在中部地区普遍发生，农田大幅减少的主要区域是郑州、武汉、合肥、长沙、南昌等省会城市以及冀南、皖东部分地区。近 10 年来，面积减少达 9 132.38 km^2，减少幅度为 3.08%，约占全国农田减少面积（42 451.63 km^2）的 21.51%。其中，长江中下游城市群减少 4 832.64 km^2，减少幅度为 4.41%；中原经济区减少 4 299.74 km^2，减少幅度为 2.30%。近 10 年来，农田转化为城镇建设用地面积达 8 523.58 km^2，占农田转为其他用地类型总面积的 68.8%（图 4-18）。

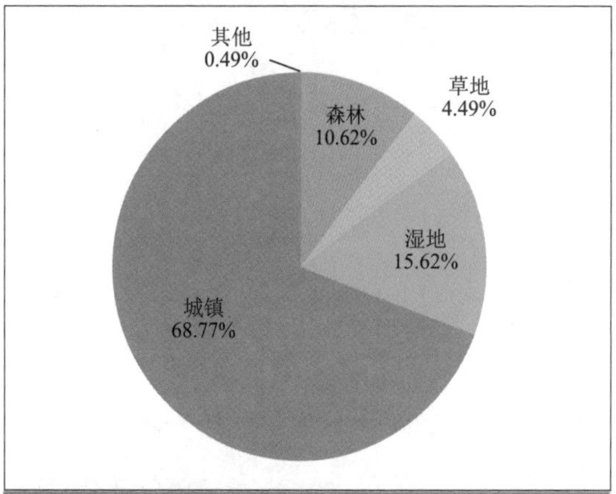

图 4-18　2000—2010 年评价区农田转出情况

由于农田面积的萎缩，农产品提供功能局部减弱。农产品提供是中部地区的重要功能。2010 年农产品总热量为 6.52×10^{14} kcal，比 2000 年增加 1.73×10^{14} kcal，增幅为 36.19%（图 4-19）。

但是，在城镇扩张较为迅速的地区如武汉、长沙、合肥、郑州及邯郸等地区，由于农田面积锐减，农产品提供功能显著减弱。

2. 农药化肥过度施用，农田土壤质量偏低

评价区耕种历史悠久，耕地种养失调，粮食增产过度依赖施用化肥，导致中部地区耕地质量下降的效应逐渐显现，主要表现为农田土壤肥力较低、土壤酸化加重等。

2010 年中原经济区平均化肥施用强度为 805.7（折存量）kg/hm^2，长江中下游城市群地区平均化肥施用强度为 767.6 kg/hm^2，其中武汉城市圈为 961.9 kg/hm^2，全区化肥施用强度约为全国平均水平（434.3 kg/hm^2）的 2 倍，大大超出国际公认的化肥施用安全上限 225 kg/hm^2 的标准。农药农膜施用量及单位面积农药农膜施用量也呈逐年增加趋势。2007—2011 年河南省农药施用量增加 9.8%，单位播种面积农药施用量增加 7.8%；农膜使用量增加 19.7%，单位播种面积农膜使用量增加 18.3%（图 4-20）。

中部地区化肥增产的边际效应呈递减趋势，继续依靠增施化肥提高粮食产量的空间极为有限。2006—2011 年河南省单位化肥粮食产量从 9.46 kg/kg 下降到 8.23 kg/kg。再以湖南省为例，1984 年湖南化肥施用量为 85.99 万 t，单位面积施用量为 79.76 kg/hm^2，粮食单产为 4 847.1 kg/hm^2；至 2010 年，化肥施用量增至 236.6 万 t，单位面积施用量为 245.99 kg/hm^2，分别上升 2.75 倍和 3.08 倍，而粮食单产为 5 921.1 kg/hm^2，仅增产 22.15%。化肥粮食投入产出比则逐年下降，由 1984 年的 60.77% 降至 2010 年的 24.07%（图 4-21 至图 4-23）。

化肥农药过度施用还导致了评价区农田土壤有机质偏低。根据全国第二次土壤普查的结果，河南省土壤有机质与总氮的低值区主要分布在南阳盆地、黄淮海平原、豫西山前平原等农田广布的平原地区（图 4-24），土壤表层（0 ～ 20 cm）有机质含量平均为 12.2 g/kg，属于

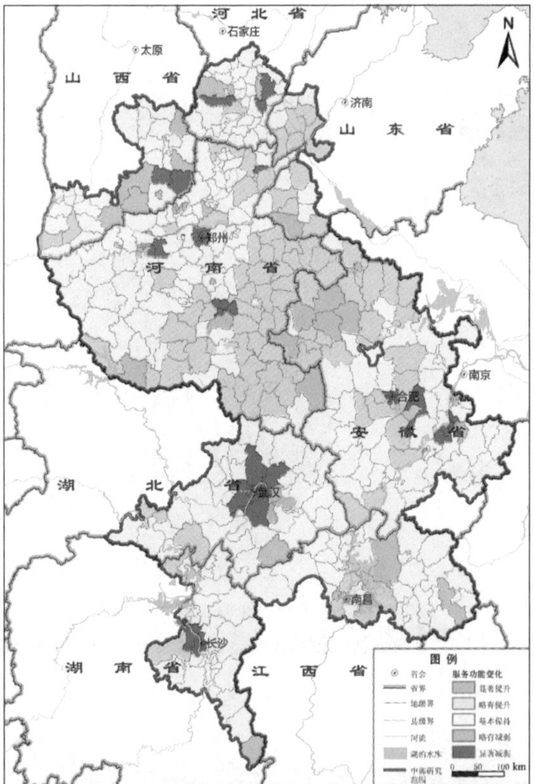

图 4-19 中部地区农产品提供功能变化

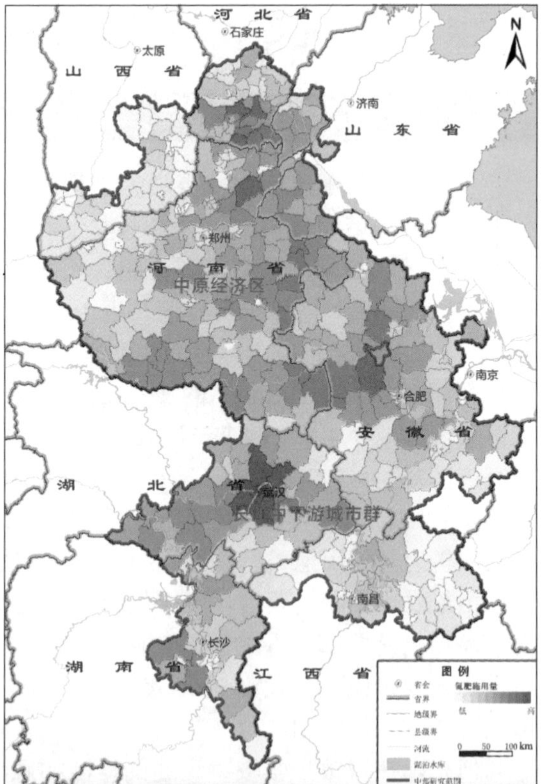

图 4-20 评价区化肥施用量分布

中下等水平；其中低于五级水平上限 10.0 g/kg 的耕地约占 58.3%，大于三级 20.1 g/kg 水平的耕地只有 6%。

按照农业部《全国耕地类型区耕地地力分等定级划分》标准，河南省质量较好的三等以上（年均亩产 1 400 斤以上地力）耕地 4 252.72 万亩，占总耕地面积的 35.8%；四等及以下耕地 7 636.33 万亩，占总耕地面积的 64.2%。按照粮食产量表征耕地质量，河南省现状中低产田面积为 6 497 万亩，约占耕地面积的 55%；高标准基本农田不足耕地面积的 30%。中低产田涉及的土壤类型主要包括黄淮海平原的湖积平原砂姜黑土、稻田和黄河故道沙土、山前平原的丘陵褐土、南阳盆地的丘陵黄褐土等，中低产田中养分失衡比例达到 80% 左右，瘠、薄、瘦、漏、黏、盐碱化等土壤问题均有分布。

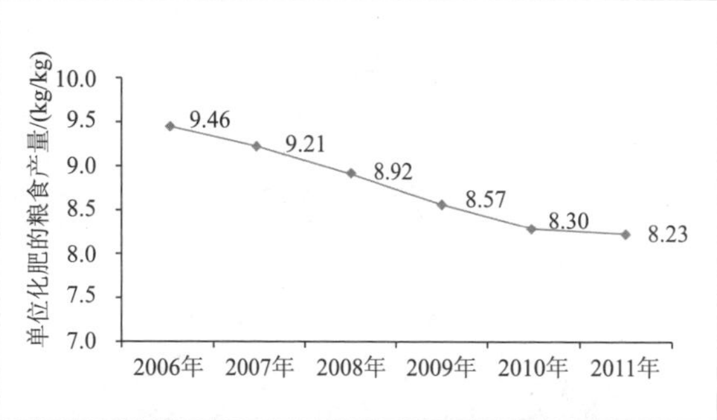

图 4-21　中原经济区（河南）化肥粮食增产的边际效应递减

此外，在国家耕地占补平衡政策驱动下，评价区开发建设用地占优补劣，导致耕地质量难以保障。2000—2010 年评价区累计有 3 262.12 km^2 其他用地类型转变成农田，其中约 28% 来自土壤肥力较低的低丘缓坡区，耕地质量低下，并加剧了当地水土流失。

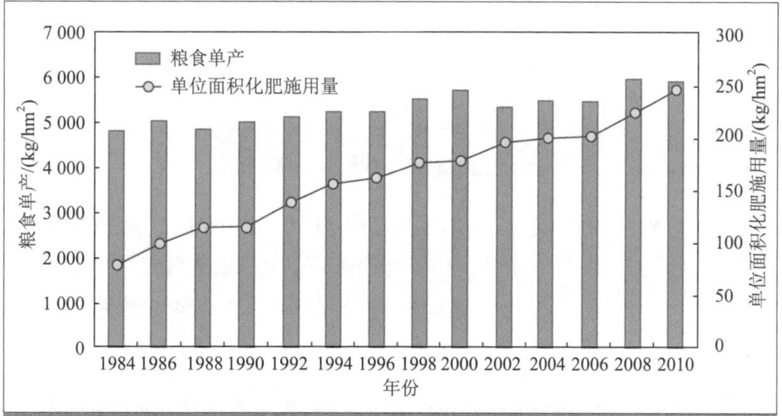

图 4-22　湖南省 1984—2010 年粮食单产与化肥单位面积施用量

3. 农田土壤污染形势严峻，食品安全受威胁

评价区重金属污染问题突出，污染地区主要在金属矿区和冶金产业区。依据全国《重金属污染综合防治“十二五”规划》，湖北、湖南、江西、河南均为重点治理省份。近年来，由于工业污染物排放，部分区域土壤重金属污染增加，农田污染加重趋势明显，污染事件频发。湖南、江西是我国有色金属资源大省，矿点密布，土壤重金属背景值比我国其他地区偏高。本地区丰富的金属矿产，钢铁、有色等冶金行业是这一区域的重要产业，在生产、运输过程中产生大量重金属颗粒物，通过大气传输等方式在周边地区沉降，导致工业区周边地区土壤重金属含量升高。

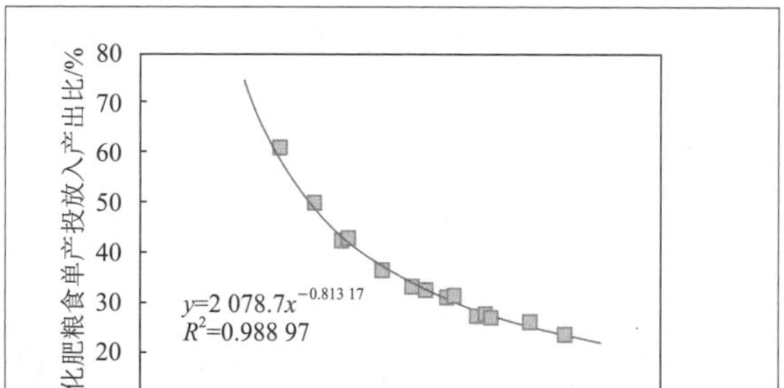

图 4-23　湖南省 1984—2010 年化肥粮食单产投入产出比

湖南、江西、湖北、河南的农田重金属污染问题较为突出。2012 年河南省基本农田区 8 种重金属污染监测结果表明，土壤镉污染超标面积约为 3 120 km^2，最大超标倍数为 0.7 倍，超标率为 2.2%；

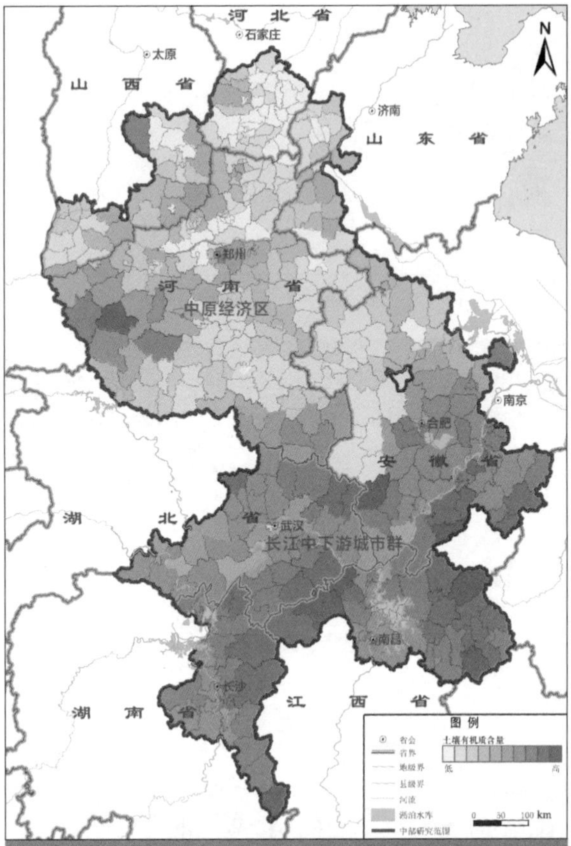

图 4-24 中部地区土壤有机质的空间分布

土壤铅污染超标面积为 1 873.3 km^2，均位于矿业开采及冶炼加工集中的济源、洛阳等地。在有色金属矿山集中的湖南、江西等省，农田土壤重金属污染情况尤为突出，已造成了严重的生态、经济后果。如湖南东部地区的“镉米”事件，导致湖南大米滞销，并在全国产生恶劣影响。除重金属污染外，持久性有机物是中部地区农田土壤中的主要污染物。根据全国第二次土壤普查的结果，河南省典型农业区域土壤中多环芳烃类（PAHs）检出率为 100%，多环芳烃总量浓度均值在 55.3 ～ 85.2 μg/kg，其中污灌区平均浓度为最高。

另外，由于化肥农药施用不当，部分地区农田土壤有机氯、有机磷浓度偏高。农田污染物随水流的扩散，带来一系列严重的环境问题：土壤酸化和板结、重金属污染、硝酸盐污染和土地次生盐渍化；水体富养化，淋溶污染地下水。中原经济区氮肥当季利用率为 30% ～ 35%，磷肥当季利用率仅为 10% ～ 20%。其中，氮肥约 1/3 被作物吸收，1/3 到空气中，1/3 被土壤淋溶，对地下水的潜在影响较大；磷肥当季利用率较低，大部分固定在土壤中，肥效可持续 15 年，淋溶性差，对地下水潜在影响小，磷肥过度施用伴随重金属镉污染问题，对土壤的潜在影响大。农药利用率为 20% ～ 30%，施用的农药只有少部分能沉积分布到靶标生物上，70% ～ 80% 的农药流失到土壤、水域或飘失到空气中，造成环境污染问题。自 1984 年以来，长江中下游地区氮肥流失总量以年均 1.24% 的速度增长，磷肥流失总量以年均 1.71% 的速度增长。

4. 农业废弃物利用水平不高，二次污染问题凸现

评价区秸秆、畜禽粪便利用滞后。秸秆未能用于增加土壤有机质，秸秆燃烧大气污染问题突出。养殖业畜禽粪便不能有效处理用于还田增加有机肥，造成畜禽粪便污染。

按照单位粮食产量的秸秆产生系数测算，2011 年中原经济区秸秆产生量约 1.37 亿 t，约占全国产生量的 16.%。其中，粮食生产产生的秸秆约占 85%，油料作物生产产生的秸秆约占 13.9%，棉花生产产生的秸秆约占 1.1%。

2010 年，河南省共综合利用各类秸秆约 0.59 亿 t，占全国利用量的 11.8%，秸秆利用率约 70.1%，略低于全国 70.6% 的水平（表 4-17）。

小麦、玉米、花生和棉花秸秆综合利用率分别为 71.7%、73.6%、80.8% 和 69.8%，水稻秸秆约为 64.6%，其他秸秆仅为 58%。小麦、玉米秸秆以肥料化和饲料化利用为主，水稻秸秆以饲料化、原料化利用为主，棉花秸秆以能源化利用为主，花生、薯类秸秆以饲料化利用为主，大豆秸秆以饲料化、能源化利用为主。

未综合利用的秸秆常被就地燃烧。2012 年 6 月（油菜和小麦成熟季节）安徽皖北地区秸

表 4-17　中原经济区（河南省）秸秆综合利用率分布

秸秆综合利用率	地级市名称
＞90%	鹤壁、濮阳、安阳、许昌、漯河
70%～90%	平顶山、新乡、济源、郑州、商丘、开封、洛阳、周口
60%～70%	三门峡市、南阳
＜60%	驻马店、焦作、信阳

秆大面积燃烧，造成区域性大气污染，省域大部分地市 PM_{10} 日均浓度超标。

此外，评价区畜禽养殖粪便未充分利用，造成资源浪费和环境污染。中原经济区畜禽养殖在我国占有重要地位，2010 年中原经济区禽蛋约占全国产量的 24.5%，肉类占 13.1%，牛奶占 9.9%。

畜禽养殖主要集中在中原经济区的平原地区。其中，猪的养殖主要集中在漯河、驻马店、菏泽等区域；牛的养殖主要集中在许昌、泌阳、新蔡等区域。2010 年，河南牛年末存栏量约占中原经济区的 80.0%，禽年末存栏量约占中原经济区的 72.7%，猪年末存栏量约占中原经济区的 68.3%，是中原经济区养殖的主要区域；安徽猪、禽、牛的年末存栏量居中原经济区第二位；山东羊的年末存栏量居中原经济区第二位，约占 30%，猪、牛、禽存栏量居中原经济区第三位。

目前，畜禽养殖以规模以下养殖为主，规模化养殖发展不足。河南省畜禽规模以下养殖约占养殖总量的 2/3。

粗略估算，中原经济区现状畜禽养殖粪便产生量约为 17 972.8 万 t，养殖污水产生量 19 201.5 万 t，COD 产生量 20 707.2 万 t，氨氮产生量 255.9 万 t（COD 和氨氮产生量为粪便和废水合计）。

畜禽养殖业的污染处理设施建设普遍落后，规模以下养殖基本没有处理设施，造成畜禽养殖污染累积，成为面源污染的重要来源。

（二）湖泊湿地面积萎缩，生态服务功能下降

1. 湿地萎缩问题仍然较为严重

湿地是中部地区具有重要生态服务功能的生态系统类型。中部地区湿地总面积 3.28 万 km^2，约占评价区总面积的 6.15%，但主要分布在长江中下游地区。统计显示，长江中下游地区湿地面积 2.73 万 km^2，约占中部地区湿地总面积的 83.23%。

湖泊湿地是中部地区的主要湿地类型，约 2.36 万 km^2，约占中部地区湿地总面积的 71.89%，主要分布在长江沿江区域，形成江汉湖群、安庆湖群以及洞庭湖、鄱阳湖、巢湖等重要湖泊（图 4-25）。

长江中下游湖泊湿地退化问题严重，江汉平原湖泊湿地萎缩的情况尤为突出。长江大通水文站以上中游地区的湖泊面积由 20 世纪 50 年代初的 1.72 万 km^2 减少到现在的 6 618 km^2，约 2/3 的湖泊消失。目前，长江中下游湖泊面积仅较 1998 年增加 6% 左右，接近 60 年来的历史低点，湖泊萎缩的问题仍然严重（图 4-26）。

近 10 年来，湿地萎缩的状况有所缓解，湖泊面积略有增加。自 2000 年以来，湿地面积

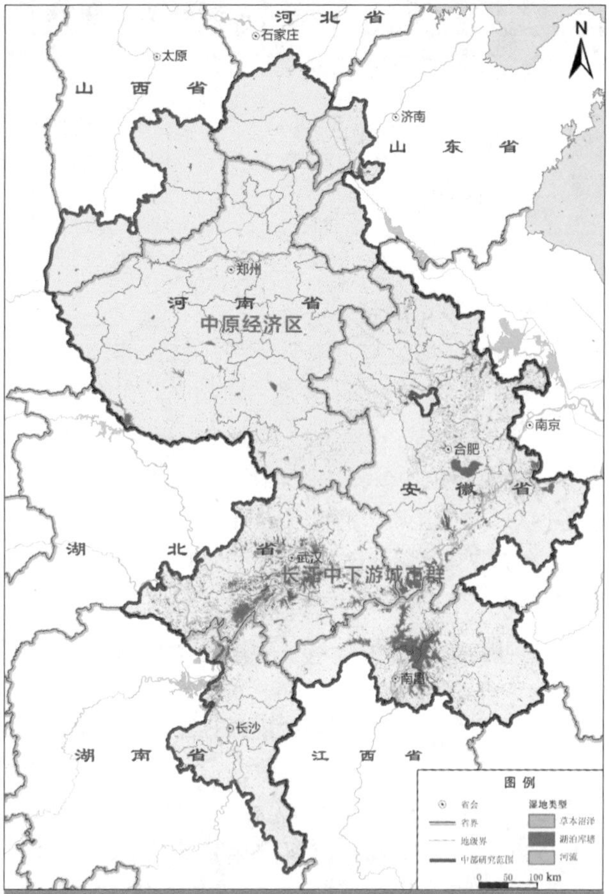

图 4-25 评价区湿地生态系统分布

增加 485.95 km^2，但增幅仅为 1.5%。增加的面积以湖泊水库等湿地类型为主，草本沼泽面积依然处于萎缩的态势，淮河流域中游、汉江流域下游等区域草本沼泽面积明显减少。2000—2010 年淮河流域自然湿地的面积减少了 2.9%（图 4-27）。

围湖造田是导致长江中下游湖泊湿地退化问题严重的主要因素。1949 年以来，江汉平原有 1/3 以上的湖泊面积被围垦，围垦总面积达 1.3 万 km^2，因围垦而消亡的湖泊达 1 000 多个；鄱阳湖由 1949 年的 5 072 km^2 减少至 2012 年的 3 840 km^2，面积萎缩幅度达 24.29%；洞庭湖由 1949 年的 4 465 km^2 减少至 2010 年的 2 714 km^2，面积萎缩幅度达 39.21%。

泥沙淤积是导致湖泊湿地萎缩、调蓄功能下降的又一重要原因。洞庭湖每年沉积的泥沙约 1.5 亿 t，泥沙淤积导致容积减少 35 亿 m^3，目前洞庭湖底部高程已经超过了周边的堤垸。20 世纪 80 年代以来，鄱阳湖每年平均入湖泥沙 2 524 万 t，鄱阳湖的蓄水容量从 20 世纪 50 年代初的 320 亿 m^3 缩小到 2012 年的 262 亿 m^3（图 4-28）。

上游水利工程也是导致湖泊湿地萎缩的原因之一。自 2003 年 11 月三峡水库截流以来，鄱阳湖与洞庭湖水域面积明显减少。遥感监测结果表明，2000—2003 年，洞庭湖枯水期平均水域面积为 533.1 km^2，2004—2010 年鄱阳湖枯水期平均面积为 469.7 km^2，截流前后平均水域面积下降了 63.4 km^2，降幅为 11.9%。鄱阳湖的水域面积减少更明显，2000—2003 年枯水期平均水域面积为 1 351.1 km^2，2004—2010 年鄱阳湖枯水期平均面积为 1 174.8 km^2，减少了 176.3 km^2，降幅为 13.4%（图 4-29）。

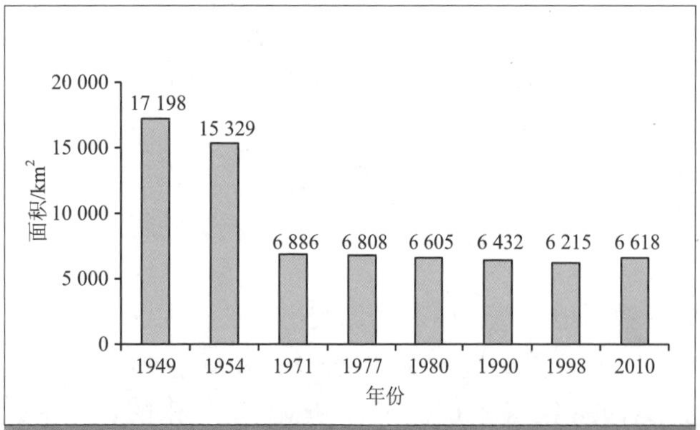

图 4-26 长江中下游（大通以上）湖泊面积的历史演变

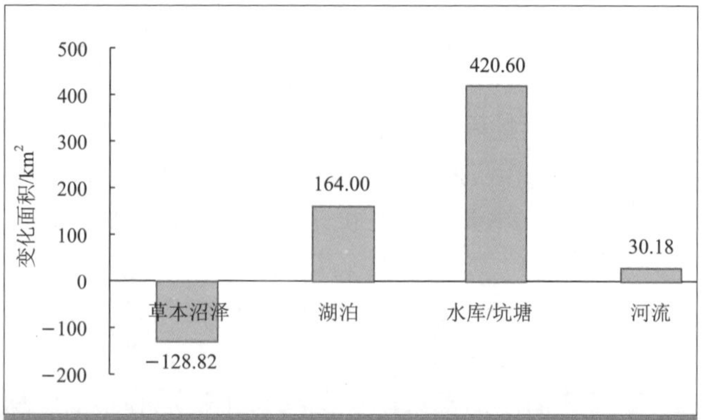

图 4-27 评价区不同类型湿地的面积变化

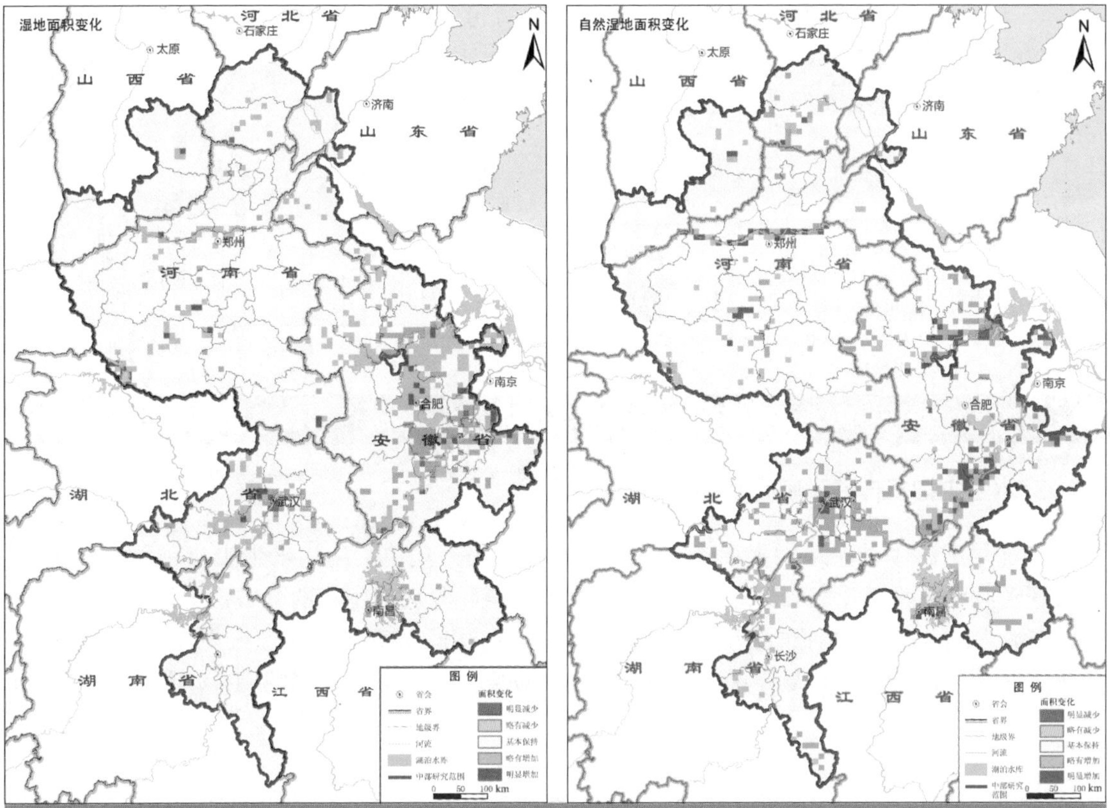

图 4-28　评价区湿地生态系统的变化

2. 湖泊湿地洪水调蓄功能尚处于恢复初期

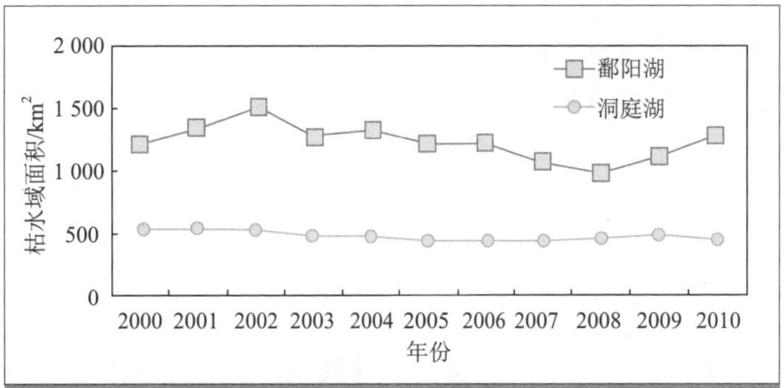

图 4-29　2000—2010 年鄱阳湖、洞庭湖枯水期水域面积变化曲线

从 60 年历史上看，长江中下游地区洪水调蓄功能经历了前 30 年锐减、后 20 年基本稳定、近 10 年来略有增加。洞庭湖蓄水容量从 1949 年的 295 亿 m^3 锐减至 1998 年的 165 亿 m^3，减少了 44.07%，2010 年回升到 175 亿 m^3；鄱阳湖蓄水容量从 1954 年的 320 亿 m^3 减少至 1986 年的 249 亿 m^3，减少了 22.19%，2012 年回升到 262 亿 m^3（图 4-30 和图 4-31）。

湖泊调蓄容积的减少，直接导致湖泊洪水调蓄功能下降，其直接后果是长江汛期洪水风险增加，江湖洪水位不断升高。如鄱阳湖多年平均最高洪水位，20 世纪 50 年代为 18.51 m，70 年代为 18.93 m，90 年代跃升至 20.1 m，2010 年最高水位达 20.23 m。

2000—2010 年，长江中下游地区湖泊总面积增加 152 km^2，湖泊洪水调蓄能力整体有所提高，洞庭湖和鄱阳湖蓄水容量恢复至 20 世纪 70 年代末水平；但洪水调蓄能力下降的区域集中在上游地区，洪涝灾害态势依旧严峻。

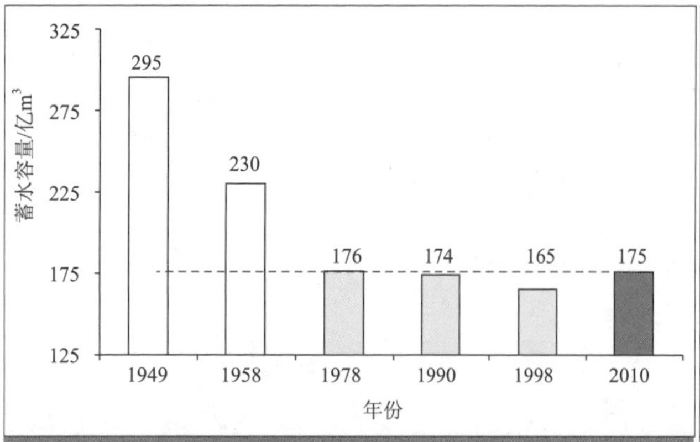

图 4-30 1949—2010 年洞庭湖蓄水容量变化

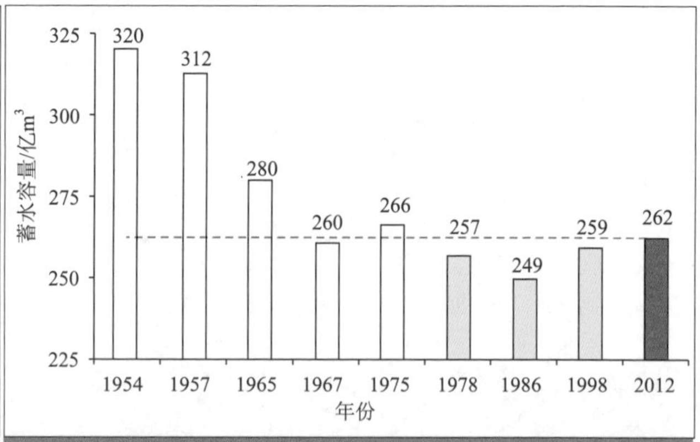

图 4-31 1954—2012 年鄱阳湖蓄水容量变化

3. 水生生物多样性锐减问题突出

长江中下游湖泊湿地的生物多样性资源严重丧失，集中表现为水生生物种群数量锐减、鸟类资源物种数与数量大幅下降，以及水生维管束植物与底栖生物的分布范围缩小。

长江特有水生物种种群数量锐减（图 4-32）。白鳍豚被宣告功能性灭绝，长江白鲟已多年未见报道，江豚数量急剧下降，中华鲟也濒临灭绝。中国科学院水生生物研究所与中国水

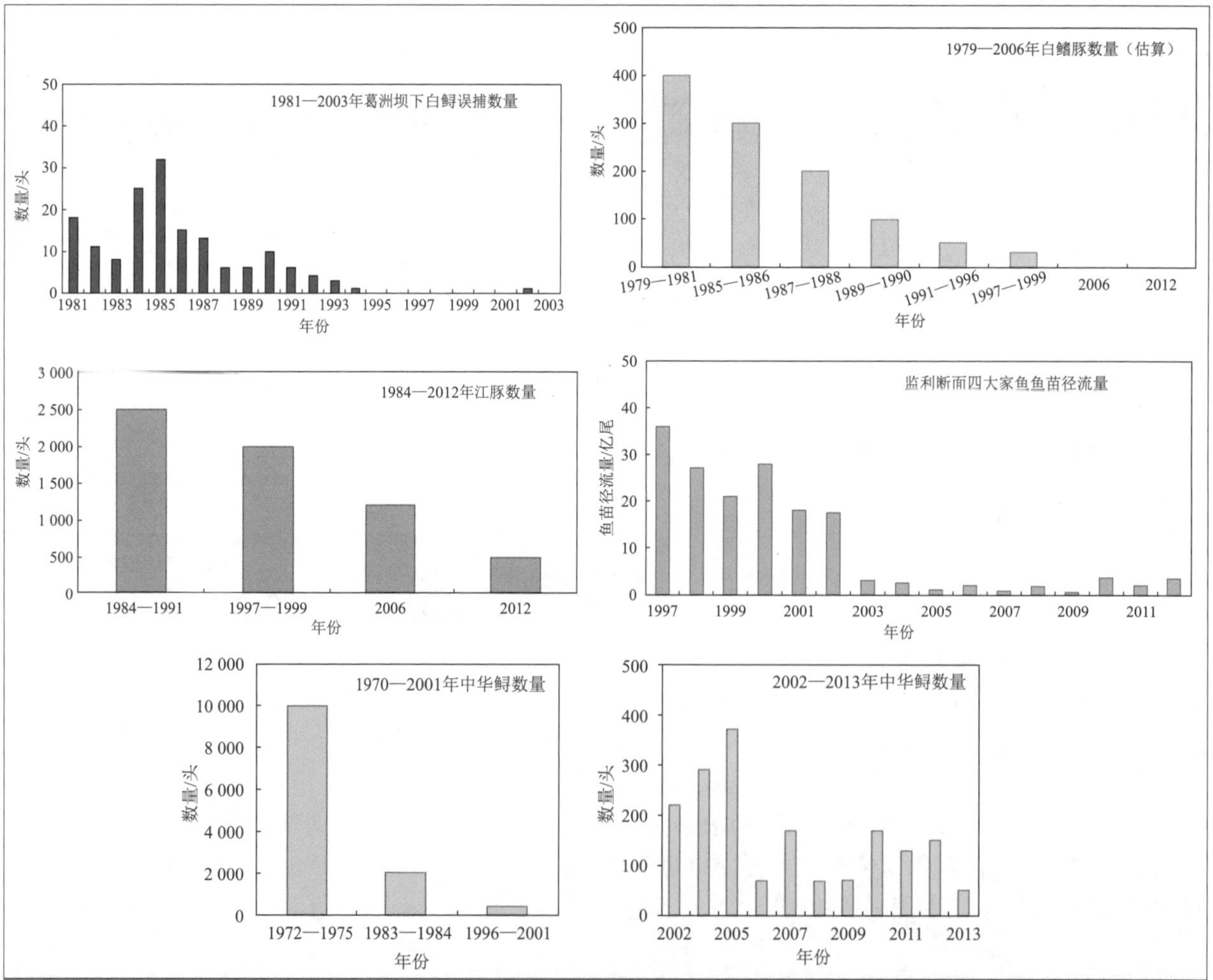

图 4-32 长江中下游水生生物多样性萎缩态势

产科学研究院长江水产研究所的调查显示，近 30 年来，中华鲟野生种群数量以每十年一个数量级的速度快速减少，2013 年中华鲟野生种群数量从 20 世纪 80 年代的数千头下降至不足 100 头，且全年未观测到幼鱼与自然繁殖活动发生。江豚种群数量下降速度也同样很快。数据显示，20 世纪 90 年代以来，其种群下降速率约为每年 6.3%，其中 2006—2012 年长江干流长江江豚种群数量平均每年下降 13.73%。2006 年考察发现长江干流中其种群数量少于 1 200 头，与 15 年前相比减少了 50% 以上，种群数量下降迅速。

长江渔业资源总量也一直呈不断下降趋势。1954 年长江流域天然资源捕捞量达 45 万 t，1956—1960 年捕捞量下降到 26 万 t，80 年代在 20 万 t 左右波动，目前年均捕捞量约为 10 万 t。长江渔获物中洄游种类减少，渔获物趋于小型化和低龄化。自 1980 年以来，拟尖头鲌已多年未见。长江中游四大家鱼鱼苗径流量由 1997 年的 5.87 亿尾急剧减少，2003 年三峡工程第二期蓄水后四大家鱼鱼苗径流量直线下降，到 2009 年监利断面监测到鱼苗径流量为 0.42 亿尾，处于历史最低水平，仅为蓄水前（1997—2002 年）平均值的 1.2%。

20 世纪 60 年代，武汉东湖共有鱼类 67 种，90 年代仅剩 38 种，鲥鱼、胭脂鱼、短哈鳍、鲂等珍贵鱼类完全消失；洪湖鱼类从 60 年代的 74 种减少至 80 年代的 54 种。在洞庭湖、洪湖和鄱阳湖，鱼类的群落结构发生了明显变化，洄游和半洄游性鱼类在渔获物中所占比例逐渐减小，湖泊定居性鱼类所占比例逐渐上升，且渔获物个体明显变小。

湿地植物资源也同样呈现退化趋势。东湖、洪湖、斧头湖以及大通湖、洞庭湖东湖、洞庭湖南湖的水生植物物种丰富度均所有下降，一些对环境变化敏感和不耐污染的种类逐渐消失（图 4-33）。

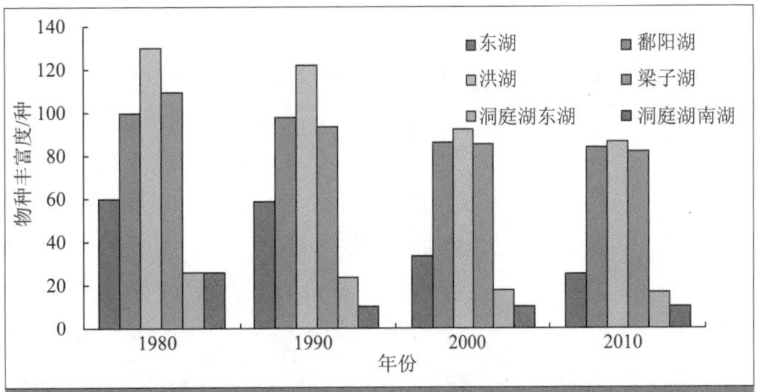

图 4-33　长江中下游典型湖泊水生维管束植物物种丰富度的变化

河流、湖泊开发利用强度过大，是长江中下游地区湿地生物多样性急剧下降的根本原因。

（1）*上游水利工程数量多，流域水文条件改变*

长江上游水利工程规模大，数量多，截至 2005 年长江全流域已建水库 4.6 万座。数量庞大的水利工程导致长江干流水沙条件发生了强烈变化，输沙量锐减。2000 年以来，长江干流 7 个主要监测断面输沙量均呈显著下降趋势。2010 年长江下游大通站输沙量 1.85 亿 t，仅为 2000 年（3.39 亿 t）的 54.57%。2000 年以来，长江中游干流总体表现为“滩槽均冲”。2002—2008 年，长江平滩河槽总冲刷量为 6.41 亿 m^3，平均冲刷强度为 67 万 m^3/km，河道冲刷加重，崩岸频发，环湖及干流岸边带湿地萎缩，湿地生物生境被破坏。

（2）*江湖阻断严重，洄游鱼类受影响*

目前，长江沿江湖泊中，仅有洞庭湖、鄱阳湖和石臼湖为通江湖泊，许多江湖（海）洄游性水生动物如白鲟、鲥鱼、中华鲟、暗色东方鲀、大银鱼、胭脂鱼、鳗鲡等从原有分布的湖区消失而日益濒危，甚至绝迹（表 4-18）。

（3）*岸线开发*

长江干流荆州至马鞍山段总长 2 369.36 km（简称总长，下同），以湖北省岸线长度最大，占总长的 56.10%。岸线长度较长的地市有荆州、武汉、黄冈、安庆等地，均超过 200 km，其中，

表 4-18　通江湖泊和阻隔湖泊鱼类种数变化对比

	西洞庭湖	黄盖湖	涨渡湖	西凉湖	斧头湖	赤湖
阻隔年份		1959	1960	1935	1935	1960
现有水面 /km²	300	78	37	81	113	53
通江情况	通江	半阻隔	阻隔 偶有通江	阻隔 洪水通江	阻隔 洪水通江	阻隔 偶有通江
50 年代鱼类种数 / 种	114	101	80	90	90	85
80 年代鱼类种数 / 种	110	83	63	63	67	66
2001—2002 年鱼类种数 / 种	94	73	46	40	48	47
2009—2012 年鱼类种数 / 种	92	70	36	37	47	32

荆州市岸线长度 576.19 km，上述 4 市岸线长度占总长的 55.28%。

从自然特征上，根据岸线的稳定程度，一般将岸线分为稳定岸线、冲刷岸线、淤积岸线（表 4-19）。

①稳定岸线：水动力作用对岸线的冲刷量和淤积量基本平衡，在一定时间内岸线冲淤变化不大，处于稳定状态。

②冲刷岸线：水动力作用对岸线的冲刷量大于淤积量，岸线的陆域部分受冲刷后退，处于逐渐被侵蚀的状态，一般形成凹岸。

③淤积岸线：动力作用对岸线的淤积量大于冲刷量，岸线的陆域部分淤积并逐渐向水中

表 4-19　长江荆州至马鞍山段各地市岸线资源稳定性

省	地市	岸线总长度 / km	比重 /%	稳定岸线 / km	比重 /%	冲刷岸线 / km	比重 /%	淤积岸线 / km	比重 /%
湖北	荆州	576.19	43.29	46.10	8.00	228.69	39.69	301.40	52.31
	咸宁	186.77	14.03	127.86	68.46	10.37	5.55	48.54	25.99
	武汉	236.66	17.78	111.80	47.24	65.84	27.82	59.02	24.94
	鄂州	78.39	5.89	38.76	49.44	12.32	15.72	27.31	34.84
	黄石	29.10	2.19	17.22	59.16	0.00	0.00	11.88	40.84
	黄冈	223.76	16.81	0.00	0.00	135.51	60.56	88.25	39.44
	小计	1 330.87	100.00	341.73	28.11	452.73	33.22	536.42	38.67
湖南	岳阳	150.54	100.00	32.02	21.27	68.13	45.26	50.39	33.47
	小计	150.54	100.00	32.02	21.27	68.13	45.26	50.39	33.47
江西	九江	121.79	100.00	21.76	17.87	55.85	45.86	44.17	36.27
	小计	121.79	100.00	21.76	17.87	55.85	45.86	44.17	36.27
安徽	安庆	273.10	35.65	120.71	44.20	55.11	20.18	97.28	35.62
	池州	162.69	21.23	79.59	48.92	9.73	5.98	73.37	45.10
	巢湖	163.12	21.29	14.91	9.14	138.96	85.19	9.23	5.66
	铜陵	57.96	7.56	57.96	100.00	0.00	0.00	0.00	0.00
	芜湖	69.85	9.12	36.82	52.71	16.25	23.27	16.78	24.03
	马鞍山	39.44	5.15	31.14	78.95	1.46	3.69	6.85	17.36
	小计	766.16	100.00	341.12	53.06	221.51	18.24	203.52	28.70
总计		2 369.36	100.00	736.63	31.09	798.23	33.69	834.49	35.22

伸展，一般形成凸岸。

根据岸线稳定性分类标准，评价区内稳定岸线 736.63 km，占总长的 31.09%，其中，安庆市 120.71 km，占稳定岸线总长的 16.39%；冲刷岸线 798.23 km，占总长的 33.69%；淤积岸线 834.49 km，占总长的 35.22%，其中，荆州市淤积岸线达 301.40 km，占淤积岸线总长的 36.12%。

从岸线利用上看，长江中下游城市群的长江干流岸线可分为 6 种类型（表 4-20）：港口岸线、工业岸线、农渔业岸线、城乡生活岸线、自然岸线、保护岸线，统计显示，评价区内港口岸线 67.12 km、工业岸线 21.67 km、农渔业岸线 1 142.56 km、城乡生活岸线 327.82 km、自然岸线 221.58 km、保护岸线 588.61 km，分别占总长的 2.83%、0.91%、48.22%、13.84%、9.35%、24.84%。

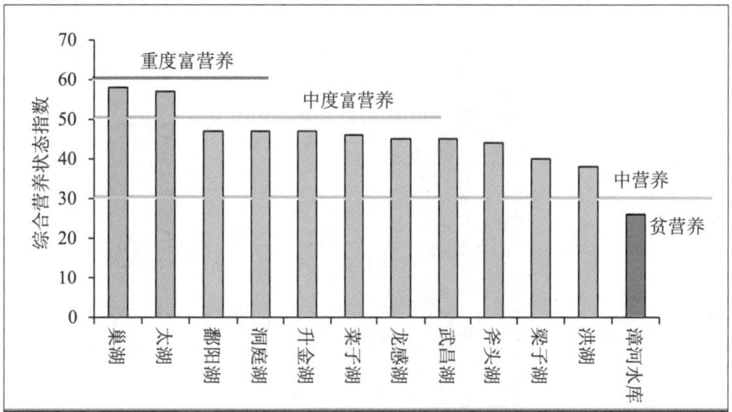

图 4-34　长江中下游主要湖泊水质

（4）江河船舶活动频繁，生物栖息受干扰强烈

长江岸线开发、河道整治、河道挖沙等经济行为造成鱼类“三场一道”（产卵场、育肥场、索饵场和洄游通道）丧失；10 年间长江干流荆州至马鞍山段年货运吞吐量增长 1.92 倍，江河船舶活动频繁，江豚、白鳍豚等水生哺乳动物的生存环境受到严重干扰。

（5）湖泊湿地水质恶化，生境质量下降

鄱阳湖、洞庭湖等大型湖泊的生态安全水平下降，巢湖已呈现出中度富营养化（图 4-34）。

（6）过度捕捞，渔业资源明显萎缩

我国水产统计资料显示，自 20 世纪 90 年代以来，江西、安徽、湖南、湖北四省淡水捕捞量、从事淡水渔业人数以及动力渔船数量呈现出爆发式增长，2005 年前后达到高峰。2005 年长江中游四省淡水捕捞量比 1950 年增长约 6 倍，2005 年以后逐年萎缩，渔业资源衰退迹象明显（图 4-35）。

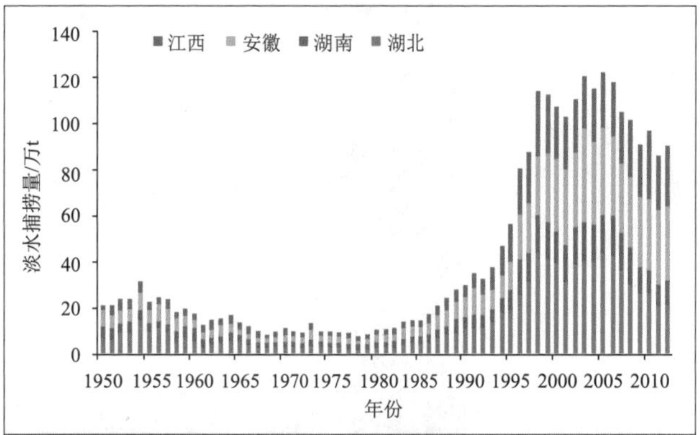

图 4-35　长江中下游四省淡水捕捞量变化

（三）森林面积增加，局部水土流失加剧

1. 森林面积逐步恢复，生态功能稳中有增

森林是中部地区面积第二大的生态系统类型，总面积 14.50 万 km^2，约占评价区总面积的 27.16%；主要分布在太行山、伏牛山、秦岭、大别山、幕阜山、罗霄山等山地丘陵区（图 4-36）。

从历史上看，中部地区森林曾遭受大面积毁坏，面积一度下降。自 20 世纪 80 年代起，

表 4-20 长江中下游城市群各地市岸线利用类型及长度

省	地市	岸线长度 / km	比重 /%	保护岸线 /km	比重 /%	城乡生活岸线 /km	比重 /%	港口岸线 /km	比重 /%	工业岸线 / km	比重 /%	农渔业岸线 /km	比重 /%	自然岸线 / km	比重 /%
湖北	荆州	576.19	43.29	146.76	25.47	36.96	6.41	5.36	0.93	0.00	0.00	305.44	53.01	81.67	14.17
	咸宁	186.77	14.03	77.23	41.35	27.29	14.61	0.00	0.00	0.00	0.00	47.52	25.44	34.73	18.60
	武汉	236.66	17.78	3.31	1.40	93.38	39.46	16.70	7.06	3.44	1.45	112.64	47.60	7.19	3.04
	鄂州	78.39	5.89	0.00	0.00	22.94	29.26	1.42	1.81	0.00	0.00	54.03	68.92	0.00	0.00
	黄石	29.10	2.19	0.00	0.00	20.57	70.69	8.53	29.31	0.00	0.00	0.00	0.00	0.00	0.00
	黄冈	223.76	16.81	15.54	6.94	40.28	18.00	5.42	2.42	3.61	1.61	133.98	59.88	24.93	11.67
	小计	1 330.87	100.00	242.84	18.25	241.42	18.14	37.43	2.81	7.05	0.53	653.61	49.11	148.52	11.25
湖南	岳阳	150.54	100.00	100.76	66.93	0.75	0.50	5.17	3.43	0.00	0.00	23.09	15.34	20.77	13.80
	小计	150.54	100.00	100.76	66.93	0.75	0.50	5.17	3.43	0.00	0.00	23.09	15.34	20.77	13.80
江西	九江	121.79	100.00	36.23	29.75	34.58	28.39	3.84	3.15	3.76	3.09	35.26	28.95	8.12	6.67
	小计	121.79	100.00	36.23	29.75	34.58	28.39	3.84	3.15	3.76	3.09	35.26	28.95	8.12	6.67
安徽	安庆	273.10	35.65	93.46	34.22	11.61	4.25	6.49	2.38	3.19	1.17	151.67	55.54	6.68	2.45
	池州	162.69	21.23	15.86	9.75	0.00	0.00	5.87	3.61	0.00	0.00	106.38	65.39	34.58	21.26
	巢湖	163.12	21.29	53.69	32.91	0.00	0.00	3.23	1.98	3.65	2.24	99.64	61.08	2.91	1.78
	铜陵	57.96	7.56	39.57	68.27	9.94	17.15	1.22	2.10	0.00	0.00	7.23	12.47	0.00	0.00
	芜湖	69.85	9.12	0.00	0.00	17.53	25.10	3.05	4.37	0.00	0.00	49.27	70.54	0.00	0.00
	马鞍山	39.44	5.15	6.20	15.72	11.99	30.40	0.82	2.08	4.02	10.19	16.41	41.61	0.00	0.00
	小计	766.16	100.00	208.78	27.25	51.07	6.67	20.68	2.70	10.86	1.42	430.60	56.20	44.17	5.77
总计		2 369.36	100.00	588.61	24.84	327.82	13.84	67.12	2.83	21.67	0.91	1 142.56	48.22	221.58	9.35

森林开始逐步恢复。以江西省为例，1949 年森林覆盖率为 40.30%，此后逐年减少，到 1983 年最低，为 34.73%，自 1988 年起，江西省开始大规模植树造林，森林面积快速恢复，森林覆盖率到 2011 年已达到 63.10%，与福建并列全国第一（图 4-37）。

近 10 年来，中部地区森林面积稳中有增。自 2000 年起，森林面积增加 1 028.99 km^2，增幅约 0.71%（图 4-38）。

近 20 年来，森林恢复取得了一定进展，森林植被面积恢复的主要生态效益即生态系统的水源涵养与水土保持功能得到提升。因此，评价区水源涵养与水土保持等核心生态服务功能逐步恢复。

近 10 年来，除部分城镇快速扩张的区域外，评价区水源涵养和水土保持功能均得到了一定提升。2010 年评价区水源涵养功能在 2000 年基础上提升 5.86 万 m^3，但增幅仅为 0.39%；2010 年水土保持功能在 2000 年基础上提升幅度约为 1.37%（图 4-39）。

但是，由于人类活动强度加剧，局部区域水土流失状况加剧。评价区内的大别山区和江南丘陵地区是我国水土流失较为严重区，近年来，中低山地峡谷区及丘陵区的坡耕地农垦、矿产开发、城镇建设等基本工程建设活动导致评价区局部山地水土流失进一步恶化。第一，坡耕地开垦现象严重。部分区域无节制地开垦坡地，顺坡种植，加剧了水土流失。第二，矿产开发、道路建设、城镇建设等建设活动频繁。目前，开发建设活动已成为中部地区新增水土流失的重要因素。遥感监测显示，2000—2010 年长江中下游地区因人类活动新增的水土流失面积为 394 km^2（图 4-40）。

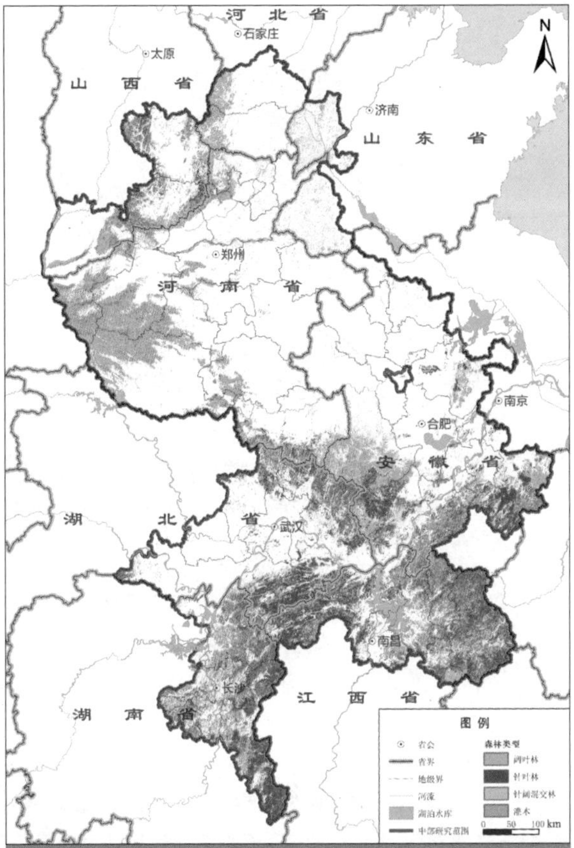

图 4-36 中部地区森林生态系统分布

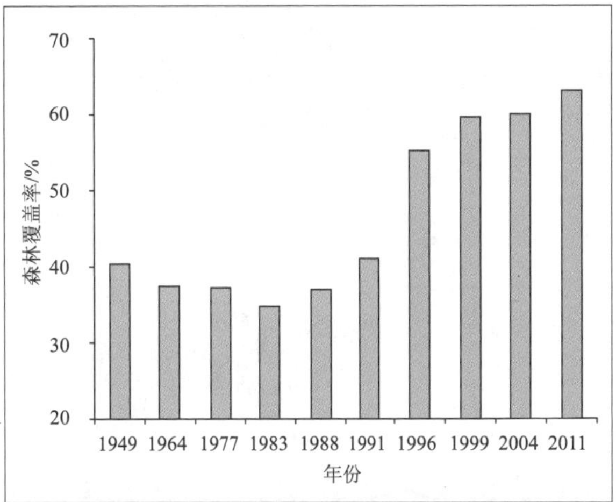

图 4-37 江西省森林覆盖率变化

2. 林分结构欠合理，水土保持功能有待提升

评价区林分结构欠合理，林种单一，森林类型以人工林为主，天然林比例低，呈现森林面积、活立木蓄积量和森林覆盖率逐年提高，林龄结构不合理、林龄低龄化并存的局面，森林生态系统生态功能相对较弱。特别是长江中下游低山丘陵区马尾松、杉木分布面积过大，中幼龄林分布普遍。森林资源丰富的江西省，自 1977 年以来，全省林木蓄积量由 3.01 万 m^3 增至 2011 年的 4.45 万 m^3，马尾松和杉木为主的次生林蓄积量由 1.31 万 m^3 增至 2.62 万 m^3，天然林为主的阔叶林蓄积量总量变化不大，仅由 1.70 万 m^3 增至 1.83 万 m^3（图 4-41）。

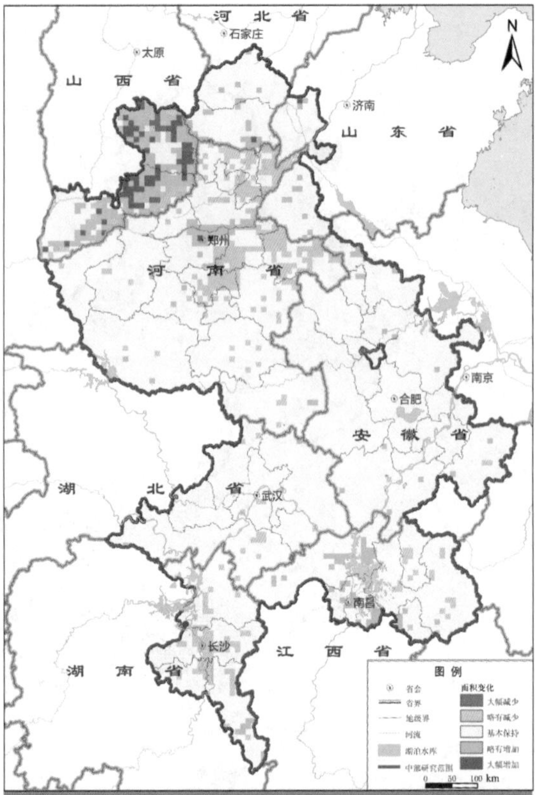

图 4-38 中部地区森林面积变化

由于地形起伏大、暴雨频发等自然条件因素，大别山区和江南丘陵地区是我国水土流失较为严重的区域。并且，由于中幼林植被覆盖低，林地侵蚀面比正常林高 4.87% ～ 19.64%，平均高出 13.55%；土壤侵蚀模数较正常林大 1 169.7 ～ 6 388.1 t/（km^2 · a），平均达 3 207.7 t/（km^2 · a），约为同龄同立地条件正常林的 11 倍，因此，评价区森林的水土保持功能还有待进一步提升。

（四）城镇面积扩张，人居环境胁迫增大

1. 城镇建设用地进一步扩张

城镇是中部地区面积第三大的生态系统类型，目前约为 5.27 万 km^2，约占中部地区总面积的 9.87%，岛状分布于评价区地势平坦的城市区域。

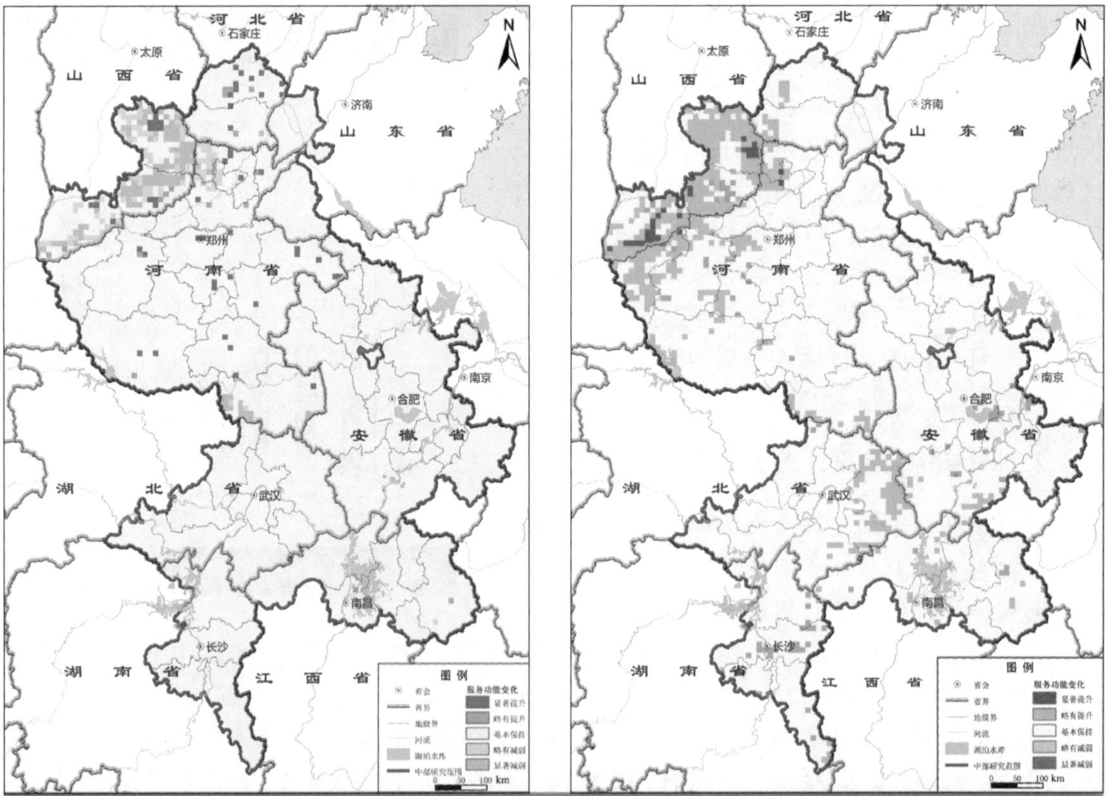

图 4-39 中部地区水源涵养和水土保持功能变化

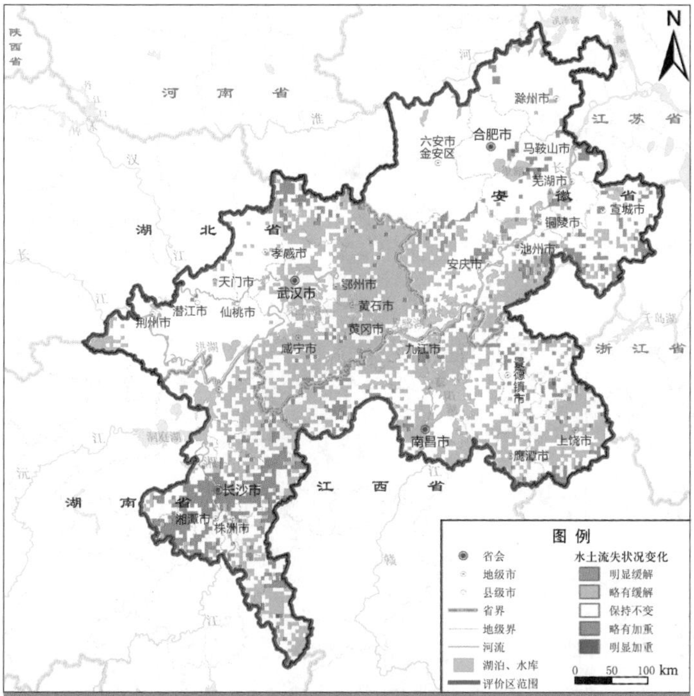

图 4-40　2000—2010 年长江中下游地区水土流失状况变化

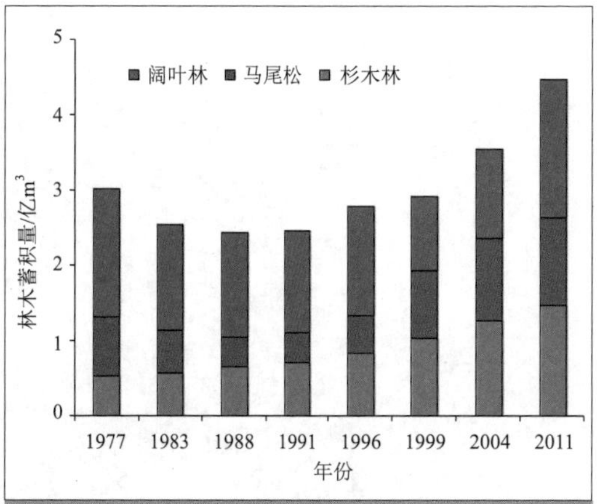

图 4-41　江西省森林不同林分蓄积量变化

近 10 年来，以评价区内的省会城市及地级市为中心，评价区内城镇普遍迅速扩张，面积增加 9 128.58 km²，增幅高达 20.96%。其中，中原经济区增加 4 902.90 km²，增幅达 43.33%；长江中下游城市群增加 4 225.68 km²，增幅为 11.11%（图 4-42）。

城镇化是我国未来最大的发展潜力，中部地区的城镇化与工业化，将成为推动我国发展的重要动力，也是未来中原经济区和长江中下游城市群的发展趋势。

中原经济区是我国主体功能区划中明确指出的重点开发区，也是我国未来城镇化的重点区域，区域发展的资源环境压力还将在一定时期内居高难下。随着未来区域经济的发展，城镇建设用地的面积将进一步扩张，将导致对矿藏、耕地、能源和原材料等自然资源的需求增加，进而使自然资源开发强度随之加大，区域生态压力越来越大，人居环境保障的压力也越来越大。

2. 人为活动胁迫明显增强

中部地区人为活动胁迫强度的高值区主要分布

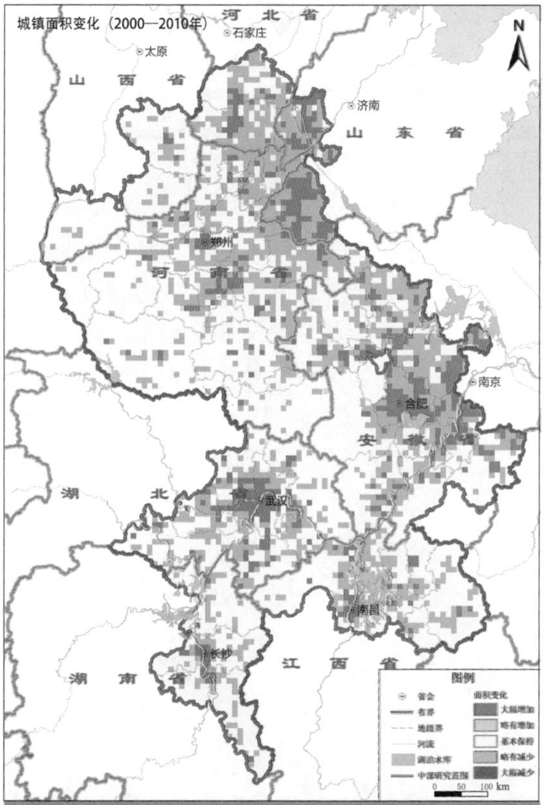

图 4-42　中部地区城镇生态系统的分布及变化

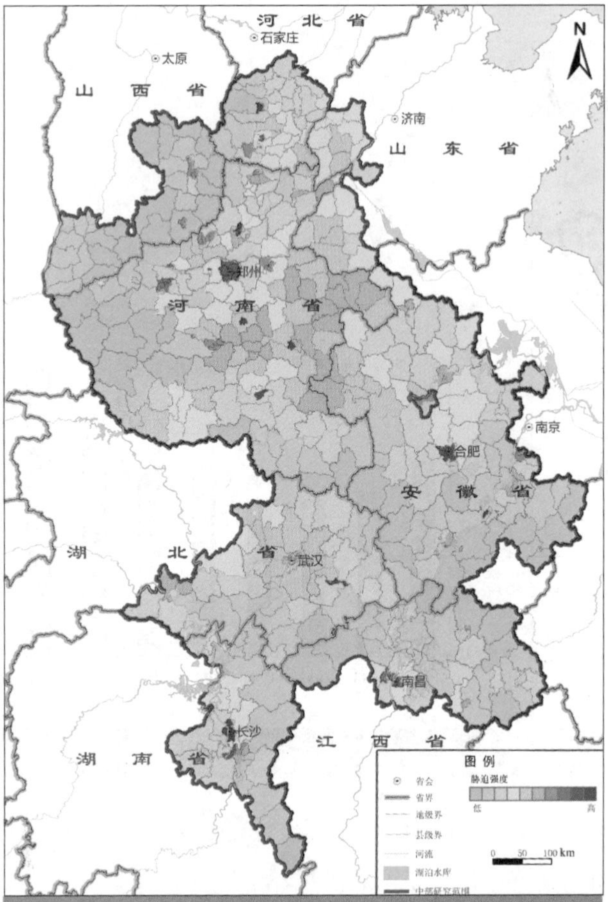

图 4-43 中部地区人为活动综合胁迫强度的分布

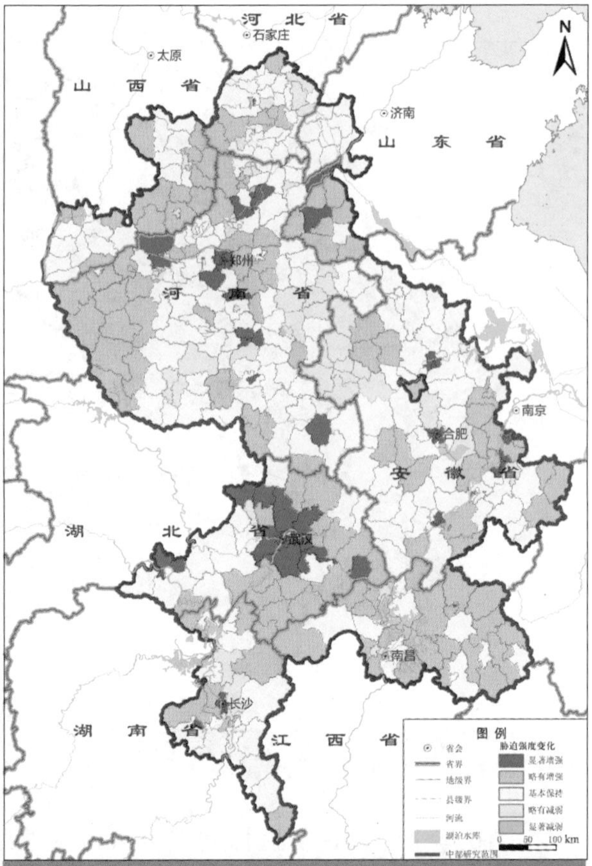

图 4-45 中部地区人为活动综合胁迫强度的变化（2000—2010 年）

于平原区域（图 4-43），如黄淮平原、南阳盆地、江汉平原、洞庭湖平原等，最高值区主要分布于评价区内的大中型城市如郑州、武汉、长沙、合肥等地。从分指标上看，平原区域的社会经济胁迫、农业活动胁迫、污染物排放胁迫也多为高值区。

大部分地区明显增加，仅有部分区域略有降低（图 4-44 和图 4-45）。人为活动胁迫强度增加的区域主要包括大中型城市及其周边地区、矿产资源丰富的山地丘陵区。中原经济区的洛阳、郑州、开封、许昌、聊城，长江中下游城市群的武汉、荆州、长沙、合肥、安庆、铜陵、芜湖、马鞍山等地区的人为活动胁迫强度明显增加。

从不同类型的人为活动胁迫上看（图 4-46），社会经济胁迫与开发建设胁迫强度普遍增加。污染排放胁迫出现向“三废”处理能力较低的山区和农业区扩散的趋势。由于农村人口减少、农田面积萎缩，部分区域的农业活动胁迫有所缓解。

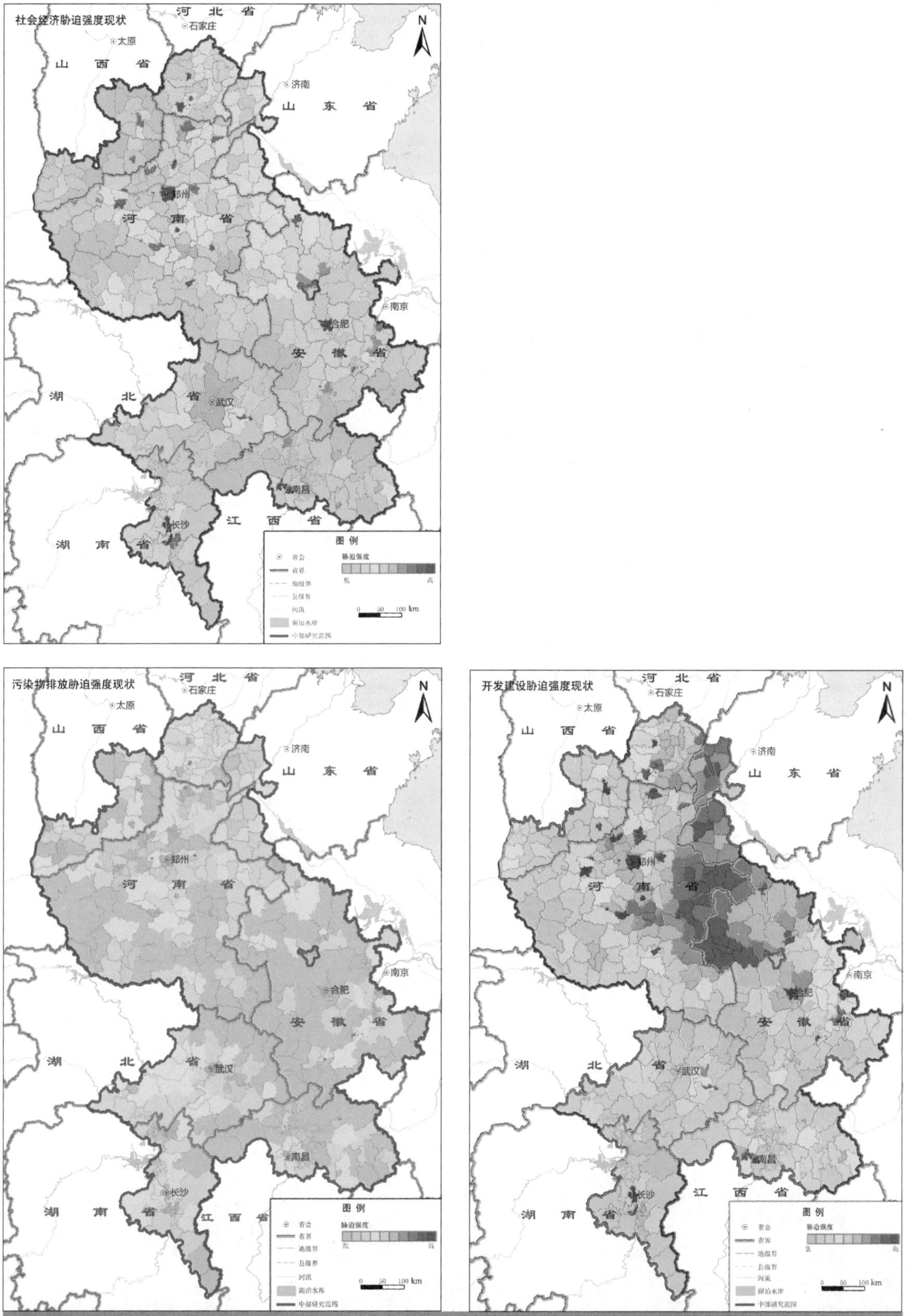

图 4-44　中部地区各类型人为活动胁迫强度的分布

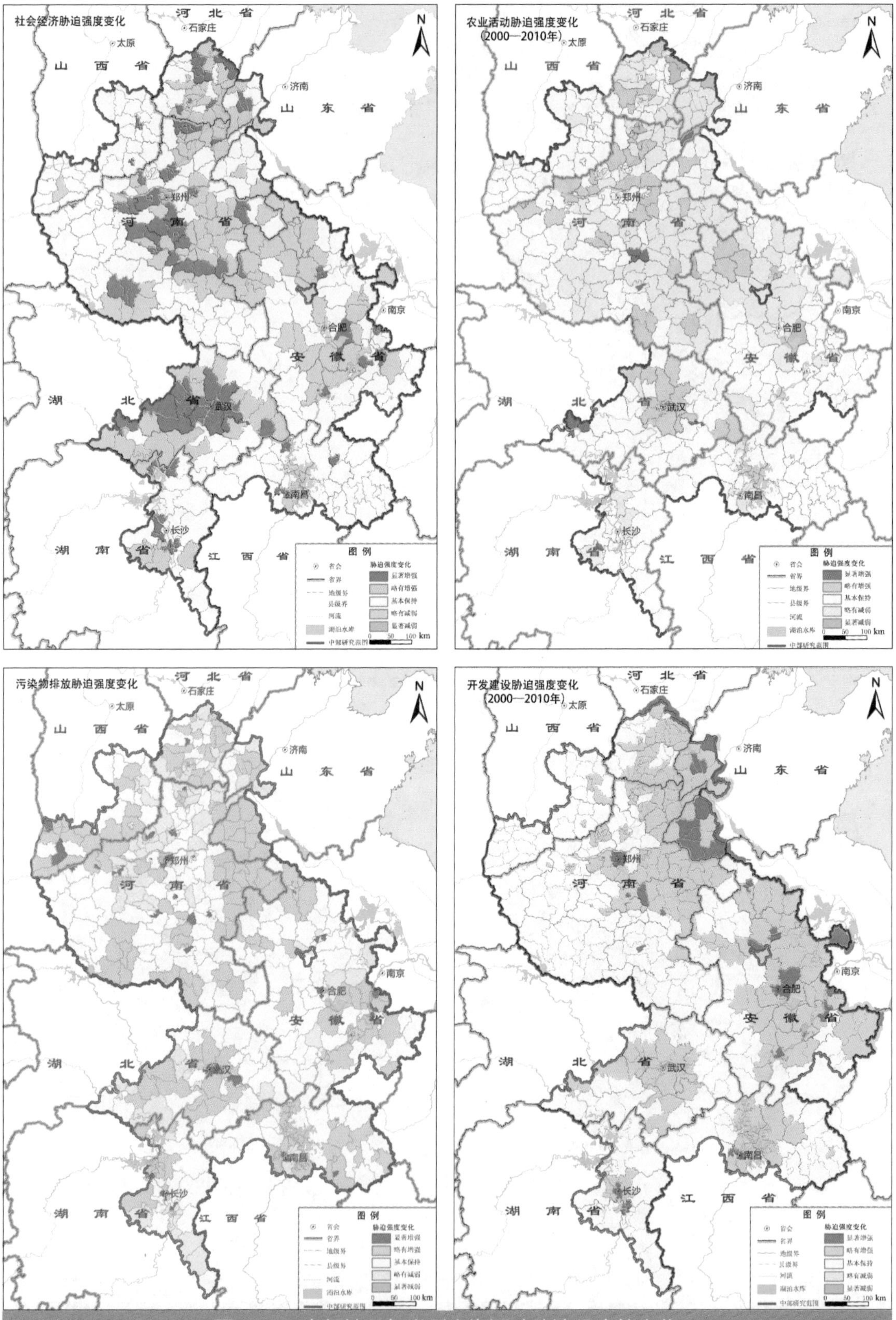

图 4-46 中部地区各类型人为活动胁迫强度的变化

六、区域中长期发展的生态影响与风险评价

近 10 年来，随着国家“中部崛起战略”的提出，中部地区经济取得了快速发展。但是以资源型、重工业为主的产业结构和快速的城镇化进程导致地区人地关系、用水关系较为紧张，流域性水环境、城市群大气环境污染形势较为严峻，持续改善环境质量的任务艰巨。随着中部崛起战略的深入实施，处理好区域发展规模与地区资源环境安全保障、地区产业发展与生态环境安全之间的矛盾是实现中部地区可持续发展的必然要求。为此，需要根据地区发展的趋势、国家的相关产业政策和环境管制政策，对地区社会经济发展进行合理的情景预测，分析其资源环境压力，从而提出合理的环境管理政策和措施。

（一）区域中长期发展情景

1. 情景设置

（1）基线情景：经济发展惯性和地方发展意愿

该情景充分考虑中部地区地方政府要求发展经济，促进中部崛起的强烈发展愿望。在该情景下，中部地区将保持高速经济增长态势，产业结构以鼓励工业和第三产业发展为主。经济增速参考地区 2000—2012 年增长速度的平均值，以及地区“十二五”规划的 GDP 增速；三次产业结构则参考 2000—2012 年各产业的经济增长速度，又要兼顾地区规划的产业结构调整思路。

（2）优化情景：空间和产业结构调整及技术进步

该情景统筹考虑区域经济发展诉求和生态环境保护要求，通过跨越式提升生态环境保护技术、主动谋求产业结构调整等手段，提高经济增长的效率和质量。在该情景下，既考虑了国家和地区主体功能区划对地区发展的定位，也考虑了地区生态环境压力驱动的地区产业结构调整和技术进步等因素。

根据地区主体功能区划和国家相关规划，将地区分为重点发展区、农产品主体功能区和生态保护区。重点发展区以保持经济持续增长为目标，同时注重产业结构调整，尤其是鼓励第三产业的发展；农产品主体功能区则以保障国家粮食基地功能为首要目标，在保持一定经济增长速度的同时，要保障农业的发展速度和在国民经济中的比重，同时鼓励第三产业的发展；生态保护区则以生态保育为优先，不以 GDP 发展为优先考核指标，在产业结构上要注重第一产业和第三产业的发展。此外，在确定 GDP 的增速时，要考虑地区环境污染排放的增长速度以及地区环境保护技术的进步，以保证整个中部地区环境污染排放总量增速为零、增产不增污的目标实现（表 4-21）。

表 4-21 不同情景设置下生态空间利用方式

情景	目标	参考规划	发展模式	空间利用方式
基线情景	区域经济高速增长	能源、石化、钢铁等重点产业发展规划	按照原产业结构和经济增速趋势发展，重点促进第二产业发展	主要依据土地利用总体规划，重点保障建设用地需求，湿地作为未利用地
优化情景	依据主体功能区战略，基本实现区域有序增长	综合现有重点规划，重点参考主体功能区划、土地利用总体规划等	对各区域根据其主体功能确定发展目标	优先保障主体功能相对应的用地需求。确保粮食主产区耕地不减少，生态功能重要区生态用地不减少

2. 社会发展

2000—2010 年，中部地区总人口从 25 947 万人增加到 26 750 万人，年均增长率为 3.0‰。该增长率低于全国 5.65‰ 的平均水平，但高于中部六省 1.55‰ 的人均增长水平。

假设 2010—2020 年中部地区依然保持 3.0‰ 的人口自然增长率。随着中部崛起战略的提出，用趋势外推法对区内各城市的人口规模进行预测。预计到 2020 年，中部地区人口总量将达到 28 065 万人，比 2010 年增加 1 315 万人。

《国家新型城镇化规划（2014—2020）》中提到，城镇化作为保持经济健康发展的强大引擎，加快产业结构转型升级的重要抓手，解决农业、农村、农民问题的重要途径以及促进社会全面进步的必然要求，未来 5 ～ 10 年内，全国将加快推进城镇化步伐，以人的城镇化为核心，有序推进农业转移人口市民化，推动大中小城市和小城镇协调发展，提升城市可持续发展水平；并提出了到 2020 年，城镇常住人口比率达到 60% 的目标。

中部地区作为全国重要的粮食基地和农产品主产区，必须保证有一定的农村人口从事农业生产。同时，该地区的产业发展规模和层次也无法支撑巨大的农村人口转移。因此，在具体分析各地市的功能定位与经济结构基础上，以 2015 年规划方案为基础，考虑中部地区不同地市的城镇化率变化趋势、未来地区经济发展水平，尤其是非农经济的发展水平以及地区人均 GDP 水平变化幅度，确定出地区可能的城镇化率。

预计到 2020 年，中部地区平均城镇化率将达到 58% ～ 62%；到 2030 年，城镇化率将达到 64% ～ 69%，均低于全国平均水平。

3. 经济发展

调研中部地区所在省、地市现有的“十二五”规划、产业规划以及近期国家出台的相关政策，通过分析发现，未来中部地区社会经济主要具有以下几个特征：

①中部地区各地方政府表达了强烈的经济增长愿望。作为我国重要的能源原材料、装备制造业和粮食基地，随着国民经济和需求的增长，中部地区各地方政府认为需求和投资的继续增长将拉动中部地区保持经济持续增长趋势，各地市的“十二五”规划提出的经济增速都在两位数以上。

②国际和国内经济增长环境与格局正在发生变化。自 2013 年以来，新兴市场经济体增速放缓，越南、印度等国家在吸引外商投资方面对我国形成巨大竞争。我国 GDP 增速近年来呈现持续下滑趋势，从 2010 年的 10.2% 持续下滑到 2013 年的 7.7%，并预计 2015 年 GDP 增速在 7% ～ 7.5%。

③未来 5 ～ 10 年，中部地区的经济增速将放缓，中部地区现有钢铁、建材、电力、化工、装备等主导产业的投资拉动力度不会增大，其对经济增长的贡献也较小。

④转变经济增长方式、发展生态文明成为“十三五”时期区域发展的重点。

⑤中部地区作为国家粮食生产基地及黄淮海地区农产品、长江流域农产品主体生产区的地位基本保持不变。

⑥中部地区涉及的江西、湖北、湖南、山西、山东、河北、河南和安徽均已完成主体功能区划，对每一个市县的主要发展功能予以空间定位。地区主体功能主要分为重点开发区域、农产品主产区、（重点）生态功能区三种类型。

⑦随着地区大气和水环境问题突出，转变经济增长方式，提高经济发展效率，建设资源环境友好的生态文明发展方式将成为地区发展的主导思想。

以 2000—2012 年历史趋势数据和第十二个国民经济和社会发展五年规划中的 GDP 发展速度和产业结构调整目标为基础，根据不同地区的主体功能定位和发展情景，确定了不同情景下 2012—2020 年、2020—2030 年的地区 GDP 发展速度和第一、第二、第三产业的发展速度，对 2020 年各地区的 GDP 及三次产业结构进行预测。

预计到 2020 年，在基线情景下，中部地区 GDP 总量将达到近 23.6 万亿元，约占全国总量的 1/4；GDP 年均增长率为 12.8%，三次产业从 10.71 ∶ 52 ∶ 37.29 调整到 7 ∶ 54 ∶ 39。在优化情景下，中部地区 GDP 总量将达到 19.21 万亿元，年均增长率为 9.45%，三次产业调整到 8.2 ∶ 48.55 ∶ 43.25。

（二）区域发展的生态影响关键因子

通过对中部地区影响生态系统结构和功能的因子进行梳理，将影响因子概括为城镇扩张、工业发展、农业发展与矿产资源开发四个方面。

1. 城镇开发：局部城镇快速扩张

从规模上来看，城镇建设用地面积增加，其增幅基线情景明显高于优化情景，省级以上经济开发区数量较多，规划面积较大，规划省级以上开发区 484 个，总面积超过 15 000 km^2，其中面积 100 km^2 以上的开发区 30 个。从布局上来看，沿江沿河、沿铁路布局特征明显，在优化情景下，主体功能区划中重点开发区城镇扩张速度较快（图 4-47）。

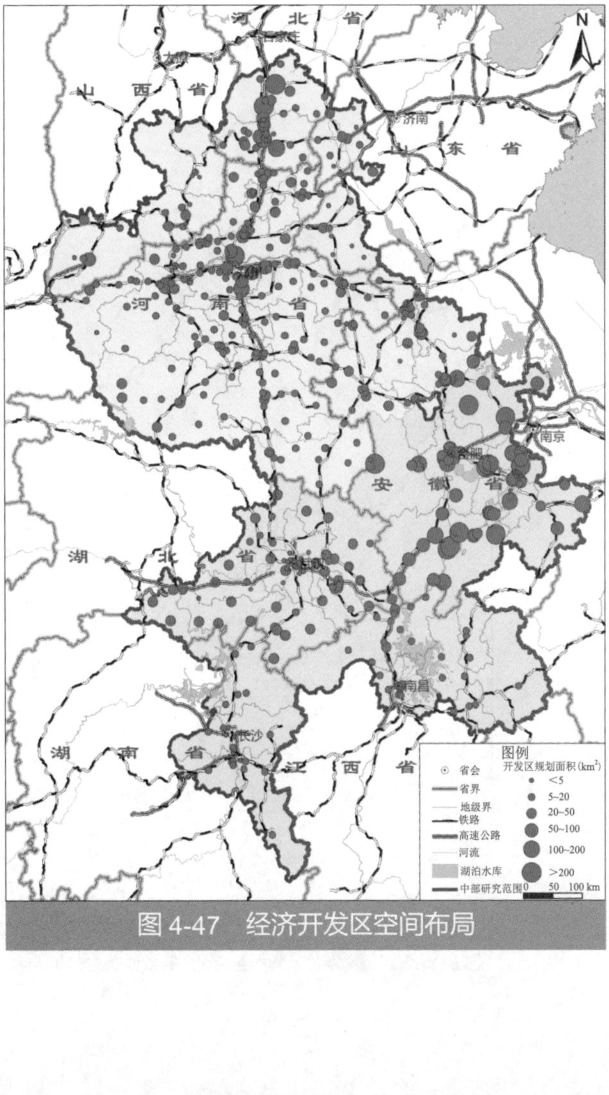

图 4-47 经济开发区空间布局

2. 工业发展：重化工业产能扩张明显

中部地区工业发展的胁迫强度进一步加重，

主要工业品产能均有不同程度增加，从规模上来看，至 2020 年电解铜新增 292 万 t，铅新增 130 万 t，水泥新增 6 554 万 t，发电量新增 9 662 万 kW；钢铁和电解铝产能有所减少，钢铁削减产能 1 182.4 万 t，电解铝减少 150.4 万 t。

从布局上来看，除火电外，多数区域均以现有产能为基础进行扩张，钢铁新增产能主要分布在部分沿江城市，有色冶炼新增产能主要集中在矿山分布区。长江子流域中游各地区发电量均有所增长。中原经济区能源有所增长，且增量较大（图 4-48）。

3. 农业发展：化肥施用量增加，局部畜禽养殖量减少

栾江等（2013）依据中国农业可持续发展决策支持系统（CHINAGRO），对我国各省份 2020 年的化肥施用量进行了预测。参考其研究成果，至 2020 年，中部地区农药化肥施用量在 2010 年基础上增加 3.47 万 t，

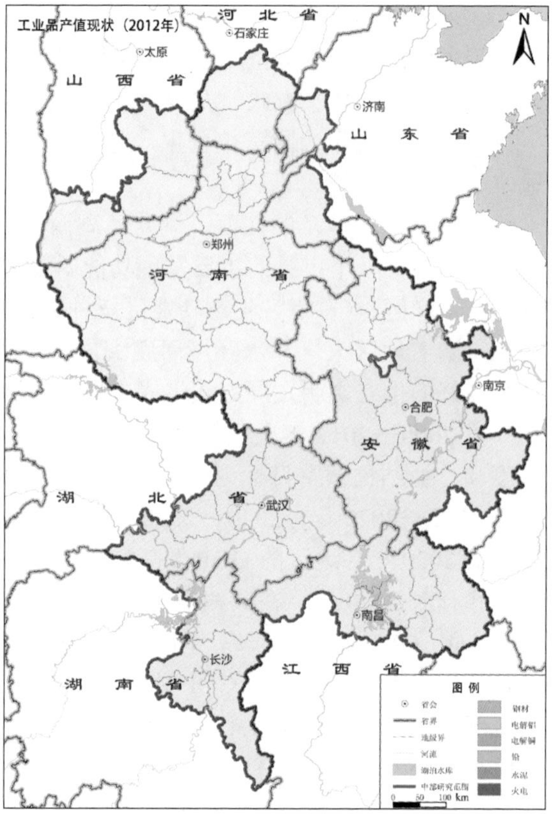

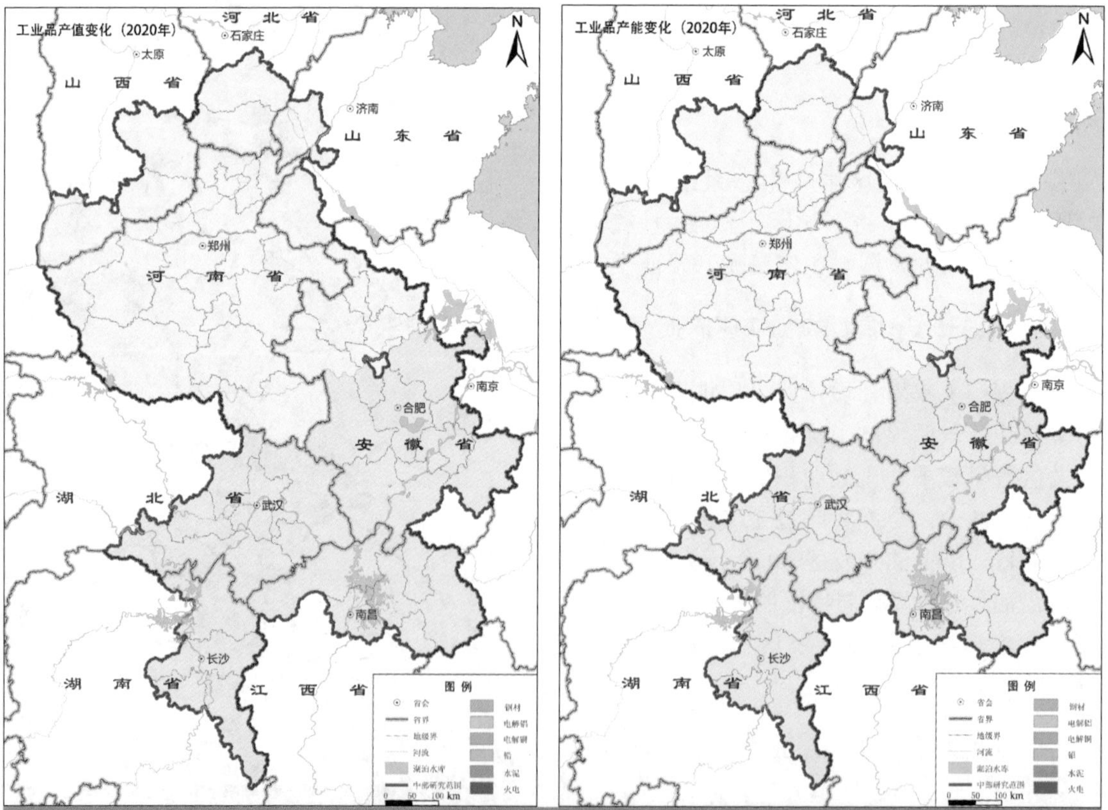

图 4-48 主要工业品布局

增幅达 3.34%。长江以南及晋东南丘陵地区增幅较大，如晋城、运城、长治和蚌埠等区域增量较大，在 2010 年基础上增加 3.45 万 t，增幅达 2.95%。

至 2020 年，中部地区畜禽养殖的整体空间布局变化不大，总量变化幅度不大，在 2010 年基础上增加 12.43 万头猪当量，增幅约为 0.75%，中原经济区丘陵山区、长沙及部分沿江城市有所增加。

4. 矿产资源开发：总量快速增加

整体上看，中原经济区煤炭开采量增幅较大，长江中下游城市群金属类矿开采量增幅较大。至 2020 年，中部地区各类矿石开采量将增至 20.23 亿 t，在 2010 年基础上增加 9.77 亿 t，增幅 97.72%，其中，煤炭增加 3.17 亿 t，黑色金属矿增加 1.12 亿 t，有色及稀土金属矿增加 0.39 亿 t，非金属矿增加 3.10 亿 t（图 4-49）。

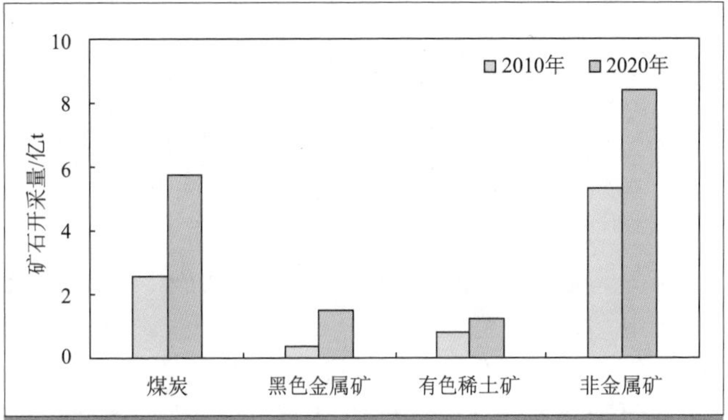

图 4-49　中部地区矿石开采量

但是，评价区各地市规划矿山治理率和复垦率依旧偏低，一般都在 40% ～ 60%，且矿产开发量越大的地区，治理率越低。依据各地市矿产资源规划，矿产资源开采量大的区域，复垦率与治理率反而较低，如湖北省铜、铁矿分布较为集中的黄石、黄冈、鄂州、湖南有色金属矿大市株洲，规划“十二五”末的矿山治理率均不及 35%，复垦率也低于 40%。

矿山生态恢复滞后，所导致的生态后果突出，环境压力巨大，并对流域下游产生较大的环境污染风险与地质灾害风险。

（三）区域发展对生态系统格局的影响

基于 CLUE-S 模型的分析结果显示：城镇生态系统仍将持续扩张，长江南部地区和西北部山区扩张速度较快，东部平原地区扩张速度相对较慢；农田生态系统仍将持续减少，山区变化较为剧烈，平原河湖地区农田保持较为稳定；森林生态系统稳中有升，尤其是山区地带的森林得到保育，而平原地区增加缓慢；湿地生态系统受人为干扰严重，将持续萎缩，尤其是草本沼泽湿地，变化幅度较大。

1. 城镇持续扩张，长江以南增幅较大

根据中部地区各地市的土地利用总体规划，设置不同的情景模式进行模拟分析，结果显示城镇生态系统面积将持续扩张。基线情景下，其面积从 2010 年的 1.77 万 km^2 增长到 2020 年的 6.06 万 km^2，增幅为 11.42%；到 2030 年增至 6.77 万 km^2，增幅为 24.44%。优化情景下，增长幅度稍有减小，2020 年城镇生态系统面积 5.97 万 km^2，增幅为 9.73%；2030 年面积增长至 6.27 万 km^2，增幅为 15.36%（表 4-22）。

从空间上看，城市群的中心城市变化幅度较大，并以中心城市为中心，向四周辐射，变化幅度逐渐减小。从区域上看，长株潭城市群的城镇变化幅度最大，鄱阳湖生态经济区和武

表 4-22 城镇生态系统变化

城市群	2020 年				2030 年			
	基线情景		优化情景		基线情景		优化情景	
	面积 /km²	增幅 /%	面积 /km²	增幅 /%	面积 /km²	增幅 /%	面积 /km²	增幅 /%
中原经济区	40 170.50	9.46	39 795.57	8.44	44 011.69	19.93	41 048.84	11.86
长江中下游城市群	20 416.21	15.48	19 872.21	12.40	23 654.67	33.80	21 677.69	22.62
总计	60 586.71	11.42	59 667.78	9.73	67 666.36	24.44	62 726.54	15.36

汉城市圈次之，而皖江城市带的城镇变化幅度最小，其中，安徽铜陵和马鞍山、江西南昌和景德镇以及湖南长沙的城镇变化最为剧烈。

2. 农田持续减少，占优补劣情况严重

基于中部各地市的土地利用总体规划，设置不同的情景模式进行 CLUE-S 模型分析，结果显示农田生态系统面积将持续下降。基线情景下，农田面积从 2010 年的 29.45 万 km^2 下降到 2020 年的 29.31 万 km^2，减少约 1 400 km^2，降幅为 0.47%；2030 年，面积下降至 28.92 万 km^2，减少约 5 300 km^2，降幅为 1.81%。优化情景下，其变化情况与基线情景相似，变化幅度略有减缓（表 4-23）。

表 4-23 农田生态系统变化

城市群	2020 年				2030 年			
	基线情景		优化情景		基线情景		优化情景	
	面积 /km²	增幅 /%	面积 /km²	增幅 /%	面积 /km²	增幅 /%	面积 /km²	增幅 /%
中原经济区	180 764.23	−0.36	181 241.53	−0.10	177 808.96	−1.99	181 230.21	−0.10
长江中下游城市群	112 334.43	−0.65	112 328.93	−0.65	111 352.65	−0.87	111 773.93	−0.49
总计	293 098.66	−0.47	293 570.46	−0.31	289 161.61	−1.81	293 004.14	−0.50

从空间上看，在退耕还林政策以及农村人口外流等因素作用下，评价区海拔相对较高的丘陵山地如太行山区、大别山区、黄山—怀玉山区、幕阜山—九岭山区的农田将可能继续减少。而在海拔相对较低、坡度相对较缓的低丘缓坡地区，在农田占补平衡政策作用下，农田面积可能会有所增加。

3. 森林稳中有增，沿江城镇有所减少

根据中部地区各地市的土地利用总体规划，设置不同的情景模式进行模拟分析，结果显示森林生态系统面积相对稳定。基线情景下，其面积从 2010 年的 15.33 万 km^2 增长到 2020 年的 15.71 万 km^2，增幅为 2.47%；到 2030 年增至 15.93 万 km^2，增幅为 3.88%。而优化情景下，森林生态系统持续小幅度增加，2020 年面积增至 15.68 万 km^2，2030 年面积增至 15.92 万 km^2（表 4-24）。

从空间上看，评价区太行山区、大别山区，东部黄山—怀玉山区，南部幕阜山、九岭山和罗霄山等地的森林有所增加，而中原经济区东部、长江干流两侧的河湖地区以及鄱阳湖和洞庭湖沿岸地区的森林面积大幅度减少（图 4-50）。

表 4-24　森林生态系统变化

城市群	2020 年				2030 年			
	基线情景		优化情景		基线情景		优化情景	
	面积 /km^2	增幅 /%	面积 /km^2	增幅 /%	面积 /km^2	增幅 /%	面积 /km^2	增幅 /%
中原经济区	56 493.13	6.29	55 754.92	4.90	58 910.42	10.84	57 947.36	9.03
长江中下游城市群	100 639.68	0.44	101 001.86	0.80	100 394.77	−0.24	101 292.87	0.29
总计	157 132.81	2.47	156 756.78	2.22	159 305.18	3.88	159 240.23	3.84

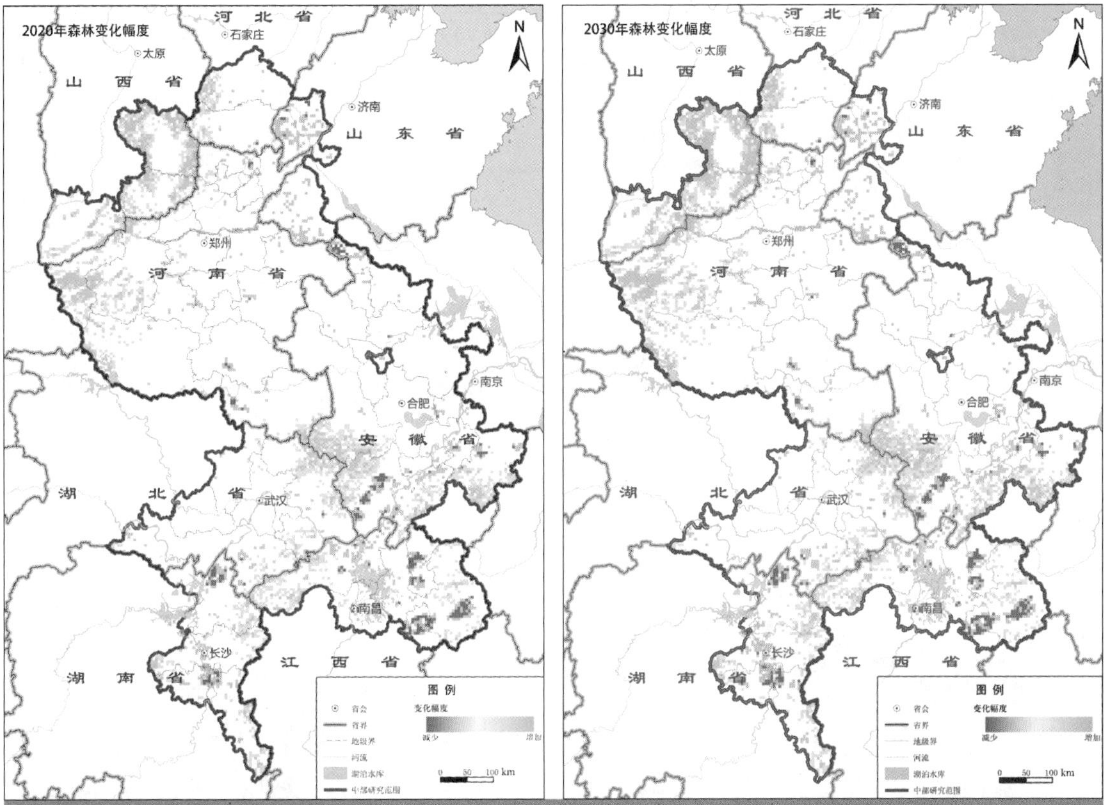

图 4-50　森林生态系统空间变化

4. 湿地持续萎缩，沿江沼泽影响严重

湿地保护在现有土地利用总体规划、主体功能区划中被忽视，在水利规划、生态保护相关规划中也未得到足够重视。相关规划仍然呈现出“重视水库建设、轻视生态保护、忽视湿地恢复”的特征。因此，难以从根本上扭转湿地生物多样性下降、旱涝灾害风险加剧的趋势。此外，在城镇建设用地日趋紧张、用地指标控制趋于严格的背景下，在现有政策驱动下，沿江沿湖地区草本沼泽湿地丧失的概率会显著增大，并将导致洪水调蓄能力下降风险和湿地生物多样性下降风险进一步升高。

依据 CLUE-S 模型模拟结果，评价区湿地面积未来将持续减少。基线情景下，2010—2020 年，湿地面积从 3.41 万 km^2 减少到 3.00 万 km^2，减幅为 12.11%；2020—2030 年，减少至 2.75 万 km^2，减幅为 19.25%。优化情景下，减少趋势稍有缓减，2010—2020 年，湿地面积减少至 3.27 万 km^2，减幅为 4.05%；2020—2030 年，减少约 1 000 km^2，减幅为 7.02%（表 4-25）。

表 4-25 湿地生态系统变化

城市群	2020 年				2030 年			
	基线情景		优化情景		基线情景		优化情景	
	面积 /km^2	增幅 /%	面积 /km^2	增幅 /%	面积 /km^2	增幅 /%	面积 /km^2	增幅 /%
中原经济区	3 214.37	-43.97	4 898.92	-14.61	2 226.01	-61.20	4 424.23	-22.88
长江中下游城市群	26 766.59	-5.66	27 829.37	-1.92	25 319.32	-5.41	27 292.17	-1.93
总计	29 980.96	-12.11	32 728.29	-4.05	27 545.33	-19.25	31 716.40	-7.02

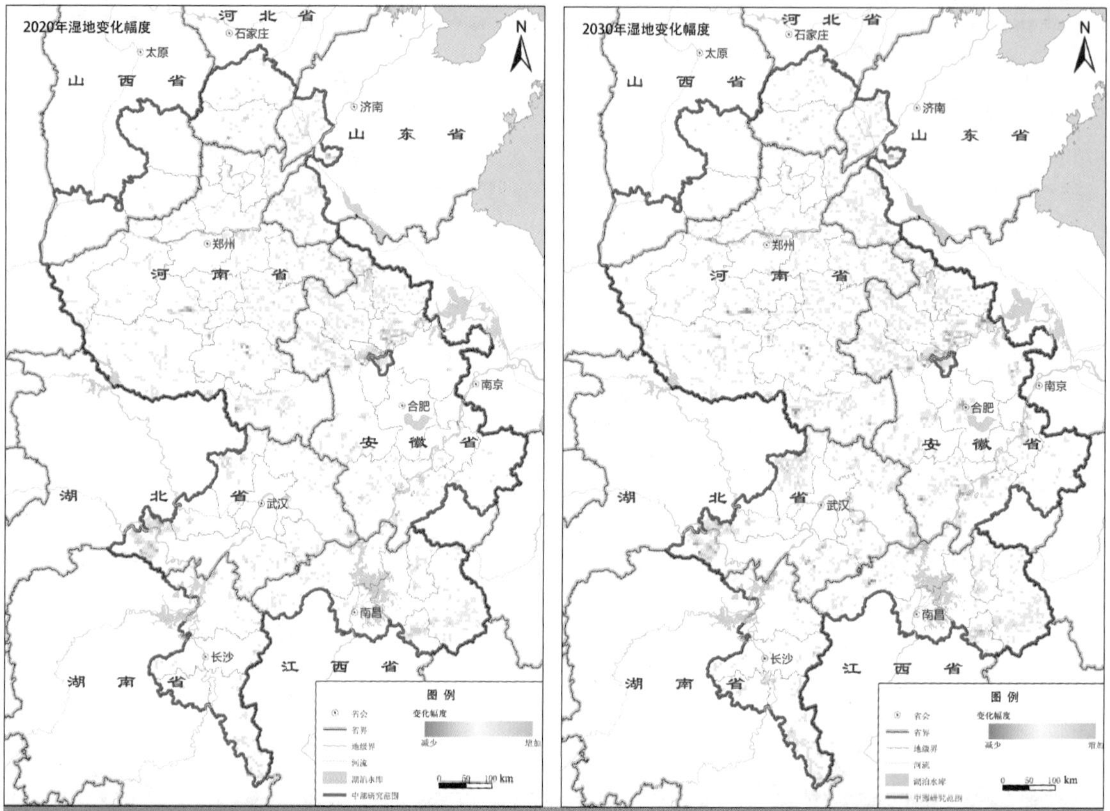

图 4-51 湿地生态系统空间变化

从空间上看，长江干流两侧通江湖泊湿地及江汉湖群变化幅度较大。从区域上看，宣城、景德镇、驻马店、淮南、蚌埠和平顶山是湿地萎缩最为严重的地区（图 4-51）。

（四）区域发展对生态系统服务功能的影响

1. 生物多样性维持功能

中部地区生态系统结构复杂，不同类型的生态系统演变趋势也不尽相同，因此，生物多样性维持功能也呈现出不同的趋势（图 4-52）。

（1）森林生物多样性维持功能将继续提升

自 20 世纪 90 年代中期以来，评价区各地植树造林活动规模较大，植被得到一定恢复，

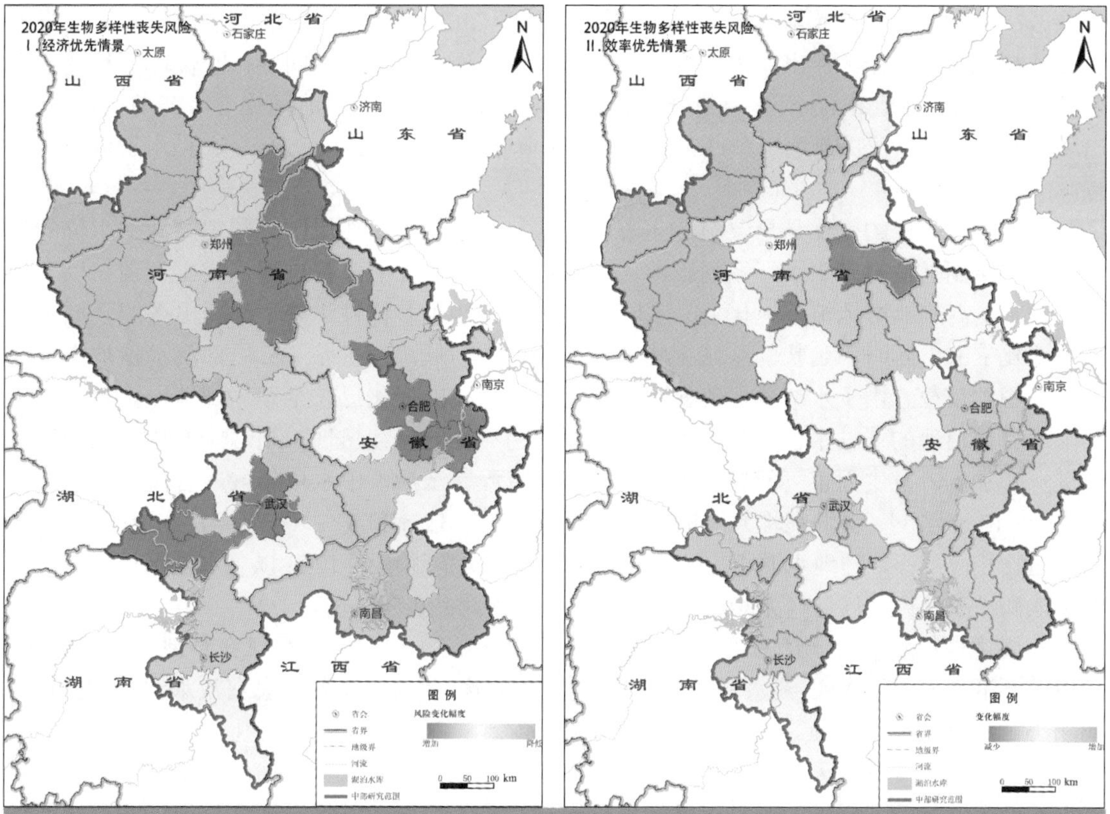

图 4-52　评价区生物多样性维持功能变化预测

森林面积迅速增加。尽管存在林分结构不合理、森林质量较低等问题，但随着森林植物的生长以及植被的自然演替，这一问题也正在逐步得到缓解。

依据 CLUE-S 模型的 2010—2020 年逐年模拟数据，可近似地估算出森林各区域的生长年龄，根据文献中评价区人工林中主要建群种马尾松的年龄 - 生物量曲线，可近似地获得 2020 年评价区森林生物量的变化。同时，还依据 CLUE-S 模型模拟结果，对林地、草地等生态用地面积变化进行了分析，结果显示，无论是森林质量还是生态用地面积，均呈现出高海拔地区升高、城市集中区降低的趋势，且森林质量整体上也有一定提升。

此外，评价区海拔较高、坡度较大的山区人类活动的干扰也在减少。这些区域的劳动力向城市集中，导致该区域人口密度减少，人口压力减轻。此外，由于山地坡度较大，不适宜开发建设，因此，近 10 年来，受到开发建设的压力也较小。尽管部分矿区会发生植被破坏，但矿区多点状分布于部分区域，对整体植被面积的影响相对较弱。

近年来，森林生物多样性呈现出明显上升的趋势。在现有政策及趋势下，未来评价区森林生物多样性维持功能提升的趋势仍将延续。

（2）湿地生物多样性丧失的趋势难以遏制

与森林生物多样性逐渐提升相比，湿地生物多样性则呈现出完全相反的趋势，并且，在未来长江流域人类活动继续加强的背景下，湿地生物多样性丧失的趋势难以遏制。

① 鄱阳湖、洞庭湖两大通江湖泊湿地植被将进一步退化，水鸟种群也将发生明显改变

2003 年长江三峡水利枢纽工程运行之后，江湖关系发生了变化，长江入洞庭湖的水沙情势也发生了变化。越来越多的研究表明，三峡大坝运行后长江入洞庭湖水量减少，水流泥沙

含量减少（湖盆多年平均淤积率由 70% 以上减少至 39.5%），丰水期水位下降，枯水期提前且持续缺水，中低位洲滩出露天数变长。鄱阳湖也出现了连续多年的低枯水位，这种变化主要体现在：a. 丰水期水位下降，维持时间显著缩短；b. 枯水期出现时间提前，在 10 月就开始出现枯水期，较以往提前近一个月左右，水位下降幅度大，在 1.5 ～ 2 m；c. 枯水期低水位维持时间长。

湿地水文条件的变化是导致湿地生态系统演替和退化的主要原因。鄱阳湖湖泊水位的异常变动，给湖区植被带来了一系列影响，使植被出现退化性的演替过程。突出表现在以下几个方面：a. 高滩地湿地植被退化；b. 水陆过渡带植物物种多样性下降；c. 新出露的区域水生植被退化；d. 出露时间延长的区域生物量增加，植被向低滩地扩张；e. 局部沉水植被类型发生大面积的演替。由于水文条件改变而出现的湖泊植被的变化已在全湖局部地段出现，如果鄱阳湖目前出现的低枯水位不是周期性的，而是趋势性的持续出现，则这些变化发生的程度将进一步加剧，发生面也可能进一步扩张。三峡工程完工后，中水位年最适合候鸟栖息活动的 12 ～ 13 m 水位（吴淞高程）湿地，将分别提前 8 ～ 12 d 和 5 ～ 8 d 显露，水位提前下降，水生植物相应下移，洼地水面相应缩小和变浅，候鸟提前退缩到 12 m 以下水位区域活动。据大湖池和蚌湖计算，候鸟（尤其是涉禽）活动面积因此减少了 1/3 ～ 1/2。

不同类群的水鸟对于栖息地的选择和需求不尽相同。雁类主要栖息在草滩、浅水滩涂，鸭类主要栖息在开阔水域、浅水沼泽，大型涉禽（如鹤类、鹳类）主要栖息在浅水沼泽、泥滩地，鸻鹬类主要栖息在泥滩地。人为干扰使西洞庭湖湿地景观发生了巨大变化，自然洲滩湿地被人工杨树林大量侵占，天然湿地大面积丧失，湿地景观破碎化严重。然而即使是片断化的自然湿地，仍然维持了较高的水鸟多样性，群落结构更为均匀；进行湿地恢复虽然在天然湿地丧失的情况下为水鸟提供了适宜栖息生境，但较为单一的景观使水鸟多样性有所下降。

② 四大家鱼种群将进一步衰退，江豚将面临灭绝

影响四大家鱼（青、草、鲢、鳙）和江豚种群数量变化的因素较多，包括环境污染、无序采砂、航运发展、过度捕捞和上游水利工程建设等。从长江中下游各城市群发展规划上看，这些影响因子的强度不仅没有减少，并且均呈现出加重的趋势。

三峡工程是近 10 年来影响四大家鱼种群数量最为显著的因子之一。由于受三峡工程影响，水沙情势发生变化，渔业资源受到明显影响。每年 2 月下旬至 6 月，四大家鱼一般在江河急流中产卵，随水向下漂流孵化。受三峡工程影响，3—6 月干流流量减少，同时坝下江段水温降低，不利于鱼类产卵繁殖和育苗成活，而且会使鱼苗进入洞庭湖、鄱阳湖等通江湖泊。每年秋季，随着三峡水库减泄流量，长江干道水位降低，可能造成通江湖泊定居性鱼类也随水流外逸，造成通江湖泊鱼类资源的衰退。根据统计，2012 年监利断面四大家鱼的种苗数量为 20 世纪 60 年代的 1%，为三峡截流前（1997—2002 年）的 1.2%，其中蓄水年份的鱼苗数量明显较低。三峡蓄水进入常态化后，鱼苗数量可能会有所恢复，但整体仍将在低水平波动。

渔业资源保护措施成效甚微。长江每年均有增殖放流活动，但由于放流的鱼苗通常集中活动，易被捕捞，因此大部分鱼苗被密集的渔船密网悉数打捞。此外，长江干流每年都有休渔期，但由于青鱼的性成熟周期是 6 年，草鱼、鲢鱼、鳙鱼普遍 4 年成熟繁殖，数月的休渔期无法满足四大家鱼种群恢复的需求，因此，应至少保证 10 年左右（两个世代）的休渔期，让长江鱼类休养生息，得以繁衍。另外，有关部门对长江渔民的燃油补贴力度较大，一定程度上加剧了渔业捕捞强度，加速了渔业资源的枯竭。

江豚位于长江干流水生生态系统食物链的顶端，因此，江豚种群动态直接反映长江水生

态的状态，是长江水生态的指示物种，江豚的灭绝意味着长江水生生态的极度恶化与生态服务功能的丧失。近年来，江豚种群数量下降速度很快，现存数量已少于大熊猫。数据显示，20 世纪 90 年代以来，其种群下降速率约为每年 6.3%，其中 2006—2012 年长江干流长江江豚种群数量平均每年下降 13.73%。2006 年考察发现长江干流中其种群数量少于 1 200 头，与 15 年前相比减少了 50% 以上。目前，长江干流长江江豚的种群数量约为 500 头，鄱阳湖长江江豚的种群数量约为 450 头，洞庭湖长江江豚的种群数量约为 90 头，整个长江江豚种群数量约为 1 040 头。

基于生命表建模和种群生存力分析，根据 1994—2008 年种群的动态参数的种群预测模型的模拟结果，有超过现有种群数量 80% 的个体会在未来三个世代周期时间内消失，达到 IUCN 濒危物种红色名录评估标准的“极危”等级，长江江豚种群在未来 100 年灭绝的概率高达 86.06%（SD=6.06%）。这仅是在现有胁迫未发生变化的情况下的模拟结果，但依据现有发展规划，江豚灭绝速度将被大大加快。

白鳍豚是与江豚体型特征、生活习性和生境需求相似的长江特有淡水豚类，20 世纪 80 年代初种群数量约为 400 头（与长江干流现有江豚种群数量相当），于 25 年后的 2007 年被宣告为功能性灭绝。近 20 年来，长江水产捕捞强度、航运发展速度、河道整治等人为干扰强度已成倍增加，因此，如按现有发展模式，不论是参照白鳍豚灭绝速度，还是参考种群预测模型的模拟结果，洞庭湖江豚在 10 年内消失，长江干流及鄱阳湖江豚在 20 ～ 30 年内消失，都是大概率事件。此外，鄱阳湖闸的建立，会导致湖内江豚种群因缺乏基因交流而发生衰退，发生“ALLEE 效应”——种群越小越易灭绝，从而加速其灭绝。

江豚的灭绝，将标志着长江水生生态系统的极度恶化与生态服务功能的丧失。因此，未来 20 年，从我国母亲河之一沦为仅有排污纳污和航运功能的死水，绝非危言耸听，而是现有发展模式的必然结果。因此，以保护江豚为契机，提出“拯救江豚、保护长江母亲河”的口号，将长江生态恢复作为系统工程，全面加强长江流域生态保护、修复与恢复的力度。

2. 农产品提供功能

农产品提供功能主要受两个因素影响，其一是农田面积，其二是单位面积的粮食产量。本研究已对农田面积进行了预测，影响粮食单产的主要因素包括技术进步以及耕地质量。由于在现有的农田占补平衡政策驱动下，农田面临“占优补劣”的问题，因此，对这一问题也必须进行评价，以进一步对农产品提供功能开展分析。

（1）低山缓坡区占优补劣发生概率较高

在现有土地政策控制下，尽管未来农田萎缩面积均低于 2%，但由于耕地占补平衡政策，高质量农田面积会出现较大萎缩，依据环保部 2000—2010 年遥感监测结果，评价区开发强度与高产田减少幅度呈显著正相关（图 4-53）。如按此趋势外推，基线情景下，至 2020

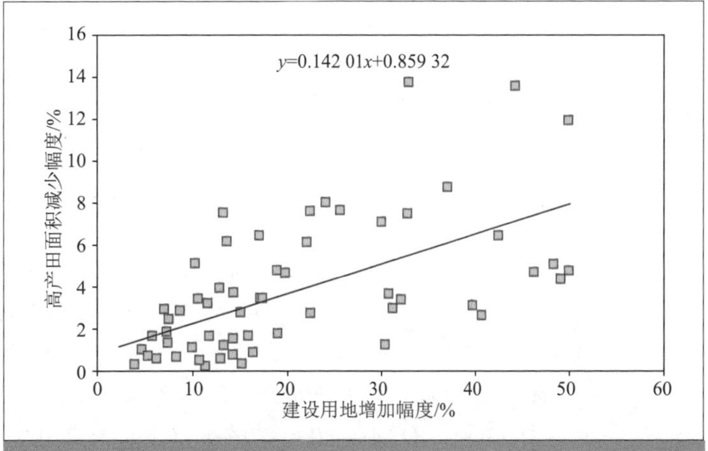

图 4-53　开发强度与高质量农田面积萎缩幅度呈显著正相关

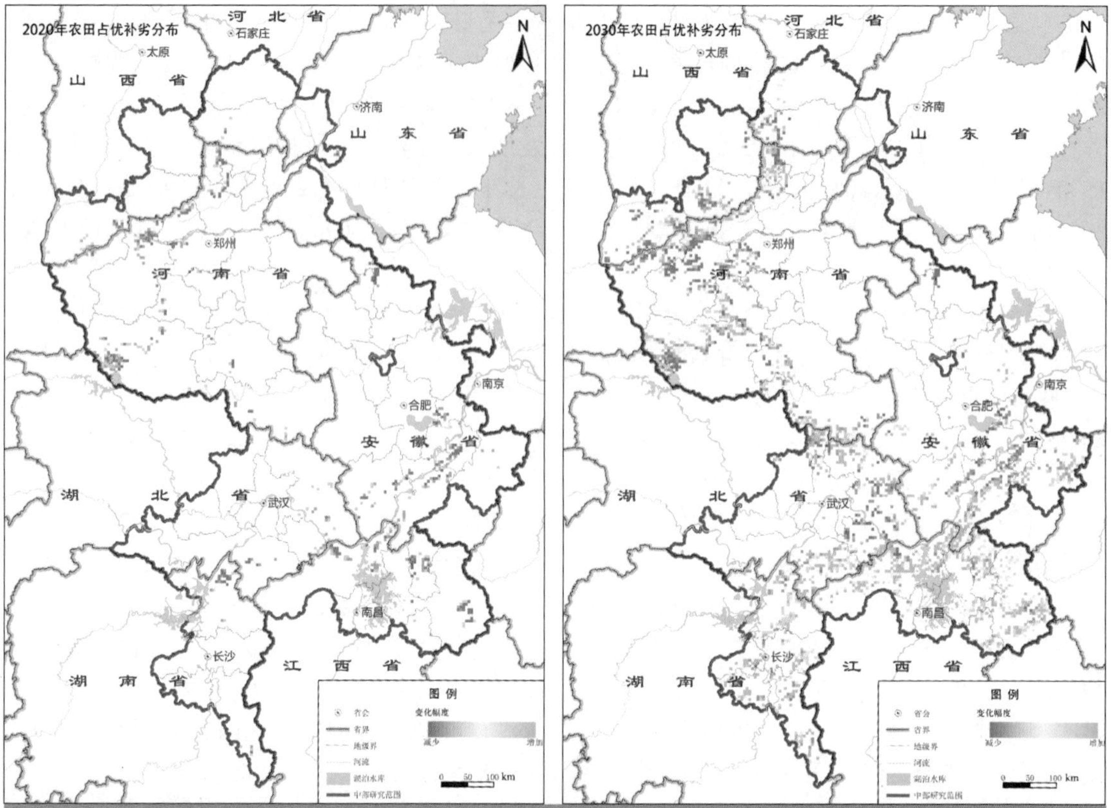

图 4-54 中部地区农田占优补劣的分布

年，整个评价区高产田面积将减少 7 306.32 km^2，幅度达 2.48%，至 2030 年，高产田萎缩幅度将达到 4.32%。

依据 CLUE-S 模型模拟结果，对评价区农田增加的区域进行分析，其中 61.03% 位于坡度大于 15° 的低丘缓坡区。这一结果表明，农田占补平衡政策驱动下，未来评价区耕地质量下降的趋势仍将延续，占优补劣的现象在低山缓坡区发生概率较高（图 4-54）。

（2）*技术进步提升粮食单产，但增速下降*

随着农业技术进步以及农药化肥施用量的升高，2000—2012 年评价区粮食单产变化趋势显示，粮食单产增幅呈现出逐年下降的趋势（表 4-26）。

表 4-26 2000—2012 年中部地区粮食单产

年份	2000	2001	2002	2003	2004	2005	2006	2007	2008	2009	2010	2011	2012
粮食单产 / （t/hm^2）	5.13	5.14	5.20	4.75	5.59	5.47	5.73	5.73	5.93	5.89	5.92	6.05	5.97

采用最小一乘准则，建立基于时间与单产的 C-D（Cobb Douglas）生产函数（图 4-55）：

$$y = 4.844\,8\,x^{0.079\,6} \qquad (4\text{-}53)$$

式中，x 为时间；y 为粮食单产。

依据式（4-53）对未来评价区粮食单产进行预测，2020 年和 2030 年的单产将达到 6.15 t/hm^2 和 6.35 t/hm^2，分别在 2010 年的基础上提高 3.89% 和 7.26%。

（3）农产品产量基本保持稳定

将农田面积、粮食单产等因素综合考虑，整体上看，评价区农产品产量未来将基本保持稳定。如考虑占优补劣的影响，评价区基线情景在2020年和2030年粮食供给功能均增加，分别增加1.16%和2.50%。优化情景在2020年和2030年粮食提供功能也表现为增加，如表4-27所示。

但由于占优补劣对于粮食生产的后果存在空间差异，此外，工业污染物对农田土壤的影响还需进一步研究和评估，因此，部分区域也将存在农产品质量下降的风险。因此，评价区农产品提供功能尚有较大的不确定性（图4-56）。

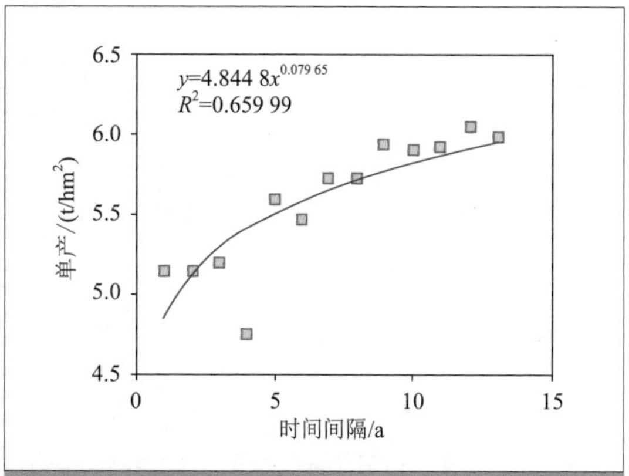

图4-55　中部地区粮食单产C-D拟合曲线

表4-27　长江中下游城市群粮食产量预测

年份	情景	粮食产量增幅/%
2020	基线情景	1.16
	优化情景	2.50
2030	基线情景	2.24
	优化情景	3.23

3. 洪水调蓄功能

由于现有土地利用规划对湿地保护较为忽视，因此，草本沼泽湿地面积将明显萎缩。同时，评价区水利建设的力度也一直在加强，此外，在"退耕还湖"等政策驱动下，湖库型湿地水面率将有所提升，洪水调蓄功能未来将基本保持稳定，略有升高。整体上看，评价区湖库型湿地面积整体上呈现出

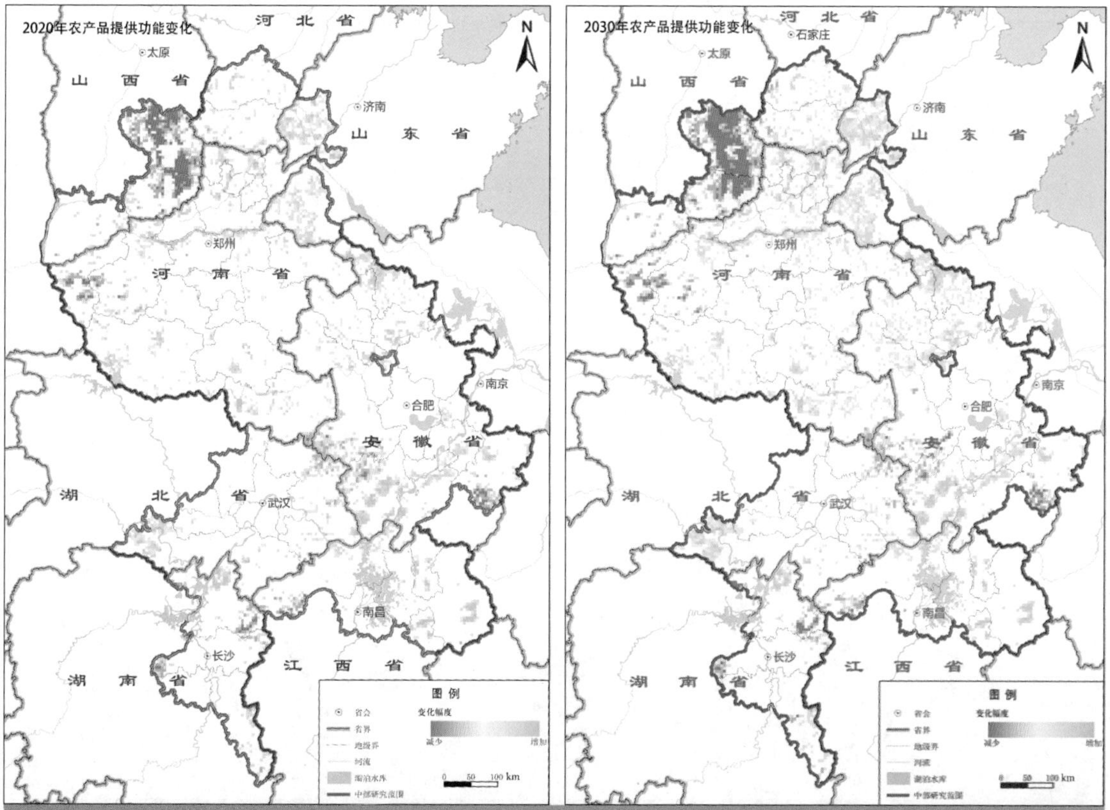

图4-56　中部地区农产品提供功能的变化

稳中有增的态势，至 2020 年，约增加 0.86%，洪水调蓄功能也将随之有所提升。

依据 CLUE-S 模型湿地面积模拟结果，湖库增加的区域可能主要分布在皖南、赣西以及洞庭湖、鄱阳湖周边的区域，但平原草本沼泽湿地萎缩，同时湖库型湿地变化也不大，洪水调蓄功能将明显下降，因此，洪水调蓄功能也将下降。在山区水库、湖泊水闸等水利工程逐渐增加的情况下，未来应重点关注低洼地区的内涝问题，主要包括江汉平原、黄河沿岸及淮河中游地区。

4. 水土保持功能和水源涵养功能

从总量上看，2020 年中部地区生态系统的水土保持功能在 2010 年的基础上增加 4.97%，水源涵养功能增加 1.03%；2030 年将再分别增加 5.38% 与 1.20%（图 4-57 和图 4-58）。

从分布上看，长江以南局部地区水土流失可能会有所增加。长江以南多为丘陵地区，地形起伏较大，城市边缘地区城镇化较为迅速，是土地开发强度较大的区域。因此，城市化较为迅速且地形起伏较大的地区，特别是长江以南几乎所有的地级以上城市的水土保持功能均存在明显的下降。

评价区低山丘陵区未来森林植被仍将得到明显恢复，森林质量也将有所提升。因此，评价区海拔较高的鄂豫皖交界的大别山区、皖赣交界的黄山—怀玉山区、湘鄂赣交界的幕阜山区，以及西部山区的森林将得到明显的保育和恢复，森林质量也将有所提升，加之面积也将进一步扩大。因此，西部山区，如三门峡、晋城、长治和洛阳等区域，水源涵养功能将得到显著增加。

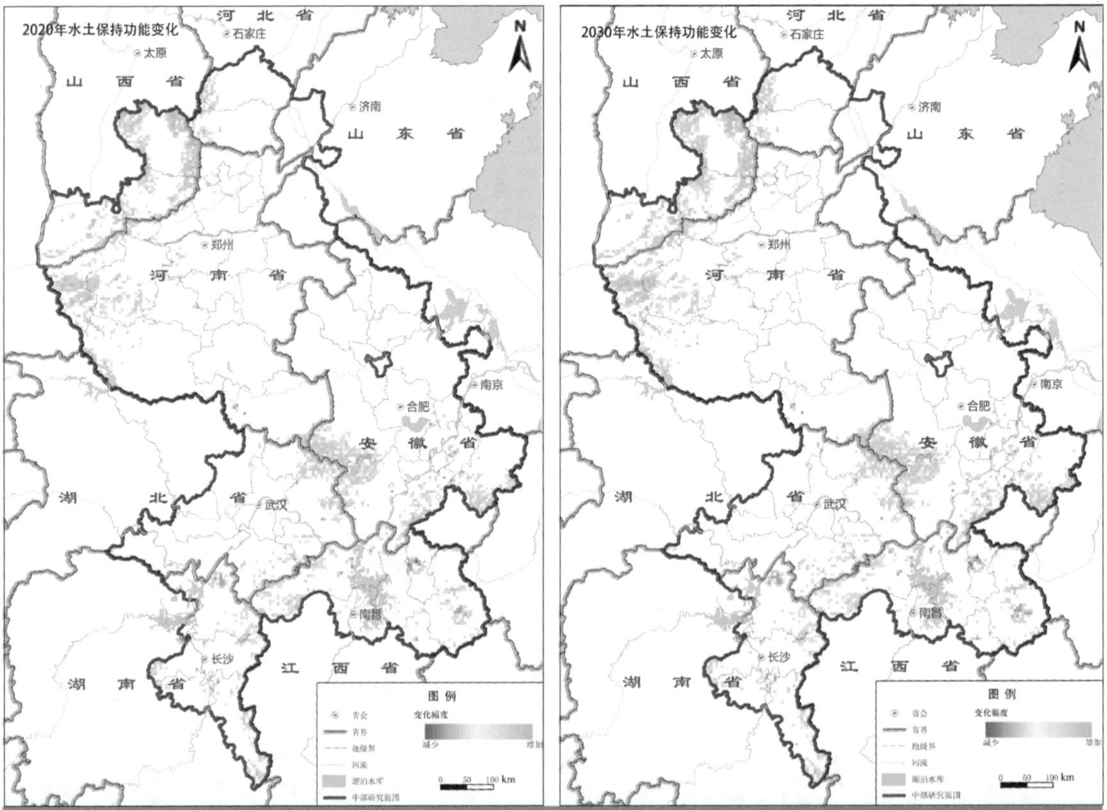

图 4-57　水土保持功能变化趋势

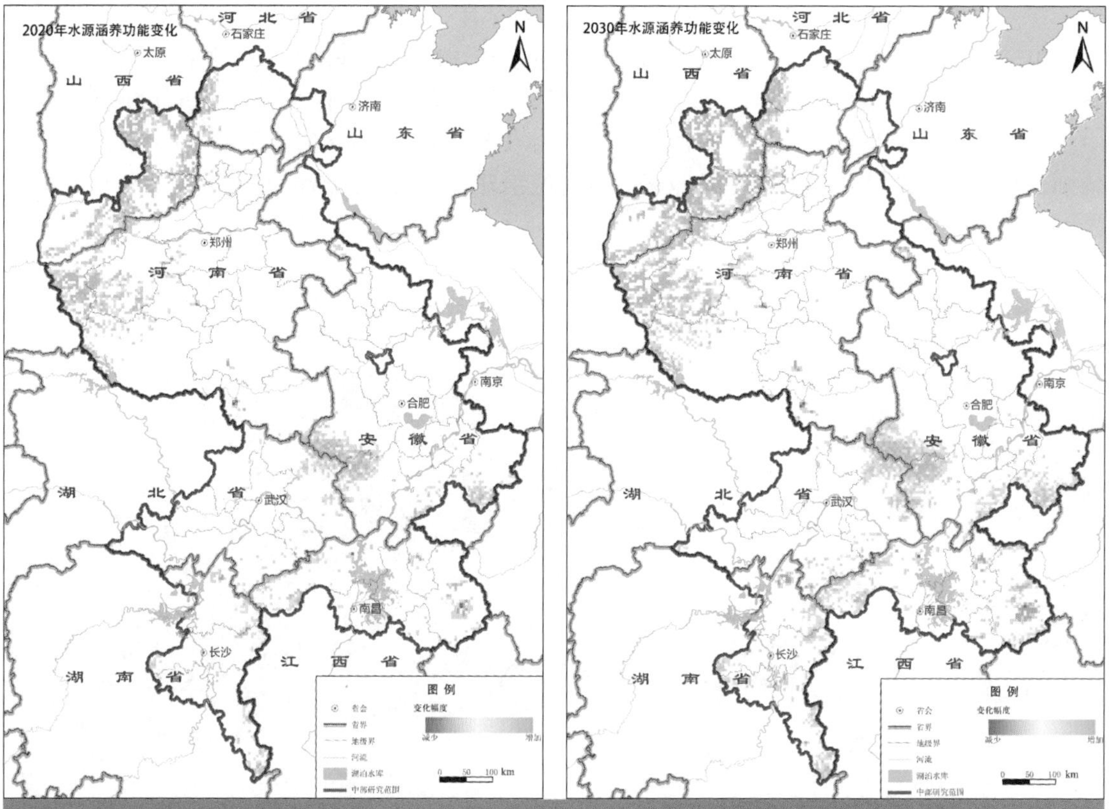

图 4-58　水源涵养功能变化趋势

水土保持功能与水源涵养功能呈现明显的提升。水源涵养功能的分布格局也存在同样的态势，即丘陵山地功能提升，而海拔较低的城市边缘功能下降。

（五）区域发展面临的重大生态问题

1. 区域开发规模过大，局部新增水土流失，耕地侵占加剧

开发区以及以其为中心沿江沿道路辐射的地区是城镇扩张的主要区域。评价区规划省级以上开发区 484 个，总面积 16 650.26 km^2，占评价区总面积的 6.39%。其中，面积 100 km^2 以上的开发区 30 个。由于部分开发区规划面积较大，局部将新增水土流失，耕地侵占加剧。

（1）生态服务功能受损，局部水土流失加剧

从开发区的空间分布特征上看（图 4-59），中部地区的开发区多沿江河、沿湖分布，这些区域也是评价区生态敏感区密集分布的地区。在基线情景下，省会城市生态空间压缩较严重，沿江沿湖开发容易导致湿地受损，生态服务功能下降。

目前，部分开发区离自然保护区、森林公园等生态保护区距离较近，例如：洪湖经济开发区东起石码头电排河，西至州陵大道，南起长江，北抵护城堤，毗邻长江新螺段白鳍豚保护区；湖北龙感湖工业园区（筹）与龙感湖国家级自然保护区距离也较近，但未发现明显的空间上的重叠，且相关部门已依据国家及地方的相关法规对生态保护区进行保护。因此，对

城镇开发建设活动所导致的水土流失应当加以重点关注。

由于评价区多丘陵，大别山—桐柏山南麓以及长江以南的低山丘陵地带的开发区，多分布于平原与丘陵交界处，坡度多在 3° ～ 25°，属于较易发生水土流失的区域。城镇开发建设中的土地平整、植被破坏，也将加剧这些区域的水土流失（图 4-60）。因此，长江以南地区，特别是赣东北、皖南及湘鄂赣交界地区，随着城镇开发的加快，新增水土流失面积将呈持续扩大的趋势。

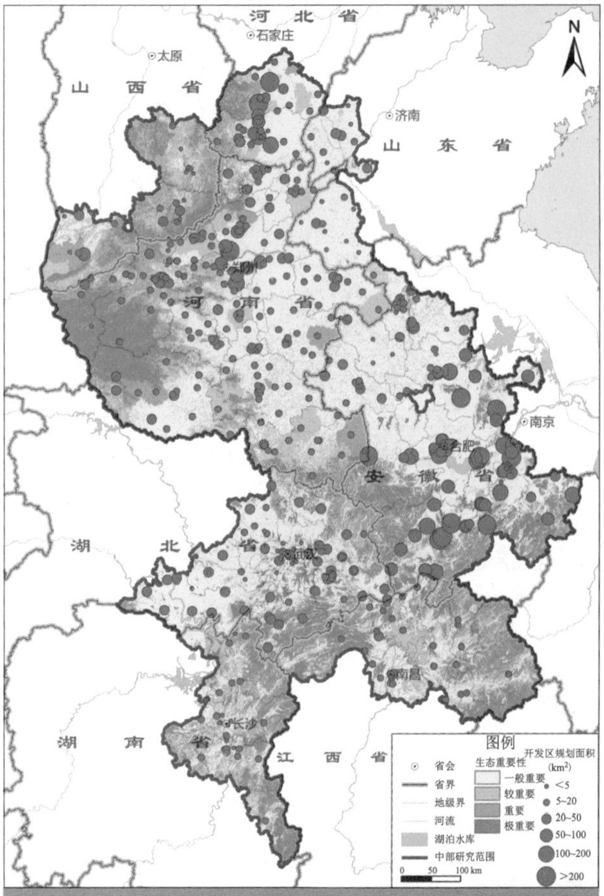

图 4-59 城市扩张对生态系统的影响

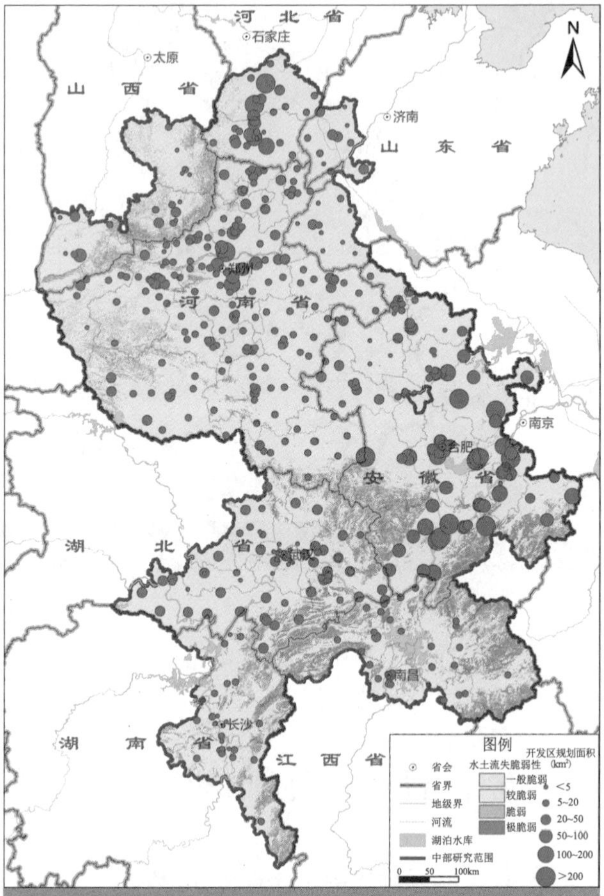

图 4-60 城镇开发对水土流失的影响

基于 USLE 通用水土流失方程对评价区 192 个开发园区的水土流失风险发生率及水土流失总量进行估算，并采用 Jenks 自然间断点分级法对所有开发区进行分级，可获得水土流失风险高与强度高的区域。其中，风险较高的开发区多分布在坡度较大、地形起伏较大的地区，共计 33 个，水土流失强度高的开发园区不仅地形起伏较大，而且面积较大，多为 50 km^2 以上的开发区，共计 31 个。

（2）城镇持续扩张导致耕地质量下降

临近城镇或道路边缘的农田也是生产要素集中的区域，在现有模式下，侵占耕地是我国城镇发展用地扩张的主要途径。

基线情景下，根据评价区各地市土地利用总体规划，至 2020 年，农田面积减少 2 115.33 km^2，降幅为 0.56%，至 2030 年，面积减少 7 034.17 km^2，下降幅度为 1.67%。优化情景下，根据主体功能区划，保证粮食主产区耕地面积不降低，至 2020 年，农田面积减少 1 649.04 km^2，降幅为 0.48%，至 2030 年，农田面积减少 2 770.37 km^2，下降幅度为 0.60%。

在现有土地政策控制下，尽管未来耕地萎缩面积均可低于 2%，但由于农田占补平衡政策，高质量农田面积会出现较大萎缩，依据环保部 2000—2010 年遥感监测结果，评价区开发强度与高产田减少幅度呈显著正相关。如按此趋势外推，基线情景下，至 2020 年，整个评价区高产田面积将减少 8 104.23 km^2，幅度达 2.81%，至 2030 年，高产田萎缩幅度将达到 5.07%。

对现有规划开发区土地利用的分析结果显示，484 个开发园区共计占地约 15 580 km^2，其中占用耕地约 7 363 km^2，耕地占用量超过 30 km^2 的开发园区共计 30 个（表 4-28）。

表 4-28　耕地占用量超过 30 km^2 的开发园区　　单位：km^2

编号	开发区名称	地址	规划面积	占用耕地面积
1	黄石经济技术开发区	黄石市	435.00	201.46
2	叶集改革发展试验区	六安叶集	320.00	181.93
3	株洲高新技术产业开发区	株洲	328.00	119.68
4	武汉东湖新技术开发区	武汉市	518.06	103.12
5	安徽省江南产业集中区	池州	200.00	91.49
6	大冶灵成工业园	黄石大冶市	135.00	79.49
7	安徽池州经济开发区	池州	115.00	74.93
8	荆州经济技术开发区	荆州市	209.00	73.83
9	六安承接产业转移集中示范园区	六安	113.00	70.17
10	湖南岳阳经济开发区	岳阳	253.00	69.74
11	安徽宣城经济开发区	宣城	80.00	58.90
12	湘潭九华经济技术开发区	湘潭	138.00	58.65
13	湖北汉川经济开发区	孝感汉川市	80.70	53.82
14	湖北红安经济开发区	黄冈红安县	80.00	50.59
15	开封市汴西产业集聚区	开封市	65.89	33.95
16	伊滨产业集聚区	洛阳市	50.00	40.74
17	新乡市桥北产业集聚区	新乡市	61.30	54.30
18	原阳县产业集聚区	新乡市原阳县	1 329.00	893.02
19	郑州航空港区	郑州市	138.00	106.62
20	郑州国际物流中心园区	郑州市	86.00	70.08
21	郑州市中牟汽车产业集聚区	郑州市中牟县	54.00	33.45
22	邢台玻璃产业基地	邢台市沙河	100.00	61.48
23	河北隆尧东方食品城	邢台市隆尧县	749.00	627.68
24	邢台开发区	邢台市	208.30	83.37
25	邯郸县户村重工业园区	邯郸市邯郸县	60.00	33.02
26	马头生态工业城机械装备制造产业聚集区	邯郸市	130.00	41.21
27	武安市南洺河工业走廊	邯郸市武安市	48.00	34.83
28	成安县装备制造聚集区	邯郸市成安县	150.00	121.72
29	五河经济开发区	蚌埠市五河县	61.50	41.77
30	运城市空港经济开发区	运城市	60.00	38.72

2. 规划忽视湿地保护，流域生态风险升高

湿地保护在现有土地利用总体规划、主体功能区划中被忽视，在水利规划、生态保护相关规划中也未得到足够重视。过去 10 年，湿地面积增加区域多为山区水库，“退耕还湖”也主要集中在鄱阳湖、洞庭湖区域。

从评价区整体上看，现有的水利、生态保护等与湿地相关的规划，仍然呈现出“重视水库建设、轻视生态保护、忽视湿地恢复”的特征。因此，难以从根本上扭转湿地生物多样性下降、旱涝灾害风险加剧的趋势。此外，在城镇建设用地日趋紧张、用地指标控制趋于严格的背景下，在现有政策驱动下，沿江沿湖地区草本沼泽湿地丧失的概率会显著增大，并将导致洪水调蓄能力下降风险和湿地生物多样性下降风险进一步升高。

上游水利工程与人类活动相叠加，长江中下游地区湿地生态系统的演变将受到明显影响。三峡水库蓄水后，坝下游水文泥沙情势显著调整，尤其是干流输沙量的大幅减少使得长江中游两大通江湖泊（洞庭湖和鄱阳湖）泥沙冲淤总量及分布特征相应出现明显变化，由此造成江湖泥沙冲淤格局调整，使得江湖关系发生变化，并将进一步导致洞庭湖和鄱阳湖湿地发生明显变化。

研究表明，三峡水库蓄水对两湖泥沙冲淤的影响主要集中在入湖沙量方面，这是一个长期的过程，因此，洞庭湖与鄱阳湖泥沙淤积减缓的趋势也将持续，这也将导致湿地发育速度减缓在三峡大坝运行后长期存在。

由于南水北调中线工程蓄水，导致汉江中游径流量减少约 1/4，尽管引江济汉工程对汉江下游部分区域有所缓解，但仍可能导致地下水位降低，目前，其后果仍然存在较大的不确定性，需要进一步监测和研究。此外，由于江汉平原耕地面积大，林地少，草地少，后备土地资源少，因此，城镇发展空间有限，在地方强烈的发展意愿下，草本沼泽湿地被侵占的压力很大。此外，江汉平原地势低洼，本身就是洪涝灾害高发区域。因此，在未来多重因素影响下，这一区域的湿地萎缩的风险较高，对于该区域的湿地保护还应加强。

总体而言，长江中下游沿江湿地未来演变趋势呈现出以下特征：

①在三峡工程的长期影响下，洞庭湖与鄱阳湖湿地发育速度将减缓，趋于稳定，由于枯水期延长，草本沼泽湿地面积将显著增加；

②在干流输沙量锐减的作用下，部分干流沿岸河漫滩湿地以及江心沙洲浅滩湿地受到侵蚀，部分河漫滩湿地将逐渐消失；

③在南水北调中线工程蓄水与城市扩张的共同影响下，遏制江汉湖群退化趋势的难度较大；

④在山区水利建设力度继续加大的作用下，山区水库面积仍将保持增加的趋势。

3. 工业发展迅速，农田土壤污染进一步加剧

由于能源、水泥、冶金等行业的大气沉降，矿产开发的流域性污染，农田土壤污染加剧的态势难以遏制。

能源、水泥、冶金等行业是中部地区发展的重要依托。从布局上看，部分水泥产业位于农田分布较为集中的平原区，特别是武汉城市圈、皖江城市带以及中原经济区增速较快；冶金行业则多沿江分布或依托矿山发展，其中，长江沿江城市钢铁、水泥、电解铝产能扩张明显，中原经济区大幅退出；火电行业则呈现出遍地开花的态势，大部分地市均有所增长，中原经济区增量较大。

长江中下游城市群的火电、水泥项目的分布呈现出遍地开花的态势，几乎每个市都在大力发展火电产业，并且有些离农田距离很近。尤其是粮食主产区的火电行业增幅较大，污染物通过大气沉降、流域水文作用，会造成农田污染加剧，影响农产品质量。

根据 NAQPMS 模型对长江中下游城市群 2020 年重金属 Hg 的大气沉降的预测，结合 CLUE-S 模型对农田分布格局的预测，可估算出重金属 Hg 在农田中的大气沉降总量。结果显示，重金属 Hg 的大气沉降量与冶金等产业的产值在空间上呈现出一定的正相关。武汉、长沙、合肥、南昌等核心省会城市及其主导风向（东南风）的下风向区域的重金属大气沉降量较高。

长江以北的武汉城市圈与皖江城市带是冶金、火电等行业重点布局区域，且平原广袤，农田分布集中，因此，是受工业发展影响较重的区域。

武汉城市圈的农田几乎全部都位于大气重金属沉降的高值或较高值区，特别是武汉、孝感、鄂州、黄石等城市，由于天门、潜江、仙桃及荆州市农田面积占比大，因此，也受到了重金属大气沉降的明显影响。皖江城市带受重金属大气沉降影响较强的区域主要有两个，其一是合肥、六安交界区，其二是铜陵、芜湖、马鞍山三市的沿江区域，这些区域均为工业产业布局区域。

4. 矿产开发力度增大，修复滞后，生态影响突出

中部地区地区是我国有色金属矿的重要分布区，矿产资源开发是这一地区的重要产业。

（1）矿产资源开发力度增大，水土流失和重金属污染压力大

从分布上看，流域中上游的山地丘陵区是评价区的矿产资源主要分布区之一，属于水土流失敏感性较高的地区。依据规划，这些区域的矿产开采增加总量较大，增幅也较大，将导致植被破坏，进一步加重这些区域的水土流失。鲁西南及皖北平原地区也是评价区煤矿的另一主要分布区，这些区域的煤矿开采增幅也较大，将导致地质灾害风险进一步加重。长江中下游地区有色金属矿山开发将导致植被破坏，局部水土流失和重金属污染加重（图 4-61）。

此外，规划矿产开发重点区域，同时也多位于生态敏感性较高的区域，部分生态敏感区与矿产开发重要区空间距离接近，有些甚至位于生态敏感区内。特别是晋东南太行山南部山区、豫西秦岭东部的伏牛山区、豫南地区的桐柏山区、湘鄂赣交界的幕阜山—罗霄山地区以及皖赣浙交界的黄山—怀玉山地区等。

（2）矿山生态恢复率低，环境压力大

依据各地市矿产资源规划，矿产资源开采量大的区域，复垦率与治理率反而较低，如湖北省铜、铁矿分布较为集中的黄石、黄冈、鄂州以及湖南有色金属矿大市株洲，规划“十二五”末的矿山治理率均不及 35%，复垦率也低于 40%。

矿山生态恢复滞后，所导致的生态后果突出，环境压力巨大，并对流域下游产生较大的环境污染风险与地质灾害风险。

5. 航运发展迅速，长江干流生物多样性将受到空前威胁

2014 年 4 月，李克强总理在新一届政府工作报告中提出，“要依托黄金水道，建设长江经济带”，这意味着长江经济带建设上升至国家战略，长江黄金水道开发被认为是流域经济社会发展“主动脉”和沿江综合运输体系“主骨架”。这一战略将提升航运业在长江经济带中的地位，航运发展将成为中部地区发展的重要内容。

根据过去 10 年的趋势预测，至 2020 年，评价区长江干流货运吞吐量达到 2.96 万 t 左右，

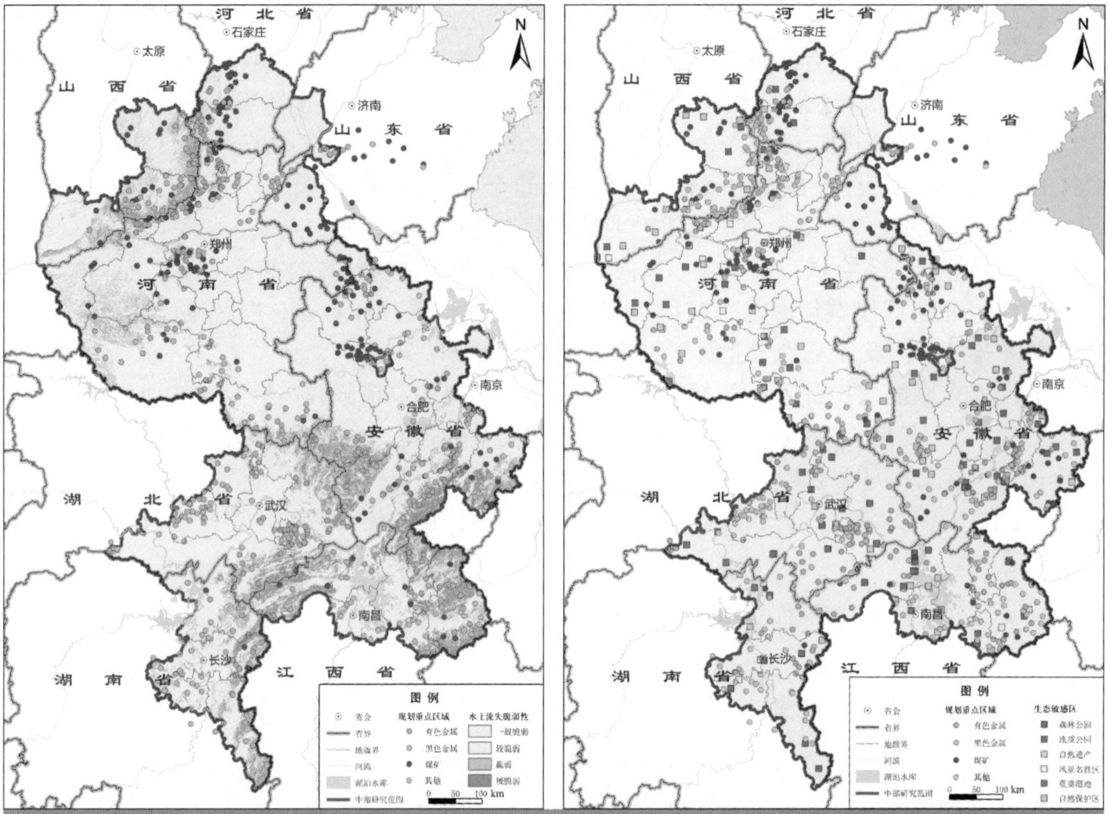

图 4-61 矿产资源开发的生态影响

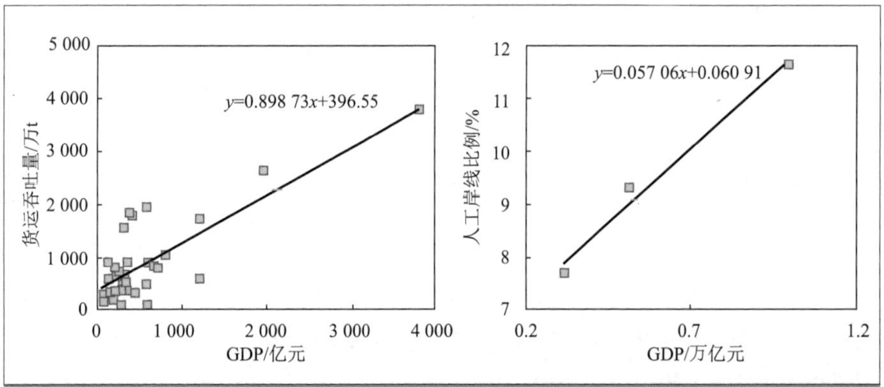

图 4-62 长江中下游地区航运发展及岸线开发趋势

约为 2010 年的 3 倍，长江干流中岸线的 24.62% 转变为人工岸线，是 2010 年的 2.1 倍（图 4-62）。

荆州至九江段多个港区与四大家鱼产卵场重合，港口岸线开发与河道整治将对长江水生生物造成更为严重的胁迫。

此外，繁忙的航运船舶还将挤占江豚的生存空间，一方面螺旋桨的击打可能直接导致江豚的死亡；另一方面，轮机巨大的轰鸣声可能会干扰江豚的声呐系统，扰乱动物的通讯和觅食行为。江豚种群动态作为长江生物多样性保护成效的主要指标，江豚也被认为是长江生物多样性保护中的旗舰物种。除航运发展外，未来影响长江江豚种群生存的因素还包括：①过度捕捞和栖息地破坏导致鱼类资源衰退，并导致长江江豚食物短缺；②非法渔具捕捞作业，包括渔具缠绕、定置网和电打鱼等误伤或致死江豚；③水利工程的建设与其后期运营，如大坝等可能会改变大坝下游水文特征进而影响下游生物，如阻隔了长江江豚的迁移行为，以及长江江豚适口食物鱼的洄游；④水体污染导致长江江豚中毒死亡；⑤长江干流和两大湖区的滥采砂行为严重破坏了长江江豚和鱼类的栖息地，甚至完全破坏了生态系统的初级生产力。如何采取有效的保护措施来减少或者移除这些因素的影响是保护长江江豚的关键。

因此，在长江沿江湿地生物多样性仍面临恶化的背景下，长江干流的航运发展及航道疏浚工程、采砂、渔业捕捞等活动，将导致中部地区湿地生物多样性受到空前威胁，四大家鱼和江豚的种群衰退将成为大概率事件。

6. 农业发展规划布局欠合理，面源污染加剧

依据中国农业可持续发展决策支持系统（CHINAGRO）对我国各省份 2020 年化肥施用量的预测成果，至 2020 年，长江中下游城市群农药化肥施用量在 2010 年基础上增加 3.45 万 t，增幅达 2.95%，长江以南及晋东南丘陵地区增幅较大。

畜禽养殖总量变化幅度不大，2020 年在 2010 年基础上增加 12.43 万头猪当量，增幅约为 0.75%，中原经济区丘陵山区、长沙及部分沿江城市有所增加。

流域中上游地区化肥农药施用量与畜禽养殖量增幅较大，规模小、分布散，种养分离，更易造成面源污染，在流域水文作用下，将导致污染物向流域下游集中，加剧流域水体污染。

中部地区未来中长期发展过程中，水资源短缺和水污染加重将更加明显、内涝风险进一步加大和农村垃圾排放的大量增加将综合作用，导致中原经济区人居环境保障的支撑能力下降。

农村饮用水污染问题日益严重，不同区域呈现不同的污染特征：农村自身生活污水、垃圾堆放及畜禽散养造成的污染问题；农村小企业和各种工业开发区、集聚区污染问题；污染严重的河、渠两岸及工业固废堆存、裸坑、污灌所造成的浅层地下水污染；规模化养殖污染物排放造成的污染问题；农药化肥的残留物直接渗入地下或随水土流失排入沟河等造成的污染问题。

由于人类开发建设活动和自然因素导致的湿地面积萎缩、围湖造田、泥沙淤积和生态水量减少等，中原经济区自然湿地生态系统的洪水调蓄功能将面临丧失的风险。

生活垃圾问题突出，随着农村生活水平不断提高，消费结构逐步升级，产生了大量的生活垃圾，其构成也呈现多样化特点，塑料袋、废旧电池、金属、电子产品明显增多。由于农村地区基础设施建设严重不足，农村生活垃圾等废弃物随意堆放在田边、路旁，垃圾乱倒现象十分普遍，农村“脏、乱、差”现象非常突出。

七、区域发展的生态优化调控及对策建议

（一）生态保护与建设中长期目标

1. 生态保护目标

本专题以建设区域生态文明为指导，为避免中部地区因“规模失控、结构失调、布局失序、政策失效”而导致生态系统服务功能的丧失，以“尊重自然、顺应自然、保护自然”为基本理念，确定区域生态保护总体目标如下：

- 以保障粮食生产安全为核心，遏制农田生态系统退化趋势，确保耕地面积不减少、质量不降低；
- 以维护流域生态安全为重点，构建区域生态安全格局，提升区域水源涵养等重要生态服务功能；
- 以提升人居环境安全水平为目标，优化城市生态空间格局，提高人居环境质量，全面促进区域社会经济与生态保护协调发展。

表 4-29　生态保护控制指标

序号	一级指标	二级指标
1	流域生态安全	生态保护红线面积比例
2		矿山修复比例
3		自然湿地保有率
4		岸线开发率
5	粮食供给安全	耕地面积
6		土壤肥力
7		土壤环境质量
8	人居环境安全	城镇绿化用地比例
9		农村饮用水合格率
10		农村生活垃圾处理率
11		秸秆综合利用率
12		畜禽粪便资源化率

2. 生态保护指标

基于上述生态保护总体目标，采用自上而下的方法，提出了具体的生态保护分解指标，共计 12 个指标，覆盖粮食供给安全、流域生态安全、人居环境安全（表 4-29）。

3. 指标分解

从上述区域总体目标出发，针对不同的生态保护指标，提出具体的分阶段、分区域的生态保护指标的目标值。

以 2010 年作为现状参考值，2020 年作为中期考核时间节点，2030 年作为长期考核时间节点。

力争生态环境综合质量 2020 年不降低、2030 年稳步提升。根据评价区实际生态环境和产业发展现状，结合中长期的生态风险预测，针对每一项指标提出了具体的分区域、分阶段考核目标值，如表 4-30 和表 4-31 所示。

表 4-30　中原经济区生态保护控制指标分区域、分阶段目标

序号	一级指标	二级指标	现状	中原城市群		西部山区		东部平原区	
			2012 年	2020 年	2030 年	2020 年	2030 年	2020 年	2030 年
1	流域生态安全	生态保护红线面积比例	25%	28%	35%	50%	65%	15%	20%
2		自然湿地保存率	2 278 km^2	下降幅度小于 2%	不下降	不下降	不下降	下降幅度小于 1%	不下降
3		矿山修复比例	＜ 40%	70%	80%	50%	65%	60%	70%
4	粮食供给安全	耕地面积	18.22 万 km^2	下降幅度小于 5%	下降幅度小于 2%	下降幅度小于 6%	下降幅度小于 2%	下降幅度小于 4%	下降幅度小于 1%
5		土壤有机质	0.9%	提高到 1.3%	提高到 1.8%	提高到 1.5%	提高到 2%	提高到 1.3%	提高到 2%
6		土壤环境质量	75%	调查点达标率 80%	调查点达标率＞ 90%	调查点达标率 85%	调查点达标率＞ 92%	调查点达标率 90%	调查点达标率＞ 90%
7	人居环境安全	城镇绿化用地比例	15%	20%	30%	25%	35%	20%	40%
8		生态村镇比例	30%	70%	80%	85%	90%	80%	90%
9		农村饮用水合格率	—	100%					
10		农村生活垃圾处理率	＜ 50%	75%	95%	60%	80%	70%	90%
11		农作物秸秆综合利用率	＜ 80%	98%	98%	90%	95%	95%	98%
12		畜禽粪便资源化利用率	＜ 60%	70%	80%	75%	85%	80%	90%

表 4-31　长江中下游城市群生态保护控制指标分阶段目标

序号	一级指标	二级指标	现状	2020 年	2030 年
1	流域生态安全	生态保护红线面积比例	25.92%	30%	30%
2		矿山修复比例	＜ 40%	60%	80%
3		自然湿地保有率	1 544 km^2	不减少	增加 2%
4		岸线开发率	23%	＜ 25%	不增加
5	粮食供给安全	耕地面积	11.36 万 km^2，2000—2010 年减少 4.30%	在 2010 年基础上减少幅度小于 3%	在 2020 年基础上减少幅度小于 3%
6		土壤肥力	土壤有机质＜ 1%	土壤有机质达到 1.2%	土壤有机质达到 1.5%
7		土壤环境质量	调查点位达标率 80%	调查点位达标率 90%	调查点位达标率 100%
8	人居环境安全	城镇绿化用地比例	15%	20%	25%
9		农村饮用水合格率	＜ 50%	75%	100%
10		农村生活垃圾处理率	＜ 50%	80%	95%
11		秸秆综合利用率	＜ 80%	90%	95%
12		畜禽粪便资源化率	＜ 50%	80%	90%

（二）生态保护战略框架与路线

构建评价区生态保护的战略框架与路线，有效地发挥路线图作用，指导区域生态保护工作的有序开展。

1. 战略框架

在上述生态保护目标定位与指标的分阶段、分区域分解的基础上，评价区的生态保护战略框架可以概括为“四优”，即优先区域、优先领域、优先项目和优化调控。

（1）优先区域

基于评价区生态服务评估结果，识别生物多样性保护、水源涵养和土壤保持等重要区域，以及对评价区“三大安全”具有重要保障功能的区域，结合中长期产业发展可能会对这些区域产生影响的程度不同，筛选需要优先保护的区域，确定优先区域的生态类型、生态功能与保护范围，进行合理的规划与保护。

（2）优先领域

根据评价区产业发展、生态基础设施与生态管理现状，结合中长期产业发展的生态风险预测结果，筛选在机制建设和能力建设等方面的优先领域。

（3）优先项目

针对不同区域湿地、山地和矿区的保护现状和未来产业发展特征，以保护自然资源、维护区域生态安全为目标，提出各区域优先开展的项目。

（4）优先调控

按照生态文明和生态可持续发展的要求，从区域差异性出发，建立多目标决策情景，给出高、中、低的优化调控方案，提出评价区生态环境系统优化布局及战略调控重点，提出具体调控对策。

2. 战略路线

把握评价区未来产业发展过程中，生态保护的战略重点、优先顺序和主攻方向。具体而言，分先后两个层次有秩序地推进。

第一层次，属于“方向明确又立即可行的，要加快推进”。比如推进生态保护红线的划定、污染排放总量控制和完善环境政策法规等。

第二层次，按照区域生态服务重要性、生态脆弱性和产业发展布局，抓紧推进评价区内各区域的生态保护措施，健全生态补偿机制，研究提出城市之间的最小生态安全距离，减少产业扩张和城镇化进程中的环境问题等。

（三）生态空间管制策略

1. 生态空间管控对策

根据中部地区自然地理特征和生态保护需求，结合中部地区发展规划、各省国民经济发展规划、生态功能区划、主体功能区规划、环境保护规划等，提出 3 种生态管控区区域类型，分别是重要生态功能区，生态敏感区、脆弱区，以及禁止开发区。

重要生态功能区、生态敏感区、禁止开发区之间相互重叠较多，将各图层进行空间叠加，扣除空间重叠之后，得出中部地区生态管控区总面积为 12.66 万 km^2，占评价区总面积的 24.35%（表 4-32）。

表 4-32　分省生态红线面积构成

	面积 /km^2	占国土面积比例 /%
河南	37 612.1	29.70
安徽	22 700.6	17.93
江西	20 699.6	16.35
山西	15 003.8	11.85
湖南	12 758.9	10.08
湖北	12 586.9	9.94
河北	4 545.83	3.59
山东	728.66	0.58
总计	126 636.4	24.35

（1）分级管控对策

①重要生态功能区

针对重要生态功能区的土壤保持、水源涵养、生物多样性保护和洪水调蓄等主要生态功能评价结果，按其重要性由低到高依此划分为 4 个级别。

将高度重要区域划定为生态管控区一级管控区，中度重要区域划定为生态管控区二级管控区。一级管控区严禁一切形式的开发建设活动；二级管控区严禁有损主导生态功能的开发建设活动。

②生态敏感区、脆弱区

针对中部地区生态敏感性特征，开展生态敏感性评价与等级划分。评价内容包括水土流失敏感性、土地沙化敏感性和河岸带生态敏感性，将生态敏感性结果分为 5 级，即不敏感、轻度敏感、中度敏感、高度敏感和极敏感。将极敏感和高度敏感区域划定为生态红线一级管控区。严禁一切形式的开发建设活动。

③禁止开发区

a. 自然保护区

➤ 保护分区

自然保护区的核心区和缓冲区为一级管控区，实验区为二级管控区；未做总体规划或未进行功能分区的，全部为一级管控区。

➤ 管控措施

一级管控区内严禁一切形式的开发建设活动。

二级管控区内禁止砍伐、放牧、狩猎、捕捞、采药、开垦、烧荒、开矿、采石、捞沙等活动（法律、行政法规另有规定的从其规定）；严禁开设与自然保护区保护方向不一致的参观、旅游项目；不得建设污染环境、破坏资源或者景观的生产设施；建设其他项目，其污染物排放不得超过国家和地方规定的污染物排放标准；已经建成的设施，其污染物排放超过国家和地方规定的排放标准的，应当限期治理；造成损害的，必须采取补救措施。

b. 风景名胜区

➤ 保护分区

风景名胜区总体规划划定的核心景区为一级管控区，其余区域为二级管控区。

➤ 管控措施

一级管控区内严禁一切形式的开发建设活动。

二级管控区内禁止开山、采石、开矿、开荒、修坟立碑等破坏景观、植被和地形地貌的活动；禁止修建储存爆炸性、易燃性、放射性、毒害性、腐蚀性物品的设施；禁止在景物或者设施上刻画、涂污；禁止乱扔垃圾；不得建设破坏景观、污染环境、妨碍游览的设施；在珍贵景物周围和重要景点上，除必需的保护设施外，不得增建其他工程设施；风景名胜区内已建的设施，由当地人民政府进行清理，区别情况，分别对待；凡属污染环境，破坏景观和自然风貌，严重妨碍游览活动的，应当限期治理或者逐步迁出，迁出前，不得扩建、新建设施。

c. 森林公园

➤ 保护分区

森林公园中划定的生态保护区为一级管控区，其余区域为二级管控区。

➤ 管控措施

一级管控区内严禁一切形式的开发建设活动。

二级管控区内禁止毁林开垦和毁林采石、采砂、采土以及其他毁林行为；采伐森林公园的林木，必须遵守有关林业法规、经营方案和技术规程的规定；森林公园的设施和景点建设，必须按照总体规划设计进行；在珍贵景物、重要景点和核心景区，除必要的保护和附属设施外，不得建设宾馆、招待所、疗养院和其他工程设施。

d. 地质遗迹保护区

➤ 保护分区

地质遗迹保护区内具有极为罕见和重要科学价值的地质遗迹为一级管控区，其余区域为二级管控区。

➤ 管控措施

一级管控区内严禁一切形式的开发建设活动。

二级管控区内禁止下列行为：在保护区内及可能对地质遗迹造成影响的一定范围内进行采石、取土、开矿、放牧、砍伐以及其他对保护对象有损害的活动；未经管理机构批准，在保护区范围内采集标本和化石；在保护区内修建与地质遗迹保护无关的厂房或其他建筑设施。对已建成并可能对地质遗迹造成污染或破坏的设施，应限期治理或停业外迁。

e. 湿地公园

➤ 保护分区

湿地公园内生态系统良好，规划为湿地保育区和恢复重建区的区域为一级管控区，其余区域为二级管控区。

➤ 管控措施

一级管控区内严禁一切形式的开发建设活动。

二级管控区内除国家另有规定外，禁止下列行为：开（围）垦湿地、开矿、采石、取土、修坟以及生产性放牧等；从事房地产、度假村、高尔夫球场等任何不符合主体功能定位的建设项目和开发活动；商品性采伐林木；猎捕鸟类和捡拾鸟卵等行为。

f. 饮用水水源保护区

➤ 保护分区

饮用水水源保护区的一级保护区为一级管控区，二级保护区和乡镇级水源保护区为二级管控区。准保护区或其他形式的缓冲区也可划为二级管控区。

➤ 管控措施

一级管控区内严禁一切形式的开发建设活动。

二级管控区内禁止下列行为：新建、扩建排放含持久性有机污染物和含汞、镉、铅、砷、硫、铬、氰化物等污染物的建设项目；新建、扩建化学制浆造纸、制革、电镀、印制线路板、印染、染料、炼油、炼焦、农药、石棉、水泥、玻璃、冶炼等建设项目；排放省人民政府公布的有机毒物控制名录中确定的污染物；建设高尔夫球场、废物回收（加工）场和有毒有害物品仓库、堆栈，或者设置煤场、灰场、垃圾填埋场；新建、扩建对水体污染严重的其他建设项目，或者从事法律、法规禁止的其他活动；设置排污口；从事危险化学品装卸作业或者煤炭、矿砂、水泥等散货装卸作业；设置水上餐饮、娱乐设施（场所），从事船舶、机动车等修造、拆解作业，或者在水域内采砂、取土；围垦河道和滩地，从事围网、网箱养殖，或者设置集中式畜禽饲养场、屠宰场；新建、改建、扩建排放污染物的其他建设项目，或者从事法律、法规禁止的其他活动。在饮用水水源二级保护区内从事旅游等经营活动的，应当采取措施防止污染饮用水水体。

g. 河岸带生态敏感区

➤ 保护分区

河岸带主要物种栖息繁殖地划定为一级管控区；将一定宽度的缓冲区划定为二级管控区。

➤ 管控措施

一级管控区内严禁一切形式的开发建设活动。

二级管控区内禁止进行下列活动：筑坝建闸、围河造田、采石挖沙；炸鱼、毒鱼、电鱼；直接向河道排放污染物。

（2）空间管控对策

从生态管控区内部，土地利用状况的空间分布来看，主要有森林、灌丛、草地、湿地、农田和城镇 6 种类型。针对不同的类型，提出空间差异化的发展方向与管制对策。

生态管控区的发展方向与管制对策主要有：转移分散人口，实行强制性保护，针对不同区域实际情况，探讨与建立适宜的生态补偿机制。控制人为因素对自然生态系统的干扰，禁止不符合生态功能定位的一切开发活动。具体包括：

①对森林生态系统和湿地生态系统进行严格的保护，禁止一切开发建设活动，维护森林和湿地的生态服务功能不断提升。

②对灌丛和草地生态系统而言，严格封山育林，禁止一切开发建设活动，为灌丛和草地向林地的自然演替过程提供条件。

③保护农田生态系统。对坡度大于 15° 的农田，实施退耕还林还草政策；建立生态补偿机制，对退耕还林还草的农田进行合理的补偿；对还没有进行退耕还林的区域，禁止新建农田水利设施，对已有的设施，严格限制其规模。

④逐步将生态红线区内居住的人口全部迁出，建立对迁出人员的生态补偿政策。随着人口的不断迁出，转移城镇生态系统的核心功能，实施对这一区域的生态修复政策。

2. 长江岸线管控对策

（1）岸线空间管制划定方案

参考王传胜（2000）的长江中下游干流岸线资源评价结果，将长江干流的自然保护区、风景名胜区、四大家鱼产卵场作为一级管控岸线；将不适于港口开发、渔业资源集中分布的岸线作为二级管控岸线；将生态敏感性较低、适于港口岸线开发的岸线作为优化开发岸线。

评价区涵盖一级管控岸线 743.37 km，二级管控岸线 1 749.99 km，优化开发岸线 706.18 km，分别占总长的 23.23%、54.69%、22.07%，见附表 10 和附表 11。

①一级管控岸线：长江干流生态安全屏障

长江干流是野生动植物资源、重要珍稀濒危生物以及特殊生境集中分布的区域，是长江生态安全的重要屏障，包括长江干流的自然保护区、风景名胜区、四大家鱼产卵场等生态保护优先区。

自然保护区及旅游发展优先区，应按照《自然保护区条例》以及《风景名胜区管理条例》等相关规定，严格保护区内的生物资源与自然景观。自然保护区的核心区与缓冲区严禁各类开发活动，风景名胜区严禁与旅游开发无关的开发建设活动。

②二级管控岸线：长江沿江水产食品安全保障

长江经济生物资源集中分布的区域，是长江水产业及沿江农业的主要分布区，其主要功能是为长江沿岸乃至全国提供优质的水产品，包括长江干流的旅游发展优先区、水产发展优先区及沿江功能保留区。

要坚持开发与保护并重的原则，协调经济发展与生态环境保护的关系；加快沿江环保设施建设和景观生态建设；加强开发区工业企业污染防治；做好沿江渔业发展规划，合理控制水产捕捞规模；采取流域管理，强化河流上游的生态环境保护，加强水土流失治理和矿山生态恢复，强化山地森林生态系统的恢复和保育工作，发展集约化高优生态农业。

③优化开发岸线：长江沿江经济空间基础

深水岸线资源、港口资源集中分布且生态敏感性一般的区域，是发展长江沿江经济的空间基础，包括工业发展优先区、航运发展优先区。

适度超前推进环境基础设施建设，强化环境保护的后发优势，缓解重化工业发展对流域生态环境的压力；提高资源环境效率，减少经济社会发展对资源环境的影响；积极推进洞庭湖、鄱阳湖等区域的生态补偿。

产业发展要积极推进产业转型升级，转移和淘汰高能耗、高污染和高耗水的产业类型，限制钢铁、冶金等淘汰过剩产能，缓解能源产业的污染物排放；引导产业空间集聚和园区化水平，鼓励循环经济和清洁生产技术，强化低碳节能措施；产业聚集区要提高准入门槛，立足国内领先、国际先进水平要求，通过资源能源利用效率、污染物排放强度等约束指标加强对新区产业的引导和控制。

坚持和优化城市发展空间格局，以景观生态格局构建要求强化城市绿地、水系建设，不断改善城市人居环境质量；新建城区应符合区域发展“两型社会”的目标定位，打造具有山水特色的新型城市格局，按照科学先进的城市规划理念与规划方法，实现绿色低碳的城市发展模式；应强化公共交通导向的组团式发展模式，建设高效的公共交通体系，各城市群既能有效联系，又有绿地和水系进行生态隔离。

（2）生态准入原则与产业引导

在岸线综合功能定位的基础上，为进一步明确各主要岸线城镇与产业发展空间，强化空间引导与管制及环境保护措施等，根据生态分区、空间管制和资源承载力分析结果，划定评价区长江干流岸线产业发展的禁止准入线、限制准入线，进一步明确生态保护空间。

①一级管控岸线：产业禁止准入岸线

强化湿地资源和沿江湖泊生态保护，严格禁止工业类和污染类项目布局，禁止围湖造田、湿地侵占和岸线开发利用，保持自然保护区、鱼类产卵场等生态敏感区的自然生态状况。

②二级管控岸线：产业限制准入岸线

限制产业准入门类和发展规模，禁止高污染、高风险和对自然生态影响显著的产业项目布局，引导现代渔业和生态旅游业发展，强化对自然岸线、山体的保护，改善湖泊水质。

③优化开发岸线：产业优化准入岸线

在生态空间管制的基础上，明确产业发展的适宜空间布局，以区域主体功能、生态空间管制要求、资源环境承载能力的动态变化为依据，合理确定产业门类和发展规模。进一步优化提高环保准入门槛，重点发展资源环境效率较高、环境污染和风险较小的产业门类；根据不同产业的环境影响特征和环境风险等，优化产业布局和发展规模，确保产业发展的环境合理性和可持续性。

（四）生态保护与建设重点

1. 生态保护与建设优先领域

根据区域生态功能定位及生态保护目标，综合确定评价区生态保护与建设的5个优先领域。

（1）优先领域一：农产品供给保障

抓紧建立和完善土壤环境监管的法律法规体系，加强土壤环境监测监管能力建设；初步建立土壤污染防治和修复机制，以高浓度、高风险、重金属污染为主，开展典型区域、典型类型污染土壤修复试点，积极推动历史遗留问题的解决，建立技术路线体系；严格保护基本农田，培养土壤肥力；加强农田基本建设，增强抗自然灾害的能力；发展无公害农产品、绿色食品和有机食品；调整农业产业和农村经济结构，合理组织农业生产和农村经济活动；发展农村新能源，保护自然植被。

（2）优先领域二：湿地恢复与生物多样性维持

加强洪水调蓄生态功能区的建设，保护湖泊、湿地生态系统，退田还湖，平垸行洪，严禁围垦湖泊湿地，增加调蓄能力；加强长江流域治理，恢复与保护上游植被，控制土壤侵蚀，减少湖泊、湿地萎缩；控制水污染，改善水环境；发展避洪经济，处理好蓄洪与经济发展之间的矛盾。

完善生物多样性保护与可持续利用的政策与法律体系；将生物多样性保护纳入部门和区域规划，促进持续利用；开展生物多样性调查、评估与监测；加强生物多样性就地保护；科学开展生物多样性迁地保护；促进生物遗传资源及相关传统知识的合理利用与惠益共享；加强外来入侵物种和转基因生物安全管理；建立生物多样性保护公众参与机制与伙伴关系。

（3）优先领域三：水源涵养提升

对重要水源涵养区建立生态功能保护区，加强对水源涵养区的保护与管理，严格保护具有重要水源涵养功能的自然植被，限制或禁止各种不利于保护生态系统水源涵养功能的经济社会活动和生产方式，如过度放牧、无序采矿、毁林开荒、开垦草地等；继续加强生态恢复与生态建设，治理土壤侵蚀，恢复与重建水源涵养区森林、草原、湿地等生态系统，提高生态系统的水源涵养功能；控制水污染，减轻水污染负荷，禁止导致水体污染的产业发展，开展生态清洁小流域的建设；严格控制载畜量，改良畜种，鼓励围栏和舍饲，开展生态产业示范，培育替代产业，减轻区内畜牧业对水源和生态系统的压力。全面实施保护天然林、退耕还林工程，严禁陡坡垦殖；开展石漠化区域和小流域综合治理，协调农村经济发展与生态保护的关系，恢复和重建退化植被；严格资源开发和建设项目的生态监管，控制新的人为土壤侵蚀。

（4）优先领域四：人居生态保障

针对中部地区，加大宣传，提高认识，把农村环境改善和保护工作摆上更加重要和突出的位置。加大农村环境保护投入，建设完善环境基础设施。加快小城镇污水处理厂及垃圾处理厂建设，提高生活垃圾无害化处理程度。各级政府应通过多渠道筹集资金，加快建设治污设施。各有关村、镇可以根据自身特点因地制宜地建设小型的污水、垃圾处理设施，提高生活垃圾的无害化处理率。切实加强县级环保能力建设，加强农村环境监测和监管。严格建设项目环境管理，依法执行环境影响评价和“三同时”等环境管理制度。禁止不符合区域功能定位和发展方向、不符合国家产业政策的项目在农村地区立项、在工业集聚区存在。加大环境监督执法力度，严肃查处违法行为。研究建立农村环境健康危害监测网络，开展污染物与健康危害风险评价工作，提高污染事故鉴定和处置能力。突出重点，分类指导，着力解决突出的农村环境问题。

针对长江中下游城市群，加快城市环境保护基础设施建设，加强城乡环境综合整治；建设生态城市，优化产业结构，发展循环经济，提高资源利用效率；加快实施“生态家园富民计划”，推广“猪—沼—粮、菜、鱼”和“稻田立体养殖”等生态农业模式，遏制工业、城镇和工矿企业“三废”污染，改善农业生态环境质量，提高农民生活水平；按照人与自然和谐发展的要求，统筹生态建设、环境整治和经济社会发展，建成一批国家级生态市、生态县和国家环境优美乡镇；严格执行生态预留地规划，切实保护好各类重要生态用地，将城市绿地及河流生态系统提高到调控城市生态质量的高度，促进城镇生态功能的改善。

（5）优先领域五：生态保护体制机制建设

深化生态文明体制改革，健全生态环境保护体制机制；实现生态环保立法、行政、监管的有机统一与合理配置；延伸生态环境管理链条，实现生态环境管理部分职能的社会化；研究制定跨行政区的流域生态补偿政策；建设动态有效的制度纠偏机制，加速构建治理导向的生态环境保护运行机制。

2. 生态保护与建设优先行动

（1）保障农产品供给优先行动（表 4-33）

表 4-33　保障农产品供给优先行动

目标层	项目层	具体行动
农产品供给功能	农业示范区建设行动	1. 河南省加快建设高标准农田，完善农田灌排体系，改造中低产田 1 000 万亩，建设高产稳产田 1 000 万亩，实施土地整理 1 000 万亩，建设旱作节水农业示范基地 100 万亩； 2. 将亳州市基本农田集中连片、面积较大的区域划定为基本农田集中区，总面积 606 316.49 hm^2； 3. 河北省高标准建成高产示范方 200 万亩； 4. 发展武汉城市圈“两型”农业试验区，涵盖武汉、黄石、鄂州、孝感、黄冈、咸宁、仙桃、潜江、天门 9 个城市的农业区域，建立“三带十二个现代农业生产基地”； 5. 皖江城市带重点建设沿江平原区高产稳产低耗农田生态系统和农牧农水结合型良性循环农业经济系统
	农田水利工程建设行动	1. 开展武汉城市圈田间节水灌溉示范与推广，加强基本农田沟、渠、桥、涵、闸等小型田间工程建设，完善田间排灌系统，修建和改造田间工作道，配套完善农业灌溉用水计量设施； 2. 在江淮分水岭地区、淮北地区和大别山、皖南部分山区，建设 21 个旱作节水农业示范县，10 万亩节水示范区

目标层	项目层	具体行动
农产品供给功能	农业污染治理行动	1. 河南省以稻区为重点，完善农业面源污染监测体系，建设 15 个县级农业面源污染监测站，实施 30 个县的农业面源污染治理工程； 2. 河南省对重点区域实施重金属排放总量控制，禁止新建、改建、扩建增加重点重金属污染物排放的项目，到 2015 年实现重点区域重金属污染物排放量削减 30% 以上； 3. 亳州市积极开展秸秆机械粉碎直接还田、商品有机肥施用试验、示范工作； 4. 蚌埠市深入开展土壤污染防治科研工作，筛选污染土壤修复技术，优先开展“菜篮子”基地、粮食主产区土壤环境质量监测工作，建立预警和应急机制，保障农产品质量安全； 5. 综合整治株洲清水塘、湘潭竹埠港、长沙七宝山地区农田土壤重金属污染； 6. 鄱阳湖区合理布局畜禽水产禁养区和集中养殖区，推广畜禽排泄物收集与再利用模式，加大畜禽养殖场改造和大中型沼气工程建设，加强污水和粪便无害化处理，禁止未处理排放； 7. 大力推广鄱阳湖农业区秸秆综合利用技术，加强农膜、地膜回收利用，推广使用可降解材料

（2）湿地恢复与生物多样性维持优先行动（表 4-34）

表 4-34　湿地恢复与生物多样性维持优先行动

目标层	项目层		具体行动
湿地恢复与生物多样性维持	湿地恢复示范行动		1. 对已建的黄河故道、黄河干流、丹江口水库、宿鸭湖湿地等 17 个湿地保护区实施湿地恢复、保护基础设施建设等工程，提高湿地保护区的保护能力和监测水平； 2. 蚌埠市争取把沱湖国家重点湿地建设工程升级为国家自然保护区，怀洪新河和浍河固镇段市级湿地保护区升级为省级湿地保护区，新增 1 处省级湿地公园，新增芡河、香涧湖、天井湖和张家湖 4 处市级湿地保护区，力争使蚌埠市 50% 的自然湿地、70% 的重要湿地得到重点保护，形成自然湿地保护网络体系
	洪水调蓄功能	河道综合整治行动	1. 建设荆江河势控制应急工程、荆门汉江堤防河道综合整治工程； 2. 加强荆江岳阳河段河势与崩岸整治； 3. 推进引江济巢工程，实施生态恢复工程，优化江湖动态联系，重建江湖生命通道，缓解巢湖水体污染
		分洪蓄洪建设行动	1. 重点完成洪湖分洪区东分块工程建设，加快实施荆江、杜家台、华阳河、西凉湖分蓄洪区建设工程； 2. 加强湘江干流及渌水、涓水、涟水、沩水及捞刀河堤防工程建设； 3. 淮河下游巩固和扩大入江入海泄洪能力建设，沂沭泗河水系进一步巩固完善防洪湖泊和骨干河道防洪工程体系，扩大南下工程的行洪规模
		重点区域治理行动	1. 在宜昌、荆州等山洪灾害频发地区建设山洪防灾减灾体系，实施重点地区山洪沟治理工程； 2. 重点治理池州、安庆等低洼易涝地区

<table>
<tr><th>目标层</th><th colspan="2">项目层</th><th>具体行动</th></tr>
<tr><td rowspan="6">湿地恢复与生物多样性维持</td><td>洪水调蓄功能</td><td>湿地保护与恢复行动</td><td>1. 加强生态洞庭湿地建设，新建省级重要湿地 10 块；
2. 鄱阳湖实施湿地生态保护工程、湿地生态恢复工程、湿地资源合理利用及生态产业示范工程、湿地保护能力建设工程、湿地社区共管与建设“五大生态工程”</td></tr>
<tr><td rowspan="5">生物多样性保护建设行动</td><td>野生动植物保护</td><td>1. 河南省完善 10 个省辖市级野生动植物保护管理站建设，完成必要的交通工具、办公等设备设施的购置以及必要的设施改造等；
2. 制定邯郸、邢台市野生植物保护条例，逐步建立野生动物伤害、破坏补偿机制，加强和完善国家级自然保护区基础设施建设，使全省 85% 以上的国家重点保护野生动植物资源和重要湿地得到基本保护；
3. 湖北省对具有特殊价值的野生动植物进行人工繁殖饲养或栽培；
4. 鄱阳湖经济圈加快完善候鸟疫病监测防治体系，实施鱼类资源保护工程，落实休渔措施；
5. 建设鄱阳湖珍稀濒危野生动物救护与繁育中心，重点加强白鹤、江豚、鲥鱼等濒危物种保护，维护种群数量</td></tr>
<tr><td>生物多样性信息网络建设行动</td><td>1. 河南省系统调查全省自然保护区范围、类型、主要保护对象、管理状况等，建立自然保护区基础数据库，绘制河南省自然保护区分布图，构建全省自然保护区 GIS 管理系统；
2. 武汉城市圈组织开展生物物种资源调查，建立生物多样性基础数据库；
3. 长株潭城市群开展生物多样性保护示范区建设，建立生物多样性监测、评价和预警制度；
4. 鄱阳湖经济区逐步完善国家、省、县三级自然保护区体系，形成生物多样性保护网络；
5. 开展皖江沿江生物多样性现状调查工作，摸清家底，科学核查资源分布情况</td></tr>
<tr><td>自然保护区建设行动</td><td>1. 长株潭城市群晋升国家级自然保护区 3 个，晋升省级自然保护区 1 个，新建省级自然保护区 2 个；
2. 重点建设鄱阳湖鳜鱼、翘嘴红鲌等国家级水产种质资源保护区；
3. 开展皖江城市带自然保护区资源开发利用试点，加强对周边资源开发活动的监控和引导；
4. 重点保护好铜陵淡水豚类保护区、池州升金湖保护区、宣城扬子鳄保护区、安庆沿江湿地保护区和池州十八索保护区等国家级和省级自然保护区</td></tr>
<tr><td>生物多样性恢复示范行动</td><td>1. 河南省新建河南焦作沁河、商丘黄河故道等省级湿地自然保护区 4 处，面积 31 190 hm^2，全省湿地自然保护区数量由现在的 17 处增加到 21 处，湿地自然保护面积由现在的 26.5 万 hm^2 增加到 29.6 万 hm^2；
2. 长株潭城市群加强流域中上游水源涵养林和沿江生态林建设，推进河道滩涂、江心洲等湿地生态系统的恢复重建；
3. 赣东北丘陵山地区重点保护好生态公益林，加快矿区生态系统恢复</td></tr>
</table>

（3）水源涵养优先行动（表 4-35）

表 4-35　水源涵养优先行动

目标层	项目层	具体行动
水土保持与水源涵养功能	生态防护林建设行动	1. 南水北调中线干渠沿线林业生态建设工程：在引水总干渠两侧各营造不低于 100 m 宽的防护林带，在防护林带外侧每侧 2 km 范围内营造高标准农田林网，确保引水安全，规划 2011—2015 年完成造林 3.47 万 hm^2(52.1 万亩)； 2. 在南阳、信阳、驻马店、洛阳、平顶山、郑州、开封、周口、商丘、漯河、许昌等 11 个市的 90 个县（市、区）开展防护林工程，在伏牛山区加强封山育林，着力开展荒山造林； 3. 太行山土石山水源涵养生态屏障建设工程：主要依靠国家太行山绿化、退耕还林荒山造林、省重点区域造林等重点工程支撑，大力造林，封山育林，积极护林，有效涵养太行土石山区珍贵的水资源； 4. 淮河流域生态防护林工程：规划营造林 190 万亩，其中人工造林 50 万亩，封山育林 20 万亩，森林抚育和低产低效林改造 120 万亩； 5. 突出长江上中游、洞庭湖、鄱阳湖地区和三峡库区及沿线的治理，重点构筑三峡库区周边及沿线生态屏障； 6. 湖北省以长江防护林、天然林保护、退耕还林和石漠化综合治理等工程为依托，积极推进植树造林、森林抚育和低效林改造； 7. 在长沙市、株洲市和湘潭市 3 市，以统筹城乡生态建设、发展城市森林、打造城乡一体的和谐宜居森林城市为生态建设主题； 8. 营造五河源头水源涵养林 3 100 万亩
	水土流失综合防治行动	1. 湖北省完成水土流失综合防治面积 9 500 km^2，专项生态修复面积 700 km^2； 2. 统筹做好鄱阳湖区水资源的科学保护和合理利用，使长江、五河、鄱阳湖等区域非法采砂得到遏制； 3. 加强鄱阳湖地区生态修复与崩岗防治、水土保持监测网络建设等； 4. 构建皖江城市带“二山一带一丘一区”由工程措施、技术措施和管理措施相结合的水土保持综合防护体系格局； 5. 安庆市、黄山市、六安市规划治理山洪沟 115 条

（4）人居生态保障优先行动（表 4-36）

表 4-36 人居生态保障优先行动

目标层	项目层	具体行动
人居生态保障功能	新农村环保建设行动	1. 河南省村镇绿化工程：涉及全省 1 895 个乡镇和 47 603 个行政村的建成区及周围，以村镇周围、村内道路两侧和农户房前屋后及庭院为重点进行立体式绿化、美化，规划 2011—2015 年完成造林 3.23 万 hm^2（48.4 万亩）； 2. 蚌埠市农村环境整治目标：乡镇生活污水处理率达到 45%，农村生活垃圾无害化处理率达到 50%，规模化畜禽养殖场废弃物综合利用率达到 55%，农作物秸秆综合利用率达到 85%； 3. 长治市开展农村环境连片综合整治，建设农村污水净化设施、垃圾收集处理设施及农业废弃物处理设施，到 2015 年，全市 10% 的村庄环境状况得到较大改善。绿色生态工程实施区域内 20% 的村庄实现清洁能源全覆盖； 4. 武汉城市圈要重点建设一批新农村示范区、流域农业面源控制国家级示范区； 5. 加大对长株潭地区农村公共服务投入，加强农村社区综合性服务设施建设，提供“优质、高效、安全、经济”的公共服务产品和服务； 6. 鹰潭、上饶、景德镇地区支持一批行政村建设新村庄、发展新产业、塑造新农民、培育新经济组织、形成新风貌、创建好班子； 7. 加强皖江城市带农村环境综合整治，大力推进乡村清洁工程，加大改水、改厕和污水、垃圾处理等基础设施建设力度
	城镇生态环境建设行动	1. 河南省通过创建“全国绿化模范城市（县、单位）”“国家森林城市”等活动，加强环城防护林、城区绿化、通道绿化、森林公园建设，构筑以城区、近郊区为重点、近远郊协调配置，融城区公园、绿地和廊道绿化等相结合的城市森林，规划 2011—2015 年完成造林 0.59 万 hm^2（8.8 万亩）； 2. 邯郸市建设以大乔木为主体，乔、灌、花、草、藤复层结构的林荫型、景观型、休闲型近自然城镇森林体系，城镇建成区绿化覆盖率达到 40%。城镇郊区森林覆盖率山区达到 60% 以上，丘陵区达到 40% 以上，平原区达到 20% 以上； 3. 以长沙、株洲、湘潭 3 市的市区规划范围和近郊县（市）为重点，开展城区绿化，城郊森林培育、道路和水系林网建设、乡村绿化美化、花卉产业等项目建设； 4. 南昌市加强城市公园、街道、江河沿岸景观建设，加大居民社区、企事业单位绿化建设力度，建成若干国家园林城市和一批城市景区； 5. 合肥市试点建立生态网络，将城区的植被斑块、廊道与外围的景观结构充分联系起来，注重整体风貌的协调，最终建立一个完善的城乡生态网络
	生态市、县创建行动	1. 河南省到 2015 年，创建国家级生态县（市）1～2 个、省级生态县（市）15 个、省级生态乡镇 500 个、省级生态村 3 000 个； 2. 蚌埠市建成 30 个生态示范村、10 个环境优美乡镇； 3. 长治市至少创建国家级生态县 1 个，省级生态县 2 个；各个县（区）中至少创建国家级生态乡镇 2 个，省级生态乡镇 30 个；至少创建国家级生态村 1 个，省级生态村 200 个； 4. 鄱阳湖经济区尽快建成一批国家级生态市、生态县和国家环境优美乡镇； 5. 到 2015 年，合肥、芜湖和宣城市成为国家环保模范城市，并成功创建国家级生态市；绩溪县和宁国市等成功创建国家级生态县（市）； 6. 以长株潭城市群核心区为主创建生态村镇，行政村达到“国家级生态村”创建标准，乡（镇）达到生态乡（镇）建设标准，促进城乡共同发展

（5）体制机制建设优先行动（表 4-37）

表 4-37　体制机制建设优先行动		
目标层	项目层	具体行动
体制机制建设优先行动	生态文明体制改革	完善生态补偿制度，改进水环境生态补偿制度；构建有利于生态文明建设的产业支撑体系，加快转变经济发展方式；构建生态环境安全体系，加强自然灾害的预防预警与监测体系建设
	生态环境保护体制机制	完善环保法律法规体系，加强地方环境立法工作；实施环境经济政策，开展排污权有偿使用和交易管理试点工作；改革创新环保制度体系，制订环境保护责任追究办法

3. 生态保护与建设优先区域

根据中部地区的自然条件、社会经济状况、自然资源以及主要保护对象分布特点等因素，综合考虑生态系统类型的代表性、特有程度、特殊生态功能，以及物种的丰富程度、珍稀濒危程度等因素，并结合生态敏感区、重点生态功能区、重要生态功能区和生物多样性保护优先区的分布情况，划定了 14 个生态保护与建设优先区域，如表 4-38 所示。

表 4-38　中部地区生态保护与建设优先区域		
优先区域	主要问题	生态保护与建设重点
农田沙化防治区	土地重用轻养，土壤肥力低；土壤盐渍化制约农业生产严重，土壤风沙危害严重	扩种苜蓿等绿肥作物，以培肥地力。大力营造防护林，实行桐粮间作，增加木材生产。发挥当地水、土资源优势，重点发展粮食生产，加强林业建设
黄河湿地区	汛期堤坝受洪水威胁大，枯水期河道断流时有发生，水生态环境脆弱	做好生态移民，降低河滩生态压力，河水易疏不易堵。加强沿线工业企业的污染控制和治理力度；退耕还林还荒，保护两岸天然植被，防治水土流失，控制旅游开发项目的适度发展
淮河中下游湿地区	地势低洼，雨季容易发生涝灾，沿淮湖泊洼地易成为行蓄洪区；淮河干流及支流水污染严重，影响沿岸城市供水及水产养殖	将地势低洼地区建设成为淮河流域洪水调蓄重要生态功能区，迁移区内人口，避免行蓄洪造成重大损失；保护湖泊湿地和生物多样性与自然文化景观；加强城镇环境综合治理，严格控制地表水污染
桐柏山—淮河区	原生地带性森林植被破坏严重，生物资源量减少，土壤侵蚀加重	加大矿产资源开发监管力度；停止产生严重污染的工程项目建设和加大污染环境的治理，消除对淮河源头的污染；制止乱砍滥伐，营造水土保持林；合理开发旅游资源和绿色食品，同时要加强旅游区森林生态系统的完整性和生物多样性的保护
丹江口库区	植被破坏较严重，森林保水保土功能较弱，土壤侵蚀较为严重，库区点源和面源污染对水体环境带来严重影响	加快植被恢复，提高森林质量；调整库区及其上游地区产业结构，停止产生严重环境污染的工程项目建设，加强城镇污水治理和垃圾处置场的建设，加强农业种植业结构调整和土壤保持相结合的面源污染控制；建设库区环湖生态带和汉江、丹江两岸东西绿色走廊

优先区域	主要问题	生态保护与建设重点
秦岭地区	矿产开发乱采滥挖，森林砍伐及陡坡开荒造成水土流失面积不断增加，滑坡、泥石流自然灾害多，区域开发与保护矛盾突出	重点保护我国独特的亚热带常绿阔叶林和喀斯特地区森林等自然植被，制定促进生物多样性保护和可持续利用政策，建立自然保护区网络体系，以生态地理为单元，以空缺分析为参考，点线面相结合对秦岭山区自然保护区进行规划，加强生境廊道建设，确定秦岭山区自然保护区网络构建技术
太行山区	山地生态系统结构简单、土壤侵蚀加重加快、干旱与缺水问题突出、山下洪涝灾害损失加大	停止导致土壤保持功能继续退化的人为开发活动和其他破坏活动，加大退化生态系统恢复与重建的力度；有效实施坡耕地退耕还林还草措施；加强自然资源开发监管，严格控制和合理规划开山采石；发展生态林果业、旅游业及相关特色产业
大别山区	原生森林结构受到较严重破坏、栖息地破碎化，涵养水源和土壤保持功能下降，矿产开发频繁，山区边缘城镇开发导致水土流失严重；历史上原生森林结构受到较严重破坏、栖息地破碎化，涵养水源和土壤保持功能下降，生态功能待恢复	开展水土流失综合治理，采取造林与封育相结合的措施，提高森林水源涵养能力，保护生物多样性；鼓励发展生态旅游，转变经济增长方式，逐步恢复和改善生态系统服务功能
黄山—怀玉山区	矿产开发强度大，水土流失问题严重，土地砂化、石化严重；历史上森林资源遭受破坏，阔叶林退化，森林质量低	加强矿山恢复，从保护自然文化遗产、地质景观、生物多样性等多方面入手，控制水土流失和酸雨侵害，在景区旅游环境容量内合理发展生态旅游业
幕阜山—罗霄山区	矿产开发强度大，治理率低，导致流域下游重金属污染严重；人工林比例高，森林质量低，功能退化，植被单一，生物多样性维持功能弱；城市扩张导致水土流失加剧	大力开展矿山治理，提高矿山治理率与复垦率；开展水土流失综合治理，采取造林与封育相结合的措施，保护生物多样性，提高森林生态系统服务功能；控制城市扩张速度；合理发展生态旅游业
洞庭湖区	湖泊围垦和泥沙淤积导致湖泊面积和容积缩小，洪水调蓄能力降低；水禽等重要物种的生境受到一定威胁	实行平垸行洪、退田还湖、移民建镇，扩大湖泊面积，提高其洪水调蓄的能力；以湿地生物多样性保护为核心，加强区内湿地自然保护区的建设与管理，处理好湿地生态保护与经济发展关系，控制点源和面源污染
鄱阳湖区	湖泊容积减小，调蓄能力下降，洪涝灾害加剧；湖区垸内积水外排困难，涝、渍灾害易发；水生生境破坏；水质污染及疾病蔓延	严格禁止围垦，积极退田还湖，增加调蓄量；处理好环境与经济发展的矛盾；加强自然生态保护，对湖区污染物的排放实施总量控制和达标排放
长江荆江段湿地区	过度开垦，蓄洪、泄洪能力下降，洪涝灾害频繁；渔业发展与采砂活动过度，生物多样性丧失严重，重要水生物种生境受到威胁；受上游水利工程影响，洲滩湿地面临萎缩	加强湿地保护，严格禁止围垦；保护湖泊湿地和生物多样性，控制渔业捕捞与采砂强度；将湖泊与地势低洼地区建设成为长江中游流域洪水调蓄重要生态功能区，迁移区内人口，避免行蓄洪造成重大损失
安徽沿江湿地区	水土流失加重，湖盆淤积严重，湿地蓄洪、泄洪能力下降，洪涝灾害频繁，湖泊湿地部分湖区网箱养殖强度过大，生物多样性丧失严重	加强湿地生物多样性保护，实施退田还湖，发展生态水产养殖；建设沿江洪水调蓄特殊生态功能区，从政策、技术、经济等多方面入手，保护湖泊湿地及其生物多样性

4. 生态保护与建设优化调控

（1）划定生态保护红线，明确建设用地边界

①明确生态保护红线范围

为了保障自然资本对区域产业发展的支撑作用，避免重大的生态问题在中部地区出现，或成为产业可持续发展的瓶颈和制约因素，对该区域进行生态保护红线的划分。生态红线区是为保障区域生态安全必须加以严格管理和维护的区域，包括具有重要或特殊生态服务功能价值和生态敏感性极高的区域，它们也是产业发展的禁止区域。

制定具体的管控措施时，将生态保护红线分为一级管控区和二级管控区。一级管控区内严格按照法律法规规定和相关规划实施强制性保护，严禁不符合生态环境功能定位的建设开发活动。二级管控区是指为保障区域生态安全需要对开发活动进行限制，开展有条件准入管理的区域，允许部分企业进入和建设开发活动，但对于进入的企业和开展的活动要依据环境保护要求进行严格的筛选。

②明确建设用地指标与边界

生态保护红线的约束。生态保护红线的区域，是具有重要或特殊生态服务功能价值和生态敏感性极高的区域，它们既是产业发展的禁止区域，也是城市建设用地的边界。根据上述生态保护红线的空间范围，可以确定各区域的建设用地边界。

未来情景模拟确定建设用地指标。基于未来各情景对于建设用地变化的模拟，到 2020 年和 2030 年的建设用地规模均呈现明显增加的趋势。因此，将各情景下模拟的建设用地面积作为未来建设用地指标。增加的指标将遵守上述的建设用地边界，禁止侵占生态保护红线。

③提升城镇空间利用效率

提升重点城市空间利用效率，调整部分位于重要生态功能区的规模，严格执行《城市用地分类与规划建设用地标准》，高效集约调配与使用市区（镇区）土地，并按人均建设用地指标进行控制，严格管制近郊区的开发建设；严禁随意突破市区建设范围，确保其生态缓冲功能。

评价区部分开发区规划面积较大，中原经济区的开发区主要分布在沿道路及中部、北部地区，长江中下游城市群的开发区主要分布在沿江及皖中地区，均属于城镇空间利用效率相对较低的区域。从中长期来看，开发园区内耕地将完全转化为城镇建设用地。针对这些区域，应该明确其功能定位，合理规划布局，提升城镇空间利用效率，部分开发区面积也应当实施总量控制，在总面积和边界上加以控制（表 4-39）。

表 4-39　各区域耕地占用量及开发区总面积调整比例

城市群	开发园规划面积 /km^2	2030 年耕地预测减少面积 / km^2	开发园区总面积调整比例 /%
西部山区	148.86	50.03	
东部平原区	4 483.97	2 446.84	30 ～ 40
中原城市群	3 148.03	1 916.20	20 ～ 30
皖江城市带	1 156.31	571.56	30 ～ 40
武汉城市圈	1 048.67	453.25	20 ～ 30
长株潭城市群	477.50	357.56	不变
鄱阳湖生态经济区	268.49	331.58	不变

从中长期来看，开发园区内耕地将完全转化为城镇建设用地，但目前武汉城市圈和皖江城市带开发区内耕地面积已超过2030年耕地减少面积（预测）1倍以上，这意味着即使园区外完全不进行土地开发，评价区也将发生严重的耕地占用。因此，对开发园区面积进行控制势在必行。如果将农田占补平衡率以50%计，则武汉城市圈开发园区总面积调整为现有规划总面积的3/4，皖江城市带调整为现有规划总面积的2/3。长株潭城市群和鄱阳湖生态经济区的开发园区总面积尚可满足耕地保护的需要，但部分水土流失强度及风险评价为“高”的开发区也应依照具体情况有所调整。

（2）开展农田土壤修复，推进农业生态化

①开展农田重金属土壤修复试点

以郑州、洛阳、晋城、蚌埠等部分区域为试点，建立和完善土壤环境监管的法律法规体系，加强土壤环境监测监管能力建设；初步建立土壤污染防治和修复机制；以高浓度、高风险、重金属污染为主，开展典型区域、典型类型污染土壤修复试点，积极推动历史遗留问题的解决，建立技术路线体系。

②加快现代农业发展步伐

加快现代化农业发展步伐，强力推进农机装备提升工程，进一步提高现代农业机械化水平，强力推进生态家园富民工程，进一步提高农村面貌改造提升水平，实施农业科技进步，强化现代农业发展支撑，加大资金投入力度，提供现代农业发展保障，重点针对农田分布较为集中的江汉平原、洞庭湖平原、鄱阳湖平原等区域，开展农药化肥污染防治和农田土壤重金属修复治理工程；提升农村环保设施，特别是山区的畜禽养殖应予以适当调整。

③积极推进农业生态化建设

a. 加快推进农业生态化，加强农业基础设施建设，尤其重视节水型农业建设。中部地区水资源缺乏，水分蒸发强度大，应当改进灌溉方式，发展节水农业。通过合理开发利用水资源，用工程技术、农业技术及管理技术达到提高农业用水效益的目的。

以商丘、菏泽等区域为例，开展节水型农业试点，从农业结构、作物生理、管理机制和工程技术等几个方面，研究和构建农业节水体系。农业结构节水指调整农业结构、作物结构，改进作物布局，改善耕作制度（调整熟制、发展间套作等），改进耕作技术（整地、覆盖等）；作物生理节水指植物生理范畴的节水，如培育耐旱抗逆的作物品种等；管理机制节水包括管理措施、管理体制与机构，水价与水费政策，配水的控制与调节，节水措施的推广应用等；工程技术节水，包括灌溉工程的节水措施和节水灌溉技术，如精准灌溉、微喷灌、滴灌、涌泉根灌等。

b. 完善农村生活垃圾收集体系，实现资源化。结合中部地区农村发展实际，因地制宜地推进农村垃圾收集转运体系建设，完善农村垃圾收集处理体系。以垃圾的分类收集与运输、无害化、资源化为核心，在中原城市群农村地区逐步推进垃圾分类收集和资源化利用，在西部山区、东部平原区条件较好的镇、村进行垃圾分类收集和资源化利用试点。提高垃圾收运效率，应该大力推广“户分类、村收集、乡（镇）转运、县（市）处理”的城乡生活垃圾一体化处理模式；以县（市、区）为单位，建设县（市）垃圾处理场、乡镇垃圾处理场（中转站）、村庄垃圾中转场、垃圾场（站）等农村生活垃圾收集处理设施，建立并完善农村垃圾转运体系；优化布置农村居民住宅区垃圾收集站点，保证所有垃圾能够及时得到合理投放与收集，同时在有条件的地区引导居民在倾倒垃圾前进行分类；中原城市群等条件较好的农村地区，在垃圾分类收集的基础上，开展有机垃圾堆肥还田的应用试点，结合区域生态农业、有机农业发展，推进生活垃圾的资源化利用。

c. 农村生活污水处理，实现无害化。结合中部地区农村发展实际，因地制宜地有序推进农村生活污水处理设施建设。在中原城市群集镇区、西部山区、东部平原区等条件较好的乡镇建设集中式污水处理厂，农村地区分散住户因地制宜地分批推进生活污水处理设施建设。在农村地区，结合农户居住形态、住宅布局组团，因地制宜地逐步建立相适应的农村生活污水处理系统。产业基础较好的乡镇和移民新村、迁村并点的中心村、规模较大的村庄，建设集中式生活污水处理设施。同时建设生活污水收集管网，将城镇周边村庄纳入城镇污水集中处理系统；对居住比较分散、经济条件较差的村庄，可采取分散式、低成本、易管理的生活污水处理方式，如建设小型人工湿地、无（微）动力处理设施、氧化塘等分散式污水处理设施；对于西部山区或其他类似的能利用重力排水的区域，宜采用无（微）动力的处理设施（工艺）；农村生活污水处理工艺推荐：基于三格化粪池的农村生活污水“3 + 2”模式庭院式生活污水处理系统、组合式复合生物滤池系统、土地渗滤系统、氧化沟、氧化塘等。

d. 限制秸秆焚烧，推进农作物秸秆综合利用。中部地区农作物秸秆主要包括小麦、玉米等作物秸秆，产生量巨大。由于生活条件改善，村民现在不以农作物秸秆作为燃料使用，因此须加强对秸秆的管理和处置，限制随意堆放、燃烧。农作物秸秆的处理以资源化为主要方向，考虑三种利用方式：推广机械化秸秆还田，将农作物秸秆机械粉碎后作为肥料直接还田利用；秸秆微生物高温快速沤肥，农作物秸秆经过堆肥处理后，是一种良好的肥料，结合区域农业发展规划，将部分农作物秸秆集中收集后，运送至有机废物堆肥处理中心，生产有机肥料；采用秸秆气化技术，将农作物秸秆作为燃料使用。此外，还应结合实际，寻求多途径的作物秸秆开发利用方式，如秸秆饲料开发和秸秆工业原料开发等。

e. 畜禽养殖污染。各地市依据当地环境容量，制订畜禽养殖污染防治规划，合理确定畜禽养殖规模，科学划定畜禽禁养区、限养区和养殖区。鼓励建设养殖小区，引导养殖业适度规模化集中发展。中部地区内各地市及有关部门要高度重视畜禽养殖污染防治工作。在国家制定的《畜禽养殖业污染物排放标准》（GB 18596—2001）基础上，开展本地环境污染调查、监测及评价工作。对畜禽养殖场的布局、污染治理设施、废弃物的排放标准等给予明确的规定。制定相应的法规制度，并纳入日常的环境管理工作中。坚持可持续发展政策，推进生态养殖发展。把发展生态畜牧业作为农业和农村经济结构战略性调整的突破口，以增加农民收入、改善农民生活为目标，推行因地制宜、突出特色的生态畜牧业，推广林—草—畜、畜—沼—粮 / 菜、畜—沼—果—鱼等种养结合的生态畜禽养殖业发展模式。进行技术改造，推广畜禽粪便“三化”处理。畜禽粪便的“三化”处理就是采用减量化、资源化和无害化原则对畜禽粪便进行处理。对区域内大中型畜禽养殖场，通过技术改造将畜禽饮水槽改为乳头状水嘴，减少冲洗舍笼，采用畜禽粪便脱水干燥技术，实现固液分离，减少畜禽粪便的处理量和排放量。针对畜禽粪便含有丰富的有机质、氮源及其他微量元素的特性，对不同的畜禽粪便采用不同的资源化处理方式，如直接堆沤作肥料；经微生物发酵后作猪、鱼等饲料；沼气发酵等。畜禽粪便污染防治要以资源化利用为核心，通过发展沼气、生产有机肥和无害化粪便还田等措施，实现养殖废弃物的减量化、资源化和无害化，加强规模化畜禽养殖污染治理。大中型畜禽养殖场应结合各自实际情况，参照与借鉴各地生态养殖和粪污治理工程技术方案，并加以筛选和组合，制订严格的粪污治理技术方案和实施细则。通过畜禽粪尿沼气示范工程建设，推进区域内规模化畜禽养殖场的粪便资源化综合利用。农村散养畜禽污染控制。中部地区内农村分散的畜禽养殖总量仍较大，污染物直排河道现象突出，必须把农村地区小规模畜禽养殖及散养畜禽综合整治工作纳入工作计划，坚决关闭分散的、环保设施不完善、经营管理方式落后的小规模养殖户。对于农户散养的少量自有畜禽，应通过技术指导，提高畜禽粪污等的综合利用水平，坚决杜绝直排河道现象，严格禁止禽类进入河道。同时，加强对区域散养户的宣传教育，提高养殖者的环境保护意识。

（3）加大湿地保护力度，增强湿地生态功能

①保障湿地面积不降低

严格执行湿地保护政策，确保湿地面积不降低，强化对四大流域中仅存的一些中小湖泊湿地和天然沼泽湿地的保护和恢复，如东平湖、黄河故道沼泽区等，研究推广江湖连通工程，加大湖泊保护力度，长江中下游地区湖泊保护名录见附表 12。针对耕地占用干涸河道和湖泊，如长江以北的汉江流域、巢湖流域及长江南部的鹰潭、南昌等地的湿地，不仅进行“退耕还湖”，还应重视重建湖泊的生态恢复和保护工作。而针对评价区内所有的草本沼泽河漫滩型自然湿地，应当全部予以保护；严格执行岸线空间管制方案（附表 10 和附表 11）。除少量的农渔业生产外，所有大面积的河漫滩及江心沙洲等洲滩湿地应禁止任何其他形式的工业开发。

图 4-63 四大家鱼产卵场的分布

加强全社会“拯救江豚、保护长江母亲河”的宣传，大幅提升长江水生生物多样性保护力度，推动开展长江珍稀濒危水生生物的抢救性保护工作；推动长江干流持续多年全年休渔制度，研究永久性全年休渔的可行性、生态效益及其配套政策；逐步减少或取缔鱼类产卵场及其周边地区的航运开发、渔业捕捞、挖沙等活动（图 4-63）；对长江捕捞设备进行严格规范，严禁网眼过小的捕捞设备，严禁电鱼、炸鱼等掠夺性捕捞方式；采取财政手段对长江渔业捕捞进行限制，取消渔船燃油补贴，增收相关税种以促进长江水生态保护。

②严格控制流域面源污染

严格水功能区纳污总量控制管理和入河排污口管理，在水污染严重地区采取工程措施进行综合整治；强化城镇集中式饮用水水源地保护和管理，实施水源地污染综合整治、水源地隔离防护等安全保障工程；优化水资源配置，逐步开展生态用水调度，提高河道内生态用水保障程度，在丹江口水库、东平湖等重点水域实施生态保护与修复工程；采取控制面源污染、限采和禁采地下水等措施加强地下水资源保护。

③严格执行岸线空间管制

除少量的农渔业生产外，大面积的河漫滩及江心沙洲等湿地应禁止任何其他形式的工业开发；逐步减少或取缔鱼类产卵场及其周边地区的渔业捕捞、挖沙等活动，尤其是黄河干流，挖沙活动范围广、影响大。对于淮河、黄河的航运应分段、分时期进行合理有序的开发。

④限制无序的河道取水

由于中部地区水资源缺乏，取自天然河道和湖泊用于工业和农田灌溉的用水，尤其是在

黄河流域，农业灌溉用水强度巨大，应进行严格控制和规划。部分区域应禁止河道取水。

⑤调节水沙关系

针对黄河干流水少、沙多、水沙关系不协调的根本性问题，须立足于黄河现行河道的长期行河条件下，通过三门峡水库、小浪底水库的水文调节，努力减少进入下游河道的泥沙，改善水沙关系，使河道不显著淤积抬高。

（4）实施矿山修复策略，优化产业空间布局

加强矿山生态保护与生态修复，生态红线区内已有产业要调整结构，促进产业革新，严格污染源的控制与管理。对矿山开发进行生态修复。

①制定矿山生态环境保护与恢复治理规划

矿山生态环境保护与恢复治理规划是矿产资源总体规划的重要组成部分，是矿山生态环境保护和恢复治理的纲领和蓝图。矿山生态环境保护与恢复治理工程规划必须体现客观性、地域性和层次性，全面了解矿山生态环境现状，并考虑生态系统—景观—矿区—区域各级层次生态环境保护与恢复治理的同步性、协调性。立足于矿山生态环境现状全面调查的基础，从矿山生产建设区布局（生产区、生活区和矿井区）、生产工艺优化（采掘方式、选冶工艺）、“三废”处理和综合利用设施与技术、矿山生态环境保护（水土保持、土地复垦方案等）及地质灾害预防和治理等方面进行全面综合规划。应重点对现有小煤矿加强实施矿山生态环境保护与恢复治理规划。

矿山地质环境保护与治理要遵照国土资源部《矿山地质环境保护规定》进行，在矿产资源丰富的湖北省东南部、湖南省东部和江西省部分区域，重点对煤矿采空塌陷、砖瓦黏土矿较为集中的地区以及关闭的窑厂最大限度地恢复或提高土地利用功能。同时，严禁生态敏感区的矿产资源开发活动，在矿产资源开发增幅较快地区，大幅提升矿山恢复治理率与复垦率指标，新建矿山恢复治理率和土地复垦率必须达到100%。应重点加大矿山治理的城市包括黄冈市、鄂州市、黄石市、株洲市、宣城市、上饶市。

②控制矿山“三废”排放，加强生态保护和污染防治

提高矿山企业生态环境保护的意识，按照“谁破坏，谁治理”“谁投资，谁受益”原则，引导和鼓励矿山企业，加大矿山生态环境保护及污染防治的资金投入。把矿山和矿山企业作为有机的整体，从勘探→规划→决策→生产→闭坑→恢复治理，将清洁生产概念融入矿业生产全过程。采用先进的采、选、冶工艺和有关的技术、设备，发展无尾矿、无污染的采掘—选矿清洁生产工艺，减少矿山“三废”排放，实行矿山废弃物的减量化、无害化和资源化。根据不同矿种、不同矿区和不同等级的矿山生态危害区所引发的各类生态环境问题，实施分级、分类保护与整治。

从中部地区实际出发，在国家标准或行业标准前提下，结合目前已达到的水平，并考虑提高治理力度，做到增产不增加“三废”排放量，逐步减轻并基本遏制矿山及其周围地区的生态破坏现象，生态破坏恢复治理率逐年提高。

③推进现有矿山生态环境恢复治理工程

矿区生态环境恢复治理应以创造可持续发展的整体区域生态系统为最终目标，必须改变以往单纯注重废弃矿山土地复垦的观点，以景观生态学思想和生态系统理论为指导，全面实施重点矿山的生态恢复与重建。对采矿引发的结构缺损、功能失调的极度退化的矿山生态系统，借助人工支持和诱导，对其组成、结构和功能进行超前性的计划、规划、安排和调控，并匹配相应的技术经济措施，重建一个符合代际（间）需求和价值取向的可持续的矿山生态

系统。矿区生态重建不是仅对采矿造成的污染进行限制、赔偿和投资，而是从社会 - 经济 - 自然复合生态系统的角度，突出人地关系，追求整体协调、共生协调和发展协调，维持中部地区矿山生态系统健康和生态安全格局。

由于各矿业的开发采选有很大的区别，且各矿种所处地理位置各异，因此对矿山生态环境的恢复、治理必须区别对待。坚持统筹规划、突出重点、量力而行、分步实施。从实际出发、因地制宜，采取生物措施、工程措施、农艺措施相结合的方法，发挥综合治理的良好效益。

按照典型示范、分类指导、分级治理、逐步推进的原则，根据中部地区矿山生态环境危害等级现状和生态保护与建设要求，进行生态破坏矿区的生态环境恢复治理工作。

④产业空间约束与优化布局

区域布局是产业发展的重中之重，必须及时规划统筹，避免各地盲目重复建设和投入，及早形成产业发展的最优格局。根据评价区产业布局现状，应着手调整规划能源产业分布格局，在脱硫脱硝除尘水平难以有效提升的情况下，耕地集中分布的区域的火电应适当调整。此外，分布在沿江城市的钢铁产业，以及集中在矿山区域的有色冶炼等重工产业分布过于集中，也应统筹规划，适当给予削减。严格实施大气排放的总量控制，主要区域包括：武汉城市圈的武汉、鄂州、黄石，皖江城市带的合肥及铜陵、芜湖、马鞍山等沿江城市。

合理调整和规划重点产业用地空间布局，禁止在生态红线区内布局产业。严格保护现存的自然生态系统，避免无序的人工硬化。在一些重要的生态功能区、生态保护价值极高的栖息地，避免进行产业布局，维护自然生态系统功能，减轻生态风险。中部、东部等平原区可以适当进行产业发展。保护河流、湖泊等天然湿地，严格控制湿地附近 5 km 以内的工业和商业开发活动，控制和限制陆源污染物向湿地区域的排放，对湿地危害严重的污染物应异地排放。建立生态红线区的产业准入制度，避免产业在这一区域的开发泛滥。有目的性地禁止或限制在生态红线区域的开发利用活动。禁止对环境影响较大的开发活动进入，或者在能够补偿产业所造成的生态环境影响的基础上，有条件地批准开发建设活动的开展。

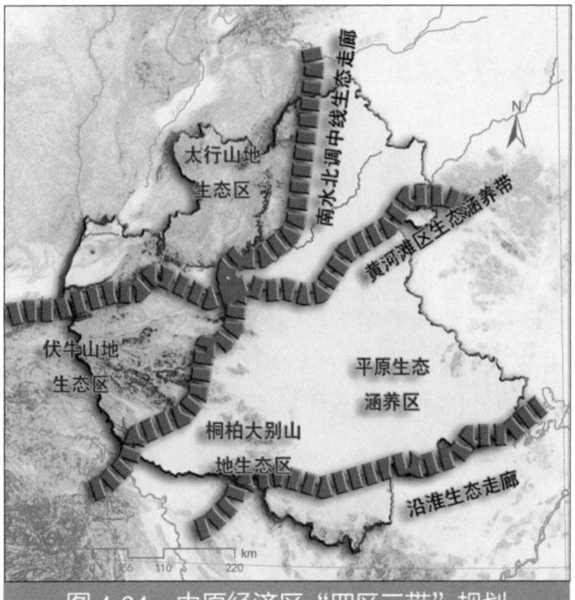

图 4-64 中原经济区“四区三带”规划

（5）构建区域生态屏障，打造生态安全格局

①构筑中原经济区“四区三带”区域生态安全格局

根据《促进中部地区崛起规划》，在生态建设上要构筑“四区三带”区域生态网络，分别是桐柏大别山地生态区、伏牛山地生态区、太行山地生态区、平原生态涵养区、黄河滩区生态涵养带、南水北调中线生态走廊、沿淮生态走廊，如图 4-64 所示。

针对各个区域不同的生态压力，本研究提出了具体的保护与发展调控对策（表 4-40）。

表 4-40　中原经济区“四区三带”优化调控对策

区域	主要生态问题	优化调控对策
太行山地生态区	自然条件差，森林覆盖率低，生态环境脆弱	保护现有森林资源，大力开展人工造林、封山育林和飞播造林，提高生态系统的自我修复能力，增加森林植被，重点营造水源涵养林、水土保持林和经济林
伏牛山地生态区	森林质量低，部分地区水土流失严重，水源涵养功能较低	营造水源涵养林和水土保持林，开展南水北调中线源头区石漠化治理，强化中幼林抚育和低质低效林改造，保护生物多样性，充分发挥森林的综合效益
桐柏大别山地生态区	森林资源分布不均，林地生产力低下，生物多样性受到威胁，浅山丘陵水土流失严重	大力植树造林，提高混交林比例，加强中幼林抚育和低质低效林改造，提高林地生产力，增强生物多样性和生态系统稳定性
平原生态涵养区	多功能、多层次的农田防护体系尚不完善，综合防护效能没有充分发挥	积极稳妥地推进农田防护林改扩建，建立带、片、网相结合的多树种、多层次稳定的农田防护林体系，构筑粮食高产稳产的生态屏障
黄河滩区生态涵养带	森林覆盖率低，水土流失严重，自然灾害频繁	加强湿地保护与恢复，建设沿黄观光林带、生态湿地和农家休闲旅游产业带，强化三门峡水库、小浪底水库库区绿化，防治水土流失
南水北调中线生态走廊	森林资源少，生态环境脆弱，水质污染的潜在威胁较大	在引水总干渠两侧营造高标准防护林带和农田林网，防止污染，保护水质安全，建成集景观效应、经济效益、生态效益和社会效益于一体的生态走廊。在干渠城市和城市边缘段建设园林景观，使之成为城市重要的生态功能区
沿淮生态走廊	“人地矛盾”突出，水土流失严重，洪涝灾害频繁发生	建设淮源水源涵养林、淮河生态防护林和干流防护林带，加强湿地保护与恢复，提高水源涵养和水土保持能力，防治水患，维护淮河安全

②基于“基质 - 廊道 - 节点”构建区域生态网络屏障

a. 基质——全区所有县建成生态县

坚持以生态建设为主的林业发展战略，建设结构合理、功能齐全、持续高效的林业生态防护体系，为中部地区建设构筑生态安全屏障。

到 2016 年，中部地区所有的县（市）都建成林业生态县（市），力争建成区绿化覆盖率达到 39%，人均公园绿地面积达到 11.2 m^2，村屯绿化率达到 25%。

b. 廊道——以道路、水系为基础建设生态廊道

大力推进生态廊道网络建设工程，包括中部地区范围内所有铁路、公路、河渠及重要堤防（主要指黄河、淮河堤防）。

生态廊道的建设将因地制宜。如黄河、淮河干流和南水北调中线工程干渠，两侧植被缓冲带宽度要在 100 m 以上。铁路、高速公路、国道、四大水系一级支流、干渠，两侧要各栽植 10 行以上树木；省道、景区道路，两侧各栽植 5 行以上树木；县乡道两侧要各栽植 3 行以上树木；村级道路两侧要各栽植至少 1 行树木。

此外，南水北调中线工程干渠防护林带外侧，每侧 2 km 范围内营造高标准农田林网。

c. 节点——加强对自然保护区、湿地的恢复和保育

中部地区的生态安全网络，以自然保护区、重要湿地为战略节点，加强对湿地的恢复和

保育，尤其是重点湿地将退耕还滩、封滩育草。

将新建焦作沁河、商丘黄河故道等省级湿地自然保护区 4 处，到 2016 年，全区湿地自然保护区数量达到 25 处。对于重点湿地，如丹江口水库、黄河、淮河、淇河等，采取退耕还滩、封滩育草、野生植被恢复等方式，恢复、治理 1.5 万 hm^2 湿地，逐步改善湿地生态环境。

此外，新建淇河、沙河等 10 处湿地公园，并对郑州黄河、淮阳县龙湖等 8 个国家湿地公园进行湿地恢复和基础设施建设。

（6）提升航运发展效率

合理制定长江流域航道建设方向与标准，推动提升航运效率，重点建设长江干流Ⅲ级航道，通航 1 000 t 级驳船队。航运建设随着流域综合开发利用水资源的进程，治理措施将由以整治工程为主，步入梯级开发渠化工程为主的新阶段。而流域社会经济的迅速发展，也要求加快水利水电和航运交通的建设步伐，尤其是长江通往鄂、湘、赣、皖 4 省航道（汉江、湘江、赣江及皖南巢湖区）的建设，使长江中游支流航道逐步形成为以Ⅲ级航道为主体的河湖航运体系。推动研究低噪声马达技术，以降低对江豚声呐系统的干扰。

（五）保障机制

1. 建立区域生态风险监控预警体系

基于区域中长期发展的需求，按照全面监控区域发展过程中生态环境演变状况的总体目标，全面涵盖水环境、土壤环境、湿地生态系统以及土地利用等生态要素，建立遥感观测与地面核查相结合、人工监测与自动监测相结合、物理监测与生态监测相结合的全要素、全覆盖的大功能分区的生态环境全立体监测体系，实现评价区生态环境的实时监控与早期预警。

（1）土地利用与土地覆盖动态监控

- 实施范围：城市群地区为重点区域，评价区其他地区为一般地区。
- 监控手段：结合人工地面核查，利用高分辨率卫星遥感影像，开展土地利用变化监测。
- 监控频次：重点区域的调查周期为三年一次，一般地区为五年一次。

（2）生态环境全要素质量监控

- 水环境质量监控：在现有基础上进一步完善，重点关注农村饮用水水源质量、富营养化、水体重金属污染等问题。确定跨省界考核断面、入湖考核断面，为责任考核机制的建立提供数据。
- 土壤环境质量监控：建立土壤环境质量监控网络，制订土壤环境质量评估办法。重点关注粮食主产区等主要农产品生产区的农田土壤环境质量，进一步加强区域特征重金属污染的监测。
- 湿地生物多样性监测：针对本区黄河干流、淮河等主要河流，东平湖、宿鸭湖等主要淡水湖泊的特有生态系统，开展有针对性的生物多样性监测。调查渔业、珍稀濒危鸟类种群数量与特征。调查周期为三年一次，自然保护区一年一次。
- 森林生物多样性监测：针对本地区秦岭、太行山、大别山等主要山地的森林生态系统，开展有针对性的森林生物多样性监测。调查内容主要包括森林面积、天然林面积、群落结构、群落特征、生物量以及主要陆生动物种群动态等。调查周期为五年一次，自然保护区一年一次。

- 产业开发集聚区的生态环境监控：针对不同类型、不同级别的产业开发区，结合项目环评要求，制订生态环境监测的具体方案。

2. 制订生态保护红线考核评估制度

针对生态保护红线区的管理要求——“性质不改变、面积不减少、功能不下降”，制订生态保护红线区的考核评估办法，这是保证生态保护红线发挥实效的重要手段，同时也是生态补偿等激励制度的重要依据。制度重点为考核生态保护红线区的落地情况和保护效果，重点需要明确以下内容：

- 考核工作的实施主体和考核对象，明确市、区、县、街镇在生态保护红线管理工作上的职责分工；
- 规定考核的工作原则、具体考核指标、考核周期、考核形式和考核内容；
- 明确考核结果的应用方式，指出将考核结果作为安排生态补偿资金的重要依据。同时，对保护成效显著者提出奖励办法，对违反管理要求的提出罚则。

3. 完善生态补偿制度

以改善中部地区内四大流域总体水环境质量、减少流域水体污染纠纷为工作目标，通过设计流域水体生态补偿机制的总体制度框架、提出近期试点实施方案和相关配套制度，为协调、处理流域水体污染和纠纷问题提供环境经济政策辅助手段，从而最终为实现中部地区生态环境优化和区域协调可持续发展起到积极推动的作用。

中部地区流域生态补偿机制建议采用基于互相协商的政府之间“一对一”横向双向补偿的模式，即以跨省界断面水质目标双向考核制度为基础，通过确定上下游的污染付费或者受益补偿责任，按照一定的补偿标准，核算补偿金额；并通过一定的资金运作渠道实现上下游政府间的双向补偿，其补偿资金运作则是政府主导下的财政横向转移支付模式。应遵照以下原则：

（1）受益补偿、污染付费的原则

即按照“谁开发、谁保护，谁破坏、谁恢复，谁受益、谁补偿，谁污染、谁付费”的原则，一方面，环境和自然资源的开发利用者要承担资源环境成本，履行生态环境恢复责任，当造成超出阈值的环境污染时，应赔偿相关损失，支付占用环境容量的费用；另一方面，生态保护的受益者有责任向生态保护者支付适当的补偿费用。

（2）国家指导、地方为主的原则

充分发挥国家层面在中部地区流域生态补偿机制建立过程中的引导作用，在生态补偿机制的政策制定、体系建设等方面为地方政府提供具体指导，同时在一些跨省界的污染纠纷、补偿纠纷等问题中发挥协调和仲裁的作用。地方政府作为生态补偿机制的实施者，应在国家指导下，完善工作机制，并建立相应的资金投入和运作渠道，积极开展各项具体工作，使生态补偿机制不断完善并发挥应有效应。

（3）共建共享、多赢发展的原则

生态环境保护的各利益相关者应加强在流域生态保护和环境治理方面的互动配合，通过建立合作平台和工作机制，落实任务分工，实现中部地区生态补偿机制的共建共享。同时，中部地区生态补偿机制要充分考虑四个流域之间的利益协调和均衡，对流域上游和下游实现合理的约束和管理，从而促进区域可持续发展，最终实现多方共赢的发展格局。

（4）因地制宜、易于操作的原则

流域生态补偿机制的建立，既要积极总结借鉴国内外经验，科学论证、积极创新，探索建立多样化生态补偿方式，为加快推进建立生态环境机制提供新方法、新经验；也要充分结合中部地区地理、政治、环境、文化等方面的特点，形成易于操作、科学合理的实施途径和措施。

（5）试点先行、分步实施的原则

中部地区生态补偿机制要在重点领域和地区，率先开展生态补偿机制试点，通过试点总结经验，以点带面实现全方位跟进。同时，要循序渐进，分步实施。在形成对流域上下游双向考核与补偿机制之前，应有一定的协商共识期和准备期。

党的十八届三中全会将生态文明制度建设作为重点单独成篇，并明确提出“划定生态管控区”的要求。《国务院关于加强环境保护重点工作的意见》提出，要在重要生态功能区、陆地和海洋生态环境敏感区、脆弱区等区域划定生态管控区，对各类主体功能区分别制定相应的环境标准和环境政策。2014 年 2 月，环境保护部部署了红线管控区的划定工作，并下发《国家生态管控区——生态功能基线划定技术指南（试行）》，要求各地基于生态系统特征，提出生态管控区划分方案。

长江中下游地区作为国家重要的粮食生产和现代农业基地，全国工业化、城镇化、信息化和农业现代化协调示范区，全国重要的经济增长板块，人口密集、资源紧缺、环境压力大，区域（流域）生态安全面临着严峻的考验。通过划定生态管控区，提出生态空间管制与产业综合引导对策，是推动长江中下游地区产业发展转型、资源环境节约、生态资本保育的有力支撑，对长江中下游地区的可持续发展具有重要的保障意义。

附 表

附表 1 中部经济区省级以上自然保护区名录

保护区名称	面积 /hm^2	主要保护对象	级别
小秦岭	15 160	暖温带森林生态系统及珍稀动植物	国家级
伏牛山	56 024	过渡带森林生态系统	国家级
宝天曼	5 412.5	过渡带森林生态系统、珍稀动植物	国家级
鸡公山	2 917	森林生态系统、野生动物	国家级
连康山	10 580	常绿阔叶与落叶阔叶混交林	国家级
历山	24 800	森林植被及金钱豹、金雕等野生动物	国家级
青崖寨	15 164	森林及珍稀野生动植物	国家级
大方寺	2 080	落叶阔叶次生林	省级
皇藏峪	2 067	银杏、黄檀、小叶朴等	省级
熊耳山	32 524.6	森林生态系统	省级
万宝山	8 667	森林生态系统	省级
太白顶	4 924	水源涵养林、珍稀动物	省级
高乐山	9 060	水源涵养林	省级
四望山	14 000	森林生态系统	省级
信阳天目山	6 750	森林生态系统	省级
信阳黄缘闭壳龟	109 930	黄缘闭壳龟及其生境，森林生态系统	省级
金刚台	2 972	过渡带森林生态系统、珍稀动植物	省级
中央山	32 671	森林生态系统及金钱豹	省级
浊漳河	14 200	森林生态系统及泉源	省级
灵空山	1 334	森林及野生动植物	省级
崦山	10 009	森林生态系统	省级
涑水河源头	23 144	森林生态系统	省级
太宽河	23 947	森林生态系统及金钱豹、金雕	省级
三峰山	5 464.4	珍稀、濒危野生动植物	省级
新乡黄河湿地鸟类	22 780	天鹅、鹤类等珍禽及湿地生态系统	国家级
河南黄河湿地	68 000	湿地生态、珍稀鸟类	国家级
丹江湿地	64 027	湿地生态系统	国家级
颍州西湖	11 000	湿地及水生生物	省级
砀山黄河故道	2 180	湿地生态系统和越冬水禽	省级
萧县黄河故道	6 316	湿地生态系统	省级
沱河	2 463	珍稀水禽及其生境	省级
沱湖	4 200	湿地生态系统及鸟类	省级

保护区名称	面积 /hm^2	主要保护对象	级别
郑州黄河湿地	36 574	湿地生态系统及珍稀鸟类	省级
开封柳园口	16 148	湿地及冬候鸟	省级
白龟山湿地	6 600	湿地及野生动物	省级
濮阳黄河湿地	3 300	珍稀濒危鸟类等野生动植物及湿地	省级
湍河湿地	4 547	湿地生态系统	省级
鲇鱼山	5 805	湿地生态系统	省级
固始淮河湿地	4 387.78	湿地生态系统	省级
淮滨淮南湿地	3 400	湿地生态系统	省级
董寨	46 800	珍稀鸟类及其栖息地	国家级
太行山猕猴	56 600	猕猴及森林生态系统	国家级
阳城莽河猕猴	5 600	猕猴等珍稀野生动植物	国家级
八里河	14 600	白鹳、白头鹤、大鸨、琵琶、鸳鸯等珍稀鸟类	省级
青要山	4 000	大鲵及其生境	省级
卢氏大鲵	1 000	大鲵及其生境	省级
西峡大鲵	1 000	大鲵及其生境	省级
泽州猕猴	93 775	猕猴及森林生态系统	省级
运城湿地	86 861	天鹅等珍禽及其越冬栖息地	省级
砀山酥梨	8 892	砀山酥梨种质资源	省级
陵川南方红豆杉	21 440	南方红豆杉及其生境	省级
南阳恐龙蛋化石群	78 015	恐龙蛋化石	国家级
南阳恐龙蛋省级	14 652	恐龙蛋化石	省级
石首麋鹿	1 567	野生麋鹿及其生境	国家级
长江天鹅洲白鳍豚	2 000	白鳍豚、江豚及其生境	国家级
长江新螺段白鳍豚	13 500	白鳍豚、江豚、中华鲟及其生境	国家级
鄱阳湖候鸟	22 400	白鹤等越冬珍禽及其栖息地	国家级
桃红岭梅花鹿	12 500	野生梅花鹿南方亚种及其栖息地	国家级
阳际峰	10 946	华南湍蛙组和棘胸蛙组等两栖纲动物及亚热带常绿阔叶林	国家级
铜陵淡水豚	31 518	淡水豚类、珍稀鱼类	国家级
升金湖	33 400	白鹳等珍稀鸟类及湿地生态系统	国家级
龙感湖	22 322	淡水湖泊生态系统、湿地生态系统及白头鹤等珍禽	国家级
鄱阳湖南矶湿地	33 300	天鹅、大雁等越冬珍禽和湿地生境	国家级
东洞庭湖	190 000	湿地生态系统及珍稀水禽	国家级
安徽扬子鳄	18 565	扬子鳄及其生境	国家级
九宫山	16 608.7	中亚热带阔叶林生态系统及珍稀动植物	国家级
江西武夷山	16 007	中亚热带常绿阔叶林及珍稀动植物	国家级
炎陵桃源洞	23 786	资源冷杉、银杉、云豹、藏酋猴及森林生态系统	国家级
鹞落坪	12 300	北亚热带常绿阔叶林及濒危动植物	国家级
安徽清凉峰	7 811.2	中亚热带常绿阔叶林及珍稀濒危动植物	国家级
沉湖湿地	11 579.1	淡水湖泊生态系统及其珍稀水禽	省级
鄱阳湖河蚌	15 533	三角河蚌、皱纹蚌	省级

保护区名称	面积 /hm²	主要保护对象	级别
青岚湖	1 000	白鹳、小天鹅等珍禽和湿地生态系统	省级
黄字号黑鹿	17 356.2	黑鹿	省级
鄱阳湖鲤、鲫鱼产卵场	30 600	鲤、鲫、鳑鱼产卵场	省级
鄱阳湖银鱼	2 000	银鱼	省级
鄱阳湖长江江豚	6 800	江豚及其生境	省级
婺源鸳鸯湖	917	鸳鸯等珍禽	省级
集成麋鹿	2 460	麋鹿及其生境	省级
十八索	7 500	白鹳、小天鹅等珍稀鸟类及湿地生态系统	省级
瑞昌南方红豆杉	2 500	南方红豆杉及森林生态系统	省级
大别山	16 048.2	北亚热带森林生态系统及珍稀物种	省级
峤岭	4 490	虎纹蛙、白鹇、伯乐树	省级
瑶理	3 627	森林生态系统	省级
庐山	30 452	中亚热带森林生态系统	省级
伊山	11 340	中亚热带常绿阔叶林	省级
修河源五梅山	14 485	红豆杉、红腹角雉、白颈长尾雉、云豹等野生动植物	省级
云居山	2 480	中亚热带常绿阔叶林生态系统	省级
信江源	7 337	森林生态系统	省级
浏阳大围山	5 220	南亚热带中山、中低山植被群落及珍稀濒危动植物	省级
云阳山	10 180	次生常绿阔叶林、珍稀野生动植物	省级
幕阜山	7 733.8	森林生态系统	省级
板仓	1 523.2	森林生态、珍稀动植物、水源涵养林	省级
枯井园	4 000	北亚热带常绿阔叶林、原麝、白冠长尾雉、兰科植物	省级
皇甫山	3 600	北亚热带落叶阔叶林和鸟类资源	省级
老山	16 909	亚热带常绿阔叶林森林生态系统及金钱松、云豹、珍稀鸟类	省级
盘台	540	森林生态系统及动植物	省级
板桥	5 000	北中亚热带常绿阔叶林及珍稀动植物	省级
网湖湿地	20 495	淡水湖泊生态系统及珍稀水禽	省级
梁子湖湿地	37 946	淡水湖泊生态系统及珍稀水禽	省级
洪湖湿地	37 088	湿地生态系统	省级
都昌候鸟	41 100	湿地生态系统及越冬候鸟	省级
横岭湖	43 000	湿地生态系统及珍稀鸟类	省级
安庆沿江湿地	120 000	珍稀水禽及湿地生态系统	省级
女山湖	21 000	湿地生态系统及水生动植物	省级

附表 2 中部经济区名胜区名录

序号	名称	位置	所在行政区
1	鸡公山风景名胜区	河南省信阳市南 38 km 的豫鄂两省交界处	河南省
2	桐柏山—淮源风景名胜区	桐柏县	河南省
3	石人山风景名胜区	河南省平顶山市鲁山县西部	河南省
4	嵩山风景名胜区	河南省登封市西北	河南省

序号	名称	位置	所在行政区
5	洛阳龙门风景名胜区	河南洛阳南郊，伊河岸边	河南省
6	王屋山—云台山风景名胜区	河南省北部济源市、修武县境内	河南省
7	五老峰风景名胜区	山西省永济县	山西省
8	郑州黄河风景名胜区	郑州市西北 30 km 处	河南省
9	青天河风景名胜区	河南省焦作市西北 20 km	河南省
10	林虑山风景名胜区	河南省安阳林州市西部的南太行山	河南省
11	韶山风景名胜区	湖南省湘潭市境内	湖南省
12	岳麓风景名胜区	湖南长沙湘江西岸	湖南省
13	龟峰风景名胜区	江西省东北部的弋阳县南郊	江西省
14	岳阳楼－洞庭湖风景名胜区	湖南省岳阳市	湖南省
15	庐山风景名胜区	江西九江南郊，鄱阳湖与长江交汇处	江西省
16	太极洞风景名胜区	安徽省广德县	安徽省

附表 3　中部经济区森林公园名录

序号	公园名称	地理位置	面积 /hm²
1	安徽皇藏峪国家森林公园	萧县	2 276
2	河北前南峪国家森林公园	邢台县	2 600
3	河北响堂山国家森林公园	邯郸市	6 348.8
4	河南薄山国家森林公园	确山县	6 066.67
5	河南风穴寺国家森林公园	汝州市	766.67
6	河南花果山国家森林公园	宜阳县	4 200
7	河南淮河源国家森林公园	桐柏县	4 924
8	河南黄柏山国家森林公园	商城县	4 010
9	河南黄河故道国家森林公园	商丘市	838
10	河南金兰山国家森林公园	新县	3 333
11	河南开封国家森林公园	开封市	553.33
12	河南龙峪湾国家森林公园	栾川县	1 833.33
13	河南南湾国家森林公园	信阳市	2 810
14	河南神灵寨国家森林公园	洛宁县	5 300
15	河南石漫滩国家森林公园	舞钢市	5 333.33
16	河南始祖山国家森林公园	新郑市	4 667
17	河南嵩山国家森林公园	登封市	11 582
18	河南棠溪源国家森林公园	西平县	3 800
19	河南铜山湖国家森林公园	泌阳县	1 996
20	河南玉皇山国家森林公园	卢氏县	2 982
21	河南云台山国家森林公园	修武县	360
22	山西黄崖洞国家森林公园	黎城县	6 000
23	山西老顶山国家森林公园	长治市	2 200
24	山西五老峰国家森林公园	永济县	10 400
25	湖南神农谷国家森林公园	炎陵县	10 000
26	湖南云阳国家森林公园	茶陵县	8 688.7

序号	公园名称	地理位置	面积 /hm²
27	湖南东台山国家森林公园	湘乡市	336
28	湖南天际岭国家森林公园	长沙市	140
29	江西上清国家森林公园	鹰潭市	11 800
30	江西云碧峰国家森林公园	上饶市	872.5
31	江西梅岭国家森林公园	南昌市	15 000
32	湖南大云山国家森林公园	岳阳县	1 180
33	江西柘林湖国家森林公园	永修县	16 450
34	江西九岭山国家森林公园	武宁县	1 266.16
35	江西庐山山南国家森林公园	星子县	3 346.67
36	江西灵岩洞国家森林公园	婺源县	3 000
37	江西马祖山国家森林公园	九江市	666.67
38	江西三叠泉国家森林公园	九江市	1 650.97
39	江西天花井国家森林公园	九江市	685
40	江西鄱阳湖口国家森林公园	湖口县	1 280
41	湖北潜山国家森林公园	咸宁市	666.67
42	湖北洈水国家森林公园	松滋市	28 600
43	湖北八岭山国家森林公园	江陵县	666.67
44	湖北九峰山国家森林公园	武昌县	333.33
45	湖北三角山国家森林公园	浠水县	6 451.7
46	安徽大龙山国家森林公园	安庆市	1 446.67
47	安徽九华山国家森林公园	青阳县	14 333.33
48	安徽妙道山国家森林公园	岳西县	752
49	安徽浮山国家森林公园	枞阳县	3 834.13
50	湖北双峰山国家森林公园	孝感市	1 400
51	安徽横山国家森林公园	广德县	1 000
52	安徽敬亭山国家森林公园	宣州市	2 009
53	湖北红安天台山国家森林公园	红安县	6 000
54	安徽冶父山国家森林公园	庐江县	810.47
55	安徽天井山国家森林公园	无为县	1 200.4
56	安徽太湖山国家森林公园	含山县	1 813.53
57	安徽神山国家森林公园	全椒县	2 221.87
58	安徽琅琊山国家森林公园	滁州市	4 866.67
59	安徽皇甫山国家森林公园	滁州市	3 551.53
60	安徽韭山国家森林公园	凤阳县	5 533.33

附表 4　中部经济区地质公园名录				
序号	名称	位置	所在行政区	面积 /km²
1	河南信阳金岗台国家地质公园	商城县东南部，商城县位于豫皖两省交界	河南	276.00
2	河南洛宁神灵寨国家地质公园	洛阳西南 90 km，洛宁县县城东南 26 km	河南	209.00
3	河南王屋山国家地质公园	太行山南鹿，河南省济源市北部	河南	1 170.00
4	云台山地质公园	河南省北部济源市、修武县北部的太行山南麓	河南	110.00
5	河南红旗渠 - 林虑山国家地质公园	河南林州市	河南	317.38
6	河南嵖岈山国家地质公园	河南省遂平县西部伏牛山延余脉	河南	147.30
7	河南关山国家地质公园	太行山南麓，河南省辉县市上八里镇境内	河南	34.00
8	河南黄河国家地质公园	郑州市西北 30 km	河南	202.00
9	河南洛阳黛眉山国家地质公园	洛阳市西部的新安县境内，东距洛阳市 70 km	河南	328.00
10	河南内乡宝天曼国家地质公园	内乡县福山寨至马山口一线以北的县内山区	河南	1 087.50
11	河南嵩山国家地质公园	河南省中部的登封市	河南	450.00
12	河南西峡伏牛山国家地质公园	秦岭东段、伏牛山南麓，河南省西峡县境内	河南	954.35
13	安徽淮南八公山地质公园	安徽省淮南市，园区距淮南市中心约 20 km	安徽	120.00
14	江西龙虎山国家地质公园	地质地貌类	鹰潭市	380.00
15	庐山地质公园	地质地貌、地质剖面	九江市	500.00
16	安徽池州九华山国家地质公园	具有佛教特色的风景旅游区	池州市	120.00
17	安徽浮山国家地质公园	火山地貌类型	安庆市	76.70
18	湖北武汉木兰山国家地质公园	高压超高压变质带、低山丘陵风景地貌	武汉市	340.00
19	安徽凤阳韭山国家地质公园	密网状岩溶构造，喀斯特景观	滁州市	55.00

附表 5　中部经济区各情景下城镇生态系统变化									
省份	城市	2020 年				2030 年			
		基线情景		优化情景		基线情景		优化情景	
		面积 /km²	增幅 /%	面积 /km²	增幅 /%	面积 /km²	增幅 /%	面积 /km²	增幅 /%
安徽省	蚌埠市	1 155.49	10.74	1 086.61	4.14	1 279.60	22.64	1 134.41	8.72
安徽省	亳州市	1 632.32	3.41	1 662.37	5.31	1 687.98	6.94	1 710.55	8.37
安徽省	阜阳市	2 570.87	1.39	2 655.20	4.72	2 606.63	2.80	2 702.94	6.60
安徽省	淮北市	532.32	14.38	528.11	13.48	608.88	30.83	559.30	20.18
安徽省	淮南市	691.11	19.30	652.45	12.63	824.53	42.34	714.34	23.32
安徽省	宿州市	1 936.71	8.18	1 888.87	5.51	2 095.09	17.02	1 933.86	8.02
河北省	邯郸市	1 830.59	10.87	1 750.20	6.00	2 029.65	22.93	1 750.20	6.00
河北省	邢台市	1 712.82	10.87	1 738.12	12.51	1 899.07	22.93	1 853.67	19.99
河南省	安阳市	952.67	11.17	948.35	10.67	1 059.10	23.59	966.85	12.83
河南省	鹤壁市	282.74	11.17	295.80	16.31	314.32	23.59	308.47	21.29
河南省	济源市	145.05	11.17	139.47	6.90	161.26	23.59	147.59	13.11
河南省	焦作市	792.24	11.17	773.04	8.48	880.74	23.59	804.91	12.95
河南省	开封市	1 129.81	11.17	1 175.02	15.62	1 256.03	23.59	1 248.42	22.84
河南省	洛阳市	845.14	11.17	860.47	13.19	939.56	23.59	951.33	25.14
河南省	漯河市	597.66	6.90	592.03	5.89	638.88	14.27	592.03	5.89

省份	城市	2020 年				2030 年			
		基线情景		优化情景		基线情景		优化情景	
		面积 /km^2	增幅 /%	面积 /km^2	增幅 /%	面积 /km^2	增幅 /%	面积 /km^2	增幅 /%
河南省	南阳市	1 959.92	11.17	1 943.33	10.23	2 178.88	23.59	1 943.33	10.23
河南省	平顶山市	986.02	11.17	971.00	9.48	1 096.18	23.59	1 001.22	12.89
河南省	濮阳市	674.79	11.17	727.07	19.79	750.17	23.59	769.27	26.74
河南省	三门峡市	281.46	11.17	278.45	9.99	312.90	23.59	282.68	11.66
河南省	商丘市	2 644.13	6.90	2 690.23	8.76	2 826.48	14.27	2 703.60	9.30
河南省	新乡市	1 285.62	11.17	1 264.16	9.32	1 429.25	23.59	1 304.77	12.83
河南省	信阳市	1 371.19	11.17	1 300.29	5.42	1 524.38	23.59	1 300.29	5.42
河南省	许昌市	928.50	11.17	943.95	13.02	1 032.24	23.59	947.35	13.43
河南省	郑州市	1 378.68	11.17	1 325.65	6.90	1 532.70	23.59	1 405.74	13.35
河南省	周口市	2 695.69	6.90	2 638.59	4.63	2 881.58	14.27	2 691.41	6.73
河南省	驻马店市	2 111.53	11.17	2 019.79	6.34	2 347.43	23.59	2 146.97	13.04
山东省	菏泽市	2 588.27	10.97	2 491.03	6.80	2 872.15	23.14	2 633.01	12.89
山东省	聊城市	1 936.31	10.97	1 931.80	10.71	2 148.69	23.14	1 957.93	12.21
山东省	泰安市	203.26	10.97	213.54	16.58	225.56	23.14	228.23	24.60
山西省	晋城市	457.34	10.97	442.38	7.34	507.50	23.14	460.30	11.69
山西省	运城市	961.56	10.97	969.79	11.92	1 067.03	23.14	979.62	13.05
山西省	长治市	898.70	10.97	898.38	10.93	997.27	23.14	914.27	12.89
安徽省	合肥市	1 863.83	13.65	1 792.15	9.28	2 118.27	29.17	1 953.20	19.10
安徽省	芜湖市	549.84	19.06	528.69	14.48	654.65	41.76	603.56	30.69
安徽省	马鞍山市	659.91	30.75	634.53	25.72	862.82	70.95	787.25	55.98
安徽省	铜陵市	130.86	34.11	125.83	28.95	175.49	79.85	160.60	64.59
安徽省	安庆市	556.02	7.67	666.76	29.12	598.69	15.94	679.68	31.62
安徽省	池州市	236.03	10.49	238.36	11.58	260.79	22.08	240.35	12.51
安徽省	滁州市	1 712.90	7.56	1 651.06	3.68	1 842.46	15.70	1 702.50	6.91
安徽省	宣城市	469.28	12.80	447.80	7.64	529.37	27.25	447.80	7.64
安徽省	六安市	1 574.13	7.66	1 554.34	6.30	1 694.68	15.90	1 564.16	6.98
湖北省	荆州市	1 046.80	15.82	962.42	6.49	1 212.44	34.15	1 119.87	23.91
湖北省	武汉市	1 692.22	15.82	1 627.13	11.37	1 959.98	34.15	1 805.67	23.59
湖北省	黄石市	248.21	15.82	249.25	16.31	287.49	34.15	265.43	23.86
湖北省	鄂州市	316.65	15.82	304.47	11.37	366.75	34.15	338.25	23.72
湖北省	孝感市	620.82	15.82	602.52	12.41	719.06	34.15	663.91	23.86
湖北省	黄冈市	511.15	15.82	549.10	24.42	592.03	34.15	596.77	35.22
湖北省	咸宁市	463.96	15.82	435.60	8.74	537.37	34.15	435.60	8.74
湖北省	仙桃市	217.38	15.82	209.02	11.37	251.77	34.15	244.25	30.14
湖北省	潜江市	184.62	15.82	177.52	11.37	213.84	34.15	197.44	23.86
湖北省	天门市	299.38	15.82	287.86	11.37	346.75	34.15	319.91	23.77
湖南省	岳阳市	495.16	9.82	476.11	5.60	543.79	20.61	502.67	11.49
湖南省	长沙市	1 014.57	31.02	965.54	24.69	1 329.24	71.65	1 133.76	46.41
湖南省	株洲市	503.88	16.08	514.24	18.46	584.88	34.74	540.32	24.47

省份	城市	2020年				2030年			
		基线情景		优化情景		基线情景		优化情景	
		面积/km²	增幅/%	面积/km²	增幅/%	面积/km²	增幅/%	面积/km²	增幅/%
湖南省	湘潭市	356.40	16.76	354.20	16.04	416.13	36.33	384.25	25.88
江西省	南昌市	1 161.11	25.99	1 093.25	18.63	1 462.89	58.74	1 343.61	45.79
江西省	九江市	1 304.16	11.96	1 280.31	9.91	1 460.17	25.35	1 338.14	14.88
江西省	景德镇市	425.93	29.34	361.77	9.86	550.92	67.30	399.16	21.22
江西省	鹰潭市	359.38	18.18	345.56	13.63	424.71	39.66	390.56	28.43
江西省	上饶市	1 441.63	14.96	1 436.81	14.57	1 657.27	32.15	1 519.03	21.13

附表6 中部经济区各情景下农田生态系统变化

省份	城市	2020年				2030年			
		基线情景		优化情景		基线情景		优化情景	
		面积/km²	增幅/%	面积/km²	增幅/%	面积/km²	增幅/%	面积/km²	增幅/%
安徽省	蚌埠市	4 317.66	−0.43	4 336.45	0.00	4 241.73	−2.18	4 336.45	0.00
安徽省	亳州市	6 728.09	−0.35	6 752.05	0.00	6 624.95	−1.88	6 752.05	0.00
安徽省	阜阳市	7 164.74	−0.39	7 192.44	0.00	7 044.95	−2.05	7 192.44	0.00
安徽省	淮北市	2 013.35	−0.01	2 013.53	0.00	1 995.80	−0.88	2 013.53	0.00
安徽省	淮南市	1 573.03	−0.77	1 585.25	0.00	1 515.45	−4.40	1 585.25	0.00
安徽省	宿州市	6 750.74	−0.41	6 778.87	0.00	6 711.74	−0.99	6 778.87	0.00
河北省	邯郸市	8 057.41	−1.42	8 173.74	0.00	7 679.45	−6.05	8 173.74	0.00
河北省	邢台市	7 790.30	−0.48	7 828.12	0.00	7 654.95	−2.21	7 828.12	0.00
河南省	安阳市	4 756.00	−0.21	4 766.05	0.00	4 686.11	−1.68	4 766.05	0.00
河南省	鹤壁市	1 397.04	−0.21	1 399.99	0.00	1 383.81	−1.16	1 399.99	0.00
河南省	济源市	689.40	−0.21	689.40	−0.21	681.00	−1.43	687.95	−0.42
河南省	焦作市	2 611.78	−0.21	2 617.30	0.00	2 576.23	−1.57	2 617.30	0.00
河南省	开封市	4 948.35	−0.21	4 958.81	0.00	4 883.26	−1.52	4 958.81	0.00
河南省	洛阳市	6 377.54	−0.21	6 391.03	0.00	6 237.00	−2.41	6 391.03	0.00
河南省	漯河市	2 086.13	−0.68	2 100.45	0.00	2 051.05	−2.35	2 100.45	0.00
河南省	南阳市	14 595.3	−0.21	14 626.2	0.00	14 336.3	−1.98	14 626.2	0.00
河南省	平顶山市	4 614.08	−0.21	4 623.83	0.00	4 548.65	−1.63	4 623.83	0.00
河南省	濮阳市	3 418.38	−0.21	3 425.61	0.00	3 389.97	−1.04	3 425.61	0.00
河南省	三门峡市	2 936.75	−0.21	2 936.75	−0.21	2 863.55	−2.70	2 936.75	−0.21
河南省	商丘市	7 950.65	−0.58	7 996.74	0.00	7 799.64	−2.46	7 996.74	0.00
河南省	新乡市	5 765.16	−0.21	5 777.35	0.00	5 680.52	−1.68	5 777.35	0.00
河南省	信阳市	12 992.00	−0.21	12 992.00	−0.21	12 792.99	−1.74	12 992.00	−0.21
河南省	许昌市	3 718.80	−0.21	3 726.67	0.00	3 683.70	−1.15	3 726.67	0.00
河南省	郑州市	4 675.21	−0.21	4 675.21	−0.21	4 628.07	−1.22	4 665.34	−0.42
河南省	周口市	9 190.17	−0.53	9 239.07	0.00	9 033.04	−2.23	9 239.07	0.00
河南省	驻马店市	11 377.93	−0.21	11 401.99	0.00	11 231.70	−1.49	11 401.99	0.00
山东省	菏泽市	8 634.21	−0.30	8 660.19	0.00	8 535.53	−1.44	8 660.19	0.00
山东省	聊城市	5 773.53	−0.30	5 790.90	0.00	5 673.18	−2.03	5 790.90	0.00

省份	城市	2020 年				2030 年			
		基线情景		优化情景		基线情景		优化情景	
		面积 /km^2	增幅 /%	面积 /km^2	增幅 /%	面积 /km^2	增幅 /%	面积 /km^2	增幅 /%
山东省	泰安市	764.62	−0.30	766.92	0.00	761.21	−0.74	766.92	0.00
山西省	晋城市	2 831.29	−0.30	2 815.49	−0.86	2 769.19	−2.49	2 815.49	−0.86
山西省	运城市	8 614.47	−0.30	8 614.47	−0.30	8 528.54	−1.29	8 614.47	−0.30
山西省	长治市	5 650.04	−0.30	5 588.62	−1.38	5 585.66	−1.44	5 588.62	−1.38
安徽省	合肥市	7 681.66	−0.22	7 681.66	−0.22	7 644.35	−0.70	7 664.94	−0.44
安徽省	芜湖市	3 771.96	−0.73	3 771.96	−0.73	3 733.93	−1.73	3 744.47	−1.45
安徽省	马鞍山市	2 645.10	−0.71	2 645.10	−0.71	2 591.87	−2.71	2 626.36	−1.41
安徽省	铜陵市	560.16	−2.62	560.16	−2.62	539.94	−6.14	545.49	−5.17
安徽省	安庆市	6 500.31	−0.53	6 534.68	0.00	6 459.29	−1.15	6 534.68	0.00
安徽省	池州市	2 231.62	−0.63	2 245.80	0.00	2 210.48	−1.57	2 245.80	0.00
安徽省	滁州市	8 834.54	−0.40	8 869.91	0.00	8 794.35	−0.85	8 869.91	0.00
安徽省	宣城市	4 254.36	−0.64	4 254.36	−0.64	4 206.00	−1.77	4 254.36	−0.64
安徽省	六安市	8 989.89	−0.37	9 023.45	0.00	8 941.20	−0.91	9 023.45	0.00
湖北省	荆州市	9 371.25	−0.47	9 415.44	0.00	9 318.18	−1.03	9 415.44	0.00
湖北省	武汉市	4 327.03	−0.47	4 327.03	−0.47	4 291.42	−1.29	4 306.72	−0.94
湖北省	黄石市	2 135.60	−0.47	2 135.60	−0.47	2 122.62	−1.07	2 125.57	−0.94
湖北省	鄂州市	984.91	−0.47	984.91	−0.47	977.86	−1.18	980.29	−0.94
湖北省	孝感市	5 993.36	−0.47	6 021.62	0.00	5 957.14	−1.07	6 021.62	0.00
湖北省	黄冈市	8 590.58	−0.47	8 448.66	−2.11	8 540.85	−1.05	8 448.66	−2.11
湖北省	咸宁市	3 091.70	−0.47	3 106.28	0.00	3 070.38	−1.16	3 106.28	0.00
湖北省	仙桃市	1 626.43	−0.47	1 626.43	−0.47	1 608.74	−1.55	1 604.62	−1.80
湖北省	潜江市	1 614.03	−0.47	1 614.03	−0.47	1 599.97	−1.34	1 604.05	−1.08
湖北省	天门市	2 136.35	−0.47	2 136.35	−0.47	2 118.75	−1.29	2 121.56	−1.16
湖南省	岳阳市	5 080.11	0.00	5 080.11	0.00	5 079.16	−0.02	5 080.11	0.00
湖南省	长沙市	3 830.90	−3.62	3 830.90	−3.62	3 705.06	−6.78	3 692.27	−7.11
湖南省	株洲市	2 724.79	−0.70	2 671.31	−2.64	2 703.64	−1.47	2 671.31	−2.64
湖南省	湘潭市	1 909.90	−1.16	1 932.24	0.00	1 885.46	−2.42	1 932.24	0.00
江西省	南昌市	3 072.79	−3.41	3 072.47	−3.42	2 948.39	−7.32	2 875.62	−9.61
江西省	九江市	4 363.16	−0.18	4 370.95	0.00	4 317.11	−1.23	4 370.95	0.00
江西省	景德镇市	857.67	−0.61	803.26	−6.91	835.43	−3.18	746.89	−13.44
江西省	鹰潭市	862.53	−0.46	862.53	−0.46	853.93	−1.46	858.54	−0.93
江西省	上饶市	4 291.72	−0.23	4 301.72	0.00	4 297.13	−0.11	4 301.72	0.00

附表 7 中部经济区各情景下森林生态系统变化

省份	城市	2020 年				2030 年			
		情景一		情景二		情景一		情景二	
		面积 /km^2	增幅 /%	面积 /km^2	增幅 /%	面积 /km^2	增幅 /%	面积 /km^2	增幅 /%
安徽省	蚌埠市	29.96	−24.80	37.42	−7.57	30.01	−33.34	34.59	−14.56
安徽省	亳州市	31.79	2.41	27.71	−32.93	65.45	46.15	10.11	−67.43
安徽省	阜阳市	25.84	2.41	17.64	−30.08	72.43	65.18	40.01	58.19
安徽省	淮北市	34.01	−21.70	32.57	−25.02	29.05	−32.55	41.46	−4.55
安徽省	淮南市	24.20	−34.46	32.67	−17.96	19.97	−48.22	26.80	−32.70
安徽省	宿州市	941.14	−5.10	948.88	−4.32	877.18	−11.55	961.83	−3.01
河北省	邯郸市	2 171.18	14.68	2 064.60	9.05	2 350.61	24.15	2 064.60	9.05
河北省	邢台市	1 882.71	14.39	1 948.59	18.39	2 112.54	28.36	2 307.02	40.17
河南省	安阳市	1 510.02	4.89	1 488.36	3.39	1 548.43	7.56	1 539.34	6.93
河南省	鹤壁市	357.31	4.26	334.05	−2.53	366.79	7.03	352.07	2.73
河南省	济源市	811.49	6.70	817.06	7.43	855.28	12.46	877.81	15.42
河南省	焦作市	543.14	1.73	523.51	−1.95	533.32	−0.11	547.44	2.53
河南省	开封市	155.11	−16.08	101.52	−35.48	103.35	−44.08	105.95	−42.93
河南省	洛阳市	7 400.06	6.96	7 432.56	7.43	7 737.45	11.84	7 685.66	11.09
河南省	漯河市	6.86	7.43	4.09	−35.99	3.86	−36.67	3.01	−49.01
河南省	南阳市	9 193.63	6.56	9 269.01	7.43	9 606.09	11.34	9 269.01	7.43
河南省	平顶山市	2 016.41	5.45	1 925.83	0.71	2 085.41	9.06	1 980.33	3.56
河南省	濮阳市	101.17	−14.50	97.43	−29.92	74.81	−36.77	75.10	−36.44
河南省	三门峡市	6 167.68	7.25	6 178.51	7.43	6 455.85	12.26	6 437.84	11.94
河南省	商丘市	105.67	7.43	76.17	−22.44	74.40	−24.36	48.39	−46.02
河南省	新乡市	1 095.50	2.79	1 030.74	−3.28	1 090.09	2.29	1 061.00	−0.44
河南省	信阳市	4 269.25	6.12	4 088.34	1.63	4 448.19	10.57	4 088.34	1.63
河南省	许昌市	239.77	−6.49	205.31	−19.93	208.91	−18.53	236.54	−7.75
河南省	郑州市	1 093.26	2.46	1 146.29	7.43	1 094.71	2.60	1 231.51	15.42
河南省	周口市	88.33	7.43	67.23	−18.29	59.57	−27.55	46.86	−39.50
河南省	驻马店市	1 495.98	1.90	1 370.42	−6.65	1 475.75	0.52	1 273.43	−13.26
山东省	菏泽市	830.49	−8.02	781.39	−13.46	710.70	−21.29	672.01	−25.58
山东省	聊城市	905.30	−4.83	790.85	−16.86	803.85	−15.49	796.38	−16.28
山东省	泰安市	98.48	−4.58	93.77	−9.14	92.00	−10.85	116.79	13.16
山西省	晋城市	4 958.96	9.61	4 976.55	10.10	5 323.05	17.66	5 474.20	21.00
山西省	运城市	3 268.43	8.77	3 305.41	11.00	3 523.12	17.24	3 635.95	21.00
山西省	长治市	4 689.97	9.20	4 724.53	10.03	5 070.24	18.05	5 096.99	18.67
安徽省	合肥市	559.15	−9.23	578.16	−6.14	479.24	−22.20	542.65	−11.91
安徽省	芜湖市	854.26	−0.06	838.95	−1.86	842.90	−1.39	823.39	−3.68
安徽省	马鞍山市	464.17	−2.90	430.96	−9.85	419.20	−12.31	366.29	−23.38
安徽省	铜陵市	223.09	0.15	228.12	2.41	216.35	−2.87	228.01	2.36
安徽省	安庆市	6 187.17	2.06	6 208.56	2.41	6 305.73	4.01	6 218.20	2.57
安徽省	池州市	5 009.12	2.23	5 018.20	2.41	5 102.38	4.13	5 139.16	4.88

省份	城市	2020 年				2030 年			
		情景一		情景二		情景一		情景二	
		面积 /km^2	增幅 /%	面积 /km^2	增幅 /%	面积 /km^2	增幅 /%	面积 /km^2	增幅 /%
安徽省	滁州市	1 580.33	−1.69	1 586.07	−1.33	1 544.97	−3.89	1 574.25	−2.07
安徽省	宣城市	7 176.40	2.15	7 188.50	2.33	7 288.67	3.75	7 188.50	2.33
安徽省	六安市	6 371.86	1.45	6 432.40	2.41	6 445.70	2.62	6 587.44	4.88
湖北省	荆州市	496.80	−5.85	519.88	−1.47	453.54	−14.05	482.22	−8.61
湖北省	武汉市	560.34	−8.81	625.43	1.78	480.01	−21.88	622.71	1.34
湖北省	黄石市	1 528.80	1.15	1 503.62	−0.52	1 541.53	1.99	1 513.12	0.11
湖北省	鄂州市	57.34	−16.05	69.52	1.78	42.08	−38.40	70.76	3.60
湖北省	孝感市	1 532.74	0.22	1 489.00	−2.64	1 527.06	−0.15	1 453.21	−4.98
湖北省	黄冈市	6 576.50	1.48	6 596.16	1.78	6 661.05	2.78	6 613.70	2.05
湖北省	咸宁市	5 250.37	1.44	5 268.21	1.78	5 308.59	2.56	5 268.21	1.78
湖北省	仙桃市	5.30	−20.49	13.66	1.78	12.30	−13.07	13.91	3.60
湖北省	潜江市	4.76	−19.15	11.86	1.78	10.13	−6.18	12.07	3.60
湖北省	天门市	11.88	−18.32	23.39	1.78	20.18	−10.13	23.81	3.60
湖南省	岳阳市	6 851.20	−0.06	6 840.80	−0.21	6 842.62	−0.19	6 836.37	−0.28
湖南省	长沙市	6 643.92	−1.25	6 682.95	−0.67	6 465.40	−3.91	6 666.05	−0.93
湖南省	株洲市	7 674.07	−0.29	7 693.45	−0.04	7 639.57	−0.74	7 697.24	0.01
湖南省	湘潭市	2 592.42	−0.55	2 560.94	−1.76	2 570.41	−1.39	2 534.73	−2.76
江西省	南昌市	1 176.21	−7.80	1 220.87	−4.30	1 041.42	−18.36	1 220.87	−4.30
江西省	九江市	10 271.60	1.46	10 321.76	1.96	10 309.10	1.83	10 423.64	2.96
江西省	景德镇市	3 910.59	1.04	3 926.97	1.47	3 853.06	−0.44	3 964.52	2.44
江西省	鹰潭市	2 193.43	0.00	2 207.25	0.63	2 175.17	−0.83	2 221.23	1.27
江西省	上饶市	14 875.87	0.20	14 916.22	0.47	14 832.73	−0.09	14 986.64	0.95

附表 8 中部经济区各情景下湿地生态系统变化

省份	城市	2020 年				2030 年			
		情景一		情景二		情景一		情景二	
		面积 /km^2	增幅 /%	面积 /km^2	增幅 /%	面积 /km^2	增幅 /%	面积 /km^2	增幅 /%
安徽省	蚌埠市	468.63	−10.02	481.41	−7.57	420.96	−19.17	444.99	−14.56
安徽省	亳州市	132.82	−18.71	103.23	−35.93	106.70	−34.69	113.21	−30.43
安徽省	阜阳市	360.68	−2.17	257.77	−30.08	348.29	−5.56	318.22	−11.66
安徽省	淮北市	75.89	−21.34	72.34	−25.02	59.31	−38.53	54.24	−43.78
安徽省	淮南市	290.70	−20.21	298.89	−17.96	229.50	−37.01	245.21	−32.70
安徽省	宿州市	152.22	−11.25	164.11	−4.32	134.87	−21.37	157.02	−8.45
河北省	邯郸市	39.01	−48.00	75.34	0.00	39.10	−43.33	75.34	0.00
河北省	邢台市	34.92	−38.52	56.79	0.00	31.20	−46.42	56.79	0.00
河南省	安阳市	15.25	−37.5	24.97	3.39	13.50	−45.83	25.82	6.88
河南省	鹤壁市	11.78	−38.63	18.71	−2.53	11.17	−42.11	18.23	−4.99
河南省	济源市	41.83	−34.87	41.83	−34.87	36.97	−43.75	31.25	−51.58
河南省	焦作市	32.15	−41.81	54.23	−1.95	28.77	−49.09	53.17	−3.86

省份	城市	2020年				2030年			
		情景一		情景二		情景一		情景二	
		面积/km²	增幅/%	面积/km²	增幅/%	面积/km²	增幅/%	面积/km²	增幅/%
河南省	开封市	59.23	-27.16	35.87	-55.89	41.04	-49.32	45.82	-44.45
河南省	洛阳市	85.16	-55.57	191.65	0.00	107.08	-42.10	191.65	0.00
河南省	漯河市	14.00	-41.67	16.05	-33.34	10.99	-49.16	11.13	-42.5
河南省	南阳市	317.55	-53.21	678.71	0.00	310.24	-55.22	678.71	0.00
河南省	平顶山市	96.17	-50.76	190.71	-2.36	46.78	-76.05	186.22	-4.66
河南省	濮阳市	38.03	-52.94	42.39	-43.50	47.79	-41.25	49.98	-38.75
河南省	三门峡市	47.72	-50.27	95.98	0.00	63.19	-31.57	95.98	0.00
河南省	商丘市	85.10	-33.07	90.03	-27.62	96.00	-20.01	95.50	-20.42
河南省	新乡市	82.07	-24.07	104.84	-3.28	91.37	-25.01	97.40	-10.19
河南省	信阳市	190.45	-64.15	531.24	0.00	257.37	-51.60	531.24	0.00
河南省	许昌市	16.57	-52.25	27.79	-19.93	19.86	-41.18	22.25	-35.89
河南省	郑州市	127.80	-36.50	127.80	-36.50	113.50	-43.78	108.15	-46.27
河南省	周口市	90.01	-30.77	109.29	-22.30	75.03	-42.31	76.85	-40.79
河南省	驻马店市	199.48	-31.42	292.76	-6.65	231.21	-26.20	273.29	-12.86
山东省	菏泽市	109.83	-58.72	230.25	-13.46	144.96	-54.13	199.25	-25.11
山东省	聊城市	90.08	-36.03	113.27	-16.86	100.36	-26.47	94.17	-30.88
山东省	泰安市	197.96	-5.67	190.67	-9.14	186.46	-11.15	173.25	-17.44
山西省	晋城市	20.88	-38.68	34.05	0.00	22.56	-35.29	34.05	0.00
山西省	运城市	164.94	-30.48	237.24	0.00	213.87	-11.74	237.24	0.00
山西省	长治市	49.58	-35.40	76.76	0.00	51.76	-32.89	76.76	0.00
安徽省	合肥市	1 274.41	-9.87	1327.07	-6.14	1 145.59	-18.98	1245.57	-11.91
安徽省	芜湖市	591.87	-7.54	628.25	-1.86	545.71	-14.75	616.59	-3.68
安徽省	马鞍山市	508.06	-19.16	566.60	-9.85	405.31	-25.51	510.81	-18.73
安徽省	铜陵市	138.06	-11.28	138.06	-11.28	121.25	-22.08	122.50	-21.28
安徽省	安庆市	1 837.66	-4.10	1 916.16	0.00	1 760.51	-8.12	1 916.16	0.00
安徽省	池州市	536.35	-1.45	544.26	0.00	526.88	-3.19	544.26	0.00
安徽省	滁州市	1 273.89	-2.89	1 294.40	-1.33	1 236.33	-5.76	1 277.18	-2.64
安徽省	宣城市	301.51	-27.80	417.60	0.00	216.61	-28.13	417.60	0.00
安徽省	六安市	1 043.15	-6.27	1 112.96	0.00	976.06	-12.30	1 112.96	0.00
湖北省	荆州市	3 117.76	-2.01	3 134.86	-1.47	3 052.06	-4.08	3 052.72	-4.06
湖北省	武汉市	1 985.28	-7.25	1 985.28	-7.25	1 834.88	-14.27	1 841.42	-13.97
湖北省	黄石市	568.63	-4.56	592.73	-0.52	541.94	-9.04	589.67	-1.03
湖北省	鄂州市	587.34	-4.35	587.34	-4.35	560.40	-8.74	561.79	-8.51
湖北省	孝感市	713.56	-7.03	747.29	-2.64	662.47	-13.69	727.57	-5.21
湖北省	黄冈市	1 093.40	-7.16	1 177.72	0.00	1 014.00	-13.90	1 177.72	0.00
湖北省	咸宁市	787.63	-10.65	881.56	0.00	702.16	-20.35	881.56	0.00
湖北省	仙桃市	670.11	-2.03	670.11	-2.03	652.42	-4.62	656.50	-4.02
湖北省	潜江市	191.46	-5.30	191.46	-5.30	181.07	-10.44	181.31	-10.32
湖北省	天门市	162.47	-10.82	162.47	-10.82	144.58	-20.64	144.89	-20.47

省份	城市	2020 年				2030 年			
		情景一		情景二		情景一		情景二	
		面积 /km^2	增幅 /%	面积 /km^2	增幅 /%	面积 /km^2	增幅 /%	面积 /km^2	增幅 /%
湖南省	岳阳市	2 388.24	−1.40	2 417.02	−0.21	2 354.30	−2.80	2 411.84	−0.43
湖南省	长沙市	256.46	−3.75	266.46	0.00	247.69	−7.04	266.46	0.00
湖南省	株洲市	206.55	−10.31	230.29	0.00	185.12	−19.61	230.29	0.00
湖南省	湘潭市	119.53	−10.23	130.82	−1.76	107.16	−19.52	128.52	−3.48
江西省	南昌市	1 737.32	−1.34	1 760.86	0.00	1 702.81	−3.30	1760.86	0.00
江西省	九江市	2 800.65	1.30	2 764.65	0.00	2 812.18	1.72	2 764.65	0.00
江西省	景德镇市	51.43	−16.52	153.62	0.00	16.87	−19.02	153.62	0.00
江西省	鹰潭市	117.03	−17.60	117.03	−17.60	84.28	−27.86	84.73	−27.58
江西省	上饶市	1 706.77	−10.75	1 912.44	0.00	1 528.70	−20.07	1 912.44	0.00

附表 9 中部经济区重要湿地名录

序号	名称	面积 /km^2	所属行政区
1	丹江口水库湿地	451	河南省
2	宿鸭湖湿地	167	河南省
3	豫北黄河故道沼泽区湿地	846	河南省
4	三门峡库区湿地	30	河南省

附表 10 长江中下游北岸岸段生态空间管制

序号	北岸岸段	长度 /km	区域		说明
			省	市	
1	荆州长江大桥—盐卡港	9.52	湖北省	荆州市	三级岸线
2	盐卡港—新屋台	4.99	湖北省	荆州市	沙市产卵场
3	新屋台—大吴家台	1.77	湖北省	荆州市	四级岸线
4	大吴家台—李家台	4.07	湖北省	荆州市	一级岸线
5	李家台—五姓湾	21.65	湖北省	荆州市	四级岸线
6	五姓湾—大郛家台	10.67	湖北省	荆州市	一级岸线
7	大郛家台—大陈家台	22.77	湖北省	荆州市	四级岸线
8	大陈家台—古长堤村	6.51	湖北省	荆州市	三级岸线
9	古长堤村—鲁家台	1.22	湖北省	荆州市	四级岸线
10	鲁家台—合民村	2.24	湖北省	荆州市	石首产卵场
11	合民村—焦家铺村	1.29	湖北省	荆州市	四级岸线
12	焦家铺村—鱼尾洲村	4.35	湖北省	荆州市	一级岸线
13	鱼尾洲村—柴码头四组	10.07	湖北省	荆州市	四级岸线
14	柴码头四组—杨苗洲村	9.96	湖北省	荆州市	石首麋鹿自然保护区
15	杨苗洲村	3.95	湖北省	荆州市	四级岸线
16	杨苗洲村—季南	2.98	湖北省	荆州市	调关产卵场
17	季南—黑鱼湖	7.27	湖北省	荆州市	四级岸线
18	黑鱼湖—凌家台	0.90	湖北省	荆州市	石首麋鹿自然保护区

序号	北岸岸段	长度 /km	区域		说明
			省	市	
19	凌家台—复兴洲村	9.62	湖北省	荆州市	三级岸线
20	复兴洲村—监利县	20.64	湖北省	荆州市	四级岸线
21	监利县—李家庄	7.11	湖北省	荆州市	监利产卵场
22	李家庄—漂草坦	5.22	湖北省	荆州市	四级岸线
23	漂草坦—杨家沟	5.92	湖南省	岳阳市	东洞庭湖保护区
24	杨家沟—许家湾	9.80	湖北省	荆州市	四级岸线
25	许家湾—沙墩	4.82	湖北省	荆州市	反咀产卵场
26	沙墩—老沙堤	8.98	湖北省	荆州市	四级岸线
27	老沙堤—红山村	33.73	湖北省	荆州市	东洞庭湖保护区
28	红山村—杨林矶	8.48	湖北省	荆州市	四级岸线
29	杨林矶—袁家湾村	11.89	湖北省	荆州市	三级岸线
30	袁家湾村—朱家峰村	5.43	湖北省	荆州市	一级岸线
31	朱家峰村—刘家码头	10.56	湖北省	荆州市	四级岸线
32	刘家码头—江咀村	23.07	湖北省	荆州市	长江新螺段白鳍豚
33	江咀村—锚江港	5.65	湖北省	荆州市	四级岸线
34	锚江港—送奶周村	11.47	湖北省	荆州市	自然保护区
35	送奶周村—宝塔洲村	4.71	湖北省	荆州市	四级岸线
36	宝塔洲村—新建树	2.00	湖北省	荆州市	长江新螺段白鳍豚
37	新建树—伍家墩	18.22	湖北省	荆州市	四级岸线
38	伍家墩—丰乐村	5.77	湖北省	荆州市	二级岸线
39	丰乐村—天门堤	4.53	湖北省	荆州市	长江新螺段白鳍豚
40	天门堤—永乐村	8.00	湖北省	荆州市	四级岸线
41	永乐村—二村	6.41	湖北省	荆州市	长江新螺段白鳍豚
42	二村	2.41	湖北省	荆州市	四级岸线
43	二村—新华村	5.43	湖北省	荆州市	二级岸线
44	新华村—北洲村	3.44	湖北省	荆州市	簰州产卵场
45	北洲村—胡家湾村	8.33	湖北省	荆州市	四级岸线
46	胡家湾村—新沟村	6.38	湖北省	荆州市	三级岸线
47	新沟村—水二村	2.63	湖北省	武汉市	三级岸线
48	水二村—金城村	9.18	湖北省	武汉市	四级岸线
49	金城村—长江村	17.21	湖北省	武汉市	三级岸线
50	长江村—汪杨郭	11.10	湖北省	武汉市	四级岸线
51	汪杨郭—谢湾	9.56	湖北省	武汉市	二级岸线
52	谢湾—大涧口村	9.05	湖北省	武汉市	三级岸线
53	大涧口村—张王村	2.13	湖北省	武汉市	二级岸线
54	张王村—江堤村	9.79	湖北省	武汉市	三级岸线
55	江堤村—花楼街	5.22	湖北省	武汉市	二级岸线
56	花楼街—吴家田村	30.30	湖北省	武汉市	四级岸线
57	吴家田村—新光村	6.15	湖北省	武汉市	一级岸线
58	新光村—龙口	1.45	湖北省	黄冈市	四级岸线

序号	北岸岸段	长度 /km	区域		说明
			省	市	
59	龙口—龙口村	1.56	湖北省	黄冈市	白浒山产卵场
60	龙口村—黄竹湾	7.92	湖北省	黄冈市	四级岸线
61	黄竹湾—杨家墩	8.23	湖北省	黄冈市	二级岸线
62	杨家墩—王家墩村	50.61	湖北省	黄冈市	四级岸线
63	王家墩村—钱家湾	31.55	湖北省	黄冈市	二级岸线
64	钱家湾—李家渡村	4.73	湖北省	黄冈市	三级岸线
65	李家渡村—周墩村	8.90	湖北省	黄冈市	四级岸线
66	周墩村—王家湖咀	11.77	湖北省	黄冈市	三级岸线
67	王家湖咀—高山村	10.37	湖北省	黄冈市	八里湖自然保护区
68	高山村—新建街	6.70	湖北省	黄冈市	二级岸线
69	新建街—上垄	5.75	湖北省	黄冈市	三级岸线
70	上垄—马口闸	6.91	湖北省	黄冈市	一级岸线
71	马口闸—上菜园	36.36	湖北省	黄冈市	三级岸线
72	上菜园—凌家墩	56.10	湖北省	黄冈市	四级岸线
73	凌家墩—新立	60.99	安徽省	安庆市	龙感湖自然保护区
74	新立—江心村	3.27	安徽省	安庆市	三级岸线
75	江心村—汤家墩	1.83	安徽省	安庆市	太白湖候鸟自然保护区
76	汤家墩—金盆村	16.81	安徽省	安庆市	四级岸线
77	金盆村—青龙咀	1.67	安徽省	安庆市	二级岸线
78	青龙咀—金家墩	1.35	安徽省	安庆市	太白湖候鸟自然保护区
79	金家墩—娘娘树	1.80	安徽省	安庆市	二级岸线
80	娘娘树—回民村	19.82	安徽省	安庆市	四级岸线
81	回民村—何家墩	11.01	安徽省	安庆市	二级岸线
82	何家墩—下王洲	22.52	安徽省	安庆市	四级岸线
83	下王洲—红旗村	8.67	安徽省	安庆市	一级岸线
84	红旗村—前江村	13.89	安徽省	安庆市	二级岸线
85	前江村—老树村	13.77	安徽省	安庆市	三级岸线
86	老树村—乌龙山	10.94	安徽省	安庆市	四级岸线
87	乌龙山—农付村	10.82	安徽省	安庆市	三级岸线
88	农付村—王家圩	3.79	安徽省	安庆市	一级岸线
89	王家圩—白荡村	7.01	安徽省	安庆市	四级岸线
90	白荡村—宇山	6.72	安徽省	安庆市	三级岸线
91	宇山—湖东村	9.64	安徽省	安庆市	四级岸线
92	湖东村—程家墩	8.17	安徽省	安庆市	二级岸线
93	程家墩—黄路村	62.33	安徽省	巢湖市	铜陵淡水豚自然保护区
94	黄路村—叶村	4.34	安徽省	巢湖市	四级岸线
95	叶村—瓦岗寨	7.87	安徽省	巢湖市	二级岸线
96	瓦岗寨—横洲尾	19.56	安徽省	巢湖市	四级岸线
97	横洲尾—五号村	3.32	安徽省	巢湖市	二级岸线
98	五号村—新埂村	15.72	安徽省	巢湖市	四级岸线

序号	北岸岸段	长度 /km	区域		说明
			省	市	
99	新埂村—三坝村	4.43	安徽省	巢湖市	三级岸线
100	三坝村—朱家村	13.00	安徽省	巢湖市	四级岸线
101	朱家村—磨盘	4.17	安徽省	巢湖市	二级岸线
102	磨盘—丁陈	11.43	安徽省	巢湖市	四级岸线
103	丁陈—马庄	5.11	安徽省	巢湖市	三级岸线
104	马庄—三户高村	0.91	安徽省	巢湖市	四级岸线
105	三户高村—冯家湾	22.18	安徽省	巢湖市	三级岸线
106	冯家湾—驻马村	23.35	安徽省	巢湖市	四级岸线

附表 11　长江中下游南岸岸段生态空间管制

序号	南岸岸段	长度 /km	区域		说明
			省	市	
1	埠河镇—杨家湾	26.13	湖北省	荆州市	四级岸线
2	杨家湾	1.02	湖北省	荆州市	一级岸线
3	杨家湾—罗家榨	1.51	湖北省	荆州市	四级岸线
4	罗家榨—朱家潭	18.37	湖北省	荆州市	一级岸线
5	朱家潭—赵家台	14.75	湖北省	荆州市	四级岸线
6	赵家台—潭子湾	1.41	湖北省	荆州市	三级岸线
7	潭子湾—官路口	2.83	湖北省	荆州市	郝穴产卵场
8	官路口—黄水套	5.35	湖北省	荆州市	三级岸线
9	黄水套—联盟村	9.69	湖北省	荆州市	四级岸线
10	联盟村—白沙洲村	5.79	湖北省	荆州市	石首产卵场
11	白沙洲村—大新港	4.99	湖北省	荆州市	四级岸线
12	大新港—胡家台	2.85	湖北省	荆州市	石首产卵场
13	胡家台—万婆潭子	6.19	湖北省	荆州市	四级岸线
14	万婆潭子—张家潭子	2.08	湖北省	荆州市	三级岸线
15	张家潭子—保河堂	29.75	湖北省	荆州市	四级岸线
16	保河堂—来家铺	9.79	湖北省	荆州市	二级岸线
17	来家铺—槎港村	7.19	湖北省	荆州市	四级岸线
18	槎港村—五马口村	8.29	湖南省	岳阳市	二级岸线
19	五马口村—新沙洲	6.47	湖南省	岳阳市	一级岸线
20	新沙洲—砖桥	19.56	湖南省	岳阳市	四级岸线
21	砖桥—彭家湾	77.90	湖南省	岳阳市	东洞庭湖保护区
22	彭家湾—寡妇矶	8.12	湖南省	岳阳市	三级岸线
23	寡妇矶—儒溪镇	5.21	湖南省	岳阳市	四级岸线
24	儒溪镇—红庙	55.00	湖北省	咸宁市	长江新螺段白鳍豚自然保护区
25	红庙—茅草岭	3.02	湖北省	咸宁市	三级岸线
26	茅草岭—剑港	8.44	湖北省	咸宁市	二级岸线
27	剑港—潘家湾镇	33.42	湖北省	咸宁市	长江新螺段白鳍豚自然保护区
28	潘家湾镇—四邑村	6.41	湖北省	咸宁市	二级岸线

序号	南岸岸段	长度 /km	区域		说明
			省	市	
29	四邑村—老官咀村	6.74	湖北省	咸宁市	四级岸线
30	老官咀村—广福庵村	5.43	湖北省	咸宁市	簰州产卵场
31	广福庵村—许家垸	3.37	湖北省	咸宁市	四级岸线
32	许家垸—八家岭村	5.16	湖北省	咸宁市	三级岸线
33	八家岭村—傍新洲村	12.54	湖北省	咸宁市	四级岸线
34	傍新洲村—八坛	5.64	湖北省	咸宁市	一级岸线
35	八坛—中堡	5.50	湖北省	咸宁市	四级岸线
36	中堡—沙堡	2.10	湖北省	咸宁市	一级岸线
37	沙堡	1.75	湖北省	武汉市	四级岸线
38	沙堡—四行	7.19	湖北省	武汉市	二级岸线
39	四行—废堤	1.66	湖北省	武汉市	大嘴产卵场
40	废堤—严家码头	14.42	湖北省	武汉市	二级岸线
41	严家码头—白沙洲	19.36	湖北省	武汉市	三级岸线
42	白沙洲—沙湖	6.93	湖北省	武汉市	一级岸线
43	沙湖—建设乡	16.31	湖北省	武汉市	二级岸线
44	建设乡—上向	22.99	湖北省	武汉市	四级岸线
45	上向—姚家湖	6.58	湖北省	鄂州市	三级岸线
46	姚家湖—泥矶村	10.29	湖北省	鄂州市	四级岸线
47	泥矶村—朱姚湾	2.97	湖北省	鄂州市	三级岸线
48	朱姚湾—彭家湾	7.78	湖北省	鄂州市	四级岸线
49	彭家湾—黄柏山村	2.83	湖北省	鄂州市	二级岸线
50	黄柏山村—马房咀	11.13	湖北省	鄂州市	四级岸线
51	马房咀—缪家墩	10.73	湖北省	鄂州市	二级岸线
52	缪家墩—板子桥	16.92	湖北省	鄂州市	三级岸线
53	板子桥—横堤	8.65	湖北省	鄂州市	四级岸线
54	横堤—黄石港区	4.59	湖北省	黄石市	黄石产卵场
55	黄石港区—田家墩	11.87	湖北省	黄石市	一级岸线
56	田家墩—河口	9.82	湖北省	黄石市	四级岸线
57	河口—洪家境	5.32	湖北省	咸宁市	二级岸线
58	洪家境—马家湾	19.52	湖北省	咸宁市	三级岸线
59	马家湾—王曙村	2.26	湖北省	咸宁市	田家坝产卵场
60	王曙村—李家畈	3.35	湖北省	咸宁市	三级岸线
61	李家畈—马基盘	1.55	湖北省	咸宁市	富池口产卵场
62	马基盘—老渡口	3.16	湖北省	咸宁市	三级岸线
63	老渡口—周家山	10.98	湖北省	咸宁市	四级岸线
64	周家山—智基垄	13.50	湖北省	咸宁市	三级岸线
65	智基垄—头矶下	3.41	江西省	九江市	一级岸线
66	头矶下—中崔伍	10.02	江西省	九江市	三级岸线
67	中崔伍—永安乡	4.49	江西省	九江市	一级岸线
68	永安乡—滨江村	5.19	江西省	九江市	九江产卵场

序号	南岸岸段	长度 /km	区域		说明
			省	市	
69	滨江村—高六房	3.17	江西省	九江市	一级岸线
70	高六房—沿浔村	7.47	江西省	九江市	二级岸线
71	沿浔村—锁江塔	6.12	江西省	九江市	一级岸线
72	锁江塔—大塘村	7.54	江西省	九江市	二级岸线
73	大塘村—唐家湾	8.16	江西省	九江市	四级岸线
74	唐家湾—前邹家湾	9.44	江西省	九江市	龙感湖自然保护区
75	前邹家湾—西山村	11.34	江西省	九江市	三级岸线
76	西山村—永和洲	3.46	江西省	九江市	湖口产卵场
77	永和洲	1.15	江西省	九江市	三级岸线
78	永和洲—横字号	6.64	江西省	九江市	桃红岭梅花鹿自然保护区
79	横字号—十号圩	12.06	江西省	九江市	四级岸线
80	十号圩—中间屋	5.54	江西省	九江市	海形自然保护区
81	中间屋	2.54	江西省	九江市	一级岸线
82	辰字村	3.64	江西省	九江市	彭泽产卵场
83	沙冲—罗家门口	0.92	江西省	九江市	一级岸线
84	罗家门口—马垱	6.07	江西省	九江市	二级岸线
85	马垱—三岔口	2.59	江西省	九江市	三级岸线
86	三岔口—徐家湾	2.52	江西省	九江市	二级岸线
87	徐家湾—林家垄	0.59	江西省	九江市	四级岸线
88	林家垄	1.21	江西省	九江市	太白湖候鸟自然保护区
89	船形村	1.36	江西省	九江市	四级岸线
90	牛山—长山咀	2.09	江西省	九江市	三级岸线
91	长山咀—渡口	2.70	安徽省	池州市	四级岸线
92	渡口—叶家	2.13	安徽省	池州市	一级岸线
93	叶家—冯家垄	0.93	安徽省	池州市	四级岸线
94	冯家垄—老虎洞	1.74	安徽省	池州市	三级岸线
95	老虎洞—老虎岗	0.66	安徽省	池州市	一级岸线
96	老虎岗—茅林村	3.86	安徽省	池州市	二级岸线
97	茅林村—乌石矶	2.35	安徽省	池州市	四级岸线
98	乌石矶—解家岭	2.94	安徽省	池州市	三级岸线
99	解家岭—李家咀	14.27	安徽省	池州市	四级岸线
100	李家咀—军陈村	4.75	安徽省	池州市	二级岸线
101	军陈村—余棚村	15.15	安徽省	池州市	四级岸线
102	余棚村—杨家墩	6.59	安徽省	池州市	二级岸线
103	杨家墩—永庆村	13.14	安徽省	池州市	四级岸线
104	永庆村—裕丰村	3.92	安徽省	池州市	二级岸线
105	裕丰村—老河口	1.01	安徽省	池州市	升金湖自然保护区
106	老河口—黄湓村	0.90	安徽省	池州市	二级岸线
107	黄湓村—杨家圩	3.01	安徽省	池州市	升金湖自然保护区
108	杨家圩—苏村	13.04	安徽省	池州市	二级岸线

序号	南岸岸段	长度 /km	区域		说明
			省	市	
109	苏村—李阳河	2.64	安徽省	池州市	四级岸线
110	李阳河—窑边	6.19	安徽省	池州市	三级岸线
111	窑边—营房村	11.76	安徽省	池州市	四级岸线
112	营房村—千亩	7.68	安徽省	池州市	二级岸线
113	千亩—娘桥	0.49	安徽省	池州市	升金湖自然保护区
114	娘桥—池口	0.91	安徽省	池州市	二级岸线
115	池口—江口村	13.49	安徽省	池州市	四级岸线
116	江口村—沙墩头	10.80	安徽省	池州市	二级岸线
117	沙墩头—磷铵新村	19.67	安徽省	铜陵市	铜陵淡水豚自然保护区
118	磷铵新村—马冲村	11.00	安徽省	铜陵市	二级岸线
119	马冲村—北埂村	25.75	安徽省	铜陵市	铜陵淡水豚自然保护区
120	北埂村—庆大村	7.68	安徽省	铜陵市	四级岸线
121	庆大村—板子矶	5.91	安徽省	芜湖市	一级岸线
122	板子矶—鲍山新村	6.62	安徽省	芜湖市	三级岸线
123	鲍山新村—大厂	13.19	安徽省	芜湖市	二级岸线
124	大厂—芜湖市滨江公园	28.19	安徽省	芜湖市	四级岸线
125	滨江公园—关黄村	13.09	安徽省	芜湖市	一级岸线
126	关黄村—天门山	5.95	安徽省	马鞍山市	二级岸线
127	天门山—汤村	2.43	安徽省	马鞍山市	四级岸线
128	汤村—围里曹家村	3.61	安徽省	马鞍山市	三级岸线
129	围里曹家村—秦村	3.39	安徽省	马鞍山市	四级岸线
130	秦村—石船村	5.86	安徽省	马鞍山市	二级岸线
131	石船村—后陡	1.66	安徽省	马鞍山市	三级岸线
132	后陡—翠螺	2.37	安徽省	马鞍山市	四级岸线
133	翠螺—芦场村	2.60	安徽省	马鞍山市	一级岸线
134	芦场村—采石村	0.59	安徽省	马鞍山市	四级岸线
135	采石村—刘村	0.43	安徽省	马鞍山市	二级岸线
136	刘村—九华	3.21	安徽省	马鞍山市	一级岸线
137	九华—磨山凹	3.65	安徽省	马鞍山市	三级岸线
138	洼村—营上	8.45	安徽省	马鞍山市	四级岸线

附表 12　长江中下游地区湖泊保护名录及保护级别

序号	名称	省	地市	位置	水面面积 / km^2	说明	保护级别 *
1	龙感湖	安徽	安庆	安徽宿松和湖北黄梅	316.2	国家级	一级
2	泊湖	安徽	安庆	宿松、太湖、望江	180.4	国家级水产种质资源保护区	一级
3	升金湖	安徽	池州	东至、贵池	78.48	国家级	一级
4	石臼湖	安徽	马鞍山	当涂	7.11	省级	一级
5	黄大湖	安徽	安庆	宿松	299.2		一级

序号	名称	省	地市	位置	水面面积 / km²	说明	保护级别 *
6	洪湖	湖北	荆州	洪湖、监利	344.4	省级 / 国际湿地	一级
7	梁子湖	湖北	武汉、鄂州	武汉、鄂州	304.3	省级 / 中国重要湿地	一级
8	长湖	湖北	荆州、潜江	江陵、荆门、潜江	129.1		一级
9	斧头湖	湖北	武汉	武汉、嘉鱼及咸宁	114.7		一级
10	网湖	湖北	黄石	阳新	42.3	省级保护区	一级
11	涨渡湖	湖北	武汉	新洲	35.2	县级	一级
12	后官湖	湖北	武汉	汉阳	34.4	省级湿地公园	一级
13	东湖	湖北	武汉	武昌区	33.7	省级湿地公园	一级
14	武湖	湖北	武汉	新洲和黄陂	21.2	世界自然基金会湿地保护区，市级	一级
15	淤泥湖	湖北	荆州	公安	16.5		一级
16	武山湖	湖北	黄冈	武穴	16.1		一级
17	排湖	湖北	仙桃	仙桃	12.4		一级
18	上涉湖	湖北	武汉	武汉	11.9	市级	一级
19	石首麋鹿	湖北	荆州	石首	15.67	国家级	一级
20	长江天鹅洲	湖北	荆州	石首	20	国家级	一级
21	长江新螺段	湖北	洪湖、赤壁	洪湖、赤壁、嘉鱼	135	国家级	一级
22	赤东湖	湖北	黄冈	蕲春	26.8		一级
23	太白湖	湖北	黄冈	武穴和黄梅	25.1		一级
24	黄山湖	湖北	鄂州	鄂州	10.3		一级
25	洞庭湖	湖南	岳阳	荆江南岸、夸岳阳、汨罗、湘阴、望城、益阳、沅江、汉寿、常德、津市、安乡和南县等	2 432.5	国家级 / 国际湿地	一级
26	黄盖湖	湖南	岳阳	湖南临湘、湖北蒲圻	86	国家重要湿地	一级
27	横岭湖	湖南	岳阳	湘阴	430	省级	一级
28	军山湖	江西	南昌	进贤	192.5		一级
29	鄱阳湖	江西	南昌、九江	南昌、新建、进贤、余干、波阳、都昌、湖口、九江、星子、德安、永修等	2 933	国家级 / 国际湿地	一级
30	青岚湖	江西	南昌	进贤	0.667	省级	一级
31	鸳鸯湖	江西	上饶	婺源	1.559	省级	一级
32	巢湖	安徽	巢湖	巢湖、合肥、肥西、肥东和庐江	769.55		二级
33	南漪湖	安徽	宣城	宣州和郎溪	148.4		二级
34	破岗湖	安徽	安庆	安庆	60		二级
35	菜子湖	安徽	安庆	枞阳、桐城	172.1		二级

序号	名称	省	地市	位置	水面面积 / km^2	说明	保护级别 *
36	武昌湖	安徽	安庆	望江	100.5		二级
37	西梁湖	湖北	咸宁	嘉鱼、咸宁和蒲圻	72.1	市级	二级
38	汈汊湖	湖北	孝感	汉川	70.6		二级
39	汤逊湖	湖北	武汉	武汉武昌区	36.6	旅游风景区	二级
40	蜜泉湖	湖北	咸宁	嘉鱼	13.7		二级
41	海口湖	湖北	黄石	阳新	12.9		二级
42	大岩湖	湖北	咸宁	嘉鱼	12		二级
43	策湖	湖北	黄冈	浠水	11.8		二级
44	后湖	湖北	武汉	黄陂	16.2		二级
45	保安胡	湖北	黄石	鄂州、大冶	48	拟建生态旅游区	二级
46	朱婆湖	湖北	黄石	阳新	17.7	市级湿地	二级
47	鲁湖	湖北	武汉	武汉江夏区	40.2		二级
48	豹解湖	湖北	鄂州	鄂州、武汉	25.8		二级
49	三山湖	湖北	黄石、鄂州	鄂州、大冶	24.3		二级
50	东西汉湖	湖北	孝感	应城、汉川	24.3		二级
51	五湖	湖北	仙桃	沙湖镇	20		二级
52	西湖	湖北	荆州	监利	19.8	水资源	二级
53	上津湖	湖北	荆州	石首	18.6		二级
54	牛浪湖	湖北	荆州	湖北公安和湖南澧县	15.9		二级
55	里湖	湖北	荆州	洪湖	14		二级
56	崇湖	湖北	荆州	公安	13.9		二级
57	严西湖	湖北	武汉	武汉武昌区	11.8		二级
58	玉湖	湖北	荆州	公安、江陵	10.2		二级
59	东湖	湖南	岳阳	华容	23.2	省级	二级
60	岳阳南湖	湖南	岳阳	岳阳	12		二级
61	赛湖	江西	九江	九江	61.32	县级	二级
62	南北湖	江西	九江	湖口	24.73	县级	二级
63	大冶湖	湖北	黄石	大冶、阳新	68.7		三级
64	冶湖	湖南	临湘	临湘	30		三级
65	注澜湖	湖南	沅江	沅江	20		三级
66	塌西湖	湖南	岳阳	华容	14		三级
67	芭蕉湖	湖南	岳阳	城陵矶	12.3		三级
68	白泥湖	湖南	临湘	临湘	11		三级
69	荷叶湖	湖南	岳阳	汨罗	41		三级
70	牛氏湖	湖南	岳阳	华容	14		三级
71	烂泥湖	湖南	岳阳	益阳东部、湘阴西南	30		三级
72	珠湖	江西	上饶	鄱阳	80.8		三级
73	赤湖	江西	九江、瑞昌	瑞昌、九江	80.4		三级

序号	名称	省	地市	位置	水面面积 / km^2	说明	保护级别 *
74	新妙湖	江西	九江	都昌	47.79		三级
75	陈家湖	江西	南昌	进贤	22		三级
76	太白湖	江西	九江、池州	江西彭泽、安徽东至两县	20.7		三级
77	七里湖	江西	九江	嘉山	16.24		三级

注：* 湖泊保护级别确定原则：

1. 依据保护对象是否属于国际湿地或国家级、市级、县级湿地保护区范围内；如不属于则按照是否有国家级保护动物保护，保护级别设为一级；

2. 不属于依据 1 的则按照是否属于国家级重要的水产种质资源，或者分布有除国家级保护动物以外的珍稀水鸟或者水禽，或者属于旅游风景名胜区，保护级别列为二级；

3. 均不属于以上原则但是湖泊面积较大，是该县市的渔业产业基地，对该市县的经济发展、生态环境有重要的意义，保护级别设为三级。

附表 13　中部经济区世界文化遗产名录

序号	名称	位置	所属行政区
1	龙门石窟	河南洛阳南郊，伊河岸边	河南省
2	安阳殷墟	河南省安阳市区西北小屯村	河南省